N. BOURBAKI

ÉLÉMENTS DE MATHÉMATIQUE

N. BOURBAKI

ÉLÉMENTS DE
MATHÉMATIQUE

ESPACES VECTORIELS TOPOLOGIQUES

Chapitres 1 à 5

Springer

Réimpression inchangée de l'édition originale de 1981

ISBN-10 3-540-34497-7 Springer Berlin Heidelberg New York
ISBN-13 978-3-540-34497-1 Springer Berlin Heidelberg New York

Springer est membre du Springer Science+Business Media
springer.com

Maquette de couverture: WMXDesign GmbH, Heidelberg
Imprimé sur papier non acide 41/3100/YL - 5 4 3 2 1 0 -

Mode d'emploi de ce traité

NOUVELLE ÉDITION

1. Le traité prend les mathématiques à leur début, et donne des démonstrations complètes. Sa lecture ne suppose donc, en principe, aucune connaissance mathématique particulière, mais seulement une certaine habitude du raisonnement mathématique et un certain pouvoir d'abstraction. Néanmoins, le traité est destiné plus particulièrement à des lecteurs possédant au moins une bonne connaissance des matières enseignées dans la première ou les deux premières années de l'Université.

2. Le mode d'exposition suivi est axiomatique et procède le plus souvent du général au particulier. Les nécessités de la démonstration exigent que les chapitres se suivent, en principe, dans un ordre logique rigoureusement fixé. L'utilité de certaines considérations n'apparaîtra donc au lecteur qu'au cours de chapitres ultérieurs, à moins qu'il ne possède déjà des connaissances assez étendues.

3. Le traité est divisé en Livres et chaque Livre en chapitres. Les Livres actuellement publiés, en totalité ou en partie, sont les suivants :

Théorie des Ensembles	désigné par	E
Algèbre	—	A
Topologie générale	—	TG
Fonctions d'une variable réelle	—	FVR
Espaces vectoriels topologiques	—	EVT
Intégration	—	INT
Algèbre commutative	—	AC
Variétés différentielles et analytiques	—	VAR
Groupes et algèbres de Lie	—	LIE
Théories spectrales	—	TS

Dans les *six premiers* Livres (pour l'ordre indiqué ci-dessus), chaque énoncé ne fait appel qu'aux définitions et résultats exposés précédemment dans le chapitre en cours ou dans les chapitres *antérieurs dans l'ordre suivant* : E ; A, chapitres I à III ; TG, chapitres I à III ; A, chapitres IV et suivants ; TG, chapitres IV et suivants ; FVR ; EVT ; INT. A partir du septième Livre, le lecteur trouvera éventuellement, au début de chaque Livre ou chapitre, l'indication précise des autres Livres ou chapitres utilisés (les six premiers Livres étant toujours supposés connus).

4. Cependant, quelques passages font exception aux règles précédentes. Ils sont placés entre deux astérisques : * ... *. Dans certains cas, il s'agit seulement de faciliter la compréhension du texte par des exemples qui se réfèrent à des faits que le lecteur peut déjà connaître par ailleurs. Parfois aussi, on utilise, non seulement les résultats supposés connus dans tout le chapitre en cours, mais des résultats démontrés ailleurs dans le traité. Ces passages seront employés librement dans les parties qui supposent connus les chapitres où ces passages sont insérés et les chapitres auxquels ces passages font appel. Le lecteur pourra, nous l'espérons, vérifier l'absence de tout cercle vicieux.

5. A certains Livres (soit publiés, soit en préparation) sont annexés des *fascicules de résultats*. Ces fascicules contiennent l'essentiel des définitions et des résultats du Livre, mais aucune démonstration.

6. L'armature logique de chaque chapitre est constituée par les *définitions*, les *axiomes* et les *théorèmes* de ce chapitre ; c'est là ce qu'il est principalement nécessaire de retenir en vue de ce qui doit suivre. Les résultats moins importants, ou qui peuvent être facilement retrouvés à partir des théorèmes, figurent sous le nom de « propositions », « lemmes », « corollaires », « remarques », etc. ; ceux qui peuvent être omis en première lecture sont imprimés en petits caractères. Sous le nom de « scholie », on trouvera quelquefois un commentaire d'un théorème particulièrement important.

Pour éviter des répétitions fastidieuses, on convient parfois d'introduire certaines notations ou certaines abréviations qui ne sont valables qu'à l'intérieur d'un seul chapitre ou d'un seul paragraphe (par exemple, dans un chapitre où tous les anneaux considérés sont commutatifs, on peut convenir que le mot « anneau » signifie toujours « anneau commutatif »). De telles conventions sont explicitement mentionnées à la tête du chapitre ou du paragraphe dans lequel elles s'appliquent.

7. Certains passages sont destinés à prémunir le lecteur contre des erreurs graves, où il risquerait de tomber ; ces passages sont signalés en marge par le signe ☡ (« tournant dangereux »).

8. Les exercices sont destinés, d'une part, à permettre au lecteur de vérifier qu'il a bien assimilé le texte ; d'autre part à lui faire connaître des résultats qui n'avaient pas leur place dans le texte ; les plus difficiles sont marqués du signe ¶.

9. La terminologie suivie dans ce traité a fait l'objet d'une attention particulière. *On s'est efforcé de ne jamais s'écarter de la terminologie reçue sans de très sérieuses raisons.*

10. On a cherché à utiliser, sans sacrifier la simplicité de l'exposé, un langage rigoureusement correct. Autant qu'il a été possible, les *abus de langage ou de notation*, sans lesquels tout texte mathématique risque de devenir pédantesque et même illisible, ont été signalés au passage.

11. Le texte étant consacré à l'exposé dogmatique d'une théorie, on n'y trouvera qu'exceptionnellement des références bibliographiques ; celles-ci sont groupées dans des *Notes historiques*. La bibliographie qui suit chacune de ces Notes ne comporte le plus souvent que les livres et mémoires originaux qui ont eu le plus d'importance dans l'évolution de la théorie considérée ; elle ne vise nullement à être complète.

Quant aux exercices, il n'a pas été jugé utile en général d'indiquer leur provenance, qui est très diverse (mémoires originaux, ouvrages didactiques, recueils d'exercices).

12. Dans la nouvelle édition, les renvois à des théorèmes, axiomes, définitions, remarques, etc. sont donnés en principe en indiquant successivement le Livre (par l'abréviation qui lui correspond dans la liste donnée au n° 3), le chapitre et la page où ils se trouvent. A l'intérieur d'un même Livre la mention de ce Livre est supprimée ; par exemple, dans le Livre d'Algèbre,

E, III, p. 32, cor. 3

renvoie au corollaire 3 se trouvant au Livre de Théorie des Ensembles, chapitre III, page 32 de ce chapitre ;

II, p. 24, prop. 17

renvoie à la proposition 17 du Livre d'Algèbre, chapitre II, page 24 de ce chapitre.

Les fascicules de résultats sont désignés par la lettre R ; par exemple : EVT, R signifie « fascicule de résultats du Livre sur les Espaces vectoriels topologiques ».

Comme certains Livres doivent seulement être publiés plus tard dans la nouvelle édition, les renvois à ces Livres se font en indiquant successivement le Livre, le chapitre, le paragraphe et le numéro où se trouve le résultat en question ; par exemple :

AC, III, § 4, n° 5, cor. de la prop. 6.

CHAPITRE I

Espaces vectoriels topologiques sur un corps valué

§ 1. ESPACES VECTORIELS TOPOLOGIQUES

1. Définition d'un espace vectoriel topologique

DÉFINITION 1. — *Étant donné un corps topologique* K (TG, III, p. 54), *on appelle espace vectoriel topologique à gauche sur* K *un ensemble* E, *muni* :

1° *d'une structure d'espace vectoriel à gauche sur* K ;

2° *d'une topologie compatible avec la structure de groupe additif de* E (TG, III, p. 1), *et satisfaisant en outre à l'axiome suivant* :

(EVT) *l'application* $(\lambda, x) \mapsto \lambda x$ *de* K × E *dans* E *est continue.*

Il revient au même de dire que E est un K-*module topologique à gauche* (TG, III, p. 52).

Une structure d'espace vectoriel à gauche par rapport à K et une topologie étant données sur un ensemble E, on dira qu'elles sont *compatibles* si la topologie et la structure de groupe additif de E sont compatibles, et si en outre l'axiome (EVT) est vérifié. Il revient au même de dire que les deux applications $(x, y) \mapsto x + y$ et $(\lambda, x) \mapsto \lambda x$ de E × E et de K × E respectivement dans E sont continues, car cela entraîne la continuité de l'application $x \mapsto -x = (-1)x$, donc le fait que la topologie de E est compatible avec sa structure de groupe additif.

Si E est un espace vectoriel topologique à gauche sur K, on dit que E, muni seulement de sa structure d'espace vectoriel, est *sous-jacent* à l'espace vectoriel topologique E.

Exemples. — 1) Si E est un espace vectoriel à gauche sur un corps topologique *discret* K, la topologie *discrète* sur E est compatible avec la structure d'espace vectoriel de E (il n'en est pas de même si K est non discret et E non réduit à 0).

2) Soit A un anneau topologique (TG, III, p. 48) et soit K un sous-anneau de A qui est un corps, et tel que la topologie induite sur K par celle de A soit compatible avec la structure de corps de K ; alors la topologie de A est compatible avec sa structure d'espace vectoriel à gauche sur K.

3) Soient K un corps topologique quelconque, I un ensemble quelconque. Sur l'espace vectoriel produit K_s^I (A, II, p. 10), la topologie produit est compatible avec la structure d'espace vectoriel (TG, III, p. 53). On peut encore dire que l'espace K_s^I des applications de I dans K, muni de la topologie de la *convergence simple*, est un espace vectoriel topologique sur K (TG, X, p. 4).

4) Soit X un espace topologique ; sur l'ensemble $E = \mathscr{C}(X ; \mathbf{R})$ des fonctions numériques finies *continues* dans X, la topologie de la *convergence compacte* (TG, X, p. 4) est compatible avec la structure d'espace vectoriel de E sur **R**. En effet, soient u_0 un point de E, H une partie compacte de X, ε un nombre > 0 arbitraire. La fonction numérique u_0 est bornée dans H ; soit $a = \sup_{t \in H} |u_0(t)|$; si u est un point quelconque de E, on peut écrire, pour tout $t \in H$,

$$|\lambda u(t) - \lambda_0 u_0(t)| \leqslant |\lambda| . |u(t) - u_0(t)| + a\,|\lambda - \lambda_0| .$$

Par suite, si $|\lambda - \lambda_0| \leqslant \varepsilon$ et si $|u(t) - u_0(t)| \leqslant \varepsilon$ pour tout $t \in H$, on aura, pour $t \in H$, $|\lambda u(t) - \lambda_0 u_0(t)| \leqslant \varepsilon(\varepsilon + |\lambda_0| + a)$, ce qui montre que l'axiome (EVT) est vérifié ; on vérifie de même que la topologie de la convergence compacte est compatible avec la structure de groupe additif de E.

Par contre, si X n'est pas compact, la topologie de la *convergence uniforme* (dans X) n'est pas nécessairement compatible avec la structure d'espace vectoriel de E ; par exemple si $X = \mathbf{R}$, et si u_0 est une fonction continue non bornée dans **R**, l'application $\lambda \mapsto \lambda u_0$ de **R** dans E n'est pas continue quand on munit E de la topologie de la convergence uniforme.

5) Soit E un espace vectoriel de dimension finie n sur un corps topologique K ; il existe donc un isomorphisme $u : K_s^n \to E$ de K-espaces vectoriels, et en outre, si v est un second isomorphisme de K_s^n sur E, on peut écrire $v = u \circ f$, où f est un automorphisme du K-espace vectoriel K_s^n. Considérons alors sur K_s^n la topologie *produit*, qui est compatible avec sa structure d'espace vectoriel (*Exemple* 3) ; comme toute application linéaire de K_s^n dans lui-même est continue pour cette topologie, tout automorphisme de l'espace vectoriel K_s^n est *bicontinu*. Par suite, si l'on *transporte* à E la topologie produit de K_s^n au moyen d'un isomorphisme quelconque de K_s^n sur E, la topologie obtenue sur E est *indépendante* de l'isomorphisme considéré ; on dit que c'est la *topologie canonique* sur E ; nous la caractériserons autrement (I, p. 14) lorsque K est un corps valué complet non discret. Toute application linéaire de E dans un espace vectoriel topologique sur K est *continue* pour la topologie canonique sur E.

De la même manière que dans la déf. 1, on définit un espace vectoriel topologique *à droite* sur un corps topologique K ; mais tout espace vectoriel à droite sur K peut être considéré comme espace vectoriel à gauche sur le corps opposé K^0 de K (A, II, p. 2), et la topologie de K est compatible avec la structure de corps de K^0. Pour cette raison, nous ne considérerons en principe que des espaces vectoriels topologiques à gauche ; quand nous parlerons d'« espace vectoriel topologique » sans préciser, il sera sous-entendu qu'il s'agit d'un espace vectoriel à gauche.

Si K′ est un sous-corps de K, et E un espace vectoriel topologique sur K, il est clair que la topologie de E est encore compatible avec la structure d'espace vectoriel de E par rapport à K′, obtenue par restriction à K′ du corps des scalaires ; on dit que l'espace vectoriel topologique sur K′ ainsi obtenu est *sous-jacent* à l'espace vectoriel topologique E sur K.

Pour qu'un espace vectoriel topologique E soit *séparé*, il faut et il suffit que, pour tout point $x \neq 0$ de E, il existe un voisinage de 0 ne contenant pas x (TG, III, p. 5).

Considérons, sur un espace vectoriel E par rapport à un corps topologique K, une topologie compatible avec la structure de groupe additif de E. En vertu de l'identité

$$\lambda x - \lambda_0 x_0 = (\lambda - \lambda_0)\, x_0 + \lambda_0(x - x_0) + (\lambda - \lambda_0)\,(x - x_0)$$

l'axiome (EVT) est équivalent au système des trois axiomes suivants :

(EVT$'_{\rm I}$) *Quel que soit* $x_0 \in E$, *l'application* $\lambda \mapsto \lambda x_0$ *est continue au point* $\lambda = 0$.

(EVT$'_{\rm II}$) *Quel que soit* $\lambda_0 \in K$, *l'application* $x \mapsto \lambda_0 x$ *est continue au point* $x = 0$.

(EVT$'_{\rm III}$) *L'application* $(\lambda, x) \mapsto \lambda x$ *est continue au point* $(0, 0)$.

En particulier :

PROPOSITION 1. — *Pour tout* $\alpha \in K$ *et tout point* $b \in E$, *l'application* $x \mapsto \alpha x + b$ *de* E *dans lui-même est continue. En outre, si* $\alpha \neq 0$, *cette application est un homéomorphisme de* E *sur lui-même.*

La seconde partie de la proposition résulte du fait que, si $\alpha \neq 0$, $x \mapsto \alpha^{-1}x - \alpha^{-1}b$ est l'application réciproque de $x \mapsto \alpha x + b$.

COROLLAIRE. — *Si* A *est un ensemble ouvert* (resp. *fermé*) *dans* E, αA *est ouvert* (resp. *fermé*) *dans* E *pour tout* $\alpha \neq 0$ *dans* K.

Soient E et F deux espaces vectoriels topologiques sur un même corps topologique K. Pour qu'une application bijective f de E sur F soit un *isomorphisme* de l'espace vectoriel topologique E sur l'espace vectoriel topologique F, il faut et il suffit que f soit *linéaire* et *bicontinue*. En particulier, si $\gamma \neq 0$ appartient au *centre* de K, l'homothétie $x \mapsto \gamma x$ est un *automorphisme* de la structure d'espace vectoriel topologique de E.

2. Espaces normés sur un corps valué

Rappelons (TG, IX, p. 28) qu'une *valeur absolue* sur un corps K est une application $\xi \mapsto |\xi|$ de K dans $\mathbf{R}_+$, telle que $|\xi| = 0$ soit équivalent à $\xi = 0$, et qu'on ait $|\xi\eta| = |\xi| . |\eta|$, et $|\xi + \eta| \leqslant |\xi| + |\eta|$; une valeur absolue définit sur K une distance $|\xi - \eta|$, et par suite une topologie séparée, compatible avec la structure de corps de K. Si $|\xi| = 1$ pour tout $\xi \neq 0$, la valeur absolue est dite *impropre*, et la topologie qu'elle définit sur K est la topologie *discrète* ; si, au contraire, il existe $\alpha \neq 0$ dans K tel que $|\alpha| \neq 1$, il existe $\beta \neq 0$ dans K tel que $|\beta| < 1$ (il suffit de prendre $\beta = \alpha$ ou $\beta = \alpha^{-1}$), et la suite $(\beta^n)_{n \geqslant 1}$ converge vers 0, donc la topologie de K n'est pas discrète.

Rappelons d'autre part (TG, IX, p. 31) que si E est un espace vectoriel sur un corps valué *non discret* K, une *norme* sur E est une application $x \mapsto \|x\|$ de E dans $\mathbf{R}_+$, telle que la relation $\|x\| = 0$ soit équivalente à $x = 0$, et qu'on ait $\|\lambda x\| = |\lambda| . \|x\|$ pour tout scalaire $\lambda \in K$, et $\|x + y\| \leqslant \|x\| + \|y\|$. Une norme définit sur E une distance $\|x - y\|$, et par suite une topologie, qui est compatible avec la structure d'espace vectoriel de E (*loc. cit.*). *Sauf mention expresse du contraire*, on considérera qu'un espace normé est muni de la structure d'espace vectoriel topologique définie par sa norme. Les espaces normés sont parmi les plus importants des espaces vectoriels topologiques.

On sait (TG, IX, p. 32) que deux normes distinctes sur E peuvent définir la même topologie sur E ; il faut et il suffit pour cela que les deux normes soient *équivalentes* (*loc. cit.*). Une structure d'espace normé est donc plus riche qu'une structure d'espace vectoriel topologique ; si E et F sont deux espaces normés, on aura soin de distinguer entre la notion d'isomorphisme de la structure d'espace normé de E sur celle de F, et la notion d'isomorphisme de la structure d'espace vectoriel topologique de E sur celle de F.

Exemple. — Soit I un ensemble d'indices quelconque ; on sait (TG, X, p. 21) que sur l'ensemble $\mathscr{B}(\mathrm{I}\,;\mathrm{K})$ des applications bornées $x = (\xi_\iota)$ de I dans K (qu'on note aussi $\mathscr{B}_{\mathrm{K}}(\mathrm{I})$ ou $\ell^{\infty}_{\mathrm{K}}(\mathrm{I})$), on définit une norme $\|x\| = \sup_{\iota\in\mathrm{I}} |\xi_\iota|$. Lorsque I est un espace topologique, l'ensemble des applications bornées et continues de I dans K est un sous-espace fermé de l'espace $\mathscr{B}(\mathrm{I}\,;\mathrm{K})$ (TG, X, p. 21, cor. 2). Un autre sous-espace de $\mathscr{B}(\mathrm{I}\,;\mathrm{K})$ est l'ensemble $\ell^1_{\mathrm{K}}(\mathrm{I})$ des familles $x = (\xi_\iota)$ *absolument sommables* (TG, IX, p. 36) ; on peut définir sur ce sous-espace une autre norme $\|x\|_1 = \sum_{\iota\in\mathrm{I}} |\xi_\iota|$, qui en général n'est pas équivalente à la norme $\|x\| = \sup_{\iota\in\mathrm{I}} |\xi_\iota|$ (I, p. 23, exerc. 6) ; quand on considère $\ell^1_{\mathrm{K}}(\mathrm{I})$ comme un espace normé, sans préciser sa norme, c'est toujours de la norme $\|x\|_1$ qu'il s'agit. On écrira $\mathscr{B}(\mathrm{I})$ et $\ell^1(\mathrm{I})$ au lieu de $\mathscr{B}(\mathrm{I}\,;\mathbf{R})$ et $\ell^1_{\mathbf{R}}(\mathrm{I})$.

3. Sous-espaces vectoriels et espaces quotients d'un espace vectoriel topologique ; produits d'espaces vectoriels topologiques ; somme directe topologique de sous-espaces

Tout ce qui a été dit pour les modules topologiques (TG, III, p. 45-48 et 52-54) s'applique en particulier aux espaces vectoriels topologiques. Si M est un sous-espace vectoriel d'un espace vectoriel topologique E, la topologie induite sur M par celle de E est compatible avec la structure d'espace vectoriel de M, et l'adhérence $\overline{\mathrm{M}}$ de M dans E est un sous-espace vectoriel de E. La topologie quotient de celle de E par M est compatible avec la structure d'espace vectoriel de E/M.

Si E est un espace vectoriel topologique *non nécessairement séparé*, l'adhérence N de $\{0\}$ dans E (intersection des voisinages de 0) est un sous-espace vectoriel fermé de E ; l'espace vectoriel quotient E/N, qui est séparé, est appelé l'espace vectoriel séparé *associé* à E.

Soit $(\mathrm{E}_\iota)_{\iota\in\mathrm{I}}$ une famille d'espaces vectoriels topologiques sur un même corps topologique K, et soit E l'espace vectoriel produit des E_ι. La topologie produit des topologies des E_ι est compatible avec la structure d'espace vectoriel de E. Dans l'espace produit E, le sous-espace F, *somme directe* des E_ι, est *partout dense* (TG, III, p. 17, prop. 25).

Pour certains types d'espaces vectoriels topologiques sur le corps **R** ou le corps **C**, nous définirons au chap. II, p. 32, une topologie sur une somme directe d'une famille (E_ι) d'espaces vectoriels topologiques, distincte en général de la topologie induite par la topologie produit de celle des E_ι.

Tout ce qui a été dit sur les sommes directes finies de sous-groupes stables de groupes topologiques à opérateurs (TG, III, p. 46-48) s'applique aux espaces vectoriels topologiques en remplaçant partout « sous-groupe stable » par « sous-espace vectoriel ».

Remarque. — Étant donné un sous-espace vectoriel *fermé* M d'un espace vectoriel topologique séparé E, il n'existe pas nécessairement de sous-espace vectoriel supplémentaire (algébrique) de M qui soit *fermé* dans E (même si E est un espace normé ; *cf.* IV, p. 55, exerc. 16, *c*)) ; à plus forte raison il n'existe pas nécessairement de supplémentaire topologique de M dans E (*cf.* I, p. 26, exerc. 8). Toutefois, nous verrons au § 2 que lorsque K est un corps valué complet non discret, tout sous-espace fermé M de E, de codimension *finie*, admet un supplémentaire topologique dans E (I, p. 15, prop. 3).

4. Structure uniforme et complétion d'un espace vectoriel topologique

La topologie d'un espace vectoriel topologique E, étant compatible avec la structure de groupe additif de E, définit sur E une *structure uniforme* (TG, III, p. 20) ; lorsque nous parlerons de la structure uniforme d'un espace vectoriel topologique, c'est toujours de cette structure qu'il sera question, sauf mention expresse du contraire. Toute application *linéaire continue* d'un espace vectoriel topologique E dans un espace vectoriel topologique F est *uniformément continue* (TG, III, p. 21, prop. 3) ; toute application de E dans lui-même de la forme $x \mapsto \alpha x + b$ est uniformément continue. Un ensemble *équicontinu* d'applications linéaires de E dans F est *uniformément équicontinu* (TG, X, p. 15, prop. 5).

Remarques. — 1) Si B est une partie précompacte de K, alors, pour tout voisinage V de 0 dans E, il y a un voisinage U de 0 dans E tel que $BU \subset V$. En effet, soit W un voisinage de 0 dans E tel que $W + W \subset V$; il y a un voisinage T_0 de 0 dans K et un voisinage U_0 de 0 dans E tels que $T_0U_0 \subset W$, en vertu de (EVT'_{III}). Comme B est précompact, il y a un nombre fini de points $\lambda_i \in B$ $(1 \leqslant i \leqslant n)$ tels que les $\lambda_i + T_0$ recouvrent B ; en vertu de (EVT'_{II}), il y a ensuite un voisinage $U \subset U_0$ de 0 dans E tel que $\lambda_i U \subset W$ pour tout i ; il est clair que U répond à la question. De la même façon (en utilisant (EVT'_I) au lieu de (EVT'_{II})), on montre que si H est une partie précompacte de E, alors, pour tout voisinage V de 0 dans E, il y a un voisinage T de 0 dans K tel que $TH \subset V$.

2) On déduit de 1) que, si B est une partie précompacte de K et H une partie précompacte de E, alors la restriction à $B \times H$ de l'application $(\lambda, x) \mapsto \lambda x$ est *uniformément continue*. En effet, étant donné un voisinage V de 0 dans E, il y a un voisinage T de 0 dans K et un voisinage U de 0 dans E tels que $TH + BU \subset V$. Comme on peut écrire $\lambda x - \lambda' x' = (\lambda - \lambda')x + \lambda'(x - x')$, on voit que pour λ, λ' dans B, x, x' dans H, $\lambda - \lambda' \in T$ et $x - x' \in U$, on a $\lambda x - \lambda' x' \in V$, ce qui prouve notre assertion.

Un espace vectoriel topologique est dit *complet* si, muni de sa structure uniforme, c'est un espace uniforme complet.

DÉFINITION 2. — *On appelle espace de Banach un espace normé complet sur un corps valué non discret.*

Exemples. — Lorsque K est un corps valué non discret et complet, l'espace $\mathscr{B}(I\,;K)$ (I, p. 4, *Exemple*) est complet (TG, X, p. 21, cor. 1). Il en est de même de l'espace $\ell^1_K(I)$ (I, p. 4, *Exemple*), muni de la norme $\|x\|_1 = \sum_{\iota \in I} |\xi_\iota|$: en effet, soit (x_n) une suite de Cauchy dans cet espace ; si $x_n = (\xi_{n\iota})_{\iota \in I}$, on a, pour tout $\iota \in I$,

$$|\xi_{m\iota} - \xi_{n\iota}| \leqslant \|x_m - x_n\|_1 ;$$

donc, pour chaque $\iota \in I$, la suite $(\xi_{n\iota})_{n \geqslant 1}$ converge dans K vers une limite ξ_ι. En outre, pour toute partie finie J de I, on a

$$\sum_{\iota \in J} |\xi_{m\iota} - \xi_{n\iota}| \leqslant \|x_m - x_n\|_1 ;$$

on en déduit d'abord qu'il existe une constante $a > 0$, indépendante de J, m et n, telle que $\sum_{\iota \in J} |\xi_{m\iota} - \xi_{n\iota}| \leqslant a$. En faisant tendre m vers $+\infty$, on en tire $\sum_{\iota \in J} |\xi_\iota - \xi_{n\iota}| \leqslant a$, d'où $\sum_{\iota \in I} |\xi_\iota| \leqslant a + \|x_n\|_1$, ce qui prouve que $z = (\xi_\iota)_{\iota \in I}$ appartient à $\ell^1_K(I)$; de plus, pour tout $\varepsilon > 0$, il existe n_0 tel que, pour $n \geqslant n_0$, on ait $\sum_{\iota \in J} |\xi_\iota - \xi_{n\iota}| \leqslant \varepsilon$ pour toute partie finie J de I ; en passant à la limite suivant l'ensemble filtrant des parties finies de I, on voit que $\|z - x_n\|_1 \leqslant \varepsilon$ pour $n \geqslant n_0$, ce qui montre que z est limite de la suite (x_n) dans l'espace normé $\ell^1_K(I)$.

Soient K un corps topologique séparé, E un espace vectoriel topologique sur K, et supposons que l'anneau complété $\widehat{K}$ soit un *corps* (ce qui s'appliquera en particulier au cas où K est un corps *valué* (TG, IX, p. 30, prop. 7)). Alors le séparé complété $\widehat{E}$ de E est muni d'une structure d'*espace vectoriel topologique complet* sur $\widehat{K}$ (TG, III, p. 54) ; on dit que $\widehat{E}$, muni de cette structure, est le *séparé complété* de l'espace vectoriel topologique E, ou simplement le *complété* de E lorsque E est *séparé*.

5. Voisinages de l'origine dans un espace vectoriel topologique sur un corps valué

DÉFINITION 3. — *Soient* K *un corps valué,* E *un espace vectoriel à gauche sur* K ; *on dit qu'une partie* M *de* E *est équilibrée si, pour tout* $x \in M$ *et tout* $\lambda \in K$ *tel que* $|\lambda| \leqslant 1$, *on a* $\lambda x \in M$ (ou, en d'autres termes, si $\lambda M \subset M$ pour $|\lambda| \leqslant 1$).

PROPOSITION 2. — *Dans un espace vectoriel topologique* E *sur un corps valué* K, *l'adhérence d'un ensemble équilibré* M *est un ensemble équilibré.*

En effet, soit B l'ensemble des $\xi \in K$ tels que $|\xi| \leqslant 1$; il est fermé dans K. L'application continue $(\lambda, x) \mapsto \lambda x$ applique $B \times M$ dans M, donc elle applique $B \times \overline{M}$ dans $\overline{M}$ (TG, I, p. 9, th. 1), ce qui prouve que $\overline{M}$ est équilibré.

Lorsque M est un ensemble quelconque dans un espace vectoriel E sur un corps valué K, l'ensemble M_1 des λx, où x parcourt M et λ l'ensemble des éléments de K tels que $|\lambda| \leqslant 1$, est évidemment le plus petit ensemble équilibré contenant M ; on l'appelle l'*enveloppe équilibrée* de M.

PROPOSITION 3. — *Soit* K *un corps valué localement compact et non discret, et soit* E *un espace vectoriel topologique séparé* (resp. *un espace vectoriel topologique*) *sur* K. *Pour toute partie compacte* (resp. *précompacte*) H *de* E, *l'enveloppe équilibrée de* H *est compacte* (resp. *précompacte*).

En effet, si B désigne la boule $|\xi| \leqslant 1$ dans K, l'enveloppe équilibrée de H est l'image de $B \times H$ par l'application continue $m : (\lambda, x) \mapsto \lambda x$; si H est compact et E séparé, cette image est donc compacte, puisqu'il en est ainsi de B ; si H est précompact, la restriction à $B \times H$ de m est uniformément continue (I, p. 5, *Remarque* 2), et comme $B \times H$ est précompact, il en est de même de son image par m (TG, II, p. 30, prop. 2).

On notera que l'enveloppe équilibrée d'un ensemble fermé n'est pas nécessairement fermée. Par exemple, dans $\mathbf{R}^2$, l'enveloppe équilibrée de l'hyperbole définie par l'équation $xy = 1$ n'est pas fermée.

Comme la réunion d'une famille de parties équilibrées de E est équilibrée, pour toute partie M de E, il y a un plus grand ensemble équilibré N contenu dans M, que l'on appelle le *noyau équilibré* de M ; pour qu'il soit non vide, il faut et il suffit que $0 \in M$. Dire que $x \in N$ signifie que, pour tout $\lambda \in K$ tel que $|\lambda| \leqslant 1$, on a $\lambda x \in M$, ou encore (si $0 \in M$) que, pour tout $\mu \in K$ tel que $|\mu| \geqslant 1$, on a $x \in \mu M$. Si $0 \in M$, le noyau équilibré N de M est donc l'intersection $\bigcap_{|\mu| \geqslant 1} \mu M$. Ceci montre en particulier que si M est *fermé*, il en est de même de N.

DÉFINITION 4. — *Soient* K *un corps valué non discret,* E *un espace vectoriel à gauche sur* K, A *et* B *deux parties de* E. *On dit que* A *absorbe* B *s'il existe* $\alpha > 0$ *tel que l'on ait* $\lambda A \supset B$ *pour* $|\lambda| \geqslant \alpha$ (ce qui équivaut à $\mu B \subset A$ pour $\mu \neq 0$ et $|\mu| \leqslant \alpha^{-1}$). *Une partie* A *de* E *est dite absorbante si elle absorbe toute partie réduite à un point.*

Soit A une partie équilibrée de E ; pour qu'elle absorbe une partie B de E, il suffit qu'il existe $\lambda \neq 0$ tel que $\lambda A \supset B$; en effet, pour $|\mu| \geqslant |\lambda|$, on a $\lambda A = (\lambda\mu^{-1})\,\mu A$, et comme μA est équilibré et $|\lambda\mu^{-1}| \leqslant 1$, $\lambda A \subset \mu A$, d'où $B \subset \mu A$. En particulier, pour qu'une partie équilibrée A de E soit absorbante, il faut et il suffit que pour tout $x \in E$, il existe $\lambda \neq 0$ dans K tel que $\lambda x \in A$. Toute partie absorbante de E *engendre* l'espace vectoriel E. Toute intersection *finie* d'ensembles absorbants est un ensemble absorbant.

PROPOSITION 4. — *Dans un espace vectoriel topologique* E *sur un corps valué non discret* K, *il existe un système fondamental* $\mathfrak{B}$ *de voisinages fermés de* 0, *tel que* :

(EV_I) *Tout ensemble* $V \in \mathfrak{B}$ *est équilibré et absorbant.*

(EV_{II}) *Quels que soient* $V \in \mathfrak{B}$ *et* $\lambda \neq 0$ *dans* K, *on a* $\lambda V \in \mathfrak{B}$ (invariance de $\mathfrak{B}$ par les homothéties de rapport $\neq 0$).

(EV_{III}) *Pour tout* $V \in \mathfrak{B}$, *il existe* $W \in \mathfrak{B}$ *tel que* $W + W \subset V$.

Réciproquement, soit E *un espace vectoriel sur* K, *et soit* $\mathfrak{B}$ *une base de filtre sur* E *satisfaisant aux conditions* (EV_I), (EV_{II}) *et* (EV_{III}). *Il existe alors une topologie* (*et une seule*) *sur* E, *compatible avec la structure d'espace vectoriel de* E, *et pour laquelle* $\mathfrak{B}$ *soit un système fondamental de voisinages de* 0.

Remarquons d'abord qu'en vertu de l'axiome (EVT'_{III}), le *noyau équilibré* d'un voisinage V de 0 est un voisinage de 0, car il existe un nombre $\alpha > 0$ et un voisinage W de 0 tels que les relations $|\lambda| \leqslant \alpha$ et $x \in W$ entraînent $\lambda x \in V$; comme il y a par hypothèse un élément $\mu \neq 0$ dans K tel que $|\mu| \leqslant \alpha$, μW est un voisinage de 0 contenu dans V, et pour $|\lambda| \leqslant 1$ et $x \in \mu W$, on a $\lambda x \in V$ en vertu du choix de W, d'où notre assertion. En outre, si V est fermé, il en est de même de son noyau équilibré ; donc, en vertu de l'axiome (O_{III}), vérifié par tout groupe topologique (TG, III, p. 20 et TG, II, p. 5, cor. 3), l'ensemble $\mathfrak{B}$ des voisinages *équilibrés et fermés* est un système fondamental de voisinages de 0 dans E. D'autre part, en vertu de (EVT'_I), tout voisinage de 0 dans E est *absorbant* ; il est clair en outre que $\mathfrak{B}$ vérifie (EV_{II}) (*cf.* I, p. 3, corollaire) ; enfin, tout système fondamental de voisinages de 0 dans E satisfait à (EV_{III}) en vertu de la continuité de $(x, y) \mapsto x + y$ au point (0, 0). L'ensemble $\mathfrak{B}$ répond donc à la question.

Soient maintenant E un espace vectoriel sur K, et $\mathfrak{B}$ une base de filtre sur E satisfaisant à (EV_I), (EV_{II}) et (EV_{III}). L'axiome (EV_I) montre d'abord que pour tout $V \in \mathfrak{B}$, on a $-V = V$ et $0 \in V$; ces relations et l'axiome (EV_{III}) montrent que $\mathfrak{B}$ est un système fondamental de voisinages de 0 pour une topologie sur E compatible avec la structure de *groupe additif* de E (TG, III, p. 4). Comme d'autre part les axiomes (EVT'_I), (EVT'_{II}) et (EVT'_{III}) sont des conséquences immédiates de (EV_I) et (EV_{II}), la topologie ainsi définie satisfait à l'axiome (EVT), ce qui achève la démonstration.

Remarques. — 1) Dans un espace normé sur un corps valué non discret, l'ensemble des *boules ouvertes* (resp. des *boules fermées*) de centre 0 est un système fondamental de voisinages de 0 qui satisfait aux conditions (EV_I), (EV_{II}) et (EV_{III}).

2) Lorsque le corps K des scalaires est le corps **R** ou le corps **C**, toute base de filtre $\mathfrak{B}$ sur E qui satisfait aux deux seuls axiomes (EV_I) et (EV_{III}) est un système fondamental de voisinages de 0 pour une topologie compatible avec la structure d'espace vectoriel de E. En effet, tout revient à prouver que, dans ces conditions, pour tout $\lambda \neq 0$ dans K et tout $V \in \mathfrak{B}$, il existe $W \in \mathfrak{B}$ tel que $\lambda W \subset V$. Or, il résulte aussitôt de (EV_{III}) qu'il existe $W_1 \in \mathfrak{B}$ tel que $2W_1 \subset V$, d'où on déduit, par récurrence sur n, que pour tout entier $n > 0$ il existe $W_n \in \mathfrak{B}$ tel que $2^n W_n \subset V$. Comme V est équilibré, il suffit de prendre n assez grand pour que $2^n = |2^n| > |\lambda|$; $W = W_n$ répond à la question.

Ce résultat ne s'étend pas à un corps valué non discret K quelconque, car dans un tel corps on n'a plus nécessairement $|m\varepsilon| = m$ pour tout entier naturel m (ε désignant l'élément unité du corps ; *cf.* I, p. 22, exerc. 1).

3) Si K est un corps *discret*, les conditions (EVT'_I) et (EVT'_{III}) sont vérifiées pour une topologie *quelconque* sur E. En raisonnant comme dans la prop. 4, on voit aisément que si E est un espace vectoriel topologique sur K, il existe un système fondamental $\mathfrak{B}$ de voisinages fermés de 0 dans E satisfaisant aux conditions (EV_{II}) et (EV_{III}). Réciproquement, si une base de filtre $\mathfrak{B}$ sur un espace vectoriel E par rapport à K est telle que 0 appartienne à tous les ensembles de $\mathfrak{B}$, et satisfait à (EV_{II}) et (EV_{III}), $\mathfrak{B}$ est un système fondamental de voisinages de 0 pour une topologie compatible avec la structure d'espace vectoriel de E.

6. Critères de continuité et d'équicontinuité

Soient E et F deux espaces vectoriels topologiques sur un même corps K ; pour qu'une application linéaire f de E dans F soit continue, il suffit qu'elle soit continue à l'origine (TG, III, p. 15, prop. 23). Cette proposition se généralise de la façon suivante :

PROPOSITION 5. — *Soient* E_i $(1 \leqslant i \leqslant n)$ *et* F *des espaces vectoriels topologiques sur un corps valué commutatif et non discret* K. *Pour qu'une application multilinéaire* f *de* $\prod_{i=1}^{n} E_i$ *dans* F *soit continue dans l'espace produit* $\prod_{i=1}^{n} E_i$, *il suffit qu'elle soit continue au point* (0, 0, ..., 0).

En effet, soit $(a_1, a_2, \ldots, a_n)$ un point quelconque de $\prod_{i=1}^{n} E_i$; il faut montrer que pour tout voisinage W de 0 dans F, il existe dans chaque E_i $(1 \leqslant i \leqslant n)$ un voisinage V_i de 0 tel que les n relations $z_i \in V_i$ entraînent

$$f(a_1 + z_1, a_2 + z_2, \ldots, a_n + z_n) - f(a_1, a_2, \ldots, a_n) \in W .$$

Or, on peut écrire

$$f(a_1 + z_1, \ldots, a_n + z_n) - f(a_1, \ldots, a_n) = \sum_{\mathrm{H}} u_{\mathrm{H}}$$

où H parcourt les $2^n - 1$ parties de l'intervalle $\mathrm{I} = [1, n]$ de **N** distinctes de I, et où, pour chaque H, on a $u_{\mathrm{H}} = f(y_1, y_2, \ldots, y_n)$, avec $y_i = a_i$ pour $i \in \mathrm{H}$ et $y_i = z_i$ pour $i \notin \mathrm{H}$. Il existe $2^n - 1$ voisinages équilibrés $\mathrm{W_H}$ de 0 dans F tels que $\sum_{\mathrm{H}} \mathrm{W_H} \subset \mathrm{W}$; d'autre part, comme f est continue au point $(0, \ldots, 0)$ par hypothèse, il existe dans chaque E_i un voisinage U_i de 0 ($1 \leqslant i \leqslant n$) tel que les n relations $x_i \in \mathrm{U}_i$ entraînent $f(x_1, \ldots, x_n) \in \bigcap_{\mathrm{H}} \mathrm{W_H}$. Comme U_i est absorbant, il existe $\lambda_i \neq 0$ dans K tel que $\lambda_i a_i \in \mathrm{U}_i$. Soit λ un élément de K tel que $|\lambda| \geqslant \prod_{i \in \mathrm{H}} |\lambda_i|^{-1}$ pour toute partie H de I ; montrons que les voisinages $\mathrm{V}_i = \lambda^{-n}\mathrm{U}_i$ répondent à la question. En effet, si p est le nombre d'éléments de $\mathrm{I} - \mathrm{H}$, on peut alors écrire $u_{\mathrm{H}} = \mu f(x_1, \ldots, x_n)$, avec $x_i \in \mathrm{U}_i$ pour $1 \leqslant i \leqslant n$, et $\mu = \lambda^{-np}(\prod_{i \in \mathrm{H}} \lambda_i^{-1})$, et il résulte des choix précédents que $|\mu| \leqslant 1$, d'où $u_{\mathrm{H}} \in \mu \mathrm{W_H} \subset \mathrm{W_H}$, puisque $\mathrm{W_H}$ est équilibré. La proposition est donc démontrée.

PROPOSITION 6. — *Les hypothèses sur* E_i ($1 \leqslant i \leqslant n$) *et* F *étant celles de la prop.* 5, *pour qu'un ensemble* $\mathscr{E}$ *d'applications multilinéaires de* $\prod_{i=1}^{n} \mathrm{E}_i$ *dans* F *soit équicontinu, il suffit qu'il soit équicontinu au point* $(0, 0, \ldots, 0)$.

En effet, dans la démonstration de la prop. 5, les U_i ($1 \leqslant i \leqslant n$) peuvent être pris tels que les relations $x_i \in \mathrm{U}_i$ ($1 \leqslant i \leqslant n$) entraînent $f(x_1, \ldots, x_n) \in \bigcap_{\mathrm{H}} \mathrm{W_H}$ pour *toute* application $f \in \mathscr{E}$.

7. Topologies initiales d'espaces vectoriels

PROPOSITION 7. — *Soit* $(\mathrm{E}_\iota)_{\iota \in \mathrm{I}}$ *une famille d'espaces vectoriels topologiques sur un corps topologique* K. *Soit* E *un espace vectoriel sur* K, *et pour chaque* $\iota \in \mathrm{I}$, *soit* f_ι *une application linéaire de* E *dans* E_ι. *Alors la moins fine des topologies sur* E *qui rendent continues toutes les fonctions* f_ι *est une topologie* $\mathscr{T}$ *compatible avec la structure d'espace vectoriel de* E. *En outre, si pour tout* $x \in \mathrm{E}$, $\varphi(x)$ *désigne le point* $(f_\iota(x))$ *de l'espace produit* $\mathrm{F} = \prod_{\iota \in \mathrm{I}} \mathrm{E}_\iota$, *la topologie* $\mathscr{T}$ *est l'image réciproque par l'application linéaire* φ *de la topologie du sous-espace* $\varphi(\mathrm{E})$ *de* F.

La dernière partie de la proposition est un cas particulier de TG, I, p. 26, prop. 3. La proposition est alors conséquence du lemme suivant :

Lemme. — Soient M *et* N *deux espaces vectoriels,* g *une application linéaire de* M *dans* N. *Si* $\mathscr{T}_0$ *est une topologie compatible avec la structure d'espace vectoriel de* N, *l'image réciproque de* $\mathscr{T}_0$ *par* g *est compatible avec la structure d'espace vectoriel de* M.

Montrons par exemple que $(\lambda, x) \mapsto \lambda x$ est continue en tout point (λ_0, x_0) de $K \times M$. Posons $y = g(x_0)$. Tout voisinage de 0 dans M contient un voisinage de la forme $\overset{-1}{g}(U)$, où U est un voisinage de 0 dans N ; par hypothèse, il existe un voisinage V de 0 dans K et un voisinage W de 0 dans N tels que les relations $\lambda - \lambda_0 \in V$, $y - y_0 \in W$ entraînent $\lambda y - \lambda_0 y_0 \in U$. Les relations $\lambda - \lambda_0 \in V$, $x - x_0 \in \overset{-1}{g}(W)$ entraînent donc $\lambda x - \lambda_0 x_0 \in \overset{-1}{g}(U)$. On démontre de même que $(x, y) \mapsto x - y$ est continue dans $M \times M$.

Pour chaque indice $\iota \in I$, soit $\mathfrak{B}_\iota$ un système fondamental de voisinages de 0 dans E_ι. D'après la définition de la topologie $\mathscr{T}$, le filtre des voisinages de 0 pour cette topologie est engendré par la réunion des ensembles de parties $\overset{-1}{f_\iota}(\mathfrak{B}_\iota)$; autrement dit, les ensembles de la forme $\bigcap_k \overset{-1}{f_{\iota_k}}(V_{\iota_k})$ forment un système fondamental de voisinages de 0 pour $\mathscr{T}$, $(\iota_k)_{1 \leqslant k \leqslant n}$ étant une suite finie quelconque d'indices de I, et, pour chaque indice k, V_{ι_k} un ensemble quelconque de $\mathfrak{B}_{\iota_k}$.

Corollaire 1. — *Soit* G *un espace vectoriel topologique sur* K. *Pour qu'un ensemble* H *d'applications de* G *dans* E *soit équicontinu, il faut et il suffit que, pour tout* $\iota \in I$, *l'ensemble des* $f_\iota \circ u$, *où* u *parcourt* H, *soit équicontinu.*

C'est un cas particulier de TG, X, p. 14, prop. 3.

Corollaire 2. — *Les espaces* E_ι *étant supposés séparés, pour que la topologie* $\mathscr{T}$ *soit séparée, il faut et il suffit que, pour tout* $x \neq 0$ *dans* E, *il existe un indice* $\iota \in I$ *tel que* $f_\iota(x) \neq 0$.

En effet, $\varphi(E)$ est alors un espace séparé, et pour que $\mathscr{T}$ soit séparée, il faut et il suffit évidemment que φ soit injective ; on notera qu'on peut alors identifier E (muni de $\mathscr{T}$) au sous-espace $\varphi(E)$ de $\prod_{\iota \in I} E_\iota$ par l'application φ.

Corollaire 3. — *Supposons les* E_ι *complets et* $\varphi(E)$ *fermé dans* $F = \prod_{\iota \in I} E_\iota$. *Alors* E *est complet pour la topologie* $\mathscr{T}$.

En effet, le sous-espace $\varphi(E)$ de F est alors complet (TG, II, p. 16, prop. 8 et p. 17, prop. 10), donc il en est de même de E pour la topologie image réciproque par φ de celle de $\varphi(E)$ (TG, I, p. 51, prop. 10, et TG, II, p. 13, prop. 4).

* *Exemple.* — Soient $\mathscr{D}'(\mathbf{R})$ l'espace des distributions sur $\mathbf{R}$, p un nombre tel que $1 \leqslant p \leqslant +\infty$, $j : L^p(\mathbf{R}) \to \mathscr{D}'(\mathbf{R})$ l'injection canonique, qui est continue (lorsque $L^p(\mathbf{R})$ est muni de sa topologie d'espace normé et $\mathscr{D}'(\mathbf{R})$ de la topologie forte). Pour toute distribution $f \in \mathscr{D}'(\mathbf{R})$, $D(f)$ désigne sa dérivée ; on rappelle que $f \mapsto D(f)$ est un endomorphisme continu de $\mathscr{D}'(\mathbf{R})$. Soit alors E le sous-espace vectoriel de $L^p(\mathbf{R})$ formé des $f \in L^p(\mathbf{R})$ telles que $D(f) \in L^p(\mathbf{R})$, et munissons E de la topologie la moins fine rendant continues les injections canoniques $i : E \to L^p(\mathbf{R})$ et $D : E \to L^p(\mathbf{R})$ ($L^p(\mathbf{R})$ étant muni de sa topologie d'espace normé). Pour cette topologie, l'espace E est *complet.* En effet, l'image de E dans $F = L^p(\mathbf{R}) \times L^p(\mathbf{R})$ par l'application $\varphi : f \mapsto (f, D(f))$

est *fermée*, car c'est la trace sur $L^p(\mathbf{R}) \times L^p(\mathbf{R})$ de l'image G de $\mathscr{D}'(\mathbf{R})$ dans $\mathscr{D}'(\mathbf{R}) \times \mathscr{D}'(\mathbf{R})$ par l'application

$$\varphi_0 : f \mapsto (f, D(f))\,;$$

or G est le graphe de φ_0, donc est fermé dans $\mathscr{D}'(\mathbf{R}) \times \mathscr{D}'(\mathbf{R})$ (TG, I, p. 53, cor. 2 de la prop. 2), et comme $\varphi(E)$ est l'image réciproque de G par $i \times i$, qui est continue, $\varphi(E)$ est fermé dans F. $_*$

Corollaire 4. — *Soit* E *un espace vectoriel sur un corps topologique* K, *et soit* $(\mathscr{T}_\iota)_{\iota\in I}$ *une famille de topologies compatibles avec la structure d'espace vectoriel de* E ; *alors la borne supérieure* $\mathscr{T}$ *des topologies* $\mathscr{T}_\iota$ *est compatible avec la structure d'espace vectoriel de* E.

En effet, si E_ι désigne l'espace vectoriel topologique obtenu en munissant E de $\mathscr{T}_\iota$, et f_ι l'application identique de E sur E_ι, $\mathscr{T}$ est la moins fine des topologies rendant continues les f_ι.

§ 2. VARIÉTÉS LINÉAIRES DANS UN ESPACE VECTORIEL TOPOLOGIQUE

1. Adhérence d'une variété linéaire

Rappelons (A, II, p. 128) que, dans un espace vectoriel E sur un corps K, une variété linéaire affine (appelée simplement « variété linéaire » quand il n'en résulte pas de confusion) est la transformée par une translation quelconque d'un sous-espace vectoriel de E.

Proposition 1. — *Dans un espace vectoriel topologique* E, *l'adhérence d'une variété linéaire est une variété linéaire.*

En effet, toute translation étant un homéomorphisme de E, il suffit de démontrer la proposition pour un sous-espace vectoriel M de E, et dans ce cas, la proposition a été vue dans I, p. 4.

Corollaire. — *Dans un espace vectoriel topologique* E, *tout hyperplan est fermé ou partout dense.*

En effet, l'adhérence d'un hyperplan homogène H ne peut être que H ou l'espace E tout entier, puisque c'est un sous-espace vectoriel contenant H (prop. 1).

On voit donc que, pour qu'un hyperplan H soit *fermé* dans E, il faut et il suffit que $\complement$ H *contienne un point intérieur*.

Étant donnée une partie A d'un espace vectoriel topologique E, rappelons que le sous-espace vectoriel M engendré par A est l'ensemble des combinaisons linéaires des éléments de A (A, II, p. 16, prop. 9) ; l'adhérence de M dans E est, en vertu de la prop. 1, le plus petit sous-espace vectoriel fermé contenant A ; on dit que c'est le *sous-espace vectoriel fermé engendré par* A.

DÉFINITION 1. — *Dans un espace vectoriel topologique* E, *on dit qu'un ensemble* A *est total si le sous-espace vectoriel fermé engendré par* A *est identique à* E (ou, en d'autres termes, si l'ensemble des combinaisons linéaires d'éléments de A est *partout dense*).

Exemples. — 1) Dans l'espace normé $\mathscr{C}(\mathrm{I}\,;\mathbf{C})$ (sur le corps **C**) des fonctions continues dans $\mathrm{I} = [0, 1]$, à valeurs dans **C**, les restrictions à I des monômes x^n ($n \in \mathbf{N}$) forment un ensemble total, en vertu du th. de Weierstrass-Stone (TG, X, p. 36, th. 3). De même dans le sous-espace P de $\mathscr{C}(\mathrm{I}\,;\mathbf{C})$ formé des fonctions telles que $f(0) = f(1)$, les restrictions à I des fonctions $e^{2n\pi i x}$ ($n \in \mathbf{Z}$) forment un ensemble total (TG, X, p. 40, prop. 8).

2) Tout ensemble absorbant dans un espace vectoriel topologique E sur un corps valué non discret (et en particulier tout voisinage de 0 dans E) est un ensemble total puisqu'il engendre E (I, p. 7). On déduit de là qu'une variété linéaire qui n'est pas dense dans E est nécessairement un ensemble rare dans E (TG, IX, p. 52), puisque son adhérence ne peut contenir de point intérieur.

DÉFINITION 2. — *Dans un espace vectoriel topologique* E, *on dit qu'une famille* $(a_\iota)_{\iota\in \mathrm{I}}$ *de points de* E *est topologiquement libre si, quel que soit* $\kappa \in \mathrm{I}$, *le sous-espace vectoriel* fermé *engendré par les* a_ι *d'indice* $\iota \neq \kappa$ *ne contient pas* a_κ.

Exemple 3. — Dans l'espace normé $\mathscr{C}(\mathrm{I}\,;\mathbf{C})$ des fonctions continues dans $\mathrm{I} = [0, 1]$, les restrictions à I des fonctions $e^{2n\pi i x}$ ($n \in \mathbf{Z}$) forment une famille topologiquement libre. En effet, pour tout $n \in \mathbf{Z}$, si $f(x)$ est une combinaison linéaire $\sum_{k\neq n} c_k e^{2k\pi i x}$ (les c_k étant nuls sauf un nombre fini d'entre eux), on a

$$\int_0^1 |e^{2n\pi i x} - f(x)|^2\,dx = 1 + \sum_{k\neq n} |c_k|^2 \geqslant 1$$

et *a fortiori*, en vertu du th. de la moyenne

$$\sup_{x\in \mathrm{I}} |e^{2n\pi i x} - f(x)| \geqslant 1$$

ce qui prouve que $e^{2n\pi i x}$ n'appartient pas au sous-espace vectoriel fermé de $\mathscr{C}(\mathrm{I}\,;\mathbf{C})$ engendré par les $e^{2k\pi i x}$ d'indice $k \neq n$.

L'ensemble des éléments d'une famille topologiquement libre est appelé *partie topologiquement libre* de E. Toute partie d'une partie topologiquement libre est topologiquement libre ; toute partie réduite à un point $x \neq 0$ est topologiquement libre si l'espace E est séparé.

Une famille topologiquement libre est libre (au sens algébrique ; *cf.* A, II, p. 96, *Remarque*) ; mais la réciproque est inexacte.

Exemple 4. — Dans l'espace normé $\mathscr{C}(\mathrm{I}\,;\mathbf{C})$ des fonctions continues dans $\mathrm{I} = [0, 1]$, les restrictions à I des monômes x^n ($n \in \mathbf{N}$) forment une famille libre au sens algébrique. Mais il existe une suite (p_n) de polynômes telle que $p_n(x^2)$ converge uniformément vers x dans I (TG, X, p. 36, lemme 2), ce qui signifie que x appartient au sous-espace vectoriel fermé de $\mathscr{C}(\mathrm{I}\,;\mathbf{C})$ engendré par les monômes x^{2n} ($n \in \mathbf{N}$).

Remarques. — 1) Contrairement à ce qui se passe en Algèbre pour les parties libres d'un espace vectoriel, l'ensemble des parties topologiquement libres d'un espace vectoriel topologique E *n'est pas inductif* en général pour la relation d'inclusion (I, p. 25, exerc. 2) ; en outre, il n'existe pas nécessairement dans E de partie topologiquement libre maximale (I, p. 25, exerc. 4), donc il n'existe pas nécessairement de partie topologiquement libre qui soit en même temps *totale*.

2) Soient M un sous-espace vectoriel fermé de E, et $(\dot{a}_\iota)_{\iota\in I}$ une famille topologiquement libre dans l'espace quotient E/M. Si a_ι est un élément quelconque de la classe $\dot{a}_\iota$, la famille $(a_\iota)_{\iota\in I}$ est topologiquement libre, comme il résulte de la déf. 2 et du fait que l'application canonique de E sur E/M est continue. Mais on notera que si N est le sous-espace vectoriel *fermé* engendré par les a_ι, on peut avoir $M \cap N \neq \{0\}$ (I, p. 25, exerc. 2) et par suite la somme M + N n'est pas nécessairement directe au sens algébrique (ni *a fortiori* au sens topologique).

2. Droites et hyperplans fermés

PROPOSITION 2. — *Tout espace vectoriel topologique séparé* E *de dimension* 1 *sur un corps valué non discret* K *est isomorphe à* K_s ; *de façon précise, pour tout* $a \neq 0$ *dans* E, *l'application* $\xi \mapsto \xi a$ *de* K_s *sur* E *est un isomorphisme* (autrement dit, toute application linéaire de K_s *sur* E est un isomorphisme).

Comme l'application $\xi \mapsto \xi a$ de K_s sur E est bijective et continue (I, p. 1, déf. 1), il suffit de prouver qu'elle est bicontinue. Soit α un nombre réel > 0 ; on va montrer qu'il existe un voisinage V de 0 dans E tel que la relation $\xi a \in V$ entraîne $|\xi| < \alpha$. Comme K n'est pas discret, il existe un élément $\xi_0 \in K$ tel que $0 < |\xi_0| < \alpha$; d'autre part, E étant séparé, il existe dans E un voisinage V de 0 ne contenant pas $\xi_0 a$, et on peut supposer V équilibré (I, p. 7, prop. 4). Montrons que la relation $\xi a \in V$ entraîne $|\xi| < |\xi_0|$; sinon, on aurait $|\xi_0\xi^{-1}| \leqslant 1$, donc $\xi_0 a = (\xi_0\xi^{-1})(\xi a) \in V$, contrairement à l'hypothèse, ce qui achève la démonstration.

COROLLAIRE 1. — *Dans un espace vectoriel topologique séparé* E *sur un corps valué non discret* K, *tout sous-espace vectoriel* D *de dimension* 1 *est isomorphe à* K_s.

COROLLAIRE 2. — *Soit* E *un espace vectoriel topologique sur un corps valué non discret. Tout sous-espace vectoriel* D (*de dimension* 1) *supplémentaire algébrique d'un hyperplan homogène fermé* H *est supplémentaire topologique de* H.

En effet, dans D, l'ensemble réduit à 0 est fermé, étant l'intersection de D et de l'ensemble fermé H ; D est donc séparé. Mais comme E/H est aussi séparé, l'application canonique de D sur E/H, qui est linéaire, est un isomorphisme en vertu de la prop. 2, d'où la conclusion (TG, III, p. 47).

THÉORÈME 1. — *Soit* E *un espace vectoriel topologique sur un corps valué non discret. Soit* H *un hyperplan dans* E, *défini par une équation* $f(x) = \alpha$, *où* f *est une forme linéaire non identiquement nulle. Pour que* H *soit fermé dans* E, *il faut et il suffit que* f *soit continue.*

La condition est évidemment suffisante (TG, I, p. 9, th. 1) ; montrons qu'elle est nécessaire. On peut supposer que H est un hyperplan fermé homogène, d'équation $f(x) = 0$; l'espace quotient E/H est alors un espace vectoriel topologique séparé de dimension 1 sur K. On peut écrire $f = g \circ \varphi$, où φ est l'application canonique de E sur E/H, et g une application linéaire de E/H sur K_s ; d'après la prop. 2, g est continue, donc il en est de même de f.

COROLLAIRE. — *Toute forme linéaire continue et non nulle sur* E *est un morphisme strict de* E *sur* K_s.

Remarque. — On peut donner des exemples d'espaces vectoriels topologiques normés sur un corps valué non discret et complet, dans lesquels toute forme linéaire continue est identiquement nulle (I, p. 25, exerc. 4) ; dans un tel espace, tout hyperplan est donc partout dense (I, p. 11, corollaire).

3. Sous-espaces vectoriels de dimension finie

THÉORÈME 2. — *Tout espace vectoriel topologique séparé* E *de dimension finie* n *sur un corps valué* complet *et non discret* K, *est isomorphe à* K_s^n ; *de façon précise, pour toute base* $(e_i)_{1 \leqslant i \leqslant n}$ *de* E *sur* K, *l'application linéaire* $(\xi_i) \mapsto \sum_{i=1}^{n} \xi_i e_i$ *est un isomorphisme de* K_s^n *sur* E.

La prop. 2 de I, p. 13, entraîne que le th. 2 est vrai pour $n = 1$; raisonnons par récurrence sur n. Soit H le sous-espace vectoriel de E engendré par $e_1, e_2, \ldots, e_{n-1}$; l'hypothèse de récurrence montre que l'application $(\xi_i)_{1 \leqslant i \leqslant n-1} \mapsto \sum_{i=1}^{n-1} \xi_i e_i$ est un isomorphisme de K_s^{n-1} sur H. Le sous-espace H, isomorphe à un produit d'espaces complets, est complet (TG, II, p. 17, prop. 10) ; par suite, il est *fermé* dans E (TG, II, p. 16, prop. 8). Soit D le sous-espace Ke_n supplémentaire de H dans E ; E est somme directe topologique de H et de D (I, p. 13, cor. 2), donc l'application

$$(\xi_i)_{1 \leqslant i \leqslant n} \mapsto \sum_{i=1}^{n} \xi_i e_i \text{ de } K_s^{n-1} \times K_s$$

sur E est un isomorphisme.

L'hypothèse que K est *complet* est essentielle pour la validité du th. 2 dès que $n > 1$. En effet, soit K un corps valué non complet, et soit $\hat{K}$ son complété : pour tout élément $a \neq 0$ de $\hat{K}$, $K.a$ est partout dense dans $\hat{K}$, puisque $x \mapsto xa$ est un homéomorphisme de $\hat{K}$ sur lui-même. Si $a \notin K$, le sous-espace $K + Ka$ de l'espace vectoriel topologique $\hat{K}$ sur K, est de dimension 2 sur K, mais il n'est pas isomorphe à K_s^2, puisque tout sous-espace de dimension 1 dans $K + Ka$ est dense dans $K + Ka$.

COROLLAIRE 1. — *Dans un espace vectoriel topologique séparé* E *sur un corps valué complet et non discret* K, *tout sous-espace vectoriel* F *de dimension finie est fermé dans* E.

En effet, si F est de dimension n, il est isomorphe à K_s^n, donc complet, et par suite fermé dans E (TG, II, p. 16, prop. 8).

COROLLAIRE 2. — *Soient* K *un corps valué complet et non discret,* E *un espace vectoriel topologique séparé de dimension finie sur* K, F *un espace vectoriel topologique quelconque sur* K ; *toute application linéaire de* E *dans* F *est continue.*

COROLLAIRE 3. — *Dans un espace vectoriel topologique séparé* E *sur un corps valué complet et non discret, toute partie libre* finie *est topologiquement libre.*

COROLLAIRE 4. — *Soit* E *un espace vectoriel topologique sur un corps valué complet non discret. Soient* M *un sous-espace vectoriel fermé de* E, F *un sous-espace vectoriel de dimension* finie *de* E ; *le sous-espace* M + F *est fermé dans* E.

En effet, l'espace quotient E/M est séparé ; soit φ l'homomorphisme canonique de E sur E/M ; le sous-espace M + F est égal à $\overset{-1}{\varphi}(\varphi(F))$. Or, $\varphi(F)$ est de dimension finie dans E/M, donc (cor. 1) $\varphi(F)$ est fermé dans E/M, et par suite $\overset{-1}{\varphi}(\varphi(F))$ est fermé dans E.

On observera que, si M et N sont deux sous-espaces vectoriels fermés *quelconques* dans un espace vectoriel topologique séparé E, M + N n'est pas nécessairement fermé dans E, * même si E est un espace hilbertien * (*cf.* IV, p. 64, exerc. 13 *d*)).

PROPOSITION 3. — *Soit* E *un espace vectoriel topologique sur un corps valué complet et non discret* K. *Soit* M *un sous-espace vectoriel fermé de codimension* finie *n dans* E. *Tout sous-espace* N *supplémentaire algébrique de* M *dans* E *est supplémentaire topologique de* M.

En effet, dans N, l'ensemble réduit à 0 est fermé, étant l'intersection de N et de l'ensemble M fermé dans E ; N est donc séparé. Comme E/M est aussi séparé, l'application canonique de N sur E/M, qui est linéaire et bijective, est bicontinue (I, p. 14, cor. 2), d'où la proposition.

COROLLAIRE. — *Soient* E *et* F *deux espaces vectoriels topologiques sur un corps valué complet et non discret. Si* F *est séparé et de dimension finie, toute application linéaire continue de* E *sur* F *est un morphisme strict.*

Remarque. — Les résultats des n°s 2 et 3 ne sont plus valables lorsque K est *discret*. Par exemple, soit K_1 un corps valué non discret, et soit K le corps discret obtenu en munissant K_1 de la valeur absolue impropre ; K_1 est un espace vectoriel topologique de dimension 1 sur K, mais n'est pas isomorphe à K_s. Toutefois, on peut montrer que les résultats des n°s 2 et 3 subsistent lorsque K est discret, pourvu qu'on impose aux espaces vectoriels topologiques considérés d'avoir un système fondamental de voisinages, *équilibrés* de 0 (c'est-à-dire ici de voisinages V tels que K.V = V) (I, p. 28, exerc. 14) ; cette condition (qui est toujours remplie lorsque K est un corps valué non discret, *cf.* I, p. 7, prop. 4) ne l'est plus ici pour tous les espaces vectoriels topologiques sur K, comme le montre l'exemple précédent.

4. Espaces vectoriels topologiques localement compacts

THÉORÈME 3. — *Soit* K *un corps valué complet non discret. Un espace vectoriel topologique séparé* E *sur* K *qui admet un voisinage de* 0 *précompact* V *est de dimension finie. Si* E *n'est pas réduit à* 0, K *et* E *sont alors localement compacts.*

Pour démontrer la première assertion, on peut se borner au cas où E est *complet*, car E est un sous-espace partout dense de son complété $\hat{E}$ et l'adhérence $\overline{V}$ de V dans $\hat{E}$ est compacte et est un voisinage de 0 dans $\hat{E}$ (TG, III, p. 24, prop. 7).

On peut donc supposer qu'il y a dans E un voisinage *compact* V de 0. Soit $\alpha \in K$ tel que $0 < |\alpha| < 1$; il y a donc des points $a_i \in V$ en nombre fini tels que

$$V \subset \bigcup_i (a_i + \alpha V).$$

Soit M le sous-espace (de dimension finie) de E engendré par les a_i ; il est fermé dans E (I, p. 14, cor. 1) ; dans l'espace vectoriel topologique séparé E/M, l'image canonique de V est un voisinage compact W de 0 tel que $W \subset \alpha W$; ceci s'écrit encore $\alpha^{-1}W \subset W$, d'où par récurrence sur n, $\alpha^{-n}W \subset W$ pour tout entier positif n. Comme W est absorbant, on en déduit que $W = E/M$; autrement dit E/M est *compact*. Pour prouver la première assertion, il suffit donc de démontrer le lemme suivant :

Lemme 1. — *Tout espace vectoriel topologique compact* E *sur un corps valué non discret est réduit à* 0.

En effet, comme E est complet, on peut supposer qu'il en est de même de K (I, p. 6). Si E n'était pas réduit à 0, il contiendrait une droite, fermée dans E, donc compacte, et isomorphe à K_s (I, p. 14, cor. 1 et I, p. 13, prop. 2), et par suite K serait compact ; mais cela est absurde, car l'application $\xi \mapsto |\xi|$ de K dans **R** est continue, donc serait bornée, alors qu'il existe des $\gamma \in K$ tels que $|\gamma| > 1$, donc tels que $|\gamma^n| = |\gamma|^n$ soit arbitrairement grand.

Revenant au th. 3, on voit que si E admet un voisinage de 0 précompact et n'est pas réduit à 0, E est de dimension finie sur K, donc isomorphe à un espace K_s^n avec $n > 0$; comme K est complet, il en est de même de E, qui est donc localement compact. Puisque K_s est isomorphe à une droite de E (I, p. 13, prop. 2), nécessairement fermée dans E (I, p. 14, cor. 1), K est localement compact.

Remarque. — La conclusion du th. 3 ne subsiste plus lorsque K est un corps discret, comme le montre l'exemple de **R** (muni de la topologie usuelle) considéré comme espace vectoriel topologique sur le corps **Q** discret.

§ 3. ESPACES VECTORIELS TOPOLOGIQUES MÉTRISABLES

1. Voisinages de 0 dans un espace vectoriel topologique métrisable

Nous dirons qu'un espace vectoriel topologique E est *métrisable* si sa topologie est métrisable. Muni de sa structure de groupe additif et de sa topologie, E est donc un groupe métrisable (TG, IX, p. 24).

On sait que, pour qu'un groupe topologique soit métrisable, il faut et il suffit que l'élément neutre e admette un système fondamental dénombrable de voisinages, dont l'intersection soit réduite à e (TG, IX, p. 23, prop. 1).

On sait qu'on peut définir la structure uniforme d'un espace vectoriel topologique métrisable E par une *distance invariante* $d(x, y) = |x - y|$, $x \mapsto |x|$ étant une application continue de E dans $\mathbf{R}_+$, qui satisfait aux trois conditions : 1) $|-x| = |x|$; 2) $|x + y| \leqslant |x| + |y|$; 3) la relation $|x| = 0$ est équivalente à $x = 0$ (TG, IX, p. 24, prop. 3).

On a vu (TG, IX, p. 24, prop. 2) comment une telle distance d peut être définie à l'aide d'une suite décroissante (W_n) de voisinages de 0 dans E, formant un système fondamental de voisinages, et telle que $W_{n+1} + W_{n+1} + W_{n+1} \subset W_n$. Lorsque E est un espace vectoriel métrisable sur un corps valué non discret K, on peut supposer en outre que les W_n sont équilibrés (I, p. 7, prop. 4) ; si on remonte au procédé de définition de d (*loc. cit.*), on voit alors que *la relation* $|\lambda| \leqslant 1$ *entraîne* $|\lambda x| \leqslant |x|$. En outre, les conditions ($\mathrm{EVT}'_{\mathrm{I}}$) et ($\mathrm{EVT}'_{\mathrm{II}}$) de I, p. 3 entraînent que, pour tout $x_0 \in E$, $|\lambda x_0|$ *tend vers* 0 *avec* $\lambda \in K$, et que, pour tout $\lambda_0 \in K$, $|\lambda_0 x|$ *tend vers* 0 *avec* $|x|$. Inversement, si la fonction $|x|$ possède toutes les propriétés précédentes, et si W_n désigne l'ensemble des $x \in E$ tels que $|x| \leqslant 2^{-n}$, on constate aussitôt que les W_n forment un système fondamental de voisinages équilibrés de 0 pour une topologie métrisable sur E, compatible avec la structure d'espace vectoriel de E.

Remarque. — Les espaces *normés* forment l'une des classes d'espaces vectoriels métrisables les plus importantes (I, p. 3). Mais il faut noter qu'il existe des espaces vectoriels métrisables dont la topologie *ne peut être définie par une norme* (I, p. 28, exerc. 1) ; nous en étudierons plus tard d'importants exemples.

2. Propriétés des espaces vectoriels métrisables

Tout sous-espace vectoriel d'un espace vectoriel topologique métrisable E est métrisable ; il en est de même de tout espace quotient E/M de E par un sous-espace vectoriel fermé M (TG, IX, p. 25, prop. 4). Tout produit d'une famille *dénombrable* d'espaces vectoriels topologiques métrisables est métrisable (TG, IX, p. 15, cor. 2). Si K_0 est un corps valué complet, et K un sous-corps partout dense de K_0, le complété $\hat{E}$ d'un espace vectoriel métrisable E sur K est un espace vectoriel métrisable sur K_0 (I, p. 6 et TG, IX, p. 12, prop. 1). Enfin, si E est un espace vectoriel métrisable et complet, pour tout sous-espace vectoriel fermé M de E, E/M est complet (TG, IX, p. 25, prop. 4).

3. Fonctions linéaires continues dans un espace vectoriel métrisable

THÉORÈME 1 (Banach). — *Soient* E *et* F *deux espaces vectoriels métrisables sur un corps valué non discret* K, *et* u *une application linéaire continue de* E *dans* F. *Supposons que* E *soit complet. Alors les conditions suivantes sont équivalentes* :

(i) *u est un morphisme strict surjectif.*

(ii) F *est complet et u est surjectif.*

(iii) *L'image de u n'est pas maigre* (TG, IX, p. 53) *dans* F.

(iv) *Pour tout voisinage* V *de* 0 *dans* E, $\overline{u(V)}$ *est un voisinage de* 0 *dans* F.

Montrons que (i) implique (ii). Supposons que u soit un morphisme strict surjectif, et soit N le noyau de u. Alors u induit un isomorphisme de E/N sur F. De plus, comme E est métrisable et complet, E/N est complet (TG, IX, p. 25, prop. 4), donc F est complet.

Montrons que (ii) implique (iii). Supposons que F soit complet et u surjectif. L'image de u est égale à F, donc n'est pas maigre dans F d'après le théorème de Baire (TG, IX, p. 55).

Le lemme suivant montre que (iii) implique (iv) :

Lemme 1. — *Soient* E *et* F *deux espaces vectoriels topologiques sur un corps valué non discret* K, *et soit u une application linéaire continue de* E *dans* F *dont l'image n'est pas maigre. Pour tout voisinage* V *de* 0 *dans* E, $\overline{u(V)}$ *est un voisinage de* 0 *dans* F.

Soit W un voisinage équilibré de 0 dans E tel que $W + W \subset V$ (I, p. 7, prop. 4). Soit d'autre part α un élément de K tel que $|\alpha| > 1$; alors E est la réunion des ensembles $\alpha^n W$ pour n parcourant N : en effet, pour tout $x \in E$, il existe $\beta \in K$ tel que $x \in \beta W$ (I, p. 7, prop. 4) et il existe un entier $n \geqslant 0$ tel que $|\beta| < |\alpha|^n$, d'où $x \in \alpha^n W$ puisque W est équilibré. Par suite, $u(E)$ est réunion de la suite des ensembles $u(\alpha^n W) = \alpha^n u(W)$, et comme $u(E)$ n'est pas maigre dans F, l'un au moins des ensembles $\alpha^n \overline{u(W)}$ a un point intérieur (TG, IX, p. 53, déf. 2). Soit y_0 un point intérieur de $\overline{u(W)}$; on a $-u(W) = u(W)$, d'où $-\overline{u(W)} = \overline{u(W)}$ et par suite $0 = y_0 + (-y_0)$ est un point intérieur de $\overline{u(W)} + \overline{u(W)}$. Comme l'addition est une application continue de $F \times F$ dans F, l'ensemble $\overline{u(W)} + \overline{u(W)}$ est contenu dans l'adhérence de l'ensemble

$$u(W) + u(W) = u(W + W) \subset u(V)\,;$$

par suite, $\overline{u(V)}$ est un voisinage de 0 dans F.

Dans l'énoncé suivant, on convient que, dans tout espace métrique, $B_r(x)$ désigne la boule *fermée* de centre x et de rayon r.

Lemme 2. — *Soient* E *et* F *deux espaces métriques,* E *étant en outre supposé complet. Soit u une application continue de* E *dans* F, *ayant la propriété suivante : quel que soit le nombre* $r > 0$, *il existe un nombre* $\rho(r) > 0$ *tel que, pour tout* $x \in E$, *on ait*

$$B_{\rho(r)}(u(x)) \subset \overline{u(B_r(x))}\,.$$

Dans ces conditions, pour tout $a > r$, *l'image* $u(B_a(x))$ *contient la boule* $B_{\rho(r)}(u(x))$.

Soit en effet (r_n) une suite infinie de nombres > 0 telle que $r_1 = r$ et $a = \sum_{n=1}^{\infty} r_n$. Pour chaque indice n, il existe un nombre $\rho_n > 0$ (avec $\rho_1 = \rho(r)$) tel que

$$B_{\rho_n}(u(x)) \subset \overline{u(B_{r_n}(x))}$$

pour tout $x \in E$; on peut toujours supposer que $\lim_{n \to \infty} \rho_n = 0$.

Soit x_0 un point de E, et soit y un point de $B_{\rho(r)}(u(x_0))$. Nous allons montrer que y appartient à $u(B_a(x_0))$.

Pour cela, nous allons déterminer par récurrence une suite $(x_n)_{n>0}$ de points de E telle que, pour tout $n \geqslant 1$, on ait $x_n \in B_{r_n}(x_{n-1})$ et $u(x_n) \in B_{\rho_{n+1}}(y)$. Si les x_i sont déterminés pour $0 \leqslant i \leqslant n-1$ et satisfont à ces relations, on a $y \in B_{\rho_n}(u(x_{n-1}))$; comme

$$B_{\rho_n}(u(x_{n-1})) \subset \overline{u(B_{r_n}(x_{n-1}))}\,,$$

il existe un point $x_n \in B_{r_n}(x_{n-1})$ dont l'image $u(x_n)$ appartient au voisinage $B_{\rho_{n+1}}(y)$ de y, ce qui démontre l'existence de la suite (x_n).

La suite (x_n) est une suite de Cauchy dans E, car la distance de x_n à x_{n+p} est majorée par $r_{n+1} + r_{n+2} + \cdots + r_{n+p}$, qui est arbitrairement petit dès que n est assez grand. Comme E est complet, la suite (x_n) converge vers un point $x \in$ E, et la distance de x_0 à x est majorée par $\sum_{n=1}^{\infty} r_n = a$, donc $x \in \mathrm{B}_a(x_0)$. Mais comme u est continue, la suite $(u(x_n))$ converge vers $u(x)$; or on a $u(x_n) \in \mathrm{B}_{\rho_{n+1}}(y)$, donc $y = u(x)$, ce qui achève la démonstration du lemme 2.

Supposons que u satisfasse à la condition (iv). Munissons chacun des espaces E et F d'une distance invariante par translation et définissant sa topologie (I, p. 16). Par hypothèse, l'ensemble $\overline{u(\mathrm{B}_r(0))}$ est un voisinage de 0 pour tout nombre $r > 0$, et il existe donc un nombre $\rho(r) > 0$ tel que $\mathrm{B}_{\rho(r)}(0) \subset \overline{u(\mathrm{B}_r(0))}$. Par translation, on en conclut que $\mathrm{B}_{\rho(r)}(u(x))$ est contenue dans $\overline{u(\mathrm{B}_r(x))}$ pour tout $r > 0$ et tout $x \in$ E. D'après le lemme 2, pour tout couple (a, r) de nombres réels tel que $a > r > 0$, on a $\mathrm{B}_{\rho(r)}(0) \subset u(\mathrm{B}_a(0))$, donc u est un morphisme strict de E sur F. On a prouvé que (iv) implique (i).

COROLLAIRE 1. — *Si* E *et* F *sont deux espaces vectoriels métrisables et complets sur un corps valué non discret, toute application linéaire continue et bijective u de* E *sur* F *est un isomorphisme.*

En particulier, si E et F sont des espaces *normés* complets, il existe un nombre $a > 0$ tel que $\|u(x)\| \geqslant a . \|x\|$ pour tout $x \in$ E.

COROLLAIRE 2. — *Soient* E *un espace vectoriel sur un corps valué non discret,* $\mathscr{T}_1$ *et* $\mathscr{T}_2$ *deux topologies sur* E *compatibles avec sa structure d'espace vectoriel et pour chacune desquelles* E *est métrisable et complet. Si* $\mathscr{T}_1$ *et* $\mathscr{T}_2$ *sont comparables, elles sont identiques.*

COROLLAIRE 3. — *Soient* E *et* F *deux espaces vectoriels métrisables et complets sur un corps valué non discret. Pour qu'une application linéaire continue u de* E *dans* F *soit un morphisme strict, il faut et il suffit que u*(E) *soit fermé dans* F.

La condition est nécessaire, car si u est un morphisme strict, u(E), isomorphe au quotient $\mathrm{E}/u^{-1}(0)$, est complet (I, p. 17) donc fermé dans F. La condition est suffisante, car si u(E) est fermé dans F, c'est un espace vectoriel métrisable et complet, donc u est un morphisme strict de E sur u(E) en vertu du th. 1.

COROLLAIRE 4. — *Soit* E *un espace vectoriel métrisable et complet sur un corps valué non discret. Si* M *et* N *sont deux sous-espaces vectoriels fermés supplémentaires (algébriques) dans* E, E *est somme directe topologique de* M *et de* N.

En effet, M × N est un espace vectoriel métrisable et complet, et l'application $(y, z) \mapsto y + z$ de M × N sur E est continue et bijective, donc un isomorphisme (cor. 1).

COROLLAIRE 5 (théorème du graphe fermé). — *Soient* E *et* F *deux espaces vectoriels métrisables et complets sur un corps valué non discret. Pour qu'une application linéaire u de* E *dans* F *soit continue, il faut et il suffit que son graphe dans l'espace produit* E × F *soit fermé.*

La condition est nécessaire, le graphe d'une application continue dans un espace séparé étant toujours fermé (TG, I, p. 53, cor. 2). Pour voir qu'elle est suffisante, remarquons qu'elle entraîne que le graphe G de u, sous-espace vectoriel fermé de l'espace métrisable et complet E × F, est lui-même métrisable et complet. La projection $z \mapsto \mathrm{pr}_1(z)$ de G sur E est une application linéaire continue et bijective, donc un isomorphisme (cor. 1) ; comme son application réciproque est $x \mapsto (x, u(x))$, u est continue dans E.

On peut encore exprimer ce corollaire sous la forme suivante : si, pour toute suite (x_n) de points de E qui converge vers 0 et *est telle que la suite* $(u(x_n))$ *ait une limite* y, on a nécessairement $y = 0$, alors u est continue.

Exemple. — Soit E un sous-espace vectoriel de l'espace des fonctions numériques définies dans $\mathrm{I} = [0, 1]$; soit $\|f\|$ une norme sur E telle que E, muni de cette norme, soit *complet*, et que sa topologie soit plus fine que la topologie de la convergence simple. Supposons en outre que E contienne l'ensemble $\mathscr{C}^\infty(\mathrm{I})$ des fonctions indéfiniment dérivables dans I ; nous allons montrer qu'il existe alors un entier $k \geqslant 0$ tel que E contienne l'ensemble $\mathscr{C}^k(\mathrm{I})$ de toutes les fonctions admettant une dérivée k-ième continue dans I.

Pour tout couple d'entiers $m > 0$, $n \geqslant 0$, soit V_{mn} l'ensemble des fonctions $f \in \mathscr{C}^\infty(\mathrm{I})$ telles que $|f^{(h)}(x)| \leqslant 1/m$ pour $0 \leqslant h \leqslant n$ et pour tout $x \in \mathrm{I}$; on vérifie aussitôt que les V_{mn} forment un système fondamental de voisinages de 0 pour une topologie métrisable compatible avec la structure d'espace vectoriel de $\mathscr{C}^\infty(\mathrm{I})$; en outre, $\mathscr{C}^\infty(\mathrm{I})$ est *complet* pour cette topologie (FVR, II, p. 2, th. 1). Soit u l'application canonique de $\mathscr{C}^\infty(\mathrm{I})$ dans E ; montrons que u est *continue*. En vertu du cor. 5 de I, p. 19, il suffit de prouver que, si une suite (f_n) converge vers 0 dans $\mathscr{C}^\infty(\mathrm{I})$ et a une limite f dans E, on a nécessairement $f = 0$, ce qui est immédiat, puisque f est par hypothèse limite simple de (f_n). Il existe donc un entier $k \geqslant 0$ et un nombre $a > 0$ tels que la relation

$$p_k(f) = \sup_{\substack{x \in \mathrm{I} \\ 0 \leqslant h \leqslant k}} |f^{(h)}(x)| \leqslant a$$

entraîne $\|f\| \leqslant 1$ pour toute fonction $f \in \mathscr{C}^\infty(\mathrm{I})$.

Mais p_k est une norme sur l'espace $\mathscr{C}^k(\mathrm{I})$, et $\mathscr{C}^\infty(\mathrm{I})$ est un sous-espace partout dense de $\mathscr{C}^k(\mathrm{I})$ pour cette norme (l'ensemble des polynômes étant déjà partout dense dans $\mathscr{C}^k(\mathrm{I})$, comme il résulte aussitôt du th. de Weierstrass-Stone). Comme, en vertu de ce qui précède, l'application identique de $\mathscr{C}^\infty(\mathrm{I})$ (muni de la norme p_k) dans E est continue, elle se prolonge par continuité à l'espace $\mathscr{C}^k(\mathrm{I})$ tout entier (parce que E est complet), ce qui démontre notre assertion.

PROPOSITION 1. — *Soient* E, F *deux espaces vectoriels topologiques sur un corps valué non discret* K. *On suppose que* :

1) E *est métrisable et complet.*

2) *Il existe une suite* (F_n) *d'espaces vectoriels métrisables et complets sur* K *et, pour tout* n, *une application linéaire injective et continue* v_n *de* F_n *dans* F *telles que* F *soit réunion des sous-espaces* $v_n(\mathrm{F}_n)$.

Soit alors u une application linéaire de E *dans* F. *Si le graphe de u est fermé dans* E × F, *il existe un entier n et une application linéaire continue* u_n *de* E *dans* F_n *tels que* $u = v_n \circ u_n$ (ce qui entraîne que u est *continue* et que $u(\mathrm{E}) \subset v_n(\mathrm{F}_n)$).

Soit G le graphe de u dans E × F. Pour tout n, considérons l'application linéaire continue $w_n : (x, y) \mapsto (x, v_n(y))$ de $E \times F_n$ dans $E \times F$; comme G est fermé, $w_n^{-1}(G) = G_n$ est un sous-espace vectoriel fermé de $E \times F_n$; si p_n est la restriction à G_n de la première projection pr_1, on a $p_n(G_n) = u^{-1}(v_n(F_n))$. Comme p_n est continue et G_n complet (puisque G_n est fermé dans l'espace complet $E \times F_n$), $p_n(G_n)$ est ou bien maigre dans E, ou bien égal à E en vertu du th. 1. Mais par hypothèse E est réunion des $p_n(G_n)$, et comme E est complet, les $p_n(G_n)$ ne peuvent être tous maigres dans E en vertu du th. de Baire (TG, IX, p. 55, th. 1). Donc il existe un entier n tel que $p_n(G_n) = E$, autrement dit $u(E) \subset v_n(F_n)$. En outre, comme v_n est injective, G_n est le graphe d'une application linéaire u_n de E dans F_n, et en vertu du th. du graphe fermé (I, p. 19, cor. 5) u_n est *continue* ; il résulte alors des définitions que $u = v_n \circ u_n$. C.Q.F.D.

Exercices

§ 1

1) Soit $E_0 = \mathbf{Q}_p^{\mathbf{N}}$ l'espace vectoriel sur le corps p-adique $\mathbf{Q}_p$ (TG, III, p. 84, exerc. 23), produit d'une infinité dénombrable de facteurs identiques à $\mathbf{Q}_p$. Soit $P \subset E_0$ l'ensemble $\mathbf{Z}_p^{\mathbf{N}}$, et soit E le sous-espace vectoriel de E_0 engendré par P. On considère sur le groupe additif P la topologie compacte produit des topologies des facteurs $\mathbf{Z}_p$, et on désigne par $\mathfrak{V}$ le filtre des voisinages de 0 dans P pour cette topologie. Montrer que $\mathfrak{V}$ est un système fondamental de voisinages de 0 dans E pour une topologie $\mathscr{T}$ compatible avec la structure de groupe additif de E, qui vérifie les axiomes $(\mathrm{EVT}'_{\mathrm{I}})$ et $(\mathrm{EVT}'_{\mathrm{III}})$, mais non $(\mathrm{EVT}'_{\mathrm{II}})$ (prouver que l'homothétie $x \mapsto x/p$ n'est pas continue dans E).

2) Soient K un corps topologique non discret, K_0 le corps K muni de la topologie discrète. La topologie discrète sur K_0 est compatible avec sa structure de groupe additif, et, lorsqu'on considère K_0 comme un K-espace vectoriel, elle vérifie les axiomes $(\mathrm{EVT}'_{\mathrm{II}})$ et $(\mathrm{EVT}'_{\mathrm{III}})$, mais non $(\mathrm{EVT}'_{\mathrm{I}})$.

3) Pour tout nombre réel $\alpha > 0$, soit G_α le groupe topologique $\mathbf{R}/\alpha\mathbf{Z}$, et soit G le groupe topologique produit $\prod_\alpha G_\alpha$ (α parcourant l'ensemble des nombres > 0). Pour tout $x \in \mathbf{R}$, soit $t_\alpha(x)$ l'image canonique de x dans G_α ; l'application $\varphi : x \mapsto (t_\alpha(x))$ est un homomorphisme injectif et continu de $\mathbf{R}$ dans G. On considère sur $\mathbf{R}$ la topologie image réciproque de celle de G par φ, et on désigne par E le groupe topologique obtenu en munissant $\mathbf{R}$ de cette topologie. Montrer que lorsque E est considéré comme espace vectoriel sur $\mathbf{R}$, sa topologie vérifie les axiomes $(\mathrm{EVT}'_{\mathrm{I}})$ et $(\mathrm{EVT}'_{\mathrm{II}})$, mais non $(\mathrm{EVT}'_{\mathrm{III}})$.

4) Soit E un espace vectoriel sur un corps valué K ; on suppose E muni d'une topologie *métrisable* compatible avec sa structure de groupe additif. On suppose en outre que cette topologie vérifie les axiomes $(\mathrm{EVT}'_{\mathrm{I}})$ et $(\mathrm{EVT}'_{\mathrm{II}})$; montrer que si l'un des deux groupes métrisables K, E est *complet*, la topologie de E vérifie aussi $(\mathrm{EVT}'_{\mathrm{III}})$, et est par suite compatible avec la structure d'espace vectoriel de E (*cf.* TG, IX, p. 115, exerc. 21).

5) Soient K un corps valué commutatif non discret, S un ensemble infini quelconque.
a) Soit $D = (a_n)$ un ensemble infini dénombrable d'éléments de S. Pour tout $\lambda \in K$ tel que $|\lambda| \leqslant 1$, soit u_λ l'élément de l'espace normé $\mathscr{B}_K(S)$ (I, p. 4) des applications bornées de S dans K, tel que $u_\lambda(a_n) = \lambda^n$ pour tout $n \in \mathbf{N}$ et $u_\lambda(b) = 0$ pour $b \notin D$. Montrer que la famille (u_λ) est (algébriquement) libre.
b) En déduire que toute base de l'espace vectoriel $\mathscr{B}_K(S)$ est équipotente à K^S (en utilisant *a*), montrer que le cardinal de toute base de $\mathscr{B}_K(S)$ est au moins égal à Card (K) : remarquer d'autre part que $\mathrm{Card}(\mathscr{B}_K(S)) = \mathrm{Card}(K^S)$ et utiliser A, II, p. 182, exerc. 22).
c) Montrer de la même manière que toute base de l'espace vectoriel $\ell^1_K(S)$ est équipotente à $(K \times S)^{\mathbf{N}}$.

6) Soit K un corps valué non discret. Montrer que, sur l'espace $\ell^1_K(\mathbf{N})$ des suites absolument sommables $x = (\xi_n)$ d'éléments de K, les normes $\|x\|_1 = \sum_{n=0}^{\infty} |\xi_n|$ et $\|x\| = \sup_n |\xi_n|$ ne sont pas équivalentes (*cf.* TG, IX, p. 32, prop. 8) ; montrer que $\ell^1_K(\mathbf{N})$, muni de la norme $\|x\|$, n'est jamais complet, même si K est complet ; quelle est son adhérence dans $\mathscr{B}_K(\mathbf{N})$?

¶ 7) * Soient A un anneau de valuation discrète, v la valuation normée du corps des fractions K de A ; on prend sur K la valeur absolue a^v, où $0 < a < 1$. Soit E un espace vectoriel normé sur K, dont la norme vérifie l'inégalité ultramétrique

$$\|x + y\| \leqslant \sup(\|x\|, \|y\|)\,.$$

a) On désigne par M l'ensemble des $x \in E$ tels que $\|x\| \leqslant 1$, par π une uniformisante de A ; M est un A-module, et $M/\pi M$ un espace vectoriel sur le corps résiduel $k = A/\pi A$ de A. Soit $(e_\lambda)_{\lambda \in L}$ une famille d'éléments de M telle que les images des e_λ dans $M/\pi M$ forment une base de ce k-espace vectoriel. Montrer que (e_λ) est une famille libre dans E et que le sous-espace vectoriel F de E engendré par (e_λ) est dense dans E.
b) Si, pour tout $x = \sum_\lambda \xi_\lambda e_\lambda$ dans F, on pose $\|x\|_1 = \sup_\lambda |\xi_\lambda|$, montrer que sur F les normes $\|x\|$ et $\|x\|_1$ sont équivalentes.
c) Supposons K complet. Déduire de *a*) et *b*) que si L est fini, le complété $\hat{E}$ de E est isomorphe à K^L ; si L est infini, $\hat{E}$ est isomorphe au sous-espace $\mathscr{C}^0_K(L)$ de $\mathscr{B}_K(L)$ formé des familles (ξ_λ) telles que $\lim \xi_\lambda = 0$ suivant le filtre des complémentaires des parties finies de L.
d) On suppose K et E complets ; soit d'autre part G un second espace normé complet sur K dont la norme vérifie l'inégalité ultramétrique. Montrer qu'en remplaçant au besoin la norme de $\mathscr{L}(E\,;G)$ (TG, X, p. 23) par une norme équivalente, $\mathscr{L}(E\,;G)$ est isométrique à l'espace vectoriel des familles $(y_\lambda)_{\lambda \in L}$ d'éléments de G telles que $\sup_{\lambda \in L} \|y_\lambda\| < +\infty$, muni de la norme $\sup_{\lambda \in L} \|y_\lambda\|$ (qui vérifie aussi l'inégalité ultramétrique). *

8) Soit E un espace vectoriel topologique sur un corps topologique non discret K. Pour qu'il existe un voisinage du point (0, 0) de $K \times E$ tel que l'application $(\lambda, x) \mapsto \lambda x$ soit uniformément continue dans ce voisinage, il faut et il suffit qu'il existe un voisinage V_0 de 0 dans E tel que les ensembles λV_0 forment un système fondamental de voisinages de 0 dans E lorsque λ parcourt l'ensemble des éléments $\neq 0$ de K. Lorsque K est un corps valué non discret et que E est séparé, montrer que la structure uniforme de E est alors métrisable.

9) Généraliser la prop. 5 de I, p. 8 au cas où les espaces E_i $(1 \leqslant i \leqslant n)$ et F sont des espaces vectoriels topologiques sur un corps topologique commutatif non discret quelconque.

10) Soit E un espace vectoriel topologique séparé et complet sur un corps valué non discret K. Soient F un sous-espace vectoriel de E, et $\mathscr{T}$ la topologie sur F, induite par la topologie $\mathscr{T}'$ de E ; soit $\mathfrak{B}$ un système fondamental de voisinages fermés et équilibrés de 0 pour $\mathscr{T}$. Soit F_0 le sous-espace vectoriel de E, engendré par les adhérences $\overline{V}$ dans E (pour $\mathscr{T}'$) des ensembles $V \in \mathfrak{B}$; les ensembles $\overline{V}$ forment un système fondamental de voisinages de 0 pour une topologie $\mathscr{T}_0$ sur F_0, compatible avec la structure d'espace vectoriel de F_0 ; pour cette topologie, F_0 est complet, et la topologie induite par $\mathscr{T}_0$ sur F est égale à $\mathscr{T}$.

11) Dans un espace vectoriel topologique E sur un corps topologique non discret K, il existe un système fondamental $\mathfrak{B}$ de voisinages fermés de 0, satisfaisant aux conditions (EV_{II}) et (EV_{III}), ainsi qu'aux deux suivantes :
(EV_{Ia}) Quel que soit $V \in \mathfrak{B}$, il existe $W \in \mathfrak{B}$ et un voisinage U de 0 dans K tels que $UW \subset V$.
(EV_{Ib}) Quels que soient $x \in E$ et $V \in \mathfrak{B}$, il existe $\lambda \neq 0$ dans K tel que $\lambda x \in V$.
Réciproquement, soit E un espace vectoriel sur K et soit $\mathfrak{B}$ une base de filtre sur E satisfaisant aux conditions (EV_{Ia}), (EV_{Ib}), (EV_{II}) et (EV_{III}). Montrer qu'il existe une topologie et une seule sur E, compatible avec la structure d'espace vectoriel de E, et pour laquelle $\mathfrak{B}$ est un système fondamental de voisinages de 0.

12) Soient K un corps commutatif *discret*, E le corps des fractions de l'anneau de séries formelles $A = K[[X, Y]]$ en deux indéterminées sur K (A, IV, p. 36). Pour tout entier $n \geqslant 0$, soit $V_n \subset A$ l'ensemble des séries formelles d'ordre (total) au moins égal à n. Montrer que, dans E, les ensembles V_n forment un système fondamental de voisinages de 0 pour une topologie compatible avec la structure d'espace vectoriel de E (sur K), pour laquelle E est métrisable et complet ; si en outre K est un corps fini, E est localement compact. Montrer que l'application K-bilinéaire $(u, v) \mapsto uv$ de $E \times E$ dans E est continue au point (0, 0), mais qu'il existe des $u_0 \in E$ tels que $v \mapsto u_0 v$ ne soit pas continue dans E (par exemple, $u_0 = 1/X$).

13) Soit E un espace vectoriel de dimension infinie sur **R**, et soit $\mathfrak{T}$ l'ensemble de toutes les parties équilibrées et absorbantes de E. Montrer que $\mathfrak{T}$ ne satisfait pas à l'axiome (EV_{III}) (autrement dit, n'est pas un système fondamental de voisinages de 0 pour une topologie compatible avec la structure de groupe additif de E). Pour cela, considérer une famille libre infinie $(e_n)_{n \geqslant 1}$ dans E ; pour tout entier $n \geqslant 1$, soit A_n l'ensemble des points $\sum_{i=1}^{n} t_i e_i$ tels que $|t_i| \leqslant 1/n$ pour $1 \leqslant i \leqslant n$; soient A la réunion des A_n, V un sous-espace supplémentaire du sous-espace de E engendré par les e_n, C l'ensemble $A + V$; montrer qu'il n'existe aucun ensemble $M \in \mathfrak{T}$ tel que $M + M \subset C$.

¶ 14) Soient K un corps topologique séparé, $(E_\iota)_{\iota \in I}$ une famille *infinie* d'espaces vectoriels topologiques séparés sur K, non réduits à 0. On considère sur $F = \prod_{\iota \in I} E_\iota$ la topologie $\mathscr{T}$, compatible avec la structure de groupe additif de F, pour laquelle un système fondamental de voisinages de 0 est formé des produits $\prod_{\iota \in I} V_\iota$, où, pour *chaque* $\iota \in I$, V_ι est un voisinage quelconque de 0 dans E_ι (topologie strictement plus fine que la topologie produit ; *cf.* TG, III, p. 70, exerc. 23). On désigne par $\mathscr{T}_0$ la topologie induite par $\mathscr{T}$ sur le sous-espace $E = \bigoplus_{\iota \in I} E_\iota$ de F ; E est fermé dans F pour la topologie $\mathscr{T}$, et si chacun des E_ι est complet, F est complet pour la topologie $\mathscr{T}$, donc E pour $\mathscr{T}_0$ (TG, III, p. 73, exerc. 10).
a) Montrer que s'il existe dans K un voisinage de 0 borné à droite (TG, III, p. 81, exerc. 12) (en particulier, si K est un corps valué), la topologie $\mathscr{T}_0$ est compatible avec la structure d'espace vectoriel de E. Si en outre K n'est pas discret, E n'est un espace de Baire pour aucune topologie plus fine que $\mathscr{T}_0$ et compatible avec la structure d'espace vectoriel de E.
b) Inversement, s'il n'existe dans K aucun voisinage de 0 borné à droite (voir *c*)), donner un exemple de famille (E_ι) telle que la topologie $\mathscr{T}_0$ ne soit pas compatible avec la structure d'espace vectoriel de E.
c) Soit $A = \mathbf{R}[X]$ l'anneau des polynômes en une indéterminée sur **R**. Pour toute suite $s = (\varepsilon_n)_{n \geqslant 0}$ de nombres réels > 0, on désigne par V_s l'ensemble des polynômes $\sum_k a_k X^k \in A$ tels que $|a_k| < \varepsilon_k$ pour tout k. Soit $\mathfrak{T}$ l'ensemble des V_s où s parcourt l'ensemble des suites de nombres > 0. Montrer que $\mathfrak{T}$ est un système fondamental de voisinages symétriques de 0 pour une topologie compatible avec la structure d'anneau de A. Soit $K = \mathbf{R}(X)$ le corps des fractions de A ; on désigne par $\mathfrak{S}$ l'ensemble des parties de K de la forme $U(1 + U)^{-1}$, où U parcourt l'ensemble des V_s ne contenant pas 1 ; montrer que $\mathfrak{S}$ est un système fondamental de voisinages de 0 pour une topologie compatible avec la structure de corps de K, et qu'il n'existe dans K aucun voisinage de 0 qui soit borné.

d) Pour tout corps topologique séparé K, montrer qu'il existe un ensemble I tel que sur $F = K^I$, la topologie $\mathcal{T}$ définie ci-dessus ne soit pas compatible avec la structure d'espace vectoriel de F.

§ 2

1) Soit S un ensemble infini quelconque.

a) Montrer que le plus petit cardinal des ensembles totaux dans l'espace normé $\mathscr{B}(S)$ des applications bornées de S dans $\mathbf{R}$ (I, p. 4) est égal à $2^{\text{Card}(S)}$ (considérer l'ensemble des fonctions caractéristiques des parties de S, et remarquer qu'il existe un ensemble dénombrable partout dense dans $\mathbf{R}$).

b) Montrer que le plus petit cardinal des ensembles totaux dans l'espace normé $\ell^1(S)$ (I, p. 4) est égal à Card(S).

2) Dans l'espace vectoriel topologique produit $E = \mathbf{R}^{\mathbf{N}}$ sur le corps $\mathbf{R}$, on désigne par e_n ($n \in \mathbf{N}$) les éléments de la base canonique de l'espace somme directe $\mathbf{R}^{(\mathbf{N})}$. On pose $a_0 = e_0$, $a_n = e_0 + (1/n)e_n$ pour $n \geqslant 1$. Montrer que, pour tout entier $n \geqslant 0$, les a_i tels que $0 \leqslant i \leqslant n$ forment une famille topologiquement libre dans E, mais que la famille infinie $(a_n)_{n \geqslant 0}$ n'est pas topologiquement libre. Si M est le sous-espace vectoriel fermé $\mathbf{R}a_0$, les classes $\dot{a}_n$ des a_n dans E/M forment une famille topologiquement libre (pour $n \geqslant 1$), mais le sous-espace vectoriel fermé N engendré par les a_n d'indice $n \geqslant 1$ dans E contient M.

3) Soient E un espace vectoriel topologique sur $\mathbf{R}$, f un homomorphisme de groupes additifs de E dans $\mathbf{R}$. Montrer que s'il existe un voisinage de 0 dans E dans lequel f soit bornée, f est une forme linéaire continue dans E. Il en est ainsi en particulier lorsque f est semi-continue (inférieurement ou supérieurement).

4) On désigne par K le corps $\mathbf{R}$ muni de la valeur absolue $p(\xi) = |\xi|^{1/2}$. Soit E l'espace vectoriel sur K des fonctions numériques réglées dans $I = [0, 1]$, continues à droite en tout point et nulles au point 1; montrer que sur E l'application $x \mapsto \|x\| = \int_0^1 |x(t)|^{1/2} dt$ est une *norme*. Montrer que pour toute fonction $x \geqslant 0$ dans E, il existe dans E deux fonctions $x_1 \geqslant 0$, $x_2 \geqslant 0$ telles que $x = \frac{1}{2}(x_1 + x_2)$ et

$$\|x_1\| = \|x_2\| = \frac{1}{\sqrt{2}} \|x\| .$$

En déduire que toute forme linéaire continue sur E est identiquement nulle.

5) Soit K un corps topologique séparé dont la topologie est localement rétrobornée (TG, III, p. 83, exerc. 22). Étendre la prop. 2 de I, p. 13 et le th. 1 de I, p. 13 aux espaces vectoriels topologiques sur K; étendre de même le th. 2 de I, p. 14 et la prop. 3 de I, p. 15 en supposant que K est en outre complet.

6) Soit K le corps topologique obtenu en transportant au corps $\mathbf{Q}(\sqrt{2})$ la topologie usuelle de $\mathbf{Q}^2$ par l'application $(x, y) \mapsto x + y\sqrt{2}$.

a) Soit E l'ensemble $\mathbf{Q}(\sqrt{2})$ muni de sa structure d'espace vectoriel sur K et de la topologie induite par celle de $\mathbf{R}$. Montrer que E est un espace vectoriel topologique séparé, de dimension 1 sur K, mais non isomorphe à K_s.

b) Soit F l'espace vectoriel topologique $E \times E$ sur K; dans F, l'hyperplan $E \times \{0\}$ est fermé, mais il n'existe aucune équation de cet hyperplan de la forme $f(x) = 0$, où f est une forme linéaire continue sur $E \times E$.

7) Soient K un corps valué non discret et non complet, E le sous-espace vectoriel topologique $K + Ka$ de $\hat{K}$, où $a \notin K$; soit F l'espace produit $K \times E$. Dans F, le sous-espace $M = K \times \{0\}$ est fermé et de codimension 2. Soit N le sous-espace supplémentaire de M

dans F engendré par les vecteurs (0, 1) et (1, a) ; montrer que F n'est pas somme directe topologique de M et N.

¶ 8) Soient p un nombre premier, $\mathbf{Q}_p$ le corps des nombres p-adiques (TG, III, p. 84, exerc. 23). Soit E_0 l'espace topologique produit $\mathbf{Q}_p \times \mathbf{R}$; si K désigne le corps $\mathbf{Q}$ muni de la topologie discrète, E_0 est un espace vectoriel topologique sur K. Soit M le sous-espace vectoriel de E_0 formé des éléments (r, r), où r parcourt $\mathbf{Q}$; soient d'autre part θ un nombre irrationnel, et N le sous-espace vectoriel formé des éléments $(0, r\theta)$, où r parcourt $\mathbf{Q}$. Soit E le sous-espace M + N de E_0 ; montrer que, dans E, N est un hyperplan fermé, mais qu'il n'existe aucun sous-espace supplémentaire topologique de N (on remarquera que M est partout dense dans E_0).

9) Soient X un espace topologique séparé, V un sous-espace vectoriel de l'espace $\mathscr{C}(X ; \mathbf{R})$, de dimension finie n.
a) Montrer qu'il existe n ensembles ouverts U_i $(1 \leqslant i \leqslant n)$ dans X, deux à deux disjoints, tels que toute fonction $f \in V$ qui s'annule identiquement dans *chacun* des U_i est identiquement nulle dans X (utiliser A, II, p. 105, cor. 3).
b) Soit $x_i \in U_i$ pour $1 \leqslant i \leqslant n$. Déduire de *a*) qu'il existe une constante $c > 0$ telle que, pour toute fonction $f \in V$, on ait

$$\sup_{x \in X} |f(x)| \leqslant c . \sum_{i=1}^{n} |f(x_i)| .$$

10) Soient K un corps valué localement compact non discret, E un espace vectoriel à gauche de dimension *finie* sur K. On désigne par $\mathfrak{N}(E)$ l'ensemble des normes sur E, qui est un sous-ensemble de l'espace $\mathscr{C}(E ; \mathbf{R})$ des applications continues de E (pour la topologie canonique) dans $\mathbf{R}$.
a) Lorsqu'on munit $\mathscr{C}(E ; \mathbf{R})$ de la topologie de la convergence compacte *(pour laquelle c'est un espace de Fréchet) $_*$, $\mathfrak{N}(E)$ est fermé dans $\mathscr{C}(E ; \mathbf{R})$, et localement compact.
b) Soit p_0 un élément de $\mathfrak{N}(E)$; montrer qu'il existe une application continue $(\lambda, p) \mapsto \pi_\lambda(p)$ de $[0, 1] \times \mathfrak{N}(E)$ dans $\mathfrak{N}(E)$ telle que $\pi_0(p) = p$ et $\pi_1(p) = p_0$ pour tout $p \in \mathfrak{N}(E)$.

11) Les hypothèses étant celles de I, p. 23, exerc. 7, montrer que si K et E sont complets, tout sous-espace fermé de E admet un supplémentaire topologique (procéder comme dans *loc. cit. a*)).

¶ 12) Soient K un corps valué localement compact dont la valeur absolue est ultramétrique et non discrète. On appelle *ultranorme* sur un espace vectoriel à gauche E sur K une norme vérifiant l'inégalité ultramétrique (II, p. 2).
a) Soient E un espace vectoriel à gauche de dimension *finie* sur K, α une ultranorme sur E, H un hyperplan dans E, d'équation $\langle x, a^* \rangle = 0$. Montrer qu'il existe un point $x_0 \in E$ où la fonction $x \mapsto |\langle x, a^* \rangle| / \alpha(x)$ atteint sa borne supérieure dans $E - \{0\}$; montrer qu'on a alors

$$\alpha(x) = \sup\left(\alpha\left(x - \frac{\langle x, a^* \rangle}{\langle x_0, a^* \rangle} x_0\right), \frac{|\langle x, a^* \rangle|}{|\langle x_0, a^* \rangle|} \alpha(x_0)\right).$$

En déduire qu'il existe une base (a_i) de E et une famille (r_i) de nombres réels > 0 tels que l'on ait, pour tout $x = \sum_i \xi_i a_i$, $\alpha(x) = \sup_i(r_i|\xi_i|)$. On dit que α a une *forme standard* par rapport à la base (a_i).
b) Soit α^* la norme sur le dual E^* de E canoniquement associée à α par

$$\alpha^*(x^*) = \sup_{x \neq 0} |\langle x, x^* \rangle| / \alpha(x),$$

qui est une ultranorme. Montrer que pour tout $x_0 \neq 0$ dans E, il existe $x_0^* \in E^*$ tel que $\alpha(x_0) = |\langle x_0, x_0^* \rangle| / \alpha^*(x_0^*)$.
c) Soient α, β deux ultranormes quelconques sur E. Montrer qu'il existe une base de E telle

que par rapport à cette base, α et β aient *toutes deux* la forme standard (considérer un point $x_0 \in E - \{0\}$ tel qu'en ce point α/β atteigne son maximum ; puis utiliser *b*)), et procéder par récurrence sur dim E).

d) Soit $\mathfrak{N}_0(E)$ l'ensemble des ultranormes sur E, considéré comme sous-espace de $\mathfrak{N}(E)$ (exerc. 10). Montrer que $\mathfrak{N}_0(E)$ est fermé dans $\mathfrak{N}(E)$. Soit α_0 un élément de $\mathfrak{N}_0(E)$; pour tout $\alpha \in \mathfrak{N}_0(E)$ et pour $0 \leqslant t \leqslant 1$, soit $P_\alpha(t)$ l'ensemble des $\beta \in \mathfrak{N}_0(E)$ telles que $\beta(x) \leqslant \alpha_0(x)^{1-t}\alpha(x)^t$ pour tout $x \in E$. Montrer que $P_\alpha(t)$ n'est pas vide et que $\pi_t^\alpha = \sup P_\alpha(t)$ est une ultranorme. En outre l'application $(t, \alpha) \mapsto \pi_t^\alpha$ de $[0, 1] \times \mathfrak{N}_0(E)$ dans $\mathfrak{N}_0(E)$ est continue et telle que $\pi_0^\alpha = \alpha_0$ et $\pi_1^\alpha = \alpha$ (utiliser *c*)).

* *e*) Soient A l'anneau de la valeur absolue de K, $\mathfrak{m}$ son idéal maximal, de sorte que $k = A/\mathfrak{m}$ est un corps fini à q éléments (AC, VI, § 5, n° 1, prop. 2). Pour toute ultranorme α sur E, l'image canonique X_α de l'ensemble des valeurs de $\log \alpha(x)$ pour $x \in E - \{0\}$ dans le groupe quotient $\mathbf{R}/(\mathbf{Z}.\log q)$ est un ensemble fini ayant au plus $n = \dim E$ éléments (utiliser *a*)) ; on appelle *rang* de α et on note $r(\alpha)$ le nombre d'éléments de cet ensemble. Montrer que r est une application semi-continue inférieurement de $\mathfrak{N}_0(E)$ dans $\mathbf{N}$, et que l'ensemble $\mathfrak{N}'_0(E)$ des α tels que $r(\alpha) = n$ est ouvert et partout dense dans $\mathfrak{N}_0(E)$ (utiliser *a*) et *c*)).

f) On suppose que $r(\alpha) = n$; soit (a_i) une base de E par rapport à laquelle α a une forme standard ; montrer qu'il existe un voisinage V de α dans $\mathfrak{N}'_0(E)$ tel que tout $\beta \in V$ ait la forme standard par rapport à (a_i) (utiliser *b*)) ; en déduire qu'il existe un voisinage $W \subset V$ de α homéomorphe à un ouvert de $\mathbf{R}^n$.

g) Pour toute base (a_i) de E, montrer que l'ensemble des ultranormes α qui ont une forme standard relativement à (a_i) est fermé dans $\mathfrak{N}_0(E)$. En déduire que si $\alpha \in \mathfrak{N}'_0(E)$ a une forme standard relativement à (a_i), il en est de même de tout élément de la composante connexe de α dans $\mathfrak{N}'_0(E)$.*

¶ 13) * On garde les hypothèses générales et les notations de l'exerc. 12.

a) Soit L un sous-A-module libre de E de dimension $n = \dim E$. Pour tout $x \in E - \{0\}$, l'ensemble des $a \in A$ tels que $ax \in L$ est un idéal fractionnaire de K de la forme $\mathfrak{m}^h$ (h entier positif ou négatif) ; si l'on pose $\alpha(x) = q^h$, et $\alpha(0) = 0$, montrer que α est une ultranorme sur E, dite *associée* au A-module libre L.

b) Inversement, si α est une ultranorme sur E, l'ensemble L_α des $x \in E$ tels que $\alpha(x) \leqslant 1$ est un A-module libre de dimension n. Si $[\alpha]$ est la norme associée à L_α, on a $\alpha \leqslant [\alpha] \leqslant q\alpha$, et $[\alpha]$ est la borne inférieure des normes associées à des A-modules libres et qui sont $\geqslant \alpha$. On a $[q\alpha] = q.[\alpha]$, et $\alpha(x) = \inf(q^{-t}[q^t\alpha](x))$ pour tout $x \in E$, où t varie dans l'intervalle $[0, 1]$. En outre, la fonction $t \mapsto [q^t\alpha](x)$ est continue à gauche dans cet intervalle.

c) Avec les mêmes notations, montrer que pour $0 \leqslant t \leqslant 1$, il y a au plus n ultranormes distinctes parmi les $[q^t\alpha]$. Inversement, soit L l'ensemble des ultranormes associées à des A-modules libres de dimension n, et soit $(\alpha_t)_{0 \leqslant t \leqslant 1}$ une famille croissante d'ultranormes de L telle que $\alpha_1 = q\alpha_0$. Montrer qu'il existe une base de E par rapport à laquelle toutes les α_t ont la forme standard (si $u \in A$ est un élément de valuation 1, et L_t le A-module libre des $x \in E$ tels que $\alpha_t(x) \leqslant 1$, considérer les espaces vectoriels L_t/uL_0 sur k). En déduire que si en outre, pour tout $x \in E$, $t \mapsto \alpha_t(x)$ est continue à gauche dans $[0, 1]$, alors il existe une ultranorme α et une seule telle que $\alpha_t = [q^t\alpha]$ pour tout $t \in [0, 1]$.

d) Le groupe linéaire $\mathbf{GL}(E)$ opère continûment dans $\mathfrak{N}_0(E)$; montrer qu'il opère proprement. Pour tout $\alpha \in \mathfrak{N}_0(E)$, le stabilisateur S_α de α dans $\mathbf{GL}(E)$ est l'intersection des stabilisateurs des $[q^t\alpha]$ pour $0 \leqslant t \leqslant 1$; en déduire que S_α est un sous-groupe ouvert et compact de $\mathbf{GL}(E)$, et par suite que l'orbite de tout $\alpha \in \mathfrak{N}_0(E)$ est un sous-espace fermé discret de $\mathfrak{N}_0(E)$.

e) Pour toute ultranorme $\alpha \in \mathfrak{N}_0(E)$, on considère la suite décroissante des dimensions des k-espaces vectoriels L_t/uL_0, où L_t est le A-module des $x \in E$ tels que $[q^t\alpha](x) \leqslant 1$, et t varie de 0 à 1 ; on dit que cette suite est la *suite des invariants* de α. Pour que α et β appartiennent à une même orbite dans $\mathfrak{N}_0(E)$, il faut et il suffit que $X_\alpha = X_\beta$ (exerc. 12, *e*)) et que les suites des invariants de α et de β soient les mêmes (utiliser l'exerc. 12, *b*)).

f) Déduire de *e*) que l'espace des orbites $\mathfrak{N}_0(E)/\mathbf{GL}(E)$ est isomorphe à l'espace des orbites $T^n/\mathfrak{S}_n$, où le groupe symétrique opère à droite sur T^n par $(z_1, \ldots, z_n) \mapsto (z_{\sigma(1)}, \ldots, z_{\sigma(n)})$.* [1]

[1] Pour les exercices 12 et 13, voir O. GOLDMAN and N. IWAHORI, The space of p-adic norms, *Acta math.*, t. CIX (1963), pp. 137-177.

14) Généraliser les résultats des n°s 2 et 3 aux espaces vectoriels topologiques E sur un corps discret K, tels qu'il existe un système fondamental de voisinages équilibrés de 0 dans E (*i.e.* de voisinages V tels que $K.V = V$).

15) Soit E un espace normé de dimension finie n sur **R** ou **C**. On munit le dual E^* de la norme définie par $\|x^*\| = \sup_{\|x\| \leqslant 1} |\langle x, x^* \rangle|$ (TG, X, p. 23). Montrer qu'il existe une base (e_i) de E telle que, si (e_i^*) est la base duale, on ait $\|e_i\| = \|e_i^*\| = 1$ pour tout i. (Soit (a_i) une base de E formée de vecteurs de norme 1 ; considérer, pour tout système de n vecteurs $x_i = \sum_j \xi_{ij} a_j$ de norme 1, le déterminant $\det(\xi_{ij})$ et considérer un tel système pour lequel la valeur absolue de ce déterminant est maxima.)

§ 3

1) *a*) Montrer que, si un espace vectoriel topologique séparé E sur un corps valué non discret K est tel que tout voisinage de 0 contienne un sous-espace vectoriel non réduit à 0, la topologie de E ne peut pas être définie par une norme. En particulier, un produit d'une suite infinie (E_n) d'espaces vectoriels topologiques séparés sur K, non réduits à 0, a une topologie qui ne peut être définie par une norme.

b) Considérons l'espace vectoriel produit $E = K_s^{\mathbf{N}}$; pour tout $x = (\xi_n) \in E$, on pose

$$|x| = \sum_{n=0}^{\infty} 2^{-n} |\xi_n|/(1 + |\xi_n|) ;$$

montrer que la topologie de E est définie par la distance $d(x, y) = |x - y|$, qu'on a $|\lambda x| \leqslant |x|$ si $|\lambda| \leqslant 1$, $|\lambda x| \leqslant |\lambda| . |x|$ si $|\lambda| \geqslant 1$ et que, pour tout $x_0 \in E$, $|\lambda x_0|$ tend vers 0 avec $|\lambda|$.

2) Soient E et F deux espaces vectoriels métrisables et complets sur un corps valué non discret, et soit $\mathscr{T}_0$ la topologie de F. Soit $\mathscr{T}$ une topologie séparée sur F, moins fine que $\mathscr{T}_0$. Montrer que si une application linéaire u de E dans F est continue pour la topologie $\mathscr{T}$ sur F, elle est encore continue pour la topologie $\mathscr{T}_0$ sur F (utiliser le cor. 5 de I, p. 19).

En déduire que si $\mathscr{T}_1$ et $\mathscr{T}_2$ sont deux topologies distinctes sur un espace vectoriel E sur un corps valué non discret, compatibles avec la structure d'espace vectoriel de E, et pour chacune desquelles E soit métrisable et complet, il n'existe pas de topologie séparée sur E moins fine que $\mathscr{T}_1$ et $\mathscr{T}_2$. Donner un exemple de deux telles topologies sur un espace vectoriel E de dimension infinie (remarquer qu'il existe des bijections de E sur lui-même non continues ainsi que la bijection réciproque pour une topologie d'espace normé sur E).

3) Soient E et F deux espaces vectoriels topologiques séparés sur un corps valué non discret ; on suppose que E est métrisable et complet. Soit u une application linéaire injective et continue de E dans F, et soit G un sous-espace vectoriel de $u(E)$; on suppose qu'il existe sur G une topologie $\mathscr{T}$, plus fine que la topologie induite par celle de F, compatible avec la structure d'espace vectoriel de G et pour laquelle G soit métrisable et complet. Montrer que la restriction à G de l'application réciproque de u est continue pour $\mathscr{T}$ (utiliser I, p. 19, cor. 5).

4) Soient E, F deux espaces vectoriels métrisables et complets sur un corps valué non discret, et soit u une application linéaire continue de E dans F. Montrer que s'il existe dans F un supplémentaire fermé de $u(E)$, $u(E)$ est fermé dans F (utiliser I, p. 19, cor. 5).

5) Soient E et F deux espaces vectoriels métrisables et complets sur un corps valué non discret, et soit u une application linéaire de E dans F. Soit N l'ensemble des valeurs d'adhérence de u dans F suivant le filtre des voisinages de 0 dans E ; montrer que N est un sous-espace vectoriel fermé de F, et que, pour que u soit continue, il faut et il suffit que N soit réduit à 0 (utiliser I, p. 19, cor. 5). Montrer que N est le plus petit des sous-espaces vectoriels fermés M de F tels que, si φ désigne l'homomorphisme canonique de F sur F/M, $\varphi \circ u$ soit une application continue de E dans F/M.

6) Soit E un espace vectoriel métrisable et complet sur un corps valué non discret K.
a) Soit p une application semi-continue inférieurement de E dans l'intervalle $[0, +\infty]$ de $\overline{\mathbf{R}}$ telle que $p(\lambda x) = |\lambda| . p(x)$ pour $\lambda \neq 0$ dans K et $x \in \mathrm{E}$, $p(0) = 0$ et satisfaisant à $p(x + y) \leqslant p(x) + p(y)$ quels que soient x, y dans E. Montrer que si p est finie dans E, p est continue (considérer l'ensemble fermé B des $x \in \mathrm{E}$ tels que $p(x) \leqslant 1$, et utiliser le th. de Baire).
b) Soit (p_n) une suite d'applications de E dans $[0, +\infty]$ vérifiant les conditions de *a*). Montrer que si aucune des p_n n'est finie dans E, il existe un $x \in \mathrm{E}$ tel que $p_n(x) = +\infty$ pour *tout n* (même méthode).

7) Soit E un espace vectoriel métrisable et complet sur un corps valué non discret K. On dit qu'un sous-espace vectoriel M de E est *paracomplet* s'il existe sur M une structure d'espace vectoriel métrisable et complet pour laquelle l'injection canonique de M dans E soit continue.
a) Soient M, N deux sous-espaces paracomplets de E tels que $\mathrm{M} + \mathrm{N}$ et $\mathrm{M} \cap \mathrm{N}$ soient fermés dans E. Montrer que M et N sont alors fermés dans E. (En prenant les quotients par $\mathrm{M} \cap \mathrm{N}$, se ramener au cas où $\mathrm{M} \cap \mathrm{N} = \{0\}$, et considérer alors l'application $(x, y) \mapsto x + y$ de $\mathrm{M} \times \mathrm{N}$ dans E.)
b) Montrer que si E est réunion d'une suite croissante $(\mathrm{M}_j)_{j \geqslant 0}$ de sous-espaces paracomplets, il existe un indice j tel que $\mathrm{M}_j = \mathrm{E}$. (Utiliser le th. de Baire (TG, IX, p. 55, th. 1) et I, p. 17, th. 1.)

8) Soit E un espace de Banach sur un corps valué non discret K. On dit qu'un sous-espace vectoriel M de E est *fortement paracomplet* s'il existe sur M une norme $\|x\|_{\mathrm{M}}$ pour laquelle M est un espace de Banach et pour laquelle l'injection canonique de M dans E est continue.
a) Montrer que si M et N sont deux sous-espaces fortement paracomplets de E, $\mathrm{M} + \mathrm{N}$ et $\mathrm{M} \cap \mathrm{N}$ sont aussi des sous-espaces fortement paracomplets. (Sur $\mathrm{M} + \mathrm{N}$, considérer la norme $\|x\|_{\mathrm{M}+\mathrm{N}} = \inf(\|u\|_{\mathrm{M}} + \|v\|_{\mathrm{N}})$, où la borne inférieure est prise sur l'ensemble des couples (u, v) tels que $x = u + v$, $u \in \mathrm{M}$ et $v \in \mathrm{N}$.)
b) Soient M, N deux sous-espaces fortement paracomplets de E tels que N et $\mathrm{M} + \mathrm{N}$ soient fermés. Montrer que l'on a $\overline{\mathrm{M}} = \mathrm{M} + (\overline{\mathrm{M} \cap \mathrm{N}})$ et $\overline{\mathrm{M} \cap \mathrm{N}} = \overline{\mathrm{M}} \cap \mathrm{N}$ (utiliser l'exerc. 7, *a*)).

9) *a*) Soient a, b deux points d'un espace normé E sur le corps **R**. Désignant par $\delta(\mathrm{A})$ le diamètre d'une partie bornée A de E (pour la distance sur E), on définit par récurrence une suite $(\mathrm{B}_n)_{n \geqslant 1}$ de parties bornées de E par les conditions suivantes : B_1 est l'ensemble des $x \in \mathrm{E}$ tels que $\|x - a\| = \|x - b\| = \frac{1}{2}\|a - b\|$; pour $n > 1$, B_n est l'ensemble des $x \in \mathrm{B}_{n-1}$ tels que $\|x - y\| \leqslant \frac{1}{2}\,\delta(\mathrm{B}_{n-1})$ pour tout $y \in \mathrm{B}_{n-1}$. Montrer que l'intersection des B_n se réduit au point $\frac{1}{2}(a + b)$ (remarquer que $\delta(\mathrm{B}_n) \leqslant \frac{1}{2}\,\delta(\mathrm{B}_{n-1})$).
b) Déduire de *a*) que si u est une isométrie d'un espace de Banach réel E sur un espace de Banach réel F, u est une application linéaire affine de E sur F.

CHAPITRE II

Ensembles convexes et espaces localement convexes

Dans les §§ 2 à 7 de ce chapitre, il ne sera question que d'espaces vectoriels et d'espaces affines sur le corps **R** *des nombres réels, et quand on parlera d'un espace vectoriel ou d'un espace affine sans préciser son corps des scalaires, il sera sous-entendu que ce corps est le corps* **R**. *Pour les espaces vectoriels sur* **C**, *voir* § 8.

§ 1. SEMI-NORMES

Dans tout ce paragraphe, K *désigne un corps valué non discret.*

1. Définition des semi-normes

DÉFINITION 1. — *Soit* E *un espace vectoriel à gauche sur* K. *On appelle semi-norme sur* E *une application* p *de* E *dans* $\mathbf{R}_+ = [0, +\infty[$, *vérifiant les axiomes suivants* :

(SN_I) *Quels que soient* $x \in E$ *et* $\lambda \in K$, *on a* $p(\lambda x) = |\lambda|\, p(x)$.

(SN_{II}) *Quels que soient* x, y *dans* E, *on a* $p(x + y) \leqslant p(x) + p(y)$.

On a l'inégalité :

$$|p(x) - p(y)| \leqslant p(x - y) \tag{1}$$

qui se déduit aussitôt des relations $p(x) \leqslant p(y) + p(x-y)$ et $p(y) \leqslant p(x) + p(y-x)$, puisque $p(y - x) = p(x - y)$.

Exemples. — 1) Une *norme* sur E est une semi-norme p telle que la relation $p(x) = 0$ entraîne $x = 0$ (I, p. 3).

2) Pour toute forme linéaire f sur E, la fonction $x \mapsto |f(x)|$ est une semi-norme sur E.

3) Soient p_i $(1 \leqslant i \leqslant n)$ des semi-normes en nombre fini sur E ; il est immédiat que $p'(x) = \sup_{1 \leqslant i \leqslant n} p_i(x)$ et $p''(x) = \sum_{i=1}^{n} \alpha_i p_i(x)$ (où les α_i sont $\geqslant 0$) sont encore des semi-normes sur E.

On appelle *ultra-semi-norme* sur E une application p de E dans $\mathbf{R}_+$ qui vérifie (SN_I) et l'axiome suivant :

(SN'_{II}) *Quels que soient* x, y *dans* E, *on a* $p(x + y) \leqslant \sup(p(x), p(y))$.

Il est clair qu'une ultra-semi-norme est une semi-norme.

Dire que la valeur absolue sur K est *ultramétrique* (AC, VI, § 6, nº 2) signifie que c'est une ultra-semi-norme sur l'espace vectoriel à gauche K_s qui n'est pas identiquement nulle.

Proposition 1. — *Soient* E *un espace vectoriel topologique à gauche sur* K, p *une semi-norme sur* E. *Les conditions suivantes sont équivalentes* :

a) p *est continue dans* E.

b) p *est continue au point* 0.

c) p *est uniformément continue.*

d) *Pour tout nombre réel* $\alpha > 0$, *l'ensemble* $W(p, \alpha)$ *des* $x \in E$ *tels que* $p(x) < \alpha$ *est ouvert dans* E.

e) *Il existe un nombre réel* $\alpha > 0$, *tel que* $W(p, \alpha)$ *soit un voisinage de* 0 *dans* E.

f) *Pour tout nombre réel* $\alpha > 0$, *l'ensemble* $V(p, \alpha)$ *des* $x \in E$ *tels que* $p(x) \leqslant \alpha$ *est un voisinage de* 0 *dans* E.

En effet, les implications *c*) ⇒ *a*) ⇒ *b*) ⇒ *d*) ⇒ *e*) ⇒ *f*) ⇒ *c*) sont immédiates, en vertu de l'inégalité (1) et de (SN_I).

Corollaire. — *Si* p *est une semi-norme continue dans* E *et* q *une semi-norme sur* E *telle que* $q \leqslant p$, *alors* q *est continue dans* E.

Lorsque p est une *ultra-semi-norme* sur E, les ensembles $W(p, \alpha)$ et $V(p, \alpha)$ sont *à la fois ouverts et fermés*. En effet, on a vu que $W(p, \alpha)$ est ouvert ; si d'autre part z est adhérent à $W(p, \alpha)$, il y a un $y \in W(p, \alpha)$ tel que $p(y - z) < \alpha$, et on tire de (SN'_{II}) que $p(z) < \alpha$, donc $W(p, \alpha)$ est fermé. D'autre part, $V(p, \alpha)$ est fermé puisque p est continue ; en outre, si $p(x) \leqslant \alpha$ et $p(y) \leqslant \alpha$, on a $p(x + y) \leqslant \alpha$ en vertu de (SN'_{II}), ce qui montre que $V(p, \alpha)$ est ouvert.

2. Topologies définies par des semi-normes

Soient E un espace vectoriel sur K, p une semi-norme sur E ; pour tout $\alpha > 0$, soit $V(p, \alpha)$ l'ensemble des $x \in E$ tels que $p(x) \leqslant \alpha$. Il est clair que si $x \in V(p, \alpha)$ et si $\lambda \in K$ est tel que $|\lambda| \leqslant 1$, on a $\lambda x \in V(p, \alpha)$, autrement dit $V(p, \alpha)$ est *équilibré*. En outre, pour tout $x_0 \in E$, il existe un scalaire $\mu \in K$ non nul tel que $|\mu| \geqslant p(x_0)\,\alpha^{-1}$, donc $\mu^{-1}x_0 \in V(p, \alpha)$; autrement dit $V(p, \alpha)$ est *absorbant*. Enfin, il résulte de (SN_{II}) que l'on a $V(p, \alpha/2) + V(p, \alpha/2) \subset V(p, \alpha)$, et de (SN_I) que pour tout scalaire $\lambda \neq 0$ dans K, on a $\lambda V(p, \alpha) = V(p, |\lambda|\,\alpha)$. On conclut de ces remarques, en vertu de I, p. 47, prop. 4, que lorsque α parcourt l'ensemble des nombres > 0 (ou seulement une suite de nombres > 0, tendant vers 0), les ensembles $V(p, \alpha)$ constituent un système fondamental de voisinages de 0 pour une topologie compatible avec la structure d'espace vectoriel de E ; on dit que cette topologie est *définie par la semi-norme* p. Un espace vectoriel E muni d'une telle topologie est appelé *espace semi-*

normé. On notera que si $W(p, \alpha)$ est l'ensemble des $x \in E$ tels que $p(x) < \alpha$, les $W(p, \alpha)$ constituent (pour $\alpha > 0$, ou α parcourant seulement une suite de nombres > 0 tendant vers 0) un système fondamental de voisinages de 0 pour la topologie définie par p.

Si maintenant Γ est un ensemble de semi-normes sur E, la *borne supérieure* des topologies définies par les semi-normes $p \in \Gamma$ est encore compatible avec la structure d'espace vectoriel (I, p. 11, cor. 4). On a un système fondamental de voisinages de 0 pour cette topologie en considérant les intersections finies $\bigcap_i V(p_i, \alpha_i)$ avec $p_i \in \Gamma$ et $\alpha_i > 0$. On dit que cette topologie est *définie par l'ensemble* Γ *de semi-normes*. C'est la topologie *la moins fine* sur E parmi celles qui sont invariantes par toute translation et qui rendent continues les semi-normes $p \in \Gamma$.

Soit E un espace vectoriel topologique sur K ; on dit qu'un ensemble Γ de semi-normes sur E est un *système fondamental de semi-normes* si la topologie de E est égale à la topologie définie par Γ.

Soit E un espace vectoriel sur K, muni de la topologie définie par un ensemble de semi-normes Γ. Pour toute semi-norme p, on a $p(x - z) \leqslant p(x - y) + p(y - z)$, ce qui montre que la fonction $(x, y) \mapsto p(x - y)$ est un *écart* sur E (TG, IX, p. 1) ; il résulte des définitions que l'ensemble de ces écarts, lorsque p parcourt Γ, définit la structure uniforme de l'espace vectoriel topologique E.

Remarques. — 1) La topologie définie par un ensemble *fini* de semi-normes p_i sur E $(1 \leqslant i \leqslant n)$ peut être définie par la *seule* semi-norme $p = \sup_{1 \leqslant i \leqslant n} p_i$. Par contre une topologie définie par un ensemble infini de semi-normes ne peut en général être définie par une seule semi-norme (III, p. 38, exerc. 2).

2) Soit $(\mathcal{T}_\iota)_{\iota \in I}$ une famille de topologies sur un espace vectoriel E sur K, dont chacune est définie par un ensemble Γ_ι de semi-normes. Alors la topologie définie par l'ensemble de semi-normes $\Gamma = \bigcup_{\iota \in I} \Gamma_\iota$ est la borne supérieure des topologies $\mathcal{T}_\iota$.

3) La relation « il existe $\lambda > 0$ tel que $p \leqslant \lambda q$ » entre deux semi-normes p, q sur E est une relation de préordre. Si Γ_0 est un ensemble de semi-normes *filtrant croissant* pour cette relation de préordre, on obtient un système fondamental de voisinages de 0 pour la topologie définie par Γ_0 en prenant l'ensemble des $V(p, \alpha)$, où $p \in \Gamma_0$ et $\alpha > 0$. Si Γ est un ensemble quelconque de semi-normes sur E, on obtient un ensemble filtrant de semi-normes définissant la même topologie que Γ en prenant l'ensemble Γ_0 des enveloppes supérieures de toutes les familles finies de semi-normes appartenant à Γ.

4) Même si $K = \mathbf{R}$, la topologie d'un espace vectoriel topologique sur K ne peut pas toujours être définie par un ensemble de semi-normes (*cf.* II, p. 26).

Exemple. — Soit $\mathscr{C}^\infty(\mathbf{R})$ l'espace vectoriel sur $\mathbf{R}$ des fonctions numériques indéfiniment dérivables dans $\mathbf{R}$. Pour toute fonction $f \in \mathscr{C}^\infty(\mathbf{R})$ et tout couple d'entiers $n \geqslant 0$, $m \geqslant 1$, posons :

$$p_{n,m}(f) = \sup_{-m \leqslant t \leqslant m} |f^{(n)}(t)| \tag{2}$$

avec $f^{(0)} = f$. Il est immédiat que les $p_{n,m}$ sont des semi-normes sur $\mathscr{C}^\infty(\mathbf{R})$. Pour que des fonctions f_α convergent vers 0 (suivant un filtre $\mathfrak{F}$ sur l'ensemble des indices) dans $\mathscr{C}^\infty(\mathbf{R})$ pour la topologie $\mathcal{T}$ définie par les semi-normes $p_{n,m}$, il faut et il suffit que, pour tout entier $n \geqslant 0$, les fonctions $f_\alpha^{(n)}$ tendent vers 0 (suivant $\mathfrak{F}$) *uniformément dans toute partie compacte de* $\mathbf{R}$. On dit que $\mathcal{T}$ est la *topologie de la convergence compacte pour les fonctions* $f \in \mathscr{C}^\infty(\mathbf{R})$ *et toutes leurs dérivées* (*cf.* III, p. 9).

PROPOSITION 2. — *Soient* Γ *un ensemble de semi-normes sur un espace vectoriel* E, $\mathcal{T}$ *la topologie sur* E *définie par* Γ.

(i) *L'adhérence de* $\{0\}$ *dans* E *pour* $\mathcal{T}$ *est l'ensemble des* $x \in \mathrm{E}$ *tels que* $p(x) = 0$ *pour toute semi-norme* $p \in \Gamma$.

(ii) *Si* $\mathcal{T}$ *est séparée et si* Γ *est dénombrable,* $\mathcal{T}$ *est métrisable.*

La proposition résulte aussitôt des définitions et de TG, IX, p. 15, cor. 1.

On notera que si $\mathcal{T}$ est métrisable, $\mathcal{T}$ ne peut pas toujours être définie par une seule norme ; c'est le cas de l'exemple donné ci-dessus (*cf.* IV, p. 18, *Exemple* 4).

Soit E un espace vectoriel sur K, muni de la topologie définie par un ensemble de semi-normes Γ. Soit $\hat{\mathrm{E}}$ le séparé complété de E (I, p. 6), et soit $\hat{\Gamma}$ l'ensemble des applications $\hat{p}$ de $\hat{\mathrm{E}}$ dans $\mathbf{R}_+$, où p parcourt Γ (TG, II, p. 24, prop. 15). En vertu du principe de prolongement des inégalités, les fonctions $\hat{p} \in \hat{\Gamma}$ sont des semi-normes sur $\hat{\mathrm{E}}$, et les fonctions $\hat{p}(x - y)$ forment un ensemble d'écarts définissant la structure uniforme de $\hat{\mathrm{E}}$ (TG, IX, p. 5, prop. 1). On voit donc que $\hat{\Gamma}$ est un ensemble fondamental de semi-normes définissant la topologie de $\hat{\mathrm{E}}$.

3. Semi-normes dans les espaces quotients et les espaces produits

Soit E un espace vectoriel topologique sur K, dont la topologie est définie par un ensemble Γ de semi-normes. Il est clair que les restrictions des semi-normes de Γ à un sous-espace vectoriel M de E définissent la topologie induite sur M par celle de E.

Soit φ l'application canonique de E sur l'espace vectoriel quotient E/M. Montrons que, pour toute semi-norme p sur E, la fonction

$$\dot{p}(z) = \inf_{\varphi(x) = z} p(x) \tag{3}$$

est une *semi-norme* sur E/M. En effet, il est clair que $\dot{p}$ vérifie la condition $(\mathrm{SN_I})$; d'autre part, si z', z'' sont deux vecteurs de E/M, on a :

$$\begin{aligned}\inf_{\varphi(x) = z' + z''} p(x) &\leqslant \inf_{\varphi(x') = z', \varphi(x'') = z''} p(x' + x'') \\ &\leqslant \inf_{\varphi(x') = z', \varphi(x'') = z''} (p(x') + p(x'')) \\ &= \inf_{\varphi(x') = z'} p(x') + \inf_{\varphi(x'') = z''} p(x'')\end{aligned}$$

ce qui montre que $\dot{p}$ vérifie $(\mathrm{SN_{II}})$. On dit que $\dot{p}$ est la *semi-norme quotient* de p par M.

On notera que le même raisonnement prouve que si p est une *ultra-semi-norme*, il en est de même de $\dot{p}$.

Cela étant, on a, pour tout $\alpha > 0$ (avec les notations du n° 2) :

$$\varphi(\mathrm{W}(p, \alpha)) = \mathrm{W}(\dot{p}, \alpha) . \tag{4}$$

En effet, dire que $\dot{p}(z) < \alpha$ signifie qu'il existe $x \in E$ tel que $\varphi(x) = z$ et $p(x) < \alpha$, d'où la relation (4).

On conclut de là que si l'ensemble Γ de semi-normes est *filtrant* (II, p. 3, *Remarque* 3), alors la topologie quotient sur E/M est définie par l'ensemble des semi-normes $\dot{p}$, lorsque p parcourt Γ.

Si N est l'adhérence de 0 dans E, la topologie de E/N est définie par les semi-normes quotients $\dot{p}$ où p parcourt Γ (même si Γ n'est pas filtrant) ; on a ici $\dot{p}(\dot{x}) = p(x)$ pour tout x appartenant à une classe $\dot{x}$ mod. N. On notera que E/N n'est autre que l'espace séparé associé à E (I, p. 4).

Soient E un espace vectoriel sur K, $(E_\iota)_{\iota \in I}$ une famille d'espaces vectoriels sur K, E_ι étant muni d'une topologie $\mathcal{T}_\iota$ définie par un ensemble de semi-normes Γ_ι. Pour chaque $\iota \in I$, soit f_ι une application linéaire de E dans E_ι ; il est clair que lorsque p_ι parcourt l'ensemble Γ_ι, les $p_\iota \circ f_\iota$ forment un ensemble Γ'_ι de semi-normes sur E. La topologie $\mathcal{T}$ sur E, définie comme étant la moins fine de celles rendant continues toutes les applications f_ι (I, p. 9) est alors définie par l'ensemble de semi-normes $\Gamma' = \bigcup_{\iota \in I} \Gamma'_\iota$, comme il résulte de la définition des voisinages de 0 pour $\mathcal{T}$ (TG, I, p. 12, prop. 4).

Si les p_ι sont des ultra-semi-normes, il en est de même des $p_\iota \circ f_\iota$.

Soit E un espace vectoriel sur K, muni d'une topologie $\mathcal{T}$ définie par une famille de semi-normes $(p_\iota)_{\iota \in I}$; pour tout $\iota \in I$, soit $\mathcal{T}_\iota$ la topologie définie par la seule semi-norme p_ι, et notons E_ι l'espace obtenu en munissant E de p_ι. Alors la topologie $\mathcal{T}$ est l'image réciproque par l'application diagonale $\Delta : E \to \prod_{\iota \in I} E_\iota$ de la topologie produit sur $\prod_{\iota \in I} E_\iota$ (I, p. 9, prop. 7). Pour tout $\iota \in I$, désignons par N_ι l'adhérence de 0 dans E_ι, par $F_\iota = E_\iota/N_\iota$ l'espace *normé* défini par la norme $\dot{p}_\iota$ correspondant à p_ι (II, p. 4, formule (3)) ; si $\varphi_\iota : E_\iota \to F_\iota$ est l'application canonique, et $\varphi : (x_\iota) \mapsto (\varphi_\iota(x_\iota))$ l'application produit, on sait que la topologie produit sur $\prod_{\iota \in I} E_\iota$ est l'image réciproque par φ de la topologie produit sur $\prod_{\iota \in I} F_\iota$ (TG, II, p. 26, prop. 18) ; la topologie $\mathcal{T}$ est donc l'image réciproque par l'application composée $\varphi \circ \Delta$ de la topologie produit sur $\prod_{\iota \in I} F_\iota$. Si en particulier $\mathcal{T}$ est *séparée*, il résulte de II, p. 4, prop. 2 que l'application $\varphi \circ \Delta$ est *injective*, donc :

PROPOSITION 3. — *Tout espace vectoriel topologique séparé* E *sur* K, *dont la topologie est définie par un ensemble de semi-normes, est isomorphe à un sous-espace d'un produit d'espaces de Banach.*

Si de plus la topologie de E est définie par une famille *dénombrable* de semi-normes, E est *métrisable* (I, p. 16).

4. Critères d'équicontinuité des applications multilinéaires pour les topologies définies par des semi-normes

PROPOSITION 4. — *Soient* E_i $(1 \leqslant i \leqslant n)$ *et* F *des espaces vectoriels topologiques sur* K ; *on suppose que pour tout* i, *la topologie de* E_i *est définie par un ensemble* filtrant *de semi-normes* Γ_i *et que la topologie de* F *est définie par un ensemble de semi-normes* Γ. *Pour qu'un ensemble* H *d'applications multilinéaires de* $\prod_{i=1}^{n} E_i$ *dans* F *soit équicontinu, il faut et il suffit que, pour toute semi-norme* $q \in \Gamma$, *il existe pour chaque indice* i *une semi-norme* $p_i \in \Gamma_i$, *ainsi qu'un nombre* $a > 0$, *tels que l'on ait, pour toute fonction* $u \in H$ *et tout point* $(x_i) \in \prod_{i=1}^{n} E_i$,

$$q(u(x_1, x_2, \ldots, x_n)) \leqslant a \cdot p_1(x_1)\, p_2(x_2) \ldots p_n(x_n)\,. \tag{5}$$

La condition est suffisante, car si elle est vérifiée, H est équicontinu au point (0, 0, ..., 0), donc partout (I, p. 9, prop. 6).

Montrons que la condition est nécessaire. Par hypothèse, pour toute semi-norme $q \in \Gamma$ et tout nombre $\beta > 0$, il existe n nombres $\alpha_i > 0$ $(1 \leqslant i \leqslant n)$ et, pour chaque indice i, une semi-norme $p_i \in \Gamma_i$, tels que les relations $p_i(x_i) \leqslant \alpha_i$ pour $1 \leqslant i \leqslant n$ entraînent $q(u(x_1, x_2, \ldots, x_n)) \leqslant \beta$ pour toute fonction $u \in H$. Comme K est non discret, on peut même supposer que l'on a, pour tout i, $\alpha_i = |\lambda_i| < 1$ où $\lambda_i \in K$. Soit alors $(x_1, \ldots, x_n)$ un point quelconque de $\prod_{i=1}^{n} E_i$, et pour chaque indice i, soit $m_i \in \mathbf{Z}$ un entier tel que $p_i(x_i) \leqslant |\lambda_i|^{m_i+1}$; cela s'écrit aussi $p_i(\lambda_i^{-m_i} x_i) \leqslant |\lambda_i|$ $(1 \leqslant i \leqslant n)$, donc on a par hypothèse :

$$q(u(x_1, x_2, \ldots, x_n)) \leqslant \beta |\lambda_1|^{m_1} |\lambda_2|^{m_2} \ldots |\lambda_n|^{m_n}\,. \tag{6}$$

Supposons d'abord que l'un des $p_i(x_i)$ soit nul. Alors, on peut prendre $m_i \in \mathbf{N}$ arbitrairement grand, donc

$$q(u(x_1, x_2, \ldots, x_n)) = 0\,.$$

Si au contraire tous les $p_i(x_i)$ sont $\neq 0$, prenons pour chaque i l'entier m_i tel que $|\lambda_i|^{m_i+2} < p_i(x_i) \leqslant |\lambda_i|^{m_i+1}$; alors on a

$$|\lambda_i|^{m_i} < |\lambda_i|^{-2} p_i(x_i)\,,$$

d'où en vertu de (6), la relation (5) avec $a = \beta(|\lambda_1| \cdot |\lambda_2| \ldots |\lambda_n|)^{-2}$.

C.Q.F.D.

COROLLAIRE. — *Pour que* H *soit équicontinu, il faut et il suffit que, pour toute semi-norme* $q \in \Gamma$, *il existe un voisinage de* 0 *dans* $\prod_{i=1}^{n} E_i$ *dans lequel les fonctions* $q \circ u$, *pour* $u \in H$, *soient uniformément bornées.*

La condition est évidemment nécessaire, et la démonstration de la prop. 4 montre qu'elle entraîne une inégalité de la forme (5) pour tout $u \in H$, donc l'équicontinuité de H.

Nous expliciterons le cas particulier de la prop. 4 relatif aux applications linéaires :

PROPOSITION 5. — *Soient* E, F *deux espaces vectoriels topologiques sur un corps valué non discret* K ; *on suppose que la topologie de* E (resp. F) *est définie par un ensemble* Γ (resp. Γ') *de semi-normes. Soit* H *un ensemble d'applications linéaires de* E *dans* F. *Les conditions suivantes sont équivalentes* :

a) H *est équicontinu.*

b) *Pour toute semi-norme* $q \in \Gamma'$, *il existe une famille finie* $(p_i)_{1 \leqslant i \leqslant n}$ *de semi-normes appartenant à* Γ *et un nombre* $a > 0$ *tels que l'on ait, pour tout* $x \in E$ *et toute* $u \in H$,

$$q(u(x)) \leqslant a \,.\, \sup_{1 \leqslant i \leqslant n} p_i(x) \,. \tag{7}$$

c) *Pour toute semi-norme* $q \in \Gamma'$, $\sup_{u \in H} (q \circ u)$ *est une semi-norme continue sur* E.

COROLLAIRE 1. — *Soient* E *un espace vectoriel sur* K, $\mathscr{T}$, $\mathscr{T}'$ *deux topologies sur* E *définies respectivement par deux ensembles* Γ, Γ' *de semi-normes. Pour que* $\mathscr{T}$ *soit plus fine que* $\mathscr{T}'$, *il faut et il suffit que, pour toute semi-norme* $q \in \Gamma'$, *il existe une famille finie* $(p_i)_{1 \leqslant i \leqslant n}$ *de semi-normes appartenant à* Γ *et un nombre* $a > 0$ *tels que l'on ait* $q(x) \leqslant a \,.\, \sup_{1 \leqslant i \leqslant n} p_i(x)$ *pour tout* $x \in E$.

En effet, cela exprime que l'application identique de E muni de $\mathscr{T}$, sur E muni de $\mathscr{T}'$, est continue.

COROLLAIRE 2. — *Soit* E *un espace vectoriel topologique sur* K, *dont la topologie* $\mathscr{T}$ *est définie par un ensemble filtrant* Γ *de semi-normes*; *pour toute semi-norme* $p \in \Gamma$, *soit* E_p *l'espace obtenu en munissant* E *de* p. *L'ensemble* E' *des formes linéaires sur* E *continues pour* $\mathscr{T}$ *est réunion des ensembles* E'_p, *où* E'_p *est l'ensemble des formes linéaires continues dans* E_p ($p \in \Gamma$).

§ 2. ENSEMBLES CONVEXES

1. Définition d'un ensemble convexe

Étant donnés deux points x, y d'un espace affine E, l'ensemble des points $\lambda x + \mu y$ où $\lambda \geqslant 0, \mu \geqslant 0, \lambda + \mu = 1$ est appelé *segment fermé d'extrémités* x *et* y ; il est réduit à un point lorsque $x = y$. Le complémentaire de x dans ce segment est appelé le *segment ouvert en* x, *fermé en* y, d'extrémités x, y ; il est vide si $x = y$. Enfin, le complémentaire de $\{x, y\}$ dans le segment fermé d'extrémités x et y est appelé le *segment ouvert d'extrémités* x *et* y ; il est vide si $x = y$.

DÉFINITION 1. — *Dans un espace affine* E, *on dit qu'un ensemble* A *est convexe si, quels que soient les points* x, y *de* A, *le segment fermé d'extrémités* x *et* y *est contenu dans* A.

Comme $(1 - \lambda) a + \lambda x = a + \lambda(x - a)$, cette définition équivaut à la suivante : l'ensemble A est convexe si, pour tout point $a \in A$, le transformé de A par toute homothétie de centre a et de rapport λ tel que $0 < \lambda < 1$, est contenu dans A (autrement dit, A est *stable* pour ces homothéties).

Exemples. — 1) Toute variété linéaire affine de E (et en particulier l'ensemble vide) est convexe.

2) Les seules parties convexes non vides de $\mathbf{R}$ sont les *intervalles* (TG, IV, p. 7, prop. 1).

3) Soient E un espace vectoriel et $\|x\|$ une *norme* sur E ; la boule unité B, formée des points x tels que $\|x\| \leqslant 1$, est convexe, car les relations $\|x\| \leqslant 1$, $\|y\| \leqslant 1$ entraînent, pour $0 \leqslant \lambda \leqslant 1$

$$\|\lambda x + (1 - \lambda) y\| \leqslant \lambda\|x\| + (1 - \lambda) \|y\| \leqslant \lambda + (1 - \lambda) = 1 .$$

Remarque. — Soit A un ensemble convexe dans un espace vectoriel E ; quels que soient les scalaires $\alpha > 0$ et $\beta > 0$, on a

$$\alpha A + \beta A = (\alpha + \beta) A .$$

En d'autres termes, quels que soient $x \in A$ et $y \in A$, il existe $z \in A$ tel que

$$(\alpha + \beta) z = \alpha x + \beta y ;$$

en effet, cette relation s'écrit :

$$z = \frac{\alpha}{\alpha + \beta} x + \frac{\beta}{\alpha + \beta} y$$

et on a $\frac{\alpha}{\alpha + \beta} > 0$, $\frac{\beta}{\alpha + \beta} > 0$ et $\frac{\alpha}{\alpha + \beta} + \frac{\beta}{\alpha + \beta} = 1$, d'où l'assertion, en vertu de la déf. 1.

PROPOSITION 1. — *Soit* (x_ι) *une famille de points d'un ensemble convexe* A ; *tout barycentre* $\sum_\iota \lambda_\iota x_\iota$ *des* x_ι *affectés de masses* positives λ_ι *(telles que* $\sum_\iota \lambda_\iota = 1$ *et* $\lambda_\iota = 0$ *sauf pour un nombre fini d'indices, cf.* A, II, p. 128) *appartient à* A.

On peut évidemment se borner au cas où l'ensemble d'indices est un intervalle fini $[\![1, p]\!]$ de $\mathbf{N}$, et où $\lambda_i > 0$ pour tout indice i ; la proposition est triviale pour $p = 1$; démontrons-la par récurrence sur p. Posons $\mu = \sum_{i=1}^{p-1} \lambda_i > 0$, et $y = \sum_{i=1}^{p-1} \frac{\lambda_i}{\mu} x_i$; l'hypothèse de récurrence entraîne la relation $y \in A$. Comme on a $\lambda_p = 1 - \mu$ et $\sum_{i=1}^{p} \lambda_i x_i = \mu y + (1 - \mu) x_p$, le point $\sum_{i=1}^{p} \lambda_i x_i$ appartient à A d'après la déf. 1.

PROPOSITION 2. — *Soient* E *et* F *deux espaces affines,* f *une application linéaire affine de* E *dans* F ; *l'image par* f *de toute partie convexe de* E *et l'image réciproque par* f *de toute partie convexe de* F *sont des ensembles convexes.*

La première partie résulte de ce que l'image par f du segment fermé d'extrémités x, y est le segment fermé d'extrémités $f(x)$, $f(y)$. On déduit de là que l'image réciproque par f d'un segment fermé de F contient le segment fermé ayant pour extrémités deux quelconques de ses points, d'où la seconde partie de la prop. 2.

En particulier, l'image d'un ensemble convexe par une homothétie ou une translation est convexe.

PROPOSITION 3. — *Soient* E *un espace affine,* H *un hyperplan défini par la relation* $g(x) = 0$, *où* g *est une fonction affine non constante sur* E. *Les demi-espaces définis par l'une des relations* $g(x) \geqslant 0$, $g(x) \leqslant 0$, $g(x) > 0$, $g(x) < 0$ *sont des ensembles convexes.*

En effet, ce sont les images réciproques par l'application affine g d'intervalles de **R**, qui sont convexes.

Avec les notations de la prop. 3, les points d'une partie M d'un espace affine sont dits *d'un même côté* (resp. *strictement d'un même côté*) de l'hyperplan H si M est contenue dans un des demi-espaces définis par $\alpha(x) \geqslant 0$ ou $g(x) \leqslant 0$ (resp. $g(x) > 0$ ou $g(x) < 0$.)

PROPOSITION 4. — *Soit* H *un hyperplan dans un espace affine* E. *Pour que les points d'une partie convexe* A *de* E *soient strictement d'un même côté de* H, *il faut et il suffit que* A *ne rencontre pas* H.

La condition est évidemment nécessaire. Inversement supposons-la remplie, et soit $g(x) = 0$ une équation de H (g application linéaire affine de E dans **R**). L'ensemble $g(A)$ est convexe dans **R**, donc est un intervalle, et on a $0 \notin g(A)$. Il en résulte que $g(x)$ a un signe constant lorsque x parcourt A.

2. Intersections d'ensembles convexes. Produits d'ensembles convexes

PROPOSITION 5. — *L'intersection d'une famille quelconque de parties convexes d'un espace affine* E *est convexe.*

La proposition est évidente à partir de la déf. 1 de II, p. 8.

PROPOSITION 6. — *Soit* $(E_\iota)_{\iota \in I}$ *une famille d'espaces vectoriels, et pour chaque* $\iota \in I$, *soit* A_ι *une partie non vide de* E_ι. *Pour que l'ensemble* $A = \prod_{\iota \in I} A_\iota$ *soit convexe dans* $E = \prod_{\iota \in I} E_\iota$, *il faut et il suffit que, pour tout* $\iota \in I$, *l'ensemble* A_ι *soit convexe dans* E_ι.

En effet, chacune des projections pr_ι est une application linéaire, et on a $A_\iota = \mathrm{pr}_\iota A$ et $A = \bigcap_{\iota \in I} \overset{-1}{\mathrm{pr}_\iota}(A_\iota)$; la proposition résulte donc des prop. 2 (II, p. 8) et 5.

COROLLAIRE. — *Dans l'espace* $\mathbf{R}^n$, *tout parallélotope* (TG, VI, p. 3) *est un ensemble convexe.*

En effet, c'est l'image d'un pavé par une application linéaire affine, et un pavé de $\mathbf{R}^n$ est convexe en vertu de la prop. 6.

PROPOSITION 7. — *Soient* E *un espace vectoriel,* A *et* B *deux parties convexes de* E. *Quels que soient les nombres réels* α *et* β, *l'ensemble* $\alpha A + \beta B$ (ensemble des $\alpha x + \beta y$, où x parcourt A et y parcourt B) *est convexe.*

En effet, $\alpha A + \beta B$ est l'image de l'ensemble convexe $A \times B$ dans $E \times E$ par l'application linéaire $(x, y) \mapsto \alpha x + \beta y$ de $E \times E$ dans E.

3. Enveloppe convexe d'un ensemble

DÉFINITION 2. — *Étant donnée une partie quelconque* A *d'un espace affine* E, *on appelle enveloppe convexe de* A *l'intersection des ensembles convexes contenant* A, *c'est-à-dire* (II, p. 9, prop. 5) *le plus petit ensemble convexe contenant* A.

PROPOSITION 8. — *Soit* $(A_\iota)_{\iota \in I}$ *une famille de parties convexes d'un espace affine* E ; *l'enveloppe convexe de* $\bigcup_{\iota \in I} A_\iota$ *est identique à l'ensemble des combinaisons linéaires* $\sum_{\iota \in I} \lambda_\iota x_\iota$, *où* $x_\iota \in A_\iota$, $\lambda_\iota \geqslant 0$ *pour tout* $\iota \in I$ ($\lambda_\iota = 0$ *sauf pour un nombre fini d'indices*) *et* $\sum_{\iota \in I} \lambda_\iota = 1$.

En effet, l'ensemble C de ces combinaisons linéaires est évidemment contenu dans tout ensemble convexe contenant les A_ι (II, p. 8, prop. 1), et d'autre part, on a $A_\iota \subset C$ pour tout ι ; tout revient à prouver que C est convexe. Soient $x = \sum_\iota \lambda_\iota x_\iota$, $y = \sum_\iota \mu_\iota y_\iota$ deux points de C, et α un nombre tel que $0 < \alpha < 1$; posons $\gamma_\iota = \alpha\lambda_\iota + (1 - \alpha)\mu_\iota$ pour tout $\iota \in I$, et soit J la partie (finie) de I formée des indices ι tels que $\gamma_\iota \neq 0$; on peut écrire

$$\alpha x + (1 - \alpha) y = \sum_{\iota \in J} \gamma_\iota z_\iota,$$

où $z_\iota = \gamma_\iota^{-1}(\alpha\lambda_\iota x_\iota + (1 - \alpha)\mu_\iota y_\iota)$ appartient à A_ι pour tout $\iota \in J$; comme on a $\sum_{\iota \in J} \gamma_\iota = \alpha \sum_{\iota \in I} \lambda_\iota + (1 - \alpha) \sum_{\iota \in I} \mu_\iota = 1$, le point $\alpha x + (1 - \alpha) y$ appartient à C.

COROLLAIRE 1. — *L'enveloppe convexe d'une partie* A *de* E *est identique à l'ensemble des combinaisons linéaires* $\sum_i \lambda_i x_i$, *où* (x_i) *est une famille finie quelconque de points de* A, $\lambda_i > 0$ *pour tout* i *et* $\sum_i \lambda_i = 1$.

La dimension de la variété linéaire affine (A, II, p. 129) engendrée par un ensemble convexe A, est encore appelée la *dimension* de A.

Soit E un espace vectoriel. L'enveloppe convexe C de l'enveloppe équilibrée d'une partie A de E est encore appelée l'*enveloppe convexe équilibrée* (ou *enveloppe convexe symétrique*) de A ; il est immédiat que c'est le plus petit ensemble convexe symétrique contenant A ; c'est aussi l'enveloppe convexe de $A \cup (-A)$, car tout point de l'enveloppe équilibrée de A appartient à un segment d'extrémités a et $-a$, où $a \in A$. L'ensemble C est égal à l'ensemble des combinaisons linéaires $\sum_i \lambda_i x_i$ où $x_i \in A$ et

$\sum_i |\lambda_i| \leqslant 1$; il est clair en effet que l'ensemble de ces points est convexe et contient A et $-$ A ; il suffit donc de prouver qu'il est contenu dans C, et pour cela on peut se borner aux combinaisons linéaires telles que $\mu = \sum_i |\lambda_i| > 0$; on peut alors écrire $\sum_i \lambda_i x_i = \mu . \sum_i \alpha_i y_i$ avec $\alpha_i = \lambda_i/\mu$ et $y_i = x_i$ si $\lambda_i \geqslant 0$, $\alpha_i = -\lambda_i/\mu$ et $y_i = -x_i$ si $\lambda_i < 0$; il est clair que $\sum_i \alpha_i = 1$, d'où notre assertion.

Corollaire 2. — *Soient* E *et* F *deux espaces affines, f une application linéaire affine de* E *dans* F ; *pour toute partie* A *de* E, *l'enveloppe convexe de* $f(A)$ *est l'image par f de l'enveloppe convexe de* A.

On a un énoncé analogue pour les applications linéaires et les enveloppes convexes équilibrées.

4. Cônes convexes

Définition 3. — *On dit qu'une partie* C *d'un espace affine* E *est un cône de sommet* x_0 *si* C *est stable pour toutes les homothéties de centre* x_0 *et de rapport* > 0.

Nous supposerons, dans ce n° et le suivant, qu'on a choisi comme origine dans E le sommet du cône que l'on considère ; autrement dit, nous supposerons que E est un espace vectoriel, et quand nous parlerons d'un cône, il sera sous-entendu que c'est un cône de sommet 0. On appelle *demi-droite ouverte* (resp. *fermée*) d'origine 0 l'ensemble des points de la forme λa pour $\lambda > 0$ (resp. $\lambda \geqslant 0$), où a est un vecteur non nul.

Un cône C de sommet 0 est dit *pointé* si $0 \in C$, *épointé* dans le cas contraire. Un cône pointé est, ou bien réduit à 0, ou bien réunion d'un ensemble de demi-droites fermées d'origine 0. Un cône épointé est réunion d'un ensemble (éventuellement vide) de demi-droites ouvertes d'origine 0. Si C est un cône épointé, $C \cup \{0\}$ est un cône pointé. Si C est un cône pointé, $C - \{0\}$ est un cône épointé.

Si C est un cône *convexe* épointé, $C \cup \{0\}$ est un cône convexe pointé. Par contre, si C est un cône convexe pointé, $C - \{0\}$ n'est pas nécessairement convexe. Disons qu'un cône convexe pointé est *saillant* s'il ne contient aucune droite passant par 0. Alors :

Proposition 9. — *Pour qu'un cône convexe pointé* C *soit saillant, il faut et il suffit que le cône épointé* C′, *complémentaire de* 0 *par rapport à* C, *soit convexe.*

Si C contient une droite passant par 0, il est évident que C′ n'est pas convexe. Supposons maintenant C saillant, et soient x et y deux points de C′. Le segment fermé d'extrémités x, y est contenu dans C ; s'il contenait 0, on aurait $\lambda x + (1 - \lambda) y = 0$ pour un λ tel que $0 < \lambda < 1$, donc $x = \mu y$ avec $\mu < 0$, de sorte que C contiendrait la droite passant par 0 et x, contrairement à l'hypothèse.

Proposition 10. — *Pour qu'un ensemble* $C \subset E$ *soit un cône convexe, il faut et il suffit que l'on ait* $C + C \subset C$ *et* $\lambda C \subset C$ *pour tout* $\lambda > 0$.

En effet, la condition $\lambda C \subset C$ pour tout $\lambda > 0$ caractérise les cônes. Si C est convexe, on a $C + C = \frac{1}{2}C + \frac{1}{2}C = C$ (II, p. 8, *Remarque*). Inversement, si le cône C est tel que $C + C \subset C$, on a, pour $0 < \lambda < 1$, $\lambda C + (1 - \lambda) C = C + C \subset C$, ce qui prouve que C est convexe.

COROLLAIRE 1. — *Si* C *est un cône convexe non vide, le sous-espace vectoriel engendré par* C *est l'ensemble* $C - C$ (ensemble des $x - y$, où x et y parcourent C).

En effet, si $V = C - C$, V est non vide ; on a $\lambda V = V$ pour tout $\lambda \neq 0$, et $V + V = C + C - (C + C) \subset C - C = V$, ce qui montre que V est un sous-espace vectoriel. Tout sous-espace vectoriel contenant C contient évidemment V.

COROLLAIRE 2. — *Si* C *est un cône convexe pointé, le plus grand sous-espace vectoriel contenu dans* C *est l'ensemble* $C \cap (-C)$.

En effet, si $W = C \cap (-C)$, W est non vide ; on a $\lambda W = W$ pour tout $\lambda \neq 0$, et

$$W + W \subset (C + C) \cap (-(C + C)) \subset C \cap (-C) = W,$$

ce qui montre que W est un sous-espace vectoriel. Tout sous-espace vectoriel contenu dans C est évidemment contenu dans W.

Il est clair que, si f est une application linéaire de E dans un espace vectoriel F, l'image $f(C)$ de tout cône convexe C dans E est un cône convexe dans F. Toute intersection de cônes convexes (de sommet 0) dans E est un cône convexe. Pour tout ensemble $A \subset E$, l'intersection de tous les cônes convexes contenant A (il en existe, ne serait-ce que E lui-même) est donc le plus petit cône convexe contenant A ; on dit que c'est le cône convexe *engendré* par A.

PROPOSITION 11. — *Soit* $(C_\iota)_{\iota \in I}$ *une famille de cônes convexes dans* E ; *le cône convexe engendré par la réunion des* C_ι *est identique à l'ensemble des sommes* $\sum_{\iota \in J} x_\iota$, *où* J *est une partie finie non vide quelconque de* I, *et où* $x_\iota \in C_\iota$ *pour tout* $\iota \in J$.

En effet, l'ensemble C de ces sommes est évidemment un cône convexe contenant la réunion des C_ι et contenu dans tout cône convexe contenant cette réunion.

COROLLAIRE. — *Soit* A *une partie de* E ; *le cône convexe engendré par* A *est identique à l'ensemble des combinaisons linéaires* $\sum_{i \in J} \lambda_i x_i$, *où* $(x_i)_{i \in J}$ *est une famille finie non vide quelconque de points de* A, *et où* $\lambda_i > 0$ *pour tout* $i \in J$.

Il suffit de remarquer que, si un cône convexe contient un point $x \in A$, il contient l'ensemble C_x des λx, où λ parcourt l'ensemble des nombres > 0, et que C_x est un cône convexe.

PROPOSITION 12. — *Soit* A *une partie convexe de* E. *Le cône convexe engendré par* A *est identique à* $C = \bigcup_{\lambda > 0} \lambda A$.

L'ensemble C est évidemment un cône ; il suffit de montrer que C est convexe. Soient λx et μy deux points de C ($\lambda > 0$, $\mu > 0$, $x \in A$, $y \in A$). Soient $\alpha > 0$, $\beta > 0$

tels que $\alpha + \beta = 1$. On a $\alpha\lambda x + \beta\mu y = (\alpha\lambda + \beta\mu) z$, avec $z \in A$, et $\alpha\lambda + \beta\mu > 0$; donc $\alpha\lambda x + \beta\mu y \in C$.

Remarques. — 1) Avec les hypothèses de la prop. 12, si $0 \notin A$, le cône C est épointé, donc $C \cup \{0\}$ est *saillant*.

2) Soit A un ensemble convexe quelconque dans E ; considérons, dans l'espace $F = E \times \mathbf{R}$, l'ensemble convexe $A_1 = A \times \{1\}$ et le cône convexe C de sommet 0 engendré par A_1. La prop. 12 prouve que A_1 est l'intersection de C et de l'hyperplan $E \times \{1\}$ dans F. Tout ensemble convexe dans E peut donc être considéré comme la projection sur E de l'intersection d'un cône convexe de sommet 0 dans F, et de l'hyperplan $E \times \{1\}$.

5. Espaces vectoriels ordonnés

Soit E un espace vectoriel ; on dit qu'une structure de *préordre* sur E, notée $x \preccurlyeq y$ ou $y \succcurlyeq x$, est *compatible* avec la structure d'espace vectoriel de E si elle satisfait aux deux axiomes suivants :

(EO_I) *La relation* $x \preccurlyeq y$ *entraîne* $x + z \preccurlyeq y + z$ *quel que soit* $z \in E$.

(EO_{II}) *La relation* $x \succcurlyeq 0$ *entraîne* $\lambda x \succcurlyeq 0$ *pour tout scalaire* $\lambda \geqslant 0$.

L'espace vectoriel E, muni de ces deux structures, est appelé *espace vectoriel préordonné* (resp. *espace vectoriel ordonné* lorsque la relation de préordre sur E est une relation d'ordre).

On notera que l'axiome (EO_I) signifie que la structure de préordre et la structure de groupe additif de E sont compatibles, autrement dit que E, muni de ces deux structures, est un *groupe préordonné* (A, VI, p. 3).

Exemple. — Sur l'espace vectoriel $E = \mathbf{R}^A$ de toutes les fonctions numériques finies définies dans un ensemble A, la relation d'ordre « quel que soit $t \in A$, $x(t) \leqslant y(t)$ » est compatible avec la structure d'espace vectoriel de E.

PROPOSITION 13. — (i) *Si* E *est un espace vectoriel préordonné, l'ensemble* P *des éléments* $\succcurlyeq 0$ *de* E *est un cône convexe pointé.*

(ii) *Inversement, soit* P *un cône convexe pointé dans* E ; *alors la relation* $y - x \in P$ *est une relation de préordre dans* E, *et la structure de préordre qu'elle définit sur* E *est la seule qui soit compatible avec la structure d'espace vectoriel de* E, *et pour laquelle* P *soit l'ensemble des éléments* $\succcurlyeq 0$.

(iii) *Pour que le cône convexe pointé* P *soit tel que* $y - x \in P$ *soit une relation d'ordre sur* E, *il faut et il suffit que* P *soit saillant.*

(i) Les axiomes (EO_I) et (EO_{II}) entraînent $P + P \subset P$ et $\lambda P \subset P$ pour tout $\lambda > 0$, et comme $0 \in P$, P est un cône convexe pointé (II, p. 11, prop. 10).

(ii) Inversement, si P est un cône convexe pointé, la relation $P + P \subset P$ entraîne que la relation $y - x \in P$ est une relation de préordre compatible avec la structure de groupe additif de E (A, VI, p. 3, prop. 3) ; il est clair que si on l'écrit $x \preccurlyeq y$, l'ensemble P est identique à l'ensemble des $x \succcurlyeq 0$; en outre, la relation $\lambda P \subset P$ pour tout $\lambda \geqslant 0$ signifie que l'axiome (EO_{II}) est vérifié.

(iii) Dire que P est saillant signifie que $P \cap (-P) = \{0\}$ (II, p. 12, cor. 2), donc que $y - x \in P$ est une relation d'ordre.

Exemple. — * Soit H un espace hilbertien réel ; dans l'espace vectoriel $\mathscr{L}(H)$ des endomorphismes continus de H, les endomorphismes hermitiens positifs forment un cône convexe pointé saillant ; ce cône définit donc une structure d'ordre compatible avec la structure d'espace vectoriel de $\mathscr{L}(H)$ et pour laquelle la relation $A \leqslant B$ signifie que $B - A$ est un endomorphisme hermitien positif. *

Si P est un cône convexe pointé quelconque dans un espace vectoriel E, $P \cap (-P)$ est un sous-espace vectoriel H de E (II, p. 12, cor. 2). L'image canonique P′ de P dans E/H est un cône convexe, et l'image réciproque de P′ dans E est P. On a donc $P' \cap (-P') = \{0\}$, et P′ définit sur E/H une structure d'ordre compatible avec sa structure d'espace vectoriel.

On dit qu'une forme linéaire f sur un espace vectoriel préordonné E est *positive* si, pour tout $x \geqslant 0$ dans E, on a $f(x) \geqslant 0$. Il revient au même de dire que le cône convexe P des éléments $\geqslant 0$ de E est contenu dans le demi-espace des x tels que $f(x) \geqslant 0$. Il est clair que, dans le dual E* de E, les formes linéaires positives forment un cône convexe pointé.

6. Ensembles convexes dans les espaces vectoriels topologiques

PROPOSITION 14. — *Dans un espace vectoriel topologique* E, *l'adhérence d'un ensemble convexe* (resp. *d'un cône convexe*) *est un ensemble convexe* (resp. *un cône convexe de même sommet*).

En effet, soit A un ensemble convexe ; pour tout λ tel que $0 < \lambda < 1$, l'application $(x, y) \mapsto \lambda x + (1 - \lambda) y$ est continue dans $E \times E$ et applique $A \times A$ dans A ; donc (TG, I, p. 9, th. 1) elle applique $\overline{A} \times \overline{A}$ dans $\overline{A}$, ce qui démontre que $\overline{A}$ est convexe. On prouve de même que, si C est un cône convexe de sommet 0, on a $\overline{C} + \overline{C} \subset \overline{C}$ et $\lambda\overline{C} \subset \overline{C}$ pour tout $\lambda > 0$.

DÉFINITION 4. — *Étant donnée une partie quelconque* A *d'un espace vectoriel topologique* E, *on appelle enveloppe fermée convexe de* A *l'intersection des ensembles fermés convexes contenant* A, *c'est-à-dire le plus petit ensemble fermé convexe contenant* A.

D'après la prop. 14, l'enveloppe fermée convexe de A est l'adhérence de l'enveloppe convexe de A ; elle est évidemment identique à l'enveloppe fermée convexe de $\overline{A}$.

On appelle de même *enveloppe fermée convexe symétrique* (ou *enveloppe fermée convexe équilibrée*) de A le plus petit ensemble fermé, convexe et symétrique contenant A ; c'est l'*adhérence* de l'enveloppe convexe symétrique de A (II, p. 10) ; elle est aussi l'enveloppe fermée convexe symétrique de $\overline{A}$.

PROPOSITION 15. — *Dans un espace vectoriel topologique séparé* E, *soient* A_i $(1 \leqslant i \leqslant n)$ *un nombre fini d'ensembles convexes compacts. Alors l'enveloppe convexe de la réunion des* A_i *est compacte* (*donc égale à l'enveloppe fermée convexe de cette réunion*).

En effet, soit B la partie compacte de $\mathbf{R}^n$ définie par les relations $\lambda_i \geqslant 0$ $(1 \leqslant i \leqslant n)$, $\sum_{i=1}^{n} \lambda_i = 1$. Définissons une application continue de $\mathrm{B} \times \prod_{i=1}^{n} \mathrm{A}_i \subset \mathbf{R}^n \times \mathrm{E}^n$ dans E, par la formule :

$$(\lambda_1, \lambda_2, \ldots, \lambda_n, x_1, x_2, \ldots, x_n) \mapsto \sum_{i=1}^{n} \lambda_i x_i .$$

L'enveloppe convexe C de $\bigcup_{i=1}^{n} \mathrm{A}_i$ est l'image de $\mathrm{B} \times \prod_{i=1}^{n} \mathrm{A}_i$ par cette application ; comme $\mathrm{B} \times \prod_{i=1}^{n} \mathrm{A}_i$ est compact et E est séparé, C est compact.

Corollaire 1. — *Dans un espace vectoriel topologique séparé* E, *l'enveloppe convexe d'un ensemble fini est compacte.*

Corollaire 2. — *Dans un espace vectoriel topologique* E, *l'enveloppe convexe d'un ensemble fini* A *est précompacte.*

En effet, soit j l'application linéaire canonique de E dans son séparé complété $\hat{\mathrm{E}}$; si C est l'enveloppe convexe de A, $j(\mathrm{C})$ est l'enveloppe convexe de l'ensemble fini $j(\mathrm{A})$ dans $\hat{\mathrm{E}}$, donc $j(\mathrm{C})$ est compacte (cor. 1), et par suite C est précompacte (TG, II, p. 29).

Proposition 16. — *Dans un espace vectoriel topologique* E, *soit* A *un ensemble convexe ayant au moins un point intérieur* x_0. *Si* $x \in \overline{\mathrm{A}}$, *tout point du segment ouvert d'extrémités* x_0 *et* x *est point intérieur de* A.

En effet, soit y un point de ce segment, et soit f l'homothétie de centre y et de rapport $\lambda < 0$ qui transforme x_0 en x ; si V est un voisinage ouvert de x_0 contenu dans A, $f(\mathrm{V})$ est un voisinage de x, donc contient un point $f(z) \in \mathrm{A}$; on a :

$$f(z) - y = \lambda(z - y) = \lambda(z - f(z)) + \lambda(f(z) - y),$$

d'où $y - f(z) = \dfrac{\lambda}{\lambda - 1}(z - f(z))$, de sorte que y est transformé de z par l'homothétie g de centre $f(z)$ et de rapport $\mu = \lambda/(\lambda - 1)$; comme $0 < \mu < 1$, g transforme V en un voisinage de y contenu dans A, d'où la proposition.

Corollaire 1. — *L'intérieur* $\mathring{\mathrm{A}}$ *d'un ensemble convexe* A *est un ensemble convexe ; si* $\mathring{\mathrm{A}}$ *n'est pas vide, il est identique à l'intérieur de* $\overline{\mathrm{A}}$, *et* $\overline{\mathrm{A}}$ *est un ensemble convexe identique à l'adhérence de* $\mathring{\mathrm{A}}$.

En effet, si $\mathring{\mathrm{A}}$ n'est pas vide, il résulte de la prop. 16 que c'est un ensemble convexe et que tout point de $\overline{\mathrm{A}}$ est adhérent à $\mathring{\mathrm{A}}$. Montrons d'autre part que tout point x intérieur à $\overline{\mathrm{A}}$ appartient à $\mathring{\mathrm{A}}$. On peut supposer que $x = 0$. Soit V un voisinage symétrique de 0 contenu dans $\overline{\mathrm{A}}$, et soit $y \in \mathring{\mathrm{A}} \cap \mathrm{V}$; on a $-y \in \overline{\mathrm{A}}$, donc, si $y \neq 0$, la prop. 16 montre que $0 \in \mathring{\mathrm{A}}$; la même conclusion est évidente si $y = 0$.

COROLLAIRE 2. — *L'intérieur* $\mathring{C}$ *d'un cône convexe est un cône convexe ; si* $\mathring{C}$ *n'est pas vide, il est identique à l'intérieur de* $\overline{C}$, *et* $\overline{C}$ *est un cône convexe pointé identique à l'adhérence de* $\mathring{C}$.

Comme les homothéties de rapport > 0 et de centre 0 transforment C en lui-même, elles transforment $\mathring{C}$ en lui-même, ce qui montre que $\mathring{C}$ est un cône ; le reste du corollaire découle du cor. 1 et de la remarque évidente que si C n'est pas vide, $\overline{C}$ contient le sommet de C.

Soit H un hyperplan fermé dans un espace vectoriel topologique E sur **R** ; il a une équation de la forme $f(x) = \alpha$, où f est une forme linéaire continue non nulle dans E (I, p. 13, th. 1). Les demi-espaces définis respectivement par les relations $f(x) \leqslant \alpha$ et $f(x) \geqslant \alpha$ sont donc des ensembles convexes *fermés* ; leurs complémentaires, définis respectivement par les relations $f(x) > \alpha$ et $f(x) < \alpha$, sont des ensembles convexes *ouverts*. On dit que ces demi-espaces sont les demi-espaces fermés (resp. ouverts) *déterminés* par H.

PROPOSITION 17. — *Dans un espace vectoriel topologique* E, *soit* A *un ensemble admettant au moins un point intérieur, et dont tous les points sont situés d'un même côté d'un hyperplan* H. *Alors* H *est fermé, les points intérieurs à* A *sont situés strictement d'un même côté de* H, *et les points adhérents à* A *sont situés d'un même côté de* H. *En particulier, les demi-espaces ouverts* (resp. *fermés*) *sont ceux qui sont déterminés par les hyperplans fermés.*

En effet, supposons que H contienne l'origine, et soit $f(x) = 0$ une équation de H ; supposons par exemple que $f(x) \geqslant 0$ pour tout point $x \in A$. Le demi-espace formé des points y tels que $f(y) > -1$ contient au moins un point intérieur, et par translation on voit qu'il en est de même du demi-espace des points tels que $f(y) > 0$; cela prouve que H est fermé (I, p. 11, corollaire). On sait alors que f est un morphisme strict de E sur **R** (I, p. 14, corollaire), donc $f(\mathring{A})$ est une partie ouverte de **R** ; elle ne peut contenir 0, sans quoi elle contiendrait des nombres < 0, contrairement à l'hypothèse ; elle est donc contenue dans l'intervalle ouvert $]0, +\infty[$. D'autre part, le demi-espace des y tels que $f(y) \geqslant 0$ est fermé et contient A, donc il contient $\overline{A}$.

COROLLAIRE. — *Soient* E *un espace vectoriel topologique*, P *un cône convexe pointé dans* E, *avant au moins un point intérieur. Alors toute forme linéaire* $f \neq 0$ *sur* E, *positive pour la structure de préordre définie par* P (II, p. 14), *est continue. En outre, on a* $f(x) > 0$ *lorsque* x *est intérieur à* P, *et* $f(x) \geqslant 0$ *pour tout* x *adhérent à* P.

Il suffit d'appliquer la prop. 16 au cas où $A = P$ et H est l'hyperplan d'équation $f(x) = 0$.

Remarque. — Dans un espace vectoriel topologique E, tout ensemble convexe C est *connexe*. En effet, si $a \in C$, C est réunion de segments fermés d'extrémité a, qui sont connexes ; la conclusion résulte de TG, I, p. 81, prop. 2.

7. Topologies sur les espaces vectoriels ordonnés

Soit E un espace vectoriel ordonné. On dit qu'une topologie sur E est *compatible* avec la structure d'espace vectoriel ordonné de E si d'une part elle est compatible avec la structure d'espace vectoriel de E, et si d'autre part elle satisfait à l'axiome suivant :

(TO) *Le cône convexe des* $x \geqslant 0$ *est fermé dans* E.

Un espace vectoriel ordonné sur E, muni d'une topologie compatible avec sa structure d'espace vectoriel ordonné, est appelé *espace vectoriel topologique ordonné.*

Exemples. — L'espace $\mathbf{R}^n$, muni de sa topologie usuelle et de la structure d'ordre produit des structures d'ordre de ses facteurs, est un espace vectoriel topologique ordonné. Par contre, pour $n \geqslant 2$, lorsqu'on munit $\mathbf{R}^n$ de l'ordre lexicographique (E, III, p. 23), la topologie usuelle n'est pas compatible avec la structure d'espace vectoriel ordonné de $\mathbf{R}^n$.

Soit A un ensemble ; l'espace vectoriel $\mathscr{B}(\mathrm{A}\,;\mathbf{R})$ des fonctions numériques bornées dans A, muni de la topologie définie par la norme $\|x\| = \sup_{t \in \mathrm{A}} |x(t)|$ et de la structure d'ordre induite par la structure d'ordre produit sur $\mathbf{R}^{\mathrm{A}}$, est un espace vectoriel topologique ordonné.

Dans un espace vectoriel topologique ordonné E, l'ensemble des éléments $x \leqslant 0$ est fermé ; les translations étant des homéomorphismes, on en déduit que pour tout $a \in \mathrm{E}$, l'ensemble des $x \geqslant a$ (resp. $x \leqslant a$) est fermé. Comme les relations $x \geqslant 0$ et $x \leqslant 0$ entraînent $x = 0$, $\{0\}$ est fermé, donc E est *séparé.*

PROPOSITION 18. — *Dans un espace vectoriel topologique ordonné* E, *soit* H *un ensemble filtrant pour la relation* $\leqslant$. *Si le filtre des sections de* H *admet une limite dans* E, *cette limite est la borne supérieure de* H.

En effet, soit $b = \lim_{x \in \mathrm{H}} x$; pour tout $y \in \mathrm{H}$, l'ensemble des $x \in \mathrm{H}$ tels que $x \geqslant y$ est un ensemble du filtre des sections de H, donc b est adhérent à cet ensemble ; mais comme l'ensemble des éléments $x \geqslant y$ est fermé dans E, on a $b \geqslant y$, ce qui montre que b est un majorant de H. D'autre part, si a est un majorant de H, H est contenu dans l'ensemble fermé des $z \leqslant a$; comme b est adhérent à H, on a $b \leqslant a$, ce qui achève la démonstration (II, p. 76, exerc. 42).

8. Fonctions convexes

DÉFINITION 5. — *Soient* E *un espace affine,* X *une partie convexe de* E. *On dit qu'une fonction numérique finie, définie dans* X, *est convexe* (resp. *strictement convexe*) *si, quels que soient* x, y *distincts dans* X *et le nombre réel* λ *tel que* $0 < \lambda < 1$, *on a* :

(1) $$f(\lambda x + (1-\lambda)\,y) \leqslant \lambda f(x) + (1-\lambda)\,f(y)$$

(resp.

(2) $$f(\lambda x + (1-\lambda)\,y) < \lambda f(x) + (1-\lambda)\,f(y))\,.$$

Lorsque $E = \mathbf{R}$, cette définition des fonctions convexes n'est autre que celle de FVR, I, p. 32. En outre, pour que f soit convexe (resp. strictement convexe) dans X, il faut et il suffit que pour toute droite affine $D \subset E$, la restriction de f à $X \cap D$ soit convexe (resp. strictement convexe) dans $X \cap D$.

Exemples. — Pour toute fonction linéaire affine f sur E, f et f^2 sont des fonctions convexes dans E ; c'est évident pour f, puisque

$$f(\lambda x + (1 - \lambda) y) = \lambda f(x) + (1 - \lambda) f(y) ;$$

d'autre part, si l'on pose $\alpha = f(x)$, $\beta = f(y)$, on a :

$$\lambda\alpha^2 + (1 - \lambda) \beta^2 - (\lambda\alpha + (1 - \lambda) \beta)^2 = \lambda(1 - \lambda) (\alpha - \beta)^2 \geqslant 0$$

pour $0 < \lambda < 1$; on voit ainsi en outre que la restriction de f^2 à une droite affine $D \subset E$ est *strictement convexe si* $f|D$ *n'est pas constante.*

On dit qu'une fonction numérique finie f définie dans X est *concave* (resp. *strictement concave*) si $-f$ est convexe (resp. strictement convexe). Il revient au même de dire que pour tout couple x, y de points distincts dans X et tout nombre λ tel que $0 < \lambda < 1$, on a

$$f(\lambda x + (1 - \lambda) y) \geqslant \lambda f(x) + (1 - \lambda) f(y)$$

(resp.

$$f(\lambda x + (1 - \lambda) y) > \lambda f(x) + (1 - \lambda) f(y)) .$$

On dit qu'une application de X dans $\mathbf{R}$ est *affine* si elle est à la fois convexe et concave (*cf.* II, p. 83, exerc. 11).

PROPOSITION 19. — *Soient* E *un espace affine,* X *une partie convexe de* E ; *soient f une fonction numérique finie définie dans* X, F (resp. F′) *l'ensemble des points* $(x, a) \in E \times \mathbf{R}$ *tels que* $x \in X$ *et* $f(x) \leqslant a$ (resp. $x \in X$ *et* $f(x) < a$). *Alors les conditions suivantes sont équivalentes :*

a) La fonction f est convexe.

b) L'ensemble F *est convexe dans l'espace affine* $E \times \mathbf{R}$.

c) L'ensemble F′ *est convexe dans l'espace affine* $E \times \mathbf{R}$.

Montrons que *a*) implique *c*). Supposons f convexe ; si (x, a) et (y, b) sont deux points de F′ et $0 < \lambda < 1$, on a $f(x) < a$, $f(y) < b$ et

$$f(\lambda x + (1 - \lambda) y) \leqslant \lambda f(x) + (1 - \lambda) f(y) < \lambda a + (1 - \lambda) b$$

ce qui exprime que le point $\lambda(x, a) + (1 - \lambda) (y, b)$ de $E \times \mathbf{R}$ appartient à F′. Donc F′ est convexe.

Montrons en second lieu que *c*) entraîne *b*). En effet, si (x, a), (y, b) sont deux points de F et $0 < \lambda < 1$, les points $(x, a + \varepsilon)$ et $(y, b + \varepsilon)$ appartiennent à F′ pour tout $\varepsilon > 0$, et par suite il en est de même de

$$(\lambda x + (1 - \lambda) y,\ \lambda a + (1 - \lambda) b + \varepsilon) ;$$

par définition de F, cela entraîne que $(\lambda x + (1 - \lambda) y, \lambda a + (1 - \lambda) b)$ appartient à F.

Enfin, *b*) entraîne *a*), car (avec les mêmes notations), dire que le point $(\lambda x + (1-\lambda) y, \lambda a + (1-\lambda) b)$ appartient à F signifie que l'on a :

$$f(\lambda x + (1-\lambda) y) \leqslant \lambda a + (1-\lambda) b$$

quels que soient $a \geqslant f(x)$ et $b \geqslant f(y)$; on en conclut que l'on a l'inégalité (1), donc f est convexe.

Corollaire. — *Si f est convexe dans* X, *alors, pour tout $\alpha \in \mathbf{R}$, l'ensemble des $x \in$ X tels que $f(x) \leqslant \alpha$ (resp. $f(x) < \alpha$) est convexe.*

En effet, c'est la projection sur E de l'intersection de F (resp. F′) et de l'hyperplan $E \times \{\alpha\}$ dans $E \times \mathbf{R}$.

Proposition 20. — *Soit f une fonction convexe dans une partie convexe* X *d'un espace affine* E. *Pour toute famille finie $(x_i)_{1 \leqslant i \leqslant p}$ de p points de* X, *et toute famille $(\lambda_i)_{1 \leqslant i \leqslant p}$ de p nombres réels $\geqslant 0$ tels que $\sum_{i=1}^{p} \lambda_i = 1$, on a :*

$$f\Big(\sum_{i=1}^{p} \lambda_i x_i\Big) \leqslant \sum_{i=1}^{p} \lambda_i f(x_i). \tag{3}$$

Si f est strictement convexe et si $\lambda_i > 0$ pour tout i, on a :

$$f\Big(\sum_{i=1}^{p} \lambda_i x_i\Big) < \sum_{i=1}^{p} \lambda_i f(x_i), \tag{4}$$

sauf si tous les x_i sont égaux.

L'inégalité (3) résulte de II, p. 18, prop. 19 et p. 8, prop. 1. Supposons que les x_i ne soient pas tous égaux (ce qui implique $p \geqslant 2$) et que les λ_i soient tous > 0 ; alors le point $z = \sum_{i=1}^{p} \lambda_i x_i$ ne peut être égal à tous les x_i. Supposons par exemple $z \neq x_1$, et posons $z = \lambda_1 x_1 + (1-\lambda_1) y_1$ avec $y_1 = \sum_{i=2}^{p} \dfrac{\lambda_i}{1-\lambda_1} x_i$. On a donc $y_1 \neq x_1$ et comme $0 < \lambda_1 < 1$, on a par hypothèse

$$f(z) < \lambda_1 f(x_1) + (1-\lambda_1) f(y_1).$$

Mais en vertu de (3) on a $f(y_1) \leqslant \sum_{i=2}^{p} \dfrac{\lambda_i}{1-\lambda_1} f(x_i)$, d'où l'inégalité (4).

9. Opérations sur les fonctions convexes

Soit X une partie convexe d'un espace affine E. Si f_i $(1 \leqslant i \leqslant p)$ sont des fonctions convexes dans X en nombre fini, et c_i $(1 \leqslant i \leqslant p)$ des nombres $\geqslant 0$, la fonction $f = \sum_{i=1}^{p} c_i f_i$ est convexe dans X.

Si (f_α) est une famille quelconque de fonctions convexes dans X, et si l'enveloppe supérieure g de cette famille est finie dans X, alors g est convexe.

Enfin, si H est un ensemble de fonctions convexes dans X, et $\mathfrak{F}$ un filtre sur H qui converge simplement dans X vers une fonction numérique finie f_0, f_0 est convexe dans X.

10. Fonctions convexes dans un ensemble convexe ouvert

PROPOSITION 21. — *Soient* E *un espace vectoriel topologique,* X *une partie convexe ouverte non vide de* E, f *une fonction convexe définie dans* X. *Pour que f soit continue, il faut et il suffit qu'il existe une partie ouverte non vide* U *de* X *dans laquelle f soit majorée.*

La condition étant évidemment nécessaire, prouvons qu'elle est suffisante. Soit $x_0 \in X$ un point tel que f soit majorée dans un voisinage V de x_0 ; montrons d'abord que f est continue au point x_0. Par translation, on peut se borner au cas où $x_0 = 0$ et $f(x_0) = 0$; en outre, on peut supposer le voisinage V équilibré (I, p. 7, prop. 4). Supposons que $f(x) \leqslant a$ dans V ; pour tout ε tel que $0 < \varepsilon < 1$, remarquons que, si $x \in \varepsilon V$, on a $x/\varepsilon \in V$ et $-x/\varepsilon \in V$. L'inégalité (1) de II, p. 17 appliquée aux points x/ε et 0 et au nombre $\lambda = \varepsilon$, montre que $f(x) \leqslant \varepsilon f(x/\varepsilon) \leqslant \varepsilon a$; appliquée aux points x et $-x/\varepsilon$ et au nombre $\lambda = 1/(1+\varepsilon)$, elle donne l'inégalité $f(x) \geqslant -\varepsilon f(-x/\varepsilon) \geqslant -\varepsilon a$, ce qui prouve que $f(x)$ est arbitrairement petit dans εV lorsque ε est assez petit.

Soit maintenant y un point de X ; il existe un nombre $\rho > 1$ tel que $z = \rho y$ appartienne encore à X puisque X est ouvert. Soit g l'homothétie $x \mapsto \lambda x + (1-\lambda) z$ de centre z et de rapport $\lambda = 1 - \dfrac{1}{\rho}$, qui transforme 0 en y ; pour tout point $g(x) \in g(V)$, on a, d'après (1), $f(g(x)) \leqslant \lambda f(x) + (1-\lambda) f(z) \leqslant \lambda a + (1-\lambda) f(z)$. La première partie du raisonnement montre donc que f est continue au point y, ce qui achève la démonstration.

COROLLAIRE. — *Toute fonction convexe f définie dans une partie convexe ouverte* X *de* $\mathbf{R}^n$ *est continue dans* X.

On peut supposer X non vide. Il existe alors, dans X, $n+1$ points affinement indépendants a_i $(0 \leqslant i \leqslant n)$, et l'enveloppe convexe S de ces points contient l'ensemble ouvert non vide formé des $\sum_{i=0}^{n} \lambda_i a_i$ avec $0 < \lambda_i < 1$ pour tout i et $\sum_{i=0}^{n} \lambda_i = 1$. En vertu de II, p. 19, prop. 20, f est majorée dans S, d'où la conclusion du corollaire.

Sur un espace vectoriel topologique de dimension infinie, il existe en général des formes linéaires non continues (II, p. 85, exerc. 25) et par suite des fonctions convexes qui ne sont continues en aucun point.

11. Semi-normes et ensembles convexes

Soit E un espace vectoriel sur **R** ; on dit qu'une application p de E *dans* **R** est *positivement homogène* si, pour tout $\lambda \geqslant 0$, et tout $x \in E$ on a :

(5) $$p(\lambda x) = \lambda p(x) .$$

Pour qu'une fonction positivement homogène p dans E soit convexe, il faut et il suffit qu'elle satisfasse à l'axiome (SN_{II}) de II, p. 1 :

(6) $$p(x + y) \leqslant p(x) + p(y)$$

quels que soient x, y dans E.

En effet, si p est convexe, on a, pour x, y dans E,

$$p(\tfrac{1}{2}(x + y)) \leqslant \tfrac{1}{2}p(x) + \tfrac{1}{2}p(y)$$

et en vertu de (5), cette relation est équivalente à (6). Inversement, si la relation (6) a lieu, on a aussi, quel que soit λ tel que $0 < \lambda < 1$,

$$p(\lambda x + (1 - \lambda) y) \leqslant p(\lambda x) + p((1 - \lambda) y) = \lambda p(x) + (1 - \lambda) p(y)$$

en vertu de (5).

On appelle fonction *sous-linéaire* sur E une fonction convexe et positivement homogène.

Soit p une fonction sous-linéaire dans E ; en vertu de II, p. 19, corollaire, pour tout $a > 0$, l'ensemble $V(p, a)$ (resp. $W(p, a)$) des $x \in E$ tels que $p(x) \leqslant a$ (resp. $p(x) < a$) est un ensemble *convexe* ; en outre, cet ensemble est *absorbant*, car pour tout $x \in E$, il existe $\lambda > 0$ tel que $p(\lambda x) = \lambda p(x) < a$.

On a une réciproque partielle de ce résultat :

PROPOSITION 22. — *Soient* E *un espace vectoriel,* A *un ensemble convexe dans* E, *contenant* 0. *Pour tout* $x \in E$, *posons*

(7) $$p_A(x) = \inf_{\rho > 0, x \in \rho A} \rho$$

(*élément de* $[0, +\infty]$). *La fonction* p_A *vérifie les relations*

(8) $$p_A(x + y) \leqslant p_A(x) + p_A(y) , \quad p_A(\lambda x) = \lambda p_A(x)$$

quels que soient x, y *dans* E *et* $\lambda > 0$. *Si* $V(p_A, \alpha)$ (resp. $W(p_A, \alpha)$) *désigne l'ensemble des* $x \in E$ *tels que* $p_A(x) \leqslant \alpha$ (resp. $p_A(x) < \alpha$), *on a*

(9) $$W(p_A, 1) \subset A \subset V(p_A, 1) .$$

Si A *est absorbant,* p_A *est finie* (donc *sous-linéaire*).

Comme les relations $x \in \rho A$ et $\lambda x \in \lambda\rho A$ sont équivalentes pour $\lambda > 0$, on a $p_A(\lambda x) = \lambda p_A(x)$ pour $\lambda > 0$. Soient x, y deux points de E. Alors l'inégalité $p_A(x + y) \leqslant p_A(x) + p_A(y)$ est évidente si x (resp. y) n'est pas absorbé par A, car alors $p_A(x) = +\infty$ (resp. $p_A(y) = +\infty$). Supposons donc qu'il existe deux nombres $\alpha > 0$, $\beta > 0$ tels que $x \in \alpha A$, $y \in \beta A$; on a $x + y \in \alpha A + \beta A = (\alpha + \beta) A$ (II, p. 8, *Remarque*) ; on a par suite $p_A(x + y) \leqslant p_A(x) + p_A(y)$. L'inclusion $A \subset V(p_A, 1)$ est évidente. L'inclusion $W(p_A, 1) \subset A$ résulte de ce que A est convexe et contient 0. Enfin, si A est absorbant, il est clair que p_A est finie.

On dit que la fonction p_A définie par (7) est la *jauge* de l'ensemble convexe A. Si A est absorbant et symétrique, p_A est donc une semi-norme.

PROPOSITION 23. — *Soit* E *un espace vectoriel topologique. Si* A *est un ensemble convexe ouvert contenant* 0, p_A *est finie et continue et* $A = W(p_A, 1)$. *Si* A *est un ensemble convexe fermé contenant* 0, p_A *est semi-continue inférieurement et l'on a* $A = V(p_A, 1)$.

Si A est ouvert et contient 0 (donc est absorbant), pour tout $x \in A$, il existe $\rho < 1$ tel que $x/\rho \in A$, donc $p_A(x) < 1$, ce qui, joint à (9), montre que $A = W(p_A, 1)$. La fonction convexe p_A étant majorée dans l'ensemble ouvert A est continue dans E (II, p. 20, prop. 21).

Si A est fermé et contient 0, pour tout $x \in E$ tel que $p_A(x) \leqslant 1$, on a $x \in \rho A$ pour tout $\rho > 1$, donc aussi $x \in A$ puisque A est fermé ; tenant compte de (9), cela prouve que $A = V(p_A, 1)$. Pour tout $\mu > 0$, μA est donc l'ensemble des x tels que $p_A(x) \leqslant \mu$; comme $p_A(x) \geqslant 0$ dans E, cela montre que p_A est semi-continue inférieurement dans E (TG, IV, p. 29).

On notera que pour toute fonction sous-linéaire p dans E à valeurs positives, p est la jauge de tout ensemble convexe A tel que $W(p, 1) \subset A \subset V(p, 1)$.

§ 3. LE THÉORÈME DE HAHN-BANACH (FORME ANALYTIQUE)

1. Prolongement des formes linéaires positives

PROPOSITION 1. — *Soient* E *un espace vectoriel préordonné,* V *un sous-espace vectoriel de* E *tel que tout élément de* E *soit majoré par un élément de* V. *Pour toute forme linéaire* f *sur* V, *positive pour la structure d'espace vectoriel préordonné de* V (*induite par celle de* E), *l'ensemble* S_f *des formes linéaires positives sur* E *qui prolongent* f *est non vide, et pour tout* $a \in E$, *l'ensemble des valeurs* $h(a)$, *où* h *parcourt* S_f, *est l'intervalle* $[\alpha', \alpha'']$, *où*

$$\text{(1)} \qquad \alpha' = \sup_{z \in V, z \leqslant a} f(z) , \quad \alpha'' = \inf_{y \in V, y \geqslant a} f(y) .$$

I) *Supposons d'abord* $E = V + \mathbf{R}a$. La proposition étant triviale pour $a \in V$, on peut se borner au cas $a \notin V$. L'hypothèse faite sur V entraîne que l'ensemble

A″ des $y \in V$ tels que $a \leqslant y$ est non vide ; de même, l'ensemble A′ des $z \in V$ tels que $-z \geqslant -a$ (autrement dit, $z \leqslant a$) est non vide. En outre, pour $y \in A''$ et $z \in A'$, on a $z \leqslant a \leqslant y$, donc par hypothèse, $f(z) \leqslant f(y)$. On en conclut que α' et α'' sont finis et que $\alpha' \leqslant \alpha''$. Toute forme linéaire f_1 sur E prolongeant f est entièrement déterminée par $f_1(a)$, et pour tout $\lambda \in \mathbf{R}$ et tout $x \in V$, on a

$$f_1(x + \lambda a) = f(x) + \lambda f_1(a)\,.$$

Pour que f_1 soit positive, il faut et il suffit que les relations :

$$x \in V\,, \quad \lambda \in \mathbf{R}\,, \quad x + \lambda a \geqslant 0 \tag{2}$$

entraînent :

$$f(x) + \lambda f_1(a) \geqslant 0\,. \tag{3}$$

Comme $f(\mu x) = \mu f(x)$ et que les relations $x \geqslant 0$ et $\mu x \geqslant 0$ sont équivalentes pour $\mu > 0$, il suffit d'exprimer que (2) entraîne (3) dans les cas particuliers $\lambda = 0$, $\lambda = 1$ et $\lambda = -1$. Pour $\lambda = 0$, le fait que (2) entraîne (3) résulte de l'hypothèse que f est positive. Pour $\lambda = 1$, dire que (2) entraîne (3) signifie que pour $-x \in A'$, on a $f_1(a) \geqslant f(-x)$, autrement dit que $f_1(a) \geqslant \alpha'$; pour $\lambda = -1$, dire que (2) entraîne (3) signifie que, pour $x \in A''$, on a $f(x) \geqslant f_1(a)$, autrement dit que $f_1(a) \leqslant \alpha''$. La proposition est donc démontrée dans ce cas.

II) *Cas général.* Soit $\mathfrak{F}$ l'ensemble des couples (W, g), où W est un sous-espace vectoriel de E contenant V et g une forme linéaire positive sur W prolongeant f. Ordonnons $\mathfrak{F}$ en posant

$$(W, g) \leqslant (W', g')$$

si $W \subset W'$ et si g' prolonge g. Il est immédiat que $\mathfrak{F}$ est inductif, et, en vertu du th. 2 de E, III, p. 20, il a donc un élément maximal (W_0, g_0). Supposons $W_0 \neq E$. Il existe alors un vecteur $b \notin W_0$, et si $W_1 = W_0 + \mathbf{R}b$, la première partie de la démonstration montre qu'il existe une forme linéaire positive sur W_1 qui prolonge g_0, ce qui contredit l'hypothèse que (W_0, g_0) est maximal ; on a donc $W_0 = E$, ce qui prouve la première assertion de la proposition. Lorsque $a \in V$, la seconde assertion est évidente, avec $\alpha' = \alpha'' = f(a)$; si au contraire $a \notin V$ et si l'on pose $V_1 = V + \mathbf{R}a$, la seconde assertion résulte de la première partie de la démonstration.

Corollaire. — *Soient* E *un espace vectoriel topologique muni d'une structure de préordre compatible avec sa structure d'espace vectoriel,* P *l'ensemble des éléments* $\geqslant 0$ *de* E. *Soit* V *un sous-espace vectoriel de* E *contenant au moins un point intérieur* x_0 *de* P. *Alors toute forme linéaire positive sur* V *se prolonge en une forme linéaire positive sur* E.

Il suffit, en vertu de la prop. 1, de voir que, pour tout $x \in E$, il existe $x' \in V$ tel que $x' - x \in P$. Or, soit U un voisinage de 0 dans E tel que $x_0 + U \subset P$. On a donc $x + x_0 + U \subset x + P$, et par suite, il existe ε tel que $0 < \varepsilon < 1$ et que le point

$$y = x_0 + (1 - \varepsilon)\, x$$

appartienne à $x + P$; par suite tout point de la forme $x + \lambda(y - x)$ appartient à $x + P$ pour $\lambda > 0$. Mais si l'on prend $\lambda = 1/\varepsilon$, on a $x + \lambda(y - x) = \lambda x_0 \in V$, d'où la conclusion.

La conclusion de ce corollaire ne subsiste pas nécessairement si l'on ne suppose pas que V contient un point intérieur de P, même si E est de dimension finie et si $P \cap V$ contient des points intérieurs *dans* V (II, p. 97, exerc. 25, *b*)).

2. Le théorème de Hahn-Banach (forme analytique)

THÉORÈME 1 (Hahn-Banach). — *Soient* E *un espace vectoriel, p une fonction sous-linéaire dans* E. *Soit* V *un sous-espace vectoriel de* E, *et soit f une forme linéaire sur* V *telle que, pour tout $y \in$* V, *on ait $f(y) \leqslant p(y)$. Alors il existe une forme linéaire h sur* E *prolongeant f et telle que, pour tout $x \in$* E, *on ait $h(x) \leqslant p(x)$.*

Dans l'espace vectoriel $E_1 = E \times \mathbf{R}$, l'ensemble P des couples (x, a) tels que $p(x) \leqslant a$ est un ensemble convexe (II, p. 18, prop. 19), et c'est évidemment un cône pointé. Soit V_1 le sous-espace $V \times \mathbf{R}$ de E_1, et posons $g(y, a) = -f(y) + a$ pour tout point $(y, a) \in V_1$. Alors g est une forme linéaire positive pour la structure de préordre sur V_1 définie par $P \cap V_1$; en effet, si $(y, a) \in P \cap V_1$, on a $a \geqslant p(y) \geqslant f(y)$, donc $g(y, a) \geqslant 0$. D'autre part, soit $(x, a) \in E_1$; montrons que (x, a) est majoré par un point de V_1 pour le préordre défini par P : en effet, dire qu'un point $(x', a') \in V_1$ est tel que $(x, a) \leqslant (x', a')$ signifie que l'on a $p(x' - x) \leqslant a' - a$, et prenant $a' \geqslant p(-x) + a$, on voit que le point $(0, a')$ de V_1 répond à la question. On peut donc appliquer la prop. 1 de II, p. 22, et il y a une forme linéaire u sur E_1 prolongeant g et positive pour le préordre défini par P. On a donc $u(0, 1) = g(0, 1) = 1$ et par suite u est de la forme $u(x, a) = -h(x) + a$, où h est une forme linéaire sur E prolongeant f; en outre, pour tout $x \in E$ et tout $a \geqslant p(x)$, on a $h(x) \leqslant a$, donc $h(x) \leqslant p(x)$. C.Q.F.D.

COROLLAIRE 1. — *Soient p une semi-norme sur un espace vectoriel* E, V *un sous-espace vectoriel de* E, *f une forme linéaire sur* V *telle que $|f(y)| \leqslant p(y)$ pour tout $y \in$* V. *Alors il existe une forme linéaire h sur* E, *prolongeant f, et telle que $|h(x)| \leqslant p(x)$ pour tout $x \in$* E.

Pour une semi-norme q et une forme linéaire g sur E, les relations $g \leqslant q$ et $|g| \leqslant q$ sont équivalentes. Le corollaire résulte donc du th. 1.

COROLLAIRE 2. — *Soient* E *un espace vectoriel, x_0 un point de* E, *p une semi-norme sur* E ; *il existe une forme linéaire f définie dans* E, *telle que $f(x_0) = p(x_0)$ et que $|f(x)| \leqslant p(x)$ pour tout $x \in$* E.

On applique le cor. 1 au sous-espace vectoriel V engendré par x_0 et à la forme linéaire $\xi x_0 \mapsto \xi p(x_0)$ définie dans V.

COROLLAIRE 3. — *Soient* E *un espace normé,* V *un sous-espace vectoriel de* E, *f une forme linéaire continue dans* V ; *il existe une forme linéaire continue h définie dans* E, *prolongeant f, et de même norme* (TG, X, p. 23).

On applique le cor. 1 en prenant $p(x) = \|f\| . \|x\|$, ce qui donne $\|h\| \leqslant \|f\|$; d'autre part, on a évidemment $\|h\| \geqslant \|f\|$, d'où le corollaire.

La conclusion du cor. 3 ne s'étend pas aux applications linéaires continues d'un espace normé dans un espace normé quelconque (IV, p. 55, exerc. 16, *c*) et V, p. 64, exerc. 22).

§ 4. ESPACES LOCALEMENT CONVEXES

1. Définition d'un espace localement convexe

DÉFINITION 1. — *On dit qu'un espace vectoriel topologique est localement convexe (réel) s'il existe un système fondamental de voisinages de* 0 *formé d'ensembles convexes.*

Si E est un tel espace, on dit pour abréger que E est un *espace localement convexe*. Une topologie d'espace localement convexe est appelée *topologie localement convexe*.

Les espaces vectoriels topologiques sur **R** que nous aurons à étudier dans la suite de ce Traité seront pour la plupart localement convexes.

Soit V un voisinage convexe de 0 dans un espace localement convexe E ; alors $V \cap (-V)$ est un voisinage convexe et symétrique de 0. Comme l'adhérence d'un ensemble convexe est convexe (II, p. 14, prop. 14), il résulte de I, p. 7, prop. 4 que, dans E, les voisinages de 0 qui sont *convexes, symétriques* et *fermés* forment un système fondamental de voisinages de 0, invariant par toute homothétie de centre 0 et de rapport $\neq 0$.

PROPOSITION 1. — *Soient* E *un espace vectoriel,* $\mathfrak{S}$ *une base de filtre sur* E *formée de parties convexes, symétriques et absorbantes. Alors l'ensemble* $\mathfrak{B}$ *des transformés des ensembles de* $\mathfrak{S}$ *par les homothéties de rapport* > 0 *est un système fondamental de voisinages de* 0 *pour une topologie localement convexe sur* E.

En effet, il est clair que $\mathfrak{B}$ est une base de filtre et satisfait aux conditions (EV_I) et (EV_{II}) de I, p. 7, prop. 4 ; elle satisfait aussi à la condition (EV_{III}) puisque, pour tout ensemble $V \in \mathfrak{S}$, on a $\frac{1}{2}V + \frac{1}{2}V = V$.

On notera que si $\mathscr{T}$ est la topologie localement convexe sur E ayant $\mathfrak{B}$ pour système fondamental de voisinages de 0, les ensembles $(1/n)$ V, où n parcourt l'ensemble des entiers > 0 et V parcourt $\mathfrak{S}$, forment encore un système fondamental de voisinages de 0 pour $\mathscr{T}$. Pour que $\mathscr{T}$ soit séparée, il faut et il suffit que, pour tout $x \neq 0$ dans E, il existe un entier n et un ensemble $V \in \mathfrak{S}$ tels que $nx \notin V$; si de plus $\mathfrak{S}$ est dénombrable, la topologie $\mathscr{T}$ est une topologie localement convexe métrisable. Inversement, il est clair que si $\mathscr{T}$ est une topologie localement convexe métrisable, il existe un système fondamental dénombrable de voisinages convexes symétriques et fermés de 0 pour $\mathscr{T}$.

COROLLAIRE. — *Pour que la topologie* $\mathscr{T}$ *d'un espace vectoriel topologique* E *soit définie par un ensemble de semi normes* (II, p. 3), *il faut et il suffit que* $\mathscr{T}$ *soit localement convexe.*

En effet, la condition est nécessaire, puisque toute semi-norme p sur E est une fonction convexe, et par suite, pour $\alpha > 0$, l'ensemble des $x \in E$ tels que $p(x) \leqslant \alpha$ est convexe (II, p. 19, corollaire). Inversement, si V est un voisinage fermé, symétrique et convexe de 0 dans E, la *jauge* p de V est une semi-norme sur E telle que V soit l'ensemble des $x \in E$ vérifiant $p(x) \leqslant 1$ (II, p. 22, prop. 23).

Ceci montre en outre qu'une topologie localement convexe $\mathscr{T}$ est définie par l'ensemble de *toutes les semi-normes continues pour* $\mathscr{T}$. De plus, si $\mathscr{T}$ est métrisable, elle est définie par un ensemble *dénombrable* de semi-normes.

Compte tenu du corollaire de la prop. 1, les résultats du § 1 sur les topologies définies par des ensembles de semi-normes s'appliquent en particulier aux topologies localement convexes sur les espaces vectoriels réels. Le complété $\hat{E}$ d'un espace localement convexe séparé E est donc un espace localement convexe. On appelle *espace de Fréchet* un espace localement convexe métrisable et complet; tout espace de Banach est donc un espace de Fréchet.

PROPOSITION 2. — *Soient* E *un espace localement convexe,* M *un sous-espace vectoriel de* E, f *une forme linéaire définie et continue dans* M ; *il existe alors une forme linéaire continue* h *définie dans* E *et prolongeant* f.

En effet, compte tenu de II, p. 26, corollaire et de II, p. 7, cor. 2, il existe une semi-norme p continue sur E, et telle que $|f(y)| \leqslant p(y)$ pour tout $y \in M$. En vertu du th. de Hahn-Banach (II, p. 24, cor. 1), il existe une forme linéaire h sur E prolongeant f et telle que $|h(x)| \leqslant p(x)$ pour tout $x \in E$, ce qui entraîne que h est continue (II, p. 7, prop. 5).

Remarque. — Si g est une application linéaire continue de M dans un espace produit $\mathbf{R}^I$, il existe une application linéaire continue h de E dans $\mathbf{R}^I$ qui prolonge g : en effet, on peut écrire $g = (g_\iota)$, où les g_ι sont des formes linéaires continues dans M ; si, pour tout $\iota \in I$, h_ι est une forme linéaire continue dans E et prolongeant g_ι, l'application linéaire continue $h = (h_\iota)$ répond à la question.

On notera que si F est un espace localement convexe séparé quelconque et g une application linéaire continue de M dans F, il n'existe pas nécessairement d'application linéaire continue de E dans F qui prolonge g (IV, p. 55, exerc. 16, *c*)). Il existe toutefois un tel prolongement lorsque M est de dimension finie (*cf.* cor. 2 ci-dessous).

COROLLAIRE 1. — *Soit* E *un espace localement convexe. Pour tout point* x_0 *non adhérent à* 0 *dans* E, *il existe une forme linéaire continue* f *définie dans* E *et telle que* $f(x_0) \neq 0$.

Il suffit d'appliquer la prop. 2 au sous-espace vectoriel M de dimension 1 engendré par x_0 (qui est séparé) et à la forme linéaire $\xi x_0 \mapsto \xi$ définie dans M, qui est continue en vertu de I, p. 13, prop. 2.

COROLLAIRE 2. — *Soient* E *un espace localement convexe séparé*, M *un sous-espace vectoriel de* E *de dimension* finie. *Il existe alors un sous-espace vectoriel fermé* N *de* E, *supplémentaire topologique de* M *dans* E.

Pour qu'un sous-espace M de E admette un supplémentaire topologique, il faut et il suffit en effet que l'application identique de M sur lui-même se prolonge en une application linéaire continue u de E sur M, qui est alors nécessairement un projecteur continu (TG, III, p. 47, corollaire). Or, ceci résulte de la remarque (II, p. 26) puisque M est alors isomorphe à un espace $\mathbf{R}^n$ (I, p. 14, th. 2).

PROPOSITION 3. — *Dans un espace localement convexe* E, *l'enveloppe convexe équilibrée d'un ensemble précompact est un ensemble précompact.*

Soit A un ensemble précompact dans E. Pour tout voisinage convexe équilibré V de 0 dans E, il existe un nombre fini de points $a_i \in A$ $(1 \leqslant i \leqslant n)$ tels que A soit contenu dans la réunion S des voisinages $a_i + V$ $(1 \leqslant i \leqslant n)$. L'enveloppe convexe équilibrée C de A est donc contenue dans l'enveloppe convexe équilibrée de S; mais cette dernière est contenue dans B + V, où B est l'enveloppe convexe de l'ensemble fini formé des points a_i et $-a_i$ $(1 \leqslant i \leqslant n)$. Or, B est précompacte (II, p. 15, cor. 2); il existe par suite un nombre fini de points $b_k \in B$ $(1 \leqslant k \leqslant m)$ tels que B soit contenue dans la réunion des voisinages $b_k + V$. Alors C est contenue dans la réunion des voisinages $b_k + 2V$, ce qui achève la démonstration.

On notera que, dans un espace localement convexe séparé de dimension infinie, l'enveloppe convexe d'un ensemble compact n'est pas nécessairement fermée (II, p. 79, exerc. 3).

COROLLAIRE. — *Dans un espace localement convexe séparé* E, *si un ensemble compact est contenu dans un ensemble convexe complet* (*pour la structure uniforme induite par celle de* E), *alors son enveloppe fermée convexe est compacte.*

En effet, cette enveloppe est une partie fermée d'un espace complet, donc est un espace complet, et par ailleurs c'est un espace précompact et séparé.

Par contre, dans un espace localement convexe séparé non complet, l'enveloppe fermée convexe d'un ensemble compact peut être non compacte (II, p. 92, exerc. 2).

2. Exemples d'espaces localement convexes

1) L'espace $\mathbf{R}^n$ est localement convexe, puisque les cubes ouverts de centre 0 sont convexes (II, p. 9, prop. 6). Il en est donc de même de tout espace vectoriel topologique réel E de *dimension finie*; en effet, cela résulte de ce qui précède et de I, p. 14, th. 2 si E est séparé; sinon, l'espace séparé F associé à E est de dimension finie, donc localement convexe, et les images réciproques par l'application canonique $E \to F$ des voisinages convexes de 0 dans F sont convexes et forment un système fondamental de voisinages de 0 dans E.

2) Soit E un espace vectoriel sur **R**, et soit $\mathfrak{B}$ l'ensemble de *toutes* les parties de E, convexes, symétriques et absorbantes. En vertu de la prop. 1 de II, p. 25, $\mathfrak{B}$ est un système fondamental de voisinages de 0 pour une topologie localement convexe

$\mathcal{T}_\omega$ sur E, qui est évidemment *la plus fine* de toutes les topologies localement convexes sur E. Cette topologie est *séparée* : en effet, soit $x \neq 0$ un point quelconque de E ; il existe une base $(e_\iota)_{\iota \in I}$ de E et un $\alpha \in I$ tels que $e_\alpha = x$; l'ensemble des $y = \sum_\iota y_\iota e_\iota$ tels que $|y_\alpha| < 1$ est un ensemble convexe, symétrique et absorbant auquel x n'appartient pas. Il résulte aussitôt de II, p. 26, corollaire, que $\mathcal{T}_\omega$ est aussi la topologie définie par l'ensemble de *toutes* les semi-normes sur E, donc toute semi-norme est continue pour $\mathcal{T}_\omega$.

En particulier, si u est une application linéaire de E dans un espace localement convexe quelconque F, l'image réciproque par u de tout voisinage convexe de 0 dans F est un ensemble convexe *absorbant* dans E, donc un voisinage de 0 pour $\mathcal{T}_\omega$, et par suite u est *continue* pour $\mathcal{T}_\omega$.

Étant donné un ensemble convexe C dans E, on dit qu'un point $a \in C$ est *point interne* de C si, pour toute droite D passant par a, $D \cap C$ contient un segment *ouvert* contenant a ; il revient au même de dire que l'ensemble $-a + C$ est *absorbant*. Pour qu'un point a d'une partie A de E soit *intérieur à* A *pour* $\mathcal{T}_\omega$, il faut et il suffit qu'il existe un ensemble convexe C tel que $a \in C \subset A$, et que a soit point interne de C.

Plus généralement, soient V une variété linéaire affine dans E, C un ensemble convexe contenu dans V ; on dit qu'un point $a \in C$ est *point interne de* C *relativement à* V si, dans le sous-espace vectoriel $V_0 = -a + V$, le point 0 est point interne de l'ensemble $C_0 = -a + C$.

Lorsque E est de dimension finie, la topologie $\mathcal{T}_\omega$ n'est autre que la topologie canonique sur E (I, p. 14, th. 2) ; cela montre que pour tout ensemble convexe C dans E, tout point interne de C est intérieur à C pour la topologie canonique (*cf.* II, p. 79, exerc. 5).

3) Soient E un espace vectoriel sur **R**, A un ensemble convexe symétrique. Le sous-espace vectoriel F *engendré par* A est aussi le cône convexe engendré par A, puisque $-A = A$, donc est l'ensemble des λx, où $x \in A$ et $\lambda \in \mathbf{R}$; *dans* F, l'ensemble A est *absorbant*, et l'ensemble des λA, où $\lambda > 0$, est un système fondamental de voisinages de 0 pour une topologie localement convexe *sur* F (dite *définie* par A), qui est définie par la semi-norme p_A, *jauge* de A (II, p. 21, prop. 22) ; on note E_A l'espace localement convexe obtenu en munissant F de cette semi-norme. Pour que l'espace E_A soit *séparé*, il faut et il suffit que p_A soit une *norme*, ou encore que A ne contienne *aucune droite*. Si B est un second ensemble convexe symétrique dans E et si $A \subset B$, il est clair que l'on a $E_A \subset E_B$, et que l'injection canonique de E_A dans E_B est *continue* pour les topologies définies respectivement par A et B. D'autre part, si f est une application linéaire de E dans un espace vectoriel réel E', $f(A)$ est convexe et symétrique dans E', et f est une application linéaire *continue de* E_A *sur* $E'_{f(A)}$.

Notons enfin que si E est muni d'une topologie $\mathcal{T}$ compatible avec sa structure d'espace vectoriel, et si V est un voisinage *convexe* et symétrique de 0 pour $\mathcal{T}$, l'espace vectoriel engendré par V est identique à E puisque V est absorbant, et l'application identique de E dans E_V est *continue*.

3. Topologies localement convexes initiales

PROPOSITION 4. — *Soient* E *un espace vectoriel,* $(E_\iota)_{\iota \in I}$ *une famille d'espaces localement convexes, et pour chaque* $\iota \in I$, *soit* f_ι *une application linéaire de* E *dans* E_ι ; *alors la topologie* $\mathcal{T}$ *sur* E *définie comme la moins fine rendant continues toutes les applications* f_ι *est une topologie localement convexe.*

En raison de II, p. 26, corollaire, cela est un cas particulier de la propriété correspondante pour les topologies définies par des semi-normes (II, p. 5).

En particulier, tout sous-espace vectoriel d'un espace localement convexe et tout espace produit d'espaces localement convexes sont des espaces localement convexes. Toute limite projective d'espaces localement convexes est localement convexe.

Tout *produit dénombrable* d'espaces de Fréchet (et en particulier tout produit dénombrable d'espaces de Banach) est un espace de Fréchet.

Tout espace localement convexe séparé E est isomorphe à un sous-espace d'un produit d'espaces de Banach, sous-espace qui est fermé si E est complet (II, p. 5, prop. 3). Tout espace de Fréchet est isomorphe à un sous-espace fermé d'un produit dénombrable d'espaces de Banach (*loc. cit.*).

4. Topologies localement convexes finales

PROPOSITION 5. — *Soient* E *un espace vectoriel,* $(F_\alpha)_{\alpha \in A}$ *une famille d'espaces vectoriels topologiques, et, pour tout* $\alpha \in A$, *soit* g_α *une application linéaire de* F_α *dans* E.

(i) *Soit* $\mathfrak{B}$ *l'ensemble des parties convexes, symétriques et absorbantes* V *de* E *telles que* $g_\alpha^{-1}(V)$ *soit un voisinage de* 0 *dans* F_α *pour tout* α ; *l'ensemble* $\mathfrak{B}$ *est un système fondamental de voisinages de* 0 *dans* E *pour une topologie* $\mathcal{T}$ *compatible avec la structure d'espace vectoriel.*

(ii) *Pour qu'une application linéaire* f *de* E *dans un espace localement convexe* G (resp. *une semi-norme* p *sur* E) *soit continue pour* $\mathcal{T}$, *il faut et il suffit que, pour tout indice* α, $f \circ g_\alpha$ (resp. $p \circ g_\alpha$) *soit continue dans* F_α.

(iii) *La topologie* $\mathcal{T}$ *est la plus fine des topologies localement convexes sur* E *pour lesquelles les* g_α *sont continues.*

En outre, la topologie $\mathcal{T}$ *est la seule topologie localement convexe sur* E *vérifiant la condition* (ii) *pour les applications linéaires* (resp. *pour les semi-normes*).

Comme $\mathfrak{B}$ est une base de filtre invariante par les homothéties de rapport > 0, l'assertion (i) résulte aussitôt de II, p. 25, prop. 1. Par définition de $\mathfrak{B}$, $\mathcal{T}$ est la plus fine des topologies localement convexes sur E rendant continues les g_α, d'où (iii). Enfin, il est clair que si f est continue, il en est de même des $f \circ g_\alpha$; réciproquement, si ces dernières sont continues pour tout α, alors, pour tout voisinage convexe symétrique W de 0 dans G, $g_\alpha^{-1}(f^{-1}(W))$ est un voisinage de 0 dans F_α pour tout indice α, et comme $f^{-1}(W)$ est convexe, symétrique et absorbant, cela prouve que $f^{-1}(W)$ est un voisinage de 0 pour $\mathcal{T}$, donc que f est continue. De même, si une semi-norme p sur E est telle que $p \circ g_\alpha$ soit continue pour tout α, et si U est l'ensemble des $x \in$ E tels que $p(x) < 1$, alors, pour tout α, $g_\alpha^{-1}(U)$ est un voisinage convexe de 0 dans E_α, symétrique et absorbant ; donc U est un voisinage de 0 dans E, et p est continue (II, p. 2, prop. 1).

La dernière assertion résulte de E, IV, p. 19, critère CST 18.

On dit parfois que $\mathcal{T}$ est la *topologie localement convexe finale* de la famille des topologies $\mathcal{T}_\alpha$ des F_α, pour la famille des applications linéaires g_α.

Il peut se faire que $\mathcal{T}$ ne soit pas la plus fine des topologies sur E compatibles avec la structure d'espace vectoriel et rendant continues les f_α (II, p. 80, exerc. 15 ; voir toutefois II, p. 80, exerc. 14).

Dans le cas (le plus important) où $E = \sum_{\alpha \in A} g_\alpha(F_\alpha)$ on obtient encore un système fondamental de voisinages de 0 pour $\mathcal{T}$ de la façon suivante : on considère toutes les familles $(V_\alpha)_{\alpha \in A}$ où, pour tout $\alpha \in A$, V_α est un voisinage symétrique de 0 pour $\mathcal{T}_\alpha$, et on prend l'*enveloppe convexe* dans E, $\Gamma((g_\alpha(V_\alpha)))$, de la réunion des $g_\alpha(V_\alpha)$. En effet, tout élément de E étant de la forme $\sum_{\alpha \in J} x_\alpha$, où J est une partie finie de A et $x_\alpha \in g_\alpha(F_\alpha)$, il est immédiat que $\Gamma((g_\alpha(V_\alpha)))$ est un ensemble convexe symétrique et *absorbant* dans E (chacun des V_α étant absorbant dans F_α) ; comme $\Gamma((g_\alpha(V_\alpha)))$ contient tous les $g_\alpha(V_\alpha)$, c'est un voisinage de 0 pour $\mathcal{T}$. D'autre part, il est clair que pour tout voisinage convexe symétrique V de 0 pour $\mathcal{T}$, on a $V \supset \Gamma((V \cap g_\alpha(F_\alpha)))$, d'où notre assertion.

COROLLAIRE 1. — *Avec les notations de la prop. 5, soit* H *un ensemble d'applications linéaires de* E *dans un espace localement convexe* G. *Supposons que* E *soit somme des sous-espaces* $g_\alpha(F_\alpha)$; *alors, pour que* H *soit équicontinu pour* $\mathcal{T}$, *il faut et il suffit que, pour tout* α, *l'ensemble des* $f \circ g_\alpha$, *où* f *parcourt* H, *soit équicontinu dans* F_α.

Compte tenu de I, p. 9, prop. 6, la démonstration suit la même marche que pour l'assertion (ii) de la prop. 5, en considérant un voisinage convexe symétrique W de 0 dans G et en notant que, si l'ensemble des $f \circ g_\alpha$ pour $f \in H$ est équicontinu dans dans G et en notant que, si l'ensemble des $f \circ g_\alpha$ pour $f \in H$ est équicontinu dans F_α, l'intersection $\bigcap_{f \in H} g_\alpha^{-1}(f^{-1}(W))$ est un voisinage convexe symétrique de 0 dans F_α. Comme cette intersection est égale à $g_\alpha^{-1}\left(\bigcap_{f \in H} f^{-1}(W)\right)$ et que l'ensemble $\bigcap_{f \in H} f^{-1}(W)$ est convexe et symétrique, tout revient à voir qu'il est aussi *absorbant*. Or, par hypothèse, tout $x \in E$ s'écrit sous la forme $\sum_{i=1}^{n} g_{\alpha_i}(z_{\alpha_i})$, où $z_{\alpha_i} \in F_{\alpha_i}$. Pour montrer qu'il existe $\lambda > 0$ tel que $f(\lambda x) \in W$ pour toute $f \in H$, il suffit donc de le faire lorsque x est de la forme $g_\alpha(z_\alpha)$ avec $z_\alpha \in F_\alpha$ (car on passera de là au cas général en remplaçant W par l'ensemble W/n). Mais alors la conclusion résulte de ce que l'ensemble $g_\alpha^{-1}\left(\bigcap_{f \in H} f^{-1}(W)\right)$ est un voisinage de 0 dans F_α.

COROLLAIRE 2. — *Soient* E *un espace vectoriel,* $(G_\alpha)_{\alpha \in A}$ *une famille d'espaces localement convexes,* $(J_\lambda)_{\lambda \in L}$ *une partition de* A, *et* $(F_\lambda)_{\lambda \in L}$ *une famille d'espaces vectoriels.*

Pour tout $\lambda \in L$, *soit* h_λ *une application linéaire de* F_λ *dans* E ; *pour tout* $\lambda \in L$ *et tout* $\alpha \in J_\lambda$, *soit* $g_{\lambda\alpha}$ *une application linéaire de* G_α *dans* F_λ ; *on pose alors* $f_\alpha = h_\lambda \circ g_{\lambda\alpha}$. *On munit chacun des* F_λ *de la topologie localement convexe la plus fine rendant continues les* $g_{\lambda\alpha}$ $(\alpha \in J_\lambda)$; *alors, sur* E, *la topologie localement convexe la plus fine rendant continues les* f_α *est identique à la topologie localement convexe la plus fine rendant continues les* h_λ.

C'est un cas particulier de E, IV, p. 20, critère CST 19, et se démontre d'ailleurs aussitôt directement en utilisant la prop. 5.

Exemples de topologies localement convexes finales.

I. *Espace quotient.*

Soient F un espace localement convexe, M un sous-espace de F, φ l'application canonique de F sur F/M. Comme la topologie quotient sur F/M est localement convexe et est la plus fine de toutes les topologies (localement convexes ou non) rendant continue φ, c'est la topologie localement convexe finale pour la famille réduite à φ.

II. *Limites inductives d'espaces localement convexes.*

Soient A un ensemble ordonné filtrant à droite, $(E_\alpha, f_{\beta\alpha})$ un système inductif d'espaces vectoriels relatif à l'ensemble A (A, II, p. 90) ; soit $E = \varinjlim E_\alpha$ et soit $f_\alpha : E_\alpha \to E$ l'application linéaire canonique pour tout $\alpha \in A$. Supposons chaque E_α muni d'une topologie localement convexe $\mathscr{T}_\alpha$, et en outre, supposons que pour $\alpha \leqslant \beta$, $f_{\beta\alpha} : E_\alpha \to E_\beta$ soit *continue*. On dit alors que la topologie localement convexe finale $\mathscr{T}$ de la famille $(\mathscr{T}_\alpha)$ relativement aux applications linéaires f_α (resp. l'espace E muni de $\mathscr{T}$) est la *limite inductive* de la famille $(\mathscr{T}_\alpha)$ (resp. l'espace *limite inductive* du système $(E_\alpha, f_{\beta\alpha})$, ou simplement des espaces localement convexes E_α). Rappelons que E est réunion des sous-espaces vectoriels $f_\alpha(E_\alpha)$ et que lorsque $\alpha \leqslant \beta$, on a $f_\alpha(E_\alpha) \subset f_\beta(E_\beta)$; si l'on munit $f_\alpha(E_\alpha)$ de la topologie finale pour l'application f_α (ce qui revient à identifier $f_\alpha(E_\alpha)$ à l'espace quotient $E_\alpha/\overset{-1}{f_\alpha}(0)$), la topologie $\mathscr{T}$ est aussi la topologie finale de la famille des topologies des $f_\alpha(E_\alpha)$, relativement aux injections canoniques (II, p. 30, cor. 2). En outre, la continuité de $f_{\beta\alpha}$ pour $\alpha \leqslant \beta$ entraîne que l'injection canonique $j_{\beta\alpha} : f_\alpha(E_\alpha) \to f_\beta(E_\beta)$ est continue, de sorte que E est aussi l'espace limite inductive des $f_\alpha(E_\alpha)$ munis des topologies précédentes, relativement aux injections $j_{\beta\alpha}$.

Exemple. — Soient X un espace localement compact, $E = \mathscr{K}(X ; \mathbf{R})$ l'espace vectoriel des fonctions numériques finies f continues dans X à support compact. Pour toute partie compacte K de X, soit E_K le sous-espace vectoriel de E formé des fonctions $f \in E$ nulles hors de K, et désignons par $\mathscr{T}_K$ la topologie induite sur E_K par la topologie $\mathscr{T}_u$ de la *convergence uniforme* sur X. La limite inductive $\mathscr{T}$ des topologies $\mathscr{T}_K$ est plus fine que $\mathscr{T}_u$; on peut montrer que si X est paracompact et non compact $\mathscr{T}$ est strictement plus fine que $\mathscr{T}_u$ (*cf.* INT, III, 2e éd., § 1, n° 8). L'importance de la topologie $\mathscr{T}$ tient à ce que les formes linéaires sur E, continues pour $\mathscr{T}$, ne sont autres que les *mesures* (réelles) sur X (INT, III, 2e éd., § 1, n° 3).

Remarque. — Dans ce dernier exemple, la topologie induite par $\mathscr{T}$ sur E_K est identique à $\mathscr{T}_u$, car elle est par définition moins fine que $\mathscr{T}_V$, et comme par ailleurs $\mathscr{T}$ est plus fine que $\mathscr{T}_u$, la topologie induite par $\mathscr{T}$ sur E_K est plus fine que celle induite par $\mathscr{T}_u$, c'est-à-dire $\mathscr{T}_K$.

Ce raisonnement se généralise aussitôt à une limite inductive de topologies localement convexes $(\mathscr{T}_\alpha)$ lorsqu'il existe sur E une topologie localement convexe $\mathscr{T}'$ telle que $\mathscr{T}_\alpha$ soit la topologie induite sur E_α par $\mathscr{T}'$.

Plus généralement, on peut se demander si, lorsque l'on suppose que pour $E_\beta \subset E_\alpha$, $\mathscr{T}_\beta$ est *égale* à la topologie induite par $\mathscr{T}_\alpha$, alors $\mathscr{T}$ induit $\mathscr{T}_\alpha$ sur chacun des E_α. La réponse à cette question est négative dans le cas général (II, p. 85, exerc. 26) ; mais nous allons voir dans les n[os] suivants deux cas importants où elle est affirmative.

5. Somme directe topologique d'une famille d'espaces localement convexes

DÉFINITION 2. — *Soit* $(E_\iota)_{\iota \in I}$ *une famille d'espaces localement convexes, et soit* E *l'espace vectoriel somme directe de la famille* (E_ι) (A, II, p. 12). *Pour tout* $\iota \in I$, *soit* f_ι *l'injection canonique de* E_ι *dans* E. *On appelle somme directe topologique de la famille* (E_ι) *l'espace* E *muni de la topologie localement convexe la plus fine rendant continues les* f_ι (topologie dite *somme directe* des topologies des E_ι).

Dans toute la suite de ce n°, nous garderons (sauf mention expresse du contraire) les notations de la déf. 2 et nous identifierons canoniquement chaque E_ι à un sous-espace de E au moyen de f_ι.

En vertu de la description générale des voisinages d'une topologie localement convexe finale donnée dans II, p. 30, on obtient ici un système fondamental de voisinages de 0 dans E pour la topologie somme directe de la façon suivante : pour *toute* famille $(V_\iota)_{\iota \in I}$, où V_ι est un voisinage convexe symétrique de 0 dans E_ι, on considère l'enveloppe convexe $\Gamma((V_\iota))$ de la réunion des V_ι ; les $\Gamma((V_\iota))$, pour toutes les familles (V_ι) (ou seulement en prenant pour chaque ι les V_ι dans un système fondamental de voisinages de 0 dans E_ι) forment un système fondamental de voisinages de 0 dans E.

Exemple. — Soient E un espace vectoriel, $(a_\iota)_{\iota \in I}$ une base de E, et considérons sur chaque droite $\mathbf{R}a_\iota$ la topologie canonique (I, p. 2, *Exemple* 5) ; la topologie somme directe de ces topologies n'est autre que la topologie localement convexe *la plus fine* sur E (II, p. 28) : en effet, si V est un ensemble convexe, symétrique et absorbant dans E, $V_\iota = V \cap \mathbf{R}a_\iota$ est un voisinage de 0 dans $\mathbf{R}a_\iota$, et V contient évidemment l'enveloppe convexe $\Gamma((V_\iota))$.

PROPOSITION 6. — *Pour qu'une topologie localement convexe* $\mathscr{T}$ *sur* E *soit somme directe des topologies des* E_ι, *il faut et il suffit qu'elle possède la propriété suivante : pour qu'une application linéaire g de* E *dans un espace localement convexe* G (resp. *une semi-norme p sur* E) *soit continue, il faut et il suffit que, pour tout* $\iota \in I$, $g \circ f_\iota$ (resp. $p \circ f_\iota$) *soit continue dans* E_ι.

C'est un cas particulier de la prop. 5 de II, p. 29.

Compte tenu de la définition de la somme directe d'une famille d'espaces vectoriels (A, II, p. 12, prop. 6), on peut encore dire que la topologie $\mathscr{T}$ est la seule pour laquelle l'application canonique $g \mapsto (g \circ f_\iota)$ soit une *bijection*

$$\mathscr{L}(\mathrm{E}\,;\mathrm{G}) \to \prod_{\iota \in \mathrm{I}} \mathscr{L}(\mathrm{E}_\iota\,;\mathrm{G}) \tag{1}$$

pour tout espace localement convexe G.

COROLLAIRE. — *Les notations étant celles de la prop. 5 de* II, *p.* 29, *supposons que* E *soit somme des* $g_\alpha(\mathrm{F}_\alpha)$. *Soient* F *l'espace somme directe topologique de la famille* $(\mathrm{F}_\alpha)_{\alpha\in\mathrm{A}}$, $j_\alpha : \mathrm{F}_\alpha \to \mathrm{F}$ *l'injection canonique, et soit* $g : \mathrm{F} \to \mathrm{E}$ *l'application linéaire telle que* $g \circ j_\alpha = g_\alpha$ *pour tout* $\alpha \in \mathrm{A}$. *Si* N *est le noyau de* g, *la bijection canonique* $\mathrm{F}/\mathrm{N} \to \mathrm{E}$ *associée à* g *est un isomorphisme topologique de* F/N *sur* E *muni de* $\mathscr{T}$.

C'est un cas particulier de II, p. 30, cor. 2, compte tenu de II, p. 31, *Exemple* I.

PROPOSITION 7. — *L'injection canonique* $j : \mathrm{E} \to \prod_{\iota\in\mathrm{I}} \mathrm{E}_\iota$ *est continue lorsqu'on munit* E *de la topologie somme directe des topologies des* E_ι *et* $\prod_{\iota\in\mathrm{I}} \mathrm{E}_\iota$ *de la topologie produit. Lorsque* I *est fini, cette application est un isomorphisme d'espaces vectoriels topologiques.*

La première assertion résulte de ce que les injections canoniques $\mathrm{E}_\kappa \to \prod_{\iota\in\mathrm{I}} \mathrm{E}_\iota$ sont continues pour tout $\kappa \in \mathrm{I}$. Si I est fini, j est l'application identique, et il suffit de prouver que la topologie produit $\mathscr{T}'$ est plus fine que la topologie somme directe $\mathscr{T}$. Or, soit V un voisinage convexe de 0 pour $\mathscr{T}$; chacun des $\mathrm{V} \cap \mathrm{E}_\iota$ est un voisinage convexe de 0 dans E_ι ; si n est le nombre d'éléments de I, l'ensemble V contient donc l'ensemble $\frac{1}{n}\sum_n (\mathrm{V} \cap \mathrm{E}_\iota)$, qui est un voisinage de 0 pour $\mathscr{T}'$, d'où la proposition.

Lorsque I est infini, si, pour toute partie finie J de I, on note E_J l'espace $\prod_{\iota\in\mathrm{J}} \mathrm{E}_\iota$, muni de la topologie produit, E est *limite inductive* des E_J (identifiés à des sous-espaces de E).

PROPOSITION 8. — *Pour tout* $\iota \in \mathrm{I}$, *soit* N_ι *un sous-espace de* E_ι.

(i) *La topologie induite sur* $\mathrm{N} = \sum_\iota \mathrm{N}_\iota$ *par la topologie somme directe* $\mathscr{T}$ *sur* E *est identique à la somme directe des topologies des* N_ι.

(ii) *L'application canonique* h *de l'espace somme directe topologique des* $\mathrm{E}_\iota/\mathrm{N}_\iota$ *sur* E/N (A, II, p. 14, formule (26)) *est un isomorphisme d'espaces vectoriels topologiques.*

(i) Avec les notations introduites plus haut, considérons un point $x = \sum_\iota \lambda_\iota x_\iota$ appartenant à $\mathrm{N} \cap \Gamma((\mathrm{V}_\iota))$ ((λ_ι) famille de nombres $\geqslant 0$ à support fini telle que $\sum_\iota \lambda_\iota = 1$, $x_\iota \in \mathrm{V}_\iota$ pour tout $\iota \in \mathrm{I}$). On a nécessairement, pour tout $\iota \in \mathrm{I}$, $\lambda_\iota x_\iota \in \mathrm{N}_\iota$, la somme des N_ι étant directe ; donc, pour tout ι tel que $\lambda_\iota > 0$, on a aussi $x_\iota \in \mathrm{N}_\iota \cap \mathrm{V}_\iota$, et x appartient à l'enveloppe convexe $\Gamma((\mathrm{N}_\iota \cap \mathrm{V}_\iota))$, ce qui prouve (i).

(ii) Soient $f_\iota : E_\iota \to E$, $h_\iota : E_\iota/N_\iota \to E/N$, $p_\iota : E_\iota \to E_\iota/N_\iota$ et $p : E \to E/N$ les applications canoniques. On a $h_\iota \circ p_\iota = p \circ f_\iota$ pour tout $\iota \in I$, et la proposition résulte de II, p. 30, cor. 2 et p. 31, *Exemple* I.

COROLLAIRE 1. — *Si, pour tout* $\iota \in I$, N_ι *est fermé dans* E_ι, *alors* $N = \sum N_\iota$ *est fermé dans* E.

En effet, pour tout $\iota \in I$, la projection canonique $p_\iota : E \to E_\iota$ est continue (II, p. 32, prop. 6) ; par suite $p_\iota^{-1}(N_\iota)$ est fermé dans E, donc il en est de même de l'intersection $N = \bigcap_{\iota \in I} p_\iota^{-1}(N_\iota)$.

COROLLAIRE 2. — *Si chacun des* E_ι *est séparé, il en est de même de* E, *et chacun des* E_ι *est fermé dans* E.

Pour prouver la première assertion, il suffit d'appliquer le cor. 1 en prenant $N_\iota = \{0\}$ pour tout $\iota \in I$; pour prouver la seconde, il suffit d'appliquer le cor. 1 en prenant $N_\iota = E_\iota$ et $N_\kappa = \{0\}$ pour tout $\kappa \neq \iota$.

Nous montrerons au chap. III, p. 21, cor. 2 que si les E_ι sont séparés et *complets*, il en est de même de leur somme directe topologique E.

6. Limites inductives de suites d'espaces localement convexes

Dans ce n°, nous allons considérer une *suite croissante* (E_n) de sous-espaces vectoriels d'un espace vectoriel E, telle que E soit *réunion* des E_n ; nous supposerons chacun des E_n muni d'une topologie localement convexe $\mathcal{T}_n$, telle que, pour tout n, la topologie induite sur E_n par $\mathcal{T}_{n+1}$ soit *moins fine* que $\mathcal{T}_n$, et nous munirons E de la topologie localement convexe $\mathcal{T}$ *limite inductive* de la suite $(\mathcal{T}_n)$ (II, p. 31, *Exemple* II) ; ces hypothèses et notations ne seront pas répétées dans ce n°.

Il peut se faire que les $\mathcal{T}_n$ soient toutes *séparées* sans que $\mathcal{T}$ le soit ; il peut se faire aussi que pour tout couple d'entiers n, m tels que $n \leqslant m$, E_n soit fermé (pour $\mathcal{T}_m$) dans E_m, sans que E_n soit fermé dans E pour $\mathcal{T}$ (II, p. 85, exerc. 26).

Lemme 1. — *Soit* $\mathfrak{F}$ *un filtre de Cauchy sur* E *(pour* $\mathcal{T}$*) ; il existe un entier* k *tel que, pour tout* $N \in \mathfrak{F}$ *et tout voisinage* V *de* 0 *dans* E, E_k *rencontre* $N + V$.

Raisonnons par l'absurde ; pour tout k, il existerait un voisinage convexe V_k de 0 et un ensemble $M_k \in \mathfrak{F}$ tels que

$$(E_k + V_k) \cap M_k = \varnothing .$$

On peut évidemment supposer $V_{k+1} \subset V_k$ pour tout k. Soit V l'enveloppe convexe de $\bigcup_k (E_k \cap V_k)$, qui est évidemment un voisinage de 0 pour $\mathcal{T}$. On a $V \subset V_n + E_n$ pour tout n : en effet, tout $x \in V$ s'écrit $\sum_i \lambda_i x_i$ où $\lambda_i \geqslant 0$, $\sum_i \lambda_i = 1$ et $x_i \in V_i \cap E_i$ pour tout i ; or, pour $i < n$, on a $x_i \in E_n$, donc $\sum_{i<n} \lambda_i x_i \in E_n$; et pour $i \geqslant n$, on a $x_i \in V_n$, donc

$\sum_{i \geqslant n} \lambda_i x_i \in V_n$ puisque V_n est convexe et contient 0, et $\sum_{i \geqslant n} \lambda_i \leqslant 1$. On a par suite $V + E_n \subset V_n + E_n$ pour tout n. Cela étant, soit $M \in \mathfrak{F}$ un ensemble petit d'ordre V. Il existe un entier m tel que $E_m \cap M$ soit non vide ; on en conclut que l'on a

$$M \subset E_m + V \subset E_m + V_m ;$$

comme $\mathfrak{F}$ est un filtre, l'ensemble M_m rencontre M, donc $E_m + V_m$, et nous avons abouti à une contradiction, d'où le lemme.

Proposition 9. — *Supposons que, pour chaque entier n, la topologie induite sur* E_n *par* $\mathscr{T}_{n+1}$ *soit identique à* $\mathscr{T}_n$. *Dans ces conditions :*

(i) *Pour tout n, la topologie induite par* $\mathscr{T}$ *sur* E_n *est identique à* $\mathscr{T}_n$; *si les* $\mathscr{T}_n$ *sont séparées,* $\mathscr{T}$ *est séparée.*

(ii) *Supposons que pour tout n,* E_n *soit fermé dans* E_{n+1} *(pour* $\mathscr{T}_{n+1}$*). Alors, pour tout n,* E_n *est fermé dans* E *(pour* $\mathscr{T}$*).*

(iii) *Si chacun des* E_n *est complet (pour* $\mathscr{T}_n$*), alors* E *est complet pour* $\mathscr{T}$.

(i) Pour établir la première assertion, il suffit de prouver que la topologie $\mathscr{T}_n'$ induite par $\mathscr{T}$ sur E_n est plus fine que $\mathscr{T}_n$. Pour cela, soit V_n un voisinage convexe de 0 dans E_n pour la topologie $\mathscr{T}_n$; nous allons construire une suite croissante $(V_{n+p})_{p \geqslant 1}$ telle que V_{n+p} soit un voisinage convexe de 0 dans E_{n+p} pour $\mathscr{T}_{n+p}$ et que l'on ait $V_{n+p} \cap E_n = V_n$ pour tout indice $p \geqslant 1$. Alors la réunion V de la suite croissante (V_{n+p}) sera un ensemble convexe tel que, pour tout indice k, $V \cap E_k$ soit un voisinage de 0 pour $\mathscr{T}_k$, donc V sera un voisinage de 0 pour $\mathscr{T}$, et comme $V \cap E_n = V_n$, on aura prouvé que $\mathscr{T}_n'$ est plus fine que $\mathscr{T}_n$.

Pour définir les V_{n+p}, il suffit de procéder par récurrence sur p, en utilisant le lemme suivant :

Lemme 2. — *Soient* F *un espace localement convexe,* M *un sous-espace vectoriel de* F, V *un voisinage convexe de* 0 *dans* M. *Il existe alors un voisinage convexe* W *de* 0 *dans* F *tel que* $W \cap M = V$. *En outre, si* M *est fermé dans* F, *alors, pour tout point* $x_0 \in \complement M$, *il existe un voisinage convexe* W_0 *de* 0 *dans* F *tel que* $W_0 \cap M = V$ *et* $x_0 \notin W_0$.

En effet, il existe par hypothèse un voisinage convexe U de 0 dans F tel que l'on ait $U \cap M \subset V$. L'enveloppe convexe W de $U \cup V$ dans F est évidemment un voisinage de 0 dans F ; montrons que $W \cap M = V$. En effet, tout point $z \in W$ est de la forme $\lambda x + (1 - \lambda) y$ avec $x \in V$, $y \in U$, et $0 \leqslant \lambda \leqslant 1$ (II, p. 10, prop. 8) ; si $z \in M$, on a nécessairement $y \in M$ si $\lambda \neq 1$, donc $y \in U \cap M \subset V$, et par suite $z \in V$; la conclusion subsiste évidemment encore si $\lambda = 1$. Si M est fermé dans F, l'espace F/M est séparé, donc il existe un voisinage convexe $U_0 \subset U$ de 0 dans F tel que U_0 ne rencontre pas $x_0 + M$; l'enveloppe convexe W_0 de $U_0 \cup V$ répond alors aux conditions de l'énoncé.

Pour achever de prouver (i), il suffit de remarquer que tout $x \in E$ appartient à un E_n ; si $x \neq 0$ et si $\mathscr{T}_n$ est séparée, il y a un voisinage V_n de 0 pour $\mathscr{T}_n$ ne contenant pas x, et nous venons de voir qu'il y a un voisinage V de 0 pour $\mathscr{T}$ tel que $V \cap E_n = V_n$, donc on a $x \notin V$, ce qui prouve que $\mathscr{T}$ est séparée.

(ii) Soit $x \in \mathrm{E} - \mathrm{E}_n$; il existe $m > n$ tel que $x \in \mathrm{E}_m$, donc, comme E_n est fermé dans E_m pour $\mathscr{T}_m$ (en vertu de l'hypothèse que $\mathscr{T}_{n+1}$ induit $\mathscr{T}_n$ sur E_n pour tout n), il existe pour $\mathscr{T}_m$ un voisinage convexe V_m de 0 dans E_m tel que $(x + \mathrm{V}_m) \cap \mathrm{E}_n = \varnothing$. Or, on a vu dans (i) qu'il existe un voisinage convexe V de 0 pour $\mathscr{T}$ tel que l'on ait $\mathrm{V} \cap \mathrm{E}_m = \mathrm{V}_m$; on a par suite $(x + \mathrm{V}) \cap \mathrm{E}_m = x + \mathrm{V}_m$, donc $(x + \mathrm{V}) \cap \mathrm{E}_n = \varnothing$, ce qui démontre (ii).

(iii) Il résulte du lemme 1 que si $\mathfrak{F}$ est un filtre de Cauchy *minimal* pour $\mathscr{T}$ (TG, II, p. 14), il existe un indice k tel que la trace de $\mathfrak{F}$ sur E_k soit un filtre $\mathfrak{F}_k$; ce dernier est un filtre de Cauchy pour $\mathscr{T}_k$ d'après (i), et par suite $\mathfrak{F}_k$ converge dans E_k par hypothèse ; mais comme le filtre sur E engendré par $\mathfrak{F}_k$ est plus fin que $\mathfrak{F}$, $\mathfrak{F}$ admet un point adhérent pour $\mathscr{T}$, et par suite converge pour $\mathscr{T}$.

Lorsque pour tout n la topologie induite sur E_n par $\mathscr{T}_{n+1}$ est égale à $\mathscr{T}_n$, on dit que $\mathscr{T}$ est la *limite inductive stricte* de la suite $(\mathscr{T}_n)$, et que l'espace E, muni de $\mathscr{T}$, est *limite inductive stricte* de la suite des espaces localement convexes E_n.

Remarques. — 1) Supposons que E soit réunion d'une famille filtrante croissante *non dénombrable* de sous-espaces $(\mathrm{E}_\alpha)_{\alpha\in\mathrm{I}}$, chaque E_α étant muni d'une topologie localement convexe $\mathscr{T}_\alpha$ telle que, pour $\mathrm{E}_\alpha \subset \mathrm{E}_\beta$, la topologie induite sur E_α par $\mathscr{T}_\beta$ soit égale à $\mathscr{T}_\alpha$. Il peut se faire alors que la topologie induite sur tout E_α par la topologie $\mathscr{T}$ soit égale à $\mathscr{T}_\alpha$, et que les E_α soient *séparés et complets, sans que* E *soit complet pour* $\mathscr{T}$ (INT, III, 2e éd., § 1, exerc. 2).

2) Soit F un espace localement convexe, réunion d'une suite croissante (F_n) de sous-espaces vectoriels, et pour chaque indice n, soit $\mathscr{T}_n$ la topologie induite sur F_n par la topologie $\mathscr{T}$ de F. On se gardera de croire qu'en général $\mathscr{T}$ soit égale à la limite inductive des $\mathscr{T}_n$.

3) Supposons que E soit limite inductive stricte de la suite (E_n) ; si F est un sous-espace vectoriel fermé de E (pour $\mathscr{T}$), il peut se faire que la limite inductive stricte des topologies induites par les $\mathscr{T}_n$ sur $\mathrm{F} \cap \mathrm{E}_n$ soit *strictement plus fine* que la topologie induite par $\mathscr{T}$ (IV, p. 64, exerc. 10).

PROPOSITION 10. — *Soient* E, F *deux espaces localement convexes. On suppose que* :

1) *Il existe une famille* (E_α) *d'espaces de Fréchet et pour chaque* α *une application linéaire* $g_\alpha : \mathrm{E}_\alpha \to \mathrm{E}$, *telles que la topologie de* E *soit la topologie localement convexe finale pour la famille* (g_α).

2) *Il existe une suite* (F_n) *d'espaces de Fréchet, et pour chaque n une injection linéaire continue* $j_n : \mathrm{F}_n \to \mathrm{F}$ *telles que* $\mathrm{F} = \bigcup_n j_n(\mathrm{F}_n)$.

Alors toute application linéaire u de E *dans* F *dont le graphe est fermé dans* $\mathrm{E} \times \mathrm{F}$ *est continue.*

Pour prouver que u est continue, il suffit de voir que pour tout α, $u \circ g_\alpha : \mathrm{E}_\alpha \to \mathrm{F}$ est continue (II, p. 29, prop. 5). Or, le graphe de $u \circ g_\alpha$ est l'image réciproque du graphe de u par l'application continue $g_\alpha \times 1_\mathrm{F} : \mathrm{E}_\alpha \times \mathrm{F} \to \mathrm{E} \times \mathrm{F}$, donc est fermé par hypothèse dans $\mathrm{E}_\alpha \times \mathrm{F}$. On peut ainsi se borner au cas où E lui-même est un *espace de Fréchet*. Mais alors la proposition est un cas particulier de I, p. 20, prop. 1.

COROLLAIRE. — *Les hypothèses sur* E *et* F *étant les mêmes que dans la prop.* 10, *et* E *étant supposé séparé, toute application continue* surjective v *de* F *dans* E *est un morphisme strict.*

Soit en effet N le noyau de v, et posons $N_n = j_n^{-1}(N)$; alors l'application $j'_n : F_n/N_n \to F/N$ déduite de j_n par passage aux quotients est injective et continue, F_n/N_n est un espace de Fréchet (puisque N_n est fermé), et F/N est réunion des images des j'_n. Par hypothèse, dans la factorisation canonique $v : F \to F/N \xrightarrow{w} E$, w est une application linéaire bijective et continue, dont le graphe dans $(F/N) \times E$ est donc *fermé* (TG, I, p. 53, cor. 2 de la prop. 2). En vertu des remarques du début et de la prop. 10, l'application réciproque u de w est donc continue, ce qui prouve le corollaire.

* La prop. 10 et son corollaire s'appliqueront en particulier lorsque E est un *espace bornologique* (III, p. 12) *complet*, et F une limite inductive d'une suite d'espaces de Fréchet. *

7. Relèvements dans les espaces de Fréchet

Nous allons préciser dans le cas des espaces localement convexes la prop. 2 de TG, IX, p. 24.

PROPOSITION 11. — *Soit* E *un espace localement convexe métrisable. Il existe dans* E *une distance invariante par translation, définissant la topologie de* E, *et pour laquelle les boules ouvertes soient convexes.*

Soit $(p_n)_{n \in \mathbf{N}}$ une suite de semi-normes définissant la topologie de E. Soit d_n l'écart sur E défini par $d_n(x, y) = \inf(p_n(x - y), 1/n)$ pour x, y dans E ; il est invariant par translation. Pour tout entier $n \geqslant 0$ et tout nombre réel $R \geqslant 0$, soit $B_{n,R}$ l'ensemble des $x \in E$ tels que $d_n(x, 0) < R$. Si $R \geqslant 1/n$, on a $B_{n,R} = E$, et dans le cas contraire, $B_{n,R}$ se compose des $x \in E$ tels que $p_n(x) < R$; dans tous les cas, l'ensemble $B_{n,R}$ est convexe.

Pour x, y dans E, posons $d(x, y) = \sup_{n \in \mathbf{N}} d_n(x, y)$. On voit aussitôt que d est une distance invariante par translation sur E, définissant sa topologie. Soient $x_0 \in E$ et $R \geqslant 0$; la boule ouverte de centre x_0 et de rayon R (pour la distance d) est égale à $\bigcap_{n \in \mathbf{N}} (x_0 + B_{n,R})$, donc elle est convexe.

PROPOSITION 12. — *Soient* E *et* F *des espaces de Fréchet et u une application linéaire continue de* E *sur* F. *Il existe une section continue, non nécessairement linéaire, de u.*

Soit d une distance sur E, définissant la topologie de E, invariante par translation, et dont les boules ouvertes soient convexes (prop. 11). Étant donnés y et y' dans F, soit $\delta(y, y')$ la distance des deux ensembles fermés $u^{-1}(y)$ et $u^{-1}(y')$ dans E. Comme u est un morphisme strict (I, p. 17, th. 1), la remarque de TG, IX, p. 27 montre que δ est une distance sur F, définissant la topologie de F. Nous allons construire par récurrence une suite $(s_n)_{n \in \mathbf{N}}$ d'applications continues de F dans E satisfaisant aux inégalités suivantes pour tout $y \in F$:

$$\delta(y, u(s_n(y))) < 2^{-n} \tag{2}$$

$$d(s_n(y), s_{n-1}(y)) < 2^{-n+1} \quad \text{(seulement si } n \geqslant 1) . \tag{3}$$

Supposons que l'on ait $n = 0$, ou bien $n \geqslant 1$ mais que s_{n-1} soit déjà construite. Soit $y_0 \in \mathrm{F}$, comme u est surjective, l'ensemble $u^{-1}(y_0)$ est non vide et, pour $n \geqslant 1$, on a $d(u^{-1}(y_0), s_{n-1}(y_0)) < 2^{-n+1}$ d'après l'hypothèse de récurrence. Il existe donc un point x_0 de E tel que $u(x_0) = y_0$ et que, pour $n \geqslant 1$, $d(x_0, s_{n-1}(y_0)) < 2^{-n+1}$. Comme l'application s_{n-1} est continue, l'ensemble des points y de F satisfaisant aux inégalités $\delta(y, y_0) < 2^{-n}$ et $d(x_0, s_{n-1}(y)) < 2^{-n+1}$ est un voisinage ouvert de y_0. Il existe donc un recouvrement ouvert $(\mathrm{V}_i)_{i \in \mathrm{I}}$ de F, et des applications constantes $s_{n,i}$ de F dans E qui satisfont *dans* V_i aux inégalités (2) et (3) où l'on remplace s_n par $s_{n,i}$. Comme l'espace F est métrisable, il existe une partition continue de l'unité $(f_i)_{i \in \mathrm{I}}$, localement finie et subordonnée au recouvrement $(\mathrm{V}_i)_{i \in \mathrm{I}}$ (TG, IX, p. 51, prop. 6 et p. 46, prop. 3). Pour tout $y \in \mathrm{F}$, posons $s_n(y) = \sum_{i \in \mathrm{I}} f_i(y) \cdot s_{n,i}(y)$. L'application s_n de F dans E est continue ; comme les boules ouvertes sont convexes dans E et dans F, l'application s_n satisfait aux inégalités (2) et (3) pour tout $y \in \mathrm{F}$.

Les applications $s_n : \mathrm{F} \to \mathrm{E}$ forment une suite de Cauchy pour la convergence uniforme d'après l'inégalité (3). Comme E est complet, la suite $(s_n)_{n \in \mathbf{N}}$ converge uniformément vers une application continue $s : \mathrm{F} \to \mathrm{E}$ (TG, X, p. 9) ; la formule (2) montre que $u \circ s$ est l'application identique de F, donc s est une section continue de u.

Corollaire. — *Si* L *est une partie compacte de* F, *il existe une partie compacte* K *de* E *telle que* $u(\mathrm{K}) = \mathrm{L}$.

Il suffit de poser $\mathrm{K} = s(\mathrm{L})$, où s est une section continue de u.

Remarques. — 1) Le corollaire de la prop. 12 peut aussi se déduire du th. 1 de I, p. 17 et de la prop. 18 de TG, IX, p. 22.

2) Conservons les notations de la prop. 12. Soit p une semi-norme continue sur E ; pour tout $y \in \mathrm{F}$, posons $q(y) = \inf_{u(x) = y} p(x)$, de sorte que q est une semi-norme continue sur F (II, p. 4). Soit φ une application semi-continue inférieurement de F dans l'intervalle $]0, +\infty[$ de $\overline{\mathbf{R}}$. Montrons qu'*il existe une section continue* s *de* u *telle que* $p \circ s < q + \varphi$.

Soient s_0 une section continue de u (prop. 12) et N le noyau de u. Soit $y_0 \in \mathrm{F}$; il existe $z_0 \in \mathrm{N}$ tel que $p(s_0(y_0) + z_0) < q(y_0) + \varphi(y_0)$. Il existe un voisinage ouvert W de y_0 dans F tel que $p(s_0(y) + z_0) < q(y) + \varphi(y)$ pour tout $y \in \mathrm{W}$. Par suite, il existe un recouvrement ouvert $(\mathrm{W}_i)_{i \in \mathrm{I}}$ de F et des applications constantes $t_i : \mathrm{F} \to \mathrm{N}$ telles que $p(s_0(y) + t_i(y)) < q(y) + \varphi(y)$ pour tout $y \in \mathrm{W}_i$. Comme F est métrisable, il existe une partition continue localement finie de l'unité subordonnée au recouvrement $(\mathrm{W}_i)_{i \in \mathrm{I}}$, soit $(g_i)_{i \in \mathrm{I}}$ (TG, IX, p. 51, prop. 6 et p. 46, prop. 3). L'application s de F dans E définie par $s(y) = s_0(y) + \sum_{i \in \mathrm{I}} g_i(y) \cdot t_i(y)$ répond aux conditions exigées.

§ 5. SÉPARATION DES ENSEMBLES CONVEXES

1. Le théorème de Hahn-Banach (forme géométrique)

THÉORÈME 1 (Hahn-Banach). — *Soient* E *un espace vectoriel topologique,* A *un ensemble ouvert convexe non vide dans* E, M *une variété linéaire non vide ne rencontrant pas* A. *Il existe alors un hyperplan fermé* H *contenant* M *et ne rencontrant pas* A.

Par translation on peut se ramener au cas où $0 \in A$, de sorte que A est absorbant. Soit p la *jauge* de l'ensemble ouvert convexe absorbant A (II, p. 22), de sorte que A est l'ensemble des $x \in E$ tels que $p(x) < 1$. Soit d'autre part V le sous-espace vectoriel de E engendré par M ; M est donc un hyperplan dans V ne passant pas par 0, et il y a par suite une forme linéaire et une seule f sur V telle que M soit l'ensemble des $y \in V$ tels que $f(y) = 1$. L'hypothèse $M \cap A = \varnothing$ entraîne donc que pour tout $y \in V$ tel que $f(y) = 1$, on a $p(y) \geqslant 1$; comme f et p sont positivement homogènes, on a donc $f(y) \leqslant p(y)$ pour tout $y \in V$ tel que $f(y) > 0$; comme de plus $p(y) \geqslant 0$ pour tout $y \in V$, on voit finalement que l'on a $f(y) \leqslant p(y)$ pour *tout* $y \in V$. En vertu de la forme analytique du th. de Hahn-Banach (II, p. 24, th. 1), il existe une forme linéaire h sur E prolongeant f et telle que, pour tout $x \in E$, on ait $h(x) \leqslant p(x)$. Soit alors H l'hyperplan dans E, d'équation $h(x) = 1$. Il est clair que $H \cap V = M$ et que $H \cap A = \varnothing$. D'autre part, le complémentaire de H dans E contient un ensemble ouvert non vide A, donc H est *fermé* dans E (I, p. 11, corollaire).

C.Q.F.D.

Remarques. — 1) Lorsque $0 \in M$, le th. 1 peut encore s'énoncer de la façon suivante : *il existe une forme linéaire* g *continue dans* E, *telle que* $g(x) = 0$ *dans* M *et* $g(x) > 0$ *dans* A (II, p. 9, prop. 4).

2) Si l'on applique le th. 1 au cas où E est muni de la topologie localement convexe la plus fine (II, p. 27, *Exemple* 2), et si pour simplifier on suppose que $0 \in A$, on obtient le résultat suivant (où en apparence il n'intervient plus de topologie) : dans un espace vectoriel réel E, si A est un ensemble convexe *absorbant*, et M une variété linéaire non vide ne rencontrant pas A, alors il existe un hyperplan H contenant M et tel que A soit d'un même côté de H. Ce résultat n'est pas valable pour un ensemble convexe A quelconque (II, p. 69, exerc. 5).

2. Séparation des ensembles convexes dans un espace vectoriel topologique

DÉFINITION 1. — *Deux parties non vides* A, B *d'un espace vectoriel topologique réel* E *sont dites séparées par un hyperplan fermé* H, *si* A *est contenu dans un des demi-espaces fermés déterminés par* H, *et* B *dans l'autre demi-espace fermé.*

DÉFINITION 2. — *Deux parties non vides* A, B *d'un espace vectoriel topologique réel* E *sont dites strictement séparées par un hyperplan fermé* H, *si* A *est contenu dans un des demi-espaces ouverts déterminés par* H, *et* B *dans l'autre demi-espace ouvert.*

PROPOSITION 1. — *Dans un espace vectoriel topologique réel* E, *soient* A *un ensemble* ouvert *convexe non vide, et* B *un ensemble convexe non vide ne rencontrant pas* A ; *il existe alors un hyperplan fermé* H *séparant* A *et* B.

En effet, l'ensemble C = A − B est ouvert, convexe (II, p. 10, prop. 7) et non vide, et l'on a $0 \notin C$. En vertu du th. 1 de II, p. 39, il existe donc une forme linéaire continue $f \neq 0$ sur E, telle que $f(z) > 0$ dans C. Alors, pour tout $x \in A$ et tout $y \in B$, on a $f(x) > f(y)$. Posons $\alpha = \inf_{x \in A} f(x)$; α est fini, et l'on a $f(x) \geqslant \alpha$ pour tout $x \in A$ et $f(y) \leqslant \alpha$ pour tout $y \in B$; l'hyperplan fermé H d'équation $f(z) = \alpha$ sépare donc A et B.

Remarques. — 1) L'hyperplan H ne rencontre pas A (II, p. 16, prop. 17) ; si A et B sont deux ensembles convexes *ouverts* non vides sans point commun, il existe donc un hyperplan fermé qui sépare *strictement* A et B.

2) Par contre, lorsque B n'est pas ouvert, il n'existe pas nécessairement d'hyperplan fermé séparant strictement A et B, même si E est de dimension finie, et si $\overline{A}$ et $\overline{B}$ ne se rencontrent pas (II, p. 83, exerc. 12).

DÉFINITION 3. — *Dans un espace vectoriel* E, *on appelle hyperplan d'appui d'une partie* A *de* E, *un hyperplan* H *contenant au moins un point de* A *et tel que tous les points de* A *soient d'un même côté de* H.

Soit f une forme linéaire $\neq 0$ sur E ; dire que l'hyperplan d'équation $f(x) = \alpha$ est un hyperplan d'appui de A signifie que α est le plus petit élément, ou le plus grand élément, de l'ensemble $f(A) \subset \mathbf{R}$. Autrement dit, pour qu'il existe un hyperplan d'appui de A parallèle à l'hyperplan d'équation $f(x) = 0$, il faut et il suffit que l'une des bornes de l'ensemble $f(A)$ soit finie et appartienne à $f(A)$.

PROPOSITION 2. — *Soient* E *un espace vectoriel topologique,* A *un ensemble compact non vide dans* E. *Pour tout hyperplan fermé* H *dans* E, *il existe un hyperplan d'appui de* A *parallèle à* H.

En effet, si $f(x) = \gamma$ est une équation de H, où f est une forme linéaire continue dans E, la restriction de f à A est continue, donc est bornée et atteint ses bornes dans A (TG, IV, p. 27, th. 1).

Cette démonstration prouve qu'il existe un ou deux hyperplans d'appui de A parallèles à H, le premier cas ne pouvant se présenter que si A est contenu tout entier dans un hyperplan parallèle à H.

PROPOSITION 3. — *Dans un espace vectoriel topologique* E, *soit* A *un ensemble convexe fermé d'intérieur non vide. Tout hyperplan d'appui de* A *est fermé, et tout point frontière de* A *appartient à un hyperplan d'appui de* A *au moins.*

Tout hyperplan d'appui de A est fermé, puisque tous les points de A sont d'un même côté d'un tel hyperplan (II, p. 16, prop. 17). D'autre part, si x_0 est point frontière de A, x_0 n'appartient pas à l'ensemble convexe ouvert non vide $\mathring{A}$; d'après le th. 1 de II, p. 39, il existe un hyperplan H passant par x_0 et ne rencontrant pas $\mathring{A}$. Comme A est l'adhérence de $\mathring{A}$ (II, p. 15, cor. 1 de la prop. 16), il résulte de la prop. 17 de II, p. 16 que H est un hyperplan d'appui de A.

3. Séparation des ensembles convexes dans un espace localement convexe

PROPOSITION 4. — *Soient* E *un espace localement convexe,* A *un ensemble convexe fermé non vide dans* E, K *un ensemble convexe compact non vide dans* E, *ne rencontrant pas* A. *Il existe alors un hyperplan fermé* H *qui sépare strictement* A *et* K.

En effet, il existe un voisinage ouvert convexe V de 0 dans E tel que A + V et K + V ne se rencontrent pas (TG, II, p. 31, prop. 4). Comme A + V et K + V sont ouverts et convexes dans E, la prop. 1 de II, p. 40 montre qu'il existe un hyperplan fermé H séparant strictement A + V et K + V, et *a fortiori* A et K.

Remarque. — Si A et B sont deux ensembles convexes fermés non vides sans point commun dans un espace localement convexe séparé E, il existe un hyperplan fermé qui les sépare lorsque E est de dimension *finie* (II, p. 83, exerc. 13) ; mais cette conclusion n'est plus nécessairement exacte lorsque E est de dimension infinie (II, p. 83, exerc. 10 et 11).

COROLLAIRE 1. — *Dans un espace localement convexe, tout ensemble convexe fermé* A *est l'intersection des demi-espaces fermés qui le contiennent.*

En effet, pour tout point $x \notin A$, il existe, d'après la prop. 4, un hyperplan fermé séparant strictement x et A.

COROLLAIRE 2. — *Dans un espace localement convexe séparé, tout ensemble convexe compact* A *est l'intersection des demi-espaces fermés qui le contiennent et qui sont déterminés par les hyperplans d'appui de* A.

En effet, soit $x_0 \notin A$; $\{x_0\}$ est fermé, donc il existe un hyperplan fermé H séparant strictement x_0 et A (prop. 4); soit $f(x) = \alpha$ une équation de H (f forme linéaire continue), et supposons que $f(x) > \alpha$ pour tout $x \in A$. Si l'on pose $\gamma = \inf_{x \in A} f(x)$, le demi-espace défini par $f(x) \geqslant \gamma$ contient A, est déterminé par l'hyperplan d'appui d'équation $f(x) = \gamma$, et ne contient pas x_0 ; d'où le corollaire.

Dans un espace localement convexe, un ensemble convexe fermé, non compact et n'ayant pas de point intérieur, peut n'avoir *aucun* hyperplan d'appui fermé (II, p. 91, exerc. 18 ; *cf.* aussi V, p. 71, exerc. 11).

COROLLAIRE 3. — *Dans un espace localement convexe, l'adhérence de toute variété linéaire* M *est l'intersection des hyperplans fermés qui contiennent* M.

En effet, pour tout $x \notin \overline{M}$, soit H un hyperplan fermé séparant strictement x et $\overline{M}$; $\overline{M}$ est donc parallèle à H ; l'hyperplan fermé H_1 contenant $\overline{M}$ et parallèle à H ne contient pas x, d'où le corollaire.

COROLLAIRE 4. — *Soit* C *un ensemble convexe fermé dans un espace localement convexe* E. *Pour qu'une partie* A *de* E *soit contenue dans* C, *il faut et il suffit que, pour toute fonction numérique affine continue u dans* E *telle que $u(x) \geqslant 0$ pour tout x dans* C, *on ait $u(y) \geqslant 0$ pour tout y dans* A.

La condition est évidemment nécessaire. Montrons inversement qu'elle est suffisante ; si un point $x \in A$ n'est pas contenu dans C, il existe un hyperplan fermé d'équation $f(z) = \alpha$ séparant strictement x et C ; si l'on suppose par exemple que $f(x) < \alpha$, la fonction affine continue $u = f - \alpha$ contredit l'hypothèse.

COROLLAIRE 5. — *Dans un espace localement convexe* E, *l'adhérence de tout cône convexe* C *de sommet* 0 *est l'intersection de demi-espaces fermés contenant* C *déterminés par des hyperplans fermés passant par* 0.

En effet, $\overline{C}$ est un cône convexe de sommet 0 (II, p. 14, prop. 14). Pour tout $x \notin \overline{C}$, il existe un hyperplan fermé H séparant strictement x et $\overline{C}$ (prop. 4). Il suffit maintenant d'appliquer le lemme suivant :

Lemme 1. — *Si un cône* A *de sommet* 0 *est contenu dans un demi-espace ouvert déterminé par un hyperplan* H, *il est contenu dans un demi-espace fermé déterminé par l'hyperplan* H_0 *parallèle à* H *et passant par* 0.

En effet, soit $f(z) = \alpha$ avec $\alpha < 0$ une équation de H, de sorte que $f(z) = 0$ est l'équation de H_0. S'il existait un $z \in A$ tel que $f(z) < 0$, il existerait un $\lambda > 0$, tel que $f(\lambda z) = \alpha$, et comme $\lambda z \in A$, cela contredirait l'hypothèse.

4. Approximation des fonctions convexes

PROPOSITION 5. — *Soient* X *un ensemble convexe fermé dans un espace localement convexe. Alors toute fonction convexe semi-continue inférieurement* f *dans* X *est l'enveloppe supérieure d'une famille de fonctions qui sont des restrictions à* X *de fonctions linéaires affines continues dans* E.

En effet, l'ensemble $A \subset E \times \mathbf{R}$ des points (x, t) tels que $x \in X$ et $t \geqslant f(x)$ est convexe (II, p. 18, prop. 19) et fermé, puisque la fonction $(x, t) \mapsto f(x) - t$ est semi-continue inférieurement. Soit alors x un point quelconque de X, et soit $a \in \mathbf{R}$ tel que $a < f(x)$. En vertu du cor. 1 de II, p. 41, il existe dans $E \times \mathbf{R}$ un hyperplan fermé H contenant (x, a) et ne rencontrant pas A. Toute forme linéaire continue sur $E \times \mathbf{R}$ étant de la forme

$$(z, t) \mapsto u(z) + \lambda t ,$$

où $\lambda \in \mathbf{R}$ et u est une forme linéaire continue dans E, H a une équation de la forme $u(z) + \lambda t = \alpha$, et comme H passe par (x, a), on a $\alpha = u(x) + \lambda a$. On ne peut avoir $\lambda = 0$, car H aurait pour équation $u(z - x) = 0$, ce qui est absurde puisque le point $(x, f(x)) \in A$ n'appartient pas à H. En divisant au besoin par $-\lambda$, on peut donc supposer que H a pour équation $t - a = u(z - x)$. Comme $f(x) - a > 0$, on a donc $f(z) > u(z - x) + a$ pour tout $z \in X$, ce qui prouve le corollaire.

Remarques. — 1) Il résulte de la prop. 5 que f est l'enveloppe supérieure d'une famille *filtrante croissante* de fonctions qui sont des restrictions à X de fonctions *convexes continues* dans E.

2) Supposons de plus que X soit un *cône* (convexe fermé) de sommet 0 et que f soit *positivement homogène*. Alors f est l'enveloppe supérieure d'une famille de fonctions

qui sont des restrictions à X de *formes linéaires continues* dans E. En effet, soit (u_α) une famille de fonctions linéaires affines continues dans E dont les restrictions à X ont pour enveloppe supérieure f. Posons $u_\alpha = v_\alpha + \lambda_\alpha$, où $\lambda_\alpha \in \mathbf{R}$, et où v_α est une forme linéaire continue dans E. On a $\lambda_\alpha = u_\alpha(0) \leqslant f(0) = 0$. D'autre part, si $x \in X$, on a, pour tout $\mu > 0$,

$$\mu^{-1}\lambda_\alpha + v_\alpha(x) = \mu^{-1}(\lambda_\alpha + v_\alpha(\mu x)) = \mu^{-1}u_\alpha(\mu x) \leqslant \mu^{-1}f(\mu x) = f(x)$$

donc $u_\alpha \leqslant v_\alpha \leqslant f$ dans X, de sorte que f est l'enveloppe supérieure des v_α.

3) La restriction à X d'une fonction affine continue dans E est une fonction affine (*i.e.* à la fois concave et convexe (II, p. 18)) dans X ; mais il peut exister des fonctions continues affines dans un ensemble compact convexe $X \subset E$, qui ne sont pas des restrictions à X de fonctions affines continues *dans* E (II, p. 83, exerc. 11, *c*)). Toutefois :

PROPOSITION 6. — *Soient* E *un espace localement convexe séparé,* X *un ensemble convexe compact dans* E, f *une fonction affine semi-continue supérieurement dans* X. *Soit* L *l'ensemble des restrictions à* X *des fonctions affines continues dans* E ; *l'ensemble* L′ *des* $h \in L$ *telles que l'on ait* $h(x) > f(x)$ *pour tout* $x \in X$ *est alors filtrant décroissant, et son enveloppe inférieure est égale à* f.

On peut se limiter au cas où X est non vide. Soient u, v deux éléments de L tels que $u(x) > f(x)$ et $v(x) > f(x)$ pour tout $x \in X$, et soit b une constante qui majore u et v. Soit U (resp. V) l'ensemble convexe compact des points (x, t) de $X \times \mathbf{R}$ tels que $u(x) \leqslant t \leqslant b$ (resp. $v(x) \leqslant t \leqslant b$), et soit F l'ensemble des $(x, t) \in X \times \mathbf{R}$ tels que $t \leqslant f(x)$; F est convexe et fermé dans $X \times \mathbf{R}$. L'enveloppe convexe K de $U \cup V$ ne rencontre pas F, car $U \cup V$ est contenu dans l'ensemble des $(x, t) \in X \times \mathbf{R}$ tels que $f(x) < t$, ensemble qui est convexe et ne rencontre pas F. Comme K est compact (II, p. 14, prop. 15), on peut séparer strictement F et K par un hyperplan fermé H de $E \times \mathbf{R}$. Pour tout $x \in X$, H sépare strictement les points $(x, f(x))$ et (x, b), donc rencontre la droite $\{x\} \times \mathbf{R}$ en un seul point $w(x)$; par suite H est le graphe d'une fonction affine continue dont la restriction w à X appartient à L, minore u et v et vérifie l'inégalité $w(x) > f(x)$ pour tout $x \in X$. Ceci prouve que l'ensemble L′ est filtrant décroissant. La prop. 5 de II, p. 42, appliquée à $-f$, prouve que f est l'enveloppe inférieure de L′.

COROLLAIRE. — *Soit* f *une fonction affine continue dans* X ; *il existe alors une suite* (h_n) *d'éléments de* L *qui converge uniformément vers* f *dans* X.

En effet, la prop. 6 et le th. de Dini (TG, X, p. 34, th. 1) montrent que pour tout n il existe $h_n \in L$ telle que $f \leqslant h_n \leqslant f + 1/n$.

§ 6. TOPOLOGIES FAIBLES

1. Espaces vectoriels en dualité

Soient F et G deux espaces vectoriels réels, $(x, y) \mapsto B(x, y)$ une *forme bilinéaire* sur $F \times G$. On dit que la forme bilinéaire B *met les espaces vectoriels* F *et* G *en dualité*, ou que F et G *sont en dualité* (relativement à B). Rappelons que l'on dit que

$x \in F$ et $y \in G$ sont *orthogonaux* (pour la dualité définie par B) si $B(x, y) = 0$; on dit qu'une partie M de F et une partie N de G sont *orthogonales* si tout $x \in M$ est orthogonal à tout $y \in N$ (A, IX, § 1, n° 2).

On dit que la dualité définie par B est *séparante en* F (resp. *en* G) si elle vérifie la condition suivante :

(D_I) *Quel que soit* $x \neq 0$ *dans* F, *il existe un* $y \in G$ *tel que* $B(x, y) \neq 0$.

(resp.

(D_{II}) *Quel que soit* $y \neq 0$ *dans* G, *il existe un* $x \in F$ *tel que* $B(x, y) \neq 0$.)

On dit que la dualité définie par B est *séparante* si elle est à la fois séparante en F et en G. Pour qu'il en soit ainsi, il faut et il suffit que la forme bilinéaire B soit séparante au sens de A, IX, § 1, n° 1. De manière plus précise, on a le résultat suivant :

PROPOSITION 1. — *Soient* F, G *deux espaces vectoriels réels*, B *une forme bilinéaire sur* $F \times G$. *Soient*

$$d_B : y \mapsto B(., y) ,$$
$$s_B : x \mapsto B(x, .)$$

les applications linéaires de G *dans le dual* F^* *de* F, *et de* F *dans le dual* G^* *de* G, *associées respectivement à droite et à gauche à* B (A, IX, § 1, n° 1). *Pour que* B *mette* F *et* G *en dualité séparante en* G (resp. *en* F), *il faut et il suffit que* d_B (resp. s_B) *soit injective.*

Lorsque F et G sont mis en dualité séparante par B, on *identifiera* souvent F (resp. G) à un sous-espace de G^* (resp. F^*) au moyen de s_B (resp. d_B). Lorsqu'on considérera F (resp. G) comme sous-espace de G^* (resp. F^*) sans spécifier de quelle manière est faite l'identification, il s'agira toujours des identifications précédentes ; la forme bilinéaire B est alors identifiée à la restriction à $F \times G$ de la forme bilinéaire canonique

$$(x^*, x) \mapsto \langle x, x^* \rangle \quad (\text{resp. } (x, x^*) \mapsto \langle x, x^* \rangle) .$$

Exemples. — 1) Soient E un espace vectoriel, E^* son dual. La forme bilinéaire canonique $(x, x^*) \mapsto \langle x, x^* \rangle$ sur $E \times E^*$ (A, II, p. 41) met E et E^* en dualité séparante : en effet, (D_{II}) est vérifiée par définition de la relation $x^* \neq 0$, et on sait d'autre part que pour tout $x \neq 0$ dans E, il existe une forme linéaire $x^* \in E^*$ telle que $\langle x, x^* \rangle \neq 0$ (A, II, p. 103, th. 6), ce qui prouve (D_I) ; l'identification de E à un sous-espace de E^{**} se fait ici par l'application canonique c_E (*loc. cit.*).

Lorsque E est de dimension *finie*, le *seul* sous-espace G de E^* qui soit en dualité séparante avec E pour la restriction à $E \times G$ de la forme bilinéaire canonique, est l'espace E^* lui-même : en effet, E étant alors canoniquement identifié à E^{**} (*loc. cit.*), si l'on avait $G \neq E^*$, il existerait $a \neq 0$ dans E tel que $\langle a, x^* \rangle = 0$ pour tout $x^* \in G$ (A, II, p. 104, th. 7), contrairement à l'hypothèse.

2) Lorsque E est un espace vectoriel de dimension *infinie*, E' un sous-espace vectoriel de E^*, la dualité entre E et E' définie par la restriction à $E \times E'$ de la forme

bilinéaire canonique est toujours *séparante* en E' ; elle peut être séparante en E même si $E' \neq E^*$. L'exemple le plus important correspond au cas où E est un espace vectoriel topologique :

DÉFINITION 1. — *On appelle dual d'un espace vectoriel* topologique E *le sous-espace* E' *du dual* E^* *de l'espace vectoriel* E, *constitué par les formes linéaires continues sur* E.

Lorsque E est un espace *localement convexe séparé*, la dualité entre E et son dual E' est *séparante* ; il résulte en effet du th. de Hahn-Banach (II, p. 26, cor. 1) que pour tout $x \neq 0$ dans E, il existe $x' \in E'$ tel que $\langle x, x' \rangle \neq 0$.

Remarques. — 1) Lorsque E est un espace vectoriel *topologique*, le dual E^* de l'*espace vectoriel* E sera parfois appelé le *dual algébrique* de E pour éviter des confusions. On notera d'ailleurs que E^* est le dual de l'espace vectoriel topologique obtenu en munissant E de la topologie localement convexe *la plus fine* (II, p. 27, *Exemple* 2).

2) Le dual E' d'un espace vectoriel topologique n'est pas lui-même muni d'une topologie, à moins que cela n'ait été expressément mentionné.

3) Si F et $G \subset F^*$ sont en dualité séparante pour la forme bilinéaire canonique, il en est de même de F et G_1 pour tout sous-espace G_1 de F^* tel que $G \subset G_1$.

2. Topologies faibles

DÉFINITION 2. — *Soient* F, G *deux espaces vectoriels mis en dualité par une forme bilinéaire* B. *On appelle topologie faible sur* F *définie par la dualité entre* F *et* G, *et l'on note* $\sigma(F, G)$, *la topologie la moins fine sur* F *rendant continues toutes les formes linéaires* $B(.\,, y) : x \mapsto B(x, y)$ *lorsque* y *parcourt* G.

On définit de la même manière la topologie faible $\sigma(G, F)$ sur G, en permutant dans la déf. 1 les rôles de F et de G ; cette possibilité d'*échanger* F et G s'applique à tous les résultats et définitions qui vont suivre dans ce paragraphe.

On emploiera parfois l'adjectif « faible » et l'adverbe « faiblement » pour désigner des propriétés relatives à une topologie faible $\sigma(F, G)$, lorsqu'il ne pourra en résulter de confusions. On parlera par exemple de « convergence faible », de « fonction faiblement continue », etc.

Lorsque $G \subset F^*$, il est entendu que la notation $\sigma(F, G)$ désignera toujours la topologie faible définie par la dualité correspondant à la restriction à $F \times G$ de la forme bilinéaire canonique $(x, x^*) \mapsto \langle x, x^* \rangle$.

Sans hypothèse supplémentaire sur F et G, on écrit souvent $\langle x, y \rangle$ la valeur $B(x, y)$ de la forme bilinéaire B en (x, y) si aucune confusion n'en résulte ; nous adopterons cette écriture dans le reste de ce paragraphe.

Un espace vectoriel F muni d'une topologie faible $\sigma(F, G)$ sera appelé *espace faible*.

Une topologie faible $\sigma(F, G)$ est *localement convexe* (II, p. 29, prop. 4) ; de façon précise, c'est l'image réciproque de la topologie *produit* de $\mathbf{R}^G$ par l'application linéaire $\varphi : x \mapsto (\langle x, y \rangle)_{y \in G}$ de F dans $\mathbf{R}^G$. Elle est définie par l'ensemble des *semi-normes* $x \mapsto |\langle x, y \rangle|$ lorsque y parcourt G (II, p. 5). Pour tout $\alpha > 0$ et toute famille finie $(y_i)_{1 \leqslant i \leqslant n}$ de points de G, soit $W(y_1, \ldots, y_n ; \alpha)$ l'ensemble des $x \in F$ tels que $|\langle x, y_i \rangle| \leqslant \alpha$ pour $1 \leqslant i \leqslant n$; ces ensembles (pour α, n et les y_i arbitraires) forment un *système fondamental de voisinages de* 0 pour $\sigma(F, G)$. On notera que $W(y_1, \ldots, y_n ; \alpha)$ contient le *sous-espace vectoriel* de F, de codimension *finie*, défini par les équations $\langle x, y_i \rangle = 0$ pour $1 \leqslant i \leqslant n$.

PROPOSITION 2. — *Pour que la topologie faible* $\sigma(F, G)$ *soit séparée, il faut et il suffit que la dualité entre* F *et* G *soit séparante en* F.

C'est un cas particulier de II, p. 4, prop. 2.

PROPOSITION 3. — *Soient* F, G *deux espaces vectoriels réels en dualité. Toute forme linéaire sur* F, *continue pour* $\sigma(F, G)$, *peut s'écrire* $x \mapsto \langle x, y \rangle$ *pour un* $y \in G$. *L'élément* $y \in G$ *est unique lorsque la dualité est séparante en* G.

En effet, dire qu'une forme linéaire f sur F est continue pour $\sigma(F, G)$ signifie qu'il existe un nombre fini de points $y_i \in G$ $(1 \leqslant i \leqslant n)$ tels que l'on ait, pour tout x dans F, $|f(x)| \leqslant \sup_{1 \leqslant i \leqslant n} |\langle x, y_i \rangle|$ (II, p. 7, prop. 5). Les n relations $\langle x, y_i \rangle = 0$ $(1 \leqslant i \leqslant n)$ entraînent donc $f(x) = 0$, et par suite (A, II, p. 104, cor. 1), il existe une combinaison linéaire $y = \sum_{i=1}^{n} \lambda_i y_i$ telle que $f(x) = \langle x, y \rangle$ pour tout $x \in F$. L'unicité résulte de (D_{II}).

En d'autres termes, lorsque la dualité est séparante en G et que F est muni de la topologie $\sigma(F, G)$, on peut *identifier* canoniquement G au *dual de* F pour cette topologie (II, p. 45, déf. 1).

COROLLAIRE 1. — *Pour qu'une famille* (a_ι) *de points de* F *soit totale pour la topologie* $\sigma(F, G)$, *il faut et il suffit que, pour tout* $y \neq 0$ *dans* G, *il existe un indice* ι *tel que* $\langle a_\iota, y \rangle \neq 0$.

Cela exprime en effet, compte tenu de la prop. 3 et de I, p. 13, th. 1, qu'aucun hyperplan fermé pour $\sigma(F, G)$ ne contient tous les a_ι ; le corollaire résulte donc du cor. 3 de II, p. 41.

COROLLAIRE 2. — *Pour qu'une famille* (a_ι) *de points de* F *soit topologiquement libre pour la topologie* $\sigma(F, G)$, *il faut et il suffit que, pour tout indice* ι, *il existe un élément* $b_\iota \in G$ *tel que l'on ait* :

$$\langle a_\iota, b_\iota \rangle \neq 0$$
$$\langle a_\kappa, b_\iota \rangle = 0 \quad \textit{pour tout } \kappa \neq \iota .$$

Cela exprime en effet que, pour tout ι, il existe un hyperplan fermé pour $\sigma(F, G)$, contenant les a_κ d'indice $\kappa \neq \iota$ et ne contenant pas a_ι.

COROLLAIRE 3. — *Soient* G_1, G_2 *deux sous-espaces vectoriels de* F^*, *en dualité avec* F (pour la restriction de la forme bilinéaire canonique). *Pour que* $\sigma(F, G_2)$ *soit plus fine que* $\sigma(F, G_1)$, *il faut et il suffit que* $G_1 \subset G_2$.

La condition est évidemment suffisante ; d'autre part, si $\sigma(F, G_2)$ est plus fine que $\sigma(F, G_1)$, toute forme linéaire continue pour $\sigma(F, G_1)$ est continue pour $\sigma(F, G_2)$, donc $G_1 \subset G_2$ en vertu de la prop. 3.

COROLLAIRE 4. — *Soient* F *un espace vectoriel,* G *un sous-espace vectoriel du dual* F^*. *Pour que* F *et* G *soient en dualité séparante* (pour la forme bilinéaire canonique), *il faut et il suffit que* G *soit dense dans* F^* *pour la topologie* $\sigma(F^*, F)$.

C'est une conséquence immédiate du cor. 1.

3. Ensembles polaires et sous-espaces orthogonaux

DÉFINITION 2. — *Soient* F *et* G *deux espaces vectoriels (réels) en dualité. Pour toute partie* M *de* F, *on appelle polaire de* M *dans* G *l'ensemble des* $y \in G$ *tels que l'on ait* $\langle x, y \rangle \geqslant -1$ *pour tout* $x \in M$. (Pour les espaces vectoriels complexes, *cf.* II, p. 68.)

Si G_1, G_2 sont deux sous-espaces de F^* tels que $G_1 \subset G_2$, le polaire de M dans G_1 est l'*intersection* de G_1 et du polaire de M dans G_2.

Lorsque aucune confusion n'est à craindre, on désigne l'ensemble polaire dans G d'une partie M de F par la notation M°. On définit bien entendu de la même manière l'ensemble polaire dans F d'une partie de G.

Il est clair que pour tout scalaire $\lambda \neq 0$ et tout $M \subset F$, on a $(\lambda M)^\circ = \lambda^{-1}M^\circ$. La relation $M \subset N \subset F$ entraîne $N^\circ \subset M^\circ$; si N absorbe M, M° absorbe N° ; pour toute famille (M_α) de parties de F, l'ensemble polaire de $\bigcup_\alpha M_\alpha$ est l'intersection des ensembles polaires M_α°. Comme, pour $y \in M^\circ$, les demi-espaces fermés définis par les relations $\langle x, y \rangle \geqslant -1$ contiennent 0 et M, on voit que si M_1 est l'*enveloppe convexe de* $M \cup \{0\}$, on a $M_1^\circ = M^\circ$.

Il est clair que l'on a $M \subset M^{\circ\circ}$. On en conclut que

$$(M^{\circ\circ})^\circ \subset M^\circ \subset (M^\circ)^{\circ\circ} = (M^{\circ\circ})^\circ$$

autrement dit $M^{\circ\circ\circ} = M^\circ$ (*cf.* E, III, p. 7, prop. 2).

Si M est une partie *symétrique* de F, M° est une partie symétrique de G ; M° est aussi dans ce cas l'ensemble des $y \in G$ tels que $|\langle x, y \rangle| \leqslant 1$ pour tout $x \in M$.

PROPOSITION 4. — (i) *Pour toute partie* M *de* F, *l'ensemble polaire* M° *contient* 0 *et c'est un ensemble convexe, fermé dans* G *pour la topologie* $\sigma(G, F)$.

(ii) *Si* M *est un cône de sommet* 0, M° *est un cône de sommet* 0, *et c'est aussi l'ensemble des* $y \in G$ *tels que* $\langle x, y \rangle \geqslant 0$ *pour tout* $x \in M$.

(iii) *Si* M *est un sous-espace vectoriel de* F, M° *est un sous-espace vectoriel de* G, *et c'est aussi l'ensemble des* $y \in G$ *tels que* $\langle x, y \rangle = 0$ *pour tout* $x \in M$.

(i) Comme les formes linéaires $y \mapsto \langle x, y \rangle$ sont continues pour $\sigma(G, F)$, l'assertion résulte aussitôt des définitions et du fait qu'un demi-espace déterminé par un hyperplan est convexe.

(ii) Si M est un cône de sommet 0, et si $x \in M$, $y \in M^\circ$, on a aussi $\lambda x \in M$ pour tout

$\lambda > 0$, donc $\langle \lambda x, y \rangle \geqslant -1$ ou encore $\lambda \langle x, y \rangle \geqslant -1$ pour tout $\lambda > 0$, et par suite $\langle x, y \rangle \geqslant 0$, d'où (ii).

(iii) De même, si M est un sous-espace vectoriel de F, les relations $x \in \mathrm{M}$, $y \in \mathrm{M}^\circ$ entraînent cette fois $\lambda \langle x, y \rangle \geqslant -1$ pour *tout* λ réel, ce qui n'est possible que si $\langle x, y \rangle = 0$.

Si M est un sous-espace vectoriel de F, on dit que M° est l'*orthogonal* de M dans G ; si $\mathrm{G} \subset \mathrm{F}^*$, M° est l'intersection de G et du sous-espace orthogonal à M dans le dual algébrique F^* de F (A, II, p. 42, déf. 4).

Dire qu'un sous-espace vectoriel M de F et un sous-espace vectoriel N de G sont orthogonaux signifie donc que $\mathrm{M} \subset \mathrm{N}^\circ$ (ou, ce qui est équivalent, que $\mathrm{N} \subset \mathrm{M}^\circ$).

THÉORÈME 1 (Théorème des bipolaires). — *Soient* F, G *deux espaces vectoriels réels en dualité. Pour toute partie* M *de* F, *l'ensemble polaire* $\mathrm{M}^{\circ\circ}$ *dans* F *de l'ensemble polaire* M° *de* M *dans* G *est l'enveloppe fermée convexe* (*pour* $\sigma(\mathrm{F}, \mathrm{G})$) *de* $\mathrm{M} \cup \{0\}$.

On a vu que l'on peut se borner au cas où M est convexe et $0 \in \mathrm{M}$. Soit $\overline{\mathrm{M}}$ l'adhérence de M pour $\sigma(\mathrm{F}, \mathrm{G})$, qui est donc un ensemble convexe dans F ; la prop. 4 de II, p. 47, montre que l'on a $\mathrm{M}^{\circ\circ} \supset \overline{\mathrm{M}}$. D'autre part, si $a \in \mathrm{F}$ n'appartient pas à $\overline{\mathrm{M}}$, il existe un hyperplan fermé H dans F qui sépare strictement a et $\overline{\mathrm{M}}$ (II, p. 41, prop. 4) ; comme H ne contient pas 0, il existe un $y \in \mathrm{G}$ tel que H ait pour équation $\langle x, y \rangle = -1$ (II, p. 46, prop. 3) ; on a par suite $\langle x, y \rangle > -1$ pour tout $x \in \overline{\mathrm{M}}$ et $\langle a, y \rangle < -1$. Cela entraîne que l'on a $y \in \mathrm{M}^\circ$ et $a \notin \mathrm{M}^{\circ\circ}$, d'où la relation $\mathrm{M}^{\circ\circ} = \overline{\mathrm{M}}$.

COROLLAIRE 1. — *Pour toute famille* (M_α) *de parties de* F, *convexes, fermées* (*pour* $\sigma(\mathrm{F}, \mathrm{G})$) *et contenant* 0, *l'ensemble polaire de l'intersection* $\mathrm{M} = \bigcap_\alpha \mathrm{M}_\alpha$ *est l'enveloppe fermée convexe* (*pour* $\sigma(\mathrm{G}, \mathrm{F})$) *de la réunion des* M_α°.

En effet, si N est cette enveloppe fermée convexe, on a

$$\mathrm{N}^\circ = \bigcap_\alpha \mathrm{M}_\alpha^{\circ\circ} = \bigcap_\alpha \mathrm{M}_\alpha = \mathrm{M}$$

d'où $\mathrm{N} = \mathrm{N}^{\circ\circ} = \mathrm{M}^\circ$.

La conclusion du cor. 1 ne s'étend pas lorsque les M_α ne sont pas nécessairement convexes.

COROLLAIRE 2. — *Pour tout sous-espace vectoriel* M *de* F, *le sous-espace* $\mathrm{M}^{\circ\circ}$ *est l'adhérence de* M *pour la topologie* $\sigma(\mathrm{F}, \mathrm{G})$.

Remarque. — Tout voisinage de 0 dans G pour $\sigma(\mathrm{G}, \mathrm{F})$ contient un voisinage V défini par un nombre fini d'inégalités de la forme $|\langle x_i, y \rangle| \leqslant 1$ $(1 \leqslant i \leqslant n)$, où les x_i sont des points arbitraires de F. Si A est *l'enveloppe convexe symétrique* de l'ensemble des x_i, V est l'*ensemble polaire* A° de A dans G. On peut encore dire qu'un système fondamental de voisinages de 0 pour $\sigma(\mathrm{G}, \mathrm{F})$ est formé des *polaires dans* G *des ensembles finis symétriques* (ou de leurs enveloppes convexes) de F. On notera que si la dualité est séparante en F, ces enveloppes convexes sont *compactes* pour $\sigma(\mathrm{F}, \mathrm{G})$ (II, p. 15, cor. 1 de la prop. 15) et de dimension finie. Inversement, toute partie C *convexe, compacte et de dimension finie* dans F (muni de $\sigma(F, G)$) est alors contenue dans l'enveloppe convexe d'une partie *finie* de F. En effet, soit M un sous-espace vectoriel de dimension finie contenant C. Si $(e_i)_{1 \leqslant i \leqslant n}$ est une base de M, on peut supposer que C est contenue dans le parallélotope fermé de centre 0, construit sur les vecteurs de base e_i (TG, VI, p. 3) ; or, il est immédiat que ce parallélotope est l'enveloppe convexe des points $\sum_{i=1}^{n} \varepsilon_i e_i$ avec $\varepsilon_i = \pm 1$.

On peut donc dire encore que (si $\sigma(F, G)$ est séparée) *les polaires des ensembles compacts, convexes et de dimension finie dans* F (pour $\sigma(F, G)$, ou pour toute topologie localement convexe séparée plus fine que $\sigma(F, G)$ sur F) forment un système fondamental de voisinages de 0 pour $\sigma(G, F)$.

Corollaire 3. — *Soient* E *un espace localement convexe,* $\mathscr{T}$ *sa topologie,* E′ *son dual* (II, p. 45, déf. 1).

(i) *Les ensembles convexes fermés dans* E *sont les mêmes pour la topologie* $\mathscr{T}$ *et la topologie faible* $\sigma(E, E')$.

(ii) *Pour toute partie* M *de* E, *l'ensemble polaire* $M^{\circ\circ}$ *dans* E *de l'ensemble polaire* M° *de* M *dans* E′, *est l'enveloppe fermée convexe de* $M \cup \{0\}$ *pour la topologie* $\mathscr{T}$.

Il est clair que (ii) résulte de (i) et du th. 1. Par définition du dual E′, il résulte de II, p. 46, prop. 3 que les formes linéaires continues sur E pour la topologie $\mathscr{T}$ sont les mêmes que les formes linéaires continues pour $\sigma(E, E')$. Les demi-espaces fermés dans E sont donc les mêmes pour $\mathscr{T}$ et pour $\sigma(E, E')$ (II, p. 16, prop. 17), et l'assertion (i) résulte donc de II, p. 41, cor. 1.

4. Transposée d'une application linéaire continue

Dans ce n°, on suppose que (F, G) et (F_1, G_1) sont deux couples d'espaces vectoriels en dualité.

Proposition 5. — *Soit u une application linéaire de* F *dans* F_1. *Les propriétés suivantes sont équivalentes* :

a) *u est continue pour les topologies faibles* $\sigma(F, G)$ *et* $\sigma(F_1, G_1)$;

b) *il existe une application* $v : G_1 \to G$ *telle que l'on ait* :

$$\langle u(y), z_1 \rangle = \langle y, v(z_1) \rangle \tag{1}$$

quels que soient $y \in F$ *et* $z \in G_1$.

Si ces propriétés sont satisfaites et que la dualité entre F *et* G *est séparante en* G, *alors il existe une seule application v satisfaisant à* (1), *et v est linéaire.*

Si u est continue pour les topologies faibles, alors, pour tout $z_1 \in G_1$, la forme linéaire $y \mapsto \langle u(y), z_1 \rangle$ sur F est continue pour $\sigma(F, G)$, donc (II, p. 46, prop. 3) s'écrit $y \mapsto \langle y, v(z_1) \rangle$ avec $v(z_1) \in G$, ce qui prouve que *a*) entraîne *b*). Inversement, si *b*) est vérifiée, pour tout $z_1 \in G_1$, la forme linéaire

$$y \mapsto \langle y, v(z_1) \rangle = \langle u(y), z_1 \rangle$$

est continue pour $\sigma(F, G)$; il résulte de la définition des topologies faibles que u est continue pour $\sigma(F, G)$ et $\sigma(F_1, G_1)$ (I, p. 10, cor. 1). L'unicité de v résulte de (D_{II}) et cette unicité entraîne que v est linéaire.

Remarque. — Supposons la dualité entre F et G séparante en G et la dualité entre F_1 et G_1 séparante en G_1. Si on identifie G et G_1 à des sous-espaces de F^* et F_1^* respectivement, les conditions *a*) et *b*) équivalent encore à ${}^t u(G_1) \subset G$; v est la restriction de la transposée ${}^t u$ de u (A, II, p. 42) à G_1.

Par abus de langage, on dira (lorsqu'il n'en résulte pas de confusion) que v est la *transposée* de u (relativement aux dualités entre F et G d'une part, F_1 et G_1 de l'autre), et on la notera encore ${}^t u$.

COROLLAIRE. — *Supposons la dualité entre* F *et* G *séparante en* G. *Si u est une application linéaire de* F *dans* F_1, *continue pour* $\sigma(F, G)$ *et* $\sigma(F_1, G_1)$, *sa transposée est une application linéaire de* G_1 *dans* G, *continue pour* $\sigma(G_1, F_1)$ *et* $\sigma(G, F)$. *On a* ${}^t({}^t u) = u$ *si de plus la dualité entre* F_1 *et* G_1 *est séparante en* F_1.

Il suffit, dans la prop. 5, d'échanger les rôles joués par F et F_1 d'une part, G et G_1 de l'autre.

PROPOSITION 6. — *On suppose que la dualité entre* F *et* G (resp. F_1 *et* G_1) *est séparante en* G (resp. F_1). *Soit u une application linéaire de* F *dans* F_1, *continue pour* $\sigma(F, G)$ *et* $\sigma(F_1, G_1)$. *Soient* A *une partie de* F *et* A_1 *une partie de* F_1 ; *alors* :

(i) *On a* $(u(A))^\circ = {}^t u^{-1}(A^\circ)$.

(ii) *On a* $\overline{{}^t u(A_1^\circ)} \subset (u^{-1}(A_1))^\circ$; *en outre, si* A_1 *est convexe, fermée* (*pour* $\sigma(F_1, G_1)$) *et contient l'origine, on a* $\overline{{}^t u(A_1^\circ)} = (u^{-1}(A_1))^\circ$.

Soit $z_1 \in G_1$. La relation $z_1 \in (u(A))^\circ$ équivaut à $\langle u(y), z_1 \rangle \geqslant -1$ pour tout $y \in A$, et la relation ${}^t u(z_1) \in A^\circ$ à $\langle y, {}^t u(z_1) \rangle \geqslant -1$ pour tout $y \in A$, d'où l'assertion (i) en vertu de (1). Echangeant alors les rôles de u et de ${}^t u$ et appliquant (i) à la partie A_1° de G_1, il vient

$$(2) \qquad ({}^t u(A_1^\circ))^\circ = u^{-1}(A_1^{\circ\circ}) \supset u^{-1}(A_1)$$

d'où en prenant les polaires

$$({}^t u(A_1^\circ))^{\circ\circ} \subset (u^{-1}(A_1))^\circ .$$

On a $\overline{({}^t u(A_1^\circ))} \subset ({}^t u(A_1^\circ))^{\circ\circ}$ en vertu du th. des bipolaires (II, p. 48, th. 1) ; la dernière assertion résulte aussi de (2) et du th. des bipolaires puisque l'on a alors $A_1^{\circ\circ} = A_1$ et que ${}^t u(A_1^\circ)$ est convexe et contient l'origine.

COROLLAIRE 1. — *Avec les notations de la prop.* 6, *la relation* $u(A) \subset A_1$ *entraîne* ${}^t u(A_1^\circ) \subset A^\circ$; *si en outre* A_1 *est convexe, fermée* (*pour* $\sigma(F_1, G_1)$) *et contient l'origine, ces deux relations sont équivalentes.*

En effet, la relation $u(A) \subset A_1$ équivaut à $A \subset u^{-1}(A_1)$, donc entraîne

$$ {}^t u(A_1^\circ) \subset \overline{{}^t u(A_1^\circ)} \subset (u^{-1}(A_1))^\circ \subset A^\circ$$

et réciproquement la relation ${}^t u(A_1^\circ) \subset A^\circ$ entraîne

$$A^{\circ\circ} \subset ({}^t u(A_1^0))^\circ = u^{-1}(A_1^{\circ\circ})$$

d'après (2). Lorsque $A_1 = A_1^{\circ\circ}$, on en déduit $A \subset u^{-1}(A_1)$.

COROLLAIRE 2. — *Soit u une application linéaire de* F *dans* F_1, *continue pour* $\sigma(F, G)$ *et* $\sigma(F_1, G_1)$. *On a alors* :

(3) $$\operatorname{Ker}({}^t u) = (\operatorname{Im}(u))^\circ ,$$

(4) $$\overline{\operatorname{Im}({}^t u)} = (\operatorname{Ker}(u))^\circ .$$

Supposons les dualités entre F *et* G *et entre* F_1 *et* G_1 *séparantes ; pour que* $u(F)$ *soit dense dans* F_1 (*pour* $\sigma(F_1, G_1)$), *il faut et il suffit que* ${}^t u$ *soit injective.*

On applique la prop. 6 avec $A = F$ et $A_1 = \{0\}$, compte tenu de ce que les topologies faibles $\sigma(G, F)$ et $\sigma(F_1, G_1)$ sont séparées. La dernière assertion résulte de (4), où l'on échange u et ${}^t u$.

5. Sous-espaces et espaces quotients d'un espace faible

Soient F, G deux espaces vectoriels réels en dualité. Soit M un sous-espace vectoriel de F, et considérons un sous-espace N de l'orthogonal M° dans G ; si y_1, y_2 sont deux points de G congrus mod. N, on a $\langle x, y_1 \rangle = \langle x, y_2 \rangle$ pour tout $x \in M$. Pour toute classe $\dot{y}$ mod. N, désignons par $\langle x, \dot{y} \rangle$ la valeur commune des éléments $\langle x, y \rangle$ lorsque y parcourt $\dot{y}$; il est clair que $(x, \dot{y}) \mapsto \langle x, \dot{y} \rangle$ est une forme bilinéaire sur $M \times (G/N)$.

PROPOSITION 7. — *Soient* F, G *deux espaces vectoriels en dualité,* M *un sous-espace vectoriel de* F, N *un sous-espace vectoriel de* G, *tels que* M *et* N *soient orthogonaux* (ce qui équivaut à dire que $N \subset M^\circ$, ou $M \subset N^\circ$). *Les espaces vectoriels* M *et* G/N *sont alors en dualité par la forme bilinéaire* $(x, \dot{y}) \mapsto \langle x, \dot{y} \rangle$.

(i) *La topologie* $\sigma(M, G/N)$ *pour cette dualité est induite par* $\sigma(F, G)$ (et en particulier on a $\sigma(F, G) = \sigma(F, G/F^\circ)$).

(ii) *La topologie* $\sigma(G/N, M)$ *pour cette dualité est moins fine que la topologie quotient par* N *de* $\sigma(G, F)$; *pour qu'elle lui soit égale, il faut et il suffit que l'on ait* $M + G^\circ = N^\circ$.

(i) Tout élément de G/N est la classe mod. N d'un élément de G ; si z_i $(1 \leqslant i \leqslant n)$ sont des éléments de G, $\dot{z}_i$ $(1 \leqslant i \leqslant n)$ la classe de z_i dans G/N, l'ensemble des $y \in M$ tels que $|\langle y, \dot{z}_i \rangle| \leqslant \alpha$ pour $1 \leqslant i \leqslant n$ est la trace sur M de l'ensemble des $x \in F$ tels que $|\langle x, z_i \rangle| \leqslant \alpha$ pour $1 \leqslant i \leqslant n$; la conclusion résulte donc de la définition des voisinages de 0 pour la topologie faible.

(ii) Soit $p : G \to G/N$ la surjection canonique. Montrons que *la topologie quotient* $\mathscr{T}$ *de* $\sigma(G, F)$ *par* N *est identique à* $\sigma(G/N, N^\circ)$. Comme, pour $z \in G$, $y \in N^\circ$, on a $\langle y, p(z) \rangle = \langle y, z \rangle$, tout voisinage de 0 pour $\sigma(G/N, N^\circ)$ est de la forme

$p(\mathrm{V})$, où V est un voisinage de 0 pour $\sigma(\mathrm{G}, \mathrm{F})$ saturé pour la relation $z - z' \in \mathrm{N}$, donc $\mathscr{T}$ est plus fine que $\sigma(\mathrm{G}/\mathrm{N}, \mathrm{N}^\circ)$. Inversement, soit $\mathrm{U} = \mathrm{W}(y_1, \ldots, y_n ; \alpha)$ un voisinage de 0 dans G pour $\sigma(\mathrm{G}, \mathrm{F})$, où $y_i \in \mathrm{F}$ pour $1 \leqslant i \leqslant n$ et $\alpha > 0$; nous allons voir que pour $1 \leqslant i \leqslant n$, il existe des éléments $t_i \in \mathrm{N}^\circ$ tels que si l'on pose $\mathrm{U}' = \mathrm{W}(t_1, \ldots, t_n ; \alpha)$, on ait $p(\mathrm{U}') \subset p(\mathrm{U})$; cela prouvera que $\sigma(\mathrm{G}/\mathrm{N}, \mathrm{N}^\circ)$ est plus fine que $\mathscr{T}$, donc lui est identique. Or, soit L le sous-espace vectoriel de F engendré par N° et les y_i, et désignons par P un sous-espace supplémentaire de N° dans L, qui est de dimension finie m. Soit $(x_j)_{1 \leqslant j \leqslant m}$ une base de P ; les restrictions à N des formes linéaires $z \mapsto \langle x_j, z \rangle$ sont linéairement indépendantes, sans quoi il existerait $x \neq 0$ dans P tel que $\langle x, z \rangle = 0$ pour tout $z \in \mathrm{N}$, c'est-à-dire $x \in \mathrm{N}^\circ$, ce qui contredit la définition de P. On en conclut que pour tout $z' \in \mathrm{G}$, il existe $s \in \mathrm{N}$ tel que $\langle x_j, z' \rangle = \langle x_j, s \rangle$ pour tout j ; si $z' = z + s$, on a par suite $\langle x, z \rangle = 0$ pour tout $x \in \mathrm{P}$. Cela étant, posons $y_i = t_i + w_i$, où $t_i \in \mathrm{N}^\circ$ et $w_i \in \mathrm{P}$; on a $\langle y_i, z \rangle = \langle t_i, z \rangle = \langle t_i, z' \rangle$ pour $1 \leqslant i \leqslant n$; donc, pour tout $z' \in \mathrm{U}'$, il existe $z \in \mathrm{U}$ tel que $z' - z \in \mathrm{N}$, c'est-à-dire que l'on a bien $p(\mathrm{U}') \subset p(\mathrm{U})$.

Revenant au cas où M est un sous-espace quelconque de N°, notons que l'on a évidemment $\sigma(\mathrm{G}/\mathrm{N}, \mathrm{M}) = \sigma(\mathrm{G}/\mathrm{N}, \mathrm{M} + \mathrm{G}^\circ)$; en outre, il résulte de la prop. 3 de II, p. 46, que si $y \in \mathrm{N}^\circ$ est tel que la forme linéaire $\dot{z} \mapsto \langle y, \dot{z} \rangle$ soit continue pour $\sigma(\mathrm{G}/\mathrm{N}, \mathrm{M})$, on a nécessairement $y \in \mathrm{M} + \mathrm{G}^\circ$. On en conclut que la condition $\mathrm{M} + \mathrm{G}^\circ = \mathrm{N}^\circ$ est nécessaire et suffisante pour que la topologie quotient $\mathscr{T}$ soit égale à $\sigma(\mathrm{G}/\mathrm{N}, \mathrm{M})$.

Remarque. — Pour que la dualité entre M et G/N (où M et N sont deux sous-espaces orthogonaux) soit séparante en M, il faut et il suffit que $\mathrm{M} \cap \mathrm{G}^\circ = \{0\}$; pour qu'elle soit séparante en G/N, il faut et il suffit que $\mathrm{N} = \mathrm{M}^\circ$.

COROLLAIRE 1. — *Supposons que la dualité entre* F *et* G *soit séparante en* F. *Pour qu'un sous-espace vectoriel* M *de* F *soit tel que* $\sigma(\mathrm{G}/\mathrm{M}^\circ, \mathrm{M})$ *soit identique à la topologie quotient par* M° *de la topologie* $\sigma(\mathrm{G}, \mathrm{F})$, *il faut et il suffit que* M *soit fermé pour la topologie* $\sigma(\mathrm{F}, \mathrm{G})$.

Cela résulte de la prop. 7 où l'on fait $\mathrm{N} = \mathrm{M}^\circ$, en se rappelant que $\mathrm{M}^{\circ\circ}$ est l'adhérence de M pour $\sigma(\mathrm{F}, \mathrm{G})$ (II, p. 48, cor. 2).

COROLLAIRE 2. — *Si* M *est de dimension finie n et la dualité séparante en* F, M° *est de codimension n dans* G. *Si* M *est fermé pour* $\sigma(\mathrm{F}, \mathrm{G})$ *et de codimension finie n dans* F *et la dualité séparante en* G, *alors* M° *est de dimension n.*

En effet, $\mathrm{G}/\mathrm{M}^\circ$ est en dualité séparante avec M ; si M est de dimension n, il en est donc de même de $\mathrm{G}/\mathrm{M}^\circ$ (II, p. 44, *Exemple* 1). Si M est fermé, $\mathrm{F}/\mathrm{M} = \mathrm{F}/\mathrm{M}^{\circ\circ}$ est en dualité séparante avec M° ; si F/M est de dimension n, il en est donc de même de M° (II, p. 44, *Exemple* 1).

COROLLAIRE 3. — *Soient* (F, G), $(\mathrm{F}_1, \mathrm{G}_1)$ *deux couples d'espaces en dualité séparante, u une application linéaire de* F *dans* F_1, *continue pour* $\sigma(\mathrm{F}, \mathrm{G})$ *et* $\sigma(\mathrm{F}_1, \mathrm{G}_1)$. *Pour que u soit un morphisme strict de* F *dans* F_1, *il faut et il suffit que* $\mathrm{Im}({}^t u)$ *soit un sous-espace fermé dans* G *pour* $\sigma(\mathrm{G}, \mathrm{F})$.

Soit $N = \mathrm{Im}({}^t u) \subset G$; on sait que $N^\circ = \mathrm{Ker}(u)$ dans F (II, p. 51, formule (3)). Soit $p : F \to F/N^\circ$ l'application canonique, de sorte que u se factorise en

$$u : F \xrightarrow{p} F/N^\circ \xrightarrow{w} F_1,$$

où w est injective. Les espaces F/N° et N sont en dualité séparante et en vertu de la formule (1) de II, p. 49, on a $\langle w(\dot{y}), z_1 \rangle = \langle \dot{y}, {}^t u(z_1) \rangle$ quels que soient $\dot{y} \in F/N^\circ$ et $z_1 \in G_1$. Cette relation montre que w est un *isomorphisme* de F/N°, muni de la topologie $\sigma(F/N^\circ, N)$, sur $u(F)$, muni de la topologie induite par $\sigma(F_1, G_1)$. La conclusion résulte donc du cor. 1 et de la définition d'un morphisme strict.

COROLLAIRE 4. — *Soient* (F, G), (F_1, G_1) *deux couples d'espaces en dualité séparante, u une application linéaire de* F *dans* F_1, *continue pour* $\sigma(F, G)$ *et* $\sigma(F_1, G_1)$. *Pour que u soit surjective, il faut et il suffit que ${}^t u$ soit un isomorphisme de* G_1 (*muni de* $\sigma(G_1, F_1)$) *sur* ${}^t u(G_1)$ *muni de la topologie induite par* $\sigma(G, F)$.

En effet, dire que $u(F) = F_1$ équivaut à dire que $u(F)$ est fermé et partout dense dans F_1 pour $\sigma(F_1, G_1)$; le cor. 4 résulte alors du cor. 3 appliqué à ${}^t u$, et de II, p. 51, cor. 2.

Remarques. — 1) Soient (F_1, G_1), (F_2, G_2), (F_3, G_3) trois couples d'espaces en dualité séparante et considérons une suite de deux applications linéaires

$$F_1 \xrightarrow{u} F_2 \xrightarrow{v} F_3 \tag{5}$$

continues pour les topologies faibles correspondant respectivement à G_1, G_2, G_3 ; considérons la suite des transposées

$$G_3 \xrightarrow{{}^t v} G_2 \xrightarrow{{}^t u} G_1 . \tag{6}$$

Il est clair que ${}^t(v \circ u) = {}^t u \circ {}^t v$, donc la relation $v \circ u = 0$ équivaut à ${}^t u \circ {}^t v = 0$. Pour que la suite (5) soit *exacte*, il faut et il suffit que les trois conditions suivantes soient satisfaites :

a) ${}^t u \circ {}^t v = 0$;

b) $\mathrm{Im}({}^t v)$ est *dense* dans $\mathrm{Ker}({}^t u)$;

c) ${}^t u$ est un *morphisme strict* de G_2 dans G_1.

Cela résulte en effet du cor. 3 de II, p. 52 et des formules (3) et (4) de II, p. 51.

2) On se gardera de croire que lorsque u est un morphisme strict de F dans F_1, ${}^t u$ soit nécessairement un morphisme strict de G_1 dans G ; autrement dit, u peut être un morphisme strict de F dans F_1 sans que $u(F)$ soit fermé dans F_1 pour $\sigma(F_1, G_1)$, comme le montre l'exemple où F est un sous-espace non fermé de F_1 et $G = G_1/F^\circ$, u étant l'injection canonique. De même, le fait que la suite (5) soit exacte n'entraîne pas nécessairement que la suite (6) le soit ; toutefois, si la suite (5) est exacte et si v est un *morphisme strict*, alors la suite (6) est exacte, en vertu de la remarque 1 et de II, p. 52, cor. 3.

6. Produits de topologies faibles

PROPOSITION 8. — *Soit* $(F_\iota, G_\iota)_{\iota \in I}$ *une famille de couples d'espaces vectoriels en dualité. Soient* $F = \prod_{\iota \in I} F_\iota$ *l'espace produit des* F_ι, $G = \bigoplus_{\iota \in I} G_\iota$ *l'espace somme directe des* G_ι. *Si, pour tout* $x = (x_\iota) \in F$ *et tout* $y = (y_\iota) \in G$, *on pose* $\langle x, y \rangle = \sum_{\iota \in I} \langle x_\iota, y_\iota \rangle$ (somme qui n'a qu'un nombre fini de termes $\neq 0$) *la topologie* $\sigma(F, G)$ (relative à la forme bilinéaire $(x, y) \mapsto \langle x, y \rangle$) *est le produit des topologies* $\sigma(F_\iota, G_\iota)$.

En effet, soit donnée une topologie $\mathcal{T}$ sur F ; afin que, pour tout $y \in G$, la forme linéaire $x \mapsto \langle x, y \rangle$ soit continue pour $\mathcal{T}$, il faut et il suffit, par définition de $\langle x, y \rangle$, que chacune des applications $x \mapsto \langle \mathrm{pr}_\iota x, y_\iota \rangle$ soit continue pour $\mathcal{T}$, ι étant arbitraire dans I et y_ι dans G_ι ; mais cela signifie que chacune des applications pr_ι de F dans F_ι est continue pour $\mathcal{T}$ et pour $\sigma(F_\iota, G_\iota)$ (I, p. 10, cor. 1) ; cela achève la démonstration.

Remarque. — Pour que la dualité entre F et G soit séparante en F (resp. en G), il faut et il suffit que, pour tout $\iota \in I$, la dualité entre F_ι et G_ι soit séparante en F_ι (resp. G_ι). Si la dualité entre F et G est séparante en F (resp. G), alors, dans F (resp. G), le sous-espace orthogonal à un G_ι (resp. F_ι), identifié canoniquement à un sous-espace de G (resp. F), est le sous-espace produit des F_κ tels que $\kappa \neq \iota$ (resp. somme directe des G_κ tels que $\kappa \neq \iota$).

COROLLAIRE 1. — *Soient* F *et* G *deux espaces vectoriels en dualité séparante. Si l'espace* F (*muni de* $\sigma(F, G)$) *est somme directe topologique de deux sous-espaces* M, N, *l'espace* G (*muni de* $\sigma(G, F)$) *est somme directe topologique des sous-espaces* M°, N° *respectivement orthogonaux à* M *et* N.

En effet, soient $p : F \to M$, $q : F \to N$ les projecteurs correspondant à la décomposition de F en somme directe de M et N ; dans ces conditions, l'application $(p, q) : F \to M \times N$ est un isomorphisme topologique. Si $M_1 = G/M^\circ$, $N_1 = G/N^\circ$, les topologies sur M et N (induites par celle de F) sont identiques à $\sigma(M, M_1)$, $\sigma(N, N_1)$ respectivement (II, p. 51, prop. 7). L'application ${}^t(p, q) : M_1 \times N_1 \to G$ est un isomorphisme topologique lorsqu'on munit M_1, N_1 et G de $\sigma(M_1, M)$, $\sigma(N_1, N)$ et $\sigma(G, F)$, en vertu de la prop. 8. Par cette application, M_1 (resp. N_1) a pour image dans G le sous-espace N° (resp. M°), et la topologie $\sigma(M_1, M)$ (resp. $\sigma(N_1, N)$) a pour image la topologie induite sur N° (resp. M°) par $\sigma(G, F)$, d'où le corollaire.

COROLLAIRE 2. — *Soient* F *un espace vectoriel,* F^* *son dual,* $(e_\iota)_{\iota \in I}$ *une base de* F, $u : \mathbf{R}^{(I)} \to F$ *l'isomorphisme (algébrique) défini par cette base. Alors l'application transposée* ${}^t u : F^* \to \mathbf{R}^I$ *est un isomorphisme topologique lorsqu'on munit* F^* *de* $\sigma(F^*, F)$ *et* $\mathbf{R}^I$ *de la topologie produit.*

On sait (A, II, p. 44, prop. 10) que ${}^t u$ est une bijection, et que si, pour un $x^* \in F^*$, on pose $\langle e_\iota, x^* \rangle = \xi_\iota^*$ pour tout $\iota \in I$, l'image ${}^t u(x^*)$ est le vecteur (ξ_ι^*) de $\mathbf{R}^I$, de sorte que, pour tout $x = \sum_\iota \xi_\iota e_\iota$ dans F, on a $\langle x, x^* \rangle = \sum_{\iota \in I} \xi_\iota \xi_\iota^*$. Le corollaire est alors conséquence de cette formule et de la prop. 8.

7. Espaces faiblement complets

PROPOSITION 9. — *Soient* F, G *deux espaces vectoriels en dualité séparante. Si* $\hat{F}$ *est le complété de l'espace* F *pour la topologie* $\sigma(F, G)$, *et si l'on considère l'injection canonique* $j : \mathrm{F} \to \mathrm{G}^*$, *où* G^* *est muni de* $\sigma(\mathrm{G}^*, \mathrm{G})$, *le prolongement continu* $\hat{j} : \hat{\mathrm{F}} \to \mathrm{G}^*$ *de* j *est un isomorphisme d'espaces vectoriels topologiques.*

En effet, on vient de voir que G^*, muni de $\sigma(\mathrm{G}^*, \mathrm{G})$, est séparé et complet (II, p. 54, cor. 2); si l'on identifie F par j à un sous-espace vectoriel de G^*, la topologie induite sur F par $\sigma(\mathrm{G}^*, \mathrm{G})$ est $\sigma(\mathrm{F}, \mathrm{G})$, et F est *dense* dans G^* pour $\sigma(\mathrm{G}^*, \mathrm{G})$ (II, p. 47, cor. 4) ; d'où la proposition.

Les espaces vectoriels qui sont complets pour une topologie faible sont donc les *duals* G^* d'espaces vectoriels G quelconques, munis de $\sigma(\mathrm{G}^*, \mathrm{G})$; d'après II, p. 54, cor. 2, ils sont *isomorphes* (*topologiquement*) *aux produits* $\mathbf{R}^{\mathrm{I}}$ *de droites réelles.* Par abus de langage, nous les appellerons *produits de droites* (pour une caractérisation intrinsèque de ces espaces, voir II, p. 90, exerc. 13 et II, p. 87, exerc. 1).

On notera que sur G^*, la topologie $\sigma(\mathrm{G}^*, \mathrm{G})$ est *minimale* parmi les topologies faibles *séparées* ; en effet, une topologie faible moins fine que $\sigma(\mathrm{G}^*, \mathrm{G})$ est nécessairement de la forme $\sigma(\mathrm{G}^*, \mathrm{H})$ où $\mathrm{H} \subset \mathrm{G}$ (II, p. 46, cor. 3) ; mais si $\mathrm{H} \neq \mathrm{G}$, il existe une forme linéaire $x^* \in \mathrm{G}^*$ non nulle et orthogonale à H (A, II, p. 100, prop. 8), donc $\sigma(\mathrm{G}^*, \mathrm{H})$ n'est pas séparée.

On conclut de cette remarque que si F, G sont deux espaces vectoriels, une *bijection linéaire* $u : \mathrm{G}^* \to \mathrm{F}^*$, continue pour les topologies $\sigma(\mathrm{G}^*, \mathrm{G})$ et $\sigma(\mathrm{F}^*, \mathrm{F})$, est nécessairement *bicontinue.*

Proposition 10. — *Soient* G *un espace vectoriel réel,* $\mathrm{F} = \mathrm{G}^*$ *son dual muni de la topologie* $\sigma(\mathrm{G}^*, \mathrm{G})$.

(i) *L'application* $\mathrm{V} \mapsto \mathrm{V}^\circ$ *est une bijection de l'ensemble des sous-espaces vectoriels de* G *sur l'ensemble des sous-espaces vectoriels fermés de* F.

(ii) *Tout sous-espace vectoriel fermé de* F *est un produit de droites et admet un supplémentaire topologique.*

En vertu du th. des bipolaires (II, p. 48, cor. 2), $\mathrm{V} \mapsto \mathrm{V}^\circ$ est une bijection de l'ensemble des sous-espaces vectoriels V de G, *fermés* pour $\sigma(\mathrm{G}, \mathrm{G}^*)$, sur l'ensemble des sous-espaces vectoriels fermés de F. Mais par définition, *toute* forme linéaire sur G est continue pour $\sigma(\mathrm{G}, \mathrm{G}^*)$, donc tout sous-espace vectoriel dans G est fermé, étant défini par un système d'équations $\langle y, y_\lambda^* \rangle = 0$ (où $y_\lambda^* \in \mathrm{G}^*$) ; ceci prouve (i).

Soit maintenant W un sous-espace fermé de F ; on a donc $\mathrm{W} = \mathrm{V}^\circ$ avec $\mathrm{V} = \mathrm{W}^\circ$ dans G. Soit V′ un supplémentaire de V dans G. On sait que $\mathrm{F} = \mathrm{G}^*$ s'identifie canoniquement à $\mathrm{V}^* \oplus \mathrm{V}'^*$, V'^* s'identifiant à $\mathrm{V}^\circ = \mathrm{W}$ (A, II, p. 45, corollaire) ; en outre (II, p. 53, prop. 8) la topologie $\sigma(\mathrm{G}^*, \mathrm{G})$ s'identifie au profit des topologies $\sigma(\mathrm{V}^*, \mathrm{V})$ et $\sigma(\mathrm{V}'^*, \mathrm{V}')$; cela prouve l'assertion (ii).

Bien que, pour la topologie $\sigma(\mathrm{G}, \mathrm{G}^*)$, tout sous-espace vectoriel de G soit fermé, on notera que si G est de dimension infinie, la topologie $\sigma(\mathrm{G}, \mathrm{G}^*)$ n'est pas la topologie localement convexe la plus fine sur G, tout voisinage de 0 pour $\sigma(\mathrm{G}, \mathrm{G}^*)$ contenant un sous-espace vectoriel de dimension infinie ; c'est toutefois la plus fine des topologies *faibles* sur G (II, p. 46, cor. 3).

8. Cônes convexes complets dans les espaces faibles

Lemme 1. — *Soient* E *un espace faible séparé,* C *un cône convexe saillant de sommet* 0 *dans* E, *complet pour la structure uniforme induite par celle de* E. *Toute forme linéaire continue dans* E *est alors différence de deux formes linéaires continues dans* E *et positives dans* C.

Soient E′ le dual de E, F le dual algébrique de E′, muni de la topologie $\sigma(F, E')$. Soit $H = C^\circ - C^\circ$ le sous-espace vectoriel de E′ constitué par les différences de formes linéaires continues dans E et positives dans C (II, p. 47, prop. 4). Il suffit de montrer que l'orthogonal de H dans F est réduit à 0 (II, p. 44, *Exemple* 1). Soit donc $a \in F$ orthogonal à H ; alors a est orthogonal à C°, donc appartient au bipolaire de C dans F. Mais E s'identifie à un sous-espace de F, et comme C est complet, donc fermé dans F, on a $a \in C$ (II, p. 48, th. 1). De même, a est orthogonal à $-C^\circ$, donc $a \in -C$. Comme C est saillant, on a bien $a = 0$.

Proposition 11. — *Soient* E *un espace faible séparé,* C *un cône convexe saillant de sommet* 0 *dans* E, *complet pour la structure uniforme induite par celle de* E. *Il existe un ensemble* I *et une application linéaire continue* u *de* E *dans l'espace produit* $\mathbf{R}^I$ *possédant les propriétés suivantes* :

a) u *est un isomorphisme de* C *sur* $u(C)$ *pour les structures uniformes induites respectivement par celles de* E *et de* $\mathbf{R}^I$;

b) *on a* $u(C) \subset \mathbf{R}^I_+$.

En outre, si la structure uniforme induite sur C *par celle de* E *est métrisable, on peut prendre* $I = \mathbf{N}$.

Soit $(f_\iota)_{\iota\in I}$ une famille de formes linéaires continues dans E telle que les sommes finies d'écarts de la forme $(x, y) \mapsto |f_\iota(x - y)|$ sur $C \times C$ définissent la structure uniforme de C. (Si la structure uniforme de C est métrisable, on peut prendre $I = \mathbf{N}$.) En vertu du lemme 1, on peut supposer en outre que chacune des f_ι est *positive* dans C. Soit u l'application linéaire $x \mapsto (f_\iota(x))_{\iota\in I}$ de E dans $\mathbf{R}^I$. Il est clair que u est continue et que $u(C) \subset \mathbf{R}^I_+$. La restriction $u|C$ est une application uniformément continue et surjective de C sur $u(C)$. De plus, si x, y dans C sont tels que $f_\iota(x) = f_\iota(y)$ pour tout $\iota \in I$, on a $x = y$ puisque la structure uniforme de C est séparée ; donc $u|C$ est bijective. Enfin, si W est un entourage de la structure uniforme de C, il existe une partie finie J de I et un nombre $\varepsilon > 0$ tels que les relations $|f_\iota(x) - f_\iota(y)| \leqslant \varepsilon$ pour $\iota \in J$ entraînent $(x, y) \in W$; donc $u|C$ est un isomorphisme de C sur $u(C)$ pour les structures uniformes considérées.

Corollaire 1. — *Soient* E *un espace faible séparé,* C *un cône convexe saillant de sommet* 0 *dans* E, *complet pour la structure uniforme induite par celle de* E. *L'application* $(x, y) \mapsto x + y$ *de* $C \times C$ *dans* C *est propre.*

Grâce à la prop. 11, on peut supposer que $E = \mathbf{R}^I$ et que $C = \mathbf{R}^I_+$ (TG, I, p. 74, cor. 1 et 4). Mais alors l'application $(x, y) \mapsto x + y$ de $C \times C$ dans C s'écrit

$((\xi_\iota), (\eta_\iota)) \mapsto (\xi_\iota + \eta_\iota)$, et l'on peut se borner à prouver que l'application continue $f: (\xi, \eta) \mapsto \xi + \eta$ de $\mathbf{R}_+ \times \mathbf{R}_+$ dans $\mathbf{R}_+$ est propre (TG, I, p. 76, cor. 3). Or, pour tout $\zeta \in \mathbf{R}_+$, $\overset{-1}{f}(\zeta)$ est l'ensemble des couples $(\xi, \zeta - \xi)$ tels que $0 \leqslant \xi \leqslant \zeta$, donc l'image réciproque par f d'un intervalle $[0, \zeta]$ est l'ensemble des $(\xi, \eta) \in \mathbf{R}_+ \times \mathbf{R}_+$ tels que $\xi + \eta \leqslant \zeta$, qui est compact. On conclut en appliquant TG, I, p. 77, prop. 7.

COROLLAIRE 2. — *Soient* E *un espace faible séparé,* C *un cône convexe saillant de sommet* 0 *dans* E, *complet pour la structure uniforme induite par celle de* E.

(i) *Pour tout point* a *de* E, *l'intersection* $C \cap (a - C)$ *est compacte.*

(ii) *Soient* A, B *deux parties fermées de* C. *Alors* A + B *est une partie fermée de* C.

(i) L'ensemble des $(x, y) \in C \times C$ tels que $x + y = a$ est compact d'après le cor. 1 et d'après TG, I, p. 75, th. 1, *b*). Or cet ensemble est aussi l'ensemble des $(x, a - x)$ pour $x \in C \cap (a - C)$, ce qui prouve (i).

(ii) Si A et B sont fermées dans C, $A \times B$ est fermée dans $C \times C$, donc A + B est fermé dans C d'après le cor. 1 et d'après TG, I, p. 72, prop. 1.

§ 7. POINTS EXTRÉMAUX ET GÉNÉRATRICES EXTRÉMALES

1. Points extrémaux des ensembles convexes compacts

DÉFINITION 1. — *Soit* A *un ensemble convexe dans un espace affine* E. *On dit qu'un point* $x \in A$ *est point extrémal de* A *s'il n'existe aucun segment ouvert contenu dans* A *et contenant* x.

En d'autres termes, les relations $x = \lambda y + (1 - \lambda)z$, $y \in A$, $z \in A$, $y \neq z$ et $0 \leqslant \lambda \leqslant 1$ entraînent $\lambda = 0$ ou $\lambda = 1$ (donc $x = y$ ou $x = z$). Cela entraîne que x ne peut être barycentre d'un ensemble de n points x_i de A affectés de masses positives sans être égal à l'un d'eux : en effet, cela n'est autre que la définition pour $n = 2$; pour n quelconque, on raisonne par récurrence sur n, car x est barycentre de x_1 et du barycentre y_1 des x_i pour $2 \leqslant i \leqslant n$, donc est égal à x_1 ou à y_1, et dans le second cas il suffit d'appliquer l'hypothèse de récurrence.

Dire que x est point extrémal de A signifie aussi que $A - \{x\}$ est *convexe*.

Exemples. — 1) Dans l'espace $\mathbf{R}^n$, tous les points de la sphère $\mathbf{S}_{n-1}$ sont des points extrémaux de la boule fermée $\mathbf{B}_n$. En effet, si $\sum_i y_i^2 \leqslant 1$, $\sum_i z_i^2 \leqslant 1$ et $0 < \lambda < 1$, la relation

$$\lambda^2 \sum_i y_i^2 + (1 - \lambda)^2 \sum_i z_i^2 + 2\lambda(1 - \lambda) \sum_i y_i z_i = 1 = (\lambda + (1 - \lambda))^2$$

n'est possible que si

$$\sum_i y_i^2 = \sum_i z_i^2 = \sum_i y_i z_i = 1 .$$

Mais cela entraîne $\sum_i (y_i - z_i)^2 = 0$, d'où $y_i = z_i$ pour tout i, ce qui prouve notre assertion.

2) Dans l'espace normé $\mathscr{B}(\mathbf{N})$ des suites bornées de nombres réels (I, p. 4) les points extrémaux de la boule unité sont les points $x = (\xi_n)$ tels que $|\xi_n| = 1$ pour *tout* n. En effet, supposons que l'on ait $|\xi_n| \leqslant 1$ pour tout n et $|\xi_p| < 1$ pour un indice p. On peut alors écrire

$$x = \frac{1 + \xi_p}{2} y + \frac{1 - \xi_p}{2} z$$

où y (resp. z) est le point dont chacune des coordonnées est égale à la coordonnée de même indice de x, sauf pour la coordonnée d'indice p, égale à 1 (resp. -1). Cela prouve que dans ce cas x n'est pas extrémal, puisque l'on a $\|y\| \leqslant 1$ et $\|z\| \leqslant 1$. Inversement, si $|\xi_n| = 1$ pour tout n, x est extrémal, car la relation $\xi_n = \lambda\eta_n + (1 - \lambda)\zeta_n$ avec $|\eta_n| \leqslant 1$, $|\zeta_n| \leqslant 1$ et $0 < \lambda < 1$ entraîne $\xi_n = \eta_n = \zeta_n$.

3) Soit $u : \mathrm{E} \to \mathrm{E}'$ une application affine d'un espace affine E dans un espace affine E'; soient $\mathrm{C} \subset \mathrm{E}$, $\mathrm{C}' \subset \mathrm{E}'$ deux ensembles convexes tels que $u(\mathrm{C}) \subset \mathrm{C}'$. Si x' est un point extrémal de C' et x un point extrémal de $u^{-1}(x') \cap \mathrm{C}$, alors x est un point extrémal de C, comme il résulte aussitôt de la déf. 1.

PROPOSITION 1. — *Soient* E *un espace localement convexe séparé,* A *un ensemble convexe compact non vide dans* E, B *l'ensemble des points extrémaux de* A, f *une fonction convexe définie dans* A *et semi-continue supérieurement. Alors* f *atteint sa borne supérieure dans* A *en un point de* B *au moins.*

Nous désignerons par $\mathfrak{F}$ l'ensemble des parties X de A qui sont *fermées non vides, et telles que tout segment ouvert contenu dans* A *et rencontrant* X *soit contenu dans* X. On a les propriétés suivantes :

(i) A appartient à $\mathfrak{F}$.

(ii) Pour qu'un point $a \in \mathrm{A}$ soit tel que $\{a\} \in \mathfrak{F}$, il faut et il suffit que a soit extrémal dans A.

(iii) Toute intersection non vide X d'une famille (X_α) d'ensembles de $\mathfrak{F}$ appartient à $\mathfrak{F}$.

Les propriétés (i), (ii) et (iii) découlent aussitôt des définitions.

(iv) Soit $\mathrm{X} \in \mathfrak{F}$, et soit h une fonction convexe et semi-continue supérieurement dans A ; alors l'ensemble Y des points de X où la restriction $h|\mathrm{X}$ atteint sa borne supérieure dans X appartient à $\mathfrak{F}$.

En effet, $h|\mathrm{X}$ étant semi-continue supérieurement dans X atteint au moins en un point de X sa borne supérieure α dans cet ensemble (TG, IV, p. 30, th. 3) ; donc Y est non vide et fermé (TG, IV, p. 29, prop. 1). D'autre part, soient x, y deux points distincts de A, $z = \lambda x + (1 - \lambda) y$ un point de Y tel que $0 < \lambda < 1$; comme $\mathrm{Y} \subset \mathrm{X}$ et $\mathrm{X} \in \mathfrak{F}$, on a $x \in \mathrm{X}$ et $y \in \mathrm{X}$; d'autre part, comme h est convexe, on a

$$h(z) \geqslant \lambda h(x) + (1 - \lambda) h(y)$$

mais comme $h(x) \leqslant \alpha$, $h(y) \leqslant \alpha$ et $h(z) = \alpha$, on a nécessairement $h(x) = h(y) = \alpha$, c'est-à-dire $x \in \mathrm{Y}$ et $y \in \mathrm{Y}$. Donc $\mathrm{Y} \in \mathfrak{F}$.

Ces propriétés étant établies, soit M l'ensemble des $x \in \mathrm{A}$ où f atteint sa borne supérieure dans A ; en vertu de (iv), $\mathrm{M} \in \mathfrak{F}$. D'autre part, en vertu de (iii) et du fait que les ensembles de $\mathfrak{F}$ sont fermés dans l'espace compact A, $\mathfrak{F}$ est *inductif* pour la relation d'ordre $\supset$. En vertu du th. 2 de E, III, p. 20, il existe donc un ensemble $N \subset M$ qui est un élément *minimal* de $\mathfrak{F}$. Montrons que N est réduit à un seul point, ce qui démontrera la proposition. Puisque E est un espace localement convexe séparé, il suffit de voir que pour toute forme linéaire continue u sur E, u est constante dans N (II, p. 41, cor. 1). Or il résulte de (iv) que l'ensemble N' des $x \in N$ où $u|N$ atteint sa borne supérieure dans N appartient à $\mathfrak{F}$; puisque N est minimal dans $\mathfrak{F}$, on a nécessairement $N' = N$.

COROLLAIRE. — *Soient* E *un espace localement convexe séparé,* A *un ensemble convexe compact dans* E. *Tout hyperplan d'appui fermé* H *de* A *contient au moins un point extrémal de* A.

En effet, si $f(x) = \alpha$ est une équation de H telle que $f(x) \leqslant \alpha$ dans A, il suffit d'appliquer la prop. 1 à f.

THÉORÈME 1 (Krein-Milman). — *Dans un espace localement convexe séparé* E, *tout ensemble convexe compact* A *est l'enveloppe fermée convexe de l'ensemble de ses points extrémaux.*

En effet, soit C l'enveloppe fermée convexe de l'ensemble des points extrémaux de A ; il est clair que $C \subset A$. Pour voir que $A \subset C$, il suffit de prouver que, pour toute fonction linéaire affine u continue dans E, telle que $u(x) \geqslant 0$ dans C, on a aussi $u(x) \geqslant 0$ dans A (II, p. 41, cor. 4) ; mais cela résulte de la prop. 1 appliquée à $-u$.

PROPOSITION 2. — *Soient* A *un ensemble convexe compact dans un espace localement convexe séparé* E, x *un point extrémal de* A. *Pour tout voisinage ouvert* V *de* x *dans* E, *il existe un demi-espace ouvert* F *dans* E *tel que* $x \in F \cap A \subset V \cap A$ (en d'autres termes, les traces sur A des demi-espaces ouverts contenant x forment un *système fondamental de voisinages* de x dans A).

Pour tout demi-espace ouvert D de E contenant x, $A \cap \overline{D}$ est un voisinage compact de x dans A, et l'intersection de tous ces voisinages est réduite à x (deux points distincts étant séparés strictement par un hyperplan fermé (II, p. 41, prop. 4)). En vertu de TG, I, p. 60, prop. 1, il suffit de prouver que les ensembles $A \cap \overline{D}$ forment une *base de filtre*. Or, si l'on pose $L_D = A \cap (E - D)$, l'ensemble L_D est convexe et compact et contenu dans l'ensemble convexe $A - \{x\}$; si D_1, D_2 sont deux demi-espaces ouverts de E contenant x, l'enveloppe convexe B de $L_{D_1} \cup L_{D_2}$ est donc contenue dans $A - \{x\}$; mais B est un ensemble compact (II, p. 14, prop. 15) donc il existe un hyperplan fermé H séparant strictement x et B (II, p. 41, prop. 4) et si D est le demi-espace ouvert déterminé par H et contenant x, on a $L_{D_1} \cup L_{D_2} \subset L_D$, donc $A \cap \overline{D} \subset (A \cap \overline{D}_1) \cap (A \cap \overline{D}_2)$.

COROLLAIRE. — *Dans un espace localement convexe séparé, soient* A *un ensemble convexe compact,* K *une partie compacte de* A. *Les conditions suivantes sont équivalentes :*

a) A *est l'enveloppe fermée convexe de* K.

b) K *rencontre l'intersection de* A *et d'un quelconque de ses hyperplans d'appui.*

c) K *contient l'ensemble des points extrémaux de* A.

a) ⇒ *b*). Supposons qu'il existe un hyperplan d'appui H de A d'équation $f(x) = \alpha$, tel que $(H \cap A) \cap K = \varnothing$ et supposons par exemple que $f(x) \geqslant \alpha$ dans A. Comme $f(x) - \alpha > 0$ pour tout $x \in K$ par hypothèse et que K est compact, on aurait

$$\beta = \inf_{x \in K} f(x) > \alpha ,$$

et K serait donc contenu dans le demi-espace fermé $f(x) \geqslant \beta$; il en serait donc de même de l'enveloppe fermée convexe A de K, ce qui est absurde.

b) ⇒ *c*). Supposons qu'un point extrémal x de A n'appartienne pas à K ; il y aurait donc un voisinage V de x dans E tel que $V \cap A \cap K = \varnothing$. Mais en vertu de la prop. 2, on peut supposer que V est un demi-espace ouvert déterminé par un hyperplan H d'équation $f(z) = \alpha$. Si par exemple $f(x) > \alpha$, on aurait $f(y) \leqslant \alpha$ pour tout $y \in K$, donc K ne rencontrerait pas l'intersection de A et de l'hyperplan d'appui d'équation $f(z) = \gamma > \alpha$ parallèle à H (II, p. 40, prop. 2) ; ce qui est absurde.

c) ⇒ *a*). C'est une conséquence évidente du th. de Krein-Milman.

Remarques. — 1) Même dans un espace vectoriel E de dimension finie, l'ensemble des points extrémaux d'un ensemble convexe compact n'est pas nécessairement fermé (II, p. 94, exerc. 11).

2) Dans un espace localement convexe séparé non complet, si K est un ensemble compact dont l'enveloppe fermée convexe A ne soit pas compacte, il peut y avoir des points extrémaux de A qui n'appartiennent pas à K (II, p. 92, exerc. 2).

3) Dans un espace de Banach E de dimension infinie, il peut se faire que la boule fermée de centre 0 et de rayon 1 ne possède aucun point extrémal (II, p. 94, exerc. 14).

4) Si A est un ensemble convexe compact dans un espace localement convexe séparé, il peut se faire qu'un point extrémal de A n'appartienne à aucun hyperplan d'appui de A (II, p. 83, exerc. 11). La démonstration du th. 1 (II, p. 59) montre en tout cas que A est l'enveloppe fermée convexe de l'ensemble des points extrémaux de A appartenant à un hyperplan d'appui.

2. Génératrices extrémales des cônes convexes

Dans un espace vectoriel E, soit C un cône convexe de sommet 0 ; il est clair qu'il ne peut exister dans C de point extrémal autre que le sommet ; ce dernier est point extrémal de C si et seulement si C est pointé et saillant.

DÉFINITION 2. — *Dans un espace vectoriel* E, *soit* C *un cône convexe de sommet* 0. *On dit qu'une demi-droite* D ⊂ C *d'origine* 0 *est une génératrice extrémale de* C *si tout segment ouvert contenu dans* C, *ne contenant pas* 0 *et rencontrant* D *est contenu dans* D.

Il revient au même de dire que pour tout $x \in D$ tel que $x \neq 0$, si $y \neq 0$, $y' \neq 0$ sont deux points de C tels que $x = y + y'$, on a nécessairement $y \in D$ et $y' \in D$.

Remarque 1. — Soit C un cône convexe pointé saillant dans E, et considérons sur E la structure d'ordre pour laquelle C est l'ensemble des éléments $\geqslant 0$ (II, p. 13, prop. 13); pour qu'un élément $x > 0$ de E appartienne à une génératrice extrémale de C, *il faut et il suffit que tout élément* $y \geqslant 0$ *majoré par* x *soit de la forme* λx, *avec* $0 \leqslant \lambda \leqslant 1$: en effet, dire que y est majoré par x signifie que $x = y + y'$ avec $y' \in C$, d'où la conclusion.

PROPOSITION 3. — *Dans un espace vectoriel* E, *soient* C *un cône convexe de sommet* 0, $x_0 \neq 0$ *un point de* C, D *une demi-droite contenue dans* C, *d'origine* 0 *et contenant* x_0, H *un hyperplan contenant* x_0 *et ne passant pas par* 0. *Pour que* D *soit génératrice extrémale de* C, *il faut et il suffit que* x_0 *soit point extrémal de* $H \cap C$.

La condition est évidemment nécessaire. Inversement, supposons-la satisfaite; supposons qu'il existe une droite D′ ne contenant pas D, passant par x_0 et telle que $D' \cap C$ contienne un segment ouvert auquel appartienne x_0. Soit $y \neq 0$ un vecteur directeur de D′; les hypothèses entraînent que le point $(1 + \lambda)x_0 + \mu y$ appartient à C pour $|\lambda|$ et $|\mu|$ assez petits. Mais alors, dans le plan P déterminé par D et D′ et muni de sa topologie canonique, x_0 est point intérieur de $P \cap C$, et par suite la droite $P \cap H$ contient un segment ouvert contenu dans $H \cap C$ et auquel appartient x_0, ce qui contredit l'hypothèse.

DÉFINITION 3. — *Soit* C *un ensemble convexe dans un espace vectoriel topologique séparé* E. *On appelle chapeau de* C *toute partie convexe compacte non vide* A *de* C *telle que le complémentaire* $C - A$ *de* A *dans* C *soit convexe.*

Soient C un cône convexe pointé de sommet 0 dans E, A un chapeau de C et $B = C - A$. Pour toute demi-droite fermée $L \subset C$ d'origine 0, $L \cap A$ et $L \cap B$ sont des parties convexes complémentaires dans L, de réunion L, et $L \cap A$ est compacte. Comme $L \cap A$ est non vide pour au moins une demi-droite L, on voit que $0 \in A$, donc $L \cap A$ est un *segment fermé d'origine* 0.

PROPOSITION 4. — *Soient* E *un espace localement convexe séparé,* C *un cône convexe pointé de sommet* 0 *dans* E.

a) *Soit* A *un chapeau de* C. *Soit* p *la restriction à* C *de la jauge de* A (II, p. 22). *L'ensemble des* $x \in C$ *tels que* $p(x) \leqslant 1$ *est égal à* A. *La fonction* p *est semi-continue inférieurement et possède les propriétés suivantes* :

(i) *Quels que soient* x, y *dans* C, *on a* $p(x + y) = p(x) + p(y)$.

(ii) *Quels que soient* $x \in C$ *et* $\lambda \in \mathbf{R}_+^*$, *on a* $p(\lambda x) = \lambda p(x)$.

(iii) *Si* $x \in C$, *la relation* $p(x) = 0$ *équivaut à* $x = 0$.

b) *Inversement, soit* p *une fonction définie dans* C, *à valeurs dans* $[0, +\infty]$, *satisfaisant aux conditions* (i), (ii) *de a*). *Soit* A *l'ensemble des* $x \in C$ *tels que* $p(x) \leqslant 1$. *Alors* A *et* $C - A$ *sont convexes. Pour que* A *soit un chapeau, il suffit donc que* A *soit compact et non vide.*

L'assertion *b*) est évidente. Les propriétés énoncées dans *a*) sont des conséquences des remarques précédant la prop. 4, et des prop. 22 de II, p. 21 et 23 de II, p. 22, à l'exception de l'inégalité

$$p(x + y) \geqslant p(x) + p(y) .$$

Il suffit de démontrer cette dernière lorsque $x \neq 0$ et $y \neq 0$; on a donc $p(x) > 0$, $p(y) > 0$. Soient λ, μ deux nombres > 0 tels que $\lambda < p(x)$, $\mu < p(y)$, et notons B le complémentaire de A dans C. On a $x \in \lambda B$, $y \in \mu B$, donc $x + y \in \lambda B + \mu B$; en vertu de la convexité de B, on a $\lambda B + \mu B \subset (\lambda + \mu) B$, d'où $p(x + y) > \lambda + \mu$, ce qui entraîne l'inégalité annoncée.

Corollaire 1. — *Soient* E *un espace localement convexe séparé,* C *un cône convexe pointé de sommet* 0 *dans* E, A *un chapeau de* C, *p la jauge de* A. *Les points extrémaux de* A *sont alors : le point* 0, *et les points x situés sur les génératrices extrémales de* C *et tels que* $p(x) = 1$.

Il est clair que 0 est un point extrémal de A. Soit x un point situé sur une génératrice extrémale L de C et tel que $p(x) = 1$. Soient y, z deux points de A tels que $x = \frac{1}{2}(y + z)$. Comme L est extrémale, on a $y = \lambda x$ et $z = \mu x$, où λ et μ sont des nombres $\geqslant 0$ tels que $\frac{1}{2}(\lambda + \mu) = 1$, $\lambda = \lambda p(x) = p(y) \leqslant 1$ et $\mu = \mu p(x) = p(z) \leqslant 1$, d'où $\lambda = \mu = 1$ et par suite $y = z = x$; ainsi, x est point extrémal de A. Réciproquement, soit $x \neq 0$ un point extrémal de A. Il est clair que $p(x) = 1$. Soient y, y' deux points de C tels que $x = y + y'$, et montrons que y, y' sont proportionnels à x. On peut se limiter au cas où les nombres $\lambda = p(y)$ et $\lambda' = p(y')$ sont finis et > 0. Alors $\lambda^{-1}y \in A$, $\lambda'^{-1}y' \in A$, $\lambda + \lambda' = 1$ en vertu de la prop. 4, (i), et l'égalité $x = \lambda(\lambda^{-1}y) + \lambda'(\lambda'^{-1}y')$ entraîne par hypothèse

$$x = \lambda^{-1}y = \lambda'^{-1}y'.$$

Corollaire 2. — *Tout point de* C *qui appartient à un chapeau de* C *appartient à l'enveloppe fermée convexe de la réunion des génératrices extrémales de* C.

Ceci résulte aussitôt du cor. 1, et du th. de Krein-Milman (II, p. 59, th. 1).

* *Exemple.* — Soit X un espace localement compact dénombrable à l'infini. Soit C un cône convexe fermé de sommet 0 dans $\mathscr{M}_+(X)$ muni de la topologie vague. Montrons que C est réunion de ses chapeaux. Soit (X_n) une suite croissante de parties ouvertes relativement compactes de X, de réunion X. Soit μ un élément $\neq 0$ de C. Il existe des $\alpha_n > 0$ tels que $\sum_n \alpha_n \mu(X_n) = 1$. Pour toute mesure $\nu \in C$, posons $p(\nu) = \sum_n \alpha_n \nu(X_n) \in [0, +\infty]$. La fonction p sur C satisfait aux conditions (i) et (ii) de la prop. 4. Elle est semi-continue inférieurement pour la topologie vague (INT, IV, 2e éd., § 1, no 1, prop. 4). L'ensemble A des $\gamma \in C$ tels que $p(\gamma) \leqslant 1$ est donc fermé non vide. D'autre part, comme toute partie compacte de X est contenue dans l'un des X_n, A est vaguement borné, donc vaguement compact (INT, III, 2e éd., § 1, no 9, prop. 15). L'ensemble A est donc un chapeau de C contenant μ. *

Proposition 5. — *Soient* E *un espace faible séparé,* C *un cône convexe saillant de sommet* 0 *dans* E ; *on suppose que* C *est complet pour la structure uniforme induite par celle de* E, *et que* 0 *admet un système fondamental dénombrable de voisinages dans* C. *Alors* C *est réunion de ses chapeaux et est l'enveloppe fermée convexe de la réunion de ses génératrices extrémales.*

La seconde assertion est conséquence de la première et du cor. 2 de II, p. 62. Utilisant la prop. 11 de II, p. 56, on est ramené au cas où $E = \mathbf{R}^I$ et $C \subset \mathbf{R}^I_+$. Pour tout $\alpha \in I$, désignons par f_α la projection pr_α dans E, qui est une forme linéaire continue. Soit d'autre part $(V_n)_{n\in\mathbf{N}}$ un système fondamental dénombrable de voisinages de 0 dans C. Par définition de la topologie de E, pour chaque $n \in \mathbf{N}$, il existe une partie finie J_n de I et un nombre $\varepsilon_n > 0$ tels que V_n contienne l'ensemble W_n des $x \in C$ tels que $f_\alpha(x) \leqslant \varepsilon_n$ pour tout $\alpha \in J_n$; posons $J = \bigcup_{n\in\mathbf{N}} J_n$. Soient $y \neq 0$ un point de C, et p la fonction $\sum_{\alpha\in J} \lambda_\alpha(f_\alpha|C)$ où les $\lambda_\alpha > 0$ sont choisis de sorte que $p(y) = 1$; cela est possible, car si l'on avait $f_\alpha(y) = 0$ pour tout $\alpha \in J$, on en conclurait que $y \in V_n$ pour tout n, d'où $y = 0$, contrairement à l'hypothèse. Remarquons maintenant que pour tout $\alpha \in I$, $f_\alpha|C$ est continue au point 0, donc il y a un $n \in \mathbf{N}$ tel que f_α soit bornée dans un W_n, donc majorée dans C par une combinaison linéaire d'un nombre fini de fonctions $f_\beta|C$, où $\beta \in J$. Il en résulte que si A est l'ensemble des $x \in C$ tels que $p(x) \leqslant 1$, f_α est bornée dans A pour tout $\alpha \in I$. Comme p est semi-continue inférieurement dans C, A est fermé non vide dans C, et par suite *compact*. Comme il est clair que p vérifie les conditions (i) et (ii) de la prop. 4 de II, p. 61, A est un chapeau dans C et contient y.

Remarque 2. — Il existe des cônes convexes saillants faiblement complets qui n'ont aucune génératrice extrémale (II, p. 97, exerc. 31).

3. Cônes convexes à semelle compacte

PROPOSITION 6. — *Soient* E *un espace localement convexe séparé,* K *un ensemble convexe compact dans* E, *ne contenant pas* 0. *Alors le plus petit cône pointé* C *de sommet* 0 *contenant* K *est un cône convexe saillant dans* E *et un sous-espace localement compact et complet de* E ; *en outre, il existe dans* E *un hyperplan fermé* H *ne contenant pas* 0, *tel que* H *rencontre toutes les demi-droites d'origine* 0 *contenues dans* C *et que* $H \cap C$ *soit compact. De plus, pour tout hyperplan fermé* H *ayant ces propriétés, si* D *est le demi-espace fermé déterminé par* H *et contenant* 0, $C \cap D$ *est un chapeau de* C *et* C *est la réunion des* $\lambda(C \cap D)$ *pour* $\lambda > 0$.

En vertu de la prop. 4 de II, p. 41, il existe un hyperplan fermé H qui sépare strictement 0 et K. D'autre part, l'enveloppe convexe A de la réunion de $\{0\}$ et de K est compacte (II, p. 14, prop. 15), et c'est la réunion des λK pour $0 \leqslant \lambda \leqslant 1$. Comme 0 et K sont strictement de part et d'autre de H, pour tout $x \in K$ il existe un λ tel que $0 < \lambda < 1$ et $\lambda x \in H$. Comme C est la réunion des λA pour $\lambda \geqslant 1$, on voit déjà que H rencontre toute demi-droite d'origine 0 contenue dans C et que $H \cap A = H \cap C$ est compact. En outre, C est aussi la réunion des $\lambda(H \cap C)$ pour $\lambda \geqslant 0$; soit C_n la réunion des $\lambda(H \cap C)$ pour $0 \leqslant \lambda \leqslant n$. Il est clair que C_n est l'enveloppe convexe de la réunion de $\{0\}$ et de $n(H \cap C)$, donc est compact. En outre, pour tout $x \in E$, il existe un voisinage fermé V de x dans E et un entier n tels que $V \cap C \subset C_n$: en effet, si H est défini par l'équation $f(z) = \alpha$, où $\alpha > 0$, il suffit de prendre pour V le demi-espace fermé déterminé par nH et contenant 0, où n est pris assez grand pour que $n\alpha > f(x)$. Ceci montre que C est localement compact (en prenant $x \in C$), et qu'il est fermé dans E. D'ailleurs, on peut aussi considérer K comme une partie du complété $\hat{E}$, donc C est aussi fermé dans $\hat{E}$, et par suite complet.

On appelle *semelle* d'un cône C dans un espace vectoriel topologique séparé E l'intersection de C et d'un hyperplan fermé H ne contenant pas le sommet s de C, tel que C soit le plus petit cône de sommet s contenant $H \cap C$. La prop. 6 montre que dans un espace localement convexe séparé E, le plus petit cône de sommet 0 contenant un ensemble compact convexe K auquel 0 n'appartient pas, est un *cône à semelle compacte*, et que tout cône convexe ayant une semelle compacte S est localement compact et complet.

Exemples. — 1) Dans un espace vectoriel de dimension finie E, tout cône convexe fermé saillant a une semelle compacte. En effet, en vertu de II, p. 56, prop. 11, on peut se borner au cas où $E = \mathbf{R}^n$ et $C = \mathbf{R}^n_+$. Si $(e_i)_{1 \leqslant i \leqslant n}$ est la base canonique de $\mathbf{R}^n$, il est clair que l'ensemble convexe compact, enveloppe convexe des e_i $(1 \leqslant i \leqslant n)$ est une semelle compacte pour $\mathbf{R}^n_+$.

* 2) Si X est un espace compact, le cône $\mathscr{M}_+(X)$ des mesures positives sur X, muni de la topologie vague, est un cône à semelle compacte (INT, III, 2e éd., § 1, n° 9, cor. 3 de la prop. 15). *

§ 8. ESPACES LOCALEMENT CONVEXES COMPLEXES

1. Espaces vectoriels topologiques sur C

Soit E un espace vectoriel topologique sur le corps $\mathbf{C}$ des nombres complexes ; la topologie de E est aussi compatible avec la structure d'espace vectoriel sur $\mathbf{R}$ obtenue en restreignant à $\mathbf{R}$ le corps des scalaires. Nous désignerons par E_0 l'espace vectoriel topologique sur $\mathbf{R}$ *sous-jacent* à E (I, p. 2). On notera que, dans E_0, l'application $x \mapsto ix$ (qui n'est pas une homothétie) est un *automorphisme* u de la structure d'espace vectoriel topologique de E_0 tel que $u^2(x) = -x$.

Inversement, soit F un espace vectoriel topologique sur $\mathbf{R}$, et supposons qu'il existe un automorphisme u de F tel que $u^2 = -1_F$ (1_F automorphisme identique de F). On sait (A, IX, § 3, n° 2) qu'on peut alors définir sur F une structure d'espace vectoriel par rapport à $\mathbf{C}$, en posant, pour tout $\lambda = \alpha + i\beta \in \mathbf{C}$ et tout $x \in F$, $\lambda x = \alpha x + \beta u(x)$. En outre, l'application $(\alpha, \beta, x) \mapsto \alpha x + \beta u(x)$ de $\mathbf{R}^2 \times F$ dans F étant continue, la topologie de F est compatible avec la structure d'espace vectoriel par rapport à $\mathbf{C}$ ainsi définie ; si E désigne l'espace vectoriel topologique sur $\mathbf{C}$ défini de cette manière, F est l'espace vectoriel topologique sur $\mathbf{R}$ sous-jacent à E.

Remarque. — Étant donné un espace vectoriel topologique F sur $\mathbf{R}$, il n'existe pas toujours d'automorphisme u de F de carré -1_F : par exemple, on ne peut pas définir de structure d'espace vectoriel par rapport à $\mathbf{C}$ sur un espace vectoriel de dimension finie *impaire* par rapport à $\mathbf{R}$.

Soient E un espace vectoriel topologique sur $\mathbf{C}$, E_0 l'espace vectoriel topologique sur $\mathbf{R}$ sous-jacent à E. Toute variété linéaire M dans E est aussi une variété linéaire dans E_0, la réciproque étant inexacte. Pour éviter toute confusion, on dira qu'une variété linéaire pour une structure d'espace vectoriel par rapport à **C** (resp. par rapport à **R**) est une variété linéaire *complexe* (resp. *réelle*). Une variété linéaire complexe de dimension finie n (resp. de codimension finie n) est une variété linéaire réelle de dimension $2n$ (resp. de codimension $2n$). Pour qu'un sous-espace vectoriel réel M de E soit aussi un sous-espace vectoriel complexe, il faut et il suffit que $i\mathrm{M} \subset \mathrm{M}$.

Rappelons que, si E et F sont deux espaces vectoriels topologiques sur **C**, une application de E dans F est dite **C**-linéaire (resp. **R**-linéaire) si elle est une application linéaire pour les structures d'espace vectoriel de E et de F par rapport à **C** (resp. **R**); toute application **C**-linéaire est évidemment **R**-linéaire, la réciproque étant inexacte. Par abus de langage, une forme **C**-linéaire sur E sera dite forme linéaire *complexe*, et une forme **R**-linéaire sur E (c'est-à-dire une forme linéaire sur E_0) sera dite forme linéaire *réelle*. Si f est une forme linéaire complexe sur E, il est clair que la partie réelle $g = \mathscr{R}f$ et la partie imaginaire $h = \mathscr{I}f$ de f sont des formes linéaires réelles; en outre, la relation $f(ix) = if(x)$ entraîne l'identité $h(x) = -g(ix)$; autrement dit, on a

$$f(x) = (\mathscr{R}f)(x) - i(\mathscr{R}f)(ix)\,. \tag{1}$$

Inversement, si g est une forme linéaire réelle sur E, $f(x) = g(x) - ig(ix)$ est l'unique forme linéaire complexe sur E telle que $\mathscr{R}f = g$; pour que f soit continue dans E, il faut et il suffit évidemment que g le soit.

Soit maintenant H un *hyperplan complexe* dans E, d'équation $f(x) = \alpha + i\beta$, f étant une forme linéaire complexe sur E; en posant $g = \mathscr{R}f$, on voit que H est l'intersection des deux *hyperplans réels* H_1, H_2 d'équations respectives $g(x) = \alpha$ et $g(ix) = -\beta$; si H est *fermé*, il en est de même de H_1 et H_2 (I, p. 13, th. 1). Inversement, soit H_0 un hyperplan *réel* homogène, d'équation $g(x) = 0$ (g forme linéaire réelle sur E); l'intersection H de H_0 et de iH_0 est un hyperplan *complexe* homogène, et si f est la forme linéaire complexe telle que $\mathscr{R}f = g$, $f(x) = 0$ est une équation de H; si H_0 est fermé, il en est de même de H.

Soit G un espace vectoriel topologique sur **R**, et soit $G_{(\mathbf{C})}$ l'espace vectoriel sur C déduit de G par extension à **C** du corps des scalaires (A, II, p. 82). Identifions G à un sous-ensemble de $G_{(\mathbf{C})}$ par l'application $x \mapsto 1 \otimes x$. L'application **R**-linéaire $(x, y) \mapsto x + i.y$ est alors une bijection de $G \times G$ sur $G_{(\mathbf{C})}$, par laquelle on transporte à $G_{(\mathbf{C})}$ la topologie produit de $G \times G$. Muni de cette topologie, $G_{(\mathbf{C})}$ est alors un espace vectoriel topologique sur **C**. On dira que $G_{(\mathbf{C})}$ est l'*espace vectoriel topologique complexifié de* G.

2. Espaces localement convexes complexes

Dans un espace vectoriel complexe E, dire qu'une partie A de E est *équilibrée* signifie que, pour tout $x \in A$, on a $\rho x \in A$ pour $0 \leqslant \rho \leqslant 1$, et $e^{i\vartheta}x \in A$ pour tout ϑ réel.

On dit qu'une partie A de E est *convexe* si elle est convexe dans l'espace vectoriel réel E_0 sous-jacent à E. Pour qu'une partie convexe $A \neq \varnothing$ de E soit équilibrée, il suffit que l'on ait $e^{i\vartheta}A \subset A$ pour tout ϑ réel ; en effet, cela entraîne d'abord $-A = A$; comme A est symétrique, 0 appartient à A, et par suite $\rho A \subset A$ pour $0 \leqslant \rho \leqslant 1$.

Soit E un espace vectoriel topologique complexe. Le plus petit ensemble convexe équilibré (resp. fermé, convexe et équilibré) contenant une partie A de E est appelé l'*enveloppe convexe équilibrée* (resp. l'*enveloppe fermée convexe équilibrée*) de A ; l'enveloppe fermée, convexe et équilibrée de A est l'adhérence de l'enveloppe convexe équilibrée de A. Cette dernière est l'enveloppe convexe de la réunion des ensembles $e^{i\vartheta}A$; on peut donc la définir comme l'ensemble des combinaisons linéaires $\sum_i \lambda_i x_i$, où (x_i) est une famille finie quelconque de points de A, et (λ_i) une famille de nombres complexes telle que $\sum_i |\lambda_i| \leqslant 1$. Si A est précompact, il en est de même de son enveloppe équilibrée (I, p. 6, prop. 3).

On dit qu'un espace vectoriel topologique complexe E est *localement convexe* si l'espace vectoriel topologique réel sous-jacent E_0 est localement convexe, c'est-à-dire si tout voisinage de 0 dans E contient un voisinage convexe de 0 ; une topologie $\mathcal{T}$ sur E est dite *localement convexe* si elle est compatible avec la structure d'espace vectoriel de E (par rapport à $\mathbf{C}$) et si E, muni de $\mathcal{T}$, est localement convexe. Comme tout voisinage fermé convexe V de 0 contient alors un voisinage équilibré W de 0 (I, p. 7, prop. 4), il contient aussi son enveloppe fermée, convexe et équilibrée U ; autrement dit, les voisinages de 0 *fermés, convexes et équilibrés* forment un système fondamental de voisinages de 0 dans E, invariant par toute homothétie de rapport $\neq 0$.

Réciproquement, soit E un espace vectoriel complexe, et soit $\mathfrak{S}$ une base de filtre sur E formée de parties *convexes, équilibrées et absorbantes*. On sait alors (II, p. 25, prop. 1) que l'ensemble $\mathfrak{B}$ des transformés des ensembles de $\mathfrak{S}$ par les homothéties de rapport > 0 est un système fondamental de voisinages de 0 pour une topologie localement convexe $\mathcal{T}$ sur l'espace vectoriel réel E_0 sous-jacent à E. En outre, comme les ensembles de $\mathfrak{B}$ sont équilibrés, ils sont invariants par toute homothétie $x \mapsto e^{i\vartheta}x$, ce qui prouve que $\mathcal{T}$ est compatible avec la structure d'espace vectoriel de E (sur $\mathbf{C}$) (I, p. 7, prop. 4).

Toute topologie localement convexe sur un espace vectoriel complexe E peut être définie par un ensemble de semi-normes, car la jauge d'un voisinage ouvert, convexe et équilibré de 0 est une semi-norme sur E.

Les notions et résultats relatifs aux espaces localement convexes réels exposés dans II, p. 27 à p. 38, s'étendent aux espaces localement convexes *complexes*, sans autre modification que le remplacement des ensembles convexes symétriques par les ensembles convexes *équilibrés*.

On dit qu'un espace localement convexe complexe est un *espace de Fréchet* lorsqu'il est métrisable et complet.

3. Le théorème de Hahn-Banach et ses applications

Théorème 1 (Hahn-Banach). — *Soient p une semi-norme sur un espace vectoriel complexe* E, V *un sous-espace vectoriel de* E, f *une forme linéaire* (complexe) *sur* V *telle que* $|f(y)| \leqslant p(y)$ *pour tout* $y \in$ V. *Alors il existe une forme linéaire* f_1 *sur* E *prolongeant* f *et telle que* $|f_1(x)| \leqslant p(x)$ *pour tout* $x \in$ E.

En effet, $g = \mathcal{R}f$ est une forme linéaire réelle définie dans V et satisfaisant à $|g(y)| \leqslant p(y)$ en tout point de V ; il existe donc une forme linéaire réelle g_1 définie dans E, prolongeant g et telle que $|g_1(x)| \leqslant p(x)$ pour tout $x \in$ E (II, p. 24, cor. 1). Soit $f_1(x) = g_1(x) - ig_1(ix)$ la forme linéaire complexe sur E dont g_1 est la partie réelle (II, p. 65). Pour tout ϑ réel, on a

$$|\mathcal{R}(e^{i\vartheta}f_1(x))| = |\mathcal{R}(f_1(e^{i\vartheta}x))| = |g_1(e^{i\vartheta}x)| \leqslant p(e^{i\vartheta}x) = p(x)$$

puisque p est une semi-norme sur l'espace complexe E ; ceci entraîne la relation $|f_1(x)| \leqslant p(x)$, ce qui démontre le théorème.

Corollaire 1. — *Soient* E *un espace vectoriel topologique complexe,* x_0 *un point de* E, p *une semi-norme continue dans* E ; *il existe une forme linéaire continue* (complexe) f *définie dans* E, *telle que* $f(x_0) = p(x_0)$ *et que* $|f(x)| \leqslant p(x)$ *pour tout* $x \in$ E.

Corollaire 2. — *Soient* E *un espace localement convexe complexe,* V *un sous-espace vectoriel de* E, f *une forme linéaire* (complexe) *définie et continue dans* V ; *il existe alors une forme linéaire continue* f_1 *définie dans* E *et prolongeant* f. *Si* E *est normé, il existe une telle forme* f_1 *telle que* $\|f_1\| = \|f\|$.

Corollaire 3. — *Soient* E *un espace localement convexe complexe séparé,* M *un sous-espace vectoriel de* E *de dimension finie. Il existe alors un sous-espace vectoriel fermé* N *de* E, *supplémentaire topologique de* M *dans* E.

Les démonstrations à partir du th. 1 sont les mêmes que celles de II, p. 24, cor. 2, p. 25, cor. 3, p. 26, prop. 2 et p. 27, cor. 2.

Proposition 1. — *Soient* E *un espace vectoriel topologique complexe,* A *un ensemble ouvert convexe non vide dans* E, M *une variété linéaire* (complexe) *non vide ne rencontrant pas* A. *Il existe alors un hyperplan complexe fermé* H *contenant* M *et ne rencontrant pas* A.

On peut se borner au cas où $0 \in$ M. Alors il existe un hyperplan réel fermé H_0 contenant M et ne rencontrant pas A (II, p. 39, th. 1). Comme M $= i$M, l'hyperplan complexe fermé $H = H_0 \cap (iH_0)$ répond à la question.

Corollaire. — *Dans un espace localement convexe complexe* E, *toute variété linéaire complexe fermée* M *est l'intersection des hyperplans complexes fermés qui la contiennent.*

En effet, pour tout $x \notin$ M, il existe un voisinage ouvert convexe V de x ne rencontrant pas M, donc un hyperplan complexe fermé H contenant M et ne rencontrant pas V ; *a fortiori* H ne contient pas x.

PROPOSITION 2. — *Soient* E *un espace vectoriel topologique complexe,* A *un ensemble ouvert convexe équilibré non vide,* B *un ensemble convexe non vide ne rencontrant pas* A. *Il existe alors une forme linéaire complexe continue* f *sur* E *et un nombre* $\alpha > 0$ *tels que l'on ait* $|f(x)| < \alpha$ *dans* A *et* $|f(y)| \geqslant \alpha$ *dans* B.

En effet, il existe une forme linéaire continue *réelle* g sur E et un nombre réel α tels que $g(x) < \alpha$ dans A et $g(y) \geqslant \alpha$ dans B (II, p. 40, prop. 1). Comme $0 \in A$, on a $\alpha > 0$. Montrons que la forme linéaire complexe continue $f(x) = g(x) - ig(ix)$ et le nombre α répondent à la question. En effet, comme $\mathscr{R}f = g$, on a $|f(y)| \geqslant \alpha$ dans B. D'autre part, pour tout $x \in A$ et tout ϑ réel, $e^{i\vartheta}x$ appartient à A, puisque A est équilibré, et l'on a $f(x) = e^{-i\vartheta}f(e^{i\vartheta}x)$; il existe alors un nombre ϑ tel que $|f(x)| = \mathscr{R}(e^{i\vartheta}f(x)) = g(e^{i\vartheta}x) < \alpha$, d'où la proposition.

PROPOSITION 3. — *Soient* E *un espace localement convexe complexe,* A *un ensemble fermé convexe équilibré dans* E, K *un ensemble convexe compact non vide dans* E, *ne rencontrant pas* A. *Il existe alors une forme linéaire complexe continue* f *sur* E *et un nombre* $\alpha > 0$ *tels que l'on ait* $|f(x)| < \alpha$ *dans* A *et* $|f(y)| > \alpha$ *dans* K.

La proposition se déduit de II, p. 41, prop. 4 comme la prop. 2 se déduisait de II, p. 40, prop. 1.

4. Topologies faibles sur les espaces vectoriels complexes

Les définitions et résultats du § 6, n°s 1 et 2 (II, p. 43 à 47), s'appliquent sans changement aux espaces vectoriels *complexes*. Si F et G sont deux espaces vectoriels complexes en dualité par une forme bilinéaire B, les espaces réels sous-jacents F_0, G_0 sont en dualité par $\mathscr{R}B$, et il résulte de II, p. 65, formule (1) que les topologies faibles $\sigma(F, G)$ et $\sigma(F_0, G_0)$ sont identiques.

DÉFINITION 1. — *Soient* F *et* G *deux espaces vectoriels complexes en dualité. Pour toute partie* M *de* F, *on appelle polaire de* M *dans* G *et on note* M° *l'ensemble des* $y \in G$ *tels que l'on ait* $\mathscr{R}(\langle x, y\rangle) \geqslant -1$ *pour tout* $x \in M$.

Si l'on note M° le polaire de $M \subset F$ dans G, on a encore $(\lambda M)^\circ = \lambda^{-1}M^\circ$ pour tout $\lambda \in \mathbf{C}^*$.

Si M est un sous-espace vectoriel (complexe) de E, M° est un sous-espace vectoriel fermé (pour $\sigma(G, F)$), la relation $\mathscr{R}(\lambda\langle x, y\rangle) \geqslant -1$ pour *tout* scalaire $\lambda \in \mathbf{C}$ entraînant $\langle x, y\rangle = 0$; on dit encore que M° est le sous-espace de G *orthogonal* à M.

Si M est une partie équilibrée de F, M° est une partie équilibrée de G ; c'est dans ce cas l'ensemble des $y \in G$ tels que $|\langle x, y\rangle| \leqslant 1$ pour tout $x \in M$; en effet, cette relation équivaut à $\mathscr{R}(\langle \zeta x, y\rangle) \leqslant 1$ pour tout $x \in M$ et tout $\zeta \in \mathbf{C}$ tel que $|\zeta| = 1$.

Les résultats de II, p. 47 à p. 55 sont alors valables sans restriction pour les espaces vectoriels complexes.

Exercices

§ 2

1) Dans un espace vectoriel E, on dit qu'un ensemble A est *étoilé* par rapport à 0 si, pour tout $x \in A$ et tout nombre λ tel que $0 \leqslant \lambda < 1$, λx appartient à A. Soit A un ensemble étoilé tel que, pour tout $x \in A$, il existe $\mu > 1$ tel que $\mu x \in A$. Montrer que si, pour tout couple (x, y) de points de A, on a $\frac{1}{2}(x + y) \in A$, alors A est convexe. Donner un exemple d'ensemble étoilé non convexe A tel que $\frac{1}{2}(A + A) \subset A$.

2) Dans un espace affine E, soient A un ensemble convexe, B un ensemble contenant A. Montrer que, parmi les ensembles convexes contenant A et contenus dans B, il existe au moins un ensemble maximal; donner un exemple où il y a plusieurs ensembles convexes maximaux distincts contenant A et contenus dans B.

¶ 3) Dans un espace vectoriel E, soient A et B deux ensembles convexes sans point commun. Montrer qu'il existe dans E deux ensembles convexes C, D sans point commun tels que $A \subset C$, $B \subset D$ et $C \cup D = E$. (Appliquer le th. 2 de E, III, p. 20 à l'ensemble des couples (M, N) d'ensembles convexes sans point commun tels que $A \subset M$ et $B \subset N$ et exprimer le fait que M et N ne se rencontrent pas par la relation $0 \notin M - N$. Pour montrer que $C \cup D = E$, raisonner par l'absurde, en considérant un point $x_0 \notin C \cup D$; si C′ (resp. D′) est l'enveloppe convexe de $C \cup \{x_0\}$ (resp. $D \cup \{x_0\}$), montrer qu'il est impossible qu'on ait à la fois $C' \cap D \neq \varnothing$ et $C \cap D' \neq \varnothing$.)

4) Soit C un cône convexe de sommet 0 dans un espace vectoriel E ; si $(x_i)_{1 \leqslant i \leqslant n}$ est une famille finie de points de C tels que $\sum_{i=1}^{n} \lambda_i x_i = 0$ pour une famille de nombres $\lambda_i > 0$, alors C contient le sous-espace vectoriel de E engendré par les x_i.

5) Soit E un espace vectoriel admettant une base infinie dénombrable $(e_n)_{n \in \mathbf{N}}$. Soit C l'ensemble des points $x = \sum_n \xi_n e_n$ tels que, pour le plus grand indice n tel que $\xi_n \neq 0$, on ait $\xi_n > 0$.

Montrer que C est un cône convexe pointé tel que $C \cap (-C) = \{0\}$ et $C \cup (-C) = E$; en déduire que C est l'ensemble des éléments $\geqslant 0$ dans E, pour une structure d'ordre compatible avec la structure d'espace vectoriel de E, et pour laquelle E est totalement ordonné. Montrer que sur cet espace vectoriel ordonné la seule forme linéaire positive est 0.

6) Soient E un espace affine de dimension $\geqslant 2$, f une bijection de E sur lui-même; montrer que si l'image par f de tout ensemble convexe dans E est un ensemble convexe, f est une application linéaire affine (considérer l'application réciproque de f, et remarquer qu'un segment fermé est l'intersection des ensembles convexes qui contiennent ses extrémités; *cf.* A, II, p. 201, exerc. 7).

7) Donner un exemple d'un couple d'ensembles convexes $A \subset \mathbf{R}$, $B \subset \mathbf{R}^2$, tel que l'image de l'ensemble convexe $A \times B$ par l'application bilinéaire $(\lambda, x) \mapsto \lambda x$ de $\mathbf{R} \times \mathbf{R}^2$ dans $\mathbf{R}^2$ ne soit pas convexe.

8) Soit $(A_i)_{1 \leqslant i \leqslant p}$ une famille finie d'ensembles convexes dans un espace vectoriel E; soit W_i le sous-espace vectoriel déduit par translation de la variété linéaire affine engendré par A_i $(1 \leqslant i \leqslant p)$. Si $W = \sum_{i=1}^{p} W_i$, montrer que la variété linéaire affine engendrée par l'ensemble convexe $\sum_{i=1}^{p} \lambda_i A_i$ (où les λ_i sont des nombres $\neq 0$) est déduite de W par translation.

¶ 9) Soit A une partie d'un espace $\mathbf{R}^n$.

a) Montrer que l'enveloppe convexe de A est identique à l'ensemble des points $\sum_{i=0}^{n} \lambda_i x_i$, où $x_i \in A$, $\lambda_i \geqslant 0$ pour $0 \leqslant i \leqslant n$, et $\sum_{i=0}^{n} \lambda_i = 1$. (On établira d'abord le lemme suivant : si $p + 1$ points x_i $(0 \leqslant i \leqslant p)$ forment un système affinement lié (c'est-à-dire s'il existe une relation $\sum_{i=0}^{p} \beta_i x_i = 0$ où les β_i ne sont pas tous nuls et $\sum_{i=0}^{p} \beta_i = 0$) et si $x = \sum_{i=0}^{p} \alpha_i x_i$, où les α_i sont $\geqslant 0$ et $\sum_{i=0}^{p} \alpha_i = 1$, alors il existe un indice $k \leqslant p$ et p nombres γ_i $(0 \leqslant i \leqslant p, i \neq k)$ tels que $\gamma_i \geqslant 0$ pour tout i, $\sum_{i \neq k} \gamma_i = 1$ et $x = \sum_{i \neq k} \gamma_i x_i$; pour cela, on comparera ceux des nombres α_i/β_i qui sont définis.)

b) Soit a un point de l'enveloppe convexe de A qui n'appartient à l'enveloppe convexe d'aucune partie de A ayant au plus n éléments. Montrer alors que A possède au moins $n + 1$ composantes connexes. (On peut supposer que $a = 0$; soit $(b_i)_{0 \leqslant i \leqslant n}$ une famille de $n + 1$ points de A, affinement libre et telle que 0 appartienne à l'enveloppe convexe des b_i (*cf. a*)). Pour chaque indice i, soit C_i le cône convexe pointé de sommet 0 engendré par les b_j d'indice $j \neq i$; montrer que A ne rencontre la frontière d'aucun des cônes $-C_i$.)

c) Si C est un cône pointé de sommet 0 dans $\mathbf{R}^n$, montrer que l'enveloppe convexe de C est identique à l'ensemble des points $\sum_{i=1}^{n} x_i$, où $x_i \in C$ pour $1 \leqslant i \leqslant n$.

¶ 10) Soient A une partie de $\mathbf{R}^n$, C son enveloppe convexe, a un point intérieur à C. Montrer qu'il existe $2n$ points $x_i \in A$ $(1 \leqslant i \leqslant 2n)$ tels que, si C_0 est l'enveloppe convexe de l'ensemble des x_i, a soit intérieur à C_0. (Se ramener au cas où $a = 0$. Raisonner par récurrence sur n, en notant qu'il existe, en vertu de l'exerc. 9, *a*), un ensemble de $k + 1$ points y_j de A $(0 \leqslant j \leqslant k, 1 \leqslant k \leqslant n)$ affinement indépendants, tels que, si V est la variété linéaire affine engendrée par les y_j, on ait $0 \in V$ et que 0 soit intérieur, par rapport à V, à l'enveloppe convexe de l'ensemble des y_j. Projeter alors C sur E/V et montrer que 0 est intérieur à cette projection par rapport à E/V.) Montrer que dans cet énoncé on ne peut remplacer $2n$ par $2n - 1$.

11) *a*) Montrer que dans un espace $\mathbf{R}^n$ tout ensemble convexe A de dimension n possède au moins un point intérieur (considérer un système affinement libre de $n + 1$ points de A). En déduire que si A est partout dense dans $\mathbf{R}^n$, on a $A = \mathbf{R}^n$.
b) Soit E l'espace normé $l^1(\mathbf{N})$ des séries absolument convergentes $x = (\xi_n)$ de nombres réels (I, p. 4); montrer que l'ensemble P des x tels que $\xi_n \geqslant 0$ pour tout indice n est un cône convexe saillant qui engendre E, mais ne contient aucun point intérieur.
c) Soit E un espace vectoriel topologique séparé sur lequel il existe une forme linéaire f non continue (*cf.* II, p. 91, exerc. 17, *a*)). Montrer que les ensembles A et B définis par les relations $f(x) \geqslant 0$, $f(x) < 0$ sont convexes non vides, complémentaires, partout denses et que chacun d'eux engendre E (algébriquement).

12) Montrer que dans un espace $\mathbf{R}^n$, pour qu'un ensemble convexe soit fermé, il faut et il suffit que son intersection avec toute droite soit un ensemble fermé (*cf.* II, p. 79, exerc. 5).

13) Montrer que dans un espace $\mathbf{R}^n$, tout ensemble convexe ouvert non vide est homéomorphe à $\mathbf{R}^n$ (utiliser l'exerc. 12 de TG, VI, p. 24).

14) Soient E un espace vectoriel topologique séparé, A un ensemble convexe fermé non vide dans E.
a) Montrer que, pour tout $a \in A$, l'ensemble $\bigcap_{\lambda > 0} \lambda(A - a)$ est un cône convexe fermé C_A dans E, de sommet 0, indépendant de a, dit *cône asymptote* de A. Pour tout $a \in A$, l'ensemble $a + C_A$ est la réunion de $\{a\}$ et des demi-droites ouvertes d'origine a contenues dans A.
b) Si x, y sont deux points de A tels que $(x + C_A) \cap (y + C_A)$ soit un cône de sommet $z \in A$, ce cône est nécessairement égal à $z + C_A$.
c) Si B est un second ensemble convexe fermé dans E tel que $A \cap B \neq \varnothing$, on a

$$C_{A \cap B} = C_A \cap C_B.$$

d) Soit V_A le plus grand sous-espace vectoriel (nécessairement fermé dans E) contenu dans C_A. Montrer que si φ est l'homomorphisme canonique de E sur E/V_A, on a $A = \overset{-1}{\varphi}(A_0)$, où A_0 est un ensemble convexe fermé dans E/V_A, ne contenant aucune droite.
e) Dans l'espace de Banach $\mathscr{B}(\mathbf{N})$ des applications bornées de $\mathbf{N}$ dans $\mathbf{R}$ (I, p. 4), donner un exemple d'ensemble convexe fermé non borné A tel que $C_A = \{0\}$ et que, pour tout $b \neq 0$ dans E, il existe un entier k tel que $(A + kb) \cap A = \varnothing$.
f) Supposons que $0 \in A$, et soit S le cône convexe de sommet 0 engendré par A. Montrer que l'on a $\overline{S} = S \cup C_A$.

15) *a*) Soit A un ensemble convexe fermé dans un espace vectoriel topologique séparé E. S'il existe un point $x_0 \in A$ et un voisinage V de x_0 dans E tel que $V \cap A$ soit compact, montrer que A est localement compact. En déduire que l'adhérence dans E d'un ensemble convexe localement compact est localement compacte.
b) Soit A un ensemble convexe fermé, localement compact et non compact dans E ; montrer que le cône asymptote C_A (exerc. 14) n'est pas réduit à 0.

¶ 16) Dans un espace vectoriel topologique séparé E, soient A, B deux ensembles convexes fermés. On suppose en outre que B est localement compact et que $C_A \cap C_B = \{0\}$. Montrer que $A - B$ est fermé dans E. (Soient $b \in B$, W un voisinage fermé de 0 dans E tels que $B \cap (b + W)$ soit compact. Soit $c \in \overline{A - B}$; pour tout voisinage V de 0 dans E, considérer l'ensemble M_V des $y \in B$ tels que $A \cap (c + y + V) \neq \varnothing$. Considérer deux cas, suivant qu'il existe un V pour lequel M_V est relativement compact, ou qu'il n'existe pas de tel V ; dans le second cas, considérer la base de filtre formée des ensembles $P_{V,n} = M_V \cap \complement(b + nW)$ où V parcourt l'ensemble des voisinages fermés de 0 dans E, et n parcourt $\mathbf{N}$; former le cône de sommet b engendré par $P_{V,n}$ et son intersection avec la frontière de $b + W$.)

¶ 17) Dans un espace vectoriel topologique séparé E, on dit qu'un ensemble convexe fermé A est *parabolique* si, pour tout $z \notin A$, il n'existe aucune demi-droite d'origine z, contenue dans $z + C_A$ et ne rencontrant pas A.

a) Donner un exemple d'ensemble convexe parabolique A dans $\mathbf{R}^2$ tel que C_A ne soit pas réduit à une demi-droite.
b) Soit A un ensemble convexe fermé dans E, tel que $C_A \neq \{0\}$, mais qui ne soit pas parabolique. Montrer que si $z \notin A$ est tel que $z + C_A$ contienne une demi-droite D d'origine z ne rencontrant pas A, l'enveloppe convexe de $A \cup \{z\}$ et le cône pointé de sommet z engendré par A ne sont pas fermés dans E. En outre, si D' est la demi-droite fermée d'origine z opposée à D, D' + A n'est pas fermé dans E, et il existe un plan P contenant D, et un ensemble convexe fermé $B \subset P$, tels que $B \cap A = \emptyset$, mais que la distance de B à $P \cap A$ (pour une norme quelconque sur P) soit nulle.
c) Soit A un ensemble convexe fermé dans E, localement compact et parabolique ; montrer que pour tout ensemble convexe fermé $B \subset E$, $A - B$ est fermé (même méthode que dans l'exerc. 16).
d) Soient A, A' deux ensembles convexes fermés dans E, localement compacts et paraboliques ; montrer que l'enveloppe convexe de $A \cup A'$ est fermée dans E (même méthode que dans l'exerc. 16). Donner un exemple dans $\mathbf{R}^2$ où A est parabolique, A' non parabolique et l'enveloppe convexe de $A \cup A'$ non fermée dans $\mathbf{R}^2$.
e) Soit A un ensemble convexe fermé dans E, localement compact et parabolique ; montrer que pour tout $z \notin A$, le cône convexe pointé de sommet z engendré par A est fermé dans E (utiliser *d*)).
f) Soient E_1, E_2 deux espaces vectoriels topologiques séparés, A_1 (resp. A_2) un ensemble convexe fermé dans E_1 (resp. E_2) et parabolique. Montrer que dans $E_1 \times E_2$, l'ensemble $A_1 \times A_2$ est parabolique.
* *g*) Montrer que dans un espace tonnelé de dimension infinie, il n'y a pas d'ensemble convexe fermé parabolique localement compact et non compact.
h) Soit $E_0 = l^2(\mathbf{N})$, et dans E_0, soit K l'ensemble des points $x = (\xi_n)$ tels que l'on ait $|\xi_n| \leqslant 1/(n+1)$ pour tout n ; il est compact. Le cône E de sommet 0 engendré par K est un sous-espace vectoriel de E_0 et K est absorbant dans E. Soit p la jauge de K dans E, qui est une fonction semi-continue inférieurement. Dans l'espace normé produit $E \times \mathbf{R}$, montrer que l'ensemble A des points (x, ζ) tels que $\zeta \geqslant (p(x))^2$ est fermé, convexe, parabolique et localement compact. Montrer que $A + (-A)$ et l'enveloppe convexe de $A \cup (-A)$ ne sont pas localement compacts. *

18) Soit C un cône convexe de sommet 0 dans $\mathbf{R}^n$, saillant et fermé. Montrer que le complémentaire par rapport à la sphère $\mathbf{S}_{n-1}$ de l'ensemble $C \cap \mathbf{S}_{n-1}$ est homéomorphe à $\mathbf{R}^{n-1}$ (faire une projection stéréographique ayant pour point de vue un point de $C \cap \mathbf{S}_{n-1}$, et utiliser l'exerc. 12 de TG, VI, p. 24). Si C possède un point intérieur, montrer que $C \cap \mathbf{S}_{n-1}$ est homéomorphe à la boule fermée $\mathbf{B}_{n-1}$ (même méthode).

19) *a*) Soit A un ensemble convexe fermé et non borné dans $\mathbf{R}^n$, ne contenant aucune droite, et ayant au moins un point intérieur. Montrer que la frontière de A est homéomorphe à $\mathbf{R}^{n-1}$ (utiliser les exerc. 15, *b*) et 18).
b) Dans un espace vectoriel topologique séparé E, soit A un ensemble convexe fermé, ne contenant aucune droite et de dimension $\geqslant 2$. Montrer que la frontière de A est connexe (utiliser *a*), et TG, VI, p. 24, exerc. 12).

20) *a*) Dans un espace vectoriel E, soit A un ensemble convexe engendrant E et dont l'intersection avec toute droite est fermée dans cette droite. Montrer que les conditions suivantes sont équivalentes :

α) Il existe une droite D telle que $D \cap A$ soit un segment compact non vide.

β) Il existe une droite D telle que, pour toute droite D' parallèle à D, $D' \cap A$ soit un segment compact.

γ) A est distinct de E et n'est pas un demi-espace déterminé par un hyperplan de E.

(Pour prouver que γ) implique α), utiliser l'exerc. 14, *d*) de II, p. 71, et se ramener au cas où $E = \mathbf{R}^2$.)
b) Dans un espace vectoriel topologique séparé E, soit A un ensemble convexe fermé ayant un point intérieur. Montrer que si la frontière de A est une variété linéaire non vide, A est un demi-espace fermé (utiliser l'exerc. 14, *d*) de II, p. 71 pour montrer que la frontière de A est nécessairement un hyperplan, puis appliquer *a*)).

¶ 21) *a*) Dans l'espace $\mathbf{R}^n$, soient A_i $(1 \leqslant i \leqslant r)$ $r > n + 1$ ensembles convexes, tels que $r - 1$ quelconques des A_i aient une intersection non vide ; montrer que les r ensembles A_i ont une intersection non vide (*th. de Helly*). (Soit x_i un point de l'intersection des A_j d'indice $j \neq i$; il existe r nombres λ_i non tous nuls tels que $\sum_{i=1}^{r} \lambda_i = 0$ et $\sum_{i=1}^{r} \lambda_i x_i = 0$; grouper dans cette dernière équation les termes correspondant aux $\lambda_i \geqslant 0$ et ceux correspondant aux $\lambda_i < 0$.)

b) Soit $\mathfrak{G}$ un ensemble de parties convexes et compactes de $\mathbf{R}^n$. Pour que l'intersection des ensembles de $\mathfrak{G}$ soit non vide, il suffit que l'intersection de $n + 1$ quelconques d'entre eux soit non vide.

c) Soient K un ensemble convexe dans $\mathbf{R}^n$, $(A_i)_{1 \leqslant i \leqslant r}$ une famille de $r > n + 1$ ensembles convexes dans $\mathbf{R}^n$. On suppose que pour toute famille $(i_k)_{1 \leqslant k \leqslant n+1}$ d'indices $\leqslant r$, il existe $a \in \mathbf{R}^n$ tel que $a + K$ contienne tous les A_{i_k} (resp. soit contenu dans tous les A_{i_k}, resp. ait une intersection non vide avec chacun des A_{i_k}). Montrer qu'il existe alors $b \in \mathbf{R}^n$ tel que $b + K$ contienne tous les A_i (resp. soit contenu dans tous les A_i, resp. rencontre tous les A_i). (Considérer pour chaque indice i l'ensemble C_i des $x \in \mathbf{R}^n$ tels que $x + K \supset A_i$ (resp. $x + K \subset A_i$, resp. $(x + K) \cap A_i \neq \varnothing$).) Généraliser à un ensemble quelconque de parties convexes et compactes de $\mathbf{R}^n$.

22) On considère dans $\mathbf{R}^2$ un ensemble de $2m$ points de la forme (a_i, b'_i), (a_i, b''_i) avec $b'_i \leqslant b''_i$ pour $1 \leqslant i \leqslant m$. Soit n un entier $< m - 2$. Afin qu'il existe un polynôme $P(x)$ de degré $\leqslant n$ tel que $b'_i \leqslant P(a_i) \leqslant b''_i$ pour $1 \leqslant i \leqslant m$, il suffit que, pour toute famille $(i_k)_{1 \leqslant k \leqslant n+2}$ de $n + 2$ indices i, il existe un polynôme $Q(x)$ de degré $\leqslant n$ tel que $b'_{i_k} \leqslant Q(a_{i_k}) \leqslant b''_{i_k}$ pour tout entier k tel que $1 \leqslant k \leqslant n + 2$. (Utiliser l'exerc. 21, *a*).)

23) Montrer que dans un espace vectoriel topologique, l'enveloppe convexe d'un ensemble ouvert est un ensemble ouvert.

24) Dans un espace vectoriel topologique E, soit M un ensemble convexe partout dense (*cf.* II, p. 71, exerc. 11, *c*)) ; pour tout hyperplan fermé H dans E, montrer que $H \cap M$ est dense dans H (pour tout point $x_0 \in H$ et tout voisinage équilibré V de 0 dans E, considérer les intersections de $x_0 + V$ et des deux demi-espaces ouverts déterminés par H, et en déduire que $x_0 + V + V$ rencontre $H \cap M$).

25) *a*) Montrer que, dans un espace vectoriel topologique, la frontière de tout ensemble convexe ayant un point intérieur est rare (utiliser la prop. 16 de II, p. 15).

b) Dans un espace vectoriel topologique séparé E, soient A un ensemble convexe fermé ayant un point intérieur, H un hyperplan fermé contenant un point intérieur de A. Montrer que l'intersection de H et de la frontière F de A est un ensemble rare par rapport à F (pour montrer que dans tout voisinage d'un point de $H \cap F$ il existe des points de F n'appartenant pas à H, se ramener au cas où E est de dimension 2).

¶ 26) Dans un espace vectoriel topologique séparé E, soit A un ensemble fermé connexe ayant la propriété suivante : pour tout $x \in A$, il existe un voisinage fermé V de x dans E tel que $V \cap A$ soit convexe. Montrer que A est convexe. Pour cela, on établira successivement les propriétés suivantes :

a) Montrer que deux points quelconques de A peuvent être joints par une ligne brisée contenue dans A (même méthode que dans TG, VI, p. 21, exerc. 6).

b) Montrer que si deux points de A peuvent être joints par une ligne brisée de $n > 1$ côtés contenue dans A, ils peuvent aussi être joints par une ligne brisée de $n - 1$ côtés contenue dans A. (Par récurrence sur n, se ramener au cas $n = 2$, ce qui revient à considérer le cas $E = \mathbf{R}^2$; soit alors T un triangle de sommets a, b, c, tel que les segments fermés ac, bc soient contenus dans A, mais non le segment fermé ab ; considérer un point adhérent à l'intersection de $\complement A$ et de l'intérieur de T, dont la distance à la droite joignant a et b soit la plus grande possible, et montrer que l'existence d'un tel point est contradictoire avec l'hypothèse.)

¶ 27) *a*) Soient E un espace vectoriel topologique séparé, B un ensemble convexe fermé non vide dans E, X une partie compacte non vide de E. Montrer que si A est une partie de E telle que $A + X \subset B + X$, on a $A \subset B$ (si $a \in A$, considérer une suite (x_n) de points de X définis par récurrence par les relations $a + x_n = b_n + x_{n+1}$, où $b_n \in B$). En déduire que si A et B sont deux ensembles convexes fermés non vides dans E et X une partie compacte non vide de E, la relation $A + X = B + X$ entraîne $A = B$.
b) Soient E un espace normé, σ la distance sur l'ensemble $\mathfrak{F}(E)$ des parties fermées non vides de E, définie à partir de la distance de E par le procédé de TG, IX, p. 91, exerc. 6. Montrer que si A, B, C sont trois parties compactes et convexes non vides de E, on a $\sigma(A+C, B+C) = \sigma(A, B)$ (si S_λ est la boule définie par $\|x\| \leqslant \lambda$, remarquer que $A + S_\lambda$ et $B + S_\lambda$ sont des ensembles convexes fermés et utiliser *a*)).
c) Déduire de *a*) et *b*) que l'ensemble $\mathfrak{K}(E)$ des parties convexes compactes non vides d'un espace normé, muni de la distance σ, peut être identifié à un cône dans un espace normé, dont les lois de composition induisent sur $\mathfrak{K}(E)$ les lois $(A, B) \mapsto A + B$ et $(\lambda, A) \mapsto \lambda A$.

28) Soient E un espace vectoriel, A un ensemble convexe, f une fonction convexe définie dans A.
a) Montrer que si A est absorbant et f non constante, f ne peut atteindre sa borne supérieure dans A au point 0.
b) Montrer que l'ensemble des points de A où f atteint sa borne inférieure dans A est convexe.

¶ 29) Soient E un espace vectoriel topologique séparé, C un cône épointé convexe ouvert non vide de sommet 0 dans E, V un voisinage convexe de 0 dans E. Si f est une fonction convexe définie et majorée dans $C \cap V$, montrer que $f(x)$ tend vers une limite finie lorsque x tend vers 0 en restant dans $C \cap V$. (Soit $\beta = \limsup_{x \to 0, x \in C \cap V} f(x)$; raisonner par l'absurde en supposant qu'il existe $\alpha > 0$ tel que, pour tout voisinage W de 0, il existe un point $y \in C \cap V \cap W$ pour lequel $f(y) < \beta - \alpha$. Montrer qu'il existe un point $a \in C \cap V$ tel que $f(\rho a) \geqslant \beta - \frac{1}{2}\alpha$ pour $0 < \rho \leqslant 1$; en déduire qu'il existerait, sur une droite joignant un point de la forme ρa (ρ assez petit) à un point y assez voisin de 0 dans $C \cap V$ et tel que $f(y) < \beta - \alpha$, des points de $C \cap V$ où f serait arbitrairement grande.)

30) *a*) Donner un exemple de fonction convexe définie dans un ensemble compact convexe K de $\mathbf{R}^2$, semi-continue inférieurement et bornée dans K, mais non continue en un point de la frontière de K (considérer la jauge d'un disque dont 0 est point frontière).
b) Déduire de *a*) un exemple de fonction convexe définie dans un demi-plan ouvert D de $\mathbf{R}^2$, non majorée dans D et ne tendant vers aucune limite en un point frontière de D.
c) Déduire de *a*) un exemple de fonction convexe semi-continue inférieurement dans un ensemble convexe compact A de $\mathbf{R}^2$, mais non majorée dans A (prendre pour A l'ensemble des (ξ, η) tels que $\xi^4 \leqslant \eta \leqslant 1$ dans $\mathbf{R}^2$).

¶ 31) Soient E un espace vectoriel topologique séparé, A un ensemble convexe non vide dans E, x_0 un point adhérent à A, f une fonction convexe définie dans A. Soit $\mathfrak{D}$ l'ensemble des demi-droites fermées D d'origine x_0 telles que $D \cap A$ contienne un segment ouvert d'extrémité x_0. La réunion C des demi-droites $D \in \mathfrak{D}$ est un cône convexe de sommet x_0.
a) Montrer que pour toute demi-droite $D \in \mathfrak{D}$, $f(x)$ tend vers une limite finie ou égale à $+\infty$ lorsque x tend vers x_0 en restant dans $D \cap A$ et en restant $\neq x_0$.
b) Soit $\mathfrak{I}$ la partie de $\mathfrak{D}$ formée des demi-droites D telles que $f(x)$ tende vers $+\infty$ lorsque x tend vers x_0 en restant dans $D \cap A$ et en restant $\neq x_0$; si $x_0 \in A$, $\mathfrak{I}$ est vide. Montrer que $\mathfrak{I}$ ne peut contenir deux demi-droites opposées ; si D, D′ sont deux demi-droites distinctes appartenant à $\mathfrak{I}$, et P le plan déterminé par D et D′, ou bien toute demi-droite $D'' \in \mathfrak{D}$ contenue dans P appartient à $\mathfrak{I}$, ou bien D et D′ sont les seules demi-droites de $\mathfrak{I}$ contenues dans P. En déduire que si $\mathfrak{I} \neq \mathfrak{D}$, aucune demi-droite $D \in \mathfrak{I}$ ne peut contenir de point interne (II, p. 28) du cône C relativement au sous-espace vectoriel engendré par C.
c) Soit $\mathfrak{F}$ le complémentaire de $\mathfrak{I}$ par rapport à $\mathfrak{D}$. Montrer que la réunion C_0 des demi-droites $D \in \mathfrak{F}$ est un cône convexe, et que pour toute demi-droite $D \in \mathfrak{F}$, la limite de $f(x)$, lorsque x tend vers x_0 en restant dans $D \cap A$ et en restant $\neq x_0$, est indépendante de D (utiliser l'exerc. 29

de II, p. 74) ; en outre, si $x_0 \in A$, la valeur de cette limite est $\leqslant f(x_0)$, et elle est égale à $f(x_0)$ lorsque $\mathfrak{F}$ contient deux demi-droites opposées.
d) Soit f une forme linéaire non continue dans E (*cf.* II, p. 91, exerc. 17, *a*)), et prenons $A = E$; montrer que toute demi-droite fermée d'origine x_0 appartient à $\mathfrak{F}$, mais que l'on a $\liminf_{x \to x_0} f(x) = -\infty$ et $\limsup_{x \to x_0} f(x) = +\infty$ (utiliser la prop. 21 de II, p. 20).

32) Dans un espace vectoriel topologique séparé E, soient K un ensemble convexe compact, f une fonction convexe dans K, semi-continue supérieurement. Montrer que f est bornée dans K. (Observer d'abord que f est majorée dans K ; si f n'était pas minorée dans K, montrer que l'on aurait $\liminf_{y \to x, y \neq x} f(y) = -\infty$ pour tout point $x \in K$, et que cela violerait le th. de Baire.) Donner un exemple où f n'est pas continue.

33) Soient E un espace vectoriel topologique séparé de dimension finie, K un ensemble convexe compact dans E ; montrer que toute fonction convexe définie dans K est minorée dans cet ensemble (comparer à l'exerc. 31, *d*)).

34) Soient E un espace vectoriel topologique séparé, U, V deux ensembles ouverts convexes dans E tels que $\overline{V} \subset U$ et que U ne contienne aucune demi-droite. Soit $\mathscr{F}$ un ensemble de fonctions convexes définies dans $\overline{U}$, uniformément majorées sur la frontière de U et uniformément minorées sur la frontière de V. Montrer que $\mathscr{F}$ est équicontinu.

35) Soient U un ensemble ouvert convexe non vide dans $\mathbf{R}^n$, $\mathscr{F}$ un ensemble de fonctions convexes définies dans U. Soit Φ un filtre sur $\mathscr{F}$, qui converge simplement dans U vers une fonction finie f_0 ; montrer que Φ converge uniformément vers f_0 dans toute partie compacte de U (utiliser l'exerc. 34).

36) Soient A un ensemble convexe compact dans $\mathbf{R}^n$, B sa projection sur le sous-espace $\mathbf{R}^{n-1}$ (identifié à l'hyperplan d'équation $\xi_n = 0$). Montrer qu'il existe deux fonctions convexes f_1, f_2 définies dans B, telles que A soit identique à l'ensemble des points (x, ζ) de $\mathbf{R}^n$ tels que $x \in B$ et $f_1(x) \leqslant \zeta \leqslant -f_2(x)$.

37) Soit E un espace vectoriel ; pour qu'une partie convexe F de $E \times \mathbf{R}$ soit formée des couples (x, ζ) tels que $f(x) \leqslant \zeta$ (resp. $f(x) < \zeta$) pour une fonction convexe f définie dans une partie convexe X de E, il faut et il suffit que la projection de F sur E soit égale à X et que, pour tout $x \in X$, la coupe $F(x)$ soit un intervalle fermé (resp. ouvert) illimité à droite.

38) Soient E, E_1 deux espaces affines, p une application linéaire affine de E dans E_1, X une partie convexe de E, $X_1 = p(X)$. Pour toute fonction numérique f définie dans X et tout $x_1 \in X_1$, soit
$$f_1(x_1) = \inf_{p(x) = x_1} f(x) .$$
Montrer que si f est convexe et si $f_1(x_1) > -\infty$ pour tout $x_1 \in X_1$, f_1 est une fonction convexe.

39) Soit E un espace vectoriel topologique séparé de dimension finie.
a) Soit $\mathfrak{F}(E)$ l'ensemble des parties fermées non vides de E, muni de la structure uniforme déduite de la structure uniforme de E par le procédé de TG, II, p. 34, exerc. 5, *a*). Montrer que, dans cet espace, l'ensemble $\mathfrak{C}(E)$ des parties convexes fermées non vides de E est fermé. En déduire que si K est un ensemble compact dans E, l'ensemble des parties convexes fermées non vides de E contenues dans K est un ensemble compact dans $\mathfrak{C}(E)$ (*cf.* TG, II, p. 37, exerc. 11).
b) Soit $\mathfrak{K}_0(E)$ l'ensemble des parties convexes compactes de E ayant 0 pour point intérieur. Pour tout ensemble $A \in \mathfrak{K}_0(E)$, soit p_A la jauge de A (II, p. 22). Montrer que $A \mapsto p_A$ est un isomorphisme du sous-espace uniforme $\mathfrak{K}_0(E)$ de $\mathfrak{C}(E)$ sur un sous-espace de l'espace $\mathscr{C}_c(E ; \mathbf{R})$ des fonctions numériques continues dans E, muni de la structure uniforme de la convergence compacte (TG, X, p. 7).

40) Dans un espace vectoriel topologique E, soit U un voisinage convexe de x_0 et soit f une fonction numérique convexe et continue dans U. Montrer qu'il existe un voisinage convexe $V \subset U$ de x_0 et une fonction f_1 convexe et continue dans E et telle que $f_1|V = f|V$.

¶ 41) Soient E un espace vectoriel, H un hyperplan dans E ne contenant pas 0, S un ensemble convexe contenu dans H.
a) Supposons que l'intersection de S et de toute droite dans H soit un segment compact. Soient a, b deux points distincts de E tels qu'il existe deux nombres $\lambda > 0$, $\mu > 0$ pour lesquels $b + \mu S \subset a + \lambda S$; montrer que si c est le point où la droite joignant a et b rencontre l'hyperplan H′ parallèle à H contenant $a + \lambda S$, on a $c \in b + \mu S$ et $b + \mu S$ est l'image de $a + \lambda S$ par une homothétie de centre c transformant a en b. (Se ramener au cas où E est de dimension 2.)
b) Avec la même hypothèse sur S, soient a, b deux points distincts de E, et supposons qu'il existe un point $c \in E$ et trois nombres $\lambda > 0$, $\mu > 0$, $\nu \geqslant 0$ tels que $(a + \lambda S) \cap (b + \mu S) = c + \nu S$. Montrer que si A (resp. B) est le cône de sommet a (resp. b) engendré par $a + \lambda S$ (resp. $b + \mu S$), et H″ l'hyperplan parallèle à H passant par c, on a $H'' \cap A \cap B = \{c\}$ (utiliser *a*)).
c) On suppose en outre que H soit la variété linéaire affine engendrée par S. Soit C le cône de sommet 0 engendré par S. Montrer que les deux conditions suivantes sont équivalentes :

α) E est réticulé pour l'ordre sur E dont C est l'ensemble des éléments $\geqslant 0$.

β) Quels que soient les points x, y de E et les nombres $\lambda > 0$, $\mu > 0$ tels que l'ensemble $(x + \lambda S) \cap (y + \mu S)$ ne soit pas vide, il existe $z \in E$ et $\nu \geqslant 0$ tels que cet ensemble soit égal à $z + \nu S$.

(Pour prouver que α) entraîne β), se ramener au cas où $y = 0$, et utiliser le fait que si (s_i) est une famille finie de points de S et (λ_i) une famille de nombres réels tels que $\sum_i \lambda_i s_i = 0$, alors $\sum_i \lambda_i = 0$. Pour prouver que β) entraîne α), utiliser *b*).)

Lorsque S vérifie les conditions équivalentes α) et β), on dit que S est un *simplexe* dans E. Lorsque E est de dimension finie, l'enveloppe convexe d'un ensemble fini de points affinement indépendants dans H engendrant H est un simplexe * (la réciproque est d'ailleurs vraie : *cf.* INT, II, 2ᵉ éd., § 2, exerc. 7). *

42) Généraliser la prop. 18 de II, p. 17 au cas d'un ensemble ordonné E muni d'une topologie séparée pour laquelle les intervalles $[a, \rightarrow[$ et $]\leftarrow, a]$ sont fermés pour tout $a \in E$.

43) Soit K un corps valué complet dont la valeur absolue est ultramétrique. Dans un espace vectoriel à gauche E sur K, on dit qu'un ensemble A est *ultraconvexe* si les relations $x \in A$, $y \in A$, $|\lambda| \leqslant 1$, $|\mu| \leqslant 1$ entraînent $\lambda x + \mu y \in A$.
a) Généraliser aux ensembles ultraconvexes les prop. 1, 2, 5, 6, 7 de II, p. 8 à 10. Montrer que le plus petit ensemble ultraconvexe contenant un ensemble donné M est l'ensemble des combinaisons linéaires $\sum_\iota \lambda_\iota x_\iota$, où $x_\iota \in M$ et $|\lambda_\iota| \leqslant 1$ pour tout ι.
b) On suppose que E est un espace vectoriel topologique sur K. Montrer que l'adhérence d'un ensemble ultraconvexe est ultraconvexe, et qu'un ensemble ultraconvexe d'intérieur non vide est ouvert.
c) Soit A un ensemble ultraconvexe et absorbant dans E. Montrer que si, pour tout $x \in E$, on pose $p(x) = \inf_{x \in \rho A} |\rho|$, p est une ultra-semi-norme sur E (II, p. 2). Généraliser la prop. 23 de II, p. 22 ; cas où la valeur absolue de K est déduite d'une valuation discrète.

§ 3

1) Soient E un espace vectoriel sur **R**, P un cône convexe pointé saillant dans E, de sommet 0, p une semi-norme sur E, V l'ensemble des $x \in E$ tels que $p(x) < 1$. Soient M un sous-espace vectoriel de E, f une forme linéaire sur M. Pour qu'il existe sur E une forme linéaire g prolongeant f, qui soit $\geqslant 0$ dans P et telle que $|g(x)| \leqslant p(x)$ pour tout $x \in E$. il faut et il suffit que pour tout $x \in M \cap (V + P)$, on ait $f(x) > -1$. (Pour voir que la condition est suffisante,

considérer un point $x_0 \in M$ tel que $f(x_0) = 1$, le cône Q de sommet 0 engendré par $x_0 + V$ et appliquer le cor. de la prop. 1 (II, p. 23) à l'espace E muni de la relation de préordre pour laquelle $P + Q$ est le cône des éléments $\geqslant 0$.)

2) Soient S un ensemble, $F = \mathscr{B}(S)$ l'espace de Banach des fonctions numériques bornées dans S (I, p. 4), E un espace normé, M un sous-espace vectoriel de E. Montrer que, pour toute application linéaire continue f de M dans F, il existe une application linéaire continue g de E dans F, prolongeant f et telle que $\|g\| = \|f\|$.

3) Soient E un espace vectoriel sur $\mathbf{R}$, p une fonction sous-linéaire (II, p. 21) sur E. Soit A un ensemble convexe tel que $\inf_{y \in A} p(y) > -\infty$.

a) Montrer que la fonction

$$q(x) = \inf_{z \in A, t \geqslant 0} \left(p(x + tz) - t . \inf_{y \in A} p(y)\right)$$

est une fonction sous-linéaire sur E telle que $-p(-x) \leqslant q(x) \leqslant p(x)$.

b) Montrer qu'il existe une forme linéaire h sur E telle que $h(x) \leqslant p(x)$ dans E et que $\inf_{y \in A} p(y) = \inf_{y \in A} h(y)$ (prendre h telle que $h(x) \leqslant q(x)$).

4) Soient E un espace vectoriel sur $\mathbf{R}$, p une fonction sous-linéaire sur E, A une partie non vide de E. Soit B l'ensemble des $z \in E$ tels que $\inf_{x \in A} p(x - z) \leqslant 0$; on a $A \subset B$ et $\inf_{x \in A} p(x) \leqslant p(z)$ pour tout $z \in B$; en déduire que $\inf_{x \in A} p(x) = \inf_{z \in B} p(z)$.

a) Montrer que l'ensemble des $y \in E$ tels que $\inf_{z \in B} p(z - y) \leqslant 0$ est égal à B.

b) Déduire de *a*) que l'intersection de B et de toute droite affine D dans E est fermée dans D (observer que, quels que soient les points a, b de E, la fonction $t \mapsto p(a + tb)$ est continue dans $\mathbf{R}$).

c) On suppose que, pour tout couple de points x, y de A, il existe $z \in A$ tel que $p(z - \frac{1}{2}(x + y)) \leqslant 0$. Montrer que, pour tout couple de points u, v de B, on a $\frac{1}{2}(u + v) \in B$ (écrire

$$z - \tfrac{1}{2}(u + v) = (z - \tfrac{1}{2}(x + y)) + \tfrac{1}{2}(x - u) + \tfrac{1}{2}(y - v)$$

pour x, y, z dans A). En déduire que B est alors convexe (utiliser *b*)).

d) Sous les hypothèses de *c*), montrer qu'il existe une forme linéaire h sur E telle que $h(x) \leqslant p(x)$ et que l'on ait $\inf_{y \in A} p(y) = \inf_{y \in A} h(y)$ (utiliser *c*) et l'exercice 3).

5) Soient E un espace vectoriel sur $\mathbf{R}$, p une fonction sous-linéaire sur E, A une partie non vide de E. On suppose que, pour tout couple de points x, y de A, il existe $z \in A$ tel que $p(z - (x + y)) \leqslant 0$, et que $p(x) \geqslant 0$ pour tout $x \in A$. Montrer qu'il existe une forme linéaire h sur E telle que $h(x) \leqslant p(x)$ dans E et que $h(x) \geqslant 0$ pour $x \in A$. (Appliquer l'exercice 4, *c*) à l'ensemble réunion des $\frac{1}{n} A$ pour n entier $\geqslant 1$.)

6) *a*) Soient E un espace vectoriel sur $\mathbf{R}$, H un hyperplan dans E, p une fonction sous-linéaire sur E. Soit f une forme linéaire sur H, telle que $f(y) \leqslant p(y)$ dans H. Soit a un point de $\complement H$, et soit h la forme linéaire sur E prolongeant f et telle que $h(a) = \inf_{y \in H} (f(y) + p(a - y))$. On a alors $h(x) \leqslant p(x)$ dans E. Montrer que pour toute forme linéaire g sur E prolongeant f et telle que $g(x) \leqslant p(x)$ dans E, on a $g(a) \leqslant h(a)$.

b) Soient V un sous-espace vectoriel de E, S une partie non vide de E et f une forme linéaire sur V telle que $f(y) \leqslant p(y)$ dans V. Montrer qu'il existe une forme linéaire h sur E, prolongeant f, telle que $h(x) \leqslant p(x)$ dans E, et telle qu'il n'existe aucune forme linéaire g sur E, prolongeant f, telle que $g(x) \leqslant p(x)$ dans E, distincte de h et telle que $g(x) \geqslant h(x)$ dans S. (Considérer l'ensemble $\mathfrak{F}$ des couples (V', f'), où V' est un sous-espace vectoriel contenant V, f' une forme linéaire sur V' prolongeant f, telle que $f'(z) \leqslant p(z)$ dans V' et telle qu'il n'existe aucune autre forme linéaire f'' sur V' ayant les mêmes propriétés et telle que $f''(z) \geqslant f'(z)$ dans $S \cap V'$. Ordonner $\mathfrak{F}$ et utiliser *a*) et le th. 2 de E, III, p. 20.)

7) Soit T un monoïde commutatif (A, I, p. 12) muni d'une relation de préordre $x \leqslant y$ telle que la relation $x \leqslant y$ entraîne $x + z \leqslant y + z$ pour tout $z \in \mathrm{T}$. Une application f de T dans $\mathbf{R} \cup \{-\infty\}$ est dite *additive* (resp. *sous-additive*, resp. *sur-additive*) si l'on a $f(x + y) = f(x) + f(y)$ (resp. $f(x + y) \leqslant f(x) + f(y)$, resp. $f(x + y) \geqslant f(x) + f(y)$) quels que soient x, y dans T.
a) Si g est une fonction sous-additive et croissante dans T, la fonction $h(x) = \inf_{n>0} g(nx)/n$ est sous-additive et croissante ; on a $h \leqslant g$ et $h(0) = 0$ si $g(0) \geqslant 0$.
b) Sous les mêmes hypothèses, on suppose qu'il existe deux éléments x_1, x_2 de T et deux nombres réels ξ_1, ξ_2 tels que $\xi_1 < g(x_1)$, $\xi_2 < g(x_2)$ et $g(x_1 + x_2) < \xi_1 + \xi_2$. Soient y_1, y_2, z_1, z_2 quatre éléments de T, n_1, n_2 deux entiers $\geqslant 0$, α_1, α_2 deux nombres réels tels que l'on ait

$$n_1\xi_1 + g(z_1) < \alpha_1\,, \quad y_1 \leqslant n_1x_1 + z_1$$
$$n_2\xi_2 + g(z_2) < \alpha_2\,, \quad y_2 \leqslant n_2x_2 + z_2\,.$$

Montrer que l'on a alors $g(n_2y_1 + n_1y_2) < n_2\alpha_1 + n_1\alpha_2$.
c) Soient ω une fonction sur-additive sur T telle que $\omega(0) = 0$, Ω une fonction croissante et sous-additive sur T telle que $\omega(x) \leqslant \Omega(x)$ dans T. Montrer qu'il existe une fonction croissante et additive f sur T telle que $\omega(x) \leqslant f(x) \leqslant \Omega(x)$ dans T. (Remarquer que l'ensemble des fonctions croissantes et sous-additives g sur T telles que $\omega(x) \leqslant g(x) \leqslant \Omega(x)$ dans T est non vide et inductif pour la relation $\geqslant$, et prendre pour f un élément minimal de cet ensemble ; montrer à l'aide de *a*) que $f(0) = 0$. Pour prouver qu'il ne peut pas exister de couples (x_1, x_2) d'éléments de T tels que $f(x_1 + x_2) < f(x_1) + f(x_2)$, remarquer que si $\xi_j \in \mathbf{R}$, et $h_j(x) = \inf(n\xi_j + f(y))$ où n parcourt l'ensemble des entiers $\geqslant 0$ et y l'ensemble des éléments de T tels que $x \leqslant nx_j + y$, alors h_j est croissante et sous-additive dans T ($j = 1, 2$), $h_j(x_j) \leqslant \xi_j$ et $h_j(x) \leqslant f(x)$ pour tout $x \in \mathrm{T}$. Utiliser alors la définition de f et la partie *b*) pour obtenir une contradiction.)

¶ * 8) *a*) Soit K un corps valué complet non discret dont la valeur absolue est ultramétrique, *non linéairement compact*; il existe alors un ensemble bien ordonné I de nombres > 0 et une famille $(\mathrm{B}(\rho))_{\rho\in \mathrm{I}}$ de boules fermées dans K telle que la relation $\rho < \rho'$ entraîne $\mathrm{B}(\rho) \subset \mathrm{B}(\rho')$, que $\mathrm{B}(\rho)$ ait pour rayon ρ, et que l'intersection des $\mathrm{B}(\rho)$ soit vide (AC, VI, § 5, exerc. 5). Pour tout $x \in \mathrm{K}$, il existe $\rho \in \mathrm{I}$ tel que $x \notin \mathrm{B}(\rho)$; montrer que le nombre $\varphi(x) = |x - y|$ pour un $y \in \mathrm{B}(\rho)$ ne dépend ni de $y \in \mathrm{B}(\rho)$, ni de $\rho \in \mathrm{I}$ tel que $x \notin \mathrm{B}(\rho)$. Si $\rho \in \mathrm{I}$ est tel que $x \in \mathrm{B}(\rho)$, on a $\varphi(x) \leqslant \rho$. Cela étant, pour $(x_1, x_2) \in \mathrm{K}^2$, on pose $\|(x_1, x_2)\| = |x_1|$ si $x_2 = 0$, $\|(x_1, x_2)\| = |x_2|\,\varphi(x_2^{-1}x_1)$ si $x_2 \neq 0$. Montrer que $\|(x_1, x_2)\|$ est une ultranorme sur K^2 (I, p. 26, exerc. 12) et montrer qu'il n'existe aucune projection de norme 1 de K^2 sur $\mathrm{K} \times \{0\}$.
b) Soit K un corps valué complet non discret dont la valeur absolue est ultramétrique et qui est *linéairement compact*. Soit E un espace vectoriel de dimension 2 sur K, muni d'une ultranorme, et soit D une droite dans E ; montrer que pour tout point $x \in \mathrm{E}$, il existe $y \in \mathrm{D}$ tel que $d(x, \mathrm{D}) = d(x, y) = \|x - y\|$ (observer que l'intersection de D et d'une boule de centre x est une boule dans D).
c) Déduire de *a*) et *b*) que pour un corps valué complet non discret K, dont la valeur absolue est ultramétrique, les propriétés suivantes sont équivalentes :
α) K est linéairement compact.
β) Pour tout espace vectoriel ultranormé E sur K, tout sous-espace vectoriel F de E et toute forme linéaire continue f sur F, il existe une forme linéaire continue g sur E, prolongeant f et telle que $\|g\| = \|f\|$. (Se ramener au cas où E est de dimension 2 et utiliser *b*).) *

§ 4

1) Soient E un espace vectoriel, A un ensemble convexe symétrique dans E. Soient $\mathscr{T}$, $\mathscr{T}'$ deux topologies localement convexes sur E, $\mathscr{U}$, $\mathscr{U}'$ les structures uniformes définies par $\mathscr{T}$, $\mathscr{T}'$ sur E. Pour que la structure uniforme induite sur A par $\mathscr{U}'$ soit plus fine que celle induite par $\mathscr{U}$, il faut et il suffit que tout voisinage de 0 pour la topologie induite sur A par $\mathscr{T}$ soit un voisinage de 0 pour la topologie induite sur A par $\mathscr{T}'$.

2) *a*) Donner un exemple d'une partie fermée non compacte dans $\mathbf{R}^2$, dont l'enveloppe convexe n'est pas fermée.
b) Montrer que, dans $\mathbf{R}^n$, l'enveloppe convexe d'un ensemble compact est un ensemble compact (*cf.* II, p. 70, exerc. 9, *a*)).

¶ 3) Soient I l'intervalle compact $[0, 1]$ de $\mathbf{R}$, F l'espace vectoriel $\mathscr{C}(\mathrm{I}\,;\mathbf{R})$ des fonctions numériques continues dans I. Soit E l'espace produit $\mathbf{R}^{\mathrm{F}}$; pour tout $a \in \mathrm{I}$, soit ε_a l'élément de E tel que $\varepsilon_a(f) = f(a)$ pour toute $f \in \mathrm{F}$.
a) Montrer que, lorsque x parcourt I, l'ensemble K formé des ε_x est compact dans E.
b) Soit λ l'élément de E tel que $\lambda(f) = \int_0^1 f(t)\,dt$ pour toute $f \in \mathrm{F}$ (« mesure de Lebesgue »). Montrer que, dans E, λ est adhérent à l'enveloppe convexe de K, mais n'appartient pas à cette enveloppe (*cf.* FVR, II, p. 7, prop. 5).

4) Les notations étant celles de l'exerc. 1 de II, p. 76, on suppose de plus que l'espace E est localement convexe.
a) Pour qu'il existe sur E une forme linéaire *continue* et positive g prolongeant f, il faut et il suffit que f soit bornée inférieurement dans $\mathrm{M} \cap (\mathrm{W} + \mathrm{P})$ pour au moins un voisinage W de 0 dans E.
b) Étant donné un point $x \in \mathrm{E}$, pour qu'il existe une forme linéaire continue et positive g dans E telle que $g(x) = 1$, il faut et il suffit que $-x \notin \overline{\mathrm{P}}$.

5) *a*) Soit E un espace normé de dimension infinie, et soit $\mathscr{T}$ sa topologie. Montrer qu'il existe sur E une topologie d'espace normé $\mathscr{T}'$ strictement plus fine que $\mathscr{T}$, et une topologie d'espace normé $\mathscr{T}''$ strictement moins fine que $\mathscr{T}$ (définir les voisinages de 0 pour ces topologies, à l'aide d'une base de E mise sous la forme $(a_{\alpha,n})$, où α parcourt un ensemble d'indices infini A et n l'ensemble des entiers $\geqslant 0$, et où l'on a $\|a_{\alpha,n}\| = 1$ pour la norme donnée sur E).
b) Soit p une norme définissant la topologie $\mathscr{T}'$. Montrer que, si E est complet pour la topologie $\mathscr{T}$, p ne peut être semi-continue inférieurement dans E pour la topologie $\mathscr{T}$ (utiliser le th. de Baire ; *cf.* III, p. 25, corollaire). En déduire que l'ensemble convexe A défini par la relation $p(x) < 1$ ne contient aucun point intérieur pour $\mathscr{T}$, bien que tous ses points soient internes.
c) Déduire de *b*) que, si E est complet pour la topologie $\mathscr{T}$, il existe dans E des ensembles convexes non fermés pour $\mathscr{T}$, dont l'intersection avec toute variété linéaire de dimension finie est fermée pour $\mathscr{T}$ (*cf.* II, p. 71, exerc. 12).

6) Soit E un espace vectoriel muni de la topologie localement convexe la plus fine.
a) Montrer que tout sous-espace vectoriel de E est fermé, et que si M et N sont deux sous-espaces vectoriels supplémentaires dans E, E est somme directe topologique de M et N. Si $(e_\iota)_{\iota \in \mathrm{I}}$ est une base de E, E est somme directe topologique de ses sous-espaces $\mathbf{R}e_\iota$.
b) Soit F un espace localement convexe, dont la topologie est aussi la topologie localement convexe la plus fine. Montrer que toute application linéaire de E dans F est un morphisme strict.

7) *a*) Dans un espace vectoriel topologique E, soit A un ensemble convexe ayant au moins un point intérieur. Montrer que l'ensemble des points internes de A est identique à l'intérieur de A (*cf.* exerc. 5, *b*)).
b) Montrer que dans l'espace normé $\mathrm{E} = l^1(\mathbf{N})$, le cône convexe P, défini dans II, p. 71, exerc. 11, *b*), engendre E mais ne contient aucun point interne.

8) Soit E un espace vectoriel ayant une base dénombrable, muni de la topologie localement convexe la plus fine. Montrer que, si A est une partie de E dont l'intersection avec tout sous-espace vectoriel de dimension finie est fermée dans E, A est fermée dans E (*cf.* exerc. 5, *c*)).

¶ 9) Soient E et F deux espaces vectoriels munis tous deux de la topologie localement convexe la plus fine.
a) Montrer que si E et F ont chacun une base dénombrable, toute application bilinéaire de $\mathrm{E} \times \mathrm{F}$ dans un espace localement convexe G est continue (utiliser le th. de Du Bois-Reymond (FVR, V, p. 53, exerc. 8)).

b) Si l'un des espaces E, F a une base ayant la puissance du continu, montrer qu'il existe une forme bilinéaire non continue dans E × F. (Se ramener au cas où $E = \mathbf{R}^{(\mathbf{N})}$, $F = \mathbf{R}^{\mathbf{N}}$, de sorte que F s'identifie à E*, et que les formes bilinéaires sur E × F correspondent biunivoquement aux applications linéaires de E* dans lui-même ; considérer alors l'application identique de E*, et observer que dans $\mathbf{R}^{\mathbf{N}}$, un ensemble compact pour la topologie produit ne peut être absorbant.)

10) Soit (E_n) une suite infinie d'espaces localement convexes, et soit E l'espace somme directe topologique de la famille (E_n). Montrer que la topologie de E est identique à la topologie $\mathscr{T}_0$ définie dans l'exerc. 14 de I, p. 24.

11) Soit I un ensemble infini non dénombrable. Sur l'espace vectoriel $E = \mathbf{R}^{(I)}$, montrer que la topologie localement convexe la plus fine est distincte de la topologie $\mathscr{T}_0$ définie dans l'exerc. 14 de I, p. 24 ; pour cela, on prouvera que l'ensemble des $x = (\xi_\iota) \in E$ tels que $|\sum_{\iota \in I} \xi_\iota| < 1$ est ouvert pour $\mathscr{T}$ mais non pour $\mathscr{T}_0$.

12) Soit E un espace vectoriel ayant une base dénombrable (e_n). Soit V l'enveloppe convexe équilibrée de l'ensemble des e_n, et soit W l'enveloppe convexe équilibrée de l'ensemble des points

$$a_n = e_n + (n - 1)\, e_1 \quad (n \geqslant 1)\,.$$

Soit $\mathscr{T}_1$ (resp. $\mathscr{T}_2$) la topologie localement convexe sur E dont un système fondamental de voisinages de 0 est formé des λV (resp. λW) pour $\lambda > 0$. Montrer que $\mathscr{T}_1$ et $\mathscr{T}_2$ sont séparées, mais que la borne inférieure de $\mathscr{T}_1$ et $\mathscr{T}_2$ dans l'ensemble des topologies localement convexes sur E n'est pas séparée (*cf.* II, p. 85, exerc. 26).

13) Les hypothèses étant celles de II, p. 34, montrer que pour que E soit complet pour la topologie $\mathscr{T}$ limite inductive des $\mathscr{T}_n$, il faut et il suffit que pour tout entier n et tout filtre de Cauchy $\mathfrak{F}$ sur E_n pour la topologie induite par $\mathscr{T}$, il existe $p \geqslant n$ tel que $\mathfrak{F}$ soit convergent dans E_p pour la topologie $\mathscr{T}_p$.

14) Soit E une limite inductive stricte d'une suite croissante d'espaces localement convexes E_n (II, p. 36). Montrer que la topologie de E est la plus fine des topologies compatibles avec la structure d'espace vectoriel de E, *localement convexes ou non*, et induisant sur E_n une topologie moins fine que la topologie donnée $\mathscr{T}_n$. (Soient V_0 un voisinage de 0 pour une telle topologie $\mathscr{T}$, $(V_n)_{n \geqslant 0}$ une suite de voisinages de 0 pour $\mathscr{T}$ telle que $V_{n+1} + V_{n+1} \subset V_n$ pour tout $n \geqslant 0$; pour tout $n \geqslant 1$, considérer dans E_n un voisinage convexe W_n de 0 contenu dans $E_n \cap V_n$, et prendre dans E l'enveloppe convexe de la réunion des W_n.)

15) Soit I un ensemble infini non dénombrable. Soient $\mathfrak{F}(I)$ l'ensemble des parties finies de I, E l'espace somme directe $\mathbf{R}^{(I)}$, et pour tout $J \in \mathfrak{F}(I)$, soit F_J le sous-espace $\mathbf{R}^J$ de E produit des facteurs d'indice appartenant à J, muni de la topologie produit ; soit g_J l'injection canonique de F_J dans E. Montrer qu'il existe sur E une topologie $\mathscr{T}_0$ compatible avec la structure d'espace vectoriel de E, rendant continues les g_J, et strictement plus fine que la topologie *localement convexe* la plus fine $\mathscr{T}$ rendant continues les g_J. (Observer que l'ensemble V des $x = (\xi_\iota)_{\iota \in I}$ dans E tels que $\sum_{\iota \in I} |\xi_\iota|^{1/2} \leqslant 1$ est un voisinage de 0 pour une topologie compatible avec la structure d'espace vectoriel de E, mais ne contient aucun ensemble convexe symétrique et absorbant.)

16) *a*) Soit E un espace vectoriel ayant une base dénombrable. Montrer que la topologie localement convexe la plus fine sur E est la plus fine des topologies sur E (compatibles ou non avec la structure d'espace vectoriel de E) qui induisent sur chaque sous-espace de E de dimension finie la topologie canonique.
b) Soient E_0 un espace de Banach de dimension infinie, E l'espace vectoriel somme directe de E_0 et de $\mathbf{R}^{(\mathbf{N})}$, E_p le sous-espace de E somme directe de E_0 et de $\mathbf{R}^p$ (identifié au produit

des p premiers facteurs de $\mathbf{R}^{(\mathbf{N})}$) ; on munit E_p de la topologie produit de celles de ses facteurs, de sorte que la topologie de E_p est induite par celle de E_{p+1}. Montrer que sur E la topologie limite inductive de celles des E_p n'est pas la plus fine des topologies (compatibles ou non avec la structure d'espace vectoriel de E) qui induisent sur chaque E_p une topologie moins fine que celle de E_p. On pourra procéder de la façon suivante :

α) Soit q une norme sur E_0 définissant une topologie strictement moins fine que celle de E_0 (II, p. 79, exerc. 5). Pour tout $\varepsilon > 0$, on définit une application f_ε de E_0 dans $\mathbf{R}_+$ par la relation $f_\varepsilon(x) = \sup(q(x), \varepsilon - \|x\|)$. Montrer que f_ε est continue et > 0 dans E_0 et que $\inf\limits_{\|x\| = \varepsilon} f_\varepsilon(x) = 0$.

β) Soit U la partie de E formée des $(x, (t_n))$ tels que $t_n < f_{1/n}(x)$ pour tout n. Montrer que $U \cap E_p$ est ouvert dans E_p pour tout p.

γ) Montrer que si $V \subset U$ est un ensemble convexe absorbant, $V \cap E_0$ ne peut contenir aucune boule de centre 0 dans E_0.

17) Pour toute partie A d'un groupe commutatif G, noté additivement, et tout entier $n > 0$, on note $\overset{n}{+} A$ l'ensemble des éléments de la forme $\sum\limits_{i=1}^{n} x_i$, où $x_i \in A$ pour tout i. On dit qu'une partie A de G est *convexe* si, pour tout entier $n > 0$, la relation $nx \in \overset{n}{+} A$ entraîne $x \in A$.
a) Montrer que si un groupe topologique commutatif G (noté additivement) est isomorphe à un sous-groupe du groupe additif d'un espace vectoriel localement convexe (muni de la topologie induite), il existe dans G un système fondamental de voisinages de 0 convexes et symétriques.
b) Inversement, soit G un groupe commutatif (noté additivement) topologique séparé, dans lequel il existe un système fondamental $\mathfrak{B}$ de voisinages de 0 convexes et symétriques. Montrer que G est sans torsion, et peut par suite être considéré (algébriquement) comme sous-groupe du groupe additif d'un espace vectoriel E sur le corps $\mathbf{Q}$ (A, II, p. 117, cor. 1). Pour tout ensemble $V \in \mathfrak{B}$, soit $\tilde{V}$ l'ensemble des éléments rx, où $x \in V$ et r parcourt l'ensemble des nombres rationnels tels que $0 \leqslant r \leqslant 1$; montrer que $\tilde{V}$ est symétrique et convexe (au sens défini ci-dessus). En déduire que si, en outre, il n'existe aucun sous-groupe ouvert de G distinct de G lui-même, les ensembles $\tilde{V}$ forment un système fondamental de voisinages de 0 pour une topologie compatible avec la structure d'espace vectoriel de E sur $\mathbf{Q}$ ($\mathbf{Q}$ étant muni de sa topologie usuelle) ; conclure que dans ce cas G est isomorphe à un sous-groupe du groupe additif d'un espace localement convexe séparé.
c) Soit G le groupe $\mathbf{R} \times \mathbf{R}$, ordonné *lexicographiquement* (A, VI, p. 7) ; on considère sur G la topologie séparée $\mathcal{T}_0(G)$, qui est compatible avec sa structure de groupe (TG, IV, p. 45, exerc. 1). Montrer que pour cette topologie il existe un système fondamental de voisinages de 0 convexes et symétriques, mais que G n'est isomorphe à aucun sous-groupe du groupe additif d'un espace vectoriel topologique séparé sur $\mathbf{R}$.

§ 5

1) *a*) Soit E un espace vectoriel. On dit qu'un cône convexe pointé C (de sommet 0) dans E est *maximal* si C est élément maximal de l'ensemble des cônes convexes pointés de sommet 0 et $\neq$ E, ordonné par inclusion. Montrer que pour qu'un cône convexe pointé C soit maximal, il faut et il suffit qu'il soit un demi-espace fermé déterminé par un hyperplan passant par 0. Pour établir ce résultat, on pourra prouver successivement les propriétés suivantes d'un cône convexe pointé maximal C :

α) On a $C \cup (-C) = E$ (raisonner par l'absurde).

β) Si z est un point non interne (II, p. 28) de C, on a $-z \in C$ (même méthode). En déduire que C contient des points internes.

γ) Le plus grand sous-espace vectoriel $H = C \cap (-C)$ contenu dans C est un hyperplan. (En passant à l'espace quotient $F = E/H$, se ramener à démontrer, en utilisant β), que si tous les points de C autres que le sommet sont internes, E est nécessairement de dimension 1.)
b) Donner un exemple de cône convexe *épointé* maximal (dans l'ensemble des cônes convexes épointés de sommet 0) n'admettant aucun point interne (*cf.* II, p. 69, exerc. 5).

2) Soient E un espace vectoriel, M un sous-espace vectoriel de E, N un hyperplan dans M, A un ensemble convexe dans E, tel que tous les points de $A \cap M$ soient d'un même côté de N, et qui possède en outre la propriété suivante : quel que soit $y \neq 0$ dans E, il existe $x \in A \cap M$ tel que $x + \lambda y \in A$ pour tout λ tel que $|\lambda|$ soit assez petit. Montrer qu'il existe alors un hyperplan H de E tel que tous les points de A soient d'un même côté de H et que l'on ait $H \cap M = N$. (Se ramener au cas où $N = \{0\}$; si $a \neq 0$ appartient à $A \cap M$, considérer l'ensemble $\mathfrak{U}$ des cônes convexes pointés de sommet 0 contenant A et ne contenant pas $-a$; montrer qu'il existe un élément maximal C de $\mathfrak{U}$ et que C est un cône convexe pointé maximal (exerc. 1).) En déduire une nouvelle démonstration du th. de Hahn-Banach.

3) Dans un espace vectoriel topologique E, soient A un ensemble convexe, x_0 un point de E. Pour qu'il existe un hyperplan fermé H contenant x_0 et tel que tous les points de A soient d'un même côté de H, il faut et il suffit qu'il existe un cône épointé convexe C de sommet x_0, ayant au moins un point intérieur et ne rencontrant pas A. (Pour un exemple d'ensemble convexe $A \neq E$ qui n'est contenu dans aucun demi-espace déterminé par un hyperplan, voir II, p. 69, exerc. 5.)

¶ 4) Soient E un espace normé, A un ensemble convexe *complet* pour la structure uniforme induite par celle de E.
a) Soit x' une forme linéaire continue sur E, bornée dans A. On considère un nombre $k > 0$ et le cône convexe fermé P dans E, de sommet 0, formé par les $x \in E$ tels que $\|x\| \leqslant k\langle x, x'\rangle$; il est pointé et saillant. Montrer que pour l'ordre sur E pour lequel P est l'ensemble des éléments $\geqslant 0$, l'ensemble A est *inductif* (utiliser le fait que la restriction de x' à A est croissante et bornée).
b) Déduire de *a*) que l'ensemble des points de la frontière F de A qui appartiennent à un hyperplan d'appui de A est dense dans F (*th. de Bishop-Phelps*). (Pour tout point $z \in F$, considérer un point $y \in \complement A$ arbitrairement voisin de z, séparer strictement y et A par un hyperplan fermé d'équation $\langle x, x'\rangle = \alpha$, avec $\|x'\| = 1$, et utiliser *a*) avec $k > 1$, ainsi que l'exerc. 3 de II, p. 82.)

5) Soient A un ensemble convexe fermé dans $\mathbf{R}^n$, x_0 un point de $\complement A$; on désigne par d la distance euclidienne dans $\mathbf{R}^n$.
a) Montrer, sans utiliser le th. 1 de II, p. 39, qu'il existe un point et un seul $x \in A$ tel que $d(x_0, x) = d(x_0, A)$, et que l'hyperplan orthogonal à la droite joignant x_0 et x, et passant par x, est un hyperplan d'appui de A.
b) Déduire de *a*) une nouvelle démonstration du th. 1 de II, p. 39 lorsque l'espace E est de dimension finie. (Se ramener au cas où M est réduit à un point frontière x_0 de A ; remarquer que la borne inférieure de la distance de x_0 aux hyperplans d'appui de A est nulle, et utiliser la compacité de $\mathbf{S}_{n-1}$.)

¶ 6) Soit A un ensemble fermé dans $\mathbf{R}^n$ ayant la propriété suivante : pour tout $x \in \mathbf{R}^n$, il existe un point et un seul $y \in A$ tel que $d(x, y) = d(x, A)$, où d est la distance euclidienne. Montrer que A est convexe. (Raisonner par l'absurde, en considérant un segment fermé d'extrémités a, b dans A contenant un point $c \in \complement A$; il y a une boule fermée B de centre c contenue dans $\complement A$; considérer l'ensemble $\mathfrak{B}$ des boules fermées S contenant B et dont l'intérieur ne rencontre pas A ; montrer que les rayons de ces boules sont majorés, et en déduire qu'il existe une de ces boules S_0 dont le rayon ρ est le plus grand possible. Obtenir alors une contradiction en prouvant que S_0 ne peut rencontrer A qu'en un seul point, et que cela entraîne l'existence dans $\mathfrak{B}$ d'une boule de rayon $> \rho$.)

7) Dans un espace localement convexe séparé E, soient A un ensemble convexe complet, B un ensemble convexe fermé et précompact, tels que $A \cap B = \varnothing$. Montrer qu'il existe un hyperplan fermé séparant A et B (raisonner dans le complété $\hat{E}$). Cas où A est de dimension finie.

8) Dans un espace localement convexe séparé, soient A et B deux ensembles convexes fermés sans point commun, tels que $C_A \cap C_B = \{0\}$ (II, p. 71, exerc. 14), et que B soit localement

compact. Montrer qu'il existe un hyperplan fermé séparant A et B (*cf.* II, p. 71, exerc. 16). De même, si A et B sont deux cônes convexes fermés de sommet 0, tels que $A \cap B = \{0\}$ et que B soit localement compact, il existe un hyperplan fermé passant par 0 et séparant A et B (utiliser le lemme 1 de II, p. 42).

9) Déduire de l'exerc. 8 que si V est un sous-espace vectoriel de dimension finie dans E, C un cône convexe fermé de sommet 0 dans E et si $C \cap V = \{0\}$, il existe un hyperplan d'appui de C contenant V (utiliser le lemme 1 de II, p. 42).

10) Dans l'espace normé $E = l^1(\mathbf{N})$ des suites sommables de nombres réels $x = (\xi_n)_{n \in \mathbf{N}}$, soit D la droite définie par les relations $\xi_n = 0$ pour $n \geqslant 1$. Montrer qu'il existe deux suites croissantes (α_n), (β_n) de nombres réels > 0 telles que l'ensemble convexe A défini par les inégalités $\xi_0 \geqslant |\alpha_n \xi_n - \beta_n|$ pour $n \geqslant 1$ soit fermé, non borné, ne rencontre pas D et qu'il n'existe aucun hyperplan fermé séparant A et D (choisir α_n et β_n de sorte que $A - D$ soit partout dense).

* 11) *a*) Soient E un espace hilbertien, F un sous-espace partout dense du dual E′ de E, distinct de E′ ; la boule unité **B** de E est compacte pour la topologie faible $\sigma(E, F)$, et il existe un point a de la sphère unité par lequel ne passe aucun hyperplan d'appui *fermé* (pour $\sigma(E, F)$) de B.

b) On munit E de $\sigma(E, F)$ et on considère dans l'espace produit $G = E \times \mathbf{R}$ l'ensemble A des couples (x, ζ) tels que $\|x\| < 1$, $\zeta \geqslant \|x\|/(1 - \|x\|)$. Montrer que A est fermé et localement compact, mais que si D est la droite d'équation $x = a$ dans G, on a $D \cap A = \varnothing$ et il n'existe aucun hyperplan fermé dans G séparant A et D.

c) Montrer que, lorsqu'on munit E de $\sigma(E, F)$, il existe une fonction numérique affine continue dans le sous-espace B de E, mais qui n'est pas la restriction à B d'une fonction affine continue dans E. *

12) On considère dans $\mathbf{R}^3$, le cône convexe fermé C défini par les relations $\xi_1 \geqslant 0$, $\xi_2 \geqslant 0$, $\xi_3^2 \leqslant \xi_1 \xi_2$. Montrer que la droite D d'équations $\xi_1 = 0$, $\xi_3 = 1$ ne rencontre pas C, mais qu'il n'existe aucun plan d'origine 0 contenant D et ne rencontrant pas $C - \{0\}$.

13) Dans l'espace $\mathbf{R}^n$, soient A et B deux ensembles convexes fermés tels que, si V et W sont les variétés linéaires affines engendrées par A et B respectivement, aucun point de $A \cap B$ ne soit à la fois intérieur à A relativement à V, et intérieur à B relativement à W. Montrer qu'il existe un hyperplan séparant A et B. (Par passage au quotient, se ramener, soit au cas où l'une des deux variétés V, W est contenue dans l'autre, soit au cas où V et W sont des sous-espaces vectoriels supplémentaires dans E.)

14) Dans $\mathbf{R}^n$, soit A un ensemble convexe fermé parabolique (II, p. 71, exerc. 17) ne contenant pas de droite. Montrer que pour tout ensemble convexe fermé B ne rencontrant pas A, il existe un hyperplan dans $\mathbf{R}^n$ séparant strictement A et B (si d est la distance euclidienne, prouver que $d(A, B) > 0$). (*Cf.* exerc. 12.)

15) Soient S, T deux ensembles finis dans $\mathbf{R}^n$, sans point commun, et tels que l'on ait $\mathrm{Card}(S \cup T) \geqslant n + 2$. Afin qu'il existe un hyperplan séparant strictement S et T, il faut et il suffit que pour tout ensemble fini $F \subset S \cup T$ de $n + 2$ points, il existe un hyperplan séparant strictement $F \cap S$ et $F \cap T$ (utiliser le th. de Helly (II, p. 73, exerc. 21)). Montrer que dans cet énoncé on ne peut remplacer le nombre $n + 2$ par $n + 1$, et que l'énoncé ne s'étend pas au cas où S et T sont infinis.

16) Soit A un ensemble compact dans $\mathbf{R}^n$, ayant des points intérieurs. Montrer que si, par tout point frontière de A, il passe au moins un hyperplan d'appui de A, A est convexe. (Raisonner par l'absurde en montrant que, si x et y sont deux points de A tels que le segment d'extrémités x et y ne soit pas contenu dans A, et si z est un point intérieur de A, non situé sur le segment d'extrémités x et y, il existe un point frontière de A, distinct de x et de y, dans le triangle de sommets x, y, z.)

17) Dans $\mathbf{R}^n$, soit A un ensemble convexe symétrique fermé dont 0 est point intérieur et dont la frontière ne contient aucun segment non réduit à un point. Soient H un hyperplan, D une droite supplémentaire de H. Montrer qu'il existe un point $a \in H \cap A$ tel qu'il existe en a un hyperplan d'appui de A parallèle à D.

18) Dans un espace vectoriel topologique E, soient A_i $(1 \leqslant i \leqslant n)$ n ensembles ouverts convexes non vides.
a) Montrer que si la réunion des A_i est distincte de E, pour tout point $x \in E$ n'appartenant à aucun des A_i, il existe une variété linéaire fermée de codimension n contenant x et ne rencontrant aucun des A_i (raisonner par récurrence sur n).
b) Si l'intersection des A_i est vide, montrer qu'il existe une variété linéaire fermée de codimension $n - 1$ dans E ne rencontrant aucun des A_i (même méthode).

19) Dans un espace vectoriel topologique séparé E, soient C, C′ deux ensembles convexes fermés, H un hyperplan fermé séparant strictement C et C′, H′ un hyperplan d'appui fermé de C et de C′ à la fois, tel que C et C′ soient d'un même côté de H′. Montrer que H′ est le seul hyperplan ayant ces propriétés et contenant $H \cap H'$, et que $H \cap H'$ est un hyperplan d'appui de la trace P sur H de l'enveloppe convexe de $C \cup C'$. Réciproquement, si C et C′ sont compacts, pour tout hyperplan d'appui D de P dans H, il existe un hyperplan d'appui H′ de C et C′ à la fois, contenant D, et pour lequel C et C′ sont du même côté de H′.

¶ 20) Dans un espace localement convexe séparé E, soient A, B deux ensembles convexes fermés sans point commun, H un hyperplan fermé séparant A et B ; on suppose que l'on a $A \cap H \neq \varnothing$ et que l'intersection de $A \cap H$ et de toute droite soit compacte. Montrer que si A ou B est localement compact, il existe un voisinage V de 0 dans E tel que $(A + V) \cap B$ soit vide. (Distinguer deux cas suivant que A ou B est localement compact ; dans le premier cas, noter qu'il existe un hyperplan H′ parallèle à H tel que, si S est l'ensemble des points compris entre H et H′, $A \cap S$ soit compact. Dans le second cas, supposer par exemple que $0 \in B \cap H$; pour tout voisinage V de 0 dans E, considérer l'ensemble $(A + V) \cap B$ et examiner successivement le cas où cet ensemble est relativement compact pour un V au moins, et le cas où il n'en est pas ainsi, comme dans l'exerc. 16 de II, p. 71.)

¶ 21) *a*) Dans $\mathbf{R}^n$, soient a_i $(1 \leqslant i \leqslant n + 1)$ $n + 1$ points affinement indépendants, S l'enveloppe convexe de l'ensemble des a_i, et pour $1 \leqslant k \leqslant n + 1$, soit F_k l'enveloppe convexe de l'ensemble des a_i d'indice $i \neq k$. Pour tout k, soit C_k un ensemble convexe compact contenant F_k, et supposons que S soit contenu dans la réunion des C_k ; montrer alors que l'on a $\bigcap_{k=1}^{n+1} C_k \neq \varnothing$. (Raisonner par l'absurde et par récurrence sur n, en considérant l'intersection C'_{n+1} des C_i d'indice $i \leqslant n$, et en supposant que $C_{n+1} \cap C'_{n+1} = \varnothing$, ce qui permet de séparer strictement ces deux ensembles convexes par un hyperplan.)
b) Dans un espace vectoriel topologique séparé E, soient X un ensemble compact convexe, $(C_\lambda)_{\lambda \in L}$ une famille d'ensembles convexes compacts contenus dans X, tels que pour toute partie $H \subset L$ ayant n (resp. m) éléments, l'intersection (resp. la réunion) des C_λ d'indice $\lambda \in H$ soit non vide (resp. soit égale à X). Montrer que si $m \leqslant n + 1$, l'intersection $\bigcap_{\lambda \in L} C_\lambda$ n'est pas vide. (Se ramener à prouver que pour toute partie finie H de $p \geqslant m$ indices de L, on a $\bigcap_{\lambda \in H} C_\lambda \neq \varnothing$. Raisonner par récurrence sur p, supposant le résultat prouvé pour $p - 1$ indices. Raisonner alors par l'absurde, en considérant pour chaque indice $i \in H$ un point $a_i \in \bigcap_{\lambda \in H - \{i\}} C_\lambda$, et en montrant, à l'aide du th. de Helly (II, p. 73, exerc. 21) que les a_i engendrent une variété linéaire de dimension $p - 1$, puis en appliquant enfin *a*).)

¶ 22) Dans $\mathbf{R}^n$, soit $(C_i)_{1 \leqslant i \leqslant m}$ une famille finie de cônes convexes fermés de sommet 0, tels que la somme de n quelconques d'entre eux soit distincte de $\mathbf{R}^n$. Montrer qu'il existe un hyperplan H passant par 0, tel que, pour aucun des indices i, il n'y ait de couple de points de C_i séparés strictement par H. (Distinguer deux cas :

α) Ou bien il existe un nombre $r < n$ et r indices, par exemple $1, 2, \ldots, r$, tels que les C_i pour $i \leqslant r$ engendrent un cône qui contient un sous-espace vectoriel V de dimension $\geqslant r$. Raisonner alors par récurrence sur n, en projetant sur l'orthogonal de V.

β) Ou bien, pour tout $r < n$, r quelconques des C_i engendrent un cône C tel que le sous-espace vectoriel maximal $C \cap (-C)$ contenu dans C soit de dimension $< r$. Considérer alors un ensemble maximal de cônes C_i, en nombre $\geqslant n$, contenus dans un demi-espace, et soit Γ le cône convexe engendré par la réunion des cônes appartenant à cet ensemble maximal. Si C_j est un cône n'appartenant pas à l'ensemble maximal considéré, prouver que $C_j \subset -\Gamma$. Pour cela, raisonner par l'absurde, en montrant que dans le cas contraire il existerait un point frontière de $-\Gamma$ (par rapport au sous-espace vectoriel engendré par Γ) et intérieur à C_j (par rapport au sous-espace vectoriel engendré par C_j). Écrire un tel point comme somme d'un nombre *minimum* s de vecteurs, dont chacun appartient à un cône $-C_i$, parmi les C_i qui ont servi à définir Γ ; on a $s \leqslant n-1$. Prouver enfin que ces cônes et C_j engendrent un cône convexe contenant un sous-espace vectoriel de dimension $s+1$, contredisant l'hypothèse ; on utilisera pour cela l'exerc. 4 de II, p. 69.)

23) Soient E un espace vectoriel topologique, $\mathscr{T}$ la topologie localement convexe sur E la plus fine de celles qui sont moins fines que la topologie donnée $\mathscr{T}_0$ sur E. Si F est un espace localement convexe, les applications linéaires continues de E dans F sont les mêmes pour $\mathscr{T}_0$ et $\mathscr{T}$. Pour qu'il existe sur E une forme linéaire continue distincte de la forme nulle, il faut et il suffit qu'il existe un voisinage de 0 pour $\mathscr{T}_0$ dont l'enveloppe convexe ne soit pas partout dense (pour $\mathscr{T}_0$) (*cf.* I, p. 25, exerc. 4).

24) Soit E un espace localement convexe métrisable de dimension infinie.
a) Montrer qu'il existe une suite (a_n) de points de E tendant vers 0 et une suite décroissante (L_n) de sous-espaces vectoriels fermés de E, telles que L_n soit de codimension n dans E et que, pour tout n, a_n appartienne à $L_n \cap \complement L_{n+1}$.
b) On suppose de plus que E soit *complet*. Montrer qu'on peut alors déterminer les suites (a_n) et (L_n) vérifiant les conditions de *a*), et de sorte qu'en outre, pour toute suite bornée (λ_n) de nombres réels, la série de terme général $\lambda_n a_n$ soit commutativement convergente dans E, et que l'application linéaire $(\xi_n) \mapsto \sum_n \xi_n a_n$ de l'espace de Banach $\mathscr{B}(\mathbf{N})$ dans E soit injective et continue.
c) Déduire de *b*) que lorsque E est un espace de Fréchet de dimension infinie, toute base de E sur $\mathbf{R}$ a un cardinal au moins égal à $2^{\mathrm{Card}(\mathbf{N})}$ (*cf.* I, p. 23, exerc. 5). Lorsqu'il existe dans E un ensemble dénombrable partout dense, toute base de E a la puissance du continu.

25) Soit E un espace de Fréchet de dimension infinie et de type dénombrable (possédant donc une partie dénombrable partout dense) (*cf.* I, p. 25, exerc. 1). Montrer qu'il existe un hyperplan H partout dense dans E, rencontrant toutes les variétés linéaires fermées de E de dimension infinie. (Utiliser l'existence, dans chacun des sous-espaces directeurs de ces variétés, d'une base ayant la puissance du continu (exerc. 24, *c*)) et le fait que l'ensemble des variétés linéaires fermées de E de dimension infinie a aussi la puissance du continu (TG, IX, p. 114, exerc. 17) ; appliquer alors un procédé de construction d'une forme linéaire sur E, inspiré de E, III, p. 91, exerc. 24). L'hyperplan H ne contient alors aucun sous-espace vectoriel fermé de dimension infinie.

¶ 26) Soit E un espace de Fréchet de dimension infinie de type dénombrable.
a) Montrer qu'il existe dans E une suite (a_n) d'éléments linéairement indépendants telle que chacune des suites (a_{2n}) et (a_{2n+1}) soit totale (utiliser l'exerc. 24, *c*)).
b) Soit F le sous-espace vectoriel de E engendré par les a_{2n+1} ($n \in \mathbf{N}$). Pour tout $n > 0$, soit M_n le sous-espace engendré par les a_{2k} tels que $k \leqslant n$. Pour tout n, soit φ_n la restriction à F de l'homomorphisme canonique de E sur E/M_n, et soit $\mathscr{T}_n$ la topologie sur F image réciproque par φ_n de la topologie quotient sur E/M_n. Montrer que chacune des topologies $\mathscr{T}_n$ sur F est une topologie localement convexe séparée, mais que la borne inférieure des $\mathscr{T}_n$ dans l'ensemble des topologies localement convexes sur F est la topologie la moins fine sur F.

* *c*) On prend pour E un espace hilbertien ; montrer que l'on peut choisir la suite (a_n) de sorte que si G est le sous-espace vectoriel fermé engendré par les a_{4n+1}, G soit de codimension infinie, et que les images des a_{2n} et des a_{4n+3} dans E/G soient encore linéairement indépendantes. On désigne par G_n le sous-espace de E somme de G et du sous-espace engendré par les a_{4k+3} pour $k \leqslant n$, et on munit G_n de la topologie image réciproque de la topologie quotient sur E/M_n, par la restriction à G_n de l'application canonique. Montrer que la suite (G_n) est un système inductif d'espaces vectoriels topologiques, tel que G_n soit fermé dans G_{n+1} pour la topologie de G_{n+1}, mais que G_n n'est pas fermé dans l'espace limite inductive de cette suite. *

¶ 27) Soient E, F deux espaces vectoriels topologiques séparés, X (resp. Y) un ensemble convexe compact dans E (resp. F), f une fonction numérique définie dans X × Y et ayant les propriétés suivantes :

(i) Quel que soit $x \in X$, l'application $y \mapsto f(x, y)$ est semi-continue inférieurement dans Y, et pour tout $c \in \mathbf{R}$, l'ensemble des $y \in Y$ tels que $f(x, y) \leqslant c$ est convexe.

(ii) Quel que soit $y \in Y$, l'application $x \mapsto f(x, y)$ est semi-continue supérieurement dans X, et pour tout $c \in \mathbf{R}$, l'ensemble des $x \in X$ tels que $f(x, y) \geqslant c$ est convexe.

Montrer que, dans ces conditions, on a

$$\sup_{x\in X}(\inf_{y\in Y} f(x, y)) = \inf_{y\in Y}(\sup_{x\in X} f(x, y)) .$$

(Raisonner par l'absurde, en supposant qu'il existe un nombre c tel que

$$\sup_{x\in X}(\inf_{y\in Y} f(x, y)) < c < \inf_{y\in Y}(\sup_{x\in X} f(x, y)) .$$

Pour tout $x \in X$ (resp. tout $y \in Y$), soit A_x l'ensemble des $y \in Y$ tels que $f(x, y) > c$ (resp. B_y l'ensemble des $x \in X$ tels que $f(x, y) < c$), qui est ouvert dans Y (resp. dans X) ; les A_x (resp. les B_y) forment un recouvrement de Y (resp. X) lorsque x parcourt X (resp. y parcourt Y). Montrer qu'il existe deux ensembles *finis* $X_0 \subset X$, $Y_0 \subset Y$ tels que : 1° pour tout y appartenant à l'enveloppe convexe B_0 de Y_0, il existe $x \in X_0$ tel que $f(x, y) > c$, et X_0 est *minimal* pour cette propriété ; 2° pour tout x appartenant à l'enveloppe convexe A_0 de X_0, il existe $y \in Y_0$ tel que $f(x, y) < c$, et Y_0 est *minimal* pour cette propriété. Pour tout $y \in Y_0$, soit alors C_y l'ensemble des $x \in A_0$ tels que $f(x, y) \geqslant c$; utilisant l'exerc. 21, *a*) de II, p. 84, montrer que l'intersection des C_y pour $y \in Y_0$ n'est pas vide. Procéder de même dans B_0 et obtenir une contradiction.)

¶ 28) Soient E un espace localement convexe séparé, X une partie convexe compacte de E, f une fonction convexe semi-continue supérieurement dans X. Montrer que l'ensemble L des fonctions convexes continues g dans X telles que l'on ait $g(x) > f(x)$ pour tout $x \in X$ est filtrant décroissant et que son enveloppe inférieure est égale à f. (Soient u, v des éléments de L. Pour construire un élément de L qui minore u et v, on utilisera un raisonnement analogue à celui de la prop. 6 de II, p. 43. On interprétera l'ensemble K_1 analogue à l'ensemble K de ce raisonnement comme l'ensemble des points situés au-dessus du graphe d'une fonction convexe semi-continue inférieurement qui minore u et v et majore strictement f en tout point ; on appliquera à cette fonction la prop. 5 de II, p. 42, et le th. de Dini. Pour montrer que l'enveloppe inférieure de L est f, on remarquera que f est majorée par une constante b ; (x, t) étant un point de $E \times \mathbf{R}$ situé au-dessus du graphe de f, soit K′ l'enveloppe convexe de $\{(x, t)\} \cup (\overline{X'} \times \{b\})$, où X′ est un voisinage compact convenable de x dans X ; on raisonnera sur K′ comme ci-dessus pour K_1.)

29) Soit X un ensemble convexe compact dans un espace localement convexe séparé E. Soient u une fonction convexe semi-continue inférieurement dans X, v une fonction concave semi-continue supérieurement dans X, et supposons que $u(x) > v(x)$ pour tout $x \in X$. Il existe alors une fonction linéaire affine f continue dans E et telle que $v(x) < f(x) < u(x)$ pour tout $x \in X$.

30) Soit X une partie convexe compacte d'un espace localement convexe séparé E. Montrer que l'ensemble des fonctions convexes semi-continues inférieurement dans X est réticulé.

§ 6

1) Soient F, G deux espaces vectoriels en dualité, tels que $\sigma(F, G)$ soit séparée. Montrer que si $\mathscr{T}$ est une topologie séparée compatible avec la structure d'espace vectoriel de F, moins fine que $\sigma(F, G)$ (mais non nécessairement localement convexe *a priori*), alors on a $\mathscr{T} = \sigma(F, G_1)$, où G_1 est un sous-espace vectoriel de G, dense pour la topologie $\sigma(G, F)$. (Considérer sur F la topologie localement convexe $\mathscr{T}_1$ dont un système fondamental de voisinages de 0 est constitué par les ensembles convexes équilibrés, fermés pour $\mathscr{T}$ et qui sont des voisinages de 0 pour $\sigma(F, G)$.) En déduire que si $\mathscr{T}_0$ est une topologie localement convexe séparée sur un espace vectoriel E, *minimale* dans l'ensemble des topologies localement convexes séparées sur E (II, p. 90, exerc. 13), elle est aussi minimale dans l'ensemble des topologies (localement convexes ou non) séparées et compatibles avec la structure d'espace vectoriel de E.

2) Dans $\mathbf{R}^n$, soit $(C_i)_{1 \leqslant i \leqslant m}$ une famille de $m \geqslant n + 1$ cônes convexes de sommet 0 ; montrer que si, pour $n + 1$ quelconques de ces cônes, il existe un hyperplan H passant par 0 et tel que tous ces cônes soient d'un même côté de H, alors il existe un hyperplan H_0 tel que *tous* les cônes C_i $(1 \leqslant i \leqslant m)$ soient d'un même côté de H_0 (*cf.* II, p. 73, exerc. 21, *a*)).

3) Dans $\mathbf{R}^n$, soit $(D_i)_{1 \leqslant i \leqslant m}$ une famille de $m \geqslant 2n$ demi-espaces fermés déterminés par des hyperplans passant par 0. Montrer que si, pour $2n$ quelconques de ces demi-espaces, il existe un point $\neq 0$ dans leur intersection, alors il existe un point $\neq 0$ dans l'intersection de *tous* les D_i $(1 \leqslant i \leqslant m)$ (*cf.* II, p. 70, exerc. 10).

4) Soient S, T deux ensembles finis dans $\mathbf{R}^n$, sans point commun, dont la réunion a au moins $2n + 2$ points. Afin qu'il existe un hyperplan séparant S et T, il faut et il suffit que, pour tout ensemble fini $F \subset S \cup T$ de $2n + 2$ points, il existe un hyperplan séparant $F \cap S$ et $F \cap T$ (utiliser l'exerc. 3 et la méthode de II, p. 83, exerc. 15).

5) Soit E l'espace vectoriel des formes quadratiques sur $\mathbf{R}^n$, qui s'identifie au sous-espace vectoriel des matrices carrées symétriques dans l'espace $\mathbf{M}_n(\mathbf{R})$ des matrices carrées d'ordre n sur $\mathbf{R}$. On munit $\mathbf{M}_n(\mathbf{R})$ du produit scalaire $\mathrm{Tr}({}^tX.Y)$, qui permet de l'identifier à son dual, ainsi que E.

a) Soit $P \subset E$ l'ensemble des formes quadratiques dont la matrice a tous ses éléments $\geqslant 0$, et soit $S \subset E$ l'ensemble des formes quadratiques positives dans $\mathbf{R}^n$. Montrer que l'on a $P = P^\circ$ et $S = S^\circ$.

b) Soit B l'ensemble des formes quadratiques sur $\mathbf{R}^n$ qui peuvent s'écrire sous la forme $\sum_{j=1}^{m} x_j'^2$ (m quelconque), où x_j' est une forme linéaire qui prend des valeurs $\geqslant 0$ pour tout $x = (x_i)_{1 \leqslant i \leqslant n}$ de coordonnées x_i toutes $\geqslant 0$; soit C l'ensemble des formes quadratiques qui sont $\geqslant 0$ pour tous les vecteurs $x = (x_i)$ de coordonnées x_i toutes $\geqslant 0$. Montrer que $B = C^\circ$ et $C = B^\circ$ (prouver que B est fermé, en montrant que tout élément de B a une expression de la forme $\sum_{j=1}^{m} x_j'^2$, avec x_j' positive pour tout x de coordonnées $\geqslant 0$, et $m \leqslant 2^n$).

6) Soient F, G deux espaces vectoriels en dualité séparante, A un ensemble convexe faiblement compact dans F, C un cône convexe de sommet 0, faiblement fermé dans G. On suppose que, pour tout $y \in C$, il existe $x \in A$ tel que $\langle x, y \rangle \geqslant 0$. Montrer qu'il existe $x_0 \in A$ tel que $\langle x_0, y \rangle \geqslant 0$ pour tout $y \in C$ (appliquer la prop. 4 de II, p. 41, à A et C°).

¶ 7) *a*) Soient F, G deux espaces vectoriels en dualité séparante, C un cône convexe faiblement fermé dans F, M un sous-espace vectoriel de dimension *finie* dans G. Montrer que, ou bien il existe $y_0 \in C$ tel que $y_0 \in M^\circ$ et $y_0 \neq 0$, ou bien il existe $z_0 \in M$ tel que $z_0 \in C^\circ$ et $z_0 \neq 0$ (raisonner par récurrence sur la dimension de M). Si C ne contient aucune droite, et si les deux propriétés précédentes sont vérifiées *simultanément*, montrer que z_0 ne peut être point interne de C°.

b) Soient (a_{ij}), (b_{ij}) deux matrices à termes réels, à n lignes et m colonnes, telles que $a_{ij} > 0$ pour tout couple (i, j). Montrer qu'il existe une valeur de $\lambda \in \mathbf{R}$ et une seule pour laquelle il existe deux vecteurs $x = (x_j) \in \mathbf{R}^m$, $y = (y_i) \in \mathbf{R}^n$ satisfaisant aux relations $x \neq 0$, $y \neq 0$, $x_j \geqslant 0$, $y_i \geqslant 0$ quels que soient i et j, et enfin à

$$(1) \qquad \lambda \sum_{j=1}^{m} a_{ij}x_j \geqslant \sum_{j=1}^{m} b_{ij}x_j \quad \text{pour} \quad 1 \leqslant i \leqslant n$$

$$(2) \qquad \lambda \sum_{i=1}^{n} a_{ij}y_i \leqslant \sum_{i=1}^{n} b_{ij}y_i \quad \text{pour} \quad 1 \leqslant j \leqslant m\,.$$

(En posant $c_{ij} = \lambda a_{ij} - b_{ij}$ pour $1 \leqslant i \leqslant n$, $1 \leqslant j \leqslant m$, et $c_{n+i,j} = \delta_{ij}$ (indice de Kronecker) pour $1 \leqslant i \leqslant m$, montrer que le problème revient à trouver un vecteur $x \in \mathbf{R}^m$ et un vecteur $z = (z_i) \in \mathbf{R}^{n+m}$ non nuls et satisfaisant aux relations

$$(3) \qquad \sum_{j=1}^{m} c_{ij}x_j \geqslant 0 \quad \text{pour} \quad 1 \leqslant i \leqslant n + m$$

$$(4) \qquad \sum_{i=1}^{n+m} c_{ij}z_i = 0 \quad \text{pour} \quad 1 \leqslant j \leqslant m$$

et $z_i \geqslant 0$ pour $1 \leqslant i \leqslant n + m$. Remarquer que, si (3) admet une solution pour une valeur λ_0 de λ, elle admet aussi une solution pour $\lambda \geqslant \lambda_0$, et que si (4) admet une solution pour λ_0, elle admet aussi une solution pour $\lambda \leqslant \lambda_0$. Utiliser enfin *a*).)

¶ 8) Soient T un espace compact, L un sous-espace vectoriel de $\mathscr{C}(\mathrm{T}\,;\mathbf{R})$ de dimension *finie r*; on munit L de la norme induite par celle de $\mathscr{C}(\mathrm{T}\,;\mathbf{R})$, et son dual L^* de la norme $\|x'\| = \sup_{\|x\| \leqslant 1} \langle x, x' \rangle$, de sorte que si B est la boule $\|x\| \leqslant 1$ dans L, B° est la boule $\|x'\| \leqslant 1$ dans L^*.

a) Pour tout $t \in \mathrm{T}$, on désigne par e'_t la forme linéaire $x \mapsto x(t)$ sur L. Montrer que B° est l'enveloppe convexe de l'ensemble des $\pm e'_t$, où t parcourt T (raisonner par l'absurde en utilisant la prop. 4 de II, p. 41).

En déduire que toute forme linéaire $x' \in \mathrm{L}^*$ telle que $\|x'\| = 1$ peut s'écrire $x' = \sum_{i=1}^{r} \lambda_i e'_{t_i}$, où les t_i sont r points de T et les λ_i des nombres réels tels que $\sum_{i=1}^{r} |\lambda_i| = 1$ (*cf.* II, p. 70, exerc. 9, *a*)).

b) Afin que, pour tout $y \in \mathscr{C}(\mathrm{T}\,;\mathbf{R})$, il existe *un seul* $x \in \mathrm{L}$ tel que $\|y - x\| = d(y, \mathrm{L})$, il faut et il suffit que pour tout $z \in \mathrm{L}$ non nul, il existe *au plus* $r - 1$ points distincts $t_i \in \mathrm{T}$ tels que $z(t_i) = 0$ (*th. de Haar*). (Pour montrer que la condition est suffisante, observer d'abord qu'elle équivaut à dire que pour r points distincts $t_i \in \mathrm{T}$ $(1 \leqslant i \leqslant r)$, les e'_{t_i} sont linéairement indépendantes dans L^*. Raisonner ensuite par l'absurde, en montrant que s'il existe deux points distincts x', x'' de L tels que $\|y - x'\| = \|y - x''\| = d(y, \mathrm{L})$, alors il existe $x_0 \in \mathrm{L}$ et $z \in \mathrm{L}$ tels que, pour tout λ réel assez petit, on ait $\|y - (x_0 + \lambda z)\| = d(y, \mathrm{L})$. Appliquer ensuite *a*) au sous-espace $\mathrm{L} \oplus \mathbf{R}y$ de $\mathscr{C}(\mathrm{T}\,;\mathbf{R})$ et à une forme linéaire convenable sur cet espace s'annulant dans L. Pour voir que la condition est nécessaire, remarquer que si elle n'est pas vérifiée, il existe r points distincts $t_i \in \mathrm{T}$ $(1 \leqslant i \leqslant r)$ tels que les e'_{t_i} soient linéairement dépendantes et qu'il existe une fonction $z \in \mathrm{L}$ non nulle et s'annulant aux points t_i. Si α_i $(1 \leqslant i \leqslant r)$ sont des nombres non tous nuls tels que $\sum_{i=1}^{r} \alpha_i e'_{t_i} = 0$, considérer une fonction $w \in \mathscr{C}(\mathrm{T}\,;\mathbf{R})$ telle que $\|w\| = 1$, $w(t_i) = \mathrm{sgn}(\alpha_i)$ pour $1 \leqslant i \leqslant r$, et la fonction $y = w(1 - |\beta z|)$ avec $|\beta|$ assez petit et $\neq 0$.)

c) On suppose que T soit un intervalle compact dans $\mathbf{R}$ et que L vérifie la condition du th. de Haar ; soit $(t_i)_{1 \leqslant i \leqslant r+1}$ une suite strictement croissante de $r + 1$ points de T ; il existe alors $r + 1$ nombres réels λ_i non nuls tels que $\sum_{i=1}^{r+1} \lambda_i e'_{t_i} = 0$. Montrer que l'on a alors $\mathrm{sgn}(\lambda_i)\,\mathrm{sgn}(\lambda_{i+1}) = -1$ pour $1 \leqslant i \leqslant r$. (Considérer séparément le cas $r = 1$ et le cas

$r > 1$. Dans le second cas, raisonner par l'absurde en supposant que pour un indice $i \leqslant r - 1$, λ_i soit du même signe que λ_{i-1} ou que λ_{i+1} et que λ_{i-1} et λ_{i+1} soient de signes contraires. Si par exemple $\lambda_i > 0$, prendre $\alpha_{i-1} > 0$, $\alpha_{i+1} > 0$ tels que $\alpha_{i-1}\lambda_{i-1} + \alpha_{i+1}\lambda_{i+1} = 0$, puis $z \in \mathrm{L}$ tel que $z(t_{i-1}) = \alpha_{i-1}$, $z(t_{i+1}) = \alpha_{i+1}$ et $z(t_j) = 0$ pour j distinct de $i - 1$, i et $i + 1$. En déduire que $z(t_i) < 0$ et montrer que cela contredit l'hypothèse.)

d) Les hypothèses et notations étant celles de *c*), supposons qu'il existe $y \in \mathscr{C}(\mathrm{T}\,;\mathbf{R})$ et $z \in \mathrm{L}$ tels que $y(t_i) - z(t_i) = (-1)^i\alpha_i$ avec $\alpha_i > 0$ pour $1 \leqslant i \leqslant r + 1$. Montrer que l'on a alors $d(y, \mathrm{L}) \geqslant \inf_i \alpha_i$. (Utiliser *a*), appliqué à $\mathrm{L} \oplus \mathbf{R}y$, et *c*).)

e) Les hypothèses étant celles de *c*), soient $y \in \mathscr{C}(\mathrm{T}\,;\mathbf{R})$, z l'unique point de L tel que l'on ait $\|y - z\| = d(y, \mathrm{L})$. Montrer qu'il existe une suite strictement croissante $(t_i)_{1 \leqslant i \leqslant r+1}$ dans T telle que l'on ait

$$y(t_i) - z(t_i) = (-1)^i\varepsilon\|y - z\|$$

avec $\varepsilon = \pm 1$. Réciproquement, si z a cette propriété, z est l'unique point de L tel que $\|y - z\| = d(y, \mathrm{L})$. (Utiliser *c*) et *d*).) Cas où T est un intervalle de $\mathbf{R}$ et où L est l'ensemble des restrictions à T des polynômes de degré $< r$ (*th. de Tchebycheff*).

9) Soient F, G deux espaces vectoriels en dualité séparante, A une partie convexe de F contenant 0. Pour tout $y \in \mathrm{G}$, on pose

$$\mathrm{H_A}(y) = \sup_{x \in \mathrm{A}}(-\langle x, y\rangle)\,,$$

de sorte que $0 \leqslant \mathrm{H_A}(y) \leqslant +\infty$; on dit que $\mathrm{H_A}$ est la *fonction d'appui* de A.

a) Montrer que $\mathrm{H_A}$ est la jauge de A° (II, p. 22).

b) Si A est faiblement compact, alors, pour tout $y \in \mathrm{G}$, l'hyperplan d'équation $\langle x, y\rangle = \mathrm{H_A}(y)$ est un hyperplan d'appui de A.

c) Pour que $\mathrm{H_A}$ soit finie et continue pour la topologie $\sigma(\mathrm{G}, \mathrm{F})$, il faut et il suffit que A soit de dimension finie et borné (dans le sous-espace vectoriel de dimension finie qu'il engendre).

d) Soient A_i $(1 \leqslant i \leqslant p)$ des ensembles convexes dans F contenant 0, λ_i des nombres réels $\geqslant 0$ $(1 \leqslant i \leqslant p)$; montrer que la fonction d'appui de l'ensemble convexe $\mathrm{A} = \sum_i \lambda_i\mathrm{A}_i$ est $\mathrm{H_A} = \sum_i \lambda_i\mathrm{H}_{\mathrm{A}_i}$. Si $y \in \mathrm{G}$ est tel que l'intersection C_i de A_i et de l'hyperplan $\langle x, y\rangle = \mathrm{H_A}(y)$ soit non vide pour $1 \leqslant i \leqslant p$, montrer que l'intersection de A et de l'hyperplan d'équation $\langle x, y\rangle = \mathrm{H_A}(y)$ est l'ensemble $\sum_i \lambda_i\mathrm{C}_i$.

e) Supposons que A soit localement compact et ne contienne aucune droite. Alors l'ensemble réunion de $\{0\}$ et de l'ensemble des $y \neq 0$ tels que $\mathrm{H_A}(y) = +\infty$, $\mathrm{H_A}(-y) \neq +\infty$ est le cône polaire du cône asymptote $\mathrm{C_A}$ (considérer le cas où A est l'enveloppe convexe de $\{0\}$ et d'une demi-droite).

f) On suppose que F est de dimension finie. Montrer que, pour que A soit parabolique (II, p. 71, exerc. 17) il faut et il suffit que $\mathrm{H_A}$ soit une application continue de G dans $\overline{\mathbf{R}}$ (s'il existe une droite parallèle à une demi-droite de $\mathrm{C_A}$ et ne rencontrant pas A, remarquer qu'il existe un hyperplan séparant cette demi-droite et A).

10) A tout ensemble convexe compact A dans $\mathrm{E} = \mathbf{R}^n$ contenant 0, on fait correspondre sa fonction d'appui $\mathrm{H_A}$ pour la dualité entre E et E^* : $\mathrm{H_A}$ appartient à l'espace $\mathscr{C}(\mathrm{E}^*\,;\mathbf{R})$ des fonctions numériques continues dans E^*. On munit l'espace $\mathscr{C}(\mathrm{E}^*\,;\mathbf{R})$ de la structure uniforme de la convergence compacte, et l'ensemble $\mathfrak{K}'_0(\mathrm{E})$ des ensembles convexes compacts dans E contenant 0 de la structure uniforme définie dans l'exerc. 39 de II, p. 75. Montrer que $\mathrm{A} \mapsto \mathrm{H_A}$ est un isomorphisme de $\mathfrak{K}'_0(\mathrm{E})$ sur un sous-espace uniforme de $\mathscr{C}(\mathrm{E}^*\,;\mathbf{R})$.

En déduire que l'application $\mathrm{A} \mapsto \mathrm{A}^\circ$ de l'ensemble $\mathfrak{K}_0(\mathrm{E})$ des ensembles convexes compacts dans E ayant 0 pour point intérieur, sur l'ensemble $\mathfrak{K}_0(\mathrm{E}^*)$, est un isomorphisme pour les structures uniformes de ces deux espaces (*cf.* II, p. 75, exerc. 39).

11) Soient F, G deux espaces vectoriels en dualité séparante. Pour qu'un ultrafiltre $\mathfrak{U}$ sur F converge faiblement vers un point x_0, il faut et il suffit que x_0 appartienne à l'intersection

de tous les ensembles convexes faiblement fermés appartenant à $\mathfrak{U}$ (remarquer que, si x_0 est un point de cette intersection non adhérent à $\mathfrak{U}$, il existe un demi-espace fermé appartenant à $\mathfrak{U}$ et ne contenant pas x_0).

Déduire de ce résultat que, pour qu'une suite (x_n) de points de F converge faiblement vers un point a, il faut et il suffit que a appartienne à toutes les enveloppes convexes faiblement fermées des ensembles formés d'une infinité de termes de la suite (utiliser la prop. 7 de TG, I, p. 39).

12) *a*) Soient E un espace vectoriel, $(E_\alpha)_{\alpha \in A}$ une famille filtrante croissante de sous-espaces de E, de réunion E; chaque E_α est supposé muni d'une topologie localement convexe $\mathscr{T}_\alpha$ telle que pour $\alpha \leqslant \beta$ l'injection canonique $E_\alpha \to E_\beta$ soit continue. Soit $\mathscr{T}$ la topologie sur E, limite inductive des $\mathscr{T}_\alpha$ (II, p. 31, *Exemple* II); montrer que le dual E' de E (pour $\mathscr{T}$) muni de $\sigma(E', E)$, s'identifie canoniquement à la limite projective des duals E'_α, munis de $\sigma(E'_\alpha, E_\alpha)$.
b) Soit $(X_\alpha, \varphi_{\alpha\beta})$ un système projectif d'ensembles non vides correspondant à un ensemble d'indices filtrant A, tel que les $\varphi_{\alpha\beta}$ soient surjectives et que $\varprojlim X_\alpha = \varnothing$ (E, III, p. 94, exerc. 4). On pose $F_\alpha = \mathbf{R}^{(X_\alpha)}$ et on désigne par $f_{\alpha\beta} : F_\beta \to F_\alpha$ pour $\alpha \leqslant \beta$ l'application linéaire déduite canoniquement de $\varphi_{\alpha\beta}$ (A, II, p. 24, cor. 1). Si on munit chaque F_α de la topologie somme directe de celles de ses facteurs, le dual $E_\alpha = F'_\alpha$ de F_α, muni de la topologie faible $\sigma(E_\alpha, F_\alpha)$, s'identifie à l'espace produit $\mathbf{R}^{X_\alpha}$, et ${}^t f_{\alpha\beta}$ est un isomorphisme de E_α sur un sous-espace fermé de E_β, admettant dans E_β un supplémentaire topologique. Montrer que sur $E = \varinjlim E_\alpha$ (pour les ${}^t f_{\alpha\beta}$) la topologie limite inductive de celles des E_α est la topologie la moins fine (donc non séparée) (utiliser *a*) en notant que $\varprojlim F_\alpha = \{0\}$).

13) Soit E un espace vectoriel. On dit qu'une topologie localement convexe séparée $\mathscr{T}$ sur E est *minimale* (et que E, muni de $\mathscr{T}$, est un espace *de type minimal*) s'il n'existe aucune topologie localement convexe séparée sur E, strictement moins fine que $\mathscr{T}$ (*cf.* II, p. 87, exerc. 1).
a) Soient $\mathscr{T}$ une topologie minimale sur E, E' le dual de E (lorsque E est muni de $\mathscr{T}$); montrer que l'on a $\mathscr{T} = \sigma(E, E')$ et $E = E'^*$ (remarquer qu'il ne peut exister dans E' d'hyperplan partout dense pour la topologie $\sigma(E', E)$, en utilisant le cor. 3 de II, p. 46). En déduire que les espaces de type minimal sont les produits de droites.
b) Montrer que dans un espace localement convexe séparé F, tout sous-espace de type minimal E admet un supplémentaire topologique, et en particulier est fermé (utiliser *a*) et le th. de Hahn-Banach pour prolonger l'application identique de E dans lui-même en une application de F dans E).
c) Soit u une application linéaire continue d'un espace de type minimal E dans un espace localement convexe séparé F. Montrer que $u(E)$ est fermé dans F et que u est un morphisme strict de E dans F (utiliser *b*) et la définition d'un espace de type minimal).
d) Soient F un espace localement convexe séparé, M un sous-espace vectoriel fermé de F. Montrer que, s'il existe un supplémentaire N de M dans F qui soit un sous-espace de type minimal, N est supplémentaire topologique de M dans F (utiliser *c*)).
e) Soit M un sous-espace de type minimal d'un espace localement convexe séparé F; montrer que, pour tout sous-espace vectoriel fermé N de F, M + N est fermé dans F (considérer l'espace quotient F/N, et utiliser *c*)). Si en outre N est de type minimal, M + N est de type minimal.

14) Soient E un espace localement convexe séparé, F un espace localement convexe de type minimal (exerc. 13).
a) Montrer que si M est un sous-espace vectoriel fermé de l'espace produit E × F, sa projection sur E est fermée dans E (utiliser l'exerc. 13, *e*)).
b) Soit u une application linéaire de E dans F. Montrer que si le graphe de u est fermé dans E × F, u est continue (utiliser *a*)).
c) On suppose que, dans E, tout sous-espace vectoriel fermé admette un supplémentaire topologique (*cf.* V, p. 13). Montrer que, dans E × F, tout sous-espace vectoriel fermé M admet un supplémentaire topologique. (Si N_1 est la projection de M sur E, N_2 un supplémentaire topologique de N_1 dans E, $P_1 = M \cap F$, P_2 un supplémentaire topologique de P_1 dans F, montrer que $N_2 + P_2$ est un supplémentaire topologique de M dans E × F, en utilisant *b*).)

* 15) Soient E, F deux espaces localement convexes séparés. On dit qu'une application linéaire continue $u : E \to F$ est *linéairement propre* si, pour tout espace localement convexe séparé G et tout sous-espace vectoriel fermé V de $E \times G$, l'image de V par $u \times 1_G : E \times G \to F \times G$ est fermée. Montrer que cette condition équivaut à la suivante : $u^{-1}(0)$ est un sous-espace de type minimal de E et pour tout sous-espace vectoriel fermé W de E, $u(W)$ est fermé dans F. (Pour montrer que la première condition entraîne la seconde, considérer l'application $v : E \to \{0\}$ et, en munissant E de $\sigma(E, E')$, de sorte que E est plongé dans E'^* muni de $\sigma(E'^*, E')$, prendre l'image par la projection $v \times 1_{E'^*} : E \times E'^* \to E'^*$ de l'adhérence dans $E \times E'^*$ de la diagonale Δ de $E \times E$. Pour montrer que la seconde condition entraîne la première, montrer qu'elle implique que, pour les topologies $\sigma(E, E')$ et $\sigma(F, F')$, u est un morphisme strict et utiliser l'exerc. 13, *e*).) *

16) Soient F un produit de droites, C un ensemble convexe fermé dans F.
a) Montrer qu'il existe $x_0 \in F$, deux ensembles I et J et un isomorphisme topologique u de F sur $\mathbf{R}^I \times \mathbf{R}^J$ tels que $u(x_0 + C)$ soit de la forme $\mathbf{R}^I \times A$, où A est une partie convexe fermée de $\mathbf{R}^J_+$. (Remarquer que l'on a $F = G^*$, F étant muni de $\sigma(G^*, G)$; considérer le polaire C° de C dans G, le sous-espace vectoriel de G engendré par C° et un supplémentaire de ce sous-espace.)
b) Si C ne contient aucune droite affine, l'application $(x, y) \mapsto x + y$ de $C \times C$ dans F est propre.
c) Supposons que C soit un cône de sommet 0 et que la structure uniforme induite sur C par celle de F soit métrisable. Alors, si les ensembles I et J, le point x_0 et l'application u vérifient les conditions de *a*), I est dénombrable, et il existe une partie dénombrable H de J telle que la restriction à $u(x_0 + C)$ de la projection canonique $p : \mathbf{R}^I \times \mathbf{R}^J \to \mathbf{R}^I \times \mathbf{R}^H$ soit un isomorphisme du sous-espace uniforme $u(x_0 + C)$ de $\mathbf{R}^I \times \mathbf{R}^J$ sur le sous-espace uniforme $p(u(x_0 + C))$ de $\mathbf{R}^I \times \mathbf{R}^H$.

17) Soit E un espace vectoriel de dimension infinie.
a) Montrer qu'il existe dans E^* des hyperplans partout denses pour la topologie $\sigma(E^*, E)$.
b) Si H' est un tel hyperplan, montrer que, dans E, les seules sous-variétés linéaires $\neq E$ qui soient partout denses pour la topologie $\sigma(E, H')$ sont des hyperplans.

¶ 18) *a*) Dans un espace normé E, soit A un ensemble convexe fermé $\neq E$; montrer que la fonction $x \mapsto d(x, \complement A)$ est concave dans A (utiliser le fait que A est intersection de demi-espaces fermés).
b) On définit par récurrence une suite d'ensembles convexes fermés $A_n \subset \mathbf{R}^n$ de la façon suivante : $A_1 = \mathbf{R}_+$; si $\mathbf{R}^{n+1}$ est identifié à $\mathbf{R}^n \times \mathbf{R}$, A_{n+1} est l'ensemble des couples (x, ξ) tels que $x \in \mathring{A}_n$ et que

$$\xi \geqslant (d(x, \complement A_n))^{-1} + \|x\|^2 ,$$

où $\|x\|$ est la norme euclidienne. Montrer que A_{n+1} n'admet aucun hyperplan d'appui de la forme $H \times \mathbf{R}$, où H est un hyperplan de $\mathbf{R}^n$ et que son cône asymptote est $C_{A_{n+1}} = \{0\} \times \mathbf{R}_+$.
c) Si p_{nm} est la projection canonique $\mathbf{R}^m \to \mathbf{R}^n$ ($\mathbf{R}^m$ étant identifié à $\mathbf{R}^n \times \mathbf{R}^{m-n}$) pour $m \geqslant n$, montrer que lorsque $\mathbf{R}^{\mathbf{N}}$ est identifié à la limite projective du système projectif $(\mathbf{R}^n, p_{nm})$, les A_n forment un système projectif d'ensembles, et que $A = \varprojlim A_n$ est un ensemble convexe fermé non relativement compact dans $\mathbf{R}^{\mathbf{N}}$, n'admettant aucun hyperplan d'appui fermé, et tel que $C_A = \{0\}$.

19) *a*) Soient E un produit de droites, A un ensemble convexe fermé dans E, non compact et tel que $C_A = \{0\}$ (exerc. 18). Montrer que si $B = \overline{A - A}$ et si M est l'enveloppe fermée convexe de $A \cup (-A)$, B et M contiennent des droites (utiliser l'exerc. 16, *b*) de II, p. 91).
b) Soient A_1, A_2 deux ensembles convexes fermés dans E tels que $A_1 + A_2$ soit fermé et que ni A_1, ni A_2, ni $A_1 + A_2$ ne contiennent de droite affine. Montrer que $C_{A_1 + A_2} = C_{A_1} + C_{A_2}$ (utiliser l'exerc. 16, *b*) de II, p. 91).
c) Soient A un ensemble convexe fermé dans E ne contenant pas de droite affine, $M_1, \ldots, M_n$ des ensembles convexes fermés contenus dans A. Si B est l'enveloppe convexe de $\bigcup_i M_i$, montrer que l'on a $\overline{B} = B + \sum_i C_{M_i}$ et $C_B = \sum_i C_{M_i}$ (même méthode).

¶ 20) Soient $F = \mathbf{R}^{(A)}$, $G = \mathbf{R}^{A}$, où A est un ensemble infini quelconque ; F et G sont mis en dualité séparante par la forme bilinéaire $\langle x, y \rangle = \sum_{\alpha \in A} x(\alpha)\, y(\alpha)$.
a) Soit N un sous-groupe additif de G ; on désigne par N^* le sous-groupe des $x \in F$ tels que $\langle x, y \rangle$ soit entier pour tout $y \in N$, et par N^{**} le sous-groupe des $z \in G$ tels que $\langle x, z \rangle$ soit entier pour tout $x \in N^*$. Si $\overline{N}$ est l'adhérence de N pour la topologie $\sigma(G, F)$, montrer que N^* est fermé dans F pour $\sigma(F, G)$ et que $N^{**} = \overline{N}$ (pour établir ce dernier point, utiliser TG, VII, p. 7, prop. 6, en projetant N sur les variétés coordonnées de G, de dimension finie).
b) On suppose que $A = \mathbf{N}$. Soit M un sous-groupe fermé de F pour $\sigma(F, G)$; montrer que, si V est le plus grand sous-espace vectoriel contenu dans M, M est somme directe topologique de V et d'un sous-groupe fermé P qui est un **Z**-module libre ayant une base dénombrable. (Considérer F comme réunion d'une suite croissante (F_n) de sous-espaces vectoriels de dimension finie, et appliquer TG, VII, p. 5, th. 2 et p. 20, exerc. 7.) Pour que P soit discret (pour la topologie induite par $\sigma(F, G)$), il faut et il suffit que P soit de rang fini.
c) Déduire de *a*) et de *b*) que lorsque $A = \mathbf{N}$, tout sous-groupe fermé de G (lorsque G est muni de la topologie produit $\sigma(G, F)$) peut être transformé, par un automorphisme du groupe topologique G, en un produit $\mathbf{R}^{I} \times \mathbf{Z}^{J}$, où I et J sont deux parties de **N** sans élément commun.
d) Dans l'espace $E = \mathbf{R}^{\mathbf{N}}$, muni de la topologie $\sigma(E, E^*)$, montrer que le sous-groupe $\mathbf{Z}^{\mathbf{N}}$ est fermé et ne contient aucune droite, bien que n'étant pas un **Z**-module libre (A, VII, p. 59, exerc. 8) ; les résultats de *b*) ne s'étendent donc pas lorsque A n'est pas dénombrable.

§ 7

1) Soit A un ensemble convexe. Afin qu'un point $x \in A$ soit extrémal dans A, il faut et il suffit que pour toute partie B de A telle que x appartienne à l'enveloppe convexe de B, on ait $x \in B$.

2) Avec les notations de II, p. 79, exerc. 3, soit G le sous-espace vectoriel de E engendré par $K \cup \{\lambda\}$. Montrer que, *dans* G, le point λ est point extrémal de l'enveloppe fermée convexe de K, sans appartenir à K (*cf.* II, p. 27, corollaire).

¶ 3) Soit A un ensemble convexe dans un espace vectoriel E, et soit x un point de A. On appelle *facette* de x dans A l'ensemble formé de x et des $y \neq x$ dans A tels que la droite passant par x et y contienne un segment ouvert contenu dans A et contenant x. Les points internes relativement à la variété linéaire engendrée par A (II, p. 28) (resp. les points extrémaux) de A sont les points dont la facette dans A soit égale à A (resp. réduite à un point).
a) Montrer que la facette F_x d'un point $x \in A$ est le plus grand ensemble convexe $B \subset A$ tel que x soit point interne de B (relativement à la variété linéaire engendrée par B).
b) Pour tout point $y \in F_x$, la facette F_y de y dans A est identique à la facette de y dans F_x. Pour que $F_y = F_x$, il faut et il suffit que y soit point interne de F_x (relativement à la variété linéaire engendrée par F_x). En déduire que, si F_x est de dimension finie, et si y est un point non interne de F_x (relativement à la variété linéaire engendrée par F_x), la dimension de F_y est strictement inférieure à celle de F_x.
c) On dit qu'une variété linéaire V dans E est une *variété d'appui* de A si elle rencontre A et si, pour tout $x \in A \cap V$, tout segment ouvert contenu dans A et contenant x est nécessairement contenu dans V. Montrer que, pour tout $x \in A$, la variété linéaire M engendrée par la facette F_x de x dans A est la plus petite des variétés d'appui de A contenant x, et qu'on a $M \cap A = F_x$. Pour toute variété d'appui V de A, $V \cap A$ est la facette dans A de chacun de ses points internes (relativement à la variété linéaire engendrée par $V \cap A$).
d) Soient A et B deux ensembles convexes dans E. Pour tout point $x \in A \cap B$, la facette de x dans $A \cap B$ est l'intersection des facettes de x dans A et dans B.
e) On suppose que E est un espace vectoriel topologique séparé, B un ensemble convexe fermé dans E, contenant une variété linéaire fermée M de codimension finie n ; alors toute facette dans B d'un point de B contient une variété linéaire fermée de codimension n (II, p. 71, exerc. 14, *d*)). Si A est un ensemble convexe, pour que la facette dans $A \cap B$ d'un point x de $A \cap B$ soit de dimension finie, il faut et il suffit que la facette de x dans A soit de dimension finie ; en outre, si p et q sont les dimensions de la facette de x dans A et de la facette de x dans

$A \cap B$, on a $p \leqslant q + n$. En particulier si $x \in A \cap B$ est point extrémal de $A \cap B$, sa facette dans A est de dimension $\leqslant n$.
f) Déduire de *e*) que si A est compact, V une variété linéaire fermée dans E, de codimension finie *n*, tout point extrémal de $V \cap A$ est combinaison linéaire d'au plus $n + 1$ points extrémaux de A.

4) Dans le plan $\mathbf{R}^2$, on considère l'ensemble convexe A formé des points (ξ, η) satisfaisant à $-1 \leqslant \xi \leqslant 1$, $-1 - \sqrt{1 - \xi^2} \leqslant \eta \leqslant 1 + \sqrt{1 - \xi^2}$. Montrer qu'il existe des points frontières de A dont la facette dans A est distincte de l'intersection de A et des droites d'appui de A passant par ce point.

5) Dans l'espace de Banach $l^\infty(\mathbf{N})$ des suites bornées $x = (\xi_n)$ de nombres réels, soit A l'ensemble convexe fermé défini par les inégalités $-1/n \leqslant \xi_n \leqslant 1$ pour $n \geqslant 1$, et $-1 \leqslant \xi_0 \leqslant 1$. Montrer que A admet un intérieur non vide, que l'origine est point frontière de A et que la facette de 0 dans A n'est pas fermée. Si on munit A de la topologie induite par celle de l'espace produit $\mathbf{R}^\mathbf{N}$, montrer que A est compact mais que la facette de 0 dans A n'est pas fermée dans A.

6) Soient E, E′ deux espaces vectoriels en dualité séparante, A un ensemble convexe dans E contenant 0 et fermé pour $\sigma(E, E')$. Pour tout $a \in A$, l'ensemble F'_a des points $x' \in A^\circ$ tels que $\langle a, x' \rangle = -1$ est une partie convexe fermée (pour $\sigma(E', E)$) de A°. Montrer que F'_a est la facette dans A° de chacun des points internes de F'_a relativement à la variété linéaire engendrée par F'_a. On dit que F'_a est la *facette duale* de *a* dans A°. Si F_a est la facette de *a* dans A, montrer que F'_a est aussi la facette duale dans A° de chacun des points internes de F_a relativement à la variété linéaire engendrée par F_a ; en outre, si A est identifié à $A^{\circ\circ}$, la facette duale dans A de tout point interne de F'_a relativement à la variété linéaire engendrée par F'_a contient F_a. Lorsque F'_a est non vide (ce qui est toujours le cas lorsque E est de dimension *finie* et $a \neq 0$, *cf.* II, p. 83, exerc. 13), on dit que F_a et F'_a sont des *facettes duales* l'une de l'autre.
On dit qu'un point $a \in A$ est *point de lissité* de A si F'_a est réduit à un point (autrement dit s'il existe un et un seul hyperplan d'appui fermé de A passant par *a*) ; on dit que *a* est un *point de stricte convexité* s'il existe un hyperplan d'appui fermé H de A tel que $H \cap A = \{a\}$; il revient au même de dire qu'il existe un point interne de F'_a (relativement à la variété linéaire engendrée par F'_a) qui est point de lissité de A°.

¶ 7) Soient E un espace vectoriel de dimension finie *n*, A un ensemble convexe fermé dans E, dont 0 est point intérieur.
a) Soient F et F′ deux facettes duales de A et A° (exerc. 6) ; si F est de dimension *p* et F′ de dimension *q*, montrer que $p + q \leqslant n - 1$. Pour tout point frontière *x* de A, on appelle *ordre* de *x* la dimension de sa facette dans A, *classe* de *x* la dimension de sa facette duale dans A°. L'ordre (resp. la classe) d'une facette F de A est par définition l'ordre (resp. la classe) d'un des points internes de F relativement à la variété linéaire engendrée par F. Un point extrémal de A est un point d'ordre 0 ; un point de lissité de A (exerc. 6) est un point de classe 0.
b) Un point frontière de A de classe $n - 1$ (et par suite d'ordre 0) est appelé une *pointe* de A. Montrer que l'ensemble des pointes de A est dénombrable (considérer l'ensemble des facettes duales des pointes de A, et appliquer TG, VI, p. 24, exerc. 12).
c) Soient F une facette de A, de dimension *p*, M une variété linéaire de dimension $n - p$, rencontrant F en un seul point *a*, qui est point interne de F, et contenant un point intérieur de A. Montrer que si, dans M, V est un hyperplan d'appui de $M \cap A$ passant par *a*, l'hyperplan H engendré (dans E) par $F \cup V$ est un hyperplan d'appui de A.
d) On dit qu'une facette F de A d'ordre *p* et de classe *q* est une *ultrafacette* si $p + q = n - 1$; la facette duale est alors aussi une ultrafacette de A°. Si une variété linéaire M de dimension $n - p$ rencontre une ultrafacette F en un seul point qui est point interne de F (relativement à la variété linéaire engendrée par F), montrer que ce point est une pointe de l'ensemble convexe $M \cap A$, et réciproquement (utiliser *c*)). En déduire que l'ensemble des ultrafacettes d'ordre *p* de A est dénombrable. (Identifiant E à $\mathbf{R}^n$, considérer la projection de A sur chacune des variétés coordonnées de $\mathbf{R}^n$ de dimension *p* ; si l'ensemble des ultrafacettes d'ordre *p* dont la projection sur V est de dimension *p* n'était pas dénombrable, montrer qu'il existerait un point de V qui serait point intérieur d'une infinité non dénombrable de ces projections, en considérant les points de V à coordonnées rationnelles ; utiliser ensuite *b*).) Donner un exemple

d'ensemble convexe ayant une infinité non dénombrable de facettes non réduites à un point et qui ne sont pas des ultrafacettes.
e) Si tous les points frontière de A sont des points de lissité, montrer que l'application qui, à tout point x de la frontière G de A, fait correspondre l'unique point de la facette duale de x, est une application continue de G sur la frontière de A° (*cf.* TG, I, p. 60, corollaire). Dans quel cas cette application est-elle bijective ?

8) Soient E un espace vectoriel de dimension finie n, A un ensemble convexe compact dans E.
a) Soit H un hyperplan de E. Montrer que dans un demi-espace ouvert déterminé par H et contenant un point au moins de A, il existe un point de stricte convexité de A (II, p. 93, exerc. 6). (Considérer dans H une boule euclidienne fermée C de dimension $n - 1$ et de rayon assez grand, contenant $H \cap A$, puis les boules euclidiennes B de dimension n et de plus grand rayon contenant A et telles que $B \cap H = C$.)
b) Montrer que A est l'enveloppe fermée convexe de l'ensemble de ses points de stricte convexité (utiliser *a*)).
c) Montrer que tout point extrémal de A est adhérent à l'ensemble des points de stricte convexité de A. (En utilisant *b*) ainsi que l'exerc. 9, *a*) de II, p. 70, remarquer qu'un point extrémal est limite d'une suite de points de la forme $\sum_{i=0}^{n} \lambda_{im} x_{im}$, où $\lambda_{im} \geqslant 0$, $\sum_{i=0}^{n} \lambda_{im} = 1$ et les x_{im} sont des points de stricte convexité de A ; utiliser ensuite la compacité de A.)

9) Montrer que dans l'espace produit $E = \mathbf{R}^{\mathbf{N}}$, le cube $I^{\mathbf{N}}$, où $I = [0, 1]$, est un ensemble convexe compact n'ayant aucun point de stricte convexité.

10) Dans l'espace $\mathbf{R}^2$, montrer que l'ensemble des points extrémaux d'un ensemble convexe fermé A est fermé (montrer que les points de A dont la facette dans A est de dimension 1 forment un ensemble ouvert par rapport à la frontière de A).

11) *a*) Dans l'espace $\mathbf{R}^3$, on considère l'ensemble convexe compact A, enveloppe convexe de la réunion du cercle $\zeta = 0$, $\xi^2 + \eta^2 - 2\xi = 0$ et des deux points $(0, 0, 1)$ et $(0, 0, -1)$. Montrer que l'ensemble des points extrémaux de A n'est pas fermé dans A.
b) Soit A un ensemble convexe compact métrisable dans un espace vectoriel topologique séparé E. Montrer que l'ensemble des points extrémaux de A est intersection d'une suite d'ensembles ouverts dans A. (Si d est une distance définissant la topologie de A, considérer pour chaque entier n l'ensemble des points $x = \frac{1}{2}(y + z)$, où y, z sont dans A et $d(y, z) \geqslant 1/n$.)

12) Dans l'espace de Banach $l^{\infty}(\mathbf{N})$, soit e_n la suite dont tous les termes sont égaux à 0, sauf celui d'indice n qui est égal à 1. Soit A l'enveloppe fermée convexe de l'ensemble formé de 0 et des points $e_n/(n + 1)$ $(n \geqslant 0)$. Montrer que A est compact mais n'est pas identique à l'enveloppe convexe de l'ensemble de ses points extrémaux.

* 13) Dans l'espace hilbertien $l^2(\mathbf{N})$, soit A l'ensemble des points $x = (\xi_n)$ tels que l'on ait $\sum_n 2^{2n}\xi_n^2 \leqslant 1$. Montrer que A est convexe, compact, et est l'adhérence de l'ensemble de ses points extrémaux. *

14) Soit E le sous-espace vectoriel fermé de l'espace de Banach $l^{\infty}(\mathbf{N})$, formé des suites $x = (\xi_n)$ telles que $\lim_{n \to \infty} \xi_n = 0$.
a) Montrer que, dans l'espace de Banach E, la boule fermée unité B n'a aucun point extrémal. extrémal.
b) Soit u la forme linéaire continue $(\xi_n) \mapsto \sum_n 2^{-n}\xi_n$ sur E. Montrer qu'il n'existe aucun hyperplan d'appui de B parallèle à l'hyperplan fermé d'équation $u(x) = 0$.

15) Soient E un espace normé, A un ensemble compact dans E.
a) Montrer que la distance de deux hyperplans d'appui parallèles de A est au plus égale au diamètre δ de A.

b) Montrer qu'il existe des couples (a, b) de points de A tels que $\|a - b\| = \delta$; pour un tel couple de points, il existe deux hyperplans d'appui parallèles de A, passant respectivement par a et b, et dont la distance est égale à δ (considérer la boule fermée de centre a et de rayon δ).

16) *a*) Dans l'espace $\mathbf{R}^n$, normé par la norme euclidienne, soit A un ensemble convexe compact de dimension n ; pour tout $z \in \mathbf{S}_{n-1}$, on désigne par $\rho(z)$ la borne supérieure de la longueur des segments parallèles au vecteur z et contenus dans A. Montrer qu'il existe deux points u, v de A tels que le segment d'extrémités u, v soit parallèle à z et ait pour longueur $\rho(z)$; en déduire qu'il existe deux hyperplans d'appui de A, parallèles et passant respectivement par u et v (considérer l'ensemble $A' = A + \rho(z)\, z$, et séparer les ensembles A et A' par un hyperplan).
b) Soit d la borne inférieure de la distance de deux hyperplans d'appui parallèles de A ; montrer qu'il existe deux points a, b de A tels que $\|a - b\| = d$, et que les hyperplans passant respectivement par a et b et de direction orthogonale à $a - b$, soient des hyperplans d'appui de A (utiliser *a*)).

17) Dans l'espace $l^\infty(\mathbf{N})$, soit A l'ensemble convexe compact défini dans l'exerc. 12 de II, p. 94 et soit E le sous-espace vectoriel fermé de $l^\infty(\mathbf{N})$ engendré par A. Montrer que la borne inférieure de la distance de deux hyperplans d'appui fermés et parallèles de A dans l'espace E est égale à 0, mais que A n'est pas contenu dans un hyperplan fermé de E.

18) Dans un espace localement convexe séparé E, soit $(K_\alpha)_{\alpha\in I}$ une famille filtrante décroissante d'ensembles convexes compacts non vides. Pour tout $\alpha \in I$, on désigne par A_α l'ensemble des points extrémaux de K_α, et on désigne par F_α l'adhérence de la réunion des A_β pour $\beta \geqslant \alpha$, de sorte que (F_α) est une famille filtrante décroissante d'ensembles compacts. Soient A l'intersection (non vide) des F_α, K l'intersection (non vide) des K_α. Montrer que K est l'enveloppe fermée convexe de A. (Si f est une forme linéaire continue sur E, x_α un point de F_α où f atteint son maximum dans F_α, montrer que $f(y) \leqslant f(x_\alpha)$ pour tout $y \in K$; prendre ensuite une valeur d'adhérence de la famille (x_α) suivant le filtre des sections de I.)

¶ 19) Dans l'espace $\mathbf{R}^n$, soit (K_α) une famille d'ensembles compacts, en nombre $\geqslant n + 1$, et dont aucun n'est contenu dans un hyperplan affine. On suppose que pour toute famille (u_α) d'automorphismes affines de $\mathbf{R}^n$, si $n + 1$ quelconques des ensembles $u_\alpha(K_\alpha)$ ont un point commun, alors tous les $u_\alpha(K_\alpha)$ ont un point commun. Montrer que dans ces conditions les K_α sont convexes. (Raisonner par l'absurde en supposant qu'il existe $n + 1$ points $x_1, \ldots, x_{n+1}$ dans un même ensemble K_α et un point x_0 appartenant à l'enveloppe convexe de l'ensemble des x_i $(i \geqslant 1)$ mais non à K_α. Remarquer que pour tout indice $i \geqslant 1$, il y a un automorphisme affine u_i de $\mathbf{R}^n$ et un indice α_i tels que x_0 et les x_j d'indices $j \neq i$ soient points extrémaux de $u_i(K_{\alpha_i})$, et montrer que les $n + 2$ ensembles K_α et $u_i(K_{\alpha_i})$ n'ont aucun point commun.)

20) Donner un exemple d'ensemble convexe compact K dans $\mathbf{R}^2$, contenant 0 et tel que le cône de sommet 0 engendré par K ne soit pas fermé dans $\mathbf{R}^2$.

¶ 21) *a*) Dans un espace localement convexe séparé E, soit A un cône convexe fermé localement compact, ne contenant pas de droite. Montrer que A est un cône à semelle compacte (appliquer la prop. 2 de II, p. 59 au sommet de A, qui est point extrémal de A). En déduire qu'il existe un hyperplan d'appui fermé H de A contenant le sommet s de A et tel que l'on ait $H \cap A = \{s\}$.
b) Soient A, B deux cônes convexes fermés de sommet 0 dans E, localement compacts et ne contenant pas de droite. Montrer que si $A \cap B = \{0\}$, $A - B$ est un cône fermé localement compact ne contenant pas de droite (méthode de II, p. 71, exerc. 16). En déduire qu'il existe un hyperplan d'appui fermé H de A et de B à la fois, qui sépare A et B et est tel que l'on ait $H \cap A = H \cap B = \{0\}$.
c) Donner un exemple de cône convexe fermé localement compact tel que $A - A$ ne soit pas localement compact (*cf.* II, p. 83, exerc. 11).
d) Soient A un ensemble convexe fermé localement compact dans E, ne contenant pas de droite, x_0 un point de A, H un hyperplan d'appui de $x_0 + C_A$ passant par x_0 et tel que l'on ait $(x_0 + C_A) \cap H = \{x_0\}$. Si $f(x) = a$ est une équation de H et si $f(x) \geqslant a$ dans $x_0 + C_A$, montrer que pour tout nombre réel b, l'ensemble des $y \in A$ tels que $f(y) \leqslant b$ est compact.

¶ 22) Dans une partie convexe A d'un espace vectoriel E, on appelle *rayon extrémal* toute demi-droite fermée D contenue dans A, telle que, pour tout $x \in D$ et tout segment ouvert d'extrémités a, b dans A, contenant x, on ait nécessairement $a \in D$ et $b \in D$; l'origine de D est alors un point extrémal de A.

a) Dans un espace localement convexe séparé E, montrer que tout ensemble convexe fermé localement compact ne contenant pas de droite est l'enveloppe fermée convexe de la réunion de ses rayons extrémaux et de ses points extrémaux. (Supposant le contraire, et désignant par B cette enveloppe fermée convexe, noter d'abord qu'en vertu de l'exerc. 21, *d*), il existe un hyperplan fermé H tel que $H \cap A$ soit compact et non vide, et $H \cap B = \varnothing$. Montrer alors que si $a \in H \cap A$ est point extrémal de $H \cap A$ (donc point non extrémal de A par hypothèse) et si un segment ouvert S d'extrémités b, c, contenu dans A et non contenu dans H, contient a, alors la droite D contenant S contient nécessairement un segment contenant a et dont les extrémités sont des points extrémaux de A, ou un rayon extrémal de A contenant a.)

b) Prouver que si E est de dimension finie, tout ensemble convexe fermé dans E ne contenant aucune droite est l'enveloppe convexe de la réunion de ses points extrémaux et de ses rayons extrémaux (raisonner par récurrence sur la dimension de E).

23) Dans $\mathbf{R}^3$, on considère un ensemble convexe fermé A ayant un point intérieur, dont la frontière F contient deux segments ouverts S, T contenus dans deux droites non parallèles D, D′ (les points de S et de T étant donc non extrémaux dans A), tous les autres points de F étant extrémaux (on montrera comment définir de tels ensembles convexes). Pour tout $x \in \mathbf{R}^3$, on pose $f(x) = (d(x, D))^2$. Soit B l'ensemble convexe fermé dans $\mathbf{R}^4 = \mathbf{R}^3 \times \mathbf{R}$ formé des couples (x, ζ) tels que $x \in A$ et $\zeta \geqslant f(x)$. Montrer que dans B l'ensemble des points extrémaux, la réunion des rayons extrémaux, l'ensemble des extrémités des rayons extrémaux, et toutes les réunions de deux ou trois de ces trois ensembles, sont non fermés et non vides.

¶ 24) Dans $\mathbf{R}^n$, on appelle *polyèdre* (resp. *cône polyédral*) toute intersection finie de demi-espaces fermés (resp. de demi-espaces fermés déterminés par des hyperplans passant par un même point). On dit qu'un ensemble convexe $C \subset \mathbf{R}^n$ est *localement polyédral* en un point $x \in C$ s'il existe un voisinage V de x dans C qui soit un polyèdre.

a) Montrer que, pour qu'un ensemble convexe fermé $C \subset \mathbf{R}^n$ soit localement polyédral en un point $x \in C$, il faut et il suffit que le cône de sommet x engendré par C soit polyédral.

b) Montrer qu'un ensemble convexe compact dans $\mathbf{R}^n$ qui est localement polyédral en chacun de ses points est un polyèdre (utiliser *a*)).

c) Soit $P \subset \mathbf{R}^n$ un ensemble convexe fermé ayant un point intérieur. Montrer que les conditions suivantes sont équivalentes :

α) P est un polyèdre.

β) P n'a qu'un nombre fini de facettes (II, p. 92, exerc. 3).

γ) P est l'enveloppe convexe d'un ensemble réunion d'un nombre fini de points et d'un nombre fini de demi-droites fermées.

(Pour montrer que α) entraîne β), prendre P comme intersection d'un nombre le plus petit possible de demi-espaces fermés, et montrer que les hyperplans définissant ces sous-espaces sont alors engendrés par des facettes de dimension $n - 1$ de P. Pour montrer que β) entraîne γ), raisonner par récurrence sur n. Enfin, pour voir que γ) entraîne α), considérer le polaire P° de P.)

d) Montrer que tout polyèdre convexe P peut s'écrire $Q + C_P$, où Q est un polyèdre compact et C_P le cône asymptote de P. Un polyèdre non compact ne peut être parabolique.

e) Montrer que toute facette d'un polyèdre convexe est une ultrafacette (II, p. 93, exerc. 7, *d*)) (raisonner par récurrence sur n).

¶ 25) *a*) Soit $C \subset \mathbf{R}^n$ un cône convexe fermé de sommet 0. Montrer que, pour que les projections de C sur tout sous-espace de $\mathbf{R}^n$ de dimension 2 soient fermées, il faut et il suffit que C soit un cône polyédral (exerc. 24). (Se ramener au cas où C ne contient aucune droite ; raisonner par récurrence sur n, en utilisant l'existence d'une semelle compacte S pour C (II, p. 95, exerc. 21, *a*)), et projetant sur un hyperplan parallèlement à une droite joignant 0 à un point extrémal de S ; en déduire que S est localement polyédral (exerc. 24).)

b) Déduire de *a*) que, si l'on munit $\mathbf{R}^n$ de l'ordre pour lequel C est l'ensemble des éléments $\geqslant 0$, alors, afin que pour *tout sous-espace vectoriel* F de $\mathbf{R}^n$, toute forme linéaire positive sur F se prolonge en une forme linéaire positive sur $\mathbf{R}^n$, il faut et il suffit que C soit un cône polyédral (appliquer *a*) au cône polaire C°). Donner un exemple de forme linéaire positive sur F et non prolongeable en une forme linéaire positive sur $\mathbf{R}^n$ lorsque $n = 3$, C est le cône engendré par l'ensemble des (ξ_1, ξ_2, ξ_3) tels que $\xi_1 = 1$, $\xi_3 \geqslant (\xi_2^3)^-$, F le sous-espace $\xi_3 = 0$.
c) Soit A un polyèdre dans $\mathbf{R}^n$. Afin que, pour tout polyèdre B, l'enveloppe convexe de $A \cup B$ soit fermée, il faut et il suffit que A soit compact (utiliser l'exerc. 24, *d*)).

26) *a*) Soient E un espace localement convexe séparé, C un ensemble convexe dans E, A un chapeau de C. Si $s \in C$ est un point n'appartenant pas à A, B le cône de sommet s engendré par A, montrer que l'adhérence de $B \cap (C \cap \complement A)$ est un chapeau dans B.
b) Supposons que E soit de dimension finie. Montrer que tout chapeau A dans un ensemble convexe fermé C de E s'obtient de la façon suivante : on considère une facette F de C (II, p. 92, exerc. 3), un hyperplan H dans la variété linéaire affine V engendrée par F, tel que F soit tout entier d'un même côté de H, et on prend pour A l'ensemble des points de F compris entre H et un hyperplan H' de F parallèle à H (utiliser *a*) et la prop. 4 de II, p. 41). Tout point extrémal d'une facette de C est un point extrémal de C.
c) Donner un exemple d'ensemble convexe compact C dans un espace localement convexe séparé E et d'un chapeau A de C tel que A et $C \cap \complement A$ engendrent chacun E et que A et $C \cap \complement A$ ne puissent être séparés par un hyperplan fermé de E (*cf.* II, p. 83, exerc. 11).

27) Dans un produit de droites E, soient C un ensemble convexe fermé, a un point extrémal de C. Montrer que pour tout voisinage V de a dans C, il existe un demi-espace ouvert F dans E tel que $a \in F \cap C \subset V$. (Se ramener au cas où C est compact.)

28) Soit I un ensemble infini non dénombrable. Montrer que tout chapeau du cône $\mathbf{R}^{\mathrm{I}}_+$ dans $\mathbf{R}^{\mathrm{I}}$ est contenu dans la somme des sous-espaces de la forme $\mathbf{R}^{\mathrm{J}}$, où J est une partie *dénombrable* de I (utiliser la prop. 4 de II, p. 41). En déduire qu'il y a des points de $\mathbf{R}^{\mathrm{I}}_+$ qui n'appartiennent à aucun chapeau de $\mathbf{R}^{\mathrm{I}}_+$, bien que $\mathbf{R}^{\mathrm{I}}_+$ soit l'enveloppe fermée convexe de la réunion de ses génératrices extrémales.

29) *a*) Soient (E_n) une suite d'espaces localement convexes séparés, $E = \prod_n E_n$ leur produit, et dans chaque E_n, soient C_n un cône convexe de sommet 0 et A_n un chapeau de C_n. Montrer qu'il existe un chapeau de $C = \prod_n C_n$ qui contient $\prod_n A_n$ (raisonner comme dans la prop. 5 de II, p. 62).
b) Soient (E_n, φ_{nm}) un système projectif filtrant dénombrable d'espaces localement convexes séparés, $E = \varprojlim E_n$ sa limite projective. Pour tout n, soit C_n un cône convexe de sommet 0, tel que (C_n) soit un système projectif d'ensembles. Montrer que si, pour chaque n, C_n est réunion de ses chapeaux, il en est de même de $C = \varprojlim C_n$ (utiliser *a*)). En particulier, si les C_n sont des cônes à semelle compacte, C est l'enveloppe convexe fermée de la réunion de ses génératrices extrémales.

30) Soient E un espace localement convexe séparé, C un ensemble convexe fermé dans E, A un chapeau de C. Montrer que si $a \in A$ est un point extrémal de A, la facette F de a dans C (II, p. 92, exerc. 3) est de dimension $\leqslant 1$. (Utiliser l'exerc. 26 de II, p. 97.) En déduire que $F \cap A$ est un chapeau de C.

¶ * 31) Soient X l'intervalle compact $[0, 1]$ de $\mathbf{R}$, Φ l'ensemble formé des fonctions numériques continues dans X et des fonctions $t \mapsto |t - a|^{-\alpha}$, où $a \in X$ et $0 < \alpha < 1$ (on pose $0^{-\alpha} = +\infty$ pour $\alpha > 0$). Dans l'espace $\mathscr{M}(X)$ des mesures sur X, soit $\mathscr{M}_\Phi^+$ l'ensemble des mesures $\mu \geqslant 0$ telles que toutes les fonctions de Φ soient μ-intégrables.
a) On munit $\mathscr{M}_\Phi^+$ de la structure uniforme induite par la structure produit de $\mathbf{R}^\Phi$. Montrer que $\mathscr{M}_\Phi^+$ est un cône convexe saillant et complet pour cette structure uniforme. (Noter que pour toute fonction $f \in \Phi$ il existe $g \in \Phi$ telle que, pour tout $\varepsilon > 0$, il existe $u \in \mathscr{C}(X ; \mathbf{R})$ telle que $0 \leqslant f - u \leqslant \varepsilon g$.)

b) Montrer que le cône $\mathcal{M}_\Phi^+$ n'a aucune génératrice extrémale. (Observer que si $\mu \in \mathcal{M}_\Phi^+$, toutes les mesures λ telles que $0 \leqslant \lambda \leqslant \mu$ appartiennent à $\mathcal{M}_\Phi^+$.)
c) Montrer que l'ensemble S des $\mu \in \mathcal{M}_\Phi^+$ telles que $\mu(1) = 1$ est une semelle du cône $\mathcal{M}_\Phi^+$ et un *simplexe* dans $\mathbf{R}^\Phi$ (II, p. 76, exerc. 41). $_*$

32) Soient E et F deux espaces localement convexes séparés, A une partie convexe de E, u une application linéaire de E dans F.
a) L'image réciproque par u d'une variété d'appui de $u(A)$ (II, p. 92, exerc. 3, *c*)) est une variété d'appui de A.
b) Si A est compact et u continue, tout point extrémal de $u(A)$ est image par u d'un point extrémal de A.
c) Si A est un cône localement compact de sommet 0 et si u est continue, toute génératrice extrémale de $u(A)$ est image par u d'une génératrice extrémale de A.

¶ 33) Soient E un espace localement convexe séparé, A une partie de E.
a) On désigne par $\Gamma_0(A)$ l'ensemble des points $x \in E$ tels que, pour toute application linéaire continue u de E dans un espace vectoriel de dimension *finie*, $u(x)$ appartienne à l'enveloppe convexe de $u(A)$. Il revient au même de dire que pour toute variété linéaire fermée V de E, contenant x et de codimension finie $n > 0$, il existe une partie de A ayant au plus $n + 1$ éléments, et dont l'enveloppe convexe rencontre V. Montrer que $\Gamma_0(A)$ est un ensemble convexe contenant A, que l'on a $\Gamma_0(\Gamma_0(A)) = \Gamma_0(A)$, et que $\Gamma_0(A)$ est contenu dans l'enveloppe fermée convexe de A (utiliser la prop. 4 de II, p. 41).
b) Soient $(x_\alpha)_{\alpha\in I}$ une famille d'éléments de A et $(\lambda_\alpha)_{\alpha\in I}$ une famille de nombres positifs telle que $\sum_{\alpha\in I} \lambda_\alpha = 1$ et que la famille $(\lambda_\alpha x_\alpha)$ soit sommable dans E. Montrer que la somme $s = \sum_{\alpha\in I} \lambda_\alpha x_\alpha$ appartient à $\Gamma_0(A)$. (A l'aide de *a*), se ramener au cas où E est de dimension finie et identique à la variété linéaire engendrée par les $\lambda_\alpha x_\alpha$; raisonner ensuite par l'absurde, en considérant, pour toute partie finie J de I, un hyperplan fermé H_J passant par s et ne rencontrant pas l'enveloppe convexe de l'ensemble des x_α tels que $\alpha \in J$, puis en utilisant la compacité de la sphère unité dans un espace de dimension finie.)
c) Montrer que si A est compact, $\Gamma_0(A)$ est identique à l'enveloppe fermée convexe de A.
d) Si K est un ensemble convexe et compact dans E, A l'ensemble de ses points extrémaux, montrer que $K = \Gamma_0(A)$ (utiliser les exerc. 22, *b*) de II, p. 96 et 32 de II, p. 98).
e) Avec les notations de II, p. 79, exerc. 3, soit A l'ensemble formé des ε_x, où x parcourt l'ensemble des nombres rationnels tels que $0 \leqslant x \leqslant 1$. Montrer que $\Gamma_0(A)$ est distinct de l'enveloppe convexe de A et de l'enveloppe fermée convexe de A.

¶ 34) Soient E un espace localement convexe séparé, S une partie convexe fermée de E, A une partie de S telle que $S = \Gamma_0(A)$ (exerc. 33), S_0 l'enveloppe convexe de A (de sorte que $S = \overline{S}_0$). Soient N une partie convexe fermée de E contenant une variété linéaire fermée de codimension finie, $M = S \cap N$ et $M_0 = S_0 \cap N$.
a) Montrer que $M = \overline{M}_0$. (Remarquer, en utilisant l'exerc. 33, *a*), que toute variété linéaire fermée de codimension finie dans E, passant par un point $x \in M$, rencontre M_0, et utiliser la prop. 4 de II, p. 41.)
b) On suppose que pour toute partie finie F de A, l'intersection de N et de la facette (dans S) de tout point de l'enveloppe convexe de F, soit compacte, ou de dimension finie et ne contenant pas de droite. Montrer alors que M est l'enveloppe fermée convexe de l'ensemble de ses points extrémaux. (A l'aide de *a*), se ramener à prouver que tout point de M_0 est contenu dans l'enveloppe fermée convexe de l'ensemble des points extrémaux de M. Utiliser l'exerc. 3, *e*) de II, p. 92, le th. de Krein-Milman (II, p. 59) et l'exerc. 22, *b*) de II, p. 96.) En déduire que tout hyperplan d'appui fermé de M contient un point extrémal de M.

35) Soient I un ensemble non dénombrable, $E = \mathbf{R}^{(I)}$, $E' = E \times \mathbf{R}$, $(e_\alpha)_{\alpha\in I}$ la base canonique de E, s l'élément (0, 1) de E'. On définit une dualité séparante entre E et E' caractérisée par $\langle e_\alpha, e_\beta \rangle = \delta_{\alpha\beta}$, $\langle e_\alpha, s \rangle = 1$ pour tout $\alpha \in I$. Soit C le cône pointé $\mathbf{R}_+^{(I)}$ dans E.
a) Montrer que sur C les topologies induites par $\sigma(E, E')$ et par la norme $p(x) = \sum_{\alpha\in I} |x_\alpha|$ sur E coïncident.
b) Montrer que la structure uniforme induite sur C par $\sigma(E, E')$ n'est pas métrisable.

36) On considère l'espace $E = \mathbf{R}^{(\mathbf{N})}$, muni de la topologie faible $\sigma(\mathbf{R}^{(\mathbf{N})}, \mathbf{R}^{\mathbf{N}})$; soit C le cône convexe fermé dans E formé des points $x = (x_n)$ tels que $x_n \geqslant 0$ pour tout n.
a) Soit $x = (x_n)$ un point de C et soit J l'ensemble fini des entiers n tels que $x_n > 0$; si m est le nombre d'éléments de J, soit A l'ensemble des points $y = (y_n)$ de C tels que $y_n = 0$ pour $n \in J$ et $\sum_{k \in J} y_k x_k^{-1} \leqslant m$. Montrer que A est un chapeau de C contenant x.
b) Montrer qu'il n'existe pas de chapeau B dans C tel que C soit la réunion des ensembles nB pour $n > 0$. (Soit p la restriction à C de la jauge de B ; p serait finie dans C et, si (e_n) est la base canonique de E, on aurait $p(e_n) > 0$ pour tout n (II, p. 61, prop. 4), et les points $z^{(n)} = e_n/p(e_n)$ appartiendraient à B ; mais montrer qu'il existe $z' \in \mathbf{R}^{\mathbf{N}}$ tel que la suite $(\langle z^{(n)}, z' \rangle)$ soit non bornée.)

37) Soient F l'espace de Banach $l^1(\mathbf{N})$ des suites sommables $x = (x_n)$ de nombres réels, E l'espace des suites $y = (y_n)$ tendant vers 0 ; on munit F de la topologie faible $\sigma(F, E)$, E et F étant en dualité séparante par la forme $B(x, y) = \sum_n x_n y_n$.
a) Soit C le cône convexe dans F formé des points $x = (x_n)$ tels que $x_n \geqslant 0$ pour tout n. Montrer que C est fermé dans F.
b) Soit A l'ensemble des $x = (x_n) \in C$ tels que $\sum_n x_n \leqslant 1$. Montrer que A est un chapeau de C, qui est métrisable pour la topologie induite par celle de F, et que C est réunion des ensembles nA pour $n > 0$.
c) Montrer que C n'admet pas de semelle compacte (un tel ensemble S serait l'ensemble des $x = (x_n) \in C$ tels que $\sum_n z_n x_n = 1$, où $(z_n) \in E$ et $z_n > 0$ pour tout n. Si $e_m = (\delta_{mn})_{n \geqslant 0}$, les points $z_n^{-1} e_n$ appartiendraient à S, mais ne forment pas un ensemble relativement compact dans F).
d) Montrer que C n'est pas métrisable pour la topologie induite par celle de F (utiliser le th. de Baire, en notant qu'il n'existe dans A aucun point intérieur par rapport au sous-espace C).

38) Soient E un espace localement convexe séparé, X un ensemble convexe compact dans E. On désigne par $\mathscr{A}(X)$ l'ensemble des fonctions affines continues *dans* X (non nécessairement restrictions à X de fonctions affines continues dans E, *cf.* II, p. 83, exerc. 11). Pour toute fonction numérique f, majorée dans X, on pose, pour tout $x \in X$, $\tilde{f}(x) = \inf_h(h(x))$ où h parcourt l'ensemble des fonctions de $\mathscr{A}(X)$ telles que $h \geqslant f$.
a) Montrer que $\tilde{f}$ est une fonction concave semi-continue supérieurement. Si f est elle-même concave et semi-continue supérieurement, on a $\tilde{f} = f$ (*cf.* II, p. 42, prop. 5).
b) On suppose f semi-continue supérieurement. Montrer que $\tilde{f}$ est l'enveloppe inférieure des fonctions $\tilde{g}$, où g parcourt un ensemble de fonctions continues dans X dont f soit l'enveloppe inférieure.
c) Pour tout $x \in X$, on note $\mathscr{M}_x$ l'ensemble des familles finies $\mu = ((\mu_j, x_j))$ où les x_j sont des points de X, les μ_j des nombres $\geqslant 0$ vérifiant $\sum_j \mu_j = 1$, tels que $x = \sum_j \mu_j x_j$. Pour toute fonction numérique f majorée dans X, on pose $f'(x) = \sup_{\mu \in \mathscr{M}_x} \sum \mu_j f(x_j)$ pour tout $x \in X$. Montrer que f' est une fonction concave dans X et que l'on a $f' \leqslant \tilde{f}$.
d) On suppose que f est *continue* dans X. Étant donné $\varepsilon > 0$, soit $(U_k)_{1 \leqslant k \leqslant N}$ un recouvrement de X par des ouverts convexes tels que les relations $x \in U_k$, $y \in U_k$ entraînent l'inégalité $|f(x) - f(y)| \leqslant \varepsilon$. On pose $A_1 = U_1$ et, pour $k > 1$, $A_k = U_k \cap \complement(U_1 \cup U_2 \cup \ldots \cup U_{k-1})$. Montrer que, pour tout $x \in X$, il existe une famille $\mu = ((\mu_k, x_k))$ *de* N *termes* appartenant à $\mathscr{M}_x$, avec $x_k \in U_k$ pour $1 \leqslant k \leqslant N$, telle que $\sum_k \mu_k f(x_k) \geqslant f'(x) - 2\varepsilon$ (si l'on a l'inégalité $\sum_j \lambda_j f(y_j) \geqslant f'(x) - \varepsilon$, grouper les y_j appartenant à un même A_k).
e) Déduire de *d*) que lorsque f est continue, f' est semi-continue supérieurement et $f' = \tilde{f}$. (Si $\mathfrak{U}$ est un ultrafiltre sur X plus fin que le filtre des voisinages d'un point $x \in X$ et si $f'(y) \geqslant r$ pour tous les points y d'un ensemble appartenant à $\mathfrak{U}$, montrer que $f'(x) \geqslant r - 2\varepsilon$, en faisant correspondre à tout y une famille $\mu_y \in \mathscr{M}_y$ satisfaisant à la condition de *d*), et passant à la limite suivant $\mathfrak{U}$.)

39) Soient E un espace localement convexe séparé, H un hyperplan fermé dans E ne contenant pas 0, S un *simplexe* compact contenu dans H (II, p. 76, exerc. 41).
a) Soit C le cône de sommet 0 engendré par S. Montrer que si $(x_i)_{i \in I}$ et $(y_j)_{j \in J}$ sont deux familles finies de points de C telles que $\sum_{i \in I} x_i = \sum_{j \in J} y_j$, il existe une famille finie $(z_{ij})_{(i,j) \in I \times J}$ de points de C telle que $x_i = \sum_{j \in J} z_{ij}$ pour tout $i \in I$ et $y_j = \sum_{i \in I} z_{ij}$ pour tout $j \in J$ (raisonner par récurrence pour se ramener au cas $I = J = \{1, 2\}$).
b) Soit f une fonction semi-continue supérieurement et convexe dans S. Montrer que la fonction $\tilde{f}$ (définie dans l'exerc. 38) est une fonction *affine*. (Se ramener d'abord au cas où f est *continue* en utilisant l'exerc. 38, *b*) ainsi que II, p. 86, exerc. 28. Utiliser ensuite le fait que si f est continue, $\tilde{f} = f'$ (exerc. 38, *e*)), et montrer que f' est convexe en utilisant *a*) pour majorer $f'(\alpha_1 x_1 + \alpha_2 x_2)$ lorsque $\alpha_1 \geqslant 0$, $\alpha_2 \geqslant 0$, $\alpha_1 + \alpha_2 = 1$.)

40) Soient E un espace localement convexe séparé, X un ensemble convexe compact dans E, f une fonction minorée et semi-continue supérieurement, g une fonction concave, semi-continue inférieurement, et telle que $g \geqslant f$. Montrer (avec les notations de l'exerc. 38) que l'on a $g \geqslant \tilde{f}$. (Se ramener au cas où $\inf_{x \in X}(g(x) - f(x)) > 0$. Si (f_α) est une famille filtrante décroissante de fonctions continues telles que $f = \inf(f_\alpha)$, montrer que l'on a aussi $\inf_{x \in X}(g(x) - f_\alpha(x)) \geqslant 0$ pour $\alpha \geqslant \alpha_0$, et ramener ainsi le problème au cas où f est continue. Utiliser alors l'exerc. 38, *e*).)

41) Soient E un espace localement convexe séparé, S un *simplexe* compact contenu dans E (II, p. 76, exerc. 41), f une fonction minorée, convexe et semi-continue supérieurement, g une fonction concave, semi-continue inférieurement et telle que $g \geqslant f$.
a) Si l'on pose $u = \tilde{f}$, $v = -(-g)^{\sim}$, u et v sont des fonctions affines telles que $u \leqslant v$ (utiliser l'exerc. 39, *b*) et l'exerc. 40).
b) Montrer qu'il existe une fonction affine h, continue dans X et telle que $f \leqslant h \leqslant g$ (*th. de D. Edwards*). (On peut remplacer f par u et g par v. Construire trois suites (u_m), (v_m), (h_m) de fonctions affines telles que dans X, u_m soit semi-continue supérieurement, v_m semi-continue inférieurement, h_m continue et que l'on ait

$$u - \frac{1}{2^m} \leqslant u_m < h_m < v_m \leqslant v + \frac{1}{2^m} \quad \text{et} \quad \|h_{n+1} - h_n\| \leqslant \frac{1}{2^{n+1}}.$$

Utiliser pour cela l'exerc. 29 de II, p. 86.)

§ 8

1) Étendre aux espaces $\mathscr{C}(T ; \mathbf{C})$ et à leurs sous-espaces de dimension finie les résultats de l'exerc. 8 de II, p. 88.

2) Lorsque z parcourt le disque unité $|z| \leqslant 1$ dans $\mathbf{C}$, montrer que le cône convexe engendré par l'ensemble des points $(z, z^2, \ldots, z^n)$ dans l'espace $\mathbf{C}^n$ est l'espace $\mathbf{C}^n$ tout entier. (Remarquer qu'il ne peut exister de nombres complexes c_k non tous nuls $(1 \leqslant k \leqslant n)$ tels que l'on ait $\mathscr{R}(\sum_{k=1}^{n} c_k e^{ki\theta}) \geqslant 0$ pour $0 \leqslant \theta \leqslant 2\pi$ en utilisant le fait que $\int_0^{2\pi} e^{ki\theta} d\theta = 0$ pour tout entier $k \neq 0$.)

3) Pour les espaces vectoriels topologiques sur le corps $\mathbf{H}$ des quaternions, donner les définitions et propriétés correspondant à celles de ce paragraphe.

CHAPITRE III

Espaces d'applications linéaires continues

Dans ce chapitre, tous les espaces vectoriels considérés sont des espaces vectoriels sur un corps K *égal à* **R** *ou* **C**.

On rappelle (II, p. 3) qu'un *espace semi-normé* est un espace vectoriel E muni d'une semi-norme p et de la topologie définie par p. Soit r un nombre réel > 0. On appelle boule (fermée) de rayon r de E (ou de p) l'ensemble des $x \in E$ tels que $p(x) \leqslant r$. Lorsque $r = 1$, on dit aussi boule unité.

§ 1. BORNOLOGIE DANS UN ESPACE VECTORIEL TOPOLOGIQUE

1. Bornologies

DÉFINITION 1. — *On appelle bornologie sur un ensemble* E *une partie* $\mathfrak{B}$ *de l'ensemble des parties de* E *satisfaisant aux conditions suivantes* (*cf.* TG, X, p. 3, *Remarque* 2) :
(B1) *Toute partie d'un ensemble de* $\mathfrak{B}$ *appartient à* $\mathfrak{B}$.
(B2) *Toute réunion finie d'ensembles de* $\mathfrak{B}$ *appartient à* $\mathfrak{B}$.
On dit que $\mathfrak{B}$ *est couvrante si toute partie à un élément de* E *appartient à* $\mathfrak{B}$, *ou, ce qui revient au même, si* $\mathfrak{B}$ *est un recouvrement de* E.

Exemple. — Soit E un espace métrique ; l'ensemble des parties bornées de E (TG, IX, p. 14) est une bornologie couvrante sur E. Soit G le groupe des isométries de E ; l'ensemble des parties M de G telles que, quel que soit $x \in E$, l'ensemble $M.x$ est une partie bornée de E, est une bornologie couvrante sur G.

Si $\mathfrak{B}$ est une bornologie sur un ensemble E, on appelle *base* de $\mathfrak{B}$ une partie $\mathfrak{B}_1$ de $\mathfrak{B}$ telle que tout ensemble de $\mathfrak{B}$ soit contenu dans un ensemble de $\mathfrak{B}_1$.

L'intersection d'une famille de bornologies sur E est une bornologie ; par suite pour toute partie $\mathfrak{S}$ de $\mathfrak{P}(E)$, il existe une plus petite bornologie contenant $\mathfrak{S}$; on dit qu'elle est *engendrée par* $\mathfrak{S}$; elle admet pour base l'ensemble des réunions finies d'ensembles de $\mathfrak{S}$. Si E et E' sont deux ensembles, et $\mathfrak{B}$ (resp. $\mathfrak{B}'$) une bornologie sur E (resp. E'), on appelle bornologie *produit* la bornologie sur $E \times E'$ qui admet pour base l'ensemble des $M \times M'$ pour $M \in \mathfrak{B}$ et $M' \in \mathfrak{B}'$.

DÉFINITION 2. — *Soit* E *un espace vectoriel. On dit qu'une bornologie* $\mathfrak{B}$ *sur* E *est* convexe *si, quels que soient* $X \in \mathfrak{B}$ *et* $t \in K$, *l'homothétique* tX *et l'enveloppe convexe équilibrée* $\Gamma(X)$ (II, p. 10) *de* X *appartiennent à* $\mathfrak{B}$.

Si X et Y sont des parties de E, on a

$$X + Y \subset 2\Gamma(X \cup Y)$$
$$\lambda X \subset t\Gamma(X) \quad \text{pour} \quad |\lambda| \leqslant t\,.$$

Par suite, si $\mathfrak{B}$ est une bornologie convexe sur E, si A est une partie bornée de K et si X, Y appartiennent à $\mathfrak{B}$, alors on a $X + Y \in \mathfrak{B}$ et $A.X \in \mathfrak{B}$.

2. Parties bornées d'un espace vectoriel topologique

DÉFINITION 3. — *Soit* E *un espace vectoriel topologique. On dit qu'une partie* A *de* E *est bornée si elle est absorbée par tout voisinage de* 0 *dans* E (I, p. 7, déf. 4).

Pour que A soit bornée, il suffit que A soit absorbée par tout voisinage d'un système fondamental de voisinages de 0. Comme il existe un système fondamental de voisinages équilibrés de 0 (I, p. 7, prop. 4), il revient au même de dire que, pour tout voisinage V de 0 dans E, il existe $\lambda \in K$ tel que $A \subset \lambda V$.

Supposons que la topologie de E soit définie par un système fondamental Γ de semi-normes (II, p. 3); pour qu'une partie A de E soit bornée, il faut et il suffit que toute semi-norme $p \in \Gamma$ soit bornée sur A.

En particulier si E est un espace semi-normé, pour qu'une partie A de E soit bornée, il faut et il suffit qu'elle soit contenue dans une boule. En d'autres termes, si E est normé, cela signifie que A est bornée pour la structure d'espace métrique de E (TG, IX, p. 14).

Remarques. — 1) Si E est un espace semi-normé, les boules forment un système fondamental de voisinages bornés de 0 dans E. Inversement, si E est un espace vectoriel topologique localement convexe et s'il existe un voisinage borné de 0 dans E, celui-ci contient un voisinage convexe équilibré W, et la jauge de W est alors une semi-norme qui définit la topologie de E.

Ainsi, si E est localement convexe et métrisable et si sa topologie ne peut pas être définie par une seule norme, il n'existe pas de distance sur E définissant sa topologie et pour laquelle les parties bornées (TG, IX, p. 14) soient les parties bornées de E. Plus précisément, pour toute distance d sur E, invariante par translation et définissant la topologie de E, les parties bornées de E sont bornées pour d (III, p. 39, exerc. 3) mais la réciproque est inexacte.

2) Soit M un sous-espace vectoriel de E, muni de la topologie induite. Pour qu'une partie de M soit bornée dans M, il faut et il suffit qu'elle soit bornée dans E.

3) Soit N l'intersection des voisinages de 0 dans E, de sorte que $\tilde{E} = E/N$ est l'espace vectoriel séparé associé à E. Alors N est bornée; si $\pi : E \to \tilde{E}$ est l'homomorphisme canonique, pour qu'une partie B de E soit bornée, il faut et il suffit que $\pi(B)$ le soit.

4) Si E est un espace localement convexe *séparé*, pour tout $x \neq 0$ dans E, il existe une semi-norme continue p telle que $p(x) \neq 0$; cette semi-norme n'est pas bornée sur la demi-droite réelle $\mathbf{R}_+ . x$ engendrée par x. Donc aucun sous-espace non nul de E n'est borné. En particulier, un sous-ensemble borné ne contient aucune droite.

DÉFINITION 4. — *Soit* E *un espace localement convexe. On dit qu'une bornologie* $\mathfrak{B}$ *sur* E *est* adaptée *à* E *si elle est convexe, composée de parties bornées de* E, *et si l'adhérence de tout ensemble de* $\mathfrak{B}$ *appartient à* $\mathfrak{B}$.

PROPOSITION 1. — *Soit* E *un espace localement convexe. L'ensemble des parties bornées de* E *est une bornologie adaptée.*

Il s'agit d'établir les propriétés suivantes :

a) Si B est une partie bornée de E, toute partie de B est bornée.

b) La réunion de deux parties bornées est bornée.

c) Tout homothétique d'une partie bornée est bornée.

d) L'enveloppe fermée convexe équilibrée (II, p. 14) d'une partie bornée est bornée.

Si p est une semi-norme continue sur E, les boules de p sont convexes équilibrées fermées, et l'homothétique d'une boule est une boule. Donc, si p est bornée sur deux parties X et Y de E, elle l'est aussi sur l'enveloppe fermée convexe équilibrée de $X \cup Y$, et sur les homothétiques de celle-ci. Ceci établit les propriétés *b*), *c*) et *d*), et *a*) est évidente.

DÉFINITION 5. — *Soit* E *un espace localement convexe. On appelle bornologie canonique de* E *l'ensemble des parties bornées de* E.

Si $\mathfrak{B}$ est un ensemble de parties bornées de E, il existe une plus petite bornologie $\hat{\mathfrak{B}}$ adaptée à E et contenant $\mathfrak{B}$. Les ensembles de $\hat{\mathfrak{B}}$ sont ceux contenus dans un homothétique de l'enveloppe fermée convexe équilibrée d'une réunion finie d'ensembles de $\mathfrak{B}$.

Toute bornologie adaptée est contenue dans la bornologie canonique.

PROPOSITION 2. — *Dans un espace localement convexe* E, *tout ensemble précompact est borné.*

En effet, soient A une partie précompacte de E et V un voisinage convexe et équilibré de 0. Il existe une suite finie $(a_i)_{1 \leqslant i \leqslant n}$ de points de A telle que

$$A \subset \bigcup_{1 \leqslant i \leqslant n} (a_i + V).$$

Comme $B = \{a_1, \ldots, a_n\}$ est borné, il existe un scalaire λ tel que $0 < \lambda < 1$ et $\lambda B \subset V$; on a $\lambda A \subset \lambda B + \lambda V \subset V + V$, d'où la proposition.

COROLLAIRE. — *Dans un espace localement convexe, l'ensemble des points d'une suite de Cauchy est borné.*

En effet cet ensemble est précompact (TG, II, p. 29).

Remarque 5. — En général, les parties bornées d'un espace localement convexe E ne sont pas toutes précompactes (par exemple, si E est un espace normé de dimension infinie, sa boule unité n'est pas précompacte (I, p. 15, th. 3)). Toutefois, il en est ainsi si E est un espace faible (II, p. 45) : en effet, l'espace vectoriel topologique séparé associé à E est alors isomorphe à un sous-espace d'un produit K^I dont les parties bornées sont précompactes (*cf.* III, p. 4, cor. 2).

Pour d'autres exemples, voir IV, p. 18.

Proposition 3. — *Soit* A *une partie d'un espace localement convexe* E. *Si* A *est bornée, pour toute suite* (x_n) *de points de* A *et toute suite* (λ_n) *de scalaires tendant vers* 0, *la suite* $(\lambda_n x_n)$ *tend vers* 0. *Inversement, s'il existe une suite* (λ_n) *de scalaires non nuls telle que pour toute suite* (x_n) *de points de* A *la suite* $(\lambda_n x_n)$ *soit bornée, alors* A *est bornée.*

Supposons A bornée. Si (λ_n) est une suite de scalaires qui tend vers 0, et V un voisinage de 0, on a $\lambda_n A \subset V$ dès que n est assez grand, d'où la première assertion.

Inversement si A n'est pas bornée et si (λ_n) est une suite de scalaires $\neq 0$, il existe une semi-norme continue p et une suite (x_n) de points de A tels que $p(x_n) \geqslant \dfrac{n}{|\lambda_n|}$. On a alors $p(\lambda_n x_n) \geqslant n$, et la suite $(\lambda_n x_n)$ n'est pas bornée.

Corollaire. — *Pour qu'une partie* A *de* E *soit bornée, il faut et il suffit que toute partie dénombrable de* A *le soit.*

3. Image par une application continue

Proposition 4. — *Soient* E *et* F *deux espaces localement convexes, et* $f: E \to F$ *une application continue. On suppose que* $f(0) = 0$ *et qu'il existe un nombre réel* $m \geqslant 0$ *tel que* $f(\lambda x) = \lambda^m f(x)$ *pour tout* $\lambda > 0$. *Alors si* A *est une partie bornée de* E, $f(A)$ *est bornée dans* F.

En effet, si V est un voisinage de 0 dans F, $f^{-1}(V)$ est un voisinage de 0 dans E. Si A est bornée dans E, il existe $\lambda > 0$ tel que $A \subset \lambda f^{-1}(V)$ et ceci implique $f(A) \subset \lambda^m V$.

Corollaire 1. — *Soient* E *et* F *deux espaces localement convexes, et* $u: E \to F$ *une application linéaire continue. Si* A *est une partie bornée de* E, $u(A)$ *est bornée dans* F.

Corollaire 2. — *Soit* $E = \prod_{i \in I} E_i$ *le produit d'une famille d'espaces localement convexes. Pour qu'une partie de* E *soit bornée, il faut et il suffit que toutes ses projections le soient.*

Plus généralement :

Corollaire 3. — *Soient* E *un espace vectoriel,* $(F_i)_{i \in I}$ *une famille d'espaces localement convexes et* f_i *une application linéaire de* E *dans* F_i (*pour* $i \in I$). *Munissons* E *de la topologie (localement convexe) la moins fine qui rende continues les* f_i (II, p. 29). *Pour qu'une partie* A *de* E *soit bornée, il faut et il suffit que* $f_i(A)$ *soit bornée dans* F_i *pour tout* $i \in I$.

En effet, si A est bornée, les $f_i(A)$ le sont (cor. 1). Inversement, si les $f_i(A)$ sont bornées et si p est une semi-norme continue sur E, il existe une partie finie J de I et une famille $(q_j)_{j \in J}$, où q_j est une semi-norme continue sur F_j, telles que l'on ait $p \leqslant \sup_{j \in J}(q_j \circ f_j)$. Par suite, p est bornée sur A.

COROLLAIRE 4. — *Soient* E_i $(1 \leqslant i \leqslant n)$ *et* F *des espaces localement convexes, et* f *une application multilinéaire continue de* $\prod_{i=1}^{n} E_i$ *dans* F. *Si* B_i *est une partie bornée de* E_i *pour* $1 \leqslant i \leqslant n$, *alors* $f(\prod_{i=1}^{n} B_i)$ *est bornée dans* F.

COROLLAIRE 5. — *Soient* E *et* F *deux espaces localement convexes, et* $u : E \to F$ *une application polynomiale continue. Si* A *est une partie bornée de* E, $u(A)$ *est bornée.*

4. Parties bornées dans certaines limites inductives

PROPOSITION 5. — *Soit* $(E_i)_{i \in I}$ *une famille d'espaces localement convexes séparés, et soit* E *la somme directe topologique de cette famille* (II, p. 32). *Pour qu'une partie* B *de* E *soit bornée, il faut et il suffit qu'il existe une partie finie* J *de* I *telle que* $\mathrm{pr}_i(B)$ *soit bornée dans* E_i *pour* $i \in J$ *et* $\mathrm{pr}_i(B) \subset \{0\}$ *pour* $i \notin J$.

Soit J une partie finie de I. Comme la topologie de E induit sur $\prod_{j \in J} E_j$ la topologie produit (II, p. 33, prop. 7 et 8), il résulte de III, p. 4, cor. 2 que la condition est suffisante.

Inversement, soit B une partie bornée de E. Alors $\mathrm{pr}_i(B)$ est bornée pour tout i (III, p. 4, cor. 1). Il suffit donc de prouver qu'il existe une partie finie J de I telle que $\mathrm{pr}_i(B) \subset \{0\}$ pour $i \notin J$. Supposons le contraire : il existe alors une suite infinie (i_n) d'éléments distincts de I et une suite infinie (x_n) d'éléments de B telles que $\mathrm{pr}_{i_n}(x_n) \neq 0$. Comme E_{i_n} est séparé, il existe une semi-norme continue p_n sur E_{i_n} telle que $p_n(\mathrm{pr}_{i_n}(x_n)) \geqslant n$. Alors $p = \sum_{n \geqslant 1} p_n \circ \mathrm{pr}_{i_n}$ est une semi-norme continue sur E et p n'est pas bornée sur B, ce qui est absurde.

PROPOSITION 6. — *Soit* E *un espace localement convexe limite inductive stricte d'une suite croissante* (E_n) *de sous-espaces vectoriels fermés de* E (II, p. 36). *Pour qu'une partie* B *de* E *soit bornée, il faut et il suffit qu'elle soit contenue dans un des sous-espaces* E_n, *et bornée dans ce sous-espace.*

La condition est suffisante, puisque la topologie induite sur E_n par celle de E est identique à la topologie donnée sur E_n (II, p. 35, prop. 9). Pour voir que la condition est nécessaire, il suffit (III, p. 3, prop. 3) de prouver que si une suite (x_m) de points de E n'est contenue dans aucun des sous-espaces E_n, elle ne peut pas tendre vers 0. Quitte à extraire une suite partielle de la suite (x_m), on peut supposer qu'il existe une suite strictement croissante (n_k) d'entiers tels que, pour tout indice k, on ait $x_k \notin E_{n_k}$ et $x_k \in E_{n_{k+1}}$. Il existe alors (II, p. 35, lemme 2) une suite croissante (V_k) d'ensembles convexes telle que V_k soit un voisinage de 0 dans E_{n_k}, que $V_{k+1} \cap E_{n_k} = V_k$, et que $x_k \notin V_{k+1}$ pour tout indice k. La réunion V des V_k est alors un voisinage de 0 dans E, et l'on a $x_k \notin V$ pour tout k, ce qui prouve que la suite (x_k) ne tend pas vers 0.

La conclusion de la prop. 6 n'est plus nécessairement vraie pour un espace E limite inductive d'un ensemble filtrant non dénombrable de sous-espaces fermés de F (*cf* III, p. 39, exerc. 7).

PROPOSITION 7. — *Soit* $(E_n)_{n \geqslant 0}$ *une suite d'espaces localement convexes séparés, et pour chaque* n, *soit* $u_n : E_n \to E_{n+1}$ *une application linéaire injective* compacte (i.e. *telle qu'il existe un voisinage de* 0 *dans* E_n *dont l'image par* u_n *soit relativement compacte, ce qui entraîne que* u_n *est continue*). *Soit* E *l'espace limite inductive du système* (E_n, u_n) (II, p. 31), *et soit* v_n *l'application canonique de* E_n *dans* E. *L'espace localement convexe* E *est séparé. En outre, pour toute partie* A *de* E, *les conditions suivantes sont équivalentes* :

(i) A *est bornée* ;

(ii) *il existe un entier* n *tel que* A *soit l'image par* v_n *d'une partie bornée de* E_n ;

(iii) A *est relativement compacte.*

Identifions E_n à un sous-espace vectoriel de E (muni d'une topologie plus fine que la topologie induite).

Lemme 1. — *Sous les hypothèses de la prop.* 7, *la topologie de* E *est la plus fine rendant continues les applications* $v_n : E_n \to E$.

Il s'agit de prouver que, si U est une partie de E telle que $U \cap E_n$ soit ouvert dans E_n pour tout n, alors U est ouvert dans E ; autrement dit, il faut montrer que, pour tout $x \in U$, il existe un ensemble *convexe équilibré* V tel que $x + V \subset U$ et que $V \cap E_n$ soit un voisinage de 0 dans E_n pour tout n assez grand (II, p. 29, prop. 5). Pour tout n, soit W_n un voisinage convexe équilibré de 0 dans E_n tel que l'adhérence H_n de W_n dans E_{n+1} soit compacte. Soit $x \in U$ et soit n_0 un entier tel que $x \in E_{n_0}$. Nous allons construire par récurrence une suite $(\varepsilon_n)_{n \geqslant n_0}$ de scalaires > 0 telle que $x + \sum_{n_0 \leqslant i \leqslant n} \varepsilon_i H_i$ soit contenu dans U pour $n \geqslant n_0$. Supposons donc construits les ε_i pour $i < n$. Si $n = n_0$, posons $V_{n-1} = \{0\}$; sinon, posons

$$V_{n-1} = \sum_{n_0 \leqslant i \leqslant n-1} \varepsilon_i H_i .$$

Alors V_{n-1} est compact dans E_n et à plus forte raison dans E_{n+1}. Comme $U \cap E_{n+1}$ est ouvert dans E_{n+1}, il existe un scalaire $\varepsilon_n > 0$ tel que $x + V_n = x + V_{n-1} + \varepsilon_n H_n$ soit contenu dans U (TG, II, p. 31, cor.). Posons $V = \bigcup_{n \geqslant n_0} V_n$. Alors V est convexe équilibré ; pour $n \geqslant n_0$, on a $V \cap E_n \supset \varepsilon_n H_n \cap E_n \supset \varepsilon_n W_n$, donc $V \cap E_n$ est un voisinage de 0 dans E_n. Ceci achève la démonstration du lemme.

L'ensemble $U = E - \{0\}$ est tel que l'ensemble $U \cap E_n = E_n - \{0\}$ soit ouvert dans E_n pour tout n, donc U est ouvert dans E, ce qui prouve que E est séparé (TG, III, p. 5, prop. 2). Il est clair alors que la propriété (ii) de l'énoncé entraîne (iii) et que (iii) entraîne (i). Montrons enfin que (i) entraîne (ii). Il suffit de montrer que si une partie A de E n'est absorbée par aucun des ensembles $\sum_{0 \leqslant i \leqslant n} H_i$, alors A n'est pas bornée. Or, il existe alors une suite $(x_n)_{n \geqslant 1}$ de points de A telle que, pour tout n, on ait $x_n \notin n^2 \sum_{0 \leqslant i \leqslant n} H_i$. L'ensemble des x_n/n est alors fermé en vertu du lemme 1, car son intersection avec E_m est discrète pour tout entier m. Le complémentaire de l'ensemble des x_n/n est donc un voisinage ouvert de 0 qui n'absorbe pas la suite (x_n), et A n'est pas bornée.

Remarques. — 1) Avec les notations ci-dessus, soit F_n l'espace vectoriel engendré par H_n, muni de la norme égale à la jauge de H_n. Nous verrons (III, p. 8, cor.) que F_n est un espace de Banach ; l'injection de F_n dans E_{n+1} est compacte, donc aussi *a fortiori* l'injection w_n de F_n dans F_{n+1}. En outre, E est encore *limite inductive du système inductif* (F_n, w_n) *d'espaces de Banach*. En effet, un voisinage convexe équilibré V de 0 dans E est tel que $V \cap E_n$ absorbe H_{n-1} pour tout $n \geqslant 1$, et inversement, si un ensemble convexe équilibré W dans E est tel que $W \cap E_n$ absorbe H_{n-1}, $W \cap E_{n-1}$ contient un homothétique de W_{n-1} pour tout $n \geqslant 1$, donc W est un voisinage de 0 dans E.

2) Soient F un espace localement convexe, k un entier $\geqslant 0$ et $f : E^k \to F$ une application multilinéaire. Pour que f soit continue, il faut et il suffit que la restriction de f à E_n^k soit continue, pour tout n. En effet, on vérifie aussitôt que E^k a la topologie localement convexe finale pour la famille d'applications linéaires $v_n \times \cdots \times v_n : E_n \times \cdots \times E_n \to E \times \cdots \times E$ (II, p. 30, cor. 2 et p. 33, prop. 7) et que $u_n \times \cdots \times u_n$ est une application linéaire injective compacte de $(E_n)^k$ dans $(E_{n+1})^k$. Il suffit alors d'appliquer le lemme 1.

5. Les espaces E_A (A borné)

Soit E un espace localement convexe et soit A une partie convexe équilibrée de E. Rappelons que E_A désigne l'espace vectoriel engendré par A, muni de la semi-norme p_A jauge de A (II, p. 28, *Exemple* 3). On vérifie immédiatement que l'injection canonique de E_A dans E est continue si et seulement si A est bornée. Si de plus E est séparé, un ensemble borné A ne contient pas de droite (III, p. 2, *Remarque* 4) et p_A est alors une norme (II, *loc. cit.*).

Nous dirons qu'un espace uniforme X est *semi-complet* si toute suite de Cauchy de X est convergente. Un espace uniforme complet est semi-complet, mais la réciproque est inexacte (TG, II, p. 37, exerc. 4) ; toutefois un espace métrisable semi-complet est complet (TG, IX, p. 17, prop. 9).

PROPOSITION 8. — *Soit* E *un espace localement convexe séparé et soit* A *une partie convexe, équilibrée, bornée et fermée de* E. *Soit* (x_n) *une suite de Cauchy de* E_A. *Pour qu'elle converge dans* E_A, *il faut et il suffit qu'elle converge dans* E.

L'injection canonique de E_A dans E est continue. Par suite, si (x_n) converge dans E_A, elle converge dans E. Inversement, supposons que (x_n) converge vers y dans E. Il existe une suite croissante d'entiers (n_k) telle que $p_A(x_m - x_n) \leqslant 2^{-k-1}$ si $m \geqslant n_k$ et $n \geqslant n_k$. La suite $(x_{n_k} + 2^{-k}A)$ est alors décroissante. Comme A est fermée dans E, on a $y \in \bigcap_k (x_{n_k} + 2^{-k}A)$, ce qui montre que (x_{n_k}), donc (x_n), converge vers y dans E_A.

COROLLAIRE. — *Si* A *est semi-complète (en particulier, complète), alors* E_A *est un espace de Banach.*

En effet, une suite de Cauchy de E_A est aussi une suite de Cauchy pour la topologie de E et est contenue dans un homothétique de A, donc converge dans E.

6. Ensembles bornés complets et espaces quasi-complets

DÉFINITION 6. — *On dit qu'un espace localement convexe* E *est quasi-complet si toute partie bornée et fermée de* E *est complète (pour la structure uniforme induite par celle de* E).

Un espace localement convexe complet est quasi-complet, mais la réciproque est inexacte. * Par exemple, si E est un espace de Hilbert de dimension infinie, ou plus généralement un espace de Banach réflexif de dimension infinie, E muni de sa topologie affaiblie est quasi-complet mais non complet (II, p. 54, prop. 9). *

Un espace quasi-complet est semi-complet puisque toute suite de Cauchy est contenue dans une partie bornée et fermée (III, p. 3, corollaire et prop. 1). En particulier, un espace localement convexe métrisable et quasi-complet est complet.

Dans un espace quasi-complet séparé, l'adhérence et l'enveloppe fermée convexe équilibrée d'une partie précompacte sont compactes ; en effet, elles sont précompactes (II, p. 27, prop. 3), et complètes car fermées et bornées (III, p. 3, prop. 2).

PROPOSITION 9. — (i) *Un sous-espace vectoriel fermé d'un espace localement convexe quasi-complet est quasi-complet.*

(ii) *Un produit d'espaces localement convexes quasi-complets est quasi-complet.*

(iii) *Une somme directe topologique d'espaces localement convexes quasi-complets est quasi-complète.*

(iv) *Un espace localement convexe limite inductive stricte d'une suite de sous-espaces fermés quasi-complets est quasi-complet.*

L'assertion (i) résulte de la *Remarque* 2 (III, p. 2), (ii) de III, p. 4, cor. 2, (iii) de la prop. 5 (III, p. 5) et (iv) de la prop. 6 (III, p. 5).

On notera qu'un espace quotient d'un espace localement convexe quasi-complet par un sous-espace vectoriel fermé n'est pas nécessairement quasi-complet (IV, p. 64, exerc. 10).

PROPOSITION 10. — *Soient* E *un espace localement convexe,* M *un sous-espace vectoriel de* E *tel que tout point de* E *soit adhérent à une partie bornée de* M. *Alors toute application linéaire continue* f *de* M *dans un espace localement convexe* F, *séparé et quasi-complet, se prolonge d'une seule manière en une application linéaire continue de* E *dans* F.

En effet, l'hypothèse entraîne que M est dense dans E, donc f se prolonge, d'une seule manière, en une application linéaire continue $\hat{f}$ de E dans le complété $\hat{F}$ de F (TG, III, p. 25, corollaire). Mais tout $x \in E$ est adhérent à une partie bornée B de M ; alors $\hat{f}(x)$ est adhérent à $f(B)$ dans $\hat{F}$. Or $f(B)$ est borné dans F, donc son adhérence dans F est complète, et coïncide avec son adhérence dans $\hat{F}$, ce qui prouve qu'on a $\hat{f}(x) \in F$.

7. Exemples

a) Soit X un espace topologique. Soit $\mathscr{R}(X)$ l'espace vectoriel des fonctions numériques (finies) sur X, muni de la topologie de la convergence compacte (TG, X, p. 4) : c'est la topologie la moins fine rendant continues les applications de restriction $\mathscr{R}(X) \rightarrow \mathscr{R}(H)$ (où H décrit la famille des parties compactes de X et où $\mathscr{R}(H)$ est muni de la topologie de la convergence uniforme). Le cor. 3 de III, p. 4 montre qu'une partie A de $\mathscr{R}(X)$ est bornée si et seulement si, pour toute partie compacte H de X, l'ensemble des restrictions à H des fonctions appartenant à A est uniformément borné.

* *b*) (Espaces de fonctions indéfiniment dérivables.) Soit $n \geqslant 1$ un entier. Pour tout ouvert U de $\mathbf{R}^n$, on note $\mathscr{C}^\infty(U)$ l'espace vectoriel des fonctions indéfiniment dérivables sur U (VAR, R, 2.3). Soit f dans $\mathscr{C}^\infty(U)$. Pour tout multiindice $\alpha = (\alpha_1, \ldots, \alpha_n)$ dans $\mathbf{N}^n$, on note $\partial^\alpha f$ la dérivée partielle $\partial^{|\alpha|} f / \partial x_1^{\alpha_1} \ldots \partial x_n^{\alpha_n}$; c'est une fonction continue dans U (VAR, R, 2.3 et 2.4). Pour tout entier $m \geqslant 0$ et toute partie compacte H de U, posons

$$p_{m,H}(f) = \sup_{\substack{|\alpha| \leqslant m \\ x \in H}} |\partial^\alpha f(x)| . \tag{1}$$

Alors $p_{m,H}$ est une semi-norme sur $\mathscr{C}^\infty(U)$.

On munira $\mathscr{C}^\infty(U)$ de la topologie définie par les semi-normes $p_{m,H}$. C'est la moins fine des topologies rendant continues les applications $f \mapsto \partial^\alpha f$ de $\mathscr{C}^\infty(U)$ dans $\mathscr{R}(U)$, où ce dernier espace est muni de la topologie de la convergence compacte. Il existe une suite croissante de parties compactes $(H_n)_{n \geqslant 0}$ de U dont les intérieurs recouvrent U ; la famille des semi-normes p_{m,H_n} définit la topologie de $\mathscr{C}^\infty(U)$, qui est donc un espace localement convexe métrisable. L'espace $\mathscr{C}^\infty(U)$ est complet, autrement dit, c'est *un espace de Fréchet* (II, p. 26) : en effet, soit (f_k) une suite de Cauchy dans $\mathscr{C}^\infty(U)$; pour tout $\alpha \in \mathbf{N}^n$, la suite $(\partial^\alpha f_k)$ converge dans l'espace complet $\mathscr{R}(U)$ (TG, X, p. 7, th. 1) vers une fonction continue g_α. Par récurrence sur $|\alpha|$, on déduit du th. 1 de FVR, II, p. 2, que l'on a $g_\alpha = \partial^\alpha g_0$ pour tout $\alpha \in \mathbf{N}^n$. Autrement dit, la suite (f_k) converge vers g_0 dans $\mathscr{C}^\infty(U)$.

Soit A une partie de $\mathscr{C}^\infty(U)$. Pour que A soit bornée, il faut et il suffit que le nombre $\sup_{f \in A} p_{m,H}(f)$ soit fini quels que soient l'entier $m \geqslant 0$ et la partie compacte H de U ; cette condition signifie que, pour tout $\alpha \in \mathbf{N}^n$, l'ensemble des fonctions $\partial^\alpha f | H$ pour $f \in A$, est uniformément borné pour tout compact $H \subset U$.

Soit $H \subset U$ compact. On note $\mathscr{C}_H^\infty(U)$ le sous-espace de $\mathscr{C}^\infty(U)$ formé des fonctions à support dans H. L'espace $\mathscr{C}_\circ^\infty(U)$ des fonctions indéfiniment dérivables et à support compact dans U est réunion filtrante croissante des sous-espaces $\mathscr{C}_H^\infty(U)$ lorsque H parcourt l'ensemble des parties compactes de U. Chaque espace $\mathscr{C}_H^\infty(U)$ sera muni de la topologie induite par celle de $\mathscr{C}^\infty(U)$, et $\mathscr{C}_\circ^\infty(U)$ de la topologie limite inductive correspondante. Si les ensembles H_n sont tels que les intérieurs des H_n forment un recouvrement de U, l'espace $\mathscr{C}_\circ^\infty(U)$ est limite inductive stricte des espaces de

Fréchet $\mathscr{C}^{\infty}_{H_n}(U)$; il est donc complet (II, p. 35, prop. 9), et toute partie bornée de $\mathscr{C}^{\infty}_{\circ}(U)$ est contenue dans l'un des sous-espaces $\mathscr{C}^{\infty}_{H_n}(U)$ (III, p. 5, prop. 6). $_*$

c) (*Espaces de Gevrey*.) Soit I un intervalle compact de **R**. Pour tout entier $n \geqslant 0$, on note $D^n f$ la dérivée n-ième d'une fonction numérique f définie dans I (lorsque cette dérivée existe). Soient $s \geqslant 1$ et $M \geqslant 0$ deux nombres réels. On note $\mathscr{G}_{s,M}(I)$ l'espace vectoriel des fonctions indéfiniment dérivables f sur I (FVR, I, p. 28) telles que la suite $(|D^n f|/M^n(n!)^s)_{n\geqslant 0}$ soit bornée dans l'espace $\mathscr{C}(I)$ des fonctions continues sur I (muni de la topologie de la convergence uniforme). L'espace $\mathscr{G}_{s,M}(I)$ est un espace de Banach pour la norme

$$\|f\|_{s,M} = \sup_{n\geqslant 0, x\in I} |D^n f(x)|/M^n(n!)^s .$$

Pour $M \leqslant M'$, on a $\mathscr{G}_{s,M}(I) \subset \mathscr{G}_{s,M'}(I)$ et

$$\|f\|_{s,M'} \leqslant \|f\|_{s,M}$$

pour tout $f \in \mathscr{G}_{s,M}(I)$. On note $\mathscr{G}_s(I)$ la réunion des espaces $\mathscr{G}_{s,M}(I)$ et on le munit de la topologie limite inductive des topologies des $\mathscr{G}_{s,M}(I)$.

Soit $M < M'$ et soit B la boule unité (fermée) dans $\mathscr{G}_{s,M}(I)$. Nous allons montrer que B est une partie *compacte* de l'espace de Banach $\mathscr{G}_{s,M'}(I)$. Il est clair que B est fermée dans $\mathscr{G}_{s,M'}(I)$ et il suffit donc de prouver que B est précompacte dans $\mathscr{G}_{s,M'}(I)$. Soit $\varepsilon > 0$ et soit N un entier positif tel que $(M/M')^N \leqslant \varepsilon/2$. Soit k un entier positif ; l'ensemble des fonctions $D^{k+1}f$, pour f parcourant B, est borné dans $\mathscr{C}(I)$, donc l'ensemble des fonctions $D^k f$, où f parcourt B, est relativement compact dans $\mathscr{C}(I)$: cela résulte du th. des accroissements finis (FVR, I, p. 23, cor. 1) et du th. d'Ascoli (TG, X, p. 17). Définissons une norme q sur $\mathscr{G}_{s,M}(I)$ par

$$q(f) = \sup_{\substack{0\leqslant n\leqslant N\\ x\in I}} |D^n f(x)|/M'^n(n!)^s .$$

Ce qui précède montre que B est précompacte pour la topologie associée à la norme q ; autrement dit, il existe une partie finie C de B telle que, pour toute $f \in B$, il existe $g \in C$ pour laquelle $q(f-g) \leqslant \varepsilon$. Pour tout $n > N$, on a alors

$$|D^n f(x) - D^n g(x)|/M'^n(n!)^s \leqslant 2(M/M')^n \leqslant \varepsilon ,$$

d'où finalement $\|f-g\|_{s,M'} \leqslant \varepsilon$. Ceci prouve que B est précompacte dans $\mathscr{G}_{s,M'}(I)$.

L'espace $\mathscr{G}_s(I)$ est limite inductive des espaces $\mathscr{G}_{s,k}(I)$ où k parcourt **N** ; d'après la prop. 7 (III, p. 6), toute partie bornée de $\mathscr{G}_s(I)$ est contenue dans l'un des espaces $\mathscr{G}_{s,k}(I)$ et elle est relativement compacte dans cet espace.

$_*$ *d*) (Espaces de fonctions holomorphes.) Soit $n \geqslant 1$ un entier. Pour toute partie ouverte U de $\mathbf{C}^n$, on note $\mathscr{H}(U)$ l'espace des fonctions holomorphes dans U, muni de la topologie de la convergence compacte dans U. Pour toute partie compacte L de $\mathbf{C}^n$, on note $\mathscr{H}(L)$ l'espace des germes de fonctions holomorphes au voisinage de L ; on le munit de la topologie localement convexe la plus fine rendant continues les applications canoniques $\pi_U : \mathscr{H}(U) \to \mathscr{H}(L)$, où U parcourt l'ensemble des voisinages ouverts de L.

Pour tout entier $m \geqslant 1$, soit U_m l'ensemble des points de $\mathbf{C}^n$ à distance $< 1/m$ de L. On peut montrer que l'application canonique π_{U_m} de $\mathscr{H}(U_m)$ dans $\mathscr{H}(L)$ est *injective*, et que l'application de restriction de $\mathscr{H}(U_m)$ dans $\mathscr{H}(U_p)$ est *compacte* pour $p \geqslant m$. On peut donc appliquer la prop. 7 (III, p. 6). Soit A une partie bornée de $\mathscr{H}(L)$; il existe alors un entier $m \geqslant 1$ tel que A se compose des germes au voisinage de L des fonctions appartenant à un ensemble B borné dans $\mathscr{H}(U_m)$. De plus, pour qu'une application φ de $\mathscr{H}(L)$ dans un espace topologique T soit continue, il faut et il suffit que l'application $\varphi \circ \pi_U$ de $\mathscr{H}(U)$ dans T soit continue pour tout voisinage ouvert U de L. $_*$

§ 2. ESPACES BORNOLOGIQUES

Dans ce paragraphe, E désigne un espace localement convexe, et $\mathfrak{B}$ sa bornologie canonique (III, p. 3, déf. 5).

Lemme 1. — *Soient* G *un espace semi-normé, p sa semi-norme, et soit u une application linéaire de* G *dans* E. *Les conditions suivantes sont équivalentes* :

(i) *u est continue* ;

(ii) *l'image par u de la boule unité de* G *est bornée dans* E ;

(iii) *pour toute suite* (x_n) *de points de* G *tendant vers* 0, *la suite* $(u(x_n))$ *est bornée dans* E.

Il est immédiat que (i) entraîne (ii) (III, p. 4, cor. 1) et que (ii) entraîne (iii). Soit maintenant V un voisinage de 0 dans E ; si $u^{-1}(V)$ n'est pas un voisinage de 0 dans G, il existe une suite (y_n) de points de $G - u^{-1}(V)$ telle que $p(y_n) \leqslant \frac{1}{n^2}$. Alors la suite des $x_n = ny_n$ tend vers 0 dans G et $u(x_n) \notin nV$, ce qui entraîne que la suite $(u(x_n))$ n'est pas bornée. Par suite (iii) entraîne (i).

PROPOSITION 1. — *Les conditions suivantes sont équivalentes* :

(i) *Toute semi-norme sur* E *qui est bornée sur les parties bornées de* E *est continue.*

(i *bis*) *Toute partie convexe équilibrée de* E *qui absorbe les parties bornées de* E (I, p. 7, déf. 4) *est un voisinage de* 0 *dans* E.

(ii) E *est limite inductive des espaces semi-normés* E_A *quand* A *décrit l'ensemble filtrant croissant des parties convexes, équilibrées, fermées et bornées de* E.

(ii *bis*) *Il existe une famille* $(E_i)_{i \in I}$ *d'espaces semi-normés et, pour chaque* $i \in I$, *une application linéaire* $u_i : E_i \to E$ *telles que la topologie de* E *soit la topologie localement convexe la plus fine rendant les* u_i *continues.*

(iii) *Quel que soit l'espace localement convexe* F, *une application linéaire* $u : E \to F$ *est continue si et seulement si pour toute suite* (x_n) *de points de* E *tendant vers* 0, *la suite* $(u(x_n))$ *est bornée dans* F.

(iii *bis*) *Quel que soit l'espace semi-normé* F, *une application linéaire* $u : E \to F$ *est continue si et seulement si* $u(X)$ *est borné dans* F *pour tout ensemble* X *borné dans* E.

Il est immédiat que (i) et (i *bis*) sont équivalentes, vu la correspondance entre semi-normes et parties convexes équilibrées absorbantes (II, p. 22). Si p est une semi-norme sur E, continue sur chaque E_A, alors p est bornée sur les parties bornées de E ; donc (i) entraîne (ii) (II, p. 29, prop. 5). Il est clair que (ii) entraîne (ii *bis*).

Soit maintenant $(E_i, u_i)_{i \in I}$ comme dans (ii *bis*), et soit u une application linéaire de E dans un espace localement convexe F, telle que $(u(x_n))$ soit bornée dans F pour toute suite (x_n) de points de E tendant vers 0. Il résulte du lemme 1 de III, p. 11 que l'application linéaire $u \circ u_i : E_i \to F$ est continue quelle que soit $i \in I$; donc, si la topologie de E est la topologie localement convexe la plus fine rendant les u_i continues, u est continue (II, p. 29, prop. 5). Ceci montre que (ii *bis*) entraîne (iii).

Il est immédiat que (iii) entraîne (iii *bis*) (III, p. 3, corollaire). Enfin, si p est une semi-norme sur E, bornée sur les parties bornées de E, la condition (iii *bis*) affirme que l'application identique est continue de E dans l'espace semi-normé (E, p) ; autrement dit p est continue. Ceci montre que (iii *bis*) entraîne (i).

DÉFINITION 1. — *On dit qu'un espace localement convexe est bornologique s'il satisfait aux conditions équivalentes de la prop.* 1.

Exemples. — 1) Tout espace semi-normé est bornologique.

2) En particulier, tout espace localement convexe de dimension finie est bornologique.

3) Compte tenu de la transitivité des topologies localement convexes finales (II, p. 30, cor. 2), on déduit aussitôt de la condition (ii *bis*) que si $(E_i)_{i \in I}$ est une famille d'espaces localement convexes bornologiques et si E est muni de la topologie localement convexe la plus fine rendant continues des applications linéaires $u_i : E_i \to E$ (pour $i \in I$), alors E est bornologique. En particulier, *une limite inductive, une somme directe, un espace quotient d'espaces bornologiques sont des espaces bornologiques.*

Par contre, un sous-espace fermé d'un espace bornologique n'est pas nécessairement bornologique (IV, p. 63, exerc. 8).

COROLLAIRE. — *Tout espace bornologique séparé et semi-complet est limite inductive d'espaces de Banach.*

En effet, les espaces E_A où A est borné et fermé sont alors des espaces de Banach (III, p. 8, corollaire).

PROPOSITION 2. — *Un espace localement convexe métrisable est bornologique.*

Supposons E métrisable, et soit p une semi-norme sur E, bornée sur les parties bornées de E. Supposons que p ne soit pas continue et soit A l'ensemble des $x \in E$ tels que $p(x) < 1$. Soit $(V_n)_{n \geqslant 1}$ une suite décroissante formant un système fondamental de voisinages de 0 dans E. Comme p n'est pas continue, A n'est pas un voisinage de 0 ; pour tout $n > 0$, on a donc $A \not\supset n^{-1}V_n$ et il existe un point x_n de V_n tel que $n^{-1}x_n \notin A$, c'est-à-dire $p(x_n) \geqslant n$. La suite (x_n) tend vers 0, donc est bornée (III, p. 3, corollaire) ; ceci contredit l'hypothèse sur p.

Corollaire. — *Tout espace de Fréchet* (II, p. 26) *est limite inductive d'espaces de Banach.*

§ 3. ESPACES D'APPLICATIONS LINÉAIRES CONTINUES

1. Les espaces $\mathscr{L}_{\mathfrak{S}}(E ; F)$

Soient F un espace vectoriel topologique, E un ensemble quelconque et $\mathfrak{S}$ une famille de parties de E. Considérons l'espace vectoriel F^E muni de la structure uniforme de la $\mathfrak{S}$-convergence (TG, X, p. 2). On sait que cette structure uniforme est compatible avec la structure de groupe commutatif de F^E (TG, X, p. 6, cor. 2). La topologie qu'on en déduit s'appelle la *$\mathfrak{S}$-topologie*. Si X est une partie de F^E ou plus généralement un ensemble muni d'une application $j : X \to F^E$, on appelle *$\mathfrak{S}$-topologie* sur X l'image réciproque par j de la $\mathfrak{S}$-topologie sur F^E.

Remarques. — 1) La $\mathfrak{S}$-topologie est identique à la $\mathfrak{S}'$-topologie, où $\mathfrak{S}'$ désigne la bornologie engendrée par $\mathfrak{S}$ (III, p. 1).

2) Soit $M \in \mathfrak{S}$ et soit V un voisinage de 0 dans F ; notons $T(M, V)$ l'ensemble des $f \in F^E$ telles que $f(x) \in V$ pour tout $x \in M$. Si $\mathfrak{S}$ est stable par réunion finie, les ensembles $T(M, V)$ forment un système fondamental de voisinages de 0 pour la $\mathfrak{S}$-topologie de F^E.

Proposition 1. — *Soient* E *un ensemble,* $\mathfrak{S}$ *un ensemble de parties de* E, F *un espace vectoriel topologique,* H *un sous-espace vectoriel de* F^E. *Pour que la* $\mathfrak{S}$*-topologie soit compatible avec la structure d'espace vectoriel de* H, *il faut et il suffit que, pour tout* $u \in H$ *et tout* $M \in \mathfrak{S}$, $u(M)$ *soit borné dans* F. *Si, en outre,* F *est localement convexe, la* $\mathfrak{S}$*-topologie sur* H *est localement convexe.*

Compte tenu des remarques 1) et 2) ci-dessus, on voit qu'une condition nécessaire et suffisante pour que la $\mathfrak{S}$-topologie soit compatible avec la structure d'espace vectoriel de H est que les ensembles $H \cap T(M, V)$ soient *absorbants* dans H (I, p. 7, prop. 4) ; or cela signifie que, pour tout $u \in H$, toute partie $M \in \mathfrak{S}$ et tout voisinage équilibré V de 0 dans F, il existe $\lambda \neq 0$ tel que $u(M) \subset \lambda V$, c'est-à-dire (III, p. 2) que $u(M)$ soit bornée dans F. Enfin la dernière assertion de la proposition résulte de ce que, si V est convexe, il en est de même de $T(M, V)$.

Corollaire. — *Soient* E *et* F *deux espaces localement convexes,* $\mathfrak{S}$ *un ensemble de parties bornées de* E, $\mathscr{L}(E ; F)$ *l'espace vectoriel des applications linéaires continues de* E *dans* F. *La* $\mathfrak{S}$*-topologie est compatible avec la structure d'espace vectoriel de* $\mathscr{L}(E ; F)$; *elle est localement convexe.*

Il suffit de remarquer que, si u est une application linéaire continue de E dans F et M une partie bornée de E, $u(M)$ est bornée dans F (III, p. 4, cor. 1).

Étant donnés deux espaces vectoriels localement convexes E et F, et un ensemble $\mathfrak{S}$ de parties bornées de E, nous désignerons par $\mathscr{L}_{\mathfrak{S}}(E\,;F)$ l'espace localement convexe obtenu en munissant $\mathscr{L}(E\,;F)$ de la $\mathfrak{S}$-topologie.

Exemples. — 1) $\mathfrak{S}$ est l'ensemble des parties finies de E ; la $\mathfrak{S}$-topologie est alors la topologie de la *convergence simple* et l'espace $\mathscr{L}_{\mathfrak{S}}(E\,;F)$ est aussi noté $\mathscr{L}_s(E\,;F)$. Une partie bornée de $\mathscr{L}_s(E\,;F)$ est appelée une partie simplement bornée de $\mathscr{L}(E\,;F)$.

2) $\mathfrak{S}$ est l'ensemble des parties *compactes* (resp. *précompactes*, *convexes compactes*). La $\mathfrak{S}$-topologie est alors appelée la topologie de la *convergence compacte* (resp. *précompacte*, *convexe compacte*) et l'espace $\mathscr{L}_{\mathfrak{S}}(E\,;F)$ est aussi noté $\mathscr{L}_c(E\,;F)$ (resp. $\mathscr{L}_{pc}(E\,;F)$, $\mathscr{L}_{cc}(E\,;F)$). (*Cf.* IV, p. 48, exerc. 7.)

3) Si $\mathfrak{S}$ est l'ensemble de toutes les parties *bornées* de E, on dit que la $\mathfrak{S}$-topologie est la topologie de la *convergence bornée*, et l'espace $\mathscr{L}_{\mathfrak{S}}(E\,;F)$ est noté $\mathscr{L}_b(E\,;F)$.

4) Lorsque $F = K$, l'espace $\mathscr{L}(E\,;F)$ est le *dual* E' de E. On note alors $E'_{\mathfrak{S}}$, E'_s, etc. l'espace $\mathscr{L}_{\mathfrak{S}}(E\,;K)$, $\mathscr{L}_s(E\,;K)$, etc. L'espace E'_s (resp. E'_b) est appelé le *dual faible* (resp. le *dual fort*) de E. Une partie bornée de E'_s (resp. E'_b) est dite *faiblement* (resp. *fortement*) bornée. On notera que la topologie faible sur E' n'est autre que $\sigma(E', E)$ (II, p. 45).

Lorsque $E = F$, on note $\mathscr{L}(E)$, $\mathscr{L}_{\mathfrak{S}}(E)$, etc. l'espace $\mathscr{L}(E\,;E)$, $\mathscr{L}_{\mathfrak{S}}(E\,;E)$, etc.

Soient p une semi-norme continue sur F, et M une partie bornée de E. Posons

$$p_M(u) = \sup_{x \in M} p(u(x))\,. \tag{1}$$

Il est immédiat que p_M est une semi-norme sur $\mathscr{L}(E\,;F)$ et que si Γ est un système fondamental de semi-normes sur F, la famille des semi-normes p_M, où p parcourt Γ et M parcourt une base de la bornologie engendrée par $\mathfrak{S}$, est un système fondamental de semi-normes de $\mathscr{L}_{\mathfrak{S}}(E\,;F)$.

En particulier, si E et F sont des espaces semi-normés, et si l'on note p (resp. q) la semi-norme de E (resp. F), la topologie de la convergence bornée sur $\mathscr{L}(E\,;F)$ est définie par la semi-norme

$$r(u) = \sup_{p(x) \leqslant 1} q(u(x)) \tag{2}$$

(*cf.* TG, X, p. 21 à 24). Lorsqu'on considère $\mathscr{L}_b(E\,;F)$ comme un espace semi-normé, c'est toujours de la semi-norme (2) qu'il est question sauf mention expresse du contraire. Si F est un espace normé, la semi-norme (2) est une norme.

Remarques. — 3) Soit A une partie dense de la boule unité de E. Vu la continuité de u, on a aussi

$$r(u) = \sup_{x \in A} q(u(x))\,. \tag{3}$$

Par exemple

$$r(u) = \sup_{p(x) < 1} q(u(x))\,. \tag{4}$$

Comme on a $u(tx) = tu(x)$ pour $t \in \mathbf{R}$, on a aussi, dès que $E \neq \{0\}$:

$$r(u) = \sup_{p(x)=1} q(u(x)) = \sup_{p(x)\neq 0} \frac{q(u(x))}{p(x)}. \tag{5}$$

4) La formule (2) montre que l'application $u \mapsto r(u)$ est semi-continue inférieurement sur $\mathscr{L}_s(E ; F)$.

PROPOSITION 2. — *Soient* E *et* F *deux espaces localement convexes, et soit* $\mathfrak{S}$ *un ensemble de parties bornées de* E.

1) *Sur* $\mathscr{L}(E ; F)$, *la* $\mathfrak{S}$*-topologie est identique à la* $\tilde{\mathfrak{S}}$*-topologie, où* $\tilde{\mathfrak{S}}$ *désigne la plus petite bornologie adaptée* (III, p. 3) *à* E *contenant* $\mathfrak{S}$.

2) *Supposons que* $\{0\}$ *ne soit pas dense dans* F *et soit* $\mathfrak{S}'$ *un autre ensemble de parties bornées de* E. *Pour que la* $\mathfrak{S}'$*-topologie soit moins fine que la* $\mathfrak{S}$*-topologie, il faut et il suffit que l'on ait* $\mathfrak{S}' \subset \tilde{\mathfrak{S}}$.

Soient $u \in \mathscr{L}(E ; F)$, $M \in \mathfrak{S}$, et soit p une semi-norme continue sur F. Comme $p \circ u$ est une semi-norme continue sur E, il est équivalent de dire que $p \circ u$ est majorée par 1 dans M ou dans l'enveloppe fermée convexe équilibrée $\tilde{M}$ de M ; autrement dit, on a $p_M = p_{\tilde{M}}$. En outre, il est clair qu'on a $p_{\lambda M} = \lambda p_M$ pour $\lambda > 0$ et $p_{M \cup M'} = \sup(p_M, p_{M'})$, d'où la première assertion puisque $\tilde{\mathfrak{S}}$ admet pour base l'ensemble des homothétiques des enveloppes convexes équilibrées fermées de réunions finies d'ensembles de $\mathfrak{S}$.

Démontrons la deuxième assertion : tout d'abord, si F est le corps de base, il résulte de la définition que la $\tilde{\mathfrak{S}}$-topologie sur $E' = \mathscr{L}(E ; F)$ admet pour système fondamental de voisinages de 0 l'ensemble des polaires des ensembles de $\tilde{\mathfrak{S}}$. Soit A une partie bornée de E, dont le polaire A° est un voisinage de 0 pour la $\tilde{\mathfrak{S}}$-topologie ; il existe donc $B \in \tilde{\mathfrak{S}}$ fermé, convexe et équilibré tel que $A^\circ \supset B^\circ$, d'où $A \subset B^{\circ\circ}$; mais d'après le cor. 3 de II, p. 49, on a $B^{\circ\circ} = B$, d'où $A \subset B$, et $A \in \tilde{\mathfrak{S}}$. Donc, si $\mathfrak{S}'$ est un ensemble de parties bornées de E, la $\mathfrak{S}'$-topologie est moins fine que la $\mathfrak{S}$-topologie sur E' si et seulement si $\mathfrak{S}' \subset \tilde{\mathfrak{S}}$. Le cas général en résulte aussitôt, car si $y \in F$ n'est pas adhérent à 0, on vérifie immédiatement que l'application qui à $f \in E'$ fait correspondre l'application $x \mapsto f(x)\, y$ est un isomorphisme d'espaces localement convexes de $E'_{\mathfrak{S}'}$ sur son image dans $\mathscr{L}_{\mathfrak{S}'}(E ; F)$.

2. Condition pour que $\mathscr{L}_{\mathfrak{S}}(E ; F)$ soit séparé

PROPOSITION 3. — *Soient* E *et* F *deux espaces localement convexes,* F *étant supposé séparé, et soit* $\mathfrak{S}$ *un ensemble de parties bornées de* E. *Si la réunion* A *des ensembles de* $\mathfrak{S}$ *est totale dans* E, *l'espace* $\mathscr{L}_{\mathfrak{S}}(E ; F)$ *est séparé.*

Soit u_0 un élément non nul de $\mathscr{L}(E ; F)$; comme u_0 est continue et A totale dans E, il existe x_0 dans A tel que $u_0(x_0) \neq 0$. Comme F est séparé, il existe un voisinage V de 0 dans F tel que $u_0(x_0) \notin V$. Soit $M \in \mathfrak{S}$ tel que $x_0 \in M$. Alors l'ensemble U des $u \in \mathscr{L}(E ; F)$ telles que $u(M) \subset V$ est un voisinage de 0 dans $\mathscr{L}(E ; F)$ et l'on a $u_0 \notin U$, donc $\mathscr{L}(E ; F)$ est séparé.

En particulier, sur $\mathscr{L}(E;F)$ les topologies suivantes sont séparées dès que F est séparé : la convergence simple, la convergence compacte, précompacte ou convexe compacte, et la convergence bornée.

3. Relations entre $\mathscr{L}(E;F)$ et $\mathscr{L}(\hat{E};F)$

Soient E et F deux espaces localement convexes séparés, et supposons F *complet* ; soit Ê le complété de E. Comme toute application linéaire continue u de E dans F se prolonge d'une seule manière en une application linéaire continue $\overline{u}$ de Ê dans F, on peut identifier par l'application $u \mapsto \overline{u}$ les espaces $\mathscr{L}(E;F)$ et $\mathscr{L}(\hat{E};F)$. Soit de plus $\mathfrak{S}$ un ensemble de parties bornées de E ; la $\mathfrak{S}$-topologie sur $\mathscr{L}(E;F)$ coïncide avec la $\mathfrak{S}$-topologie sur $\mathscr{L}(\hat{E};F)$, et aussi avec la $\hat{\mathfrak{S}}$-topologie, où $\hat{\mathfrak{S}}$ désigne l'ensemble des adhérences dans Ê des ensembles de $\mathfrak{S}$.

Par exemple, si E est *normé*, la topologie de la convergence bornée sur $\mathscr{L}(E;F)$ s'identifie à la topologie de la convergence bornée sur $\mathscr{L}(\hat{E};F)$: en effet, toute partie bornée de Ê est contenue dans l'adhérence d'une partie bornée de E. Comme la boule unité de Ê est l'adhérence de la boule unité de E, il résulte de la formule (3) (III, p. 14) que si F est un espace de Banach, l'application $u \mapsto \overline{u}$ est une isométrie de $\mathscr{L}(E;F)$ sur $\mathscr{L}(\hat{E};F)$.

On notera que si E n'est pas un espace normé, il peut arriver qu'il existe des parties bornées de Ê qui ne sont contenues dans l'adhérence d'aucune partie bornée de E (c'est le cas par exemple si E est le dual faible d'un espace de Banach de dimension infinie) ; il en est cependant ainsi si E est métrisable, de type dénombrable (III, p. 41, exerc. 16).

4. Parties équicontinues de $\mathscr{L}(E;F)$

Soient E et F deux espaces localement convexes. Pour qu'une partie H de $\mathscr{L}(E;F)$ soit équicontinue, il faut et il suffit qu'elle soit équicontinue au point 0 de E (I, p. 9, prop. 6) ; cela signifie que pour tout voisinage V de 0 dans F, l'ensemble $\bigcap_{u \in H} u^{-1}(V)$ est un voisinage de 0 dans E, ou encore que pour toute semi-norme continue p sur F, la fonction $\sup_{u \in H}(p \circ u)$ est une semi-norme continue sur E. De plus (I, p. 5), H est uniformément équicontinue. Notons que l'enveloppe convexe équilibrée d'une partie équicontinue est équicontinue puisque, si p est une semi-norme continue sur F, et $\tilde{H}$ l'enveloppe convexe équilibrée de H, on a, pour des u_i dans H, l'inégalité $p \circ (\sum_i \lambda_i u_i) \leqslant \sum_i |\lambda_i| . (p \circ u_i)$, donc $\sup_{u \in \tilde{H}}(p \circ u) = \sup_{u \in H}(p \circ u)$.

Par suite, l'ensemble des parties équicontinues est une bornologie convexe sur $\mathscr{L}(E;F)$ (III, p. 2, déf. 2).

Proposition 4. — *Soient* E, F *deux espaces localement convexes,* F *étant supposé séparé. Munissons l'espace* F^E *de toutes les applications de* E *dans* F *de la topologie de la convergence simple.*

(i) *L'ensemble des applications linéaires de* E *dans* F *est fermé dans* F^E.

(ii) *Si* H *est une partie équicontinue de* $\mathscr{L}(E\,;F)$, *l'adhérence* $\overline{H}$ *de* H *dans* F^E *est contenue dans* $\mathscr{L}(E\,;F)$ *et est équicontinue.*

On sait que $\overline{H}$ est équicontinue (TG, X, p. 15). Tout revient à prouver l'assertion (i). Soient x, y dans E et λ, μ dans K, et soit $A(x, y, \lambda, \mu)$ l'ensemble des $u \in F^E$ telles que

$$u(\lambda x + \mu y) - \lambda u(x) - \mu u(y) = 0 .$$

Cet ensemble est fermé dans F^E puisque l'application $u \mapsto u(x)$ de F^E dans F est continue pour tout $x \in E$ et que F est séparé. Or l'ensemble des applications linéaires de E dans F est égal à

$$\bigcap_{x,y,\lambda,\mu} A(x, y, \lambda, \mu) ,$$

donc est fermé dans F^E.

Corollaire 1. — *Pour qu'une partie équicontinue* H *de* $\mathscr{L}(E\,;F)$ *soit relativement compacte dans* $\mathscr{L}_s(E\,;F)$, *il faut et il suffit que, pour tout* $x \in E$, *l'ensemble* $H(x)$ *des* $u(x)$, *où* u *parcourt* H, *soit relativement compact dans* F.

En effet, cette condition est nécessaire et suffisante pour que $\overline{H}$ soit compacte dans F^E (TG, I, p. 64).

Corollaire 2. — *Toute partie équicontinue du dual* E′ *de* E *est relativement compacte pour la topologie faible* $\sigma(E', E)$ *de* E′ (III, p. 14, *Exemple* 4).

En effet, si H est une partie équicontinue de E′, $\sup_{u \in H} |u|$ est une semi-norme continue sur E ; en particulier pour tout $x \in E$, l'ensemble $H(x)$ est borné, donc relativement compact dans le corps des scalaires.

Corollaire 3. — *Dans le dual fort* E'_b *d'un espace semi-normé* E, *toute boule fermée est compacte pour la topologie faible* $\sigma(E', E)$.

En effet, cette boule est aussi fermée pour $\sigma(E', E)$.

Proposition 5. — *Soient* E *et* F *deux espaces localement convexes et soit* T *une partie totale de* E. *Sur toute partie équicontinue* H *de* $\mathscr{L}(E\,;F)$, *les structures uniformes suivantes coïncident* :

1) *la structure uniforme de la convergence simple dans* T ;

2) *la structure uniforme de la convergence simple dans* E ;

3) *la structure uniforme de la convergence dans les parties précompactes de* E.

Rappelons (III, p. 15, prop. 2) que, dans $\mathscr{L}(E\,;F)$, la $\mathfrak{S}$-topologie coïncide avec la $\tilde{\mathfrak{S}}$-topologie où $\tilde{\mathfrak{S}}$ est la plus petite bornologie adaptée à E et contenant $\mathfrak{S}$.

Dans l'énoncé de la prop. 5, on peut donc remplacer le mot « totale » par « partout dense ». La proposition résulte alors des propriétés générales des ensembles équicontinus (TG, X, p. 16, th. 1).

Exemples. — * 1) Soit μ la mesure de Lebesgue sur $\mathbf{R}$ et soit E l'espace semi-normé $\mathscr{L}^p(\mu)$ $(1 \leqslant p < \infty)$ (INT, IV). Pour toute fonction numérique f et tout nombre réel h, notons f_h la fonction $x \mapsto f(x-h)$. Il est clair que l'application $f \mapsto f_h$ définit une isométrie linéaire de E sur lui-même. Si f est continue à support compact, f_h converge vers f, uniformément donc aussi en moyenne d'ordre p, lorsque h tend vers 0. Comme l'ensemble $\mathscr{K}(\mathbf{R})$ des fonctions continues à support compact est dense dans E, et comme l'ensemble des isométries linéaires de E est équicontinu, il résulte de la prop. 5 que pour toute $f \in$ E, f_h converge en moyenne d'ordre p vers f lorsque h tend vers 0.

Prenons $p = 1$, et considérons la transformation de Fourier qui à $f \in \mathscr{L}^1(\mu)$ fait correspondre la fonction $\hat{f}$ sur $\mathbf{R}$ définie par

$$\hat{f}(y) = \int e^{-2i\pi xy} f(x)\, d\mu(x)\,.$$

Les formes linéaires $f \mapsto \hat{f}(y)$ forment une partie équicontinue du dual de $\mathscr{L}^1(\mu)$.

D'autre part, on sait que l'ensemble T des fonctions caractéristiques d'intervalles fermés bornés est une partie totale de $\mathscr{L}^1(\mu)$, et on vérifie aisément que, pour $f \in$ T, la transformée de Fourier $\hat{f}$ est une fonction continue tendant vers zéro à l'infini. On en déduit qu'il en est de même pour tout $f \in \mathrm{L}^1(\mu)$ (« th. de Riemann-Lebesgue »). En effet, la relation $\sup_{y \in \mathbf{R}} |\hat{f}(y)| \leqslant \|f\|_1$ montre que l'application $f \mapsto \hat{f}$ est une application continue de $\mathscr{L}^1(\mu)$ dans l'espace $\mathscr{B}(\mathbf{R})$ des fonctions bornées sur $\mathbf{R}$ muni de la convergence uniforme. Comme $\hat{f}$ est continue pour $f \in$ T, il en résulte que $\hat{f}$ est continue quelle que soit $f \in \mathrm{L}^1(\mu)$. Le fait que $\hat{f}$ tende vers zéro à l'infini résulte de ce que le sous-espace $\mathscr{C}_0(\mathbf{R})$ des fonctions continues tendant vers 0 à l'infini est fermé dans $\mathscr{B}(\mathbf{R})$.

2) Soit E l'espace des fonctions numériques continues dans $\mathbf{R}$, muni de la topologie de la convergence compacte. Soit K un compact de $\mathbf{R}$ et soit (μ_n) une suite de mesures sur $\mathbf{R}$ à support dans K. Supposons $\|\mu_n\| \leqslant 1$ pour tout n. L'ensemble des μ_n est alors une partie équicontinue de E'. Alors, si pour toute fonction $f \in$ E, on a $\lim_{n \to \infty} \mu_n(f) = 0$, la suite des fonctions $x \mapsto \int e^{itx} d\mu_n(t)$ converge vers 0, uniformément dans toute partie compacte de $\mathbf{R}$ (car l'ensemble des fonctions $t \mapsto e^{itx}$, où x parcourt un compact de $\mathbf{R}$, est compact dans E). *

COROLLAIRE. — *Supposons* F *séparé. Soit* H *une partie équicontinue de* $\mathscr{L}(\mathrm{E}\,;\mathrm{F})$. *Si un filtre* Φ *sur* H *converge simplement vers une application* u_0 *de* E *dans* F, u_0 *est une application linéaire continue de* E *dans* F, *et* Φ *converge uniformément vers* u_0 *dans toute partie précompacte de* E.

La première assertion résulte de la prop. 4 (III, p. 16) et la seconde de la prop. 5 (III, p. 17).

PROPOSITION 6. — *Soit* H *une partie équicontinue de* $\mathscr{L}(\mathrm{E}\,;\mathrm{F})$. *Si* F *est métrisable et s'il existe un ensemble dénombrable total dans* E, *la structure uniforme sur* H *de la convergence simple dans* E *est métrisable. Si en outre il existe un ensemble dénombrable total dans* F, *il existe un ensemble dénombrable partout dense dans* H (pour la topologie de la convergence uniforme dans les parties précompactes de E).

Soit (a_n) une suite totale dans E. L'application $u \mapsto (u(a_n))$ est alors un isomorphisme de $\mathscr{L}(\mathrm{E}\,;\mathrm{F})$, muni de la structure uniforme de la convergence simple dans l'ensemble des a_n, sur un sous-espace uniforme de $\mathrm{F}^{\mathbf{N}}$. Si F est métrisable (resp. métrisable de type dénombrable), il en est de même de $\mathrm{F}^{\mathbf{N}}$ (TG, IX, p. 15, cor. 2, et p. 19, corollaire), et la proposition résulte de la prop. 5 (III, p. 17).

Corollaire 1. — *Soient* E *un espace localement convexe métrisable de type dénombrable et* F *un espace normé de type dénombrable. Alors* $\mathscr{L}(E ; F)$ *est réunion d'une famille dénombrable de parties équicontinues et il existe dans* $\mathscr{L}(E ; F)$ *un ensemble dénombrable dense pour la topologie de la convergence uniforme dans les parties précompactes de* E.

Soient B la boule unité de F et (V_n) un système fondamental dénombrable de voisinages de 0 dans E. Pour tout entier n, l'ensemble H_n des $u \in \mathscr{L}(E ; F)$ telles que $u(V_n) \subset B$ est équicontinu et $\mathscr{L}(E ; F)$ est la réunion des H_n. Le corollaire résulte donc de la prop. 6.

Corollaire 2. — *Dans le dual* E′ *d'un espace normé de type dénombrable, toute boule fermée est un espace compact métrisable pour la topologie faible* $\sigma(E', E)$ *et il existe dans* E′ *un ensemble dénombrable dense pour* $\sigma(E', E)$.

Cela résulte de la prop. 6 et de III, p. 17, cor. 3.

5. Parties équicontinues de E′

Dans ce numéro, on désigne par E un espace localement convexe et par E′ son dual. Lorsque nous parlerons du *polaire* M° d'une partie M de E (resp. E′), il s'agira toujours, sauf mention expresse du contraire, du polaire de M relativement à la dualité entre E et E′. Rappelons que, si V est un voisinage convexe, équilibré et fermé de 0 dans E, on a $V = V^{\circ\circ}$ (II, p. 49, cor. 3).

Proposition 7. — *Soit* M *une partie de* E′. *Les conditions suivantes sont équivalentes :*

(i) M *est équicontinue ;*

(ii) M *est contenue dans le polaire d'un voisinage de* 0 *dans* E ;

(iii) *le polaire de* M *est un voisinage de* 0 *dans* E.

Si M est équicontinue, il existe un voisinage convexe équilibré V de 0 tel que $|u(x)| \leqslant 1$ pour $x \in V$ et $u \in M$; on a donc $M \subset V^\circ$ et (i) entraîne (ii). Avec les mêmes notations, si $M \subset V^\circ$, on a $V \subset V^{\circ\circ} \subset M^\circ$ et (ii) entraîne (iii). Enfin, si M° contient un voisinage convexe équilibré V de 0, on a $M \subset M^{\circ\circ} \subset V^\circ$ et les relations $x \in \varepsilon V$, $u \in M$ entraînent $|u(x)| \leqslant \varepsilon$, pour tout $\varepsilon > 0$, ce qui montre que (iii) entraîne (i).

Remarquons que tout $x \in E$ définit une application $j(x) : u \mapsto u(x)$ de E′ dans K. On peut donc parler de la $\mathfrak{S}$-topologie sur E, lorsque $\mathfrak{S}$ est un ensemble de parties de E′ : c'est l'image réciproque par j de la $\mathfrak{S}$-topologie sur $K^{E'}$. On vérifie aussitôt que si $\mathfrak{S}$ est une bornologie convexe sur E′, un système fondamental de voisinages de 0 pour la $\mathfrak{S}$-topologie sur E est formé des polaires des ensembles de $\mathfrak{S}$. Il en est en particulier ainsi lorsque $\mathfrak{S}$ est l'ensemble des parties équicontinues de E′ et la prop. 7 entraîne :

Corollaire 1. — *La topologie de* E *est identique à la topologie de la convergence uniforme dans les parties équicontinues de* E′.

Plus généralement, soit F un espace localement convexe ; toute $u \in \mathscr{L}(E ; F)$

définit une application $j(u):(x, f) \mapsto f(u(x))$ de $E \times F'$ dans **K** (c'est-à-dire dans **R** ou **C**). Ceci permet de définir dans l'espace $\mathscr{L}(E; F)$ la topologie de la convergence uniforme dans un ensemble de parties de $E \times F'$. En particulier :

COROLLAIRE 2. — *Soit* $\mathfrak{S}$ *un ensemble de parties bornées de* E. *La* $\mathfrak{S}$*-topologie sur* $\mathscr{L}(E; F)$ *est la topologie de la convergence uniforme dans les ensembles de la forme* $A \times B \subset E \times F'$, *où* A *décrit* $\mathfrak{S}$ *et* B *l'ensemble des parties équicontinues de* F'.

En effet, pour tout $u \in \mathscr{L}(E; F)$, tout $A \in \mathfrak{S}$ et tout voisinage V convexe, équilibré et fermé de 0 dans F, la relation $u(A) \subset V$ est équivalente à « $j(u)(A \times V^\circ)$ est contenu dans la boule unité de K ».

PROPOSITION 8. — *Soit* H *un ensemble d'applications linéaires de* E *dans un espace localement convexe* F. *Pour que* H *soit équicontinu, il faut et il suffit que, pour toute partie équicontinue* X *du dual* F' *de* F, *l'ensemble des formes linéaires* $f \circ u$ *pour* $f \in X$ *et* $u \in H$ *soit équicontinu.*

Il est évident que la condition est nécessaire. Supposons-la vérifiée et soit V un voisinage convexe, équilibré et fermé de 0 dans F. Puisque V° est équicontinu, il existe un voisinage W de 0 dans E tel que $|f(u(x))| \leqslant 1$ pour $x \in W$, $u \in H$ et $f \in V^\circ$; autrement dit, on a $u(W) \subset V^{\circ\circ} = V$ pour tout $u \in H$ et H est donc équicontinu.

6. Le complété d'un espace localement convexe

THÉORÈME 1 (Grothendieck). — *Soit* E *un espace localement convexe, et soit* $\mathfrak{S}$ *une bornologie adaptée et couvrante sur* E. *Soit* $F \subset E^*$ *l'espace des formes linéaires sur* E *dont la restriction à tout ensemble appartenant à* $\mathfrak{S}$ *est continue. On munit* F *de la* $\mathfrak{S}$*-topologie. L'injection canonique de* $E'_{\mathfrak{S}}$ *dans* F *se prolonge en un isomorphisme du complété* $\hat{E}'_{\mathfrak{S}}$ *de* $E'_{\mathfrak{S}}$ *sur* F.

Comme toute limite simple de formes linéaires sur E est une forme linéaire (III, p. 16, prop. 4) et que la bornologie $\mathfrak{S}$ est couvrante, il résulte de TG, X, p. 9, cor. 2 que l'espace F, muni de la $\mathfrak{S}$-topologie, est séparé et *complet*. Il est clair que $E'_{\mathfrak{S}}$ est un sous-espace vectoriel topologique de F ; il suffit donc de prouver que $E'_{\mathfrak{S}}$ est *partout dense* dans F, ce qui résulte du lemme suivant :

Lemme 1. — *Soit* A *une partie convexe, équilibrée et fermée de* E, *et soit* u *une forme linéaire sur* E *dont la restriction à* A *est continue. Pour tout* $\varepsilon > 0$, *il existe* $x' \in E'$ *tel que*

$$|u(x) - \langle x, x' \rangle| \leqslant \varepsilon \quad \textit{pour tout } x \in A.$$

Soit en effet $\varepsilon > 0$. Il existe un voisinage convexe, équilibré et fermé U de 0 dans E tel que $|u(x)| \leqslant \varepsilon$ pour tout $x \in U \cap A$. On sait que le polaire U° de U dans E^* est contenu dans E' et est compact pour la topologie $\sigma(E^*, E)$ (III, p. 17, cor. 2). Comme le polaire A° de A dans E^* est fermé pour $\sigma(E^*, E)$, il en résulte que $A^\circ + U^\circ$ est une partie convexe *fermée* de E^* (TG, III, p. 28, cor. 1).

Soit C une partie convexe, équilibrée et fermée de E. Alors, C est fermée pour

$\sigma(E, E')$ (II, p. 49, cor. 3), donc aussi pour $\sigma(E, E^*)$, et on a par suite $C = C^{\circ\circ}$ (pour la dualité entre E et E*). Par suite, on a

$$A \cap U = A^{\circ\circ} \cap U^{\circ\circ} = (A^\circ \cup U^\circ)^\circ \supset (A^\circ + U^\circ)^\circ$$

d'où

$$(A \cap U)^\circ \subset (A^\circ + U^\circ)^{\circ\circ} = A^\circ + U^\circ .$$

Comme la forme linéaire $\varepsilon^{-1}u$ appartient à $(A \cap U)^\circ$, il existe donc $v \in A^\circ$ et $w \in U^\circ$ tels que $u = \varepsilon(v + w)$. Alors $x' = \varepsilon w$ appartient à E' et $u - x' = \varepsilon v$ est majorée en valeur absolue par ε sur A, d'où le lemme.

Soit maintenant E un espace localement convexe *séparé*, et soit $\hat{E}$ son complété. Toute forme linéaire f continue sur E se prolonge par continuité à $\hat{E}$; on a donc $(\hat{E})' = E'$ (III, p. 16) et tout élément de $\hat{E}$ définit une forme linéaire sur E', c'est-à-dire un élément du dual algébrique E'^* de E'. De plus, la dualité entre E (resp. $\hat{E}$) et E' est séparante (II, p. 26, cor. 1). Par suite E *et* $\hat{E}$ *s'identifient à des sous-espaces vectoriels de* E'^*.

THÉORÈME 2. — *Soit* E *un espace localement convexe séparé, et soit* $\hat{E}$ *son complété ; on identifie* E *et* $\hat{E}$ *à des sous-espaces vectoriels de* E'^*. *Pour qu'un élément* $f \in E'^*$ *appartienne à* $\hat{E}$, *il faut et il suffit que la restriction de* f *à toute partie équicontinue de* E' *soit continue pour la topologie* $\sigma(E', E)$.

L'espace E s'identifie au dual topologique de E' lorsqu'on munit E' de la topologie $\sigma(E', E)$ (II, p. 46, prop. 3) ; d'autre part, si $\mathfrak{S}$ est l'ensemble des parties équicontinues de E', la topologie donnée sur E est la $\mathfrak{S}$-topologie (III, p. 19, cor. 1). Il résulte alors de III, p. 13, prop. 1, que les ensembles de $\mathfrak{S}$ sont bornés pour $\sigma(E', E)$ (*cf.* plus loin, III, p. 22, prop. 9), autrement dit $\mathfrak{S}$ est une bornologie adaptée et couvrante pour la topologie $\sigma(E', E)$. Le th. 2 est alors conséquence du th. 1, où l'on remplace E par E' et $E'_{\mathfrak{S}}$ par E.

COROLLAIRE 1 (Banach). — *Soit* E *un espace localement convexe séparé et complet. Pour qu'une forme linéaire sur* E' *soit continue pour la topologie faible* $\sigma(E', E)$ (*c'est-à-dire provienne d'un élément de* E), *il suffit que sa restriction à toute partie équicontinue de* E' *soit continue pour* $\sigma(E', E)$.

Remarque. — Supposons de plus qu'il existe dans E un ensemble total dénombrable ; alors toute partie équicontinue de E' est métrisable pour la topologie $\sigma(E', E)$ (III, p. 18, prop. 6) ; pour vérifier qu'une forme linéaire u sur E' est faiblement continue, il suffit donc de vérifier que, pour toute *suite équicontinue* (x'_n) dans E' qui converge vers 0 pour $\sigma(E', E)$, on a $\lim_{n \to \infty} u(x'_n) = 0$.

COROLLAIRE 2. — *Soit* $(E_i)_{i \in I}$ *une famille d'espaces localement convexes séparés et soit* E *leur somme directe topologique. L'application canonique de la somme directe des* $\hat{E}_i$ *dans* $\hat{E}$ *est un isomorphisme. En particulier,* E *est complet si et seulement si tous les* E_i *sont complets.*

On sait que le dual de E s'identifie au produit des duals des E_i (II, p. 33, formule (1)). Soit $u \in \hat{E}$ et soit $u_i \in E_i'^*$ la restriction de u (considérée comme élément de E'^*) à $E_i' \subset E'$. Il est immédiat qu'il suffit de démontrer que $u_i = 0$ sauf pour un nombre fini d'indices $i \in I$. Supposons au contraire qu'il existe une suite $(i_n)_{n \in \mathbf{N}}$ d'indices distincts telle que $u_{i_n} \neq 0$. Il existe alors $x_{i_n} \in E_{i_n}'$ telle que $u_{i_n}(x_{i_n}) = n$. L'ensemble H des x_{i_n} est équicontinu dans E' et la restriction de u à H n'est pas bornée, ce qui est impossible.

7. $\mathfrak{S}$-bornologies sur $\mathscr{L}(E\,;F)$

Soient E et F deux espaces localement convexes et $\mathfrak{S}$ un ensemble de parties bornées de E. Dire qu'une partie H de $\mathscr{L}(E\,;F)$ est bornée pour la $\mathfrak{S}$-topologie signifie : pour tout $M \in \mathfrak{S}$, tout voisinage V de 0 dans F absorbe l'ensemble $H(M) = \bigcup_{u \in H} u(M)$; cela revient à dire que *pour tout* $M \in \mathfrak{S}$, *l'ensemble* H(M) *est borné dans* F. De façon équivalente, cela signifie que pour tout voisinage V de 0 dans F, l'ensemble $\bigcap_{u \in H} u^{-1}(V)$ *absorbe toute partie* M de $\mathfrak{S}$.

PROPOSITION 9. — *Soient* E *et* F *deux espaces localement convexes et soit* $\mathfrak{S}$ *un ensemble de parties bornées de* E. *Toute partie équicontinue de* $\mathscr{L}(E\,;F)$ *est bornée pour la* $\mathfrak{S}$*-topologie.*

En effet, si H est une partie équicontinue de $\mathscr{L}(E\,;F)$ et V un voisinage de 0 dans F, l'ensemble $\bigcap_{u \in H} u^{-1}(V)$ est un voisinage de 0 dans E, donc absorbe toute partie bornée de E.

Une partie de $\mathscr{L}(E\,;F)$ qui est bornée pour une $\mathfrak{S}$-topologie n'est pas nécessairement équicontinue, même si $\mathfrak{S}$ est couvrante et même si $\mathfrak{S}$ est la bornologie canonique de E (IV, p. 50, exerc. 17). Nous étudierons au paragraphe suivant sous le nom d'espaces *tonnelés* les espaces E tels que toute partie simplement bornée de $\mathscr{L}(E\,;F)$ soit équicontinue. Notons dès maintenant le résultat suivant :

PROPOSITION 10. — *Soit* E *un espace bornologique* (en particulier, un espace localement convexe métrisable), *et soit* F *un espace localement convexe. Toute partie* H *de* $\mathscr{L}(E\,;F)$ *qui est bornée pour la topologie de la convergence bornée est équicontinue.*

En effet, pour tout voisinage convexe équilibré V de 0 dans F, l'ensemble $\bigcap_{u \in H} u^{-1}(V)$ absorbe toute partie bornée de E, donc est un voisinage de 0 dans E, ce qui prouve que H est équicontinue.

8. Parties complètes de $\mathscr{L}_{\mathfrak{S}}(E\,;F)$

PROPOSITION 11. — *Soient* E *et* F *deux espaces localement convexes,* $\mathfrak{S}$ *un recouvrement de* E *formé de parties bornées. Si* F *est séparé et quasi-complet* (III, p. 8), *toute partie équicontinue* H *de* $\mathscr{L}(E\,;F)$, *fermée pour la* $\mathfrak{S}$*-topologie, est un sous-espace uniforme complet de* $\mathscr{L}_{\mathfrak{S}}(E\,;F)$.

Comme H est bornée dans $\mathscr{L}_{\mathfrak{S}}(E ; F)$ (III, p. 22, prop. 9) et fermée dans F^E pour la $\mathfrak{S}$-topologie (III, p. 16, prop. 4), cela résulte du cor. 3 de TG, X, p. 7.

Remarque 1. — Soit M un sous-espace uniforme *complet* de $\mathscr{L}_{\mathfrak{S}}(E ; F)$. Pour tout ensemble de parties bornées $\mathfrak{S}' \supset \mathfrak{S}$ de E, la $\mathfrak{S}'$-topologie est plus fine que la $\mathfrak{S}$-topologie sur $\mathscr{L}(E ; F)$; d'autre part, il existe un système fondamental de voisinages de 0 pour la $\mathfrak{S}'$-topologie qui sont fermés pour la topologie de la convergence simple (III, p. 13, *Remarque* 2), et *a fortiori* pour la $\mathfrak{S}$-topologie. On en conclut (TG, III, p. 26, cor. 1) que M est encore *complet* pour la $\mathfrak{S}'$-topologie.

COROLLAIRE. — *Soient* E *et* F *deux espaces localement convexes,* H *une partie équicontinue de* $\mathscr{L}(E ; F)$. *Si* F *est séparé et quasi-complet, et si un filtre* Φ *sur* H *converge simplement en tous les points d'une partie totale* T *de* E, *alors il existe une application linéaire continue* u *de* E *dans* F *telle que* Φ *converge uniformément vers* u *dans toute partie précompacte de* E.

En effet, en vertu de la prop. 5 (III, p. 17), Φ est un filtre de Cauchy pour la structure uniforme de la convergence précompacte dans E ; d'après la prop. 11, l'adhérence $\overline{H}$ de H dans $\mathscr{L}_{pc}(E ; F)$ est complète et Φ converge donc uniformément sur toute partie précompacte de E vers une application $u \in \overline{H}$.

Remarque 2. — Soit (u_n) une suite d'applications linéaires continues d'un espace de Banach E dans un espace de Banach F ; il peut se faire que $(u_n(x))$ ait une limite en tout point d'un sous-espace vectoriel partout dense T de E, sans que la suite (u_n) soit bornée dans l'espace normé $\mathscr{L}(E ; F)$. Prenons par exemple pour E l'espace des fonctions numériques continues dans **R**, tendant vers zéro à l'infini, avec la norme $\|f\| = \sup_{x \in \mathbf{R}} |f(x)|$ et pour T le sous-espace des fonctions numériques continues à support compact. La suite des applications linéaires continues $f \mapsto nf(n)$ de E dans **R** converge vers 0 pour tout $f \in T$, mais n'est pas bornée dans $\mathscr{L}_b(E ; \mathbf{R})$. Le même exemple montre que dans l'espace $\mathscr{L}(T ; \mathbf{R})$ une suite (v_n) peut être simplement convergente et non bornée pour la topologie de la convergence bornée.

D'autre part, la suite des applications linéaires continues $f \mapsto \sum_{k=1}^{n} f(k)$ est une suite de Cauchy dans $\mathscr{L}(T ; \mathbf{R})$ pour la topologie de la convergence simple, mais n'a pas de limite dans $\mathscr{L}(T ; \mathbf{R})$ pour cette topologie.

PROPOSITION 12. — *Soient* E *un espace localement convexe bornologique,* F *un espace localement convexe séparé et complet et* $\mathfrak{S}$ *un ensemble de parties bornées de* E, *contenant l'image de toute suite convergeant vers* 0. *Alors l'espace* $\mathscr{L}_{\mathfrak{S}}(E ; F)$ *est complet.*

Soit Φ un filtre de Cauchy dans $\mathscr{L}_{\mathfrak{S}}(E ; F)$. Alors Φ est un filtre de Cauchy pour la topologie de la convergence simple, donc converge dans F^E ; en outre, sa limite u est une application linéaire de E dans F et Φ converge vers u uniformément dans tout ensemble de $\mathfrak{S}$ (TG, X, p. 6, prop. 5). Il en résulte que l'image par u d'une suite convergeant vers zéro est une suite convergeant vers zéro, donc que u est *continue* puisque E est bornologique (III, p. 11, prop. 1, (iii)).

COROLLAIRE 1. — *Le dual fort d'un espace bornologique est complet.*

COROLLAIRE 2. — *Soit* E *un espace semi-normé et soit* F *un espace de Banach* (resp. *de Fréchet*). *L'espace* $\mathscr{L}_b(E\,;F)$ *est un espace de Banach* (resp. *de Fréchet*). *En particulier, le dual d'un espace semi-normé est un espace de Banach.*

§ 4. LE THÉORÈME DE BANACH-STEINHAUS

Dans ce paragraphe, on désigne par E *un espace localement convexe et par* E' *son dual. Lorsqu'on parle de topologie faible sur* E', *il s'agit de* $\sigma(E', E)$.

1. Tonneaux et espaces tonnelés

PROPOSITION 1. — *Soit* T *une partie de* E. *Les conditions suivantes sont équivalentes* :

(i) T *est convexe, équilibré, fermé et absorbant.*

(ii) T *est le polaire d'un ensemble* M *convexe, équilibré et faiblement borné dans* E'.

(iii) *Il existe une semi-norme* p *sur* E, *semi-continue inférieurement, telle que* T *soit l'ensemble des* $x \in E$ *satisfaisant à* $p(x) \leqslant 1$.

(i) ⇒ (ii) : sous les hypothèses de (i), posons $M = T°$; alors M est convexe et équilibré dans E'. Pour tout $x \in E$, il existe un nombre réel $r > 0$ tel que $r.x \in T$, d'où $|u(x)| \leqslant \frac{1}{r}$ pour tout $u \in M$; autrement dit, M est faiblement borné. D'après le cor. 3 de II, p. 49, on a $T = M°$, donc T satisfait à (ii).

(ii) ⇒ (iii) : sous les hypothèses de (ii), posons $p(x) = \sup_{u \in M} |u(x)|$ pour tout $x \in E$. Il est immédiat que $T = M°$ se compose des $x \in E$ tels que $p(x) \leqslant 1$. La semi-norme p sur E' est semi-continue inférieurement, comme enveloppe supérieure d'une famille de fonctions continues (TG, IV, p. 31, corollaire).

(iii) ⇒ (i) : c'est clair.

COROLLAIRE. — *Les conditions suivantes sont équivalentes* :

(i) *toute partie faiblement bornée de* E' *est équicontinue* ;

(ii) *tout ensemble convexe, équilibré, fermé et absorbant dans* E *est un voisinage de* 0 ;

(iii) *toute semi-norme semi-continue inférieurement dans* E *est continue.*

DÉFINITION 1. — *On appelle tonneau dans* E *tout ensemble* T *satisfaisant aux conditions équivalentes de la prop.* 1.

DÉFINITION 2. — *On dit que l'espace* E *est tonnelé s'il satisfait aux conditions équivalentes du corollaire de la prop.* 1.

On sait (III, p. 22, prop. 9) que toute partie équicontinue du dual E' de E est fortement et faiblement bornée. On peut donc traduire la définition des espaces tonnelés de la manière suivante :

Scholie. — *Dans le dual d'un espace tonnelé, il y a identité entre ensembles équicontinus, ensembles fortement bornés, ensembles faiblement bornés et ensembles relative-*

ment compacts pour la topologie faible. Si E *est tonnelé et séparé et si* E'_b *est son dual fort, les polaires des voisinages de* 0 *dans l'un de ces espaces forment une base de la bornologie canonique de l'autre, et les polaires des parties bornées de l'un de ces espaces forment une base du filtre des voisinages de* 0 *de l'autre.*

PROPOSITION 2. — *Tout espace localement convexe* E *qui est un espace de Baire* (TG, IX, p. 54) *est tonnelé.*

En effet, soit T un tonneau dans E ; comme T est absorbant, E est réunion des ensembles *fermés* nT (n entier > 0) ; puisque E est un espace de Baire, un au moins de ces ensembles admet un point intérieur, donc T lui-même admet un point intérieur x. Si $x \neq 0$, comme on a $-x \in T$ et que 0 est un point du segment ouvert d'extrémités x et $-x$, 0 est un point intérieur de l'ensemble convexe T (II, p. 15, prop. 16). Donc T est un voisinage de 0.

COROLLAIRE. — *Tout espace de Fréchet* (*et en particulier tout espace de Banach*) *est tonnelé.*

Cela résulte du th. de Baire (TG, IX, p. 55, th. 1).

PROPOSITION 3. — *Soit* $(F_i)_{i \in I}$ *une famille d'espaces tonnelés, et pour chaque* $i \in I$, *soit* f_i *une application linéaire de* F_i *dans un espace vectoriel* E. *L'espace* E, *muni de la topologie localement convexe la plus fine rendant continues les* f_i (II, p. 29, prop. 5), *est un espace tonnelé.*

En effet, soit T un tonneau dans E. Comme f_i est continue, $f_i^{-1}(T)$ est un ensemble convexe, fermé, équilibré et absorbant dans F_i, autrement dit un tonneau dans F_i ; comme F_i est tonnelé, $f_i^{-1}(T)$ est un voisinage de 0 dans F_i, pour tout $i \in I$, ce qui entraîne que T est un voisinage de 0 dans E (II, p. 29, prop. 5).

COROLLAIRE 1. — *Tout espace quotient d'un espace tonnelé est tonnelé.*

COROLLAIRE 2. — *Soit* $(E_i)_{i \in I}$ *une famille d'espaces localement convexes, et soit* E *la somme directe topologique de cette famille. Pour que* E *soit tonnelé, il faut et il suffit que chacun des* E_i *le soit.*

La condition est évidemment suffisante en vertu de la prop. 3 ; elle est nécessaire d'après le cor. 1, puisque chacun des E_i est isomorphe à un espace quotient de E (II, p. 33, prop. 8).

COROLLAIRE 3. — *Toute limite inductive d'espaces tonnelés est un espace tonnelé.*

On prouvera plus loin (IV, p. 14, corollaire) que tout produit d'espaces tonnelés est tonnelé.

2. Le théorème de Banach-Steinhaus

THÉORÈME 1. — *Soient* E *un espace tonnelé,* F *un espace localement convexe. Toute partie simplement bornée* H *de* $\mathscr{L}$(E ; F) *est équicontinue.*

En effet, soit p une semi-norme continue sur F ; posons $q = \sup_{u \in \mathrm{H}} (p \circ u)$. Puisque H est simplement bornée, on a $q(x) < +\infty$ pour tout $x \in \mathrm{E}$ et q est une semi-norme semi-continue inférieurement, comme enveloppe supérieure finie de semi-normes continues. Comme E est tonnelé, q est une semi-norme continue et H est donc équicontinue.

COROLLAIRE 1. — *Soient* E *et* F *des espaces de Banach,* H *un ensemble d'applications linéaires continues de* E *dans* F ; *si, pour tout* $x \in \mathrm{E}$, *on a* $\sup_{u \in \mathrm{H}} \|u(x)\| < +\infty$, *on a aussi* $\sup_{u \in \mathrm{H}} \|u\| < +\infty$.

En effet, l'hypothèse signifie que H est simplement bornée et la conclusion qu'elle est équicontinue. De plus, tout espace de Banach est tonnelé (III, p. 25).

COROLLAIRE 2 (théorème de Banach-Steinhaus). — *Soient* E *un espace tonnelé,* F *un espace localement convexe séparé et* (u_n) *une suite d'applications linéaires continues de* E *dans* F, *convergeant simplement vers une application* u *de* E *dans* F. *Alors on a* $u \in \mathscr{L}(\mathrm{E}; \mathrm{F})$, *et* (u_n) *converge vers* u *uniformément sur toute partie précompacte de* E.

La suite (u_n) est en effet simplement bornée, donc équicontinue et le corollaire résulte du cor. à la prop. 5 de III, p. 18.

Remarques. — 1) La propriété exprimée par le cor. 2 n'entraîne pas que E soit tonnelé : nous verrons plus loin que le dual fort d'un espace de Fréchet la possède, bien que n'étant pas nécessairement tonnelé (IV, p. 22, corollaire et p. 58, exerc. 5).

2) Soient E et F deux espaces de Banach et soit (u_n) une suite d'applications linéaires continues de E dans F telle que $\sup \|u_n\| = +\infty$. L'ensemble X des $x \in \mathrm{E}$ tels que $\sup \|u_n(x)\| = +\infty$ est alors *dense* dans E et est l'intersection d'une suite d'ouverts de E. En effet, notons X_k l'ensemble des $x \in \mathrm{E}$ tels que $\sup \|u_n(x)\| > k$ (pour k entier > 0). Chaque X_k est ouvert et X est l'intersection des X_k. Comme E est un espace de Baire, il suffit de montrer que chaque X_k est dense dans E. Or si le complémentaire de X_k contenait un ouvert non vide U, on aurait $\|u_n(x)\| \leqslant 2k$ pour $x \in \mathrm{U} - \mathrm{U}$ et, comme $\mathrm{U} - \mathrm{U}$ est un voisinage de 0, on aurait $\sup \|u_n\| < +\infty$.

COROLLAIRE 3. — *Soient* E *un espace tonnelé,* F *un espace localement convexe séparé,* Φ *un filtre sur* $\mathscr{L}(\mathrm{E}; \mathrm{F})$ *qui converge simplement dans* E *vers une application* u *de* E *dans* F. *Si* Φ *contient une partie simplement bornée de* $\mathscr{L}(\mathrm{E}; \mathrm{F})$ *ou si* Φ *admet une base dénombrable,* u *est une application linéaire continue de* E *dans* F, *et* Φ *converge uniformément vers* u *dans toute partie précompacte de* E.

Supposons d'abord que Φ contienne un ensemble simplement borné H ; comme H est équicontinu (th. 1), le corollaire résulte du cor. de la prop. 5 (III, p. 18). Si Φ admet une base dénombrable, tout filtre élémentaire Ψ associé à une suite (u_n) (TG, I, p. 42) plus fin que Φ est alors simplement convergent dans E vers u et il résulte du cor. 2 que u est une application linéaire continue de E dans F, et que Ψ converge vers u pour la topologie de la convergence uniforme dans les parties précompactes de E. Par suite, il en est de même de Φ, puisque ce dernier est l'intersection des filtres élémentaires plus fins que lui (TG, I, p. 43).

On notera qu'un filtre sur $\mathscr{L}(\mathrm{E}; \mathrm{F})$, qui converge simplement et admet une base dénombrable, ne contient pas nécessairement un ensemble simplement borné : c'est ce que montre l'exemple du filtre des voisinages de 0 dans $F = \mathscr{L}(K ; F)$ lorsque la topologie de F est métrisable mais ne peut être définie par une seule norme.

Exemple. — Soit E l'espace de Banach (sur **C**) formé des fonctions complexes continues et de période 1 dans **R**, avec la norme $\|f\| = \sup_x |f(x)|$.

Pour tout entier $n \in \mathbf{Z}$ et toute fonction $f \in E$, posons $c_n(f) = \int_0^1 f(x)\, e^{-2i\pi nx} dx$ (n-ième coefficient de Fourier de f) ; chacune des applications $f \mapsto c_n(f)$ est une forme linéaire continue sur E. Soit (α_n) une suite de nombres complexes telle que, pour toute fonction $f \in E$, la série de terme général $\alpha_n c_n(f) + \alpha_{-n} c_{-n}(f)$ soit convergente. Dans ces conditions, l'application $u : f \mapsto \alpha_0 c_0(f) + \sum_{n \geq 1} [\alpha_0 c_n(f) + \alpha_{-n} c_{-n}(f)]$ est une forme linéaire continue sur E ; * autrement dit, il existe une mesure μ sur [0, 1] telle que $u(f) = \int f(x)\, d\mu(x)$ pour toute fonction $f \in E$, ou encore que α_{-n} soit le n-ième coefficient de Fourier de μ. * En effet, pour tout entier $m > 0$, l'application $f \mapsto \sum_{k=-m}^{m} \alpha_k c_k(f)$ est une forme linéaire continue u_m sur E, et pour toute $f \in E$, la suite $(u_m(f))$ converge vers $u(f)$ par hypothèse. L'assertion résulte donc du th. de Banach-Steinhaus, puisque E est tonnelé.

Corollaire 4. — *Soient* E *et* F *deux espaces localement convexes,* $\mathfrak{S}$ *un recouvrement de* E *formé de parties bornées. Si* E *est tonnelé et si* F *est séparé et quasi-complet, l'espace* $\mathscr{L}_{\mathfrak{S}}(E ; F)$ *est séparé et quasi-complet.*

En effet, toute partie bornée et fermée de $\mathscr{L}_{\mathfrak{S}}(E ; F)$ est simplement bornée (puisque $\mathfrak{S}$ est un recouvrement de E), donc équicontinue (III, p. 25, th. 1) et par suite est un sous-espace complet de $\mathscr{L}_{\mathfrak{S}}(E ; F)$ en vertu de la prop. 11 (III, p. 22).

Corollaire 5. — *Le dual fort et le dual faible d'un espace tonnelé sont quasi-complets.*

3. Parties bornées de $\mathscr{L}(E ; F)$ (cas quasi-complet)

Théorème 2. — *Soient* E *un espace localement convexe séparé,* F *un espace localement convexe,* $\mathfrak{S}$ *l'ensemble des parties de* E *convexes, équilibrées, bornées, fermées et semi-complètes* (III, p. 7). *Toute partie simplement bornée* H *de* $\mathscr{L}(E ; F)$ *est bornée pour la* $\mathfrak{S}$*-topologie.*

Soit $A \in \mathfrak{S}$. L'espace E_A est alors un espace de Banach (III, p. 8, corollaire), donc tonnelé. D'autre part, l'image canonique de H dans $\mathscr{L}(E_A ; F)$ est simplement bornée, donc équicontinue (III, p. 25, th. 1). Par suite, l'ensemble des $u(x)$ pour $u \in H$ et $x \in A$ est borné dans F, ce qui montre que H est bornée pour la $\mathfrak{S}$-topologie.

Corollaire 1. — *Soient* E *un espace localement convexe séparé,* F *un espace localement convexe, et* $\mathfrak{S}$ *un ensemble de parties bornées de* E. *Si* E *est semi-complet, toute partie simplement bornée de* $\mathscr{L}(E ; F)$ *est bornée pour la* $\mathfrak{S}$*-topologie.*

Il suffit d'appliquer le th. 2, quitte à remplacer les ensembles de $\mathfrak{S}$ par leurs enveloppes convexes fermées, équilibrées, ce qui ne change pas la $\mathfrak{S}$-topologie.

Lorsque E est semi-complet (par exemple quasi-complet), on peut donc parler de *parties bornées* de $\mathscr{L}(E\,;F)$ sans préciser pour quelle $\mathfrak{S}$-topologie, puisque celles-ci sont les mêmes pour toutes les $\mathfrak{S}$-topologies dès que $\mathfrak{S}$ est un recouvrement de E.

COROLLAIRE 2. — *Tout espace bornologique semi-complet est tonnelé.*

Toute partie simplement bornée de son dual est fortement bornée (cor. 1), donc équicontinue (III, p. 22, prop. 10).

COROLLAIRE 3. — *Soit* E *un espace localement convexe. Toute partie de* E *bornée pour* $\sigma(E, E')$ *est bornée.*

Soit A une partie de E. Dire que A est bornée pour $\sigma(E, E')$ signifie que toute forme linéaire continue sur E est bornée sur A ; dire que A est bornée signifie que toute semi-norme continue sur E est bornée sur A. Soit N l'adhérence de 0 dans E et soit π l'application canonique de E sur E/N. Les formes linéaires continues sur E sont les applications de la forme $f \circ \pi$ avec $f \in (E/N)'$ et l'on a une caractérisation analogue des semi-normes continues sur E. Quitte à remplacer E par E/N et A par $\pi(A)$, on peut donc se limiter au cas où E est séparé.

Soit $\mathfrak{S}$ l'ensemble des parties équicontinues de E' ; lorsque E' est muni de $\sigma(E', E)$, E s'identifie à $(E')'_{\mathfrak{S}}$ (III, p. 19, cor. 1). Toute partie équicontinue fermée de E' est compacte pour $\sigma(E', E)$ (III, p. 17, cor. 2), donc complète pour $\sigma(E', E)$. Il suffit donc d'appliquer le th. 2.

§ 5. APPLICATIONS BILINÉAIRES HYPOCONTINUES

1. Applications bilinéaires séparément continues

Soient E, F, G trois espaces localement convexes. Pour toute application bilinéaire u de $E \times F$ dans G, et pour tout $x \in E$ (resp. $y \in F$), on désignera par $u(x, .)$ (resp. $u(., y)$) l'application $y \mapsto u(x, y)$ (resp. $x \mapsto u(x, y)$) de F dans G (resp. de E dans G).

DÉFINITION 1. — *On dit qu'une application bilinéaire* u *de* $E \times F$ *dans* G *est séparément continue si, pour tout* $x \in E$, *l'application linéaire* $u(x, .)$ *de* F *dans* G *est continue et, pour tout* $y \in F$, *l'application linéaire* $u(., y)$ *de* E *dans* G *est continue.*

La proposition suivante résulte aussitôt de la définition.

PROPOSITION 1. — *Pour qu'une application bilinéaire* u *de* $E \times F$ *dans* G *soit séparément continue, il faut et il suffit que, pour tout* $y \in F$, *l'application linéaire* $u(., y)$ *de* E *dans* G *soit continue, et que l'application linéaire* $y \mapsto u(., y)$ *de* F *dans* $\mathscr{L}_s(E\,;G)$ *soit continue.*

On peut encore dire que si, à toute application linéaire $v \in \mathscr{L}(\mathrm{F} ; \mathscr{L}_s(\mathrm{E} ; \mathrm{G}))$ on fait correspondre l'application bilinéaire $(x, y) \mapsto v(y)(x)$, on définit une *bijection* linéaire de $\mathscr{L}(\mathrm{F} ; \mathscr{L}_s(\mathrm{E} ; \mathrm{G}))$ sur l'espace vectoriel des applications bilinéaires séparément continues de $\mathrm{E} \times \mathrm{F}$ dans G.

Une application bilinéaire séparément continue de $\mathrm{E} \times \mathrm{F}$ dans G n'est pas nécessairement continue dans $\mathrm{E} \times \mathrm{F}$ (III, p. 48, exerc. 2 ; *cf.* toutefois III, p. 30, et IV, p. 26, th. 2).

La notion de *forme* bilinéaire séparément continue sur un produit $\mathrm{E}_1 \times \mathrm{E}_2$ de deux espaces localement convexes se rattache étroitement à celle d'application linéaire continue lorsque E_1 et E_2 sont munies de topologies *faibles* (II, p. 45). Supposons en effet que $(\mathrm{E}_1, \mathrm{F}_1)$ et $(\mathrm{E}_2, \mathrm{F}_2)$ soient deux couples d'espaces vectoriels réels (resp. complexes) en dualité séparante (*loc. cit.*) ; munissons E_i (resp. F_i) de la topologie faible $\sigma(\mathrm{E}_i, \mathrm{F}_i)$ (resp. $\sigma(\mathrm{F}_i, \mathrm{E}_i)$) pour $i = 1, 2$; notons par ailleurs $\mathrm{B}(\mathrm{E}_1, \mathrm{E}_2)$ l'espace vectoriel des formes bilinéaires séparément continues sur $\mathrm{E}_1 \times \mathrm{E}_2$. Appliquant la prop. 1 au cas où $\mathrm{G} = \mathrm{K}$, on voit que, pour toute forme bilinéaire $\Phi \in \mathrm{B}(\mathrm{E}_1, \mathrm{E}_2)$ et tout $x_2 \in \mathrm{E}_2$, l'application $x_1 \mapsto \Phi(x_1, x_2)$ est une forme linéaire *continue* sur E_1, donc (II, p. 46, prop. 3) il existe un élément et un seul ${}^d\Phi(x_2) \in \mathrm{F}_1$ tel que

$$\Phi(x_1, x_2) = \langle x_1, {}^d\Phi(x_2) \rangle \tag{1}$$

quels que soient $x_1 \in \mathrm{E}_1$ et $x_2 \in \mathrm{E}_2$; en outre l'application ${}^d\Phi : \mathrm{E}_2 \to \mathrm{F}_1$ est linéaire et *continue* pour les topologies (faibles) de E_2 et de F_1.

Inversement, pour toute application linéaire continue $u : \mathrm{E}_2 \to \mathrm{F}_1$, l'application $(x_1, x_2) \mapsto \Phi(x_1, x_2) = \langle x_1, u(x_2) \rangle$ est une forme bilinéaire séparément continue sur $\mathrm{E}_1 \times \mathrm{E}_2$, et on a $u = {}^d\Phi$. On a ainsi défini un isomorphisme $d : \Phi \mapsto {}^d\Phi$ de $\mathrm{B}(\mathrm{E}_1, \mathrm{E}_2)$ sur $\mathscr{L}(\mathrm{E}_2 ; \mathrm{F}_1)$, dit *canonique*. La formule

$$\Phi(x_1, x_2) = \langle {}^s\Phi(x_1), x_2 \rangle \tag{2}$$

définit de même un isomorphisme *canonique* $s : \Phi \mapsto {}^s\Phi$ de $\mathrm{B}(\mathrm{E}_1, \mathrm{E}_2)$ sur $\mathscr{L}(\mathrm{E}_1, \mathrm{F}_2)$; on a évidemment le diagramme commutatif

(3)

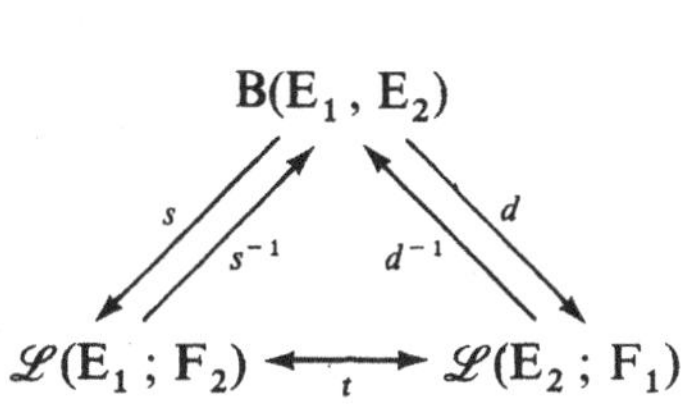

où t est l'isomorphisme de transposition (II, p. 49, prop. 5 et corollaire). Vu la définition des topologies faibles sur F_1 et F_2, il est immédiat en outre que lorsqu'on munit $\mathrm{B}(\mathrm{E}_1, \mathrm{E}_2)$, $\mathscr{L}(\mathrm{E}_1 ; \mathrm{F}_2)$ et $\mathscr{L}(\mathrm{E}_2 ; \mathrm{F}_1)$ de la *topologie de la convergence simple, les isomorphismes du diagramme* (3) *sont des isomorphismes d'espaces vectoriels topologiques.*

2. Applications bilinéaires séparément continues sur un produit d'espaces de Fréchet

PROPOSITION 2. — *Soient* E, F *et* G *trois espaces localement convexes. On suppose* E *et* F *métrisables, et* E *tonnelé. Soit* H *un ensemble d'applications bilinéaires séparément continues de* E × F *dans* G. *On suppose que pour tout* $x \in$ E, *l'ensemble des applications* $u(x, .)$ *de* F *dans* G, *où* u *parcourt* H, *est équicontinu. Alors* H *est équicontinu.*

Soit (U_n) (resp. (V_n)) une suite fondamentale de voisinages de 0 dans E (resp. F). Si H n'est pas équicontinu, il existe un voisinage convexe équilibré fermé W de 0 dans G tel que, pour tout n, $H(U_n \times V_n)$ ne soit pas contenu dans W. Il existe donc une suite de couples $(x_n, y_n) \in U_n \times V_n$, et une suite (u_n) d'éléments de H, telles que $u_n(x_n, y_n) \notin W$. Soit p la jauge de W. Pour tout $y \in F$, et tout $u \in H$, l'application $u(., y)$ de E dans G est continue, donc $p \circ u(., y)$ est une semi-norme continue sur E. D'autre part, pour tout $x \in E$, l'ensemble des applications $u(x, .)$ pour $u \in H$ est équicontinu ; comme la suite (y_n) tend vers 0, elle est bornée, et l'ensemble des $u(x, y_n)$, pour $n \geqslant 0$ et $u \in H$, est borné (III, p. 22, prop. 9). Il résulte de ceci que la fonction $p'(x) = \sup_{\substack{u \in H \\ n \geqslant 0}} p(u(x, y_n))$ est une semi-norme (finie) sur E, semi-continue inférieurement. Comme E est tonnelé, p' est continue (III, p. 24, corollaire). Comme (x_n) tend vers 0 dans E, $p'(x_n)$ tend vers 0, de sorte qu'on a $p'(x_n) \leqslant 1$ si n est assez grand ; mais dès lors, on a $p(u_n(x_n, y_n)) \leqslant p'(x_n) \leqslant 1$, donc $u_n(x_n, y_n) \in W$ ce qui contredit l'hypothèse sur u_n, x_n, y_n.

COROLLAIRE 1. — *Soient* E *et* F *deux espaces de Fréchet, et* G *un espace localement convexe. Toute application bilinéaire séparément continue de* E × F *dans* G *est continue.*

En effet, tout espace de Fréchet est tonnelé (III, p. 25, corollaire).

Soient E et F deux espaces localement convexes. On note $\mathscr{B}(E, F)$ l'espace des formes bilinéaires continues sur E × F, muni de la topologie de la convergence uniforme sur les ensembles de la forme A × B où A (resp. B) est borné dans E (resp. F). La formule

$$u(x, y) = \langle y, \varphi(u)(x) \rangle$$

(pour $x \in E$, $y \in F$ et $u \in \mathscr{B}(E, F)$) définit une application linéaire continue et injective φ de $\mathscr{B}(E, F)$ dans $\mathscr{L}_b(E ; F'_b)$.

COROLLAIRE 2. — *Supposons que* E *et* F *soient métrisables et que* E *soit tonnelé. Alors* φ *est un isomorphisme d'espaces vectoriels topologiques de* $\mathscr{B}(E, F)$ *sur* $\mathscr{L}_b(E ; F'_b)$.

Soit $f \in \mathscr{L}_b(E ; F'_b)$. Posons $u(x, y) = \langle y, f(x) \rangle$ pour $x \in E$ et $y \in F$. La forme bilinéaire u sur E × F est séparément continue ; d'après la prop. 2, elle appartient donc à $\mathscr{B}(E, F)$, et l'on a $f = \varphi(u)$. Donc φ est une bijection linéaire de $\mathscr{B}(E, F)$ sur $\mathscr{L}_b(E ; F'_b)$. Il est immédiat que φ est bicontinue, d'où le cor. 2.

3. Applications bilinéaires hypocontinues

Nous allons dans ce qui suit définir une notion intermédiaire entre celle d'application bilinéaire continue et celle d'application bilinéaire séparément continue.

PROPOSITION 3. — *Soient* E, F, G *trois espaces localement convexes,* $\mathfrak{S}$ *un ensemble de parties bornées de* E. *Soit u une application bilinéaire séparément continue de* E × F *dans* G. *Les propriétés suivantes sont équivalentes :*

a) Pour tout voisinage W *de* 0 *dans* G *et tout ensemble* $M \in \mathfrak{S}$, *il existe un voisinage* V *de* 0 *dans* F *tel que* $u(M \times V) \subset W$.

b) Pour tout ensemble $M \in \mathfrak{S}$, *l'image de* M *par l'application* $x \mapsto u(x, .)$ *est une partie équicontinue de* $\mathscr{L}(F ; G)$.

c) L'application $y \mapsto u(., y)$ *de* F *dans* $\mathscr{L}_{\mathfrak{S}}(E ; G)$ *est continue.*

En effet, *a*) exprime que $y \mapsto u(., y)$ est continue au point 0, compte tenu de la définition des voisinages de 0 dans $\mathscr{L}_{\mathfrak{S}}(E ; G)$ (III, p. 13) ; de même *a*) exprime que l'image de M par l'application $x \mapsto u(x, .)$ est équicontinue au point 0 (III, p. 16).

DÉFINITION 2. — *Soit u une application bilinéaire de* E × F *dans* G. *On dit que u est* $\mathfrak{S}$*-hypocontinue si u est séparément continue et si elle vérifie l'une des conditions équivalentes a), b), c) de la prop.* 3.

La condition *c*) de la prop. 3 montre que la notion d'application bilinéaire $\mathfrak{S}$-*hypocontinue* ne dépend de $\mathfrak{S}$ que par l'intermédiaire de la $\mathfrak{S}$-topologie sur $\mathscr{L}(E ; G)$.

Pour tout ensemble $\mathfrak{T}$ de parties bornées de F, on définit de la même manière la notion d'application $\mathfrak{T}$-hypocontinue, en échangeant dans la prop. 3 les rôles de E et F. On dit qu'une application bilinéaire séparément continue *u* est $(\mathfrak{S}, \mathfrak{T})$-*hypocontinue* si elle est à la fois $\mathfrak{S}$-hypocontinue et $\mathfrak{T}$-hypocontinue.

Toute application bilinéaire *continue* de E × F dans G est $(\mathfrak{S}, \mathfrak{T})$-hypocontinue pour tout couple $(\mathfrak{S}, \mathfrak{T})$ d'ensembles de parties bornées : en effet, pour tout voisinage W de 0 dans G, il existe un voisinage U de 0 dans E et un voisinage V de 0 dans F tel que $u(U \times V) \subset W$; comme tout ensemble $M \in \mathfrak{S}$ est borné, il existe $\lambda > 0$ tel que $\lambda M \subset U$, d'où

$$u(M \times \lambda V) = u(\lambda M \times V) \subset u(U \times V) \subset W .$$

La réciproque est inexacte en général (III, p. 48, exerc. 3).

PROPOSITION 4. — *Soit u une application bilinéaire* $\mathfrak{S}$*-hypocontinue de* E × F *dans* G. *Pour tout ensemble* $M \in \mathfrak{S}$, *la restriction de u à* M × F *est continue, et* $u(M \times Q)$ *est bornée dans* G *pour toute partie bornée* Q *de* F.

La première assertion résulte du cor. 3 de TG, X, p. 13. Soit W un voisinage de 0 dans G ; il existe par hypothèse un voisinage V de 0 dans F tel que $u(M \times V) \subset W$. Comme il existe $\lambda \neq 0$ tel que $\lambda Q \subset V$, on a $\lambda u(M \times Q) = u(M \times \lambda Q) \subset W$, ce qui prouve la seconde partie de la proposition.

PROPOSITION 5. — *Soit u une application bilinéaire* $(\mathfrak{S}, \mathfrak{T})$*-hypocontinue de* $E \times F$ *dans* G. *Pour tout couple d'ensembles* $M \in \mathfrak{S}$, $N \in \mathfrak{T}$, *u est uniformément continue dans* $M \times N$.

La proposition résulte aussitôt de la prop. 2 de TG, X, p. 13 et de la prop. 5 de TG, X, p. 15.

PROPOSITION 6. — *Si* F *est un espace tonnelé, toute application bilinéaire séparément continue u de* $E \times F$ *dans un espace localement convexe* G *est* $\mathfrak{S}$*-hypocontinue pour tout ensemble* $\mathfrak{S}$ *de parties bornées de* E.

Autrement dit, *l'application linéaire* $y \mapsto u(.,y)$ *de* F *dans* $\mathscr{L}_b(E;G)$ *est continue.*

Il suffit en effet (III, p. 31, prop. 3) de prouver que l'image par $x \mapsto u(x, .)$ de toute partie bornée M de E est équicontinue dans $\mathscr{L}(F;G)$. Or, en vertu de la prop. 1 (III, p. 28), cette image est une partie simplement bornée de $\mathscr{L}(F;G)$, et comme F est tonnelé, toute partie simplement bornée de $\mathscr{L}(F;G)$ est équicontinue (III, p. 25, th. 1).

Remarque. — Supposons que la topologie de F soit la plus fine des topologies localement convexes sur F rendant continues des applications linéaires $h_\alpha : F_\alpha \to F$ (II, p. 29). Alors, la condition *c*) de la prop. 3 (III, p. 31) montre que, si E et G sont localement convexes, pour que l'application bilinéaire $u : E \times F \to G$ soit $\mathfrak{S}$-hypocontinue, il faut et il suffit que chacune des applications bilinéaires

$$(x, y_\alpha) \mapsto u(x, h_\alpha(y_\alpha))$$

de $E \times F_\alpha$ dans G soit $\mathfrak{S}$-hypocontinue.

Supposons maintenant que E soit un espace localement convexe, limite inductive *stricte* d'une suite croissante (E_n) de sous-espaces vectoriels fermés dans E (II, p. 36); alors tout ensemble $M \in \mathfrak{S}$ est contenu dans l'un des E_n et borné dans ce sous-espace (III, p. 5, prop. 6). Notons $\mathfrak{S}_n$ l'ensemble des parties appartenant à $\mathfrak{S}$ et contenues dans E_n. La condition *a*) de la prop. 3 (III, p. 31) montre que pour qu'une application bilinéaire $u : E \times F \to G$ soit $\mathfrak{S}$-hypocontinue, il faut et il suffit que chacune des restrictions $u_n : E_n \times F \to G$ de *u* soit $\mathfrak{S}_n$-hypocontinue.

4. Prolongement d'une application bilinéaire hypocontinue

PROPOSITION 7. — *Soient* E, F, G *trois espaces localement convexes,* G *étant supposé séparé; soit* E_0 (resp. F_0) *un sous-espace vectoriel dense de* E (resp. F). *Soit u une application bilinéaire séparément continue de* $E \times F$ *dans* G.

1) *Si* $u(E_0 \times F_0) = \{0\}$, *on a* $u = 0$.

2) *Soit* $\mathfrak{S}_0$ *un ensemble de parties bornées de* E_0; *si la restriction de u à* $E_0 \times F_0$ *est* $\mathfrak{S}_0$*-hypocontinue, il en est de même de u.*

1) Par hypothèse, pour tout $x \in E_0$, l'application linéaire continue $u(x, .)$ est nulle dans F_0, donc dans F : alors, pour tout $y \in F$, l'application linéaire continue $u(.,y)$ est nulle dans E_0, donc dans E, ce qui prouve que l'on a $u = 0$.

2) Pour tout voisinage fermé W de 0 dans G et pour tout ensemble $M \in \mathfrak{S}_0$, il

existe par hypothèse un voisinage V de 0 dans F_0 tel que $u(M \times V) \subset W$. Or $\overline{V}$ est un voisinage de 0 dans F ; pour tout $x \in M$, de la relation $u(\{x\} \times V) \subset W$, on déduit $u(\{x\} \times \overline{V}) \subset W$, puisque $u(x, .)$ est continue et W fermé ; on a donc la relation $u(M \times \overline{V}) \subset W$, ce qui montre que u est $\mathfrak{S}_0$-hypocontinue.

PROPOSITION 8. — *Soient* E, F, G *trois espaces localement convexes,* G *étant supposé séparé et quasi-complet. Soit* E_0 (resp. F_0) *un sous-espace vectoriel dense de* E (resp. F), $\mathfrak{S}_0$ (resp. $\mathfrak{T}_0$) *un ensemble de parties bornées de* E_0 (resp. F_0) *tel que tout point de* E (resp. F) *soit adhérent à un ensemble de* $\mathfrak{S}_0$ (resp. $\mathfrak{T}_0$). *Alors toute application bilinéaire* $(\mathfrak{S}_0, \mathfrak{T}_0)$*-hypocontinue* u *de* $E_0 \times F_0$ *dans* G *se prolonge d'une seule manière en une application bilinéaire séparément continue* $\overline{u}$ *de* $E \times F$ *dans* G, *et* $\overline{u}$ *est* $(\mathfrak{S}_0, \mathfrak{T}_0)$*-hypocontinue.*

L'unicité et l'hypocontinuité de $\overline{u}$ résultent de la prop. 7 ; tout revient à établir l'existence de $\overline{u}$. Pour tout $y' \in F_0$, l'application linéaire continue $x' \mapsto u(x', y')$ de E_0 dans G se prolonge d'une seule manière en une application linéaire continue $x \mapsto u_1(x, y')$ de E dans G (III, p. 8, prop. 10). Il est immédiat que, pour tout $x \in E$, l'application $y' \mapsto u_1(x, y')$ de F_0 dans G est linéaire ; montrons qu'elle est continue. Par hypothèse, il existe $M \in \mathfrak{S}_0$ tel que $x \in \overline{M}$. Pour tout voisinage fermé W de 0 dans G, il existe par hypothèse un voisinage V de 0 dans F_0 tel que $u(M \times V) \subset W$; comme $x \mapsto u_1(x, y')$ est continue, on en déduit $u_1(\overline{M} \times V) \subset W$, et en particulier $u_1(x, y') \in W$ pour tout $y' \in V$, ce qui établit notre assertion. En vertu de la prop. 7, l'application bilinéaire u_1 de $E \times F_0$ dans G est $(\mathfrak{S}_0, \mathfrak{T}_0)$-hypocontinue. On achève la démonstration en échangeant les rôles de E et F dans la première partie de la démonstration, appliquée à u_1.

5. Hypocontinuité de l'application $(u, v) \mapsto v \circ u$

PROPOSITION 9. — *Soient* R, S, T *trois espaces localement convexes séparés. On suppose les espaces* $\mathscr{L}(R ; S)$, $\mathscr{L}(S ; T)$, $\mathscr{L}(R ; T)$ *munis tous trois de la topologie de la convergence simple* (resp. *compacte, bornée*). *Alors l'application bilinéaire* $(u, v) \mapsto v \circ u$ *de* $\mathscr{L}(R ; S) \times \mathscr{L}(S ; T)$ *dans* $\mathscr{L}(R ; T)$ *est* $(\mathfrak{S}, \mathfrak{T})$*-hypocontinue, lorsque* $\mathfrak{T}$ *est l'ensemble des parties équicontinues de* $\mathscr{L}(S ; T)$, *et* $\mathfrak{S}$ *l'ensemble des parties finies* (resp. *des parties compactes, des parties bornées*) *de* $\mathscr{L}(R ; S)$.

Prouvons d'abord que $(u, v) \mapsto v \circ u$ est $\mathfrak{T}$-hypocontinue. Soient H un ensemble équicontinu dans $\mathscr{L}(S ; T)$, W un voisinage de 0 dans T, M une partie finie (resp. compacte, bornée) de R. Il faut voir qu'il existe un voisinage V de 0 dans S tel que, si $u(M) \subset V$ et $v \in H$, on ait $v(u(M)) \subset W$. Mais il suffit pour cela que l'on ait $v(V) \subset W$ pour tout $v \in H$, et l'existence d'un tel voisinage V résulte de l'équicontinuité de H.

Pour voir que $(u, v) \mapsto v \circ u$ est $\mathfrak{S}$-hypocontinue, nous allons établir que, pour tout voisinage W de 0 dans T, toute partie finie (resp. compacte, bornée) M de R et toute partie finie (resp. compacte, bornée) L de $\mathscr{L}(R ; S)$, il existe une partie finie (resp. compacte, bornée) N de S telle que les relations $v(N) \subset W$ et $u \in L$ entraînent $v(u(M)) \subset W$. Il suffit évidemment de montrer qu'on peut prendre $N = \bigcup_{u \in L} u(M)$, c'est-à-dire que cet ensemble N est fini (resp. compact, borné) avec L et M. C'est immédiat si L et M sont finis, ou si M est borné dans R et L borné dans $\mathscr{L}$(R ; S) (pour la topologie de la convergence bornée, *cf.* III, p. 22). Reste donc à établir que si M est compact dans R, et L compact dans $\mathscr{L}$(R ; S) pour la topologie de la convergence compacte, N est compact dans S. Mais, si u_{M} est la restriction à M de tout $u \in \mathrm{L}$, l'application $u \mapsto u_{\mathrm{M}}$ de L dans l'espace $\mathscr{C}$(M ; S) des applications continues de M dans S, muni de la topologie de la convergence uniforme, est continue ; l'image de L par cette application est donc compacte, et notre assertion résulte alors de la continuité de l'application $(w, x) \mapsto w(x)$ de $\mathscr{C}(\mathrm{M} ; \mathrm{S}) \times \mathrm{M}$ dans S (TG, X, p. 10, prop. 9).

Dans les deux corollaires qui suivent, on suppose comme dans la prop. 9 que les espaces $\mathscr{L}$(R ; S), $\mathscr{L}$(S ; T), $\mathscr{L}$(R ; T) sont *tous trois* munis de la topologie de la convergence simple, ou tous trois de la topologie de la convergence compacte, ou tous trois de la topologie de la convergence bornée.

COROLLAIRE 1. — *Pour toute partie équicontinue* H *de* $\mathscr{L}$(S ; T), *l'application* $(u, v) \mapsto v \circ u$ *de* $\mathscr{L}(\mathrm{R} ; \mathrm{S}) \times \mathrm{H}$ *dans* $\mathscr{L}$(R ; T) *est continue.*

Cela résulte aussitôt des prop. 9 (III, p. 33) et 4 (III, p. 31).

COROLLAIRE 2. — *On suppose* S *tonnelé. Si la suite* (u_n) *tend vers* u *dans* $\mathscr{L}$(R ; S) *et la suite* (v_n) *vers* v *dans* $\mathscr{L}$(S ; T), *la suite* $(v_n \circ u_n)$ *tend vers* $v \circ u$ *dans* $\mathscr{L}$(R ; T).

En effet, la suite (v_n) étant simplement bornée dans $\mathscr{L}$(S ; T), est équicontinue puisque S est tonnelé (III, p. 25, th. 1) ; le corollaire est alors conséquence du cor. 1.

§ 6. LE THÉORÈME DU GRAPHE BORÉLIEN

1. Le théorème du graphe borélien

THÉORÈME 1. — *Soient* E *un espace localement convexe limite inductive d'espaces de Banach,* F *un espace localement convexe souslinien, par exemple lusinien* (TG, IX, p. 59 et p. 62), *et u une application linéaire de* E *dans* F. *Si le graphe de u est un sous-ensemble borélien de* $\mathrm{E} \times \mathrm{F}$, *alors u est continue.*

Soient (E_i) une famille d'espaces de Banach et (u_i) une famille d'applications linéaires continues $u_i : \mathrm{E}_i \to \mathrm{E}$ telles que la topologie de E soit la topologie localement convexe la plus fine rendant continues les u_i. Il suffit de démontrer que les applications composées $u \circ u_i$ sont continues, ou encore (TG, IX, p. 17, prop. 10) que la restriction de $u \circ u_i$ à tout sous-espace fermé de type dénombrable G de E_i est continue. Le graphe de cette restriction est l'image réciproque du graphe de u par l'application continue $u_i \times \mathrm{Id}_{\mathrm{F}} : \mathrm{G} \times \mathrm{F} \to \mathrm{E} \times \mathrm{F}$, donc est borélien dans $\mathrm{G} \times \mathrm{F}$. De plus $\mathrm{G} \times \mathrm{F}$ est un espace souslinien et toute partie borélienne d'un espace souslinien est souslinienne (TG, IX, p. 61, prop. 10). Le th. 1 résulte alors du th. 4 de TG, IX, p. 69.

Remarque. — Rappelons (III, p. 12) que tout espace bornologique séparé et semi-complet, par exemple tout espace de Fréchet, est limite inductive d'espaces de Banach. * Il en est de même du dual fort d'un espace de Fréchet réflexif (IV, p. 23, prop. 4). *

2. Espaces localement convexes lusiniens

PROPOSITION 1. — *Soit* E *un espace localement convexe séparé. On suppose qu'il existe une suite* $(E_n)_{n\in\mathbf{N}}$ *d'espaces de Fréchet de type dénombrable, et des applications linéaires continues* $u_n : E_n \to E$ *telles que* $E = \bigcup_{n\in\mathbf{N}} u_n(E_n)$. *Alors* E *est lusinien.*

Soit P_n le noyau de u_n ; alors u_n définit par passage au quotient une application bijective continue de E_n/P_n sur $u_n(E_n)$. Comme E_n/P_n est un espace de Fréchet de type dénombrable (TG, IX, p. 25), donc polonais (TG, IX, p. 57, déf. 1), $u_n(E_n)$ est un sous-espace lusinien de E (TG, IX, p. 62, prop. 11). En vertu de TG, IX, p. 68, cor. du th. 3, l'espace E, qui est régulier (TG, III, p. 20), est donc lusinien.

Exemple 1. — Tout espace de Fréchet de type dénombrable est polonais, donc lusinien. Sont par suite lusiniens les espaces $\mathscr{C}(X)$ où X est localement compact à base dénombrable (la topologie de $\mathscr{C}(X)$ étant celle de la convergence compacte, *cf.* TG, X, p. 25, corollaire et p. 9, cor. 3) ; * les espaces $\mathscr{C}^{\infty}(U)$, où U est une partie ouverte de $\mathbf{R}^n$ (III, p. 9) et $\mathscr{H}(U)$, où U est une partie ouverte de $\mathbf{C}^n$ (III, p. 10).

La prop. 1 montre alors que sont lusiniens les espaces $\mathscr{C}_0^{\infty}(U)$, où U est ouvert dans $\mathbf{R}^n$ (III, p. 10), $\mathscr{G}_s(I)$, où I est un intervalle compact de $\mathbf{R}$ et $s \geqslant 1$ (III, p. 10) et $\mathscr{H}(K)$, où K est une partie compacte de $\mathbf{C}^n$ (III, p. 10). *

THÉORÈME 2. — *Soit* E *un espace localement convexe, limite inductive d'une suite croissante* $(E_n)_{n\in\mathbf{N}}$ *de sous-espaces de* E, *munis de topologies d'espaces de Fréchet de type dénombrable. On suppose que toute partie compacte de* E *est contenue dans l'un des* E_n *et compacte dans cet espace. Soit* F *un espace de Fréchet de type dénombrable. Alors l'espace* $\mathscr{L}_c(E ; F)$ *est lusinien.*

L'espace E est bornologique (III, p. 12), donc l'espace $\mathscr{L}_c(E ; F)$ est *complet* (III, p. 23, prop. 12). L'application linéaire $j : f \mapsto (f|E_n)_{n\in\mathbf{N}}$ est une injection de $\mathscr{L}_c(E ; F)$ dans l'espace produit $\prod_{n\in\mathbf{N}} \mathscr{L}_c(E_n ; F)$; en vertu de l'hypothèse sur les parties compactes de E et de la définition des $\mathfrak{S}$-topologies, j est un isomorphisme de $\mathscr{L}_c(E ; F)$ sur son image (munie de la topologie induite par la topologie produit) ; en outre, puisque $\mathscr{L}_c(E ; F)$ est complet, cette image est un sous-espace fermé de $\prod_{n\in\mathbf{N}} \mathscr{L}_c(E_n ; F)$ (TG, II, p. 16, prop. 8). D'après TG, IX, p. 62, il suffit donc de prouver que chacun des espaces $\mathscr{L}_c(E_n ; F)$ est lusinien. Pour la suite de la démonstration, on supposera donc que E est un espace de Fréchet de type dénombrable.

Comme F est un espace de Fréchet de type dénombrable, il est isomorphe à un sous-espace fermé d'un produit dénombrable d'espaces de Banach F_n, dont chacun est un quotient de F (II, p. 5), donc de type dénombrable. L'application linéaire $j' : f \mapsto (\mathrm{pr}_n \circ f)_{n\in\mathbf{N}}$ est une injection de $\mathscr{L}_c(E ; F)$ dans l'espace produit $\prod_{n\in\mathbf{N}} \mathscr{L}_c(E ; F_n)$, et en vertu de la définition des $\mathfrak{S}$-topologies et des ouverts dans un produit, j' est un isomorphisme de $\mathscr{L}_c(E ; F)$ sur son image ; en outre, puisque $\mathscr{L}_c(E ; F)$ est complet, cette image est un sous-espace fermé de $\prod_{n\in\mathbf{N}} \mathscr{L}_c(E ; F_n)$. Il suffira donc de prouver que chacun des $\mathscr{L}_c(E ; F_n)$ est lusinien (TG, IX, p. 62), et on peut par suite supposer que F est un espace de Banach de type dénombrable.

L'espace $\mathscr{L}_c(E\,;F)$ est alors réunion d'une famille dénombrable de parties équicontinues et fermées (III, p. 19, cor. 1 et TG, X, p. 15, prop. 6). Or toute partie équicontinue H de $\mathscr{L}_c(E\,;F)$ est métrisable de type dénombrable (III, p. 18, prop. 6 et TG, X, p. 16, th. 1) ; si H est fermée, c'est un espace complet pour la structure uniforme induite par celle de $\mathscr{L}_c(E\,;F)$, puisque ce dernier est complet. Autrement dit, H est un espace polonais, et *a fortiori* lusinien ; par suite l'espace régulier $\mathscr{L}_c(E\,;F)$ est lusinien (TG, IX, p. 68, cor. du th. 3).

COROLLAIRE. — *Les hypothèses sur* E *étant celles du th.* 2, *supposons de plus que toute partie bornée de* E *soit relativement compacte. Alors le dual fort de* E *est lusinien.* * *En particulier, le dual fort d'un espace de Fréchet de type dénombrable qui est aussi un espace de Montel, est lusinien.* $_*$

* *Exemple* 2. — Soit U une partie ouverte de $\mathbf{R}^n$. Le corollaire s'applique en particulier à l'espace de Fréchet $E = \mathscr{C}^\infty(U)$; son dual $\mathscr{C}_\circ^{-\infty}(U)$ (espace des distributions à support compact sur U) est donc un espace lusinien.

L'espace $\mathscr{C}_\circ^\infty(U)$ est limite inductive stricte d'une suite d'espaces de Fréchet $\mathscr{C}^\infty_{K_n}(U)$ de type dénombrable (III, p. 9). On peut montrer que chacun des espaces $\mathscr{C}^\infty_{K_n}(U)$ est un espace de Montel ; de plus, toute partie bornée de $\mathscr{C}_\circ^\infty(U)$ est contenue dans l'un des espaces $\mathscr{C}^\infty_{K_n}(U)$ (III, p. 5, prop. 6). On peut donc appliquer le corollaire du th. 2. Le dual $\mathscr{C}^{-\infty}(U)$ de $\mathscr{C}_\circ^\infty(U)$ (espace des distributions sur U) est donc lusinien pour la topologie forte.

On prouve de même que pour toute partie ouverte U de $\mathbf{C}^n$, et toute partie compacte K de $\mathbf{C}^n$, le dual fort de $\mathscr{H}(U)$ et le dual fort de $\mathscr{H}(K)$ sont lusiniens. $_*$

Remarque. — Soit E comme dans le th. 2 ; soit F un espace localement convexe séparé, réunion des images d'une suite d'applications linéaires continues $u_n : F_n \to F$, où chaque F_n est un espace de Fréchet de type dénombrable ; alors $\mathscr{L}_c(E\,;F)$ est lusinien. Comme dans la prop. 1, on se ramène au cas où chaque u_n est injective ; puis, comme dans la preuve du th. 2, on peut supposer que E est un espace de Fréchet de type dénombrable. En vertu de I, p. 20, prop. 1, $\mathscr{L}(E\,;F)$ est alors réunion des $\mathscr{L}(E\,;F_n)$; en outre, l'injection canonique $\mathscr{L}_c(E\,;F_n) \to \mathscr{L}_c(E\,;F)$ est continue (TG, X, p. 5, prop. 3). Comme chaque espace $\mathscr{L}_c(E\,;F_n)$ est lusinien d'après le th. 2, $\mathscr{L}(E\,;F_n)$ est aussi lusinien pour la topologie induite par celle de $\mathscr{L}_c(E\,;F)$ (TG, IX, p. 62, prop. 11) ; $\mathscr{L}_c(E\,;F)$ est par suite lusinien en vertu de TG, IX, p. 68, corollaire du th. 3.

*3. Applications linéaires mesurables sur un espace de Banach [1]

PROPOSITION 2. — *Soient* E *un espace de Banach,* F *un espace localement convexe et u une application linéaire de* E *dans* F. *On suppose que, pour toute partie fermée* B *de* F, *tout compact* X *de* E *et toute mesure* μ *sur* X, *l'intersection* $X \cap u^{-1}(B)$ *est* μ*-mesurable. Alors u est continue.*

Supposons tout d'abord que F est le corps de base. Pour tout compact X de E et toute mesure μ sur X, la restriction de u à X est μ-mesurable (INT, IV). Supposons que u ne soit pas continue. On peut alors trouver une suite de points (x_n) de E telle que $\sum_n \|x_n\| < \infty$ et $|u(x_n)| \geqslant n$ pour tout entier n. Considérons l'application

[1] Les résultats de ce numéro dépendent du livre d'Intégration.

$g : (t_n) \mapsto \sum_n t_n x_n$ du cube $C = [0, 1]^{\mathbf{N}}$ dans E ; il est clair que g est continue. Par suite $f = u \circ g$ est mesurable pour toute mesure sur C (INT, V), en particulier pour la mesure μ produit des mesures de Lebesgue sur les facteurs de C. Il existe donc une partie compacte D de C telle que $\mu(D) > \frac{1}{2}$ et que la restriction de f à D soit continue, donc bornée. Soit M la borne supérieure de $|f|$ sur D et soit $p \in \mathbf{N}$ tel que $p \geqslant 4M$. Soient $s = (s_n)$ et $t = (t_n)$ deux points de D tels que $s_n = t_n$ pour $n \neq p$. On a

$$f(s) - f(t) = u(\sum_n s_n x_n - \sum_n t_n x_n) = (s_p - t_p)\, u(x_p)\,.$$

Comme $|f(s) - f(t)| \leqslant 2M$ et $|u(x_p)| \geqslant p \geqslant 4M$, on en déduit

$$|s_p - t_p| \leqslant \tfrac{1}{2}\,.$$

Le th. de Lebesgue-Fubini (INT, V, 2e éd., § 8, n° 3, cor. 2 de la prop. 7) entraîne alors $\mu(D) \leqslant \frac{1}{2}$, d'où une contradiction. Par suite, u est bien continue.

Passons maintenant au cas général. Pour tout $v \in F'$, la forme linéaire $v \circ u$ est continue d'après ce qui précède. Soit $(x_n)_{n \in \mathbf{N}}$ une suite de points de E tendant vers 0 ; la suite $(u(x_n))_{n \in \mathbf{N}}$ tend alors vers 0 dans F muni de la topologie $\sigma(F, F')$; elle est donc bornée pour $\sigma(F, F')$ et par suite elle est bornée dans F (III, p. 28, cor. 3). Comme E est bornologique (III, p. 12, prop. 2), l'application linéaire $u : E \to F$ est continue.

Exercices

§ 1

1) Soit E un espace vectoriel topologique à gauche sur un corps topologique non discret K. On dit qu'une partie B de E est *bornée* si pour tout voisinage V de 0 dans E, il existe $\lambda \neq 0$ dans K tel que $\lambda B \subset V$.

a) Montrer que, si B est bornée dans E, pour tout voisinage V de 0 dans E, il existe un voisinage U de 0 dans K tel que $U.B \subset V$.

b) Montrer que l'adhérence d'un ensemble borné dans E est bornée. La réunion de deux ensembles bornés est bornée. Tout ensemble précompact dans E est borné. Étendre aux espaces vectoriels topologiques sur K les corollaires de III, p. 4, prop. 4.

c) Montrer que si A est une partie bornée dans K (considéré comme espace vectoriel à gauche sur lui-même) et B une partie bornée de E, A.B est borné dans E.

d) Étendre la prop. 3 de III, p. 3 au cas où K est un corps topologique métrisable.

e) Étendre aux espaces vectoriels topologiques sur K la notion d'espace quasi-complet et ses propriétés.

2) *a*) Soit E un espace vectoriel topologique à gauche sur un corps topologique non discret K. Montrer que, s'il existe dans E un voisinage V de 0 qui est borné (exerc. 1), les ensembles λV, pour $\lambda \in K$ et $\lambda \neq 0$, forment un système fondamental de voisinages de 0 dans E. Si K est métrisable, la topologie séparée associée à la topologie de E (TG, III, p. 13) est métrisable. Si K = **R** ou K = **C**, la topologie localement convexe sur E la plus fine de celles qui sont moins fines que la topologie donnée sur E (II, p. 85, exerc. 23) peut être définie par une seule semi-norme.

b) Montrer que la topologie d'un produit infini d'espaces localement convexes séparés (dont aucun n'est réduit à 0) ne peut être définie par une seule semi-norme.

c) Soit E un espace localement convexe dont la topologie est définie par une suite croissante (p_n) de semi-normes. Pour que la topologie de E puisse être définie par une seule semi-norme, il faut et il suffit qu'il existe un entier n_0 tel que, pour tout $n \geqslant n_0$, il existe un nombre $k_n \geqslant 0$ tel que $p_n(x) \leqslant k_n p_{n_0}(x)$ pour tout $x \in E$.

d) Soit E l'espace vectoriel sur **R** des fonctions numériques indéfiniment dérivables dans l'intervalle $I = [0, 1]$. Pour tout entier $n \geqslant 0$, on pose $p_n(f) = \sup_{0 \leqslant k \leqslant n} (\sup_{x \in I} |f^{(k)}(x)|)$ (avec $f^{(0)} = f$) ; montrer que les p_n sont des normes sur E et que la topologie définie par la suite des normes p_n ne peut pas être définie par une seule norme.

3) Soient E un espace vectoriel métrisable sur **R**, d une distance invariante par translation et compatible avec la topologie de E ; on pose $|x| = d(x, 0)$ (I, p. 16). Montrer que, pour tout entier $n > 0$, on a $\frac{1}{n}|x| \leqslant \left|\frac{x}{n}\right|$. En déduire que, si B est une partie bornée de E, on a $\sup_{x \in B} |x| < +\infty$ (autrement dit, B est bornée pour la distance d (TG, IX, p. 14)). Donner un exemple d'espace vectoriel métrisable E et de partie non bornée dans E, mais bornée pour la distance d (exerc. 2).

4) Soit E un espace vectoriel topologique sur un corps topologique métrisable non discret K. Montrer que, si E est un espace de Baire, et s'il existe dans E une base *dénombrable* de la bornologie formée des ensembles bornés dans E (III, p. 38, exerc. 1), il existe un voisinage de 0 dans E qui est borné, et par suite la topologie séparée associée à la topologie de E est métrisable (III, p. 38, exerc. 2) (comparer à l'exerc. 6).

5) Soit E un espace vectoriel métrisable sur un corps valué non discret K. Montrer que, si (B_n) est une suite quelconque d'ensembles bornés dans E (III, p. 38, exerc. 1), il existe une suite (λ_n) de scalaires $\neq 0$ telle que la réunion des ensembles $\lambda_n B_n$ soit bornée.

6) Soit E un espace localement convexe, limite inductive stricte d'une suite strictement croissante (E_n) d'espaces localement convexes séparés, chaque E_n étant fermé dans E_{n+1} (II, p. 35, prop. 9).
a) Montrer que E n'est pas métrisable (utiliser III, p. 5, prop. 6 et l'exerc. 5 précédent).
b) Pour qu'il existe une base *dénombrable* de la bornologie canonique de E, il faut et il suffit que dans chaque E_n, la bornologie canonique de E_n ait une base dénombrable.

¶ 7) *a*) Soit E un espace de Banach de dimension infinie et soit $\mathfrak{S}$ l'ensemble des parties compactes, convexes et équilibrées de E, qui est filtrant pour la relation $\subset$. Montrer que E est limite inductive du système inductif des espaces de Banach E_A, lorsque A parcourt $\mathfrak{S}$. (Prouver par l'absurde qu'un voisinage V de 0 pour la topologie limite inductive des topologies des E_A contient une boule de centre 0 ; remarquer pour cela que dans le cas contraire, il existerait une suite (x_n) de points de E tels que $\| x_n \| \leqslant 1/n^2$, et qui n'appartiendraient pas à V.) En déduire qu'il y a dans E des parties bornées qui ne sont contenues dans aucun des E_A pour $A \subset \mathfrak{S}$.
b) Soit E un espace de Banach de dimension infinie. Sur l'espace vectoriel $\prod_{m=1}^{\infty} E_m$, où $E_m = E$ pour chaque m, on désigne par $\mathcal{T}_n$ la topologie obtenue en prenant le produit de la topologie d'espace de Banach sur chaque E_m tel que $m \leqslant n$, et la topologie localement convexe la plus fine sur chaque E_m tel que $m > n$; on désigne par F_n l'espace localement convexe $\prod_{m=1}^{\infty} E_m$ muni de $\mathcal{T}_n$. Chaque application identique $F_n \to F_{n+1}$ est continue ; montrer que l'espace limite inductive du système inductif des F_n est l'espace F obtenu en munissant $\prod_{m=1}^{\infty} E_m$ de la topologie produit des topologies d'espace de Banach sur chacun des facteurs. En déduire qu'il y a dans F des parties bornées qui ne sont bornées dans aucun des F_n.

8) Montrer que dans un espace produit d'une infinité d'espaces vectoriels topologiques (sur **R** ou **C**) non réduits à 0, il n'existe pas de base dénombrable de la bornologie canonique (se ramener à le démontrer pour l'espace $\mathbf{R}^{\mathbf{N}}$, et utiliser III, p. 39, exerc. 4).

9) Soit E l'espace vectoriel sur **R** des fonctions réglées dans l'intervalle $I = (0, 1)$ (FVR, II, p. 4). Pour tout entier $n > 0$, soit V_n l'ensemble des fonctions $f \in E$ telles que $\int_0^1 \sqrt{|f(t)|}\, dt \leqslant 1/n$. Montrer que les ensembles V_n forment un système fondamental de voisinages de 0 pour une topologie métrisable compatible avec la structure d'espace vectoriel de E, et que pour cette topologie les ensembles V_n sont bornés ; mais l'enveloppe convexe de chaque V_n est l'espace E tout entier. (Remarquer que toute fonction $f \in E$ peut s'écrire $f = \frac{1}{2}(g + h)$, où g et h appartiennent à E, et

$$\int_0^1 \sqrt{|g(t)|}\, dt = \int_0^1 \sqrt{|h(t)|}\, dt = \frac{1}{\sqrt{2}} \int_0^1 \sqrt{|f(t)|}\, dt.)$$

En déduire que la seule topologie localement convexe moins fine que la topologie de E est la topologie la moins fine sur E.

10) Soit $(E_\iota)_{\iota \in I}$ une famille infinie d'espaces vectoriels topologiques séparés, non réduits à 0, sur un corps topologique non discret K. Soient E l'espace vectoriel somme directe des E_ι, et $\mathscr{T}_0$ la topologie sur E définie dans I, p. 24, exerc. 14. Pour qu'une partie B de E soit bornée pour $\mathscr{T}_0$ (III, p. 38, exerc. 1), il faut et il suffit que B soit contenue dans un sous-espace produit $\prod_{\iota \in H} E_\iota$, où H est une partie *finie* de I, et que ses projections sur chacun des E_ι pour $\iota \in H$ soient bornées. En déduire (pour K = **R** ou **C**) que, si chacun des E_ι est un espace quasi-complet, E, muni de $\mathscr{T}_0$, est quasi-complet.

11) Soit E un espace vectoriel topologique sur un corps valué non discret K.
a) Pour qu'une partie équilibrée A de E absorbe toute partie bornée (III, p. 38, exerc. 1) de E, il suffit que A absorbe l'ensemble des points de toute suite (x_n) tendant vers 0 dans E. On dit alors que A est *bornivore*.
b) Soit u une application linéaire de E dans un espace vectoriel topologique F sur K. Pour que l'image par u de toute partie bornée de E soit bornée dans F, il suffit que, pour toute suite (x_n) de points de E tendant vers 0, la suite $(u(x_n))$ soit bornée dans F.
c) On suppose E métrisable. Montrer que toute partie bornivore de E est un voisinage de 0 dans E. En déduire que si u est une application linéaire de E dans un espace vectoriel topologique F sur K, qui transforme toute suite convergente vers 0 dans E en une suite bornée dans F, u est continue dans E.

12) Soient E un espace vectoriel topologique séparé sur un corps valué non discret K, F un espace vectoriel métrisable sur K. Si u est une application linéaire continue de E dans F telle que, pour toute partie bornée B de F, $u^{-1}(B)$ soit bornée dans E, montrer que u est un isomorphisme de E sur un sous-espace de F.

13) Soient I un ensemble infini, $(E_\iota)_{\iota \in I}$ une famille d'espaces localement convexes non réduits à 0. Soit f une application linéaire de $E = \prod_{\iota \in I} E_\iota$ dans un espace de Banach F ; montrer que, si l'image par f de toute partie bornée de E est une partie bornée de F, il existe une partie finie H de I telle que, pour tout $\iota \notin H$, la restriction de f à E_ι (considéré comme sous-espace de E) soit nulle. (Raisonner par l'absurde en formant, dans l'hypothèse contraire, une suite bornée (x_n) dans E dont l'image par f soit non bornée dans F.)

14) Montrer que, si la topologie d'un espace localement convexe métrisable E ne peut pas être définie par une seule norme, il n'existe pas de base dénombrable de la bornologie canonique de E (en utilisant III, p. 39, exerc. 5, montrer que, dans l'hypothèse contraire, il existerait un ensemble borné bornivore (III, p. 40, exerc. 11) dans E, et conclure à l'aide de III, p. 40, exerc. 11, *c*)).

15) Dans un espace vectoriel topologique séparé E sur **R**, soient A un ensemble convexe compact, B un ensemble convexe borné et fermé. Montrer que l'enveloppe convexe C de la réunion $A \cup B$ est un ensemble fermé. (Considérer un point z adhérent à C, non dans A, et se ramener au cas où $z = 0$. Remarquer qu'il existe un voisinage V de 0 et un nombre $\alpha < 1$

tel que les relations $0 \leqslant \lambda \leqslant 1$, $x \in A$, $y \in B$, $\lambda x + (1 - \lambda)y \in V$ entraînent $\lambda \leqslant \alpha$. Pour tout voisinage W de 0, considérer ensuite l'ensemble des triplets (λ, x, y) tels que $\lambda x + (1 - \lambda)y \in W$, $0 \leqslant \lambda \leqslant 1$, $x \in A$, $y \in B$.)

16) Soit E un espace localement convexe métrisable et de type dénombrable, de sorte que son complété $\hat{E}$ est un espace de Fréchet de type dénombrable. Montrer que toute partie bornée B de $\hat{E}$ est contenue dans l'adhérence d'une partie bornée de E. (Se ramener au cas où B est dénombrable, rangée en une suite (x_n) ; soit d'autre part (p_n) une suite croissante de semi-normes définissant la topologie de $\hat{E}$; considérer pour chaque entier n une suite $(y_{nk})_{k \geqslant 1}$ de points de E qui converge vers x_n et est telle que $p_n(x_n - y_{nk}) \leqslant 1$ pour tout $k \geqslant 1$.)

¶ 17) Soit A l'ensemble des applications croissantes et $\geqslant 1$ de $\mathbf{N}$ dans $\mathbf{N}$; pour tout $\alpha \in A$, on désigne par B_α l'ensemble des points $z = (z_n) \in \mathbf{R}^\mathbf{N}$ tels que $|z_n| \leqslant \alpha(n)$ pour tout $n \in \mathbf{N}$.
a) Montrer que les ensembles B_α forment une base de la bornologie de tous les ensembles bornés de l'espace $\mathbf{R}^\mathbf{N}$.
b) Pour chaque $\alpha \in A$, l'ensemble $\mathbf{R}B_\alpha$ est un sous-espace vectoriel de $\mathbf{R}^\mathbf{N}$, distinct de $\mathbf{R}^\mathbf{N}$ et dense dans $\mathbf{R}^\mathbf{N}$; il existe donc une forme linéaire $f_\alpha \neq 0$ (non continue) sur $\mathbf{R}^\mathbf{N}$ telle que $f_\alpha(z) = 0$ pour tout $z \in B_\alpha$.
c) Soit E l'espace vectoriel des applications $g : \alpha \mapsto (g_n(\alpha)) \in \mathbf{R}^\mathbf{N}$ de A dans $\mathbf{R}^\mathbf{N}$ telles que pour tout $n \in \mathbf{N}$, la somme $p_n(g) = \sum_\alpha |g_n(\alpha)|$ soit finie. Montrer que les p_n sont des semi-normes qui définissent sur E une topologie d'espace de Fréchet.
d) Soit H l'ensemble des $h \in E$ tels que $h(\alpha) \in \mathbf{R}B_\alpha$ pour tout $\alpha \in A$; montrer que H est un sous-espace vectoriel partout dense dans E (remarquer que tout $h \in E$ tel que $h(\alpha) = 0$ sauf pour un nombre fini de valeurs de $\alpha \in A$ appartient à H).
e) Soit $E_0 \subset E$ le sous-espace vectoriel de E formé des $g \in E$ telles que $\sum_\alpha |f_\alpha(g(\alpha))| < +\infty$; l'application $u : g \mapsto (f_\alpha(g(\alpha)))_{\alpha \in A}$ est donc une application linéaire de E_0 dans l'espace de Banach $F = \ell^1(A)$ (I, p. 4). Montrer que $u(E_0)$ est partout dense dans F (observer que pour toute partie finie J de A, il existe $g \in E_0$ telle que $g(\alpha) = 0$ pour tout $\alpha \in A - J$ et que les $f_\alpha(g(\alpha))$ pour $\alpha \in J$ prennent des valeurs arbitraires dans $\mathbf{R}$). Montrer que $u^{-1}(0)$ est partout dense dans E_0 (utiliser *d*)). Enfin, montrer que pour toute partie bornée C de E, il existe $\alpha_0 \in A$ tel que $f_{\alpha_0}(g(\alpha_0)) = 0$ pour toute $g \in C \cap E_0$, et en déduire que l'adhérence de $u(C \cap E_0)$ dans F n'est pas un voisinage de 0 dans F.
f) Soit G le graphe de u dans $E_0 \times F$, sous-espace vectoriel de l'espace de Fréchet $E \times F$. Montrer que G est partout dense dans $E \times F$ (noter que pour tout $x \in E_0$, $x + u^{-1}(0)$ est dense dans E). Toutefois, montrer que pour toute partie bornée M de G, l'adhérence $\overline{M}$ de M dans $E \times F$ ne contient pas l'ensemble borné $\{0\} \times U$ de $E \times F$, où U est la boule unité dans F (si $N = \mathrm{pr}_1(M)$, remarquer qu'en vertu de *e*), $\overline{u(N)}$ ne peut contenir U).

18) Dans l'espace de Banach $\ell^1(\mathbf{N})$ (I, p. 4), soit e_m la suite $(\delta_{mn})_{n \geqslant 0}$ telle que $\delta_{mn} = 0$ pour $m \neq n$ et $\delta_{nn} = 1$. Définir une application continue de $\ell^1(\mathbf{N})$ dans $\mathbf{R}$, qui transforme la suite bornée des e_n en une partie non bornée de $\mathbf{R}$ (utiliser le th. d'Urysohn (TG, IX, p. 44, th. 2)).

§ 2

1) Soient E un espace localement convexe, $\mathscr{T}$ sa topologie. Parmi les topologies localement convexes sur E pour lesquelles les parties bornées soient les mêmes que pour $\mathscr{T}$, il y en a une $\mathscr{T}'$ plus fine que toutes les autres, et c'est la seule parmi ces topologies qui soit bornologique. L'espace obtenu en munissant E de $\mathscr{T}'$ est appelé l'espace bornologique *associé* à E. Pour qu'une application linéaire u de E dans un espace localement convexe F transforme toute partie bornée de E en une partie bornée de F, il faut et il suffit qu'elle soit continue pour la topologie $\mathscr{T}'$.
Montrer que la topologie $\mathscr{T}'$ est la plus fine des topologies localement convexes sur E rendant continues les injections canoniques $E_A \to E$, où A parcourt l'ensemble des parties convexes, bornées et équilibrées de E.

2) Soient I un ensemble infini, $(E_\iota)_{\iota \in I}$ une famille d'espaces localement convexes non réduits à 0.
a) On suppose que chacun des espaces E_ι est bornologique. Montrer que si, en outre, l'espace produit $\mathbf{R}^I$ est bornologique, le produit $E = \prod_{\iota \in I} E_\iota$ est bornologique. (En utilisant III, p. 11, prop. 1, (iii), et p. 40, exerc. 13, se ramener à prouver ce qui suit : une application linéaire f de E dans un espace de Banach, transformant tout ensemble borné en un ensemble borné, et dont la restriction à chacun des E_ι est nulle, est nécessairement nulle dans E. Pour cela, considérer, pour tout $x = (x_\iota) \in E$, la restriction de f au produit des droites $\mathbf{R}x_\iota$.)
b) Déduire de *a*) que tout produit d'une *suite* (E_n) d'espaces bornologiques est bornologique.

¶ 3) Soient E un espace localement convexe, L un sous-espace vectoriel de E de codimension *finie*, S un ensemble convexe, équilibré et bornivore (III, p. 40, exerc. 11) dans L. On se propose de montrer qu'il existe un ensemble convexe, équilibré et bornivore S′ dans E tel que $S = S' \cap L$.
a) On peut se ramener au cas où L est un hyperplan, de sorte que $E = L \oplus \mathbf{R}a$ pour un point $a \in L$, et où il existe dans E une suite bornée (x_n) telle que si l'on pose $x_n = \lambda_n(y_n + a)$ avec $\lambda_n \in \mathbf{R}$ et $y_n \in L$, $|\lambda_n|$ tend vers $+\infty$; si $\mathbf{B}_0$ est l'enveloppe convexe équilibrée de l'ensemble formé de a et des x_n, on a donc $y_n + a \in \lambda_n^{-1}\mathbf{B}_0$ pour tout n.
b) Soit $\mathfrak{B}$ l'ensemble des parties bornées, convexes et équilibrées de E qui contiennent $\mathbf{B}_0$; par hypothèse, pour tout $\mathbf{B} \in \mathfrak{B}$, il existe $\rho_{\mathbf{B}} > 0$ tel que $2\rho_{\mathbf{B}}\mathbf{B} \cap L \subset S$. Montrer que, si R est l'enveloppe convexe équilibrée de la réunion des ensembles $\rho_{\mathbf{B}}\mathbf{B}$ pour $\mathbf{B} \in \mathfrak{B}$, on a $R \cap L \subset S$.

4) Déduire de l'exerc. 3 que si E est un espace localement convexe bornologique, tout sous-espace de E de codimension finie est bornologique (*cf.* IV, p. 64, exerc. 11).

§ 3

1) Soient X un espace topologique séparé, F un espace vectoriel topologique (sur **R** ou **C**). Montrer que sur l'espace $\mathscr{C}(X ; F)$ des applications continues de X dans F, la topologie de la convergence compacte est compatible avec la structure d'espace vectoriel.

2) Soient E et F deux espaces localement convexes séparés, $\mathfrak{S}$ un ensemble de parties bornées de E.
a) Montrer que si F n'est pas réduit à 0, une condition nécessaire (et suffisante) pour que $\mathscr{L}_{\mathfrak{S}}(E ; F)$ soit séparé est que la réunion des ensembles de $\mathfrak{S}$ soit totale dans E (utiliser le th. de Hahn-Banach).
b) On suppose que $\mathfrak{S}$ est un recouvrement de E. Montrer qu'il existe un isomorphisme de F sur un sous-espace fermé de $\mathscr{L}_{\mathfrak{S}}(E ; F)$. En déduire que, si $\mathscr{L}_{\mathfrak{S}}(E ; F)$ est quasi-complet, F est nécessairement quasi-complet.
c) On suppose que $\mathfrak{S}$ est une bornologie adaptée à E (III, p. 3, déf. 4). Pour que $\mathscr{L}_{\mathfrak{S}}(E ; F)$ soit métrisable, il faut et il suffit que F soit métrisable et qu'il existe une base (III, p. 1) dénombrable de la bornologie $\mathfrak{S}$. Pour que la $\mathfrak{S}$-topologie sur $\mathscr{L}(E ; F)$ puisse être définie par une seule norme, il faut et il suffit que la topologie de F puisse être définie par une seule norme et qu'il existe un ensemble $M \in \mathfrak{S}$ qui absorbe tout ensemble de $\mathfrak{S}$.

3) Soit E un espace vectoriel topologique sur **R** (resp. **C**). Montrer que, pour tout ensemble $\mathfrak{S}$ de parties bornées de **R** (resp. **C**) non réduit à $\{0\}$, l'espace $\mathscr{L}_{\mathfrak{S}}(\mathbf{R} ; E)$ (resp. $\mathscr{L}_{\mathfrak{S}}(\mathbf{C} ; E)$) est canoniquement isomorphe à E. En déduire que, pour tout entier $n > 0$ et tout recouvrement $\mathfrak{S}$ de $\mathbf{R}^n$ (resp. $\mathbf{C}^n$) par des parties bornées, $\mathscr{L}_{\mathfrak{S}}(\mathbf{R}^n ; E)$ (resp. $\mathscr{L}_{\mathfrak{S}}(\mathbf{C}^n ; E)$) est isomorphe à E^n.

4) *a*) Soient E_1, E_2, F trois espaces vectoriels topologiques (sur **R** ou **C**), f une application linéaire continue de E_1 dans E_2, $\mathfrak{S}_1$ (resp. $\mathfrak{S}_2$) un ensemble de parties bornées de E_1 (resp. E_2),

tels que $f(\mathfrak{S}_1) \subset \mathfrak{S}_2$. Montrer que $u \mapsto u \circ f$ est une application linéaire continue de $\mathscr{L}_{\mathfrak{S}_2}(E_2 ; F)$ dans $\mathscr{L}_{\mathfrak{S}_1}(E_1 ; F)$.
b) Soient E, F deux espaces vectoriels topologiques, M un sous-espace vectoriel de E, f l'application canonique de E sur E/M, $\mathfrak{S}$ un ensemble de parties bornées de E. Montrer que l'application $u \mapsto u \circ f$ est un isomorphisme de $\mathscr{L}_{f(\mathfrak{S})}(E/M ; F)$ sur le sous-espace de $\mathscr{L}_{\mathfrak{S}}(E ; F)$ formé des applications linéaires continues de E dans F qui s'annulent dans M.

5) Soient $(E_\alpha)_{\alpha \in A}$ une famille d'espaces localement convexes, E un espace vectoriel (sur le même corps des scalaires que les E_α), et pour chaque $\alpha \in A$, soit h_α une application linéaire de E_α dans E. On munit E de la topologie localement convexe la plus fine rendant continues les h_α (II, p. 29). Pour tout $\alpha \in A$, soit $\mathfrak{S}_\alpha$ un ensemble de parties bornées de E_α, et soit $\mathfrak{S}$ la réunion des ensembles $h_\alpha(\mathfrak{S}_\alpha)$ de parties bornées de E. Dans ces conditions, montrer que, pour tout espace localement convexe F, la $\mathfrak{S}$-topologie sur $\mathscr{L}(E ; F)$ est la topologie la moins fine rendant continues les applications linéaires $u \mapsto u \circ h_\alpha$ de $\mathscr{L}(E ; F)$ dans $\mathscr{L}_{\mathfrak{S}_\alpha}(E_\alpha ; F)$. En particulier, si E est la somme directe topologique (II, p. 32, déf. 2) de la famille $(E_\alpha)_{\alpha \in A}$ (chacun des E_α étant identifié à un sous-espace de E), l'espace produit $\prod_{\alpha \in A} \mathscr{L}_{\mathfrak{S}_\alpha}(E_\alpha ; F)$ est canoniquement isomorphe à l'espace $\mathscr{L}_{\mathfrak{S}}(E ; F)$, où $\mathfrak{S}$ est la réunion des $\mathfrak{S}_\alpha$ dans $\mathfrak{P}(E)$.

6) Soient $(E_\iota)_{\iota \in I}$ une famille d'espaces localement convexes séparés, non réduits à 0, E l'espace produit $\prod_{\iota \in I} E_\iota$, F un espace *normé*. Montrer qu'il existe un isomorphisme canonique de l'espace $\mathscr{L}(E ; F)$ muni de la topologie de la convergence bornée (resp. de la convergence simple, resp. de la convergence précompacte) sur l'espace somme directe topologique des espaces $\mathscr{L}(E_\iota ; F)$, lorsque chacun de ces espaces est muni de la topologie de la convergence bornée (resp. de la convergence simple, resp. de la convergence précompacte). (Remarquer que, si u est une application linéaire continue de E dans F, il existe une partie finie H de I telle que $u^{-1}(0)$ contienne le produit des E_ι d'indices $\iota \notin H$.)

7) Soient E, F_1, F_2 trois espaces vectoriels topologiques, f une application linéaire continue de F_1 dans F_2, $\mathfrak{S}$ un ensemble de parties bornées de E ; montrer que $u \mapsto f \circ u$ est une application linéaire continue de $\mathscr{L}_{\mathfrak{S}}(E ; F_1)$ dans $\mathscr{L}_{\mathfrak{S}}(E ; F_2)$.

8) Soient E un espace vectoriel topologique, $\mathfrak{S}$ un ensemble de parties bornées de E, $(G_\iota)_{\iota \in I}$ une famille d'espaces vectoriels topologiques, F un espace vectoriel (sur le même corps des scalaires que E et les G_ι) ; pour chaque $\iota \in I$, soit g_ι une application linéaire de F dans G_ι. On munit F de la topologie la moins fine rendant continues les g_ι. Montrer que la $\mathfrak{S}$-topologie sur $\mathscr{L}(E ; F)$ est la topologie la moins fine rendant continues les applications linéaires $u \mapsto g_\iota \circ u$ de $\mathscr{L}(E ; F)$ dans $\mathscr{L}_{\mathfrak{S}}(E ; G_\iota)$. En particulier, si $F = \prod_{\iota \in I} G_\iota$, l'espace produit $\prod_{\iota \in I} \mathscr{L}_{\mathfrak{S}}(E ; G_\iota)$ s'identifie canoniquement à $\mathscr{L}_{\mathfrak{S}}(E ; F)$.

9) Soient E et F deux espaces vectoriels topologiques séparés, H une partie équicontinue de $\mathscr{L}(E ; F)$. Montrer que s'il existe un ensemble dénombrable total dans E et si toute partie bornée de F est métrisable, H est métrisable pour la topologie de la convergence simple dans E. Si en outre toute partie bornée de F est de type dénombrable, H est de type dénombrable.

10) Soient E un espace vectoriel topologique qui est un espace de Baire, F un espace vectoriel topologique.
a) Montrer que, si une partie H de $\mathscr{L}(E ; F)$ est bornée pour la topologie de la convergence simple, H est équicontinue (pour tout voisinage fermé V de 0 dans F, considérer les ensembles $M_n = \bigcap_{u \in H} u^{-1}(nV)$).
b) Montrer que, si une partie H de $\mathscr{L}(E ; F)$ n'est pas équicontinue, l'ensemble des $x \in E$ tels que $H(x)$ ne soit pas borné dans F est le complémentaire d'un ensemble maigre. En déduire que, si (H_n) est une suite de parties de $\mathscr{L}(E ; F)$ qui ne sont pas équicontinues, il existe un $x \in E$ tel qu'aucun des ensembles $H_n(x)$ ne soit borné dans F (« *principe de condensation des singularités* »).

¶ 11) Soient T un espace topologique métrisable, E un espace vectoriel topologique qui est un espace de Baire, M un ensemble d'applications de E × T dans un espace vectoriel topologique F, satisfaisant aux deux conditions suivantes :
1° pour tout $t_0 \in T$, l'ensemble des applications $x \mapsto f(x, t_0)$, où f parcourt M, est un ensemble équicontinu d'applications linéaires de E dans F ;
2° pour tout $x_0 \in E$, l'ensemble des applications $t \mapsto f(x_0, t)$ de T dans F, où f parcourt M, est équicontinu.
Montrer que M est équicontinu. (Étant donnés $t_0 \in T$ et un voisinage fermé équilibré V de 0 dans F, pour tout $x \in E$, soit d_x la borne supérieure des rayons des boules ouvertes de centre t_0 dans T telles que, pour un point quelconque t d'une telle boule, on ait $f(x, t) - f(x, t_0) \in V$ pour toute $f \in M$. Montrer que $x \mapsto d_x$ est semi-continue supérieurement en tout point $x_0 \in E$; pour cela, on montrera que si l'on avait $d_x > \alpha > d_{x_0}$ pour des points x arbitrairement voisins de x_0, alors, pour tout voisinage W de 0 dans F, $f(x_0, t) - f(x_0, t_0)$ appartiendrait à V + W pour $d(t, t_0) \leqslant \alpha$ et $f \in M$. Utiliser enfin TG, IX, p. 56, th. 2).

12) Soient E un espace localement convexe bornologique, $\mathfrak{S}$ un ensemble de parties bornées de E contenant l'image de toute suite convergeant vers 0.
a) Montrer que pour tout espace localement convexe F, toute partie bornée de $\mathscr{L}_{\mathfrak{S}}(E ; F)$ est équicontinue.
b) Montrer que si F est un espace localement convexe séparé et quasi-complet, l'espace $\mathscr{L}_{\mathfrak{S}}(E ; F)$ est quasi-complet.

13) Montrer que si E est un espace localement convexe séparé et semi-complet, alors, pour tout espace localement convexe F, toute partie de $\mathscr{L}(E ; F)$ bornée pour la topologie de la convergence simple est bornée pour toute $\mathfrak{S}$-topologie.

§ 4

1) Montrer que le complété d'un espace tonnelé séparé est tonnelé.

2) Soit E un espace vectoriel sur **R** ou **C**. Montrer que E, muni de la topologie localement convexe la plus fine sur E (II, p. 27) est tonnelé. En déduire des exemples d'espaces tonnelés qui ne sont pas métrisables et ne sont pas des espaces de Baire.

3) Soit E un espace localement convexe séparé admettant une base dénombrable infinie (a_n).
a) Montrer que E admet une base dénombrable (e_n) topologiquement libre (définir les e_n par récurrence en utilisant le fait que toute droite dans E admet un supplémentaire topologique).
b) Montrer que, pour que E soit tonnelé, il faut et il suffit que la topologie $\mathscr{T}$ de E soit identique à la topologie localement convexe la plus fine sur E (remarquer que l'enveloppe convexe équilibrée de toute suite $(\lambda_n e_n)$ est fermée dans E). En particulier, si $\mathscr{T}$ est métrisable, E n'est pas tonnelé (*cf.* exerc. 2).

4) Soit E un espace de Banach dans lequel il existe une suite infinie algébriquement libre (a_n) qui soit totale dans E (par exemple l'espace $\ell^1(\mathbf{N})$ (I, p. 4)). Soit B une base de E contenant les a_n ; on sait (II, p. 85, exerc. 24) que B est non dénombrable. Soit (e_n) une suite d'éléments de B, deux à deux distincts et distincts des a_n, et soit C le complémentaire dans B de l'ensemble des e_n. Soit F_n le sous-espace vectoriel de E engendré par C et les e_k d'indice $k \leqslant n$; E est réunion des F_n. Soit S la boule unité dans E ; montrer qu'il existe un indice n tel que $S \cap F_n$ soit non maigre. En déduire que, pour cette valeur de n, F_n est un espace de Baire métrisable et non complet.

5) Donner un exemple d'espace localement convexe qui est un espace de Baire séparé et complet, mais non métrisable (*cf.* TG, IX, p. 114, exerc. 16).

6) On dit qu'un espace localement convexe E est *relativement borné* s'il existe dans E un tonneau borné.

a) Pour que E soit relativement borné, il faut et il suffit que la topologie de E soit moins fine qu'une topologie définie par une semi-norme. Il existe alors une base de la bornologie canonique de E, formée de tonneaux.

b) Pour que E soit bornologique et relativement borné, il faut et il suffit que la topologie de E soit borne inférieure d'une famille de topologies d'espace normé sur E (*cf.* III, p. 41, exerc. 1). Pour qu'il existe en outre une base dénombrable de la bornologie canonique de E, il faut et il suffit que la topologie de E soit borne inférieure d'une suite de topologies d'espace normé.

7) On dit qu'un espace localement convexe E est *infratonnelé* si tout tonneau de E qui est bornivore (III, p. 40, exerc. 11) est un voisinage de 0 dans E. Tout espace bornologique est infratonnelé; tout espace tonnelé est infratonnelé. Montrer que le complété d'un espace infratonnelé séparé est tonnelé (utiliser le fait que dans un espace localement convexe séparé E, tout tonneau absorbe toute partie de E convexe, équilibrée, bornée et semi-complète).

8) Soit $(E_\iota)_{\iota\in I}$ une famille d'espaces infratonnelés, et pour chaque $\iota \in I$, soit f_ι une application linéaire de E_ι dans un espace vectoriel E. Montrer que l'espace E, muni de la topologie localement convexe la plus fine rendant continues les f_ι, est infratonnelé. En particulier, tout espace quotient d'un espace infratonnelé est infratonnelé ; toute somme directe topologique d'espaces infratonnelés est un espace infratonnelé.

9) Soit I un ensemble infini non dénombrable ; sur l'espace vectoriel somme directe $E = \mathbf{R}^{(I)}$, on considère, d'une part la topologie localement convexe la plus fine $\mathscr{T}$, d'autre part la topologie $\mathscr{T}_0$ définie dans I, p. 24, exerc. 14, qui est localement convexe ; on sait que $\mathscr{T}$ et $\mathscr{T}_0$ sont distinctes (II, p. 80, exerc. 11) et que E, muni de $\mathscr{T}_0$, est complet (TG, III, p. 73, exerc. 10). Montrer que dans E, les ensembles bornés sont les mêmes pour $\mathscr{T}$ et $\mathscr{T}_0$ (III, p. 40, exerc. 10) et que E, muni de $\mathscr{T}_0$, n'est pas tonnelé (noter que l'ensemble T des $x = (\xi_\iota) \in E$ tels que $\sum_{\iota\in I} |\xi_\iota| \leqslant 1$ est un tonneau et utiliser l'exerc. 11 de II, p. 80).

10) Montrer que tout espace infratonnelé dans lequel toute partie convexe, équilibrée, fermée et bornée est semi-complète, est un espace tonnelé.

11) Soient E un espace infratonnelé, F un espace localement convexe. Montrer que toute partie de $\mathscr{L}(E; F)$, bornée pour la topologie de la convergence bornée, est équicontinue.

¶ 12) *a*) Soient E un espace localement convexe, (A_n) une suite croissante d'ensembles convexes équilibrés dans E, telle que $A = \bigcup_n A_n$ soit absorbant. Soit (W_n) une suite décroissante de voisinages convexes équilibrés de 0 ; alors l'enveloppe convexe équilibrée V des $W_n \cap A_n$ est absorbante ; si E est tonnelé, $\overline{V}$ est un voisinage de 0.

b) Soit $\mathfrak{F}$ un filtre sur E ; on suppose qu'il existe pour tout n un ensemble $M_n \in \mathfrak{F}$ tel que $(M_n + W_n) \cap A_{2n} = \varnothing$. Soit V_n l'enveloppe convexe équilibrée des $W_k \cap A_k$ pour $k \leqslant n - 1$ et de W_n, de sorte que V_n est un voisinage de 0 et que l'on a $\frac{1}{2}\overline{V} \subset V_n$ pour tout n. Montrer que l'on a $(M_n + V_n) \cap A_n = \varnothing$ pour tout n.

c) Déduire de *a*) et *b*) que si E est tonnelé et si $\mathfrak{F}$ est un filtre de Cauchy sur E, il existe un entier N tel que, pour tout $M \in \mathfrak{F}$ et tout voisinage W de 0 dans E, M + W rencontre A_N. (Raisonner par l'absurde en considérant, avec les notations de *b*), un ensemble $M \in \mathfrak{F}$ petit d'ordre $\frac{1}{2}\overline{V}$.)

¶ 13) *a*) Soient E un espace tonnelé, (C_n) une suite croissante d'ensembles convexes équilibrés telle que $E = \bigcup_n C_n$. Soit U un ensemble convexe, équilibré et absorbant tel que, pour tout n, $U \cap C_n$ soit fermé dans C_n. Montrer que U est un voisinage de 0 dans E. (Montrer que $\overline{U} \subset 2U$, en considérant un filtre $\mathfrak{F}$ sur U convergeant vers un point $x \in E$ et appliquant l'exerc. 12, *c*).)

b) Soient E un espace tonnelé, (E_n) une suite croissante de sous-espaces de E telle que $E = \bigcup_n E_n$. Montrer que si U est une partie de E telle que $U \cap E_n$ soit un tonneau dans E_n pour tout *n*, alors U est un voisinage de 0 dans E. En particulier, E est limite inductive stricte (II, p. 36) de la suite (E_n).

¶ 14) *a*) Soient E un espace localement convexe séparé, L un sous-espace de E de codimension finie, et T un tonneau dans L. Montrer qu'il existe dans E un tonneau T′ tel que $T' \cap L = T$ (montrer qu'on peut prendre pour T′ la somme de l'adhérence $\overline{T}$ de T dans E et d'un ensemble convexe compact de dimension finie).
b) Soient E un espace tonnelé, L un sous-espace de E admettant un supplémentaire ayant une base *dénombrable*. Montrer que L est tonnelé (utiliser *a*) et l'exerc. 13, *b*)).
* *c*) Soit E un espace localement convexe séparé ; son complété Ê peut être identifié à un sous-espace fermé d'un espace tonnelé F, produit d'une famille d'espaces de Fréchet (II, p. 5, prop. 3 et IV, p. 14, cor.). Soit $(e_\alpha)_{\alpha \in A}$ une base d'un supplémentaire dans F du sous-espace E, et soit H_α l'hyperplan de F engendré par E et les e_β d'indice $\beta \neq \alpha$; H_α est un espace tonnelé par *b*). Pour tout $x \in E$, soit $u(x)$ le point de l'espace tonnelé $G = \prod_{\alpha \in A} H_\alpha$ (sous-espace de F^A) dont toutes les coordonnées sont égales à *x* ; *u* est un isomorphisme de E sur le sous-espace $\Delta \cap G$, où Δ est la diagonale de F^A. Montrer que $u(E) = \Delta \cap G$ est fermé dans G, et par suite que *tout* espace localement convexe séparé est isomorphe à un sous-espace *fermé* d'un espace tonnelé séparé. *

15) Soient E un espace tonnelé (resp. infratonnelé) séparé, Ê son complété. Montrer que tout sous-espace F de Ê contenant E est tonnelé (resp. infratonnelé) (*cf.* III, p. 24, cor. et IV, p. 52, exerc. 1).

¶* 16) Soit $(E_\iota)_{\iota \in I}$ une famille non dénombrable d'espaces tonnelés séparés non réduits à 0, et soit $E = \prod_{\iota \in I} E_\iota$, qui est tonnelé (IV, p. 14, cor.). Soit G le sous-espace de E formé des points (x_ι) tels que $x_\iota = 0$ sauf pour un ensemble *dénombrable* d'indices. Toute suite de points de G qui converge dans E a une limite appartenant à G, mais G est dense dans E.
a) Montrer que toute partie M de $G' = E'$, bornée pour $\sigma(E', G)$, est contenue dans un produit fini $\prod_{\iota \in H} E'_\iota$ (IV, p. 12, prop. 13), où H est une partie finie de I ; par suite M est bornée pour $\sigma(E', E)$. En déduire que G est tonnelé.
b) Soit F un sous-espace de E tel que $G \subset F \subset E$ et que G soit un hyperplan (partout dense) dans F ; F est tonnelé (exerc. 15). Montrer que F n'est pas bornologique. (Raisonner par l'absurde : il y aurait un ensemble borné, convexe et équilibré A dans F tel que G soit un hyperplan partout dense dans l'espace normé F_A (III, p. 7), donc une suite de points de G qui convergerait vers un point de F n'appartenant pas à G.) (*cf.* IV, p. 52, exerc. 2.) *

17) *a*) Soient E un espace localement convexe séparé, L un sous-espace vectoriel de E de codimension finie, T un tonneau bornivore dans L. Montrer qu'il existe un tonneau bornivore T′ dans E tel que $T' \cap L = T$. (Se ramener au cas où L est un hyperplan dans E. Soient E_0 l'espace bornologique associé à E (III, p. 41, exerc. 1), L_0 l'hyperplan L muni de la topologie induite par celle de E_0 ; remarquer que T est un voisinage de 0 dans L_0 et considérer deux cas suivant que L_0 est dense dans E_0 ou fermé dans E_0 ; montrer que l'on peut prendre pour T′ l'adhérence $\overline{T}$ de T dans E ou la somme de T et d'un ensemble convexe compact de dimension 1).
b) Soient E un espace infratonnelé, L un sous-espace vectoriel de E de codimension finie. Déduire de *a*) que L est infratonnelé (*cf.* IV, p. 64, exerc. 11).

¶ 18) Soit E un espace limite inductive stricte d'une suite croissante (E_n) de sous-espaces localement convexes métrisables (II, p. 36), et soit F un sous-espace vectoriel de E tel que tout point de E soit limite d'une suite de points de F.

a) Si $\overline{E}_n$ est l'adhérence de E_n dans E, E est limite inductive stricte de la suite $(\overline{E}_n)$. Soit F_n l'adhérence de $F \cap \overline{E}_n$ dans E. Montrer que E est réunion de la suite croissante des sous-espaces F_n.

b) On suppose que E est tonnelé. Montrer que F est bornologique. (Soit u une application linéaire de F dans un espace de Banach G transformant toute partie bornée de F en une partie bornée de G. Montrer qu'il existe une application linéaire v de E dans G, dont la restriction à F est égale à u, et dont la restriction à chaque F_n est continue. Utiliser enfin l'exerc. 13, *b*) de III, p. 45.)

19) On dit qu'un espace localement convexe séparé E est *ultrabornologique* si toute partie convexe de E qui absorbe toutes les parties convexes équilibrées, bornées et semi-complètes de E est un voisinage de 0 dans E.
a) Montrer que tout espace ultrabornologique est à la fois bornologique et tonnelé.
b) Soit E un espace localement convexe séparé tel que l'enveloppe fermée convexe équilibrée de l'ensemble des points de toute suite tendant vers 0 soit semi-complète. Montrer que si E est bornologique, il est ultrabornologique. En particulier, tout espace bornologique et quasi-complet est ultrabornologique ; tout espace de Fréchet est ultrabornologique.
c) Soit (E_α) une famille filtrante croissante de sous-espaces vectoriels d'un espace vectoriel E, tel que E soit réunion des E_α. Sur chaque E_α, soit $\mathcal{T}_\alpha$ une topologie localement convexe, et soit $\mathcal{T}$ la topologie localement convexe la plus fine rendant continues les injections canoniques des E_α dans E. On suppose que $\mathcal{T}$ est séparée et que, pour tout α, la topologie induite sur E_α par $\mathcal{T}$ est $\mathcal{T}_\alpha$. Montrer que si chacun des espaces E_α est ultrabornologique, E, muni de $\mathcal{T}$, est ultrabornologique.
d) Montrer que tout produit fini d'espaces ultrabornologiques est ultrabornologique ; en déduire que toute somme directe topologique d'espaces ultrabornologiques est ultrabornologique.
e) Montrer que l'espace produit $E = \prod_{n=0}^{\infty} E_n$ d'une *suite* infinie d'espaces ultrabornologiques est ultrabornologique. (Soit A une partie convexe de E absorbant toutes les parties convexes, équilibrées, bornées et semi-complètes de E. Montrer que, si A n'était pas un voisinage de 0 dans E il existerait dans $\complement A$ une suite (x_n) telle que x_n ait ses $n - 1$ premières coordonnées nulles, mais soit $\neq 0$. Remarquer ensuite que l'enveloppe fermée convexe équilibrée de l'ensemble des points d'une telle suite est identique à l'ensemble des points $\sum_{n=0}^{\infty} \lambda_n x_n$, où $\sum_{n=0}^{\infty} |\lambda_n| \leqslant 1$, et que cette enveloppe est un ensemble semi-complet.)

20) Montrer que, pour qu'un espace localement convexe séparé E soit ultrabornologique, il faut et il suffit qu'il soit limite inductive d'une famille d'espaces de Banach. (Pour voir que la condition est nécessaire, considérer dans E les ensembles convexes équilibrés, bornés et semi-complets B, et les espaces E_B. Pour voir qu'elle est suffisante, noter que si E est limite inductive d'une famille d'espaces de Banach E_α, on peut supposer que les E_α sont (algébriquement) des sous-espaces de E ; si V est un ensemble convexe dans E qui absorbe les parties convexes équilibrées, bornées et semi-complètes de E, montrer que V absorbe chaque boule B_α de E_α en raisonnant par l'absurde ; si V n'absorbait pas B_α, il n'absorberait pas une suite (x_n) de points de B_α tendant vers 0 dans E_α ; utiliser alors le fait que dans un espace de Banach l'enveloppe convexe fermée d'un ensemble compact est compacte.)

21) Montrer que si E est un espace localement convexe séparé et semi-complet, l'espace bornologique associé à E (III, p. 41, exerc. 1) est ultrabornologique.

¶ 22) Soit E un espace de Banach de type dénombrable et de dimension infinie.
a) Montrer que l'ensemble $\mathcal{K}$ des parties convexes, équilibrées et compactes A de E, telles que E_A soit de dimension infinie, est infini et a un cardinal $\leqslant 2^{\mathrm{Card}(\mathbf{N})}$ (TG, IX, p. 114, exerc. 17). Pour tout $x_0 \in E$ et tout $A \in \mathcal{K}$, l'ensemble $x_0 + A$ contient une partie libre de cardinal $2^{\mathrm{Card}(\mathbf{N})}$ (II, p. 85, exerc. 24, *c*)).
b) Soit $x_0 \neq 0$ dans E. Montrer qu'il existe une famille $(y_A)_{A\in\mathcal{K}}$ telle que x_0 et les y_A forment une famille libre et que l'on ait $y_A \in x_0 + A$ pour tout $A \in \mathcal{K}$ (bien ordonner $\mathcal{K}$ et raisonner par récurrence transfinie en utilisant *a*)).

c) Soit $f \in E^*$ une forme linéaire telle que $f(x_0) = 1$ et $f(y_A) = 0$ pour tout $A \in \mathscr{K}$, et soit $H = f^{-1}(0)$. Montrer que toute partie M de H qui est convexe, équilibrée et semi-complète, est nécessairement de dimension finie (remarquer que dans le cas contraire, M contiendrait un ensemble A convexe, équilibré et compact de dimension infinie, donc y_A appartiendrait à $H \cap (x_0 + M)$).
d) Montrer que H, muni de la topologie induite par celle de E, n'est pas ultrabornologique, bien qu'étant bornologique et tonnelé (III, p. 46, exerc. 14). (En utilisant c), montrer que si H était ultrabornologique, sa topologie serait la topologie localement convexe la plus fine, et en déduire une contradiction.)

§ 5

1) Soient E, F, G trois espaces localement convexes, $\mathfrak{S}$ un recouvrement de E formé de parties bornées. Montrer que, si u est une application bilinéaire séparément continue de $E \times F$ dans G telle que, pour tout ensemble $M \in \mathfrak{S}$, la restriction de u à $M \times F$ soit continue, alors u est $\mathfrak{S}$-hypocontinue.

2) Soit E l'espace somme directe $\mathbf{R}^{(\mathbf{N})}$, muni de la topologie induite par la topologie produit sur $\mathbf{R}^{\mathbf{N}}$. Montrer que, sur $E \times E$, la forme bilinéaire $((x_n), (y_n)) \mapsto \sum_{n=0}^{\infty} x_n y_n$ est séparément continue, mais que, pour tout ensemble $\mathfrak{S}$ de parties bornées de E contenant au moins un ensemble borné de dimension infinie, cette forme bilinéaire n'est pas $\mathfrak{S}$-hypocontinue.

3) Soit E l'espace $\mathbf{R}^{(\mathbf{N})}$ muni de la topologie localement convexe la plus fine (II, p. 27); soit F l'espace $\mathbf{R}^{\mathbf{N}}$; E est ultrabornologique (III, p. 47, exerc. 19) et complet, F est métrisable et complet. Soit $\mathfrak{S}$ (resp. $\mathfrak{T}$) l'ensemble de toutes les parties bornées de E (resp. F). Montrer que, sur $E \times F$, la forme bilinéaire $((x_n), (y_n)) \mapsto \sum_{n=0}^{\infty} x_n y_n$ est $(\mathfrak{S}, \mathfrak{T})$-hypocontinue, mais n'est pas continue (*cf.* IV, p. 49, exerc. 11).

4) Soient E un espace localement convexe, F un espace infratonnelé (III, p. 45, exerc. 7), $\mathfrak{T}$ l'ensemble de toutes les parties bornées de F. Montrer que, si une application bilinéaire de $E \times F$ dans un espace localement convexe G est $\mathfrak{T}$-hypocontinue, elle est $(\mathfrak{S}, \mathfrak{T})$-hypocontinue pour tout ensemble $\mathfrak{S}$ de parties bornées de E (*cf.* III, p. 45, exerc. 11).

5) a) Soient E, F, G trois espaces localement convexes séparés, u une application bilinéaire de $E \times F$ dans G. Pour qu'il existe un voisinage équilibré U de 0 dans E tel que l'ensemble des applications $u(x, .)$, où x parcourt U, soit équicontinu dans $\mathscr{L}(F; G)$, il faut et il suffit que u soit continue lorsqu'on remplace la topologie de E par la topologie moins fine pour laquelle les ensembles λU ($\lambda \neq 0$) forment un système fondamental de voisinages de 0. Montrer que, si G est normé, cette condition est satisfaite par toute application bilinéaire continue de $E \times F$ dans G.
b) On prend pour E, F et G l'espace produit $\mathbf{R}^{\mathbf{N}}$, et pour u l'application bilinéaire continue $((x_n), (y_n)) \mapsto (x_n y_n)$. Montrer qu'il n'existe aucun voisinage U de 0 dans E tel que l'ensemble des applications $u(x, .)$, où x parcourt U, soit équicontinu dans $\mathscr{L}(F; G)$.

6) Soient E, F, G trois espaces vectoriels topologiques. On dit qu'un ensemble H d'applications bilinéaires de $E \times F$ dans G est *séparément équicontinu* si, pour tout $x \in E$, l'ensemble des applications linéaires $u(x, .)$ où u parcourt H, est équicontinu dans $\mathscr{L}(F; G)$ et si, pour tout $y \in F$, l'ensemble des applications linéaires $u(., y)$, où u parcourt H, est équicontinu dans $\mathscr{L}(E; G)$.

On suppose que F est métrisable, et que E est un espace de Baire (*cf.* III, p. 44, exerc. 5 et V, p. 78, exerc. 15). Montrer que tout ensemble séparément équicontinu d'applications bilinéaires de $E \times F$ dans G est équicontinu (*cf.* III, p. 44, exerc. 11).

7) Soient E, F, G trois espaces vectoriels topologiques, $\mathfrak{S}$ un ensemble de parties bornées de E, H un ensemble d'applications bilinéaires séparément continues de E × F dans G. Les propriétés suivantes sont équivalentes :

α) Pour tout voisinage W de 0 dans G et tout ensemble $M \in \mathfrak{S}$, il existe un voisinage V de 0 dans F tel que $u(M \times V) \subset W$ pour tout $u \in H$.

β) Pour tout ensemble $M \in \mathfrak{S}$, l'image de $H \times M$ par l'application $(u, x) \mapsto u(x, .)$ est une partie équicontinue de $\mathscr{L}(F ; G)$.

γ) Lorsque u parcourt H, l'ensemble des applications $y \mapsto u(., y)$ de F dans $\mathscr{L}_{\mathfrak{S}}(E ; G)$ est équicontinu.

On dit alors que H est un ensemble $\mathfrak{S}$-*équihypocontinu* d'applications bilinéaires (séparément continues) de E × F dans G. Pour un ensemble $\mathfrak{T}$ de parties bornées de F, on définit de même les notions d'ensemble $\mathfrak{T}$-*équihypocontinu* et d'ensemble $(\mathfrak{S}, \mathfrak{T})$-*équihypocontinu*.

8) Soit H un ensemble $\mathfrak{S}$-équihypocontinu d'applications bilinéaires de E × F dans G (exerc. 7). Pour toute partie $M \in \mathfrak{S}$, montrer que H est équicontinu dans M × F ; en outre, pour toute partie bornée Q de F, la réunion des ensembles $u(M \times Q)$, lorsque u parcourt H, est bornée dans G.

9) Soit H un ensemble $(\mathfrak{S}, \mathfrak{T})$-équihypocontinu d'applications bilinéaires de E × F dans G (exerc. 7) ; montrer que pour tout couple d'ensembles $M \in \mathfrak{S}$, $N \in \mathfrak{T}$, H est uniformément équicontinu dans M × N.

10) Soient E_1, E_2, F trois espaces vectoriels topologiques, G_1 (resp. G_2) un sous-espace partout dense de E_1 (resp. E_2), $\mathfrak{S}_1$ (resp. $\mathfrak{S}_2$) un ensemble de parties bornées de G_1 (resp. G_2). Soit H un ensemble d'applications bilinéaires séparément continues de $E_1 \times E_2$ dans F ; si l'ensemble des restrictions à $G_1 \times G_2$ des applications $u \in H$ est $(\mathfrak{S}_1, \mathfrak{S}_2)$-équihypocontinu, il en est de même de H.

11) Si F est un espace tonnelé, tout ensemble séparément équicontinu d'applications bilinéaires de E × F dans un espace localement convexe G est $\mathfrak{S}$-équihypocontinu pour tout ensemble $\mathfrak{S}$ de parties bornées de E.

12) Soient E, F deux espaces vectoriels topologiques et soit f l'application bilinéaire $(x, u) \mapsto u(x)$ de $E \times \mathscr{L}(E ; F)$ dans F ; soit $\mathscr{T}$ une topologie compatible avec la structure d'espace vectoriel de $\mathscr{L}(E ; F)$ et plus fine que la topologie de la convergence simple. Soient $\mathfrak{S}$ un ensemble de parties bornées de E, $\mathfrak{U}$ un ensemble de parties bornées de $\mathscr{L}(E ; F)$ (pour la topologie $\mathscr{T}$). Montrer que, pour que f soit $\mathfrak{S}$-hypocontinue, il faut et il suffit que $\mathscr{T}$ soit plus fine que la $\mathfrak{S}$-topologie ; pour que f soit $\mathfrak{U}$-hypocontinue, il faut et il suffit que les ensembles de $\mathfrak{U}$ soient des parties équicontinues de $\mathscr{L}(E ; F)$.

13) Soient E, F, G trois espaces vectoriels topologiques, $\mathfrak{S}$ (resp. $\mathfrak{T}$) un ensemble de parties bornées de E (resp. F). Soit H l'espace vectoriel des applications bilinéaires $\mathfrak{T}$-hypocontinues de E × F dans G.

a) Montrer que sur H la topologie de la convergence uniforme dans les ensembles de la forme M × N, où $M \in \mathfrak{S}$ et $N \in \mathfrak{T}$, est compatible avec la structure d'espace vectoriel ; on dit que cette topologie est la $(\mathfrak{S}, \mathfrak{T})$-*topologie* sur H. Pour toute application $u \in H$, soit $\tilde{u}$ l'application continue $x \mapsto u(x, .)$ de E dans $\mathscr{L}_{\mathfrak{T}}(F ; G)$. Montrer que $u \mapsto \tilde{u}$ est un isomorphisme de l'espace H, muni de la $(\mathfrak{S}, \mathfrak{T})$-topologie, sur l'espace $\mathscr{L}_{\mathfrak{S}}(E ; \mathscr{L}_{\mathfrak{T}}(F ; G))$.

b) Soit L une partie de H, telle que, pour tout couple $(x, y) \in E \times F$, l'ensemble des $u(x, y)$, où u parcourt L, soit borné dans G (partie *simplement bornée* de H). Montrer que, si E, F, G sont localement convexes, et si E et F sont séparés et quasi-complets, L est bornée dans H pour toute $(\mathfrak{S}, \mathfrak{T})$-topologie.

c) Soient E, F, G trois espaces localement convexes séparés. Si E est tonnelé et F quasi-complet ou tonnelé, toute partie simplement bornée L de H est $\mathfrak{T}$-équihypocontinue (III, p. 49, exerc. 7).

d) Si E et F sont tonnelés, et G quasi-complet, et si $\mathfrak{S}$ et $\mathfrak{T}$ sont des recouvrements de E et F respectivement, H est séparé et quasi-complet pour la $(\mathfrak{S}, \mathfrak{T})$-topologie.

14) Étendre les définitions et résultats du § 5 aux applications multilinéaires quelconques. Soient E, F, G trois espaces vectoriels topologiques, $\mathfrak{S}$ (resp. $\mathfrak{T}$) un ensemble de parties bornées de E (resp. F), $\mathfrak{U}$ un ensemble de parties bornées de l'espace $\mathscr{L}_{\mathfrak{S},\mathfrak{T}}(\mathrm{E}, \mathrm{F}; \mathrm{G})$ des applications bilinéaires $(\mathfrak{S}, \mathfrak{T})$-hypocontinues de E × F dans G, muni de la $(\mathfrak{S}, \mathfrak{T})$-topologie (exerc. 13). Montrer que l'application trilinéaire $(x, y, u) \mapsto u(x, y)$ de $\mathrm{E} \times \mathrm{F} \times \mathscr{L}_{\mathfrak{S},\mathfrak{T}}(\mathrm{E}, \mathrm{F}; \mathrm{G})$ dans G est $(\mathfrak{S}, \mathfrak{T})$-hypocontinue ; pour qu'elle soit $(\mathfrak{S}, \mathfrak{U})$-hypocontinue, il faut et il suffit que tout ensemble $\mathrm{L} \in \mathfrak{U}$ soit $\mathfrak{S}$-équihypocontinu (III, p. 49, exerc. 7).

¶ 15) Soit E l'espace des suites $x = (\xi_n)_{n \geqslant 0}$ de nombres réels, telles que la série de terme général ξ_n soit convergente. On pose $\|x\| = \sup_n |\sum_{k=0}^{n} \xi_k|$.

a) Montrer que $\|x\|$ est une norme sur E, et que E est complet pour cette norme.

b) Montrer que l'espace vectoriel $\ell^1(\mathbf{N})$ (I, p. 4), considéré comme sous-espace de E, est partout dense (pour la topologie de E) ; la topologie définie par la norme $\|x\|_1 = \sum_{n=0}^{\infty} |\xi_n|$ sur $\ell^1(\mathbf{N})$ est strictement plus fine que la topologie induite par celle de E.

c) Soit (P_n) une suite croissante de parties finies de $\mathbf{N} \times \mathbf{N}$ formant un recouvrement de $\mathbf{N} \times \mathbf{N}$. Pour tout $x = (\xi_n) \in \mathrm{E}$ et tout $y = (\eta_n) \in \ell^1(\mathbf{N})$, soit $f_n(x, y) = \sum_{(i,j)\in \mathrm{P}_n} \xi_i \eta_j$. Pour que la suite $(f_n(x, y))$ tende vers une limite pour tout couple $(x, y) \in \mathrm{E} \times \ell^1(\mathbf{N})$, il faut et il suffit que, pour chacun de ces couples (x, y), la suite $(f_n(x, y))$ soit bornée ; la limite de $f_n(x, y)$ est alors égale à $(\sum_{n=0}^{\infty} \xi_n)(\sum_{n=0}^{\infty} \eta_n)$. (En utilisant l'exerc. 13, *c*) de III, p. 49, montrer que la suite de formes bilinéaires (f_n) est équicontinue, et remarquer qu'elle converge dans le sous-espace $\ell^1(\mathbf{N}) \times \ell^1(\mathbf{N})$; conclure en utilisant *b*).)

d) Pour tout $j \in \mathbf{N}$, soit ρ_{jn} le plus petit nombre d'intervalles fermés de $\mathbf{N}$ dont la coupe de P_n pour la valeur j de la seconde coordonnée (projection de $\mathrm{P}_n \cap (\mathbf{N} \times \{j\})$) soit la réunion ; soit $\rho_n = \sup_{j\in\mathbf{N}} \rho_{jn}$. Montrer que la condition obtenue dans *c*) est équivalente à $\sup_n \rho_n < +\infty$. (Si φ_n est la fonction caractéristique de P_n, montrer que la norme de la forme bilinéaire f_n est $\sup_{j\in\mathbf{N}} (\sum_{i=0}^{\infty} |\varphi_n(i, j) - \varphi_n(i+1, j)|)$.)

§ 6

¶ 1) On appelle *exhaustion* d'un espace localement convexe séparé E la donnée d'un crible $\mathrm{C} = (\mathrm{C}_n, p_n)_{n \geqslant 0}$ (TG, IX, p. 63, déf. 8) et, pour chaque $n \geqslant 0$, d'une application φ_n de C_n dans l'ensemble des parties convexes et équilibrées de E, ayant les propriétés suivantes :

E1) E est réunion des $\varphi_0(c)$, où c parcourt C_0 ;

E2) pour tout n et tout $c \in \mathrm{C}_n$, $\varphi_n(c)$ est réunion des $\varphi_{n+1}(c')$, où c' parcourt $p_n^{-1}(c)$;

E3) pour toute suite $(c_k)_{k\geqslant 0}$ telle que $c_k \in \mathrm{C}_k$, et $c_k = p_k(c_{k+1})$ pour tout $k \geqslant 0$, il existe une suite (ρ_k) de nombres > 0 telle que, pour toute suite (x_k) de points de E telle que $x_k \in \varphi_k(c_k)$ et toute suite (λ_k) de nombres réels telle que $0 \leqslant \lambda_k \leqslant \rho_k$ pour tout k, la série $\sum_{k=0}^{\infty} \lambda_k x_k$ soit convergente dans E.

a) Sous les hypothèses précédentes, montrer que si de plus les $\varphi_n(c)$ sont fermés pour $c \in \mathrm{C}_n$, on peut supposer les ρ_k choisis de telle sorte que l'on ait en outre $\sum_{k=m}^{\infty} \lambda_k x_k \in \varphi_m(c_m)$ pour tout $m \geqslant 1$ (prendre les ρ_k tels que $\sum_{k=0}^{\infty} \rho_k \leqslant 1$).

b) On suppose donnés un crible C et une suite (φ_n) d'applications dans l'ensemble des parties convexes et équilibrées de E, vérifiant E1), E2) et la condition suivante :

E 3') pour toute suite $(c_k)_{k\geqslant 0}$ telle que $c_k = p_k(c_{k+1})$ pour tout $k \geqslant 0$, il existe une suite (μ_k) de nombres > 0 telle que, pour toute suite (x_k) de points de E telle que $x_k \in \varphi_k(c_k)$ pour tout k, la suite des points $(\mu_k x_k)$ est contenue dans un ensemble convexe, borné, équilibré et semi-complet dans E.

Montrer qu'alors la condition E3) est aussi vérifiée (prendre $\rho_k = 2^{-k}\mu_k$).

On dit qu'un espace localement convexe séparé E est *exhaustible* s'il existe une exhaustion de E.

¶ 2) Soient E un espace localement convexe qui est un espace de Baire, F un espace localement convexe exhaustible (exerc. 1), et (C_n, p_n, φ_n) une exhaustion de F.
a) Soit u une application linéaire de E dans F et soit W un ensemble convexe, équilibré et absorbant dans F. Montrer qu'il existe une suite (c_k) telle que $c_k \in C_k$, $c_k = p_k(c_{k+1})$ pour tout $k \geqslant 0$, et une suite (m_k) d'entiers > 0, telles que chacun des ensembles $u^{-1}(\varphi_k(c_k) \cap m_k W)$ (qu'on notera M_k) soit non maigre dans E. Montrer que, pour tout $\varepsilon > 0$, il existe une suite (ν_k) de nombres > 0 tels que si la suite $(x_k)_{k \geqslant 1}$ de points de E est telle que $x_k \in \nu_k M_k$ pour tout $k \geqslant 1$, la série $\sum_{k=1}^{\infty} u(x_k)$ converge dans F et que sa somme appartienne à εW.
b) On suppose en outre que E est métrisable et que le graphe de u dans $E \times F$ est fermé. Montrer que pour tout $\varepsilon > 0$, on a $\overline{u^{-1}(W)} \subset (1 + \varepsilon)\, u^{-1}(W)$. (Observer que si (U_k) est un système fondamental dénombrable de voisinages de 0 dans E, pour tout k il existe un voisinage convexe équilibré V_k de 0 dans E tel que $V_k \subset U_k \cap \nu_k \overline{M}_k$. Pour tout point $a \in \overline{u^{-1}(W)}$, déterminer une suite $(x_k)_{k \geqslant 0}$ telle que $x_0 \in u^{-1}(W)$, $x_k \in \nu_k M_k$ pour $k \geqslant 1$ et $a - \sum_{j=0}^{k} x_j \in V_k$ pour tout $k \geqslant 1$, puis appliquer *a*).)
c) Déduire de *b*) que si E est un espace de Baire métrisable, toute application linéaire de E dans F dont le graphe est fermé est continue.

3) Montrer qu'un espace de Fréchet E est exhaustible (si (U_k) est une suite décroissante formant un système fondamental de voisinages convexes, équilibrés et fermés de 0 dans E, considérer les intersections finies des ensembles $(m + 1)\, U_k$, où m et k parcourent **N**).

4) *a*) Tout sous-espace fermé d'un espace localement convexe exhaustible est exhaustible.
b) Soient E un espace localement convexe exhaustible, $u : E \to F$ une application linéaire continue surjective de E dans F. Montrer que F est exhaustible. En particulier, tout espace quotient de E par un sous-espace fermé de E est exhaustible. Tout espace obtenu en munissant E d'une topologie localement convexe séparée moins fine que celle de E est exhaustible.

5) Soit $(C^{(m)})_{m \geqslant 0}$ une suite de cribles $C^{(m)} = (C_n^{(m)}, p_n^{(m)})_{n \geqslant 0}$. Pour tout $n \geqslant 0$, on pose

$$D_n = C_n^{(0)} \times C_{n-1}^{(1)} \times \cdots \times C_0^{(n)} \times \prod_{m=n+1}^{\infty} \{a_m\},$$

où $a_m = 0$ pour tout $m \geqslant 0$; l'application $p_n : D_{n+1} \to D_n$ est prise égale à

$$p_n^{(0)} \times p_{n-1}^{(1)} \times \cdots \times p_0^{(n)} \times q^{(n+1)} \times \prod_{m=n+2}^{\infty} \mathrm{id}_m$$

où $q^{(n+1)}$ est l'unique application de $C_0^{(n+1)}$ sur $\{0\}$, et id_m l'application identique de $\{a_m\}$. Alors (D_n, p_n) est un crible.

Soit $(E^{(m)})_{m \geqslant 0}$ une suite d'espaces localement convexes séparés ; on suppose que pour chaque m il existe une exhaustion $(C_n^{(m)}, p_n^{(m)}, \varphi_n^{(m)})_{n \geqslant 0}$ de $E^{(m)}$. On considère l'espace localement convexe séparé $E = \prod_m E^{(m)}$, et pour tout n, on pose

$$\varphi_n = \varphi_n^{(0)} \times \varphi_{n-1}^{(1)} \times \cdots \times \varphi_0^{(n)} \times \prod_{m=n+1}^{\infty} \psi_m$$

où ψ_m est l'application de $\{a_m\}$ dans l'ensemble des parties convexes et équilibrées de $E^{(m)}$ telle que $\psi_m(a_m) = E^{(m)}$. Montrer que (D_n, p_n, φ_n) est une exhaustion sur l'espace produit E.

6) Montrer qu'une limite inductive (II, p. 31) d'une suite croissante de sous-espaces E_n d'un espace vectoriel E, munis de topologies $\mathscr{T}_n$ telles que E_n, muni de $\mathscr{T}_n$, soit exhaustible, est un espace localement convexe exhaustible s'il est séparé.

CHAPITRE IV

La dualité dans les espaces vectoriels topologiques

Dans tout ce chapitre, tous les espaces vectoriels considérés sont des espaces vectoriels sur un corps K *égal à* **R** *ou* **C**.

§ 1. DUALITÉ

1. Topologies compatibles avec une dualité

Dans ce numéro, on note E et F deux espaces vectoriels mis en dualité par une forme bilinéaire B (II, p. 43). On rappelle (II, p. 44) qu'on a défini deux applications linéaires

$$d_{\mathrm{B}} : \mathrm{F} \to \mathrm{E}^* , \quad s_{\mathrm{B}} : \mathrm{E} \to \mathrm{F}^*$$

caractérisées par la relation

$$\mathrm{B}(x, y) = \langle x, d_{\mathrm{B}}(y) \rangle = \langle y, s_{\mathrm{B}}(x) \rangle \tag{1}$$

pour $x \in \mathrm{E}$, $y \in \mathrm{F}$.

DÉFINITION 1. — *On dit qu'une topologie localement convexe* $\mathscr{T}$ *sur* E *est* compatible avec la dualité *entre* E *et* F *si* d_{B} *est une bijection de* F *sur le dual de l'espace localement convexe obtenu en munissant* E *de* $\mathscr{T}$.

S'il existe une telle topologie $\mathscr{T}$, l'application d_{B} est injective, c'est-à-dire que la dualité entre E et F est séparante en F (II, p. 44).

PROPOSITION 1. — (i) *Les parties convexes fermées dans* E *sont les mêmes pour toutes les topologies localement convexes sur* E *compatibles avec la dualité entre* E *et* F.

(ii) *Les parties bornées de* E *sont les mêmes pour toutes les topologies localement convexes sur* E *compatibles avec la dualité entre* E *et* F.

Soit $\mathscr{T}$ une topologie sur E compatible avec la dualité entre E et F, donc plus fine que $\sigma(\mathrm{E}, \mathrm{F})$. Si une partie convexe de E est fermée pour $\mathscr{T}$, elle est intersection de demi-espaces réels fermés (II, p. 41, cor. 1), donc fermée pour $\sigma(E, F)$. Ceci prouve (i). L'assertion (ii) a été démontrée au cor. 3 de III, p. 28.

Notons F_σ l'espace vectoriel F muni de la topologie faible $\sigma(F, E)$. Alors l'application linéaire s_B applique E sur le dual $(F_\sigma)'$ de F_σ (II, p. 46, prop. 3). Soit $\mathfrak{S}$ un ensemble de parties bornées de F_σ. Par abus de langage, on appelle *$\mathfrak{S}$-topologie sur* E l'image réciproque par s_B de la $\mathfrak{S}$-topologie sur $(F_\sigma)'$. Elle est définie par la famille des semi-normes

$$p_A(x) = \sup_{y \in A} |B(x, y)|, \tag{2}$$

où A parcourt $\mathfrak{S}$. En particulier, lorsque $\mathfrak{S}$ est l'ensemble des parties finies de F, la $\mathfrak{S}$-topologie n'est autre que la topologie faible $\sigma(E, F)$.

DÉFINITION 2. — *Soient* E *et* F *deux espaces en dualité. On appelle topologie de Mackey sur* E, *et l'on note* $\tau(E, F)$, *la $\mathfrak{S}$-topologie sur* E, *où $\mathfrak{S}$ est l'ensemble des parties de* F *dont l'image dans* E^* (*par* d_B) *est convexe, équilibrée et compacte pour* $\sigma(E^*, E)$.

Lorsque la dualité entre E et F est séparante en F, d_B est injective et la topologie $\sigma(F, E)$ sur F est image réciproque par d_B de la topologie $\sigma(E^*, E)$ sur E^*. Dans ce cas, $\mathfrak{S}$ se compose des parties de F qui sont convexes, équilibrées et compactes pour $\sigma(F, E)$.

En général, si $F_1 = d_B(F) \subset E^*$, et si l'on désigne par $(x, y_1) \mapsto B_1(x, y_1)$ la restriction de la forme bilinéaire canonique $(x, x^*) \mapsto \langle x, x^* \rangle$ à $E \times F_1$, E et F_1 sont mis en dualité par B_1, et cette dualité est séparante en F_1 ; comme on a par définition $B(x, y) = B_1(x, d_B(y))$, la déf. 2 montre que $\tau(E, F) = \tau(E, F_1)$.

Remarque 1. — Soit A une partie convexe compacte d'un espace localement convexe séparé G, et soit $\tilde{A}$ l'enveloppe fermée convexe équilibrée de A. Lorsque le corps K est égal à **R**, l'ensemble $\tilde{A}$ est l'enveloppe fermée convexe de $A \cup (-A)$; lorsque K est égal à **C**, l'ensemble $\tilde{A}$ est contenu dans l'enveloppe fermée convexe de $2A \cup (-2A) \cup (2iA) \cup (-2iA)$. Par suite (II, p. 14, prop. 15), $\tilde{A}$ est compact.

On en déduit en particulier que, lorsque la dualité entre E et F est séparante en F, *la topologie de Mackey* $\tau(E, F)$ *est* aussi *la $\mathfrak{S}'$-topologie*, où $\mathfrak{S}'$ *est l'ensemble des parties convexes de* F *qui sont compactes pour* $\sigma(F, E)$.

On définit de manière analogue la topologie de Mackey $\tau(F, E)$ sur F.

THÉORÈME 1 (Mackey). — *Soient* E *et* F *deux espaces en dualité* ; *on suppose la dualité séparante en* F. *Pour qu'une topologie localement convexe* $\mathcal{T}$ *sur* E *soit compatible avec la dualité entre* E *et* F, *il faut et il suffit que* $\mathcal{T}$ *soit plus fine que la topologie* $\sigma(E, F)$ *et moins fine que la topologie de Mackey* $\tau(E, F)$.

Identifions F à son image par d_B dans E^*. Notons $\mathfrak{S}_0$ l'ensemble des parties de F qui sont convexes, équilibrées et compactes pour $\sigma(F, E)$. Par définition, $\tau(E, F)$ est la $\mathfrak{S}_0$-topologie sur E, donc est plus fine que $\sigma(E, F)$.

Lemme 1. — *Le sous-espace* F *de* E^* *se compose des formes linéaires sur* E *continues pour* $\tau(E, F)$.

Tout élément de F est une application continue pour $\sigma(E, F)$, donc pour $\tau(E, F)$.

Réciproquement, soit $f \in E^*$ continue pour $\tau(E, F)$. Il existe un voisinage U de 0 dans E (pour $\tau(E, F)$), tel que $|f| \leqslant 1$ sur U ; on peut supposer qu'il existe un ensemble $A \in \mathfrak{S}_0$ tel que $U = A^\circ$. Autrement dit, f appartient au bipolaire $A^{\circ\circ}$ de A pour la dualité entre E^* et E. Or la topologie $\sigma(F, E)$ sur F est induite par $\sigma(E^*, E)$; par suite, A est convexe, équilibré et compact pour $\sigma(E^*, E)$, et le th. des bipolaires (II, p. 48, th. 1) entraîne l'égalité $A = A^{\circ\circ}$. On a donc $f \in F$, d'où le lemme 1.

Lemme 2. — *Soit* $\mathscr{T}$ *une topologie localement convexe sur* E *telle que toute forme linéaire sur* E *continue pour* $\mathscr{T}$ *appartienne à* F. *Alors* $\mathscr{T}$ *est moins fine que* $\tau(E, F)$.

Soit $\mathfrak{U}$ l'ensemble des voisinages convexes et équilibrés de 0 pour $\mathscr{T}$. Soit $\mathfrak{S}$ l'ensemble des polaires dans F des éléments de $\mathfrak{U}$. On a $\mathfrak{S} \subset \mathfrak{S}_0$ d'après le cor. 2 de III, p. 17, et, d'après le cor. 1 de la prop. 7 de III, p. 19, $\mathscr{T}$ est identique à la $\mathfrak{S}'$-topologie, où $\mathfrak{S}'$ est l'ensemble des polaires des ensembles de $\mathfrak{U}$ dans le dual E' de E. Mais on a par hypothèse $E' \subset F$, donc tout ensemble de $\mathfrak{S}'$ est contenu dans un ensemble de $\mathfrak{S}$; d'où le lemme 2.

Soit $\mathscr{T}$ une topologie sur E compatible avec la dualité entre E et F. Alors $\mathscr{T}$ est moins fine que $\tau(E, F)$ d'après le lemme 2, et il est évident que $\mathscr{T}$ est plus fine que $\sigma(E, F)$. Réciproquement, F est le dual de E pour la topologie $\tau(E, F)$ (lemme 1) et pour la topologie $\sigma(E, F)$ (II, p. 46, prop. 3), donc aussi pour toute topologie intermédiaire entre $\tau(E, F)$ et $\sigma(E, F)$.

COROLLAIRE. — *Soit* p *une semi-norme sur* E. *Les conditions suivantes sont équivalentes* :

(i) *p est continue pour la topologie* $\tau(E, F)$;

(ii) *toute forme linéaire f sur* E, *telle que* $|f| \leqslant p$, *provient d'un élément de* F.

(i) $\Rightarrow$ (ii) : si p est continue pour $\tau(E, F)$, toute forme linéaire f sur E telle que $|f| \leqslant p$ est continue pour $\tau(E, F)$, donc provient d'un élément de F d'après le lemme 1.

(ii) $\Rightarrow$ (i) : soit $\mathscr{T}$ la topologie sur E définie par la semi-norme p. Si la condition (ii) est satisfaite, les formes linéaires sur E continues pour $\mathscr{T}$ appartiennent à F. D'après le lemme 2, $\mathscr{T}$ est moins fine que $\tau(E, F)$, donc p est continue pour $\tau(E, F)$.

Remarque 2. — * Soient K une partie convexe de F compacte pour la topologie faible $\sigma(F, E)$ et μ une mesure positive sur K. Posons

$$p(x) = \int_K |B(x, y)|\, d\mu(y)$$

pour tout $x \in E$. Il est immédiat que p est une semi-norme. De plus, pour tout $x \in E$, la relation « $|B(x, y)| \leqslant 1$ pour tout $y \in K$ » entraîne $p(x) \leqslant \mu(K)$. Ceci prouve que la semi-norme p sur E est continue pour la topologie de Mackey $\tau(E, F)$. *

Exemple. — Soient G un espace localement convexe et G' son dual. Sur G', la topologie faible $\sigma(G', G)$ et la topologie de la *convergence convexe compacte* (III, p. 14) sont compatibles avec la dualité entre G′ et G. En général, la topologie forte et la topologie de la convergence compacte sur G′ ne sont pas compatibles avec la dualité entre G′ et G. Rappelons cependant que lorsque G est séparé et *quasi-complet*, la topologie de la convergence compacte sur G′ coïncide avec celle de la convergence convexe compacte (III, p. 8), donc est compatible avec la dualité entre G′ et G.

DÉFINITION 3. — *Soient* E *et* F *deux espaces vectoriels en dualité. On note* $\beta(E, F)$ *la* $\mathfrak{S}$*-topologie, où* $\mathfrak{S}$ *est l'ensemble des parties de* F *qui sont bornées pour* $\sigma(F, E)$.

On définit de manière symétrique la topologie $\beta(F, E)$ sur F. On montre facilement que la topologie $\beta(E, F)$ est identique à $\beta(E, F/E^{\circ})$, ce qui permet de se ramener au cas où la dualité entre E et F est séparante en F.

Remarques. — 3) Notons E_{σ} l'espace E muni de la topologie $\sigma(E, F)$. Les tonneaux (III, p. 24) dans E_{σ} sont les parties de E qui sont convexes, équilibrées, fermées pour $\sigma(E, F)$ et absorbantes. Ce ne sont autres que les polaires des parties de F qui sont convexes, équilibrées et bornées pour $\sigma(F, E)$. Par suite, l'ensemble des tonneaux dans E_{σ} est un système fondamental de voisinages de 0 pour la topologie $\beta(E, F)$ dans E. Autrement dit, une semi-norme sur E est continue pour $\beta(E, F)$ si et seulement si elle est semi-continue inférieurement pour $\sigma(E, F)$ (*cf.* III, p. 24, prop. 1).

4) Soit $\mathcal{T}$ une topologie sur E compatible avec la dualité entre E et F. D'après la prop. 1, (ii) de IV, p. 1, la topologie $\beta(F, E)$ sur F n'est autre que la topologie forte sur F identifié au dual de E (muni de $\mathcal{T}$).

5) La topologie $\beta(E, F)$ sur E est plus fine que $\tau(E, F)$. Elle n'est pas en général compatible avec la dualité entre E et F (*cf.* cependant § 2). En particulier, une partie de E bornée pour $\sigma(E, F)$ n'est pas nécessairement bornée pour $\beta(E, F)$.

2. Topologie de Mackey et topologie affaiblie sur un espace localement convexe

Soient E un espace localement convexe, et E′ son dual. On met E et E′ en dualité au moyen de la forme bilinéaire canonique $(x, x') \mapsto \langle x, x' \rangle$ sur $E \times E'$. Cette dualité est séparante en E′. Sur E, nous disposons de trois topologies compatibles avec la dualité entre E et E′ :

a) la topologie donnée sur E, qu'on appellera *topologie initiale* lorsqu'on voudra éviter les confusions ;

b) la topologie $\sigma(E, E')$, dite *topologie affaiblie* sur E ;

c) la topologie $\tau(E, E')$, dite *topologie de Mackey* sur E.

La topologie initiale est plus fine que la topologie affaiblie et moins fine que la topologie de Mackey ; ces trois topologies peuvent d'ailleurs être distinctes (IV, p. 49, exerc. 8).

D'après la prop. 1 de IV, p. 1, ces trois topologies ont les mêmes ensembles convexes fermés, les mêmes tonneaux, les mêmes ensembles bornés et les mêmes bornologies adaptées. En particulier :

PROPOSITION 2. — *Soit* E *un espace localement convexe, et soit* A *une partie convexe de* E (par exemple, un sous-espace vectoriel de E). *L'adhérence de* A *est la même pour la topologie initiale et pour la topologie affaiblie de* E.

Remarques. — 1) Pour qu'une famille $(x_i)_{i \in I}$ d'éléments de E soit totale (resp. topologiquement libre) pour la topologie initiale, il faut et il suffit qu'elle le soit pour la topologie affaiblie; cela résulte de la prop. 2. On peut donc appliquer les critères de II, p. 46.

2) Soient $\mathscr{T}_1$ et $\mathscr{T}_2$ deux topologies localement convexes sur E, compatibles avec la dualité entre E et E', $\mathscr{T}_1$ étant plus fine que $\mathscr{T}_2$. Alors tout voisinage de 0 pour $\mathscr{T}_1$ qui est convexe et fermé pour $\mathscr{T}_1$ est fermé pour $\mathscr{T}_2$ d'après la prop. 1 de IV, p. 1. Par suite (TG, II, p. 16, corollaire), toute partie de E qui est complète pour $\mathscr{T}_2$ l'est aussi pour $\mathscr{T}_1$.

En particulier, toute partie de E complète pour la topologie affaiblie l'est pour la topologie initiale, toute partie de E complète pour la topologie initiale l'est pour la topologie de Mackey. Si E est quasi-complet pour la topologie affaiblie, il l'est pour toute topologie compatible avec la dualité entre E et E'. S'il est quasi-complet pour la topologie initiale, il l'est pour la topologie de Mackey.

3) Supposons E séparé (pour la topologie initiale). Soit A une partie de E, bornée et fermée pour $\sigma(E, E')$, donc aussi pour toute topologie compatible avec la dualité entre E et E'. Comme A est précompacte pour $\sigma(E, E')$ (III, p. 3, *Remarque* 5), il revient au même de supposer que A est *complète* ou *compacte* pour $\sigma(E, E')$.

Compte tenu de la remarque 2, on voit donc que :

PROPOSITION 3. — *Supposons* E *séparé, et soit* E' *son dual. Toute partie de* E *qui est précompacte pour la topologie initiale, et compacte pour* $\sigma(E, E')$, *est compacte pour la topologie initiale.*

4) La topologie $\beta(E, E')$ (IV, p. 4, déf. 3) est plus fine que la topologie de Mackey. Si $\beta(E, E')$ est distincte de $\tau(E, E')$, elle n'est pas compatible avec la dualité entre E et E'. L'espace E est tonnelé si et seulement si la topologie initiale est égale à $\beta(E, E')$ (III, p. 24).

PROPOSITION 4. — *Soit* E *un espace localement convexe. La topologie de Mackey sur* E *est identique à la topologie initiale dans chacun des cas suivants* :

a) E *est tonnelé* ;

b) E *est bornologique* ;

c) E *est métrisable.*

Remarquons d'abord que la topologie de Mackey de E est identique à la topologie initiale si et seulement si toute partie convexe de E', compacte pour $\sigma(E', E)$, est équicontinue. C'est certainement le cas si E est tonnelé (III, p. 24, corollaire).

Supposons E bornologique, et soit V un voisinage convexe et équilibré de 0 dans E pour la topologie $\tau(E, E')$. Soit B une partie de E bornée pour la topologie initiale. Comme B est bornée pour la topologie de Mackey, V absorbe B, et comme E est bornologique, V est un voisinage de 0 pour la topologie initiale.

Dans le cas *c*), l'espace E est bornologique (III, p. 12, prop. 2).

3. Transposée d'une application linéaire continue

Dans ce numéro, on note E_1 et E_2 deux espaces localement convexes, ayant respectivement pour duals E'_1 et E'_2.

Soit u une application linéaire de E_1 dans E_2. Pour que u soit continue lorsqu'on munit E_1 et E_2 des topologies affaiblies, il faut et il suffit que $f \circ u$ appartienne à E'_1 pour toute $f \in E'_2$; c'est le cas si u est continue. On appelle alors *transposée de u*, et l'on note ${}^t u$, l'application linéaire $f \mapsto f \circ u$ de E'_2 dans E'_1.

PROPOSITION 5. — *Soit u une application linéaire continue de* E_1 *dans* E_2.

(i) *Si* E_1 *et* E_2 *sont séparés, pour que u soit injective, il faut et il suffit que l'image de* ${}^t u$ *soit dense dans* E'_1 *muni de la topologie faible* $\sigma(E'_1, E_1)$.

(ii) *Pour que* ${}^t u$ *soit injective, il faut et il suffit que l'image de u soit dense dans* E_2.

Un sous-espace vectoriel de E_2 est dense pour la topologie initiale si et seulement s'il l'est pour la topologie affaiblie (IV, p. 4, prop. 2). La prop. 5 résulte alors de II, p. 51, cor. 2.

PROPOSITION 6. — *Soit u une application linéaire de* E_1 *dans* E_2, *continue pour les topologies affaiblies. Pour* $i = 1, 2$, *soit* $\mathfrak{S}_i$ *un ensemble de parties bornées de* E_i. *Pour que* ${}^t u$ *soit une application continue de* $(E'_2)_{\mathfrak{S}_2}$ *dans* $(E'_1)_{\mathfrak{S}_1}$, *il faut et il suffit que, pour tout ensemble* $A \in \mathfrak{S}_1$, *il existe des ensembles* $A_1, \ldots, A_n$ *dans* $\mathfrak{S}_2$ *et un nombre réel* $\lambda > 0$ *tels que* $\lambda . u(A)$ *soit contenu dans l'enveloppe fermée convexe équilibrée de* $A_1 \cup \ldots \cup A_n$ [1].

C'est une conséquence immédiate de la prop. 2 de III, p. 15.

COROLLAIRE. — *Soit u une application linéaire continue de* E_1 *dans* E_2. *Alors* ${}^t u$ *est continue lorsqu'on munit les duals* E'_i *des topologies suivantes* :

a) *les topologies faibles* $\sigma(E'_i, E_i)$;

b) *les topologies fortes* $\beta(E'_i, E_i)$;

c) *les topologies de Mackey* $\tau(E'_i, E_i)$;

d) *les topologies de la convergence précompacte.*

En outre, lorsque E_2 *est séparé,* ${}^t u$ *est continue lorsqu'on munit les duals* E'_i :

e) *des topologies de la convergence compacte* (resp. *compacte convexe*).

Le seul point qui demande une démonstration est le cas *c*), lorsque les topologies de E_1 et E_2 ne sont pas nécessairement séparées. Alors pour toute forme linéaire $f \in E_1'^*$, $f \circ {}^t u$ est une forme linéaire sur E'_2 ; donc il y a une application linéaire $v : E_1'^* \to E_2'^*$, continue pour les topologies $\sigma(E_1'^*, E'_1)$ et $\sigma(E_2'^*, E'_2)$ et telle que $d_{B_2} \circ u = v \circ d_{B_1}$, où d_{B_i} est l'application canonique de E_i dans $E_i'^*$ $(i = 1, 2)$. Par suite, si A est une partie de E_1 telle que $d_{B_1}(A)$ soit convexe, équilibrée et compacte pour $\sigma(E_1'^*, E'_1)$, $d_{B_2}(u(A)) = v(d_{B_1}(A))$ est convexe, équilibrée et compacte pour $\sigma(E_2'^*, E'_2)$, les topologies $\sigma(E_1'^*, E'_1)$ et $\sigma(E_2'^*, E'_2)$ étant séparées.

[1] Autrement dit, $u(\mathfrak{S}_1)$ est contenu dans la plus petite bornologie adaptée contenant $\mathfrak{S}_2$ (III, p. 3).

Proposition 7. — *Soit* $u : E_1 \to E_2$ *une application linéaire. On suppose que u est continue pour les topologies affaiblies de* E_1 *et* E_2.

(i) *L'application u est continue si l'on munit* E_1 *et* E_2 *de leurs topologies de Mackey.*

(ii) *Si* E_1 *est bornologique ou tonnelé, u est continue pour les topologies initiales de* E_1 *et* E_2.

(iii) *Pour que u soit continue pour les topologies initiales de* E_1 *et* E_2, *il faut et il suffit que l'image par* ${}^t u$ *de toute partie équicontinue de* E'_2 *soit équicontinue dans* E'_1.

L'hypothèse entraîne que ${}^t u$ est continue pour les topologies faibles $\sigma(E'_2, E_2)$ et $\sigma(E'_1, E_1)$ (II, p. 50, corollaire) ; donc l'image par ${}^t u$ d'une partie convexe, équilibrée et compacte pour $\sigma(E'_2, E_2)$ est convexe, équilibrée et compacte pour $\sigma(E'_1, E_1)$, les topologies $\sigma(E'_2, E_2)$ et $\sigma(E'_1, E_1)$ étant séparées. L'assertion (i) résulte alors de TG, X, p. 5, prop. 3, *b*). L'assertion (ii) est conséquence de (i) : en effet, si E_1 est bornologique ou tonnelé, sa topologie initiale est celle de Mackey, et la topologie de Mackey de E_2 est de toute façon plus fine que la topologie initiale de E_2. Enfin, la topologie initiale de E_i est celle de la convergence uniforme dans les parties équicontinues de E'_i (III, p. 19, cor. 1 de la prop. 7), d'où (iii).

Corollaire. — *Supposons que* E_1 *soit un espace normé. Soit u une application linéaire de* E_1 *dans* E_2. *Les propriétés suivantes sont équivalentes :*

a) *u est continue ;*

b) *u est continue pour les topologies affaiblies ;*

c) *l'image par u de la boule unité dans* E_1 *est bornée dans* E_2 ;

d) *pour toute suite* (x_n) *de points de* E_1 *tendant vers* 0 *pour la topologie initiale, la suite* $(u(x_n))$ *est bornée pour la topologie affaiblie de* E_2.

Comme E_1 est bornologique, l'équivalence de *a*) et *b*) résulte de la prop. 7. Celle de *a*) et *c*) est immédiate. L'équivalence de *a*) et *d*) résulte de la prop. 1 de IV, p. 1 et de la prop. 1 de III, p. 11.

Proposition 8. — (i) *Soit* E *un espace normé, de dual* E'. *Pour tout* $x \in E$, *on a*

$$\|x\| = \sup_{x' \in E', \|x'\| \leqslant 1} |\langle x, x' \rangle| . \tag{3}$$

(ii) *Soient* E_1 *et* E_2 *deux espaces normés et u une application linéaire continue de* E_1 *dans* E_2. *On a*

$$\|{}^t u\| = \|u\| . \tag{4}$$

Soit $x \in E$. Pour tout $x' \in E'$ tel que $\|x'\| \leqslant 1$, on a

$$|\langle x, x' \rangle| \leqslant \|x\| . \|x'\| \leqslant \|x\| .$$

D'après le th. de Hahn-Banach (II, p. 24, cor. 2), il existe un élément x' de E' tel que $\|x'\| \leqslant 1$ et $\langle x, x' \rangle = \|x\|$. Ceci prouve (i).

Prouvons (ii). D'après la formule (3) et la définition de la transposée, on a

$$\begin{aligned} \|{}^t u\| &= \sup_{\|y'\| \leqslant 1} \|{}^t u(y')\| = \sup_{\|y'\| \leqslant 1, \|x\| \leqslant 1} |\langle x, {}^t u(y') \rangle| \\ &= \sup_{\|x\| \leqslant 1, \|y'\| \leqslant 1} |\langle u(x), y' \rangle| = \sup_{\|x\| \leqslant 1} \|u(x)\| = \|u\| . \end{aligned}$$

Remarques. — 1) La formule (3) est le cas particulier de (4) correspondant à l'application linéaire $\lambda \mapsto \lambda x$ de K dans E.

2) Posons $B(x, y') = \langle u(x), y' \rangle = \langle x, {}^t u(y') \rangle$ pour $x \in E_1$, $y' \in E'_2$. La démonstration précédente montre que B est une forme bilinéaire continue sur $E_1 \times E'_2$, de norme (TG, X, p. 23) égale à $\|u\|$.

COROLLAIRE. — *Soit* E *un espace normé de type dénombrable. Il existe une partie* dénombrable D *de* $E' - \{0\}$ *telle que l'on ait*

$$\|x\| = \sup_{\xi \in D} |\langle x, \xi \rangle| / \|\xi\| \tag{5}$$

pour tout $x \in E$.

Soit B′ la boule unité du dual E′ de E, munie de la topologie faible $\sigma(E', E)$. C'est un espace compact métrisable (III, p. 19, cor. 2) ; il existe donc une partie dénombrable dense D′ de B′. Posons $D = D' \cap (E' - \{0\})$. Soit $x \in E$; l'application $x' \mapsto \langle x, x' \rangle$ de B′ dans K est continue, d'où

$$\sup_{x' \in B'} |\langle x, x' \rangle| = \sup_{\xi \in D'} |\langle x, \xi \rangle| \leqslant \sup_{\xi \in D} |\langle x, \xi \rangle| / \|\xi\| \leqslant \|x\| .$$

La formule (5) résulte alors de (3).

4. Dual d'un espace quotient et d'un sous-espace

Dans tout ce numéro, on note E un espace localement convexe, M un sous-espace vectoriel de E, et M° l'orthogonal de M dans le dual E′ de E. On note p l'application canonique de E sur E/M ; alors ${}^t p$ est injective, d'image M°, donc définit un isomorphisme d'espaces vectoriels (non topologiques)

$$\pi : (E/M)' \to M^\circ .$$

De même, soit i l'injection canonique de M dans E. Alors ${}^t i$ est surjective (II, p. 26, prop. 2) ; son noyau est égal à M°, d'où un isomorphisme d'espaces vectoriels (non topologiques)

$$\iota : E'/M^\circ \to M' .$$

PROPOSITION 9. — (i) *Pour qu'une partie* A *de* (E/M)′ *soit équicontinue, il faut et il suffit que* π(A) *soit une partie équicontinue de* E′.

(ii) *Soient* $\mathfrak{S}$ *un ensemble de parties bornées de* E, *et* $\mathfrak{S}_1$ *l'ensemble des images dans* E/M *des parties* $A \in \mathfrak{S}$. *Alors* π *est un isomorphisme de* $(E/M)'_{\mathfrak{S}_1}$ *sur* M° *muni de la topologie induite par celle de* $E'_{\mathfrak{S}}$.

(iii) *Supposons* E *normé. Alors* π *est une isométrie de l'espace normé* (E/M)′ *sur le sous-espace normé* M° *de* E′.

Soient A une partie de (E/M)′ et $B = {}^t p(A) \subset E'$. Posons

$$q(\xi) = \sup_{\xi' \in A} |\langle \xi, \xi' \rangle|$$

pour tout $\xi \in E/M$. Pour que A soit équicontinue, il faut et il suffit que l'application q de E/M dans $\overline{\mathbf{R}}_+$ soit une semi-norme continue. Ceci signifie que $q \circ p$ est une semi-norme continue sur E (II, p. 29, prop. 5, (ii)). Comme on a

$$(q \circ p)(x) = \sup_{x' \in B} |\langle x, x' \rangle|$$

pour tout $x \in E$, ceci signifie encore que B est équicontinu dans E′, d'où (i).

Soient $A \in \mathfrak{S}$ et f une forme linéaire continue sur E/M. Pour tout $\lambda \in \mathbf{R}_+$, on a $|f| \leqslant \lambda$ sur $p(A)$ si et seulement si l'on a $|{}^t p(f)| \leqslant \lambda$ sur A ; d'où (ii).

Prouvons enfin (iii). Soit y' dans $(E/M)'$. Pour qu'un élément de E/M soit de norme < 1, il faut et il suffit qu'il soit l'image par p d'un élément de norme < 1 dans E. On a donc

$$\begin{aligned} \|y'\| &= \sup_{y \in E/M, \|y\| < 1} |\langle y, y' \rangle| = \sup_{x \in E, \|x\| < 1} |\langle p(x), y' \rangle| \\ &= \sup_{x \in E, \|x\| < 1} |\langle x, {}^t p(y') \rangle| = \|{}^t p(y')\|, \end{aligned}$$

et ${}^t p$ induit une isométrie de $(E/M)'$ sur M°.

PROPOSITION 10. — (i) *Pour qu'une partie* A *de* M′ *soit équicontinue, il faut et il suffit qu'elle soit l'image par* ${}^t i$ *d'une partie équicontinue de* E′.

(ii) *Supposons* M *fermé dans* E. *Soit* $\mathfrak{S}$ *un recouvrement de* E *formé de parties bornées et soit* $\mathfrak{S}_1$ *l'ensemble des parties de* M *de la forme* $M \cap A$ *pour* A *dans* $\mathfrak{S}$. *L'application linéaire bijective* ι *de* $E'_{\mathfrak{S}}/M^\circ$ *sur* $M'_{\mathfrak{S}_1}$ *est continue. C'est un homéomorphisme si* $\mathfrak{S}$ *est filtrant pour la relation* $\subset$ *et se compose d'ensembles convexes fermés et compacts pour* $\sigma(E, E')$.

(iii) *Supposons* E *normé. Alors* ι *est une isométrie de* E'/M° *sur* M′.

L'image par ${}^t i$ d'une partie équicontinue de E′ est une partie équicontinue de M′ (IV, p. 47, prop. 7). Réciproquement, soit A une partie équicontinue de M′. La topologie de M est définie par l'ensemble des restrictions à M des semi-normes continues sur E. Il existe donc une semi-norme continue p sur E telle que $|f(x)| \leqslant p(x)$ pour $f \in A$ et $x \in M$. Soit B l'ensemble des formes linéaires g sur E, telles que $|g| \leqslant p$ et dont la restriction à M appartient à A. L'ensemble B est équicontinu dans E′ ; d'après le th. de Hahn-Banach (II, p. 24, cor. 1), on a ${}^t i(B) = A$, d'où (i).

Prouvons (ii). D'après la prop. 6 de IV, p. 6, l'application linéaire ${}^t i$ de $E'_{\mathfrak{S}}$ dans $M'_{\mathfrak{S}_1}$ est continue, et définit donc par passage au quotient une application linéaire continue ι de $E'_{\mathfrak{S}}/M^\circ$ sur $M'_{\mathfrak{S}_1}$. Soit $\mathcal{T}$ la topologie sur M′ obtenue en transportant celle de $E'_{\mathfrak{S}}/M^\circ$ par ι ; elle est plus fine que la $\mathfrak{S}_1$-topologie.

Supposons maintenant que $\mathfrak{S}$ soit filtrant pour $\subset$ et se compose d'ensembles convexes, équilibrés, fermés et compacts pour $\sigma(E, E')$. Pour montrer que ι est un homéomorphisme, c'est-à-dire que $\mathcal{T}$ est moins fine que la $\mathfrak{S}_1$-topologie sur M′, il suffit de prouver que $\mathcal{T}$ est compatible avec la dualité entre M′ et M et que tout ensemble équicontinu dans M (considéré comme dual de M′ muni de $\mathcal{T}$) est contenu dans l'homothétique d'un ensemble appartenant à $\mathfrak{S}_1$. Comme $\mathcal{T}$ est plus fine que la

$\mathfrak{S}_1$-topologie et que $\mathfrak{S}_1$ est un recouvrement de M, la forme linéaire $y' \mapsto \langle y, y' \rangle$ sur M' est continue pour $\mathcal{T}$ quel que soit $y \in$ M. Soit f une forme linéaire sur M', continue pour $\mathcal{T}$; alors $f \circ {}^t i$ est une forme linéaire continue sur $E'_{\mathfrak{S}}$. La $\mathfrak{S}$-topologie sur E' est moins fine que la topologie de Mackey $\tau(E', E)$; en effet, l'application $d_B : E \to E'^*$ est continue pour les topologies $\sigma(E, E')$ et $\sigma(E'^*, E')$, et comme cette dernière est séparée, l'image par d_B d'un ensemble compact pour $\sigma(E, E')$ est compacte pour $\sigma(E'^*, E')$. D'après le lemme 1 de IV, p. 2, il existe $x_0 \in E$ tel que $f({}^t i(x')) = \langle x_0, x' \rangle$ pour tout $x' \in E'$. En particulier, on a $\langle x_0, x' \rangle = 0$ pour tout $x' \in M^\circ$, et comme M est fermé dans E, on a donc $x_0 \in M$ (II, p. 48, cor. 2), et finalement $f(y') = \langle x_0, y' \rangle$ pour tout $y' \in M'$, ce qui prouve que *$\mathcal{T}$ est compatible avec la dualité entre* M *et* M'.

Soit maintenant A une partie de M équicontinue pour la topologie $\mathcal{T}$ sur M'. Par définition de $\mathcal{T}$, et en vertu de l'hypothèse que $\mathfrak{S}$ est filtrant, cela signifie qu'il existe un ensemble $B \in \mathfrak{S}$ contenant 0 et tel que la borne supérieure λ des nombres $|\langle y, x' \rangle|$, pour $y \in A$ et $x' \in B^\circ$, soit finie (III, p. 19, prop. 7). Comme B est fermé dans E, le th. des bipolaires (II, p. 48, th. 1) montre que l'on a $A \subset \lambda(B \cap M)$, ce qui achève de prouver (ii).

Prouvons (iii). Soit $y' \in M'$. Il s'agit d'établir la formule

$$\|y'\| = \inf_{{}^t i(x') = y'} \|x'\| . \tag{6}$$

D'après la prop. 8, (ii) de IV, p. 7, on a $\|{}^t i\| = \|i\|$, d'où $\|{}^t i\| \leqslant 1$, et donc

$$\|y'\| \leqslant \inf_{{}^t i(x') = y'} \|x'\| . \tag{7}$$

D'après le th. de Hahn-Banach (II, p. 25, cor. 3), il existe une forme linéaire x'_0 sur E, prolongeant y' et de même norme, d'où l'inégalité opposée à (7) puisque ${}^t i(x'_0) = y'$.

Remarque. — On sait (II, p. 51, prop. 7, (ii)) que ι est un isomorphisme d'espaces vectoriels topologiques de E'_s/M° sur M'_s (duals faibles). En ce qui concerne la topologie de la convergence convexe compacte, la prop. 10 montre que ι est un isomorphisme de E'_{cc}/M° sur M'_{cc} lorsque E est séparé et M fermé dans E. Pour les topologies fortes, ι est une application continue de E'_b/M° sur M'_b ; c'est un isomorphisme si E est un espace de Banach * ou si E est semi-réflexif et M fermé dans E (IV, p. 15) *, mais il n'en est pas toujours ainsi si E est un espace de Fréchet (IV, p. 58, exerc. 5, *c*)).

Proposition 11. — (i) *La topologie affaiblie sur* E/M *est quotient de celle de* E ; *la topologie affaiblie sur* M *est induite par celle de* E.

(ii) *La topologie de Mackey sur* E/M *est quotient de celle de* E ; *la topologie de Mackey de* M *est plus fine que la topologie induite par* $\tau(E, E')$.

L'assertion (i) résulte de la prop. 7 de II, p. 51.

L'injection canonique $i : M \to E$ est continue pour les topologies affaiblies, donc pour les topologies de Mackey $\tau(M, M')$ et $\tau(E, E')$ (IV, p. 7, prop. 7). De même, la projection canonique $p : E \to E/M$ est continue pour les topologies de Mackey. On voit aussitôt que la topologie quotient sur E/M de $\tau(E, E')$ est compatible avec la dualité entre E/M et (E/M)', donc est moins fine que la topologie de Mackey de E/M d'après le th. de Mackey (IV, p. 2, th. 1). Ceci prouve (ii).

5. Dual d'une somme directe, d'un produit

Pour tout $i \in I$, soit (E_i, F_i) un couple d'espaces vectoriels mis en dualité par une forme bilinéaire B_i. On pose $E = \prod_{i \in I} E_i$ et $F = \bigoplus_{i \in I} F_i$, et l'on identifie chaque F_i à un sous-espace de F. On met E et F en dualité au moyen de la forme bilinéaire

$$(8) \qquad B(x, y) = \sum_{i \in I} B_i(x_i, y_i) \quad \text{pour} \quad x = (x_i) \quad \text{et} \quad y = (y_i)$$

(la famille $(B_i(x_i, y_i))_{i \in I}$ est à support fini).

On rappelle (II, p. 53, prop. 8) que la topologie faible $\sigma(E, F)$ est produit des topologies faibles $\sigma(E_i, F_i)$.

Lemme 3. — (i) *Pour tout* $i \in I$, *soit* $\mathfrak{S}_i$ *un ensemble de parties de* F_i, *bornées pour* $\sigma(F_i, E_i)$; *posons* $\mathfrak{S} = \bigcup_{i \in I} \mathfrak{S}_i$. *Alors la* $\mathfrak{S}$*-topologie sur* E *est produit des* $\mathfrak{S}_i$*-topologies sur les* E_i.

(ii) *Pour tout* $i \in I$, *soit* $\mathfrak{B}_i$ *une bornologie adaptée sur l'espace* E_i *muni de la topologie faible* $\sigma(E_i, F_i)$, *non réduite à* $\{\varnothing\}$. *Soit* $\mathfrak{B}$ *l'ensemble des parties* A *de* $E = \prod_{i \in I} E_i$ *telles que* $\mathrm{pr}_i(A) \in \mathfrak{B}_i$ *pour tout* $i \in I$. *Alors la* $\mathfrak{B}$*-topologie sur* F *est somme directe des* $\mathfrak{B}_i$*-topologies sur les* F_i.

Soit $\mathcal{T}$ le produit des $\mathfrak{S}_i$-topologies. Un système fondamental de voisinages de 0 pour $\mathcal{T}$ est formé des ensembles de la forme $A = \prod_{i \in J} A_i^\circ \times \prod_{i \in I - J} E_i$, où $J \subset I$ est fini et $A_i \in \mathfrak{S}_i$ pour tout $i \in J$. On a $A = (\bigcup_{i \in J} A_i)^\circ$, donc $\mathcal{T}$ est identique à la $\mathfrak{S}$-topologie. Ceci prouve (i).

Munissons F de la $\mathfrak{B}$-topologie et chaque F_i de la $\mathfrak{B}_i$-topologie. Pour toute partie A de E, on a $F_i \cap A^\circ = \mathrm{pr}_i(A)^\circ$, donc l'injection de F_i dans F est continue. Soit q une semi-norme sur F ; on suppose que la restriction q_i de q à F_i est continue pour tout $i \in I$. On peut donc trouver des parties non vides $A_i \in \mathfrak{B}_i$ telles que l'on ait

$$(9) \qquad q_i(y_i) \leqslant \sup_{x_i \in A_i} |B_i(x_i, y_i)| \quad (y_i \in F_i) .$$

Posons $A = \prod_{i \in I} A_i$, d'où $A \in \mathfrak{B}$. Pour $y = (y_i)_{i \in I}$ dans F, on a alors

$$q(y) \leqslant \sum_{i \in I} q_i(y_i) \leqslant \sum_{i \in I} \sup_{x_i \in A_i} |B_i(x_i, y_i)| = \sup_{x \in A} |B(x, y)| ,$$

où la dernière égalité résulte de (8) puisque la famille $(y_i)_{i \in I}$ est à support fini et les A_i sont non vides et peuvent être supposées équilibrées (TG, IV, p. 26, cor. 2). Cette inégalité prouve que q est continue sur F, d'où (ii).

PROPOSITION 12. — *La topologie* $\beta(F, E)$ *est somme directe des topologies* $\beta(F_i, E_i)$. *La topologie* $\beta(E, F)$ *est produit des topologies* $\beta(E_i, F_i)$.

Nous appliquerons le lemme 3 en prenant pour $\mathfrak{S}_i$ l'ensemble de toutes les parties de F_i bornées pour $\sigma(F_i, E_i)$ et pour $\mathfrak{I}_i$ l'ensemble de toutes les parties de E_i bornées pour $\sigma(E_i, F_i)$.

D'après le cor. 2 de III, p. 4, $\mathfrak{I}$ est l'ensemble de toutes les parties de E bornées pour la topologie produit des $\sigma(E_i, F_i)$, identique à $\sigma(E, F)$. D'où l'assertion sur $\beta(F, E)$.

Munissons $F = \bigoplus_{i \in I} F_i$ de la topologie $\mathscr{T}$ somme directe des $\sigma(F_i, E_i)$. Le dual de F se compose alors des formes linéaires $y \mapsto B(x, y)$ pour x parcourant E (II, p. 32, prop. 6). D'après la prop. 1 de IV, p. 1, les topologies $\mathscr{T}$ et $\sigma(F, E)$ ont les mêmes ensembles bornés. Supposons d'abord les topologies $\sigma(F_i, E_i)$ séparées. D'après la prop. 5 de III, p. 5, ces ensembles sont ceux contenus dans une partie de la forme $\sum_{i \in J} B_i$ avec $J \subset I$ fini et B_i borné dans F_i (pour $\sigma(F_i, E_i)$) quel que soit $i \in J$. Comme $\sum_{i \in J} B_i$ est contenue dans l'enveloppe convexe de $\bigcup_{i \in J} nB_i$, où $n = \text{Card}(J)$, on peut appliquer le lemme 3, d'où l'assertion sur $\beta(E, F)$ dans ce cas.

Dans le cas général, soit N_i l'intersection des voisinages de 0 pour $\sigma(F_i, E_i)$, et soit $N = \sum_{i \in I} N_i$, de sorte que F/N est somme directe topologique des F_i/N_i (II, p. 33, prop. 8) ; on en déduit que toute partie bornée de F pour $\mathscr{T}$ est contenue dans un ensemble de la forme $N + \sum_{i \in J} B_i$ avec $J \subset I$ fini et B_i borné dans F_i pour tout $i \in J$ (III, p. 2, *Remarque* 3) ; comme le polaire de cet ensemble dans E est le même que celui de $\sum_{i \in J} B_i$, on conclut comme ci-dessus.

PROPOSITION 13. — *La topologie de Mackey* $\tau(F, E)$ *est somme directe des topologies de Mackey* $\tau(F_i, E_i)$. *La topologie* $\tau(E, F)$ *est produit des topologies* $\tau(E_i, F_i)$.

L'assertion sur $\tau(F, E)$ résulte du lemme 3 (ii) et de la propriété suivante : pour qu'une partie convexe, équilibrée, et fermée de $F^* = \prod_{i \in I} F_i^*$ soit compacte pour $\sigma(F^*, F)$, il faut et il suffit que sa projection sur chaque F_i^* soit compacte pour $\sigma(F_i^*, F_i)$.

Pour prouver l'assertion sur $\tau(E, F)$, supposons d'abord les topologies $\sigma(F_i, E_i)$ séparées ; il suffit (lemme 3 (i)) de prouver que toute partie A de F qui est convexe, équilibrée et compacte pour $\sigma(F, E)$ est contenue dans un ensemble de la forme $\sum_{i \in J} A_i$ où $J \subset I$ est fini et où A_i est convexe, équilibrée et compacte pour $\sigma(F_i, E_i)$. Or une telle partie A est bornée pour $\sigma(F, E)$. D'après la démonstration de la prop. 12, il existe donc une partie finie J de I telle que $A \subset \sum_{i \in J} F_i$, et il suffit de prendre pour A_i la projection de A sur F_i.

Dans le cas général, en conservant les notations de la preuve de la prop. 12, on a $\tau(E_i, F_i) = \tau(E_i, F_i/N_i)$ et $\tau(E, F) = \tau(E, F/N)$ (IV, p. 2), et comme F/N est somme directe topologique des F_i/N_i, on est ramené au cas précédent.

C.Q.F.D.

Dans la fin de ce paragraphe, on suppose que $(E_i)_{i \in I}$ est une famille d'espaces localement convexes. On note S la somme directe topologique des E_i et P leur produit. On définit une application linéaire $\theta : S' \to \prod_{i\in I} E'_i$, dite *canonique*, par

$$\theta(x') = (x'|E_i)_{i\in I} \quad (x' \in S') \tag{10}$$

(on a noté S' le dual de S, et E'_i celui de E_i).

PROPOSITION 14. — (i) *L'application θ est un isomorphisme du dual fort* (resp. *faible*) *de* $S = \bigoplus_{i\in I} E_i$ *sur le produit des duals forts* (resp. *faibles*) *des* E_i.

(ii) *Pour qu'une partie* A *de* S' *soit équicontinue, il faut et il suffit que la projection de* $\theta(A)$ *sur* E'_i *soit équicontinue pour tout* $i \in I$.

(iii) *La topologie de Mackey* $\tau(S, S')$ *est somme directe des topologies de Mackey* $\tau(E_i, E'_i)$.

(iv) *La topologie* $\beta(S, S')$ *est somme directe des topologies* $\beta(E_i, E'_i)$.

Que θ soit bijectif résulte aussitôt de la définition d'une somme directe topologique (II, p. 32, prop. 6). L'assertion (i) résulte alors de la prop. 12 de IV, p. 11, pour les topologies fortes et de la prop. 8 de II, p. 53, pour les topologies faibles. De même (iii) résulte de la prop. 13 (IV, p. 12) et (iv) de la prop. 12 (IV, p. 11).

Prouvons (ii). Soit A une partie de S'. Posons

$$q(x) = \sup_{x'\in A} |\langle x, x'\rangle| \quad \text{pour } x \in S\,; \tag{11}$$

notons q_i la restriction de q à E_i, d'où

$$q_i(x_i) = \sup_{x'_i\in A_i} |\langle x_i, x'_i\rangle| \quad \text{pour } x_i \in E_i\,, \tag{12}$$

en notant A_i la projection de $\theta(A)$ sur E'_i. Pour que A soit équicontinue, il faut et il suffit que q soit finie (c'est-à-dire chaque q_i finie) et q continue. Vu la caractérisation des semi-normes continues sur une somme directe topologique (II, p. 29, prop. 5), il revient au même de supposer chaque q_i continue, ou encore que chaque ensemble A_i est équicontinu. C.Q.F.D.

Soit φ l'application linéaire, dite *canonique*, de $\bigoplus_{i\in I} E'_i$ dans le dual P' de $P = \prod_{i\in I} E_i$ définie par la formule

$$\langle x, \varphi(x')\rangle = \sum_{i\in I} \langle x_i, x'_i\rangle \tag{13}$$

pour $x = (x_i)$ dans P et $x' = (x'_i)$ dans $\bigoplus_{i\in I} E'_i$.

PROPOSITION 15. — (i) *L'application* φ *est un isomorphisme de la somme directe topologique des duals forts des* E_i *sur le dual fort de* $P = \prod_{i\in I} E_i$.

(ii) *Pour qu'une partie* A *de* P' *soit équicontinue, il faut et il suffit qu'elle soit contenue dans une somme finie* $\sum_{i\in J} \varphi(A_i)$, *où* $J \subset I$ *est fini et* A_i *est équicontinu dans* E'_i *pour tout* $i \in J$.

(iii) *La topologie de Mackey* $\tau(\mathrm{P}, \mathrm{P}')$ *est produit des topologies* $\tau(\mathrm{E}_i, \mathrm{E}'_i)$.

(iv) *La topologie* $\beta(\mathrm{P}, \mathrm{P}')$ *est produit des topologies* $\beta(\mathrm{E}_i, \mathrm{E}'_i)$.

Il est immédiat que φ est injective. Un système fondamental de voisinages de 0 dans P est formé des ensembles de la forme $\mathrm{V} = \prod_{i \in \mathrm{J}} \mathrm{V}_i \times \prod_{i \in \mathrm{I} - \mathrm{J}} \mathrm{E}_i$, où $\mathrm{J} \subset \mathrm{I}$ est fini et V_i un voisinage de 0 dans E_i pour i dans J. Le polaire de V dans P′ est égal à $\sum_{i \in \mathrm{J}} \varphi(\mathrm{V}_i^0)$. Ceci démontre à la fois la surjectivité de φ et l'assertion (ii).

Les assertions (i) et (iv) résultent alors de la prop. 12 (IV, p. 11) et (iii) de la prop. 13 (IV, p. 12).

Corollaire. — *Tout produit d'espaces tonnelés est tonnelé.*

Un espace localement convexe E est tonnelé si et seulement si sa topologie initiale est identique à $\beta(\mathrm{E}, \mathrm{E}')$ (IV, p. 4, *Remarque* 3). Il suffit alors d'appliquer la prop. 15, (iv).

§ 2. BIDUAL. ESPACES RÉFLEXIFS

1. Bidual

Définition 1. — *Soient* E *un espace localement convexe et* E'_b *son dual fort. On appelle bidual de* E, *et l'on note* E″, *le dual de l'espace localement convexe* E'_b.

Pour tout $x \in \mathrm{E}$, notons $\tilde{x}$ la forme linéaire $x' \mapsto \langle x, x' \rangle$ sur E′ : elle est continue pour la topologie faible $\sigma(\mathrm{E}', \mathrm{E})$, donc *a fortiori* pour la topologie forte sur E′ ; on a donc $\tilde{x} \in \mathrm{E}''$ pour tout $x \in \mathrm{E}$. L'application $c_{\mathrm{E}} : x \mapsto \tilde{x}$ de E dans E″ est une application linéaire, dite *canonique*.

Proposition 1. — *Le noyau de* $c_{\mathrm{E}} : \mathrm{E} \to \mathrm{E}''$ *est l'adhérence de* 0 *dans* E. *Si* E *est séparé,* c_{E} *est injective.*

Par construction, le noyau de c_{E} est l'intersection des noyaux des formes linéaires continues sur E, c'est-à-dire l'adhérence de $\{0\}$ dans E (II, p. 26, cor. 1).

Lorsque E est séparé, on identifie E à un sous-espace de E″ grâce à c_{E}.

La topologie *forte* sur E″ est la $\mathfrak{S}$-topologie, où $\mathfrak{S}$ est l'ensemble des parties fortement bornées de E′. Comme toute partie équicontinue de E′ est fortement bornée (III, p. 22, prop. 9), la topologie initiale sur E est *moins fine* que la topologie image réciproque par c_{E} de la topologie forte de E″ ; elle peut être strictement moins fine (IV, p. 52, exerc. 1). Toutefois :

Proposition 2. — *Supposons l'espace* E *bornologique ou tonnelé. La topologie initiale sur* E *est image réciproque par* c_{E} *de la topologie forte sur* E″.

En effet, toute partie de E′ qui est fortement bornée est équicontinue (III, p. 22, prop. 10 et III, p. 24).

PROPOSITION 3. — *Soit* E *un espace localement convexe séparé. Pour que le dual fort* E'_b *de* E *soit tonnelé, il faut et il suffit que toute partie de* E″ *bornée pour* σ(E″, E′) *soit contenue dans l'adhérence pour* σ(E″, E′) *d'une partie bornée de* E.

En effet, les parties équicontinues de E″ sont les parties contenues dans le bipolaire (pour la dualité entre E″ et E′) d'une partie bornée du sous-espace E de E″. Il suffit donc d'appliquer le th. des bipolaires (II, p. 49, cor. 3) et la définition d'un espace tonnelé (III, p. 24).

Remarque. — Soient E un espace localement convexe séparé, E′ son dual et E″ son bidual. On a $E \subset E'' \subset E'^*$, où E'^* est le dual algébrique de E′. Si B est une partie bornée de E, son adhérence $\overline{B}$ dans E'^* muni de $\sigma(E'^*, E')$ est contenue dans E″ : en effet, le polaire $U = B^\circ$ de B dans E′ est un voisinage de 0 dans E'_b, et l'on a

$$\overline{B} \subset U^\circ \subset E''.$$

2. Espaces semi-réflexifs

DÉFINITION 2. — *Soit* E *un espace localement convexe. On dit que* E *est semi-réflexif si l'application canonique* c_E *de* E *dans* E″ *est bijective.*

Cela signifie que E est séparé, et que toute forme linéaire sur E′, continue pour la topologie forte β(E′, E), est de la forme $x' \mapsto \langle x, x' \rangle$ avec $x \in E$, c'est-à-dire continue pour la topologie faible σ(E′, E).

THÉORÈME 1. — *Un espace localement convexe séparé* E *est semi-réflexif si et seulement si toute partie bornée de* E *est relativement compacte pour la topologie affaiblie* σ(E, E′). *Si* E *est semi-réflexif, le dual fort* E'_b *de* E *est tonnelé.*

La deuxième assertion résulte de la prop. 3 (IV, p. 15), et de l'identité entre ensembles bornés pour la topologie initiale et pour la topologie affaiblie de E (III, p. 28, cor. 3).

Dire que E est semi-réflexif signifie que la topologie de E'_b est compatible avec la dualité entre E et E′, autrement dit, par le th. de Mackey (IV, p. 2, th. 1) que la topologie de E'_b est moins fine que τ(E′, E) (et en fait lui est identique) ; par définition (IV, p. 2), cela signifie que toute partie convexe fermée et bornée de E est compacte pour σ(E, E′), et cela équivaut à dire que toute partie bornée de E est relativement compacte pour σ(E, E′), puisque l'enveloppe convexe fermée d'une partie bornée de E est bornée (III, p. 3, prop. 1).

COROLLAIRE. — *Soit* E *un espace localement convexe semi-réflexif. Tout sous-espace vectoriel fermé* M *de* E *est semi-réflexif ; de plus, la topologie forte sur* E'/M° (considéré comme dual de M) *est quotient de la topologie forte de* E′.

Soit B une partie bornée de M. Comme B est bornée dans E, et que la topologie affaiblie σ(M, M′) est induite par σ(E, E′) sur M (IV, p. 10, prop. 11), l'adhérence de B dans M muni de σ(M, M′) est compacte. Donc M est semi-réflexif d'après le th. 1. La dernière assertion du corollaire résulte de la prop. 10 de IV, p. 9, appliquée à l'ensemble $\mathfrak{S}$ de toutes les parties convexes, fermées et bornées de E.

Remarques. — 1) Supposons E semi-réflexif. Toute partie de E qui est *convexe*, bornée et fermée pour la topologie initiale est compacte pour la topologie $\sigma(E, E')$ (IV, p. 1, prop. 1). * Par contre, la sphère unité (d'équation $\|x\| = 1$) d'un espace hilbertien E de dimension infinie est bornée et fermée pour la topologie initiale, mais elle n'est pas fermée pour la topologie affaiblie, bien que E soit semi-réflexif. *

2) D'après la remarque 3 de IV, p. 5, on peut reformuler comme suit le th. 1 : *l'espace séparé* E *est semi-réflexif si et seulement s'il est quasi-complet pour sa topologie affaiblie.* S'il est semi-réflexif, il est donc *quasi-complet pour sa topologie initiale* (IV, p. 5, *Remarque* 2).

3) Sous les hypothèses du corollaire ci-dessus, l'espace E/M n'est pas nécessairement semi-réflexif (IV, p. 64, exerc. 10).

3. Espaces réflexifs

DÉFINITION 3. — *On dit qu'un espace localement convexe* E *est réflexif si l'application canonique* c_E *de* E *dans* E″ *est un isomorphisme d'espaces vectoriels topologiques de* E *sur le dual fort de* E'_b.

En particulier, un espace réflexif est semi-réflexif, donc séparé.

PROPOSITION 4. — *Le dual fort d'un espace réflexif est réflexif.*

Cela résulte aussitôt de la déf. 3.

THÉORÈME 2. — *Pour qu'un espace localement convexe séparé* E *soit réflexif, il faut et il suffit qu'il soit tonnelé et que toute partie bornée de* E *soit relativement compacte pour la topologie affaiblie* $\sigma(E, E')$.

D'après le th. 1 (IV, p. 15), il revient au même de dire que E *est réflexif si et seulement s'il est semi-réflexif et tonnelé.*

Si E est réflexif, E'_b est réflexif (prop. 4) et par suite E est tonnelé (IV, p. 15, th. 1). Réciproquement, si E est semi-réflexif et tonnelé, c_E est une bijection et est bicontinue en vertu de IV, p. 14, prop. 2, donc E est réflexif.

Remarques. — * 1) Soit E un espace hilbertien réel de dimension infinie. Notons F l'espace E muni de la topologie affaiblie. Les espaces E et F ont même dual E′, et E est un espace de Banach réflexif (V, p. 16). Par suite, F est *semi-réflexif.* Cependant sur E, la topologie forte et la topologie affaiblie sont distinctes, donc F *n'est pas réflexif.* *

2) Soient E un espace réflexif et M un sous-espace vectoriel fermé de E. Il se peut que ni M, ni E/M, ne soient des espaces réflexifs (IV, p. 64, exerc. 10). * Pour le cas des espaces normés, voir la prop. 7 de IV, p. 17. *

4. Cas des espaces normés

Soit E un espace normé. Sur le dual E′ de E, la topologie forte est définie par la norme

$$\|x'\| = \sup_{x \in E, \|x\| \leqslant 1} |\langle x, x'\rangle|, \qquad (1)$$

et le dual fort de E est un espace de Banach (III, p. 24, cor. 2). Le bidual E″ de E est donc aussi un espace de Banach, pour la norme définie par

(2) $$\|x''\| = \sup_{x' \in E', \|x'\| \leqslant 1} |\langle x', x'' \rangle| .$$

D'après la prop. 8, (i) de IV, p. 7, l'application linéaire canonique $c_E : E \to E''$ est une isométrie. *Nous identifierons désormais* E *à un sous-espace normé de son bidual* E″.

PROPOSITION 5. — *Soient* E *un espace normé,* E′ *son dual et* E″ *son bidual. La boule unité (fermée) dans* E″ *est l'adhérence pour la topologie faible* $\sigma(E'', E')$ *de la boule unité* B *dans* E.

D'après la formules (1) et (2), la boule unité dans E″ est le bipolaire $B^{\circ\circ}$ de B. La prop. 5 résulte alors du th. des bipolaires (II, p. 49, cor. 3).

Remarque. — Un espace de Banach E est fermé dans son bidual E″ pour la topologie forte, mais dense pour la topologie faible (prop. 5).

Pour qu'un espace normé soit *réflexif*, il faut et il suffit qu'il soit *semi-réflexif* ; en effet, la topologie initiale de E est toujours induite par la topologie forte de E″. Le th. 1 (IV, p. 15) entraîne donc le résultat suivant :

PROPOSITION 6. — *Pour qu'un espace normé* E *soit réflexif, il faut et il suffit que la boule unité dans* E *soit compacte pour la topologie affaiblie* $\sigma(E, E')$.

On notera qu'un espace normé réflexif est complet, donc un espace de Banach, et que son dual est un espace de Banach réflexif d'après la prop. 4 de IV, p. 16.

PROPOSITION 7. — *Soient* E *un espace de Banach réflexif et* M *un sous-espace vectoriel fermé de* E. *Alors* M *et* E/M *sont des espaces de Banach réflexifs.*

Soient E′ le dual de E et M° l'orthogonal de M dans E′. On peut identifier comme espace normé E′/M° au dual M′ de M (IV, p. 9, prop. 10). Comme M est semi-réflexif (IV, p. 15, corollaire), il est réflexif, donc aussi E′/M° ; de même M° est réflexif, ainsi que son dual $E/M^{\circ\circ} = E/M$.

Exemples. — 1) On note $\ell^\infty(\mathbf{N})$ l'espace de Banach des suites bornées $\mathbf{x} = (x_n)_{n \in \mathbf{N}}$ de scalaires, avec la norme

(3) $$\|\mathbf{x}\| = \sup_{n \in \mathbf{N}} |x_n| \qquad \text{(I, p. 4)} .$$

Soit $c_0(\mathbf{N})$ le sous-espace vectoriel fermé de $\ell^\infty(\mathbf{N})$ formé des suites tendant vers 0. Enfin, soit $\ell^1(\mathbf{N})$ l'espace vectoriel des suites sommables, muni de la norme

(4) $$\|\mathbf{x}\|_1 = \sum_{n \in \mathbf{N}} |x_n| .$$

On peut montrer (IV, p. 47, exerc. 1) que le dual de $c_0(\mathbf{N})$ s'identifie à $\ell^1(\mathbf{N})$ de sorte qu'on ait

(5) $$\langle \mathbf{x}, \mathbf{x}' \rangle = \sum_{n \in \mathbf{N}} x_n x'_n$$

pour $\mathbf{x} \in c_0(\mathbf{N})$ et $\mathbf{x}' \in \ell^1(\mathbf{N})$. De même, le dual de $\ell^1(\mathbf{N})$ s'identifie à $\ell^\infty(\mathbf{N})$ de sorte que l'on ait la relation (3) pour $\mathbf{x} \in \ell^1(\mathbf{N})$ et $\mathbf{x}' \in \ell^\infty(\mathbf{N})$. Donc $\ell^\infty(\mathbf{N})$ est le bidual de $c_0(\mathbf{N})$, et ce dernier n'est pas réflexif.

* 2) Tout espace hilbertien est un espace de Banach réflexif (V, p. 16). *

* 3) Soient X un espace topologique séparé et μ une mesure complexe sur X. Pour tout nombre réel $p > 1$, l'espace de Banach $\mathrm{L}^p(\mathrm{X}, \mu)$ est réflexif, et son dual s'identifie à $\mathrm{L}^q(\mathrm{X}, \mu)$ avec $p^{-1} + q^{-1} = 1$ (INT, V, 2e édit., § 5, n° 8 et IX, § 1, n° 10). *

5. Espaces de Montel

Définition 4. — *On appelle espace de Montel un espace localement convexe, tonnelé et séparé dans lequel toute partie bornée est relativement compacte.*

Exemples. — 1) Tout espace séparé de dimension finie est un espace de Montel. Un espace *normé* qui est un espace de Montel est localement compact, donc de dimension finie (I, p. 15, th. 3).

2) Reprenons les hypothèses et notations de la prop. 7 de III, p. 6. L'espace E est tonnelé comme limite inductive d'espaces de Banach (III, p. 25) ; de plus, toute partie bornée de E est relativement compacte (III, p. 6, prop. 7). Autrement dit, E est un espace de Montel.

En particulier, les espaces de Gevrey (III, p. 10) sont des espaces de Montel. * Il en est de même de l'espace $\mathscr{H}(\mathrm{K})$ des germes de fonctions analytiques au voisinage d'une partie compacte K de $\mathbf{C}^n$ (III, p. 10). *

3) Toute limite inductive stricte E d'une suite (E_n) d'espaces de Montel (II, p. 36) telle que E_n soit fermé dans E_{n+1} pour tout n, est un espace de Montel ; en effet, E est séparé (II, p. 35, prop. 9, (i)), tonnelé (III, p. 25, cor. 3) et toute partie bornée de E est contenue dans un E_n (III, p. 5, prop. 6) donc relativement compacte dans E_n, et par suite aussi dans E.

* 4) Soit U un ouvert de $\mathbf{R}^n$ et soit $\mathscr{C}^\infty(\mathrm{U})$ l'espace de Fréchet des fonctions indéfiniment dérivables sur U (III, p. 9). Démontrons que c'est un *espace de Montel*. Comme $\mathscr{C}^\infty(\mathrm{U})$ est un espace de Fréchet, il est tonnelé (III, p. 25, corollaire). Soit B une partie bornée de $\mathscr{C}^\infty(\mathrm{U})$, et soit K une partie compacte de U. Pour tout $\alpha \in \mathbf{N}^n$, soit $\mathrm{H}_{\alpha,\mathrm{K}}$ l'ensemble des restrictions à K des fonctions $\partial^\alpha f$, où f parcourt B. Soit $\alpha \in \mathbf{N}^n$; pour tout $\beta \in \mathbf{N}^n$ tel que $|\beta| = |\alpha| + 1$, l'ensemble $\mathrm{H}_{\beta,\mathrm{K}}$ est borné dans $\mathscr{C}(\mathrm{K})$ puisque B est borné dans $\mathscr{C}^\infty(\mathrm{U})$; d'après VAR, R., n° 2.2.3, l'ensemble $\mathrm{H}_{\alpha,\mathrm{K}}$ est équicontinu, donc (TG, X, p. 17) relativement compact dans $\mathscr{C}(\mathrm{K})$. Or la topologie de $\mathscr{C}^\infty(\mathrm{U})$ est la moins fine des topologies rendant continues les applications $f \mapsto \partial^\alpha f|\mathrm{K}$ de $\mathscr{C}^\infty(\mathrm{U})$ dans $\mathscr{C}(\mathrm{K})$, donc B est relativement compacte dans $\mathscr{C}^\infty(\mathrm{U})$ (TG, I, p. 26, prop. 3 et p. 64, corollaire).

De même, *l'espace* $\mathscr{C}_c^\infty(\mathrm{U})$ *des fonctions indéfiniment dérivables à support compact dans* U (III, p. 9) *est un espace de Montel.* En effet, $\mathscr{C}_c^\infty(\mathrm{U})$ est limite inductive stricte d'une suite d'espaces de Fréchet $\mathscr{C}_{\mathrm{H}_n}^\infty(\mathrm{U})$ (III, p. 9), et il suffit de voir que chacun des espaces $\mathscr{C}_{\mathrm{H}_n}^\infty(\mathrm{U})$ est un espace de Montel (*Exemple* 3). Mais une partie bornée et fermée de $\mathscr{C}_{\mathrm{H}_n}^\infty(\mathrm{U})$ est bornée et fermée dans $\mathscr{C}^\infty(\mathrm{U})$, donc compacte dans $\mathscr{C}^\infty(\mathrm{U})$, et par suite dans $\mathscr{C}_{\mathrm{H}_n}^\infty(\mathrm{U})$. *

Proposition 8. — *Soit* E *un espace de Montel et soit* $\mathfrak{F}$ *un filtre sur* E, *qui converge vers un point* x_0 *de* E *pour la topologie affaiblie. Si* $\mathfrak{F}$ *est à base dénombrable, ou contient un ensemble borné, alors* $\mathfrak{F}$ *converge aussi vers* x_0 *pour la topologie initiale.*

Supposons d'abord qu'il existe dans $\mathfrak{F}$ un ensemble borné B. L'adhérence $\overline{\mathrm{B}}$ de B pour la topologie initiale de E est bornée ; de plus, $\overline{\mathrm{B}}$ est compacte car E est un espace de Montel. La topologie induite sur $\overline{\mathrm{B}}$ par $\sigma(\mathrm{E}, \mathrm{E}')$ est séparée et moins fine que la topologie induite par la topologie initiale ; elles coïncident donc (TG, I, p. 63). La proposition est démontrée dans ce cas.

Supposons maintenant que $\mathfrak{F}$ soit à base dénombrable. Il suffit (TG, I, p. 43, prop. 11) de considérer le cas d'une suite $(x_n)_{n \geqslant 1}$ tendant vers x_0 pour $\sigma(E, E')$. Soit B l'ensemble des x_n pour $n \geqslant 0$. Il est borné pour $\sigma(E, E')$, donc aussi pour la topologie initiale (III, p. 28, cor. 3). On est donc ramené au premier cas de la démonstration.

Tout espace de Montel est réflexif : cela résulte de la déf. 4 et du th. 2 de IV, p. 16. En outre :

PROPOSITION 9. — *Le dual fort d'un espace de Montel est un espace de Montel.*

Soient E un espace de Montel et E'_b son dual fort. Comme E est réflexif, E'_b est tonnelé (IV, p. 15, th. 1). Comme toute partie bornée de E est relativement compacte, la topologie forte sur E′ coïncide avec la topologie de la convergence compacte. Soit B une partie bornée de E'_b ; elle est bornée pour la topologie faible $\sigma(E', E)$, donc équicontinue puisque E est tonnelé. Le th. d'Ascoli (TG, X, p. 17, corollaire, et p. 18, cor. 1) entraîne alors que l'adhérence de B pour $\sigma(E', E)$ est compacte pour la topologie de la convergence compacte, donc B est relativement compact dans E'_b.

PROPOSITION 10. — *Tout espace de Montel métrisable est de type dénombrable.*

Soit E un espace de Montel métrisable. On sait (II, p. 5) que E s'identifie à un sous-espace d'un produit $F = \prod_{n \in \mathbf{N}} F_n$ d'une suite d'espaces normés, et l'on peut même supposer que l'on a $\mathrm{pr}_n(E) = F_n$ pour tout $n \in \mathbf{N}$. Si chacun des espaces métrisables F_n est de type dénombrable, il en est de même de F (TG, IX, p. 19, corollaire), donc de E.

Raisonnons par l'absurde, en supposant par exemple que F_0 ne soit pas de type dénombrable. Notons B_0 la boule unité (fermée) dans F_0 ; c'est un espace métrique qui n'est pas de type dénombrable. Nous utiliserons le lemme suivant :

Lemme 1. — *Supposons que l'espace métrique* X *ne soit pas de type dénombrable. Il existe alors un nombre réel* $\varepsilon > 0$ *et une partie non dénombrable* A *de* X *tels que l'on ait* $d(x, y) \geqslant \varepsilon$ *pour* x, y *distincts dans* A.

Pour tout entier $n \geqslant 1$, soit $\mathfrak{F}_n$ l'ensemble (ordonné par inclusion) des parties D de X tels que l'on ait $d(x, y) \geqslant \frac{1}{n}$ pour x, y distincts dans D. L'ensemble $\mathfrak{F}_n$ est de caractère fini, donc possède un élément maximal D_n (E, III, p. 35). Pour tout $y \in X$, il existe alors un point x de D_n tel que $d(x, y) < \frac{1}{n}$, vu le caractère maximal de D_n. Posons $D = \bigcup_n D_n$; l'ensemble D est donc dense dans X, et comme X n'est pas de type dénombrable, D n'est pas dénombrable, et l'un des D_n n'est pas dénombrable.

C.Q.F.D.

D'après le lemme 1 appliqué à B_0, il existe une partie non dénombrable A_0 de F_0 et un nombre $\varepsilon > 0$ tels que l'on ait $\|x\| \leqslant 1$ et $\|x - y\| \geqslant \varepsilon$ pour x, y distincts dans A_0. On a $\mathrm{pr}_0(E) = F_0$, et il existe donc une partie A de E telle que pr_0 induise une bijection de A sur A_0.

Lemme 2. — *Il existe une suite* $(x_m)_{m \geqslant 0}$ *bornée dans* E, *et formée d'éléments de* A *deux à deux distincts.*

Nous allons construire par récurrence une suite $(x_m)_{m \geqslant 0}$ de points de A, et une suite décroissante $(C_m)_{m \geqslant 0}$ de parties de A satisfaisant aux conditions suivantes :

a) Aucun des ensembles C_m n'est dénombrable.

b) Pour tout $m \geqslant 0$, l'ensemble $\mathrm{pr}_k(C_m)$ est borné dans F_k pour $0 \leqslant k \leqslant m$.

c) On a $x_m \in C_m - C_{m+1}$ pour tout $m \geqslant 0$.

On pose $C_0 = A$. Supposons définis les ensembles C_m pour $0 \leqslant m \leqslant n$, satisfaisant à *a*) et *b*) pour $0 \leqslant m \leqslant n$, et les points x_m de $C_m - C_{m+1}$ pour $0 \leqslant m < n$. Pour tout entier $r \geqslant 1$, soit $C_{n,r}$ l'ensemble des $x \in C_n$ tels que

$$r - 1 \leqslant \|\mathrm{pr}_{n+1}(x)\| < r .$$

Comme C_n n'est pas dénombrable, il existe un entier $r \geqslant 1$ tel que $C_{n,r}$ ne soit pas dénombrable. Choisissons alors un point x_n de $C_{n,r}$ et posons $C_{n+1} = C_{n,r} - \{x_n\}$. On a évidemment $C_{n+1} \subset C_n$ et $x_n \in C_n - C_{n+1}$, l'ensemble C_{n+1} n'est pas dénombrable, et $\mathrm{pr}_k(C_{n+1})$ est borné dans F_n pour $0 \leqslant k \leqslant n + 1$.

On a $x_m \in C_m$, d'où $x_m \in C_n$ dès que $m \geqslant n$. La projection de la suite $(x_m)_{m \geqslant 0}$ sur F_n est donc bornée pour tout $n \geqslant 0$; autrement dit, la suite $(x_m)_{m \geqslant 0}$ est bornée dans E, et ceci établit le lemme 2. C.Q.F.D.

Avec les notations du lemme 2, la suite bornée $(x_m)_{m \geqslant 0}$ admet une valeur d'adhérence y dans E. La suite $(\mathrm{pr}_0(x_m))_{m \geqslant 0}$ admet donc la valeur d'adhérence $\mathrm{pr}_0(y)$ dans F_0, mais ceci contredit la construction de A_0.

COROLLAIRE. — *Soit* E *un espace de Montel métrisable. Dans le dual fort de* E, *il existe un ensemble dénombrable dense.*

Sur le dual E′ de E, la topologie forte est identique à celle de la convergence compacte, puisque E est un espace de Montel. Il suffit donc d'appliquer le cor. 1 de la prop. 6 de III, p. 19.

On peut montrer que le dual fort d'un espace de Montel métrisable E n'est pas métrisable si E est de dimension infinie (IV, p. 58, exerc. 1).

§ 3. DUAL D'UN ESPACE DE FRÉCHET

1. Espaces semi-tonnelés

PROPOSITION 1. — *Soit* E *un espace localement convexe. Les conditions suivantes sont équivalentes :*

(i) *Soit* U *une partie de* E, *qui absorbe toute partie bornée de* E, *et qui est intersection d'une suite de voisinages convexes, équilibrés et fermés de* 0 *dans* E. *Alors* U *est un voisinage de* 0 *dans* E.

(ii) *Pour tout espace localement convexe* F, *toute partie bornée de* $\mathscr{L}_b(E ; F)$, *qui est réunion d'une famille dénombrable de parties équicontinues, est équicontinue.*

(iii) *Dans le dual fort* E'_b *de* E, *toute partie bornée qui est réunion d'une famille dénombrable de parties équicontinues, est équicontinue.*

Il est clair que (iii) est un cas particulier de (ii).

(i) ⇒ (ii) : soit H une partie bornée de $\mathscr{L}_b(E ; F)$, et soit (H_n) une suite de parties équicontinues de $\mathscr{L}_b(E ; F)$ telle que $H = \bigcup_n H_n$. Soit V un voisinage convexe, équilibré et fermé de 0 dans F. Pour tout n, l'ensemble $W_n = \bigcap_{u \in H_n} u^{-1}(V)$ est un voisinage convexe, équilibré et fermé de 0 dans E puisque H_n est équicontinue. L'ensemble $W = \bigcap_{u \in H} u^{-1}(V)$ absorbe toute partie bornée de E, puisque H est borné dans $\mathscr{L}_b(E ; F)$ (III, p. 22), et l'on a $W = \bigcap_n W_n$. Si E satisfait à (i), l'ensemble W est un voisinage de 0 dans E, donc H est équicontinu.

(iii) ⇒ (i) : soit (U_n) une suite de voisinages convexes, équilibrés et fermés de 0 dans E. On suppose que l'ensemble $U = \bigcap_n U_n$ absorbe toute partie bornée de E, donc que son polaire U° est borné dans E'_b. Alors l'ensemble $B = \bigcup_n U_n^\circ$ est contenu dans U°, donc est borné dans E'_b. Si E satisfait à (iii), l'ensemble B est équicontinu dans E' ; par suite, le polaire $B^\circ = \bigcap_n (U_n^\circ)^\circ = \bigcap_n U_n = U$ de B dans E est un voisinage de 0 dans E.

DÉFINITION 1. — *On dit qu'un espace localement convexe* E *est semi-tonnelé s'il satisfait aux conditions équivalentes de la prop.* 1.

Tout espace tonnelé est semi-tonnelé. Il en est de même de tout espace bornologique (III, p. 22, prop. 10).

2. Dual d'un espace localement convexe métrisable

PROPOSITION 2. — *Soient* E *un espace localement convexe métrisable et* F *son dual fort. L'espace* F *est complet, semi-tonnelé et satisfait à la condition suivante* :

(DB) *Il existe une suite* $(A_n)_{n \in \mathbf{N}}$ *de parties bornées de* F *telle que toute partie bornée de* F *soit contenue dans l'une des* A_n.

L'espace E est bornologique (III, p. 12, prop. 2), donc son dual fort est complet (III, p. 24, cor. 1).

Soit $(V_n)_{n \in \mathbf{N}}$ une suite décroissante de voisinages de 0 dans E, telle que tout voisinage de 0 dans E contienne l'un des V_n. Soit A_n le polaire de V_n dans F. Comme E est bornologique, toute partie bornée de F est équicontinue (III, p. 22, prop. 10), donc contenue dans l'un des A_n. Autrement dit, l'espace F satisfait à la condition (DB).

Montrons que F est semi-tonnelé. Soit $(U_n)_{n \in \mathbf{N}}$ une suite de voisinages convexes, équilibrés et fermés de 0 dans F. On suppose que l'ensemble $U = \bigcap_n U_n$ absorbe toute partie bornée de F. Il s'agit de démontrer que U est un voisinage de 0 dans F. Nous allons construire, par récurrence sur l'entier $n \geqslant 0$, des nombres réels $\lambda_n > 0$

et des voisinages convexes et équilibrés W_n de 0 dans F, fermés pour $\sigma(F, E)$, et satisfaisant aux relations

(1) $$\lambda_n A_n \subset \tfrac{1}{2}U \cap \Big(\bigcap_{0 \leqslant i < n} W_i \Big)$$

(2) $$\bigcup_{0 \leqslant i \leqslant n} \lambda_i A_i \subset W_n \subset U_n \,.$$

Supposons construits les nombres λ_i et les ensembles W_i pour $0 \leqslant i < n$. Par hypothèse, l'ensemble U absorbe les parties bornées de F ; de plus, pour $0 \leqslant i < n$, W_i est un voisinage de 0 dans F, donc absorbe les parties bornées de F. On peut donc trouver un nombre $\lambda_n > 0$ satisfaisant à (1). Notons C l'enveloppe fermée convexe équilibrée, pour $\sigma(F, E)$, de $\bigcup_{0 \leqslant i \leqslant n} \lambda_i A_i$; l'ensemble C est équicontinu, donc compact pour $\sigma(F, E)$ (III, p. 17, cor. 2). Comme U_n est un voisinage de 0 dans F, il existe une partie bornée B de E telle que $B^\circ \subset \frac{1}{2}U_n$. Posons $W_n = C + B^\circ$. Comme B° est un voisinage de 0 dans F, on voit que W_n est un voisinage convexe et équilibré de 0 dans F. De plus, C est compact et B° fermé pour $\sigma(F, E)$; d'après le cor. 1 de TG, III, p. 28, W_n est fermé pour $\sigma(F, E)$. Enfin, on a $C \subset \frac{1}{2}U \subset \frac{1}{2}U_n$ et $B^\circ \subset \frac{1}{2}U_n$, donc $W_n \subset U_n$ puisque U_n est convexe. On a donc établi (2).

Posons $W = \bigcap_n W_n$, d'où $W \subset U$. D'après (1) et (2), on a $\lambda_i A_i \subset W_j$ quels que soient i et j dans **N**, d'où $\lambda_i A_i \subset W$ pour tout $i \in \mathbf{N}$. En particulier, W est absorbant, donc c'est un tonneau pour $\sigma(F, E)$. D'après la remarque 3 de IV, p. 4, W est un voisinage de 0 dans F. *A fortiori*, U est un voisinage de 0 dans F, et F est semi-tonnelé.

Le corollaire suivant étend le th. de Banach-Steinhaus au dual d'un espace de Fréchet (*cf.* III, p. 26, cor. 2).

COROLLAIRE. — *Soit* G *un espace localement convexe séparé, et soit* (u_n) *une suite d'applications linéaires de* F *dans* G, *convergeant simplement vers une application* u *de* F *dans* G. *Alors* u *est continue, et la suite* (u_n) *converge vers* u *uniformément sur toute partie précompacte de* F.

Comme F est complet, l'ensemble des u_n, qui est borné pour la topologie de la convergence simple, est borné dans $\mathscr{L}_b(F\,;G)$ (III, p. 27, cor. 1). Comme l'espace F est semi-tonnelé (prop. 2), toute partie dénombrable et bornée de $\mathscr{L}_b(F\,;G)$ est équicontinue d'après la prop. 1 de IV, p. 20. L'ensemble des u_n est donc équicontinu, et le corollaire résulte alors de III, p. 18, corollaire.

3. Bidual d'un espace localement convexe métrisable

PROPOSITION 3. — *Soient* E *un espace localement convexe métrisable,* E'_b *son dual fort et* G *un espace de Fréchet. L'espace* $\mathscr{L}_b(E'_b\,;G)$ *est un espace de Fréchet.*

D'après la prop. 2 (IV, p. 21), il existe une suite (A_n) de parties bornées de E'_b telle que toute partie bornée de E'_b soit contenue dans l'une des A_n. Soit (V_n) un système fondamental dénombrable de voisinages de 0 dans G. Soit H_{mn} l'ensemble des applications linéaires u de E'_b dans G telles que $u(A_m) \subset V_n$. Alors (H_{mn}) est un système fondamental de voisinages de 0 dans $\mathscr{L}_b(E'_b\,;G)$, et ce dernier espace est donc métrisable.

Pour montrer que $\mathscr{L}_b(E'_b\,;G)$ est complet, il suffit de prouver que toute *suite de Cauchy* (u_n) dans cet espace est convergente ; comme G est complet, il existe une application linéaire $u : E'_b \to G$ telle que (u_n) converge simplement vers u. D'après IV, p. 22, corollaire, on a $u \in \mathscr{L}(E'_b\,;G)$. Il résulte alors de la prop. 5 de TG, X, p. 6, que (u_n) converge vers u dans $\mathscr{L}_b(E'_b\,;G)$.

COROLLAIRE. — *Le bidual d'un espace localement convexe métrisable est un espace de Fréchet.*

4. Dual d'un espace de Fréchet réflexif

PROPOSITION 4. — *Soit* E *un espace de Fréchet réflexif. Le dual fort* E'_b *de* E *est limite inductive d'une suite d'espaces de Banach.*

Soit $(V_n)_{n\in\mathbf{N}}$ une suite décroissante de voisinages convexes, équilibrés et fermés de 0 dans E, telle que tout voisinage de 0 dans E contienne l'un des V_n. Soit A_n le polaire de V_n dans E'. Alors A_n est convexe, équilibré, et compact pour $\sigma(E', E)$; d'après III, p. 8, corollaire, l'espace E'_{A_n} est un espace de Banach. Nous allons prouver que E'_b est limite inductive des espaces E'_{A_n}, autrement dit que *toute partie convexe et équilibrée* U *de* E' *qui absorbe chacun des* A_n *est un voisinage de* 0 *dans* E'_b. Pour tout $n \in \mathbf{N}$, choisissons un nombre réel $\lambda_n > 0$ tel que $\lambda_n A_n \subset U$. Soit B_n l'enveloppe convexe de l'ensemble $\bigcup_{0\leqslant i\leqslant n} \lambda_i A_i$; posons $V = \bigcup_n B_n$, d'où $V \subset U$. Pour tout $n \in \mathbf{N}$, l'ensemble B_n est convexe, équilibré et compact pour $\sigma(E', E)$ (II, p. 14, prop. 15).

Montrons que l'on a $\frac{1}{2}V^{\circ\circ} \subset V$. Soit $x \in E'_b - V$; pour tout $n \in \mathbf{N}$, on a $x \notin B_n$, et comme B_n est fermée pour $\sigma(E', E)$, il existe un élément y_n de B_n° tel que $\langle y_n, x\rangle = 1$ (II, p. 41, prop. 4). Comme E est réflexif, toute partie bornée de E est relativement compacte pour $\sigma(E, E')$ (IV, p. 16, th. 2). D'après la définition de B_n, on a

$$\lambda_i y_n \in V_i \quad \text{pour tout } n \geqslant i, \tag{3}$$

donc la suite (y_n) est bornée. Soit y une valeur d'adhérence de (y_n) pour la topologie $\sigma(E, E')$. On a $y \in V^\circ = \bigcap_n B_n^\circ$ et $\langle y, x\rangle = 1$. On a donc $x \notin \frac{1}{2}V^{\circ\circ}$, d'où l'inclusion $\frac{1}{2}V^{\circ\circ} \subset V$ et *a fortiori* $\frac{1}{2}V^{\circ\circ} \subset U$.

Comme toute partie bornée de E'_b est contenue dans l'un des ensembles A_n, l'ensemble $V = \bigcup_n B_n$ absorbe toute partie bornée de E'_b. Par suite, V° est borné dans E, donc $\frac{1}{2}V^{\circ\circ}$ est un voisinage de 0 dans E'_b. *A fortiori* U est un voisinage de 0 dans E'_b.

COROLLAIRE. — *Le dual fort d'un espace de Fréchet réflexif est bornologique et tonnelé.*

Une limite inductive d'espaces de Banach est bornologique par définition. Par ailleurs, un espace de Banach est tonnelé (III, p. 25, corollaire) et toute limite inductive d'espaces tonnelés est un espace tonnelé (III, p. 25, cor. 3).

5. La topologie de la convergence compacte sur le dual d'un espace de Fréchet

THÉORÈME 1 (Banach-Dieudonné). — *Soit* E *un espace localement convexe métrisable. Sur le dual* E′ *de* E, *les topologies suivantes coïncident* :

a) la topologie $\mathcal{T}_{\mathfrak{N}}$ *de la* $\mathfrak{N}$*-convergence, où* $\mathfrak{N}$ *est l'ensemble des parties de* E *dont chacune est formée des points d'une suite convergeant vers* 0 ;

b) la topologie $\mathcal{T}_c$ *de la convergence uniforme sur les parties compactes de* E ;

c) la topologie $\mathcal{T}_{pc}$ *de la convergence uniforme sur les parties précompactes de* E ;

d) la topologie $\mathcal{T}_f$ *la plus fine induisant la même topologie que* $\sigma(E', E)$ *sur toute partie équicontinue de* E′.

Remarquons d'abord qu'*une partie* A *de* E′ *est fermée pour* $\mathcal{T}_f$ *si et seulement si* $A \cap H$ *est fermé pour* $\sigma(E', E)$ *quelle que soit la partie* H *de* E′, *équicontinue et fermée pour* $\sigma(E', E)$. Sur toute partie équicontinue de E′, la topologie faible $\sigma(E', E)$ et $\mathcal{T}_{pc}$ induisent la même topologie (III, p. 17, prop. 5). Par suite, chacune des topologies $\mathcal{T}_{\mathfrak{N}}, \mathcal{T}_c, \mathcal{T}_{pc}, \mathcal{T}_f$ est moins fine que la suivante. Il suffit donc de prouver que $\mathcal{T}_{\mathfrak{N}}$ est *plus fine* que $\mathcal{T}_f$. De plus, toute translation dans E′ est un homéomorphisme pour $\mathcal{T}_f$. Il suffit donc de prouver que, si F est une partie de E′ fermée pour $\mathcal{T}_f$, ne contenant pas 0, il existe un ensemble $S \in \mathfrak{N}$ tel que $S^\circ \cap F = \varnothing$.

Soit $(U_n)_{n \geqslant 0}$ une suite décroissante de voisinages de 0 dans E, formant un système fondamental de voisinages de 0. Nous allons construire, par récurrence sur $n \geqslant 0$, des ensembles *finis* X_n tels que l'on ait

$$X_n \subset U_n \tag{4}$$

$$\Big(\bigcup_{0 \leqslant p \leqslant n} X_p\Big)^\circ \cap U_{n+1}^\circ \cap F = \varnothing \tag{5}$$

pour tout entier $n \geqslant 0$. Soit $m \geqslant 0$ un entier tel que X_n soit déjà construit pour $0 \leqslant n < m$ et satisfasse à (4) et (5) pour $0 \leqslant n < m$. Pour tout $x \in U_m$, posons

$$F_x = \Big(\bigcup_{0 \leqslant p < m} X_p\Big)^\circ \cap \{x\}^\circ \cap U_{m+1}^\circ \cap F .$$

La formule (5), où l'on fait $n = m - 1$ entraîne $\bigcap_{x \in U_m} F_x = \varnothing$. Par ailleurs, l'ensemble U_{m+1}° est équicontinu, et compact pour $\sigma(E', E)$. Vu la définition de $\mathcal{T}_f$, chacun des ensembles F_x est compact pour $\sigma(E', E)$; il existe donc une partie finie X_m de U_m telle que $\bigcap_{x \in X_m} F_x = \varnothing$, c'est-à-dire que la relation (5) est satisfaite pour $n = m$.

Posons $S = \bigcup_{n \geqslant 0} X_n$. On a $X_n \subset U_p$ pour $n \geqslant p$, donc S est l'ensemble des points d'une suite qui converge vers 0 dans E. De (5), on déduit $S^\circ \cap U_{n+1}^\circ \cap F = \varnothing$, d'où $S^\circ \cap F = \varnothing$ car E′ est réunion de la suite des ensembles U_{n+1}°.

COROLLAIRE 1. — *Soit* E *un espace localement convexe métrisable. Toute partie précompacte de* E *est contenue dans l'enveloppe fermée convexe équilibrée de l'ensemble des points d'une suite convergeant vers* 0.

Cela résulte de l'identité des topologies $\mathscr{T}_{pc}$ et $\mathscr{T}_{\mathfrak{N}}$, compte tenu de la prop. 2 de III, p. 15.

COROLLAIRE 2. — *Soit* E *un espace de Fréchet. Pour qu'une partie convexe* A *du dual* E' *de* E *soit fermée pour* σ(E', E), *il faut et il suffit que* $A \cap U^\circ$ *soit fermé pour* σ(E', E) *quel que soit le voisinage* U *de* 0 *dans* E.

Puisque E est complet, la topologie $\mathscr{T}_c$ sur E' est compatible avec la dualité entre E' et E (IV, p. 3, *Exemple*); par suite les parties convexes fermées dans E' sont les mêmes pour $\mathscr{T}_c$ et σ(E', E) (IV, p. 1, prop. 1). Le corollaire résulte alors de l'identité des topologies $\mathscr{T}_c$ et $\mathscr{T}_f$.

Rappelons (I, p. 13) que les hyperplans de E' fermés pour σ(E', E) sont les noyaux des formes linéaires sur E' associées aux éléments de E. Le cor. 2 fournit donc une autre démonstration (pour les espaces de Fréchet) du cor. 1 de III, p. 21.

COROLLAIRE 3. — *Soient* E *un espace de Banach et* M *un sous-espace vectoriel du dual* E' *de* E. *Pour que* M *soit fermé pour la topologie faible* σ(E', E), *il faut et il suffit que son intersection avec la boule unité* (fermée) *dans* E' *soit fermée pour* σ(E', E).

Exemple. — * Soit H un espace hilbertien de type dénombrable ; on note H_σ l'espace H muni de la topologie affaiblie. Soit $\mathscr{L}^1(H)$ l'espace de Banach des endomorphismes nucléaires de H (V, p. 50, et TS, V); la norme dans $\mathscr{L}^1(H)$ est définie par $\|u\|_1 = \operatorname{Tr}((u^*u)^{1/2})$. On peut identifier $\mathscr{L}(H)$ au dual de l'espace de Banach $\mathscr{L}^1(H)$ en associant à tout $u \in \mathscr{L}(H)$ la forme linéaire $\varphi_u : v \mapsto \operatorname{Tr}(uv)$ sur $\mathscr{L}^1(H)$. Soit A une sous-algèbre de $\mathscr{L}(H)$, contenant 1 et stable par $u \mapsto u^*$; c'est une algèbre de von Neumann si et seulement si elle est fermée dans $\mathscr{L}(H)$ pour la topologie faible $\sigma(\mathscr{L}(H), \mathscr{L}^1(H))$. On déduit du cor. 3 le critère suivant : *pour que* A *soit une algèbre de von Neumann, il faut et il suffit que pour toute suite* (u_n) *d'éléments de norme* $\leqslant 1$ *de* A *admettant une limite* u *dans l'espace* $\mathscr{L}_s(H ; H_\sigma)$, u *appartienne à* A. *

6. Applications bilinéaires séparément continues

Lemme 1. — *Soient* E *et* F *deux espaces localement convexes métrisables, et* u *une application linéaire continue de* E'_b *dans* F. *Il existe un voisinage* U *de* 0 *dans* E'_b *dont l'image par* u *est bornée dans* F.

Soit $(U_n)_{n\in\mathbf{N}}$ (resp. $(V_n)_{n\in\mathbf{N}}$) un système fondamental de voisinages de 0 dans E (resp. F). On suppose que les ensembles U_n sont équilibrés et forment une suite décroissante. Comme u est continue, il existe pour tout $n \in \mathbf{N}$ un ensemble borné B_n dans E tel que $u(B_n^\circ) \subset V_n$. Comme B_n est borné, il existe un nombre réel $\lambda_n > 0$ tel que $\lambda_n B_n \subset U_n$. Posons $B = \bigcup_{n\in\mathbf{N}} \lambda_n B_n$.

Nous allons prouver que l'ensemble B est borné dans E, autrement dit que pour tout entier $m \geqslant 0$, il existe un nombre réel $\mu > 0$ tel que $\mu B \subset U_m$. Comme les ensembles B_n sont bornés, il existe un nombre réel μ tel que $0 < \mu \leqslant 1$ et que $\mu.(\lambda_n B_n) \subset U_m$ pour $0 \leqslant n \leqslant m$; on a par ailleurs $\lambda_n B_n \subset U_n \subset U_m$ si $n > m$, d'où $\mu B \subset U_m$ puisque U_m est équilibré.

Soit U le polaire de B dans E'_b. C'est un voisinage de 0 dans E'_b et l'on a $\lambda_n B^\circ \subset B_n^\circ$, d'où $\lambda_n u(U) \subset V_n$ pour tout $n \in \mathbf{N}$. Par suite $u(U)$ est borné dans F.

THÉORÈME 2. — *Soient* E_1 *et* E_2 *deux espaces de Fréchet réflexifs, et* G *un espace localement convexe séparé. Pour* $i = 1, 2$, *soit* F_i *le dual fort de* E_i. *Alors toute application bilinéaire séparément continue* $u : F_1 \times F_2 \to G$ *est continue.*

L'espace G est isomorphe à un sous-espace d'un produit d'espaces de Banach (II, p. 5, prop. 3). Il suffit donc de prouver le théorème sous l'hypothèse supplémentaire que G est un espace de Banach. Or F_1 est tonnelé et F_2 bornologique (IV, p. 23, corollaire), et $\mathscr{L}_b(F_2\,;G)$ est un espace de Fréchet (IV, p. 22, prop. 3). Notons v l'application linéaire de F_1 dans $\mathscr{L}_b(F_2\,;G)$ associée à u par la relation

$$u(x_1, x_2) = v(x_1)(x_2) \quad (x_1 \in F_1, x_2 \in F_2)\,.$$

Comme F_1 est tonnelé et u séparément continue, v est continue (III, p. 32, prop. 6).

Comme v est continue, le lemme 1 entraîne l'existence d'un voisinage U_1 de 0 dans F_1 dont l'image par v soit bornée dans $\mathscr{L}_b(F_2\,;G)$. Autrement dit, pour tout ensemble borné B_2 dans F_2, l'ensemble $u(U_1 \times B_2)$ est borné dans l'espace de Banach G. Soit U_2 l'ensemble des $x_2 \in F_2$ tels que l'on ait $\|u(x_1, x_2)\| \leqslant 1$ pour tout $x_1 \in U_1$. L'ensemble U_2 absorbe donc tout ensemble borné ; comme F_2 est bornologique, U_2 est donc un voisinage de 0 dans F_2, ce qui prouve que u est continue.

§ 4. MORPHISMES STRICTS D'ESPACES DE FRÉCHET

Pour tout espace localement convexe E, on note S(E) l'ensemble des semi-normes continues sur E. Pour tout $p \in S(E)$, on note H_p l'ensemble des formes linéaires f sur E telles que $|f| \leqslant p$. La famille $(H_p)_{p \in S(E)}$ est une base de la bornologie formée des parties équicontinues de E'.

1. Caractérisations des morphismes stricts

PROPOSITION 1. — *Soient* E *et* F *deux espaces localement convexes et* u *une application linéaire continue de* E *dans* F. *Pour que* u *soit un morphisme strict, il faut et il suffit que la condition suivante soit satisfaite :*

(MS) *Pour toute semi-norme* $p \in S(E)$, *nulle sur le noyau de* u, *il existe* q *dans* S(F) *telle que* $p \leqslant q \circ u$.

Soient N le noyau et M l'image de u ; introduisons la décomposition canonique de u, soit

$$E \xrightarrow{\pi} E/N \xrightarrow{\tilde{u}} M \xrightarrow{i} F\,.$$

Les semi-normes continues sur E, nulles sur N, sont les semi-normes $p_1 \circ \pi$ où p_1 parcourt S(E/N) ; de même S(M) se compose des semi-normes q_1 pour lesquelles il existe $q \in S(F)$ avec $q_1 \leqslant q|F$. Enfin, u est un morphisme strict si et seulement si l'application linéaire bijective continue $\tilde{u}$ a un inverse continu ; ceci signifie aussi que toute semi-norme dans S(E/N) est de la forme $q_1 \circ \tilde{u}$ avec q_1 dans S(M). La prop. 1 résulte aussitôt de ces remarques.

PROPOSITION 2. — *Soient* E *et* F *des espaces localement convexes séparés et u une application linéaire continue de* E *dans* F. *Pour que u soit un morphisme strict, il faut et il suffit que sa transposée* ${}^t u : F' \to E'$ *satisfasse aux conditions suivantes* :

a) L'image de ${}^t u$ *est fermée dans* E' *pour* $\sigma(E', E)$.

b) Toute partie équicontinue de E', *contenue dans l'image de* ${}^t u$, *est image par* ${}^t u$ *d'une partie équicontinue de* F'.

S'il en est ainsi, on a $\operatorname{Ker} {}^t u = (\operatorname{Im} u)^\circ$ *et* $\operatorname{Im} {}^t u = (\operatorname{Ker} u)^\circ$, *et il existe des isomorphismes canoniques de* Coker ${}^t u$ *sur le dual de* Ker *u et de* Ker ${}^t u$ *sur le dual de* Coker *u*.

Soient N le noyau et I l'image de *u*. D'après le cor. 2 de II, p. 51, le noyau de ${}^t u$ est l'orthogonal de I, et l'adhérence de l'image de ${}^t u$ pour $\sigma(E', E)$ est l'orthogonal N° de N. La conjonction de *a*) et *b*) équivaut donc à la condition suivante :

b') Toute partie équicontinue de E' *contenue dans* N° *est l'image par* ${}^t u$ *d'une partie équicontinue de* F'.

Comme N° s'identifie au dual de E/N, la prop. 9, (i) de IV, p. 8 montre que les parties équicontinues de E' contenues dans N° sont les ensembles contenus dans un ensemble de la forme H_p, où p est une semi-norme continue sur E, nulle sur N. La condition *b'*) signifie donc que, pour toute semi-norme $p \in S(E)$ nulle sur N, il existe $q \in S(F)$ telle que $H_p \subset {}^t u(H_q)$. D'après le th. de Hahn-Banach (II, p. 24, cor. 1 et 2, et p. 67, th. 1 et cor. 1), on a ${}^t u(H_q) = H_{q \circ u}$, et les relations $H_p \subset H_{p'}$ et $p \leqslant p'$ sont équivalentes quelles que soient les semi-normes p et p' dans S(E). Par suite, la relation $H_p \subset {}^t u(H_q)$ équivaut à la relation $p \leqslant q \circ u$. D'après la prop. 1, la propriété *b'*) signifie donc que *u* est un morphisme strict.

Supposons que *u* soit un morphisme strict. On a déjà vu que le noyau de ${}^t u$ est l'orthogonal de I et que l'image de ${}^t u$ est l'orthogonal de N. Le conoyau de *u* est l'espace F/I et son dual s'identifie à $I^\circ = \operatorname{Ker} {}^t u$. De même, le dual de $N = \operatorname{Ker} u$ s'identifie à E'/N° (IV, p. 8), c'est-à-dire au conoyau de ${}^t u$ puisque N° est l'image de ${}^t u$.

Remarque. — Avec les notations de la prop. 2, la propriété *a*) signifie encore que *u* est un morphisme strict pour les topologies affaiblies (II, p. 52, cor. 3).

PROPOSITION 3. — *Soient* E *et* F *deux espaces localement convexes et u une application linéaire continue de* E *dans* F. *On suppose* E *séparé et* F *métrisable. Pour que u soit un morphisme strict, il faut et il suffit que l'image de* ${}^t u$ *soit fermée dans* E' *pour la topologie faible* $\sigma(E', E)$.

La nécessité résulte de la prop. 2.

Supposons réciproquement l'image de ${}^t u$ fermée pour $\sigma(E', E)$ et introduisons la décomposition canonique de *u* comme dans la démonstration de la prop. 1. D'après la remarque ci-dessus, l'application réciproque $\tilde{u}^{-1}$ de $\tilde{u}$ est continue pour les topologies affaiblies. Or le sous-espace $M = u(E)$ de F est métrisable, donc bornologique (III, p. 12, prop. 2) ; par suite (IV, p. 7, prop. 7, (ii)), $\tilde{u}^{-1}$ est continue, donc *u* est un morphisme strict.

2. Morphismes stricts d'espaces de Fréchet

THÉORÈME 1. — *Soient* E *et* F *deux espaces de Fréchet et* u *une application linéaire continue de* E *dans* F. *Les conditions suivantes sont équivalentes* :

a) *u est un morphisme strict.*

b) *u est un morphisme strict pour les topologies affaiblies.*

c) *L'image de u est fermée dans* F.

d) *${}^t u$ est un morphisme strict de* F′ *dans* E′ *pour les topologies faibles.*

e) *L'image de ${}^t u$ est fermée dans* E′ *pour la topologie faible* $\sigma(E', E)$.

f) *L'image de ${}^t u$ est fermée dans* E′ *pour la topologie forte* $\beta(E', E)$.

g) *${}^t u$ est un morphisme strict de F'_c dans E'_c* (duals munis de la topologie de la convergence compacte).

L'équivalence de *a*), *b*) et *e*) résulte de la prop. 3 de IV, p. 27, et de la remarque qui la précède. Celle de *a*) et *c*) n'est autre que le cor. 3 de I, p. 19. La remarque de IV, p. 27, montre aussi que *d*) équivaut au fait que l'image de u est fermée pour la topologie affaiblie $\sigma(F, F')$ de F ; l'équivalence de *c*) et *d*) résulte donc de la prop. 2 de IV, p. 4.

Prouvons l'équivalence de *e*) et *f*). Il suffit de prouver que *f*) implique *e*). Supposons donc que l'image de ${}^t u$ soit fermée pour $\beta(E', E)$ dans E′. Compte tenu du th. de Banach-Dieudonné (IV, p. 25, cor. 2), il suffit de prouver que, pour tout voisinage convexe équilibré U de 0 dans E, l'intersection $B = {}^t u(F') \cap U^\circ$ est compacte pour $\sigma(E', E)$. Le dual fort E'_b de l'espace de Fréchet E est complet (IV, p. 21, prop. 2), donc la partie fermée B de E'_b est complète, et l'espace normé E'_B est complet (III, p. 8, corollaire). Soit (V_n) une suite décroissante formant un système fondamental de voisinages de 0 dans F. Alors F′ est réunion des ensembles $C_n = V_n^\circ$ qui sont compacts pour $\sigma(F', F)$, d'où $E'_B = \bigcup_n B_n$, avec $B_n = E'_B \cap {}^t u(C_n)$. Comme E'_B est un espace de Baire, et que chacun des ensembles B_n est convexe, équilibré et fermé, il existe un nombre réel $r > 0$ et un entier n tels que $B \subset r.B_n$. On a alors $B = U^\circ \cap {}^t u(r.C_n)$; comme les ensembles U° et $r.C_n$ sont compacts et ${}^t u$ continue pour les topologies faibles, B est compact pour $\sigma(E', E)$. Ceci achève la démonstration de l'équivalence de *e*) et *f*).

Enfin, l'équivalence de *g*) et des conditions précédentes résulte de la prop. 18 de TG, IX, p. 22, et du lemme suivant :

Lemme 1. — *Soient* E *et* F *deux espaces localement convexes séparés quasi-complets et u une application linéaire continue de* E *dans* F. *Pour que ${}^t u$ soit un morphisme strict de F'_c dans E'_c, il faut et il suffit que l'image u*(E) *de u soit fermée, et que toute partie compacte de u*(E) *soit l'image par u d'une partie compacte de* E.

D'après le th. de Mackey (IV, p. 2, th. 1) et le fait que sur E′ (resp. F′) la topologie de la convergence compacte coïncide avec celle de la convergence convexe compacte (IV, p. 4), on peut identifier E (resp. F) au dual de E'_c (resp. F'_c). Alors u est la transposée de ${}^t u$, et les parties équicontinues de E (resp. F) sont les ensembles relativement compacts. Le lemme 1 résulte alors de la prop. 2 (IV, p. 27), car $u(E)$ est fermé dans F si et seulement s'il l'est pour la topologie affaiblie $\sigma(F, F')$ (IV, p. 4, prop. 2).

COROLLAIRE 1. — *Sous les hypothèses du th.* 1, *les conditions suivantes sont équivalentes* :

(i) *u est un morphisme strict injectif* ;

(ii) ${}^t u$ *est un morphisme strict surjectif pour les topologies faibles* ;

(iii) ${}^t u$ *est surjectif.*

L'implication (i) ⇒ (ii) résulte aussitôt de l'équivalence des conditions *a*), *d*) et *e*) du th. 1 et de IV, p. 6, prop. 5. Il est clair que (ii) entraîne (iii). Montrons enfin que (iii) entraîne (i) : si ${}^t u$ est surjectif, u est un morphisme strict d'après l'équivalence de *a*) et *e*) dans le th. 1 ; que u soit injectif résulte de la prop. 5 de IV, p. 6.

COROLLAIRE 2. — *Sous les hypothèses du th.* 1, *les conditions suivantes sont équivalentes* :

(i) *u est surjectif* ;

(ii) *u est un morphisme strict surjectif* ;

(iii) ${}^t u$ *est un morphisme strict injectif pour les topologies faibles.*

L'équivalence de (i) et (ii) résulte du th. de Banach (I, p. 17, th. 1).

D'après l'équivalence de *a*) et *c*) dans le th. 1, la condition (ii) signifie que u est un morphisme strict et que son image est dense dans F pour $\sigma(F, F')$. L'équivalence de (ii) et (iii) résulte alors de l'équivalence de *a*) et *d*) dans le th. 1 et de la prop. 5 de IV, p. 6.

Si $u : E \to F$ est un morphisme strict d'espaces de Fréchet, la transposée ${}^t u$ n'est pas nécessairement un morphisme strict de F'_b dans E'_b (IV, p. 62, exerc. 3). On a cependant le résultat partiel suivant :

COROLLAIRE 3. — *Sous les hypothèses du th.* 1, *les propriétés a*) *à g*) *sont entraînées par la suivante* :

h) ${}^t u$ *est un morphisme strict de* F'_b *dans* E'_b.

Lorsque E *et* F *sont tous deux des espaces de Banach, ou tous deux des espaces de Montel, la propriété h*) *est équivalente aux propriétés a*) *à g*) *du th.* 1.

Supposons que ${}^t u$ soit un morphisme strict de F'_b dans E'_b. Nous allons prouver que l'image H de ${}^t u$ est fermée dans E'_b, d'où la première assertion du cor. 3.

Soit G l'adhérence de l'image de u dans F ; muni de la topologie induite par celle de F, c'est un espace de Fréchet. L'application $u : E \to F$ se factorise en $u = j \circ v$ où j est l'injection canonique de G dans F et où $v \in \mathscr{L}(E ; G)$. On a alors ${}^t u = {}^t v \circ {}^t j$, où ${}^t j$ est surjective d'après le th. de Hahn-Banach (II, p. 26, prop. 2) ; de plus, ${}^t v$ est injective puisque $v(E)$ est dense dans G (IV, p. 6, prop. 5). Par hypothèse, l'application ${}^t u$ de F'_b sur H est ouverte ; comme ${}^t j$ est surjective et continue, l'application ${}^t v$ induit un homéomorphisme de G'_b sur H. Or le dual G'_b de l'espace de Fréchet G est complet (IV, p. 21, prop. 2) ; par suite, H est complet, donc fermé dans E'_b.

Si E et F sont des espaces de Montel, la topologie forte sur E′ (resp. F′) coïncide avec la topologie de la convergence compacte, et *h*) n'est qu'une reformulation de *g*).

Si E et F sont des espaces de Banach, il en est de même de E'_b et F'_b, et la condition *h*) équivaut à *f*) d'après l'équivalence de *a*) et *c*) appliquée à ${}^t u : F'_b \to E'_b$.

Corollaire 4. — *Supposons que* E *et* F *soient des espaces de Banach. Pour que* ${}^t u$ *soit surjective, il faut et il suffit qu'il existe un nombre réel* $r > 0$ *tel que* $\|x\| \leqslant r \,.\, \|u(x)\|$ *pour tout* $x \in E$.

Cela ne fait que traduire l'équivalence des conditions (i) et (iii) du cor. 1.

Corollaire 5. — *Soient* E *et* F *des espaces de Fréchet et u une application linéaire continue de* E *dans* F. *Les conditions suivantes sont équivalentes* :

a) *u est un isomorphisme de* E *sur* F.

b) *u est un isomorphisme de* E *sur* F *pour les topologies affaiblies.*

c) ${}^t u$ *est un isomorphisme de* F′ *sur* E′ *pour les topologies faibles.*

d) ${}^t u$ *est un isomorphisme de* F′ *sur* E′ *pour les topologies fortes.*

e) ${}^t u$ *est un isomorphisme de* F'_c *sur* E'_c.

Comme un isomorphisme n'est autre qu'un morphisme strict bijectif, l'équivalence de *a*) et *b*) résulte de l'équivalence des conditions *a*) et *b*) du th. 1.

Il est clair que *a*) entraîne chacune des conditions *c*), *d*) et *e*).

Réciproquement, supposons que l'une des conditions *c*), *d*) ou *e*) soit satisfaite. Il résulte du th. 1 et de son cor. 3 que *u* est un morphisme strict de E dans F, et ${}^t u$ est évidemment bijectif. Soit N (resp. I) le noyau (resp. l'image) de *u*. Comme ${}^t u$ est bijectif, on a $\mathrm{Im}\, {}^t u = E'$ et $\mathrm{Ker}\, {}^t u = \{0\}$, d'où $N^\circ = E'$ et $I^\circ = \{0\}$ d'après la prop. 2 de IV, p. 27. Or N (resp. I) est un sous-espace vectoriel fermé de E (resp. F), et le th. des bipolaires (II, p. 49) entraîne donc $N = \{0\}$ et $I = F$, donc *u* est bijectif. On a donc prouvé que *u* est un isomorphisme.

3. Critères de surjectivité

Proposition 4. — *Soient* E *et* F *deux espaces de Fréchet, et u une application linéaire continue de* E *dans* F. *Les conditions suivantes sont équivalentes* :

(i) *u est surjective.*

(ii) *Pour toute semi-norme* $p \in S(E)$, *il existe* $q \in S(F)$ *telle que l'on ait* $|f| \leqslant q$ *pour toute forme linéaire* $f \in F'$ *satisfaisant à* $|f \circ u| \leqslant p$.

(iii) *Pour toute semi-norme* $p \in S(E)$, *il existe* $q \in S(F)$ *ayant la propriété suivante* : *si une forme linéaire* $f \in F'$ *satisfait à* $|f \circ u| \leqslant p$, *alors f s'annule aux points où q s'annule et pour* $y \in F$, $r \in S(F)$, *il existe* $x \in E$ *avec* $r(u(x) - y) = 0$.

(iv) *Pour toute semi-norme* $p \in S(E)$, *on a*

$$\sup_{\substack{f \in F' \\ |f \circ u| \leqslant p}} |f(y)| < +\infty \quad \textit{pour tout } y \in F\,. \tag{1}$$

Nous ferons la démonstration selon le schéma logique

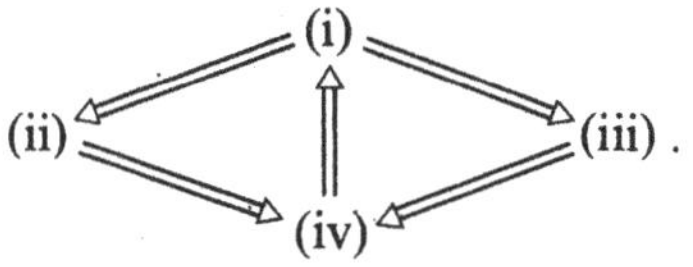

Si u est surjective, c'est un morphisme strict (IV, p. 28, th. 1) ; il existe donc, pour toute semi-norme $p \in \mathrm{S(E)}$, une semi-norme $q \in \mathrm{S(F)}$ telle que, pour tout $y \in \mathrm{F}$ vérifiant $q(y) \leqslant 1$, il existe $x \in \mathrm{E}$ vérifiant $p(x) \leqslant 1$ et $u(x) = y$. On en déduit aussitôt que (i) entraîne (ii) et (iii). Il est clair que (ii) entraîne (iv).

Montrons que (iii) entraîne (iv). Soient p et q comme dans (iii). Soit y dans F ; d'après (iii), il existe x dans E tel que $q(u(x) - y) = 0$. Si $f \in \mathrm{F}'$ satisfait à $|f \circ u| \leqslant p$, alors on a $f(u(x) - y) = 0$, d'où

$$|f(y)| = |f(u(x))| \leqslant p(x)$$

et la relation (1) est satisfaite.

Montrons enfin que (iv) entraîne (i). Soient $p \in \mathrm{S(E)}$ et q l'enveloppe supérieure des fonctions $|f|$ pour $f \in \mathrm{F}'$ satisfaisant à $|f \circ u| \leqslant p$. D'après (iv), q est fini sur F, et c'est évidemment une semi-norme semi-continue inférieurement sur F ; comme F est tonnelé (III, p. 25, corollaire), on a $q \in \mathrm{S(F)}$. Notons $\mathbf{B}_p$ (resp. $\mathbf{B}_q$) l'ensemble des $x \in \mathrm{E}$ (resp. $y \in \mathrm{F}$) tels que $p(x) \leqslant 1$ (resp. $q(y) \leqslant 1$). On a $q \circ u \leqslant p$, d'où $u(\mathbf{B}_p) \subset \mathbf{B}_q$. Le polaire de $u(\mathbf{B}_p)$ dans F' se compose des formes linéaires $f \in \mathrm{F}'$ telles que $|f \circ u| \leqslant p$, d'où $|f| \leqslant q$; autrement dit, on a $u(\mathbf{B}_p)^\circ \subset \mathbf{B}_q^\circ$, d'où finalement $\overline{u(\mathbf{B}_p)} = \mathbf{B}_q$ d'après le th. des bipolaires (II, p. 49, cor. 3). Si U est un voisinage de 0 dans E, il existe $p \in \mathrm{S(E)}$ telle que $\mathbf{B}_p \subset \mathrm{U}$, donc $\overline{u(\mathrm{U})}$ contient le voisinage $\mathbf{B}_q$ de 0 dans F. Ceci entraîne que u est surjective (I, p. 17, th. 1).

COROLLAIRE. — *Supposons que* E *et* F *soient des espaces de Banach. Les conditions suivantes sont équivalentes :*

(i) *u est surjective.*

(ii) *Il existe un nombre réel $r > 0$ tel que l'on ait $\|f\| \leqslant r \cdot \|{}^t u(f)\|$ pour tout $f \in \mathrm{F}'$.*

(iii) *Pour tout $y \in \mathrm{F}$, on a* $\sup\limits_{\substack{f \in \mathrm{F}' \\ \|f \circ u\| \leqslant 1}} |f(y)| < +\infty$.

En effet, les conditions (ii) et (iii) ne sont autres que les formulations, pour les espaces de Banach, des conditions (ii) et (iv) de la prop. 4.

§ 5. CRITÈRES DE COMPACITÉ

1. Remarques générales

Soit A une partie d'un espace topologique E. Pour qu'une suite $(x_n)_{n\in\mathbf{N}}$ de points de A ait pour valeur d'adhérence un point x de E, il faut et il suffit que la condition suivante soit satisfaite (TG, I, p. 48) :

(A) *Quels que soient l'entier $m \geqslant 0$ et le voisinage* U *de x, il existe un entier $n \geqslant m$ tel que $x_n \in$* U.

On appelle suite *extraite* de la suite $(x_n)_{n\in\mathbf{N}}$ toute suite de la forme $(y_k)_{k\in\mathbf{N}}$ avec $y_k = x_{n_k}$ pour une suite strictement croissante $(n_k)_{k\in\mathbf{N}}$ d'entiers positifs. S'il existe une suite extraite de la suite $(x_n)_{n\in\mathbf{N}}$ et convergeant vers x, alors x est valeur d'adhérence de (x_n) ; réciproquement, si x admet un système fondamental *dénombrable* de voisinages, et que x est valeur d'adhérence de la suite (x_n), alors il existe une suite extraite de (x_n) et convergeant vers x.

Compte tenu de TG, IX, p. 20, corollaire, on en conclut que, lorsque E est *métrisable*, les conditions suivantes sont équivalentes :

a) l'ensemble A *est relativement compact dans* E ;

b) toute suite infinie de points de A *a une valeur d'adhérence dans* E ;

c) de toute suite infinie de points de A, *on peut extraire une suite qui converge vers un point de* E.

Nous étendrons, dans ce paragraphe, ce critère à certains espaces vectoriels topologiques *non métrisables*. La proposition suivante permet dans de nombreux cas de ramener l'étude des ensembles compacts à celle des ensembles faiblement compacts.

PROPOSITION 1. — *Soient* E *un espace localement convexe séparé et* A *une partie de* E. *On note* E_σ *l'espace* E *muni de la topologie affaiblie.*

a) Si toute suite infinie de points de A *a une valeur d'adhérence dans* E, *alors* A *est précompacte dans* E.

b) Pour que A *soit relativement compacte dans* E, *il faut et il suffit qu'elle soit précompacte dans* E *et relativement compacte dans* E_σ.

Prouvons *a)* par l'absurde. Si A n'est pas précompacte, il résulte du th. 3 de TG, II, p. 29, qu'il existe un voisinage convexe symétrique V de 0 dans E tel que A ne possède aucun recouvrement fini par des translatés de V. Autrement dit, si $x_0, x_1, \ldots, x_{n-1}$ sont des points de A, on a $\mathrm{A} \not\subset \bigcup_{0\leqslant i<n} (x_i + \mathrm{V})$ et il existe donc un point x_n de A tel que $x_n - x_i \notin \mathrm{V}$ pour $0 \leqslant i < n$. On peut alors construire par récurrence une suite infinie $(x_n)_{n\in\mathbf{N}}$ de points de A telle que $x_n - x_m \notin \mathrm{V}$ lorsque $n > m$; comme V est symétrique, on a aussi $x_m - x_n \notin \mathrm{V}$ pour $m \neq n$ et les ensembles $x_n + \frac{1}{2}\mathrm{V}$ sont deux à deux disjoints. Pour tout point x de E, il existe au plus un entier $n \geqslant 0$ tel que $x_n \in x + \frac{1}{2}\mathrm{V}$, donc la suite $(x_n)_{n\in\mathbf{N}}$ n'a aucune valeur d'adhérence. D'où *a)*.

Supposons que A soit précompacte dans E et contenue dans une partie compacte B de E_σ. Alors B est complète dans E_σ, donc *dans* E (IV, p. 5, *Remarque* 2). On a $\overline{A} \subset B$, donc A est relativement compacte dans E. La réciproque est évidente, d'où *b*).

2. Compacité simple des ensembles de fonctions continues

Dans ce numéro, on note X un espace *compact* et $\mathscr{C}_s(X)$ l'espace des fonctions continues sur X, à valeurs dans le corps K (égal à **R** ou **C**), muni de la topologie de la convergence simple dans X.

Proposition 2. — *Soient* D *une partie dense de* X *et* A *une partie de l'espace* $\mathscr{C}_s(X)$. *Les conditions suivantes sont équivalentes :*

(i) A *est relativement compacte dans* $\mathscr{C}_s(X)$.

(ii) *De toute suite infinie d'éléments de* A, *on peut extraire une suite convergeant dans* $\mathscr{C}_s(X)$.

(iii) *Toute suite infinie d'éléments de* A *a une valeur d'adhérence dans* $\mathscr{C}_s(X)$.

(iv) *Soient* $(f_n)_{n\in\mathbf{N}}$ *une suite de fonctions appartenant à* A *et* $(x_m)_{m\in\mathbf{N}}$ *une suite de points de* D. *Si les limites itérées*

$$\gamma = \lim_{m\to\infty} \lim_{n\to\infty} f_n(x_m)\,, \quad \delta = \lim_{n\to\infty} \lim_{m\to\infty} f_n(x_m)$$

existent, elles sont égales. De plus, on a $\sup_{f\in A} |f(x)| < +\infty$ *pour tout* $x \in X$.

(i) ⇒ (ii) : soit $\overline{A}$ l'adhérence de A dans $\mathscr{C}_s(X)$. Supposons que $\overline{A}$ soit compacte, et considérons une suite de fonctions $f_n \in A$ (pour $n \in \mathbf{N}$). Soit φ l'application continue $x \mapsto (f_n(x))_{n\in\mathbf{N}}$ de X dans l'espace métrisable $K^{\mathbf{N}}$. L'image X′ de X par φ est un espace compact métrisable, puisque X est compact. Soit E le sous-espace fermé de $\mathscr{C}_s(X)$ formé des fonctions continues f sur X telles que la relation $\varphi(x) = \varphi(y)$ entraîne $f(x) = f(y)$ pour tout couple de points x, y de X. D'après le cor. 2 de TG, I, p. 63 et la prop. 3 de TG, I, p. 32, l'application $f' \mapsto f' \circ \varphi$ est un homéomorphisme φ^* de $\mathscr{C}_s(X')$ sur E. L'ensemble $A' = (\varphi^*)^{-1}(\overline{A})$ est donc compact dans $\mathscr{C}_s(X')$, et il est clair qu'il existe des éléments f'_n de A′ tels que $\varphi^*(f'_n) = f'_n \circ \varphi$ soit égal à f_n.

Comme X′ est un espace compact métrisable, il existe dans X′ une partie dénombrable dense D′ (TG, IX, p. 18, prop. 12, et p. 21, prop. 16). Soit $\mathscr{T}_1$ (resp. $\mathscr{T}_2$) la topologie sur A′ induite par la topologie de la convergence simple dans D′ (resp. X′). Alors $\mathscr{T}_1$ est métrisable, $\mathscr{T}_2$ est compacte et plus fine que $\mathscr{T}_1$, donc $\mathscr{T}_1$ et $\mathscr{T}_2$ coïncident ; autrement dit, A′ est un sous-espace compact *métrisable* de $\mathscr{C}_s(X')$. Il existe donc une suite (f'_{n_k}) extraite de (f'_n) et convergeant vers un élément f' de $\mathscr{C}_s(X')$. La suite (f_{n_k}) converge alors vers $f = f' \circ \varphi$ dans $\mathscr{C}_s(X)$.

(ii) ⇒ (iii) : c'est clair.

(iii) ⇒ (iv) : supposons que toute suite infinie d'éléments de A ait une valeur d'adhérence dans $\mathscr{C}_s(X)$. Soit $x \in X$. L'application $\varphi_x : f \mapsto f(x)$ de A dans K est continue. Par suite, dans $\varphi_x(A)$, toute suite infinie admet une valeur d'adhérence ; comme le corps K (égal à **R** ou **C**) est métrisable, l'ensemble $\varphi_x(A)$ est relativement compact dans K, donc borné. Autrement dit, on a $\sup_{f \in A} |f(x)| < +\infty$.

Soient f_n, x_m, γ et δ comme dans (iv). Soit f une valeur d'adhérence de la suite (f_n) dans $\mathscr{C}_s(X)$, et soit x une valeur d'adhérence de la suite (x_m) dans l'espace compact X. Pour tout m, l'application $h \mapsto h(x_m)$ de $\mathscr{C}_s(X)$ dans K est continue. Vu les hypothèses faites, on a donc $f(x_m) = \lim_{n\to\infty} f_n(x_m)$, d'où $\gamma = \lim_{m\to\infty} f(x_m)$; comme $f : X \to K$ est continue, et que x est une valeur d'adhérence de la suite (x_m), on a $\gamma = f(x)$. On prouve de manière analogue l'égalité $\delta = f(x)$, d'où $\gamma = \delta$.

(iv) ⇒ (i) : supposons que l'ensemble des nombres $f(x)$, pour f parcourant A, soit borné dans K pour tout $x \in X$. Il revient au même de supposer que l'adhérence $\overline{A}$ de A dans l'espace produit K^X est compacte (TG, I, p. 64). Supposons que A *ne soit pas relativement compacte dans* $\mathscr{C}_s(X)$. Cela signifie qu'il existe une fonction $u \in \overline{A}$ et un point $a \in X$ tels que u ne soit pas continue en a. Il existe alors un nombre réel $\varepsilon > 0$ tel que, dans tout voisinage U de a, il existe un point x avec $|u(x) - u(a)| \geqslant \varepsilon$.

Nous allons construire par récurrence une suite $(x_n)_{n\in\mathbf{N}}$ de points de D et une suite $(f_n)_{n\in\mathbf{N}}$ d'éléments de A, satisfaisant aux relations suivantes :

$(1)_m$ $$|u(x_m) - u(a)| \geqslant \varepsilon \quad \text{pour} \quad m \geqslant 1 ;$$

$(2)_m$ $$|u(x_i) - f_m(x_i)| \leqslant \frac{1}{m+1} \quad \text{pour} \quad 0 \leqslant i \leqslant m-1 ;$$

$(3)_{m,i}$ $$|f_m(x_i) - f_m(a)| \leqslant \frac{1}{i+1} \quad \text{pour} \quad 0 \leqslant m \leqslant i .$$

On prend $x_0 = a$ avec f_0 arbitraire dans A (l'ensemble A n'est pas vide, sinon il serait relativement compact dans $\mathscr{C}_s(X)$). Soient $n \geqslant 1$ et $x_0, x_1, \ldots, x_{n-1}$, $f_0, f_1, \ldots, f_{n-1}$ satisfaisant aux relations $(1)_m$, $(2)_m$ pour $1 \leqslant m < n$ et $(3)_{m,i}$ pour $0 \leqslant m \leqslant i < n$. Comme u appartient à $\overline{A}$, il existe $f_n \in A$ satisfaisant à $(2)_n$. Soit V_n l'ensemble des $x \in X$ tels que l'on ait $|f_m(x) - f_m(a)| \leqslant \frac{1}{n+1}$ pour $0 \leqslant m \leqslant n$. C'est un voisinage de a car f_n est continue ; choisissons un point x_n de $D \cap V_n$ tel que $|u(x_n) - u(a)| \geqslant \varepsilon$, donc $(1)_n$ et $(3)_{m,n}$ sont satisfaites. La construction peut donc se poursuivre.

Comme $u(X)$ est une partie compacte de K, il existe une suite (y_k) extraite de (x_m) et telle que la limite $\gamma = \lim_{k\to\infty} u(y_k)$ existe. D'après $(2)_m$, on a $u(x_i) = \lim_{n\to\infty} f_n(x_i)$ pour tout $i \in \mathbf{N}$, d'où

(4) $$\gamma = \lim_{k\to\infty} \lim_{n\to\infty} f_n(y_k) .$$

Par ailleurs, on a $f_n(a) = \lim_{i\to\infty} f_n(x_i)$ d'après $(3)_{m,i}$ d'où $f_n(a) = \lim_{k\to\infty} f_n(y_k)$. Comme $x_0 = a$, on déduit $\lim_{n\to\infty} f_n(a) = u(a)$ de $(2)_m$. Par suite, on a

$$u(a) = \lim_{n\to\infty} \lim_{k\to\infty} f_n(y_k)\,. \tag{5}$$

Enfin, d'après $(1)_m$, on a $|\gamma - u(a)| \geqslant \varepsilon$, d'où $\gamma \neq u(a)$. Ceci contredit l'assertion (iv) ; on a donc prouvé par l'absurde que (iv) implique (i).

3. Les théorèmes d'Eberlein et de Šmulian

THÉORÈME 1 (Eberlein). — *Soient* E *un espace localement convexe séparé et* quasi-complet, $\mathscr{T}$ *une topologie sur* E *compatible avec la dualité entre* E *et* E′, *et* A *une partie de* E. *Pour que* A *soit relativement compacte pour* $\mathscr{T}$, *il faut et il suffit que toute suite infinie de points de* A *ait une valeur d'adhérence dans* E *pour* $\mathscr{T}$.

La condition énoncée est évidemment nécessaire.

Supposons que toute suite infinie de points de A ait une valeur d'adhérence pour $\mathscr{T}$, donc aussi pour la topologie moins fine $\sigma(E, E')$. Alors A est précompacte pour $\mathscr{T}$ (IV, p. 32, prop. 1) ; pour que A soit relativement compacte pour $\mathscr{T}$, il faut et il suffit qu'elle le soit pour $\sigma(E, E')$ (*loc. cit.*). Il suffit donc de prouver le théorème lorsque $\mathscr{T}$ est la topologie affaiblie $\sigma(E, E')$.

Notons Ê le complété de E, que l'on identifie comme d'habitude à un sous-espace du dual algébrique E'^* de E′ (III, p. 21, th. 2). On note E_σ, $\hat{E}_\sigma$ et E'^*_σ les espaces E, Ê et E'^* munis respectivement des topologies $\sigma(E, E')$, $\sigma(\hat{E}, E')$ et $\sigma(E'^*, E')$.

Soit $(x'_i)_{i\in I}$ une base de l'espace vectoriel E′ sur le corps K. L'application $f \mapsto (f(x'_i))_{i\in I}$ est un homéomorphisme φ de E'^*_σ sur K^I ; pour tout $i \in I$, l'image de A par l'application x'_i de E dans K est relativement compacte : en effet, K est métrisable et toute suite infinie d'éléments de $x'_i(A)$ a une valeur d'adhérence. On en déduit que $\varphi(A)$ est relativement compacte dans K^I, donc que l'adhérence $\overline{A}$ de A dans E'^*_σ est compacte.

Prouvons que $\overline{A}$ *est contenue dans* Ê. Soit H une partie équicontinue de E′ ; soit X son adhérence pour $\sigma(E', E)$; elle est compacte (III, p. 17, cor. 2). Pour tout $x \in E'^*$, soit φ_x la restriction de $x' \mapsto \langle x, x' \rangle$ à X ; soit $\tilde{A} \subset \mathscr{C}_s(X)$ l'ensemble des fonctions φ_x pour x parcourant A. Vu l'hypothèse faite sur A, toute suite infinie d'éléments de $\tilde{A}$ a une valeur d'adhérence dans $\mathscr{C}_s(X)$; d'après la prop. 2 (IV, p. 33), l'ensemble $\tilde{A}$ est donc relativement compact dans $\mathscr{C}_s(X)$. Il en résulte que pour tout $a \in \overline{A}$, la fonction φ_a sur X est continue. L'inclusion $\overline{A} \subset \hat{E}$ résulte alors du th. 2 de III, p. 21.

Montrons maintenant que $\overline{A}$ *est contenue dans* E. Comme A est précompacte dans E_σ (IV, p. 32, prop. 1), elle est bornée dans E_σ (III, p. 3, prop. 2), donc aussi dans E (IV, p. 1, prop. 1). Soit C l'enveloppe fermée convexe équilibrée de A dans E. Elle est bornée puisque A est bornée, donc complète puisque E est quasi-complet. Autrement dit, C est une partie convexe et fermée de Ê, donc de $\hat{E}_\sigma$ (IV, p. 1, prop. 1). Comme on a $A \subset C$ et que la topologie de $\hat{E}_\sigma$ est induite par celle de E'^*_σ, on a donc $\overline{A} \subset C$, d'où $\overline{A} \subset E$.

Comme la topologie de E_σ est induite par celle de E'^*_σ, la partie $\overline{A}$ de E_σ est compacte, d'où le th. 1.

THÉORÈME 2 (Šmulian). — *Soient* E *un espace de Fréchet et* A *une partie de* E. *On note* E_σ *l'espace* E *muni de la topologie affaiblie. Les conditions suivantes sont équivalentes* :

(i) A *est relativement compacte dans* E_σ ;

(ii) *toute suite infinie de points de* A *a une valeur d'adhérence dans* E_σ ;

(iii) *de toute suite infinie de points de* A, *on peut extraire une suite qui converge dans* E_σ.

L'équivalence de (i) et (ii) résulte du th. d'Eberlein, et (iii) entraîne évidemment (ii).

Montrons que (i) entraîne (iii). Supposons donc que l'adhérence B de A dans E_σ soit compacte et que $(x_n)_{n\in N}$ soit une suite de points de A. Notons F le plus petit sous-espace vectoriel fermé de E contenant les x_n ; c'est un espace de Fréchet de type dénombrable. Comme F est fermé dans E_σ et que la topologie $\sigma(F, F')$ sur F est induite par $\sigma(E, E')$, l'ensemble $B \cap F$ est compact pour $\sigma(F, F')$. Compte tenu des remarques de IV, p. 32, l'existence d'une suite extraite de $(x_n)_{n\in N}$ convergeant pour $\sigma(E, E')$ (ou $\sigma(F, F')$, cela revient au même) est conséquence du lemme suivant :

Lemme 1. — *Soit* F *un espace de Fréchet de type dénombrable. Toute partie* C *de* F *qui est compacte pour la topologie* $\mathcal{T}$ *induite par* $\sigma(F, F')$ *est métrisable pour cette topologie.*

Comme sur F′ la topologie de la convergence précompacte est plus fine que la topologie $\sigma(F', F)$, il existe dans F'_s une partie dénombrable partout dense D (III, p. 19, cor. 1). L'ensemble C s'identifie donc à une partie de K^D, et la topologie induite sur C par celle de K^D, qui est métrisable (TG, IX, p. 19, corollaire) est moins fine que la topologie induite par $\sigma(F, F')$, pour laquelle C est compacte. Ces deux topologies sont donc identiques (TG, I, p. 63, cor. 3). C.Q.F.D.

Le th. de Šmulian peut s'étendre au cas où E est limite inductive stricte d'une suite d'espaces de Fréchet (IV, p. 67, exerc. 2).

*4. Cas des espaces de fonctions continues bornées

Pour tout espace topologique X, nous noterons $\mathscr{C}^b(X)$ l'espace de Banach des applications continues et *bornées* de X dans K, avec la norme définie par

$$\|f\| = \sup_{x\in X} |f(x)| \tag{6}$$

(TG, X, p. 21). Lorsque X est compact, toute fonction continue sur X est bornée (TG, IV, p. 28), et l'on écrit $\mathscr{C}(X)$ pour $\mathscr{C}^b(X)$.

Dans ce numéro et le suivant, nous ferons usage du lemme suivant, qui est un cas particulier du th. de Lebesgue (INT, IV, 2e éd., § 4, n° 3, th. 2), compte tenu de l'interprétation des éléments de $\mathscr{C}(X)'$ comme des mesures sur X.

Lemme 2. — *Soit* X *un espace compact. Si une suite* $(f_n)_{n\in \mathbf{N}}$ *est bornée dans* $\mathscr{C}(X)$ *et converge simplement sur* X *vers une fonction continue* f, *on a* $\mu(f) = \lim_{n\to\infty} \mu(f_n)$ *pour tout* μ *dans* $\mathscr{C}(X)'$.

PROPOSITION 3. — *Soit* X *un espace compact, et soit* A *une partie bornée de* $\mathscr{C}(X)$. *Pour que* A *soit relativement compacte pour la topologie de la convergence simple, il faut et il suffit qu'elle soit relativement compacte pour* $\sigma(\mathscr{C}(X), \mathscr{C}(X)')$.

La topologie de la convergence simple est séparée et moins fine que $\sigma(\mathscr{C}(X), \mathscr{C}(X)')$, donc la condition énoncée est suffisante (TG, I, p. 63, cor. 3).

Supposons maintenant que A soit relativement compacte pour la topologie de la convergence simple. Soit $(f_n)_{n\in\mathbf{N}}$ une suite d'éléments de A. D'après la prop. 2 (IV, p. 33), il existe une suite (f_{n_k}) extraite de (f_n) et convergeant simplement vers une fonction continue f. D'après le lemme 2, la suite bornée (f_{n_k}) tend vers f pour $\sigma(\mathscr{C}(X), \mathscr{C}(X)')$. Le th. de Šmulian (IV, p. 36, th. 2) montre alors que A est relativement compacte pour $\sigma(\mathscr{C}(X), \mathscr{C}(X)')$.

COROLLAIRE. — *Soient* S *un espace topologique et* A *une partie bornée de* $\mathscr{C}^b(S)$. *Les conditions suivantes sont équivalentes* :

(i) A *est relativement compacte pour* $\sigma(\mathscr{C}^b(S), \mathscr{C}^b(S)')$;

(ii) *si* $(f_n)_{n\in\mathbf{N}}$ *est une suite d'éléments de* A *et* $(x_m)_{m\in\mathbf{N}}$ *une suite de points de* S *telles que les limites itérées*

$$\gamma = \lim_{m\to\infty} \lim_{n\to\infty} f_n(x_m), \quad \delta = \lim_{n\to\infty} \lim_{m\to\infty} f_n(x_m)$$

existent, on a $\gamma = \delta$.

Soient X le compactifié de Stone-Čech de S (TG, IX, p. 10) et α l'application canonique de S dans X. Posons $D = \alpha(S)$. L'application $\varphi : f \mapsto f\circ\alpha$ est un isomorphisme de l'espace normé $\mathscr{C}(X)$ sur l'espace normé $\mathscr{C}^b(S)$; posons $\tilde{A} = \varphi^{-1}(A)$. Comme X est compact et D dense dans X, la prop. 2 (IV, p. 33) montre que la condition (ii) équivaut à la compacité de $\tilde{A}$ pour la topologie de la convergence simple. L'équivalence de (i) et (ii) résulte donc de la prop. 3. $_*$

*5. Enveloppe convexe d'un ensemble faiblement compact

THÉORÈME 3 (Krein). — *Soit* E *un espace localement convexe séparé et* quasi-complet, *et soit* $\mathscr{T}$ *une topologie sur* E *compatible avec la dualité entre* E *et* E'. *Soit* A *une partie de* E *compacte pour* $\mathscr{T}$. *Alors l'enveloppe fermée convexe équilibrée* C *de* A *est compacte pour* $\mathscr{T}$.

Faisons d'abord plusieurs réductions.

A) L'ensemble C est précompact pour $\mathcal{T}$ (II, p. 27, prop. 3), et A est compact pour $\sigma(E, E')$. Compte tenu de la prop. 1 (IV, p. 32), il s'agit de prouver que C est compact pour $\sigma(E, E')$, ce qui nous ramène *au cas où* $\mathcal{T} = \sigma(E, E')$.

B) Comme C est précompact et fermé pour $\sigma(E, E')$, il est borné et fermé pour la topologie initiale de E (III, p. 3, prop. 2 et IV, p. 1, prop. 1) ; il est donc complet puisque E est quasi-complet. Autrement dit, C est l'enveloppe fermée convexe équilibrée de A dans le complété $\hat{E}$ de E. Comme la topologie $\sigma(\hat{E}, E')$ induit $\sigma(E, E')$ sur E, on est ramené *au cas où* E *est complet*.

C) Soit Γ l'enveloppe convexe équilibrée de A. Alors C est l'adhérence de Γ pour $\sigma(E, E')$. D'après le th. d'Eberlein (IV, p. 35, th. 1), il s'agit de prouver que toute suite $(x_n)_{n \in \mathbf{N}}$ de points de Γ a une valeur d'adhérence pour $\sigma(E, E')$ dans E. Or x_n appartient à l'enveloppe convexe équilibrée d'une partie finie B_n de A. Soit F le sous-espace vectoriel fermé de E engendré par l'ensemble dénombrable $B = \bigcup_n B_n$. Alors F est complet, la topologie $\sigma(F, F')$ sur F est induite par $\sigma(E, E')$ et l'on a $x_n \in F$ pour tout $n \in \mathbf{N}$. Il suffit donc de prouver que $(x_n)_{n \in \mathbf{N}}$ a une valeur d'adhérence pour $\sigma(F, F')$, ce qui nous ramène *au cas où il existe dans* E *une partie dénombrable dense*.

Munissons A de la topologie induite par $\sigma(E, E')$, qui en fait un espace compact. Définissons l'application linéaire $u : E' \to \mathscr{C}(A)$ par

$$u(x')(a) = \langle a, x' \rangle \quad (a \in A,\ x' \in E'). \tag{7}$$

Soit $(x'_n)_{n \in \mathbf{N}}$ une suite équicontinue dans E', convergeant vers 0 pour $\sigma(E', E)$. La suite des fonctions $u(x'_n)$ est alors bornée dans $\mathscr{C}(A)$ et converge simplement vers 0. Pour tout $\mu \in \mathscr{C}(A)'$, on a $\lim_{n \to \infty} \mu(u(x'_n)) = 0$ d'après le lemme 2 (IV, p. 37). D'après le critère fourni par la remarque de III, p. 21, la forme linéaire $\mu \circ u$ sur E' est donc continue pour $\sigma(E', E)$ quelle que soit $\mu \in \mathscr{C}(A)'$. Il existe donc une application linéaire $v : \mathscr{C}(A)' \to E$ satisfaisant à la relation

$$\langle u(x'), \mu \rangle = \langle v(\mu), x' \rangle \quad (x' \in E',\ \mu \in \mathscr{C}(A)'). \tag{8}$$

Il est clair que v est continue si l'on munit $\mathscr{C}(A)'$ de la topologie $\sigma(\mathscr{C}(A)', \mathscr{C}(A))$ et E de la topologie $\sigma(E, E')$.

La boule unité (fermée) B de l'espace de Banach $\mathscr{C}(A)'$ est compacte pour la topologie $\sigma(\mathscr{C}(A)', \mathscr{C}(A))$ (III, p. 17, cor. 3). Par suite, $v(B)$ est une partie de E convexe, équilibrée et compacte pour $\sigma(E, E')$. Pour tout $a \in A$, la forme linéaire continue $\varepsilon_a : f \mapsto f(a)$ sur $\mathscr{C}(A)$ appartient à B, et l'on a $v(\varepsilon_a) = a$ d'après les formules (7) et (8). On a donc $A \subset v(B)$, d'où $C \subset v(B)$. Ceci prouve que C est compacte pour $\sigma(E, E')$. C.Q.F.D. *

Points fixes des groupes de transformations affines

1. Cas des groupes résolubles

Soient E un espace vectoriel réel, et K une partie convexe de E. On appelle *transformation affine* dans K toute application $u : \mathrm{K} \to \mathrm{K}$ telle que l'on ait

(1) $$u(tx + (1 - t)\, y) = tu(x) + (1 - t)\, u(y)$$

pour x, y dans K et tout nombre réel t dans $[0, 1]$. De la relation (1), on déduit par récurrence

(2) $$u(\sum_{i \in \mathrm{I}} t_i x_i) = \sum_{i \in \mathrm{I}} t_i u(x_i)$$

quels que soient l'ensemble fini I, les points x_i de K et les nombres réels positifs t_i tels que $\sum_{i \in \mathrm{I}} t_i = 1$.

Si u et v sont deux transformations affines dans K, l'application $u \circ v$ est une transformation affine dans K. Si $v : \mathrm{E} \to \mathrm{E}$ est une application linéaire telle que $v(\mathrm{K}) \subset \mathrm{K}$, l'application $u : \mathrm{K} \to \mathrm{K}$ qui coïncide avec v sur K est une transformation affine.

THÉORÈME 1 (Markoff-Kakutani). — *Soient* E *un espace vectoriel localement convexe séparé sur le corps* **R**, *et* K *une partie convexe, compacte et non vide de* E. *Soit* Γ *un ensemble de transformations affines dans* K, *continues, deux à deux permutables. Il existe un point* a *de* K *tel que* $u(a) = a$ *pour tout* $u \in \Gamma$.

Pour tout $u \in \Gamma$, soit K_u l'ensemble des $x \in \mathrm{K}$ tels que $u(x) = x$. Montrons que K_u est non vide. Soit x un point de K ; pour tout entier $n \geqslant 1$, notons x_n l'élément $\frac{1}{n} \sum_{i=0}^{n-1} u^i(x)$ de E. Comme K est convexe et stable par u, les points x_n appartiennent à K et comme K est compact, il existe une valeur d'adhérence a de la suite $(x_n)_{n \geqslant 1}$. L'application $y \mapsto u(y) - y$ de K dans E est continue, donc $u(a) - a$ est valeur d'adhérence de la suite $(u(x_n) - x_n)_{n \geqslant 1}$. Or on a $u(x_n) - x_n = \frac{1}{n}(u^n(x) - x)$. Comme

K est compact, donc borné (III, p. 3, prop. 2), la suite $(u^n(x) - x)_{n \geqslant 1}$ est bornée; par suite, la suite $\left(\frac{1}{n}(u^n(x) - x)\right)_{n \geqslant 1}$ tend vers 0 (III, p. 3, prop. 3), et comme E est séparé, on a $u(a) - a = 0$. On a donc $a \in K_u$.

Chacun des ensembles K_u est une partie fermée et convexe de l'espace compact K, et il s'agit de prouver que l'intersection $\bigcap_{u \in \Gamma} K_u$ est non vide. Il suffit donc de prouver que, pour $n \geqslant 1$, et $u_1, \ldots, u_n$ dans Γ, l'ensemble $K_{u_1} \cap \ldots \cap K_{u_n}$ n'est pas vide. Raisonnons par récurrence sur n, le cas $n = 1$ ayant été traité. Supposons alors $n \geqslant 2$ et posons $L = K_{u_1} \cap \ldots \cap K_{u_{n-1}}$. Par l'hypothèse de récurrence, L est une partie compacte et convexe non vide de E. Comme u_n commute à $u_1, \ldots, u_{n-1}$, on a $u_n(L) \subset L$. Appliquant la première partie de la démonstration à la transformation affine induite par u_n dans L, on conclut qu'il existe un point a de L tel que $u_n(a) = a$; alors a appartient à $K_{u_1} \cap \ldots \cap K_{u_n}$, qui est donc non vide.

COROLLAIRE. — *Soit* G *un groupe résoluble de transformations affines continues dans* K. *Il existe un point de* K *invariant par* G.

D'après la définition d'un groupe résoluble (A, I, p. 71), il existe une suite finie décroissante $(G_i)_{0 \leqslant i \leqslant n}$ de sous-groupes distingués de G, telle que $G_0 = G$, $G_n = \{e\}$ et que le groupe G_{i-1}/G_i soit commutatif pour $1 \leqslant i \leqslant n$. Notons K_i l'ensemble des points fixes de G_i dans K. On a $K_n = K$. De plus, pour $1 \leqslant i \leqslant n$, tout élément de G_i induit la transformation identique sur K_i ; on en déduit une action du groupe *commutatif* G_{i-1}/G_i sur K_i ; si K_i est non vide, il résulte du th. 1 que l'ensemble K_{i-1} des points fixes de G_{i-1}/G_i dans K_i est non vide. Par récurrence descendante sur i, on en déduit que K_0 n'est pas vide, d'où le corollaire.

2. Moyennes invariantes

Soit X un espace topologique. Notons $\mathscr{B}(X ; \mathbf{R})$ l'espace vectoriel réel formé des applications continues et bornées de X dans $\mathbf{R}$. Muni de la norme $\|f\| = \sup_{x \in X} |f(x)|$, c'est un espace de Banach (TG, X, p. 21) ; c'est aussi un espace vectoriel ordonné, la relation $f \geqslant g$ signifiant « $f(x) \geqslant g(x)$ pour tout $x \in X$ ».

DÉFINITION 1. — *On appelle moyenne sur l'espace topologique* X *une forme linéaire positive* μ *sur l'espace* $\mathscr{B}(X ; \mathbf{R})$ *telle que* $\mu(1) = 1$.

* Lorsque X est compact, une moyenne sur X est donc une mesure positive sur X telle que $\mu(X) = 1$. *

Lemme 1. — *L'ensemble* K *des moyennes sur* X *est la partie de la boule unité du dual de l'espace de Banach* $E = \mathscr{B}(X ; \mathbf{R})$ *dont les éléments sont les formes linéaires* μ *telles que* $\mu(1) = 1$. *C'est une partie de* E', *convexe et compacte pour* $\sigma(E', E)$.

Soit μ une forme linéaire sur E, telle que $\mu(1) = 1$. Pour toute fonction $f \in E$, on définit la fonction $f' \in E$ par $f'(x) = \|f\| - f(x)$ $(x \in X)$. Supposons d'abord que μ soit une moyenne ; pour tout $f \in E$, on a $f' \geqslant 0$, d'où $\mu(f') \geqslant 0$, c'est-à-dire $\mu(f) \leqslant \|f\|$; on a donc $\|\mu\| \leqslant 1$. Réciproquement, supposons que μ appartienne à E′, et que $\|\mu\| \leqslant 1$; pour toute fonction positive $f \in E$, on a $\mu(f') \leqslant \|f'\|$, d'où

$$\|f\| - \mu(f) = \mu(f') \leqslant \|f'\| \leqslant \|f\|,$$

et finalement $\mu(f) \geqslant 0$; par suite, μ est une moyenne.

Il est clair que K est convexe ; qu'il soit compact pour $\sigma(E', E)$ résulte du cor. 3 de III, p. 17. C.Q.F.D.

Soit Γ un ensemble d'applications continues de X dans X, commutant deux à deux. Soit $\gamma \in \Gamma$. Pour toute fonction $f \in E$, on a $f \circ \gamma \in E$; on définit donc une transformation affine u_γ dans l'ensemble K des moyennes sur X par

$$u_\gamma \mu(f) = \mu(f \circ \gamma) \quad (\mu \in K,\ f \in E).$$

Si l'on munit K de la topologie induite par $\sigma(E', E)$, l'application u_γ est continue. Si γ est un homéomorphisme, $u_\gamma \mu$ se déduit de μ par transport de structure. Enfin, on a $u_\gamma u_{\gamma'} = u_{\gamma'} u_\gamma$ quels que soient γ, γ' dans Γ. D'après le th. de Markoff-Kakutani (IV, p. 39, th. 1), *il existe donc une moyenne* μ *sur* X, *telle que* $u_\gamma \mu = \mu$ *pour tout* $\gamma \in \Gamma$; autrement dit, μ satisfait à la relation $\mu(f) = \mu(f \circ \gamma)$ pour $f \in E$ et $\gamma \in \Gamma$.

Le corollaire du th. 1 (IV, p. 40) entraîne de manière analogue le résultat suivant :

PROPOSITION 1. — *Soient* X *un espace topologique et* G *un groupe résoluble. On suppose que* G *opère à gauche sur* X, *de sorte que, pour tout* $g \in G$, *l'application* $x \mapsto g.x$ *de* X *dans* X *soit continue. Il existe alors sur* X *une moyenne invariante par* G.

COROLLAIRE. — *Soit* G *un groupe topologique résoluble. Il existe sur* G *une moyenne invariante par les translations à gauche et à droite.*

Il suffit d'appliquer la prop. 1 au groupe résoluble $G \times G$ agissant sur G par $(g, g').x = gxg'^{-1}$.

3. Le théorème de Ryll-Nardzewski

Dans ce numéro, on note E un espace *normé* sur le corps **R** et $\mathscr{T}$ une topologie localement convexe séparée sur E, pour laquelle la norme de E soit *semi-continue inférieurement*. Ces hypothèses sont notamment remplies dans les cas suivants :

a) $\mathscr{T}$ est la topologie déduite de la norme de l'espace normé E.

b) $\mathscr{T}$ est la topologie affaiblie $\sigma(E, E')$ de l'espace normé E.

c) E est le dual d'un espace normé F et l'on a $\mathscr{T} = \sigma(F', F)$.

d) Il existe deux espaces normés F_1 et F_2 tels que $E = \mathscr{L}(F_1 ; F_2)$ et que $\mathscr{T}$ soit la topologie de la convergence simple.

Sauf mention expresse du contraire, les notions topologiques se réfèrent à la topologie $\mathscr{T}$.

Soit K une partie convexe de E. On suppose que K est *compacte* (pour la topologie $\mathscr{T}$), et que c'est un espace de type dénombrable pour la distance déduite de la norme de E.

Lemme 2. — *On suppose que* K *contient au moins deux points. Pour tout* $\varepsilon > 0$, *il existe une partition de* K *en deux sous-ensembles non vides* K_1 *et* K_2, *ayant les propriétés suivantes* :

a) K_1 *est convexe et compact* ;

b) *on a* $\|x_1 - x_2\| < \varepsilon$ *quels que soient* x_1 *et* x_2 *dans* K_2.

Soit L l'adhérence de l'ensemble des points extrémaux de K. D'après le th. de Krein-Milman (II, p. 59, th. 1), K est l'enveloppe fermée convexe de L. Comme K contient au moins deux points, il en est de même de L. Pour tout $x \in L$, soit A_x l'ensemble des $y \in L$ tels que $\|x - y\| \leqslant \varepsilon/4$. D'après l'hypothèse faite sur K, il existe une partie dénombrable D de L telle que $L = \bigcup_{x \in D} A_x$. Comme la norme est semi-continue inférieurement, chacun des ensembles A_x est fermé. Appliquons le th. de Baire (TG, IX, p. 55, th. 1) à l'espace compact L : il existe un point a de D et une partie ouverte U de E tels que $L \cap U$ soit non vide et contenu dans A_a. Comme L contient au moins deux points, et que E est séparé, on peut choisir U de sorte que $L \not\subset U$.

Soit M l'enveloppe fermée convexe de $L \cap \complement U$. Pour tout nombre réel t tel que $0 < t < 1$, notons M_t l'ensemble des vecteurs de la forme $tx_1 + (1 - t)\, x_2$ avec $x_1 \in M$ et $x_2 \in K$; c'est une partie non vide, convexe et compacte de K. *Démontrons par l'absurde qu'on a* $M_t \neq K$. Supposons qu'on ait $M_t = K$; alors tout point extrémal x de K appartient à M_t, donc s'écrit sous la forme $x = tx_1 + (1 - t)\, x_2$ avec $x_1 \in M$ et $x_2 \in K$. Ceci entraîne $x = x_1 = x_2$, d'où $x \in M$. D'après le th. de Krein-Milman (II, p. 59, th. 1), on a donc $K = M$, et K est l'enveloppe fermée convexe de $L \cap \complement U$. D'après II, p. 59, corollaire, ceci entraîne $L \subset L \cap \complement U$, en contradiction avec la relation $L \cap U \neq \varnothing$.

Posons $d = \sup_{x \in K, y \in K} \|x - y\|$ et choisissons un nombre réel t tel que $0 < t < 1$ et $t < \varepsilon/4d$. Posons $K_1 = M_t$ et $K_2 = K - M_t$. D'après ce qui précède, les ensembles K_1 et K_2 sont non vides, et K_1 est convexe et compact. Soit M′ l'enveloppe fermée convexe de $L \cap U$. Comme K est l'enveloppe fermée convexe de l'ensemble $L = (L \cap \complement U) \cup (L \cap U)$, c'est aussi l'enveloppe fermée convexe de $M \cup M'$. Soient x_1 et x_2 deux points de K_2 ; pour $i = 1, 2$, il existe donc $y_i \in M$, $z_i \in M'$ et un nombre réel α_i tels que $0 \leqslant \alpha_i \leqslant 1$ et $x_i = \alpha_i y_i + (1 - \alpha_i)\, z_i$. Si l'on avait $\alpha_i \geqslant t$, on aurait $x_i = ty_i + (1 - t) \left\{ \frac{\alpha_i - t}{1 - t} y_i + \frac{1 - \alpha_i}{1 - t} z_i \right\}$ contrairement à l'hypothèse $x_i \notin M_t$. On a donc $\alpha_i < t$ pour $i = 1, 2$, d'où

$$\|x_i - z_i\| = \|\alpha_i(y_i - z_i)\| = \alpha_i \|y_i - z_i\| \leqslant \alpha_i d < dt < \varepsilon/4 .$$

Pour tout point z de M′, on a $\|z - a\| \leqslant \varepsilon/4$ puisque $L \cap U \subset A_a$, d'où en particulier $\|z_i - a\| \leqslant \varepsilon/4$. On a donc

$$\|x_1 - x_2\| \leqslant \sum_{i=1}^{2} (\|x_i - z_i\| + \|z_i - a\|) < \varepsilon .$$

Ceci achève la démonstration.

Lemme 3. — *Soit* G *un groupe de transformations affines continues (pour* $\mathscr{T}$ *) dans* K. *On suppose que* K *est non vide et qu'on a* $\|gx - gy\| = \|x - y\|$ *pour* x, y *dans* K *et* g *dans* G. *Il existe un point de* K *invariant par* G.

Soit $\mathfrak{J}$ l'ensemble des parties de K qui sont non vides, convexes, fermées et stables pour G. Si $(L_\alpha)_{\alpha \in I}$ est une famille totalement ordonnée par inclusion d'éléments de $\mathfrak{J}$, l'ensemble $L = \bigcap_{\alpha \in I} L_\alpha$ appartient à $\mathfrak{J}$. Par suite (E, III, p. 20, th. 2), il existe un élément L de $\mathfrak{J}$, minimal pour la relation d'inclusion. Il s'agit de prouver que L est réduit à un point.

Raisonnons par l'absurde, en supposant que L contienne au moins deux points distincts x_1 et x_2 ; posons $x = (x_1 + x_2)/2$ et $\varepsilon = \|x_1 - x_2\|/2$. L'ensemble convexe et compact L est de type dénombrable pour la distance déduite de la norme (TG, IX, p. 19, corollaire). On peut donc lui appliquer le lemme 2 et trouver une partie convexe et compacte L_1 de L, distincte de $\varnothing$ et de L, possédant la propriété suivante :

(A) *Quels que soient* y_1 *et* y_2 *dans* $L - L_1$, *on a* $\|y_1 - y_2\| < \varepsilon$.

Montrons par l'absurde qu'on a $gx \in L_1$ *pour tout* $g \in G$. Soit donc $g \in G$ tel que $gx \in L - L_1$; pour $i = 1, 2$, on a

$$\|gx_i - gx\| = \|x_i - x\| = \|x_1 - x_2\|/2 = \varepsilon .$$

D'après la propriété (A), on a donc $gx_i \in L_1$. Comme L_1 est convexe, on en déduit que $gx = (gx_1 + gx_2)/2$ appartient à L_1, contrairement à l'hypothèse faite.

Soit L′ l'enveloppe fermée convexe de l'orbite Gx de x. L'ensemble L′ appartient à $\mathfrak{J}$. D'après ce qui précède, on a $L' \subset L_1$, d'où $L' \subset L$, $L' \neq L$. Ceci contredit le caractère minimal de L et achève la démonstration.

THÉORÈME 2 (Ryll-Nardzewski). — *Soient* E *un espace normé et* K *une partie convexe non vide de* E, *compacte pour la topologie affaiblie* $\sigma(E, E')$. *Soit* G *un groupe de transformations affines isométriques de* K. *Il existe un point de* K *invariant par* G.

Pour tout $g \in G$, notons K_g l'ensemble des points x de K tels que $gx = x$; munissons K de la topologie affaiblie ; chaque ensemble K_g est convexe et fermé dans l'espace compact K. Il s'agit de prouver que l'intersection $\bigcap_{g \in G} K_g$ est non vide ; pour cela, il suffit de prouver que l'ensemble $K_{g_1} \cap \ldots \cap K_{g_n}$ est non vide quels que soient $g_1, \ldots, g_n$ dans G. Fixons $g_1, \ldots, g_n$ et notons H le sous-groupe de G engendré par $\{g_1, \ldots, g_n\}$. Choisissons un point a de K et notons L l'enveloppe fermée convexe de l'orbite Ha de a. Soit D l'ensemble dénombrable des éléments de la forme $\lambda_1 h_1 a + \cdots + \lambda_m h_m a$, où $\lambda_1, \ldots, \lambda_m$ sont des nombres rationnels positifs tels que $\lambda_1 + \cdots + \lambda_m = 1$, et $h_1, \ldots, h_m$ des éléments de H. L'adhérence $\overline{\mathrm{D}}$ de D pour la topologie forte est convexe, donc elle est fermée pour $\sigma(\mathrm{E}, \mathrm{E}')$ (IV, p. 4, prop. 2) ; on a donc $\overline{\mathrm{D}} = \mathrm{L}$, ce qui prouve que L est un espace métrique de type dénombrable pour la distance $(x, y) \mapsto \|x - y\|$. On peut donc appliquer le lemme 2. Il existe un point b de L invariant par H, d'où $b \in \mathrm{K}_{g_1} \cap \ldots \cap \mathrm{K}_{g_n}$.

COROLLAIRE. — *Soient* E *un espace de Banach réflexif,* G *un groupe d'automorphismes de l'espace normé* E, *et* K *une partie de* E. *On suppose que* K *est convexe, fermée, non vide, bornée, et stable par* G. *Il existe alors dans* K *un point invariant par* G.

Comme E est réflexif, K est compacte pour $\sigma(\mathrm{E}, \mathrm{E}')$ (IV, p. 15, th. 1). De plus, tout élément de G appartient à $\mathscr{L}(\mathrm{E})$.

4. Applications

* *A*) *Représentations unitaires des groupes* :

Soient E un espace hilbertien complexe, G un groupe et π une représentation unitaire de G dans E, c'est-à-dire un homomorphisme de G dans le groupe des automorphismes de E. Notons E^{G} le sous-espace hilbertien de E formé des vecteurs invariants par $\pi(\mathrm{G})$. Pour tout $x \in \mathrm{E}$, soit K_x l'enveloppe fermée convexe de l'orbite de x. Fixons un point x de E.

Montrons qu'*il existe dans* K_x *un unique point invariant par* $\pi(\mathrm{G})$, *à savoir la projection de* x *sur* E^{G}. D'après IV, p. 44, corollaire (appliqué à l'espace vectoriel réel sous-jacent à E), il existe un point de K_x invariant par $\pi(\mathrm{G})$; soit a un tel point, d'où $a \in \mathrm{E}^{\mathrm{G}}$. Soit P l'ensemble des $y \in \mathrm{E}$ tels que $y - x$ soit orthogonal à E^{G} ; on voit aussitôt que P est convexe, fermé et invariant par $\pi(\mathrm{G})$; on a $x \in \mathrm{P}$, d'où $\mathrm{K}_x \subset \mathrm{P}$ et finalement $a \in \mathrm{P}$. Autrement dit, $a - x$ est orthogonal à E^{G} ; par suite a est la projection de x sur E^{G}. *

* *B*) *Trace d'un opérateur dans un espace hilbertien* :

Supposons maintenant que la représentation π soit *irréductible*, c'est-à-dire qu'il n'existe aucun sous-espace hilbertien de E, distinct de $\{0\}$ et de E, et invariant par $\pi(\mathrm{G})$. Soit $\mathrm{F} = \mathscr{L}^2(\mathrm{E})$ l'espace hilbertien des endomorphismes de Hilbert-Schmidt de E, avec le produit scalaire $\langle u|v \rangle = \mathrm{Tr}(u^* v)$. Définissons une représentation unitaire λ de G dans F par la formule

$$\lambda(g).u = \pi(g)\, u \pi(g)^{-1} \qquad (u \in \mathrm{F},\ g \in \mathrm{G}) . \tag{3}$$

L'espace F^{G} des éléments de E invariants par $\lambda(\mathrm{G})$ se compose des endomorphismes u de Hilbert-Schmidt de E qui commutent à $\pi(g)$ pour tout $g \in \mathrm{G}$. D'après le lemme de Schur, un tel u est une homothétie. On doit donc distinguer deux cas :

1) si E est de dimension infinie, on a $\mathrm{F}^{\mathrm{G}} = \{0\}$;

2) si E est de dimension finie, on a $\mathrm{F} = \mathscr{L}(\mathrm{E})$ et $\mathrm{F}^{\mathrm{G}} = \mathbf{C}.1_{\mathrm{E}}$.

Par application du résultat de *A*) à la représentation unitaire λ, on obtient le théorème suivant :

Soit $u \in \mathscr{L}^2(\mathrm{E})$, *et soit* A_u *l'enveloppe fermée convexe dans* $\mathscr{L}^2(\mathrm{E})$ *de l'ensemble des endomorphismes* $\pi(g)\,u\pi(g)^{-1}$ *de* E, *où g parcourt* G. *Si* E *est de dimension infinie, on a* $0 \in \mathrm{A}_u$. *Si* E *est de dimension finie d, il existe une unique homothétie dans* A_u, *à savoir la projection* $\frac{1}{d}\,\mathrm{Tr}(u).1_{\mathrm{E}}$ *de u sur le sous-espace* $\mathbf{C}.1_{\mathrm{E}}$ *de* $\mathscr{L}^2(\mathrm{E})$. *

C) *Mesure de Haar d'un groupe compact* :

Soit G un groupe compact, et soit $\mathrm{E} = \mathscr{C}(\mathrm{X}\,;\mathbf{R})$ l'espace de Banach des fonctions continues f sur G, à valeurs réelles, muni de la norme

(4) $$\|f\| = \sup_{x \in \mathrm{G}} |f(x)|\,.$$

Pour tout $x \in \mathrm{G}$, on définit les automorphismes γ_x et δ_x de E par les formules

(5) $$\gamma_x f(y) = f(x^{-1}y)\,, \quad \delta_x f(y) = f(yx)$$

(pour $y \in \mathrm{G}$, $f \in \mathrm{E}$).

Soit $f \in \mathrm{E}$; *on note* Γ_f (resp. Δ_f) *l'enveloppe fermée convexe, dans* E, *de l'ensemble des fonctions* $\gamma_x f$ (resp. $\delta_x f$) *pour x parcourant* G. Nous allons prouver qu'*il existe une unique fonction constante* $\mu(f)$ *appartenant à* Γ_f, *une unique fonction constante* $\mu'(f)$ *appartenant à* Δ_f *et que ces constantes sont égales.*

Il est clair qu'une fonction continue sur G est invariante par les automorphismes γ_x (resp. δ_x) de E si et seulement si elle est constante. Par ailleurs, l'ensemble des fonctions $\gamma_x f$ (resp. $\delta_x f$) pour x dans G, est compact dans E, car l'application $x \mapsto \gamma_x f$ (resp. $x \mapsto \delta_x f$) de G dans E est continue (TG, X, p. 28, th. 3). Il en résulte (II, p. 27, prop. 3) que Γ_f (resp. Δ_f) est un ensemble compact dans E pour la topologie déduite de la norme, donc pour $\sigma(\mathrm{E}, \mathrm{E}')$. D'après le th. de Ryll-Nardzewski (IV, p. 43, th. 2), il existe des fonctions constantes dans Γ_f et Δ_f. Il reste à prouver que, si $c_1 \in \Gamma_f$ et $c_2 \in \Delta_f$ sont constantes, on a $c_1 = c_2$.

Soit $\varepsilon > 0$. Par hypothèse, il existe des points $x_1, \ldots, x_n, y_1, \ldots, y_m$ de G et des nombres réels positifs $\lambda_1, \ldots, \lambda_n, \mu_1, \ldots, \mu_m$ tels que

(6) $$\lambda_1 + \cdots + \lambda_n = \mu_1 + \cdots + \mu_m = 1\,.$$

(7) $$\sup_{x \in \mathrm{G}} \Big|\sum_{i=1}^{n} \lambda_i f(x_i x) - c_1\Big| \leqslant \varepsilon\,,$$

(8) $$\sup_{x \in \mathrm{G}} \Big|\sum_{j=1}^{m} \mu_j f(x y_j) - c_2\Big| \leqslant \varepsilon\,.$$

Posons $r = \sum_{i,j} \lambda_i \mu_j f(x_i y_j)$. On a $r - c_1 = \sum_{j=1}^{m} \mu_j a_j$ avec $a_j = \sum_{i=1}^{n} \lambda_i f(x_i y_j) - c_1$; d'après (7), on a $|a_j| \leqslant \varepsilon$ pour $1 \leqslant j \leqslant m$, d'où $|r - c_1| \leqslant \varepsilon$. On démontre de manière analogue l'inégalité $|r - c_2| \leqslant \varepsilon$, d'où $|c_1 - c_2| \leqslant 2\varepsilon$. Vu l'arbitraire de ε, on a $c_1 = c_2$ comme annoncé.

D'après la définition de $\mu(f)$, on peut trouver pour tout $\varepsilon > 0$ des nombres positifs $\lambda_1, \ldots, \lambda_n$, de somme 1 et des éléments $x_1, \ldots, x_n$ de G tels que l'on ait $|\sum_{i=1}^{n} \lambda_i f(x_i x) - \mu(f)| \leqslant \varepsilon$ pour tout $x \in G$.

Il est immédiat que, pour f, g dans E et tout scalaire λ, on a $\Gamma_{f+g} \subset \Gamma_f + \Gamma_g$ et $\Gamma_{\gamma f} = \lambda\Gamma_f$, d'où l'on déduit aussitôt les relations $\mu(f+g) = \mu(f) + \mu(g)$ et $\mu(\lambda f) = \lambda\mu(f)$. Donc l'application $\mu : f \mapsto \mu(f)$ de E dans **R** est une moyenne sur l'espace compact G (IV, p. 40) ; * autrement dit, μ est une mesure positive sur G telle que $\mu(G) = 1$ *. Il est immédiat que μ est invariante par les translations à gauche de G, et l'égalité $\mu(f) = \mu'(f)$ implique que μ est aussi invariante par les translations à droite. * Autrement dit μ est une mesure de Haar à gauche et à droite sur G (INT, VII, § 1, nº 2, déf. 2). *

* *D) Existence de mesures invariantes* :

Soient X un espace topologique séparé, μ une mesure positive et bornée sur X, et G un groupe d'homéomorphismes de X. On suppose que, pour tout $g \in G$, la mesure $g.\mu$ image de μ par l'application $g : X \to X$ est de base μ. Soit u_g une fonction positive μ-intégrable sur X telle que $g.\mu = u_g.\mu$. On suppose aussi qu'il existe deux fonctions μ-intégrables positives φ et ψ sur X, non μ-négligeables et telles que l'on ait $\varphi \leqslant u_g \leqslant \psi$ μ-presque partout quel que soit $g \in G$. *Nous allons prouver qu'il existe une mesure positive et bornée* $\nu \neq 0$ *sur* X, *de base* μ, *invariante par* G.

Soit P la partie de l'espace de Banach $E = L^1(X, \mu)$ formée des classes des fonctions f telles que l'on ait $\varphi \leqslant f \leqslant \psi$ μ-presque partout. Alors P est compacte pour la topologie affaiblie $\sigma(E, E')$. L'application $h \mapsto h.\mu$ de P dans l'espace de Banach $F = \mathscr{M}^b(X)$ des mesures réelles bornées sur X, est une bijection de P sur un sous-ensemble P_1 de F, convexe et compact pour la topologie $\sigma(F, F')$. Par hypothèse, on a $g.\mu \in P_1$ pour tout $g \in G$. Soit K l'enveloppe fermée convexe de l'ensemble des mesures $g.\mu$. Pour tout $g \in G$, l'application $\nu \mapsto g.\nu$ est une transformation affine isométrique de K. D'après le th. de Ryll-Nardzewski (IV, p. 43, th. 2), il existe donc une mesure $\nu \in K$ invariante par G. On a $\varphi.\mu \leqslant \nu$, d'où $\nu \neq 0$. *

Exercices

§ 1

1) Soit A un ensemble infini.

a) Soit E l'espace de Banach $\overline{\mathscr{K}(\mathrm{A})}$ sur **R**, formé des familles $x = (x_\alpha)_{\alpha\in\mathrm{A}}$ de nombres réels telles que $\alpha \mapsto x_\alpha$ tende vers 0 suivant le filtre des complémentaires des parties finies de A, et muni de la norme $\|x\| = \sup_{\alpha\in\mathrm{A}} |x_\alpha|$ (lorsque $\mathrm{A} = \mathbf{N}$, on note aussi cet espace c_0 ou $c_0(\mathbf{N})$). Montrer que toute forme linéaire continue sur E s'écrit d'une seule manière $x \mapsto \sum_{\alpha\in\mathrm{A}} u_\alpha x_\alpha$, où $(u_\alpha)_{\alpha\in\mathrm{A}}$ est une famille telle que $\sum_{\alpha\in\mathrm{A}} |u_\alpha| < +\infty$; le dual E′ de E peut donc être identifié (en tant qu'espace vectoriel non topologique) à l'espace $\ell^1(\mathrm{A})$ (I, p. 4, *Exemple*).

b) Soit F l'espace de Banach $\ell^1(\mathrm{A})$ (I, p. 4, *Exemple*) (lorsque $\mathrm{A} = \mathbf{N}$, on le note aussi ℓ^1). Montrer que toute forme linéaire continue sur F s'écrit d'une seule manière $x \mapsto \sum_{\alpha\in\mathrm{A}} u_\alpha x_\alpha$, où $(u_\alpha)_{\alpha\in\mathrm{A}}$ est une famille bornée de nombres réels ; le dual F′ de F peut donc être identifié (en tant qu'espace vectoriel non topologique) à l'espace $\mathscr{B}(\mathrm{A}) = \ell^\infty(\mathrm{A})$ (TG, X, p. 21).

c) Soient B un ensemble quelconque, $(c_{\alpha\beta})_{(\alpha,\beta)\in\mathrm{A}\times\mathrm{B}}$ une famille quelconque de nombres $\geqslant 0$. Soit G l'espace vectoriel des familles $x = (x_\alpha)_{\alpha\in\mathrm{A}}$ de nombres réels telles que, pour tout $\beta \in \mathrm{B}$, on ait $p_\beta(x) = \sum_{\alpha\in\mathrm{A}} c_{\alpha\beta} |x_\alpha| < +\infty$; les p_β sont des semi-normes sur G. Pour que G, muni de la topologie définie par cette famille de semi-normes, soit séparé, il faut et il suffit que, pour tout $\alpha \in \mathrm{A}$, il existe au moins un $\beta \in \mathrm{E}$ tel que $c_{\alpha\beta} > 0$. Montrer que G est alors complet, et que toute forme linéaire continue sur G peut s'écrire d'une seule manière $x \mapsto \sum_{\alpha\in\mathrm{A}} u_\alpha x_\alpha$, où $(u_\alpha)_{\alpha\in\mathrm{A}}$ est une famille de nombres réels satisfaisant à la condition suivante : il existe un nombre fini d'indices $\beta_i \in \mathrm{B}$ $(1 \leqslant i \leqslant n)$ et un nombre $a > 0$ tel que $|u_\alpha| \leqslant a.c_{\alpha\beta_i}$ pour tout $\alpha \in \mathrm{A}$ et $1 \leqslant i \leqslant n$; réciproque. Extension de ces résultats lorsque le corps des scalaires est **C**.

2) *a*) Soient F et G deux espaces vectoriels en dualité séparante. Montrer que, si F est relativement borné pour $\sigma(F, G)$ (III, p. 45, exerc. 6), G est relativement borné pour $\sigma(G, F)$.
b) Soit F un espace vectoriel, et soient G_1, G_2 deux sous-espaces vectoriels de F^* tels que F soit en dualité séparante avec G_1 et avec G_2. Montrer que, si F est relativement borné pour $\sigma(F, G_1)$ et $\sigma(F, G_2)$, il l'est aussi pour $\sigma(F, G_1 + G_2)$.
c) On suppose que F admet une base dénombrable. Montrer que, pour tout sous-espace vectoriel G de F^*, en dualité séparante avec F et admettant une base dénombrable, F est relativement borné pour $\sigma(F, G)$ (définir par récurrence deux bases (a_n), (b_n) de F et G respectivement, telles que $\langle a_m, b_n \rangle = \delta_{mn}$).

3) Soit F un espace vectoriel. Montrer que, pour la topologie $\sigma(F, F^*)$, toute partie bornée de F est de dimension finie. En déduire que, si F est de dimension infinie, il existe, dans le complété $\hat{F}$ de F (pour $\sigma(F, F^*)$), des parties compactes qui ne sont contenues dans l'adhérence d'aucune partie bornée de F (*cf.* II, p. 55, prop. 10).

¶ 4) Soient F, G deux espaces vectoriels en dualité séparante, G (resp. F) étant identifié au dual de F (resp. G) lorsque ce dernier est muni de la topologie $\sigma(F, G)$ (resp. $\sigma(G, F)$). Soit $\mathfrak{S}$ (resp. $\mathfrak{T}$) un recouvrement de F (resp. G) formé de parties convexes, équilibrées et bornées pour $\sigma(F, G)$ (resp. $\sigma(G, F)$). Montrer que les propositions suivantes sont équivalentes :

α) Tout ensemble $M \in \mathfrak{S}$ est précompact pour la $\mathfrak{T}$-topologie.

β) Tout ensemble $N \in \mathfrak{T}$ est précompact pour la $\mathfrak{S}$-topologie.

γ) Sur tout ensemble $M \in \mathfrak{S}$, la topologie induite par la $\mathfrak{T}$-topologie est identique à la topologie induite par $\sigma(F, G)$.

δ) Sur tout ensemble $N \in \mathfrak{T}$, la topologie induite par la $\mathfrak{S}$-topologie est identique à la topologie induite par $\sigma(G, F)$.

(Utiliser la prop. 5 de III, p. 17 pour établir que α) entraîne δ) et l'exerc. 1 de II, p. 78 pour montrer que δ) entraîne β).)

5) Soient E et F deux espaces localement convexes séparés, $\mathfrak{S}$ un ensemble de parties de E. Pour que, sur l'espace $\mathscr{L}(E; F)$, la $\mathfrak{S}$-topologie soit compatible avec la structure d'espace vectoriel, il est nécessaire (et suffisant, *cf.* III, p. 13, corollaire) que tout ensemble de $\mathfrak{S}$ soit borné dans E.

6) *a*) Soit E un espace localement convexe séparé. Pour tout ultrafiltre $\mathfrak{U}$ sur E, soit $\mathfrak{U}'$ le filtre ayant pour base les enveloppes convexes des ensembles de $\mathfrak{U}$. Montrer que, pour qu'un point de E soit limite de $\mathfrak{U}$ pour la topologie affaiblie, il faut et il suffit qu'il soit adhérent à $\mathfrak{U}'$ pour la topologie initiale (utiliser l'exerc. 11 de II, p. 89).
b) Soient E un espace vectoriel, A une partie convexe de E, $\mathscr{T}_1$, $\mathscr{T}_2$ deux topologies localement convexes séparées sur E, $\mathscr{T}'_1$, $\mathscr{T}'_2$ les topologies affaiblies correspondantes. Montrer que si la topologie induite sur A par $\mathscr{T}_1$ est plus fine que la topologie induite par $\mathscr{T}_2$, alors la topologie induite sur A par $\mathscr{T}'_1$ est plus fine que la topologie induite sur A par $\mathscr{T}'_2$.

¶ 7) Soient F l'espace somme directe $\mathbf{R}^{(\mathbf{N})}$, G l'espace $\ell^1(\mathbf{N})$ (I, p. 4, *Exemple*) ; F et G sont mis en dualité par la forme bilinéaire

$$(x, y) \mapsto \sum_n \xi_n \eta_n$$

pour $x = (\xi_n) \in F$ et $y = (\eta_n) \in G$.
a) Montrer que, dans F, tout ensemble K convexe et compact pour $\sigma(F, G)$ est de dimension finie. (Supposant le contraire, soient (n_k) une suite strictement croissante d'entiers > 0, et (a_k) une suite de points de K telle que les composantes de a_k d'indice $> n_k$ soient nulles, mais que celle d'indice n_k soit $\neq 0$. Montrer qu'il existe une suite (t_k) de nombres > 0 telle que $\sum_k t_k < +\infty$ et que, dans l'espace de Banach $\mathscr{B}(\mathbf{N})$ des suites bornées de nombres réels, le point $\sum_k t_k a_k$ ait ses composantes d'indice n_i non nulles pour tout i ; en déduire que la suite des sommes partielles $s_p = \sum_{k=1}^{p} t_k a_k$ ne peut avoir de valeur d'adhérence dans F pour $\sigma(F, G)$.)

b) Montrer qu'il existe dans F des ensembles compacts pour $\sigma(F, G)$ et de dimension infinie (remarquer que G est le dual de F pour la topologie induite sur F par la topologie d'espace normé de $\mathscr{B}(N)$). Montrer qu'il existe aussi dans F des ensembles précompacts pour $\sigma(F, G)$ et non relativement compacts.
c) Déduire de *a*) et *b*) que l'on a $\tau(G, F) = \sigma(G, F)$, mais que $\tau(G, F)$ est distincte de la topologie de la convergence uniforme dans les parties de F compactes pour $\sigma(F, G)$.

8) Soient E un espace localement convexe métrisable de dimension infinie, E′ son dual. Pour que la topologie $\tau(E, E')$ soit identique à la topologie affaiblie $\sigma(E, E')$, il faut et il suffit que E soit isomorphe à un sous-espace partout dense de l'espace produit $\mathbf{R}^{\mathbf{N}}$ (resp. $\mathbf{C}^{\mathbf{N}}$). (Remarquer que dans E′, pour la bornologie formée des parties équicontinues, il existe une base (III, p. 1) dénombrable et formée d'ensembles de dimension finie ; en conclure que l'espace vectoriel E′ a une base dénombrable.)

Donner un exemple d'espace localement convexe séparé E pour lequel la topologie initiale et les topologies $\sigma(E, E')$ et $\tau(E, E')$ soient trois topologies distinctes.

9) *a*) Soit E un espace localement convexe séparé, bornologique et quasi-complet. Pour que, sur le dual E′ de E, les topologies $\tau(E', E)$ et $\sigma(E', E)$ soient identiques, il faut et il suffit que la topologie de E soit la topologie localement convexe la plus fine (montrer que toute partie bornée de E est de dimension finie).
b) Soient E un espace localement convexe séparé, E′ son dual. Pour que sur E′, la topologie forte $\beta(E', E)$ soit identique à la topologie faible $\sigma(E', E)$, il faut et il suffit que la topologie de l'espace bornologique associé à E (III, p. 41, exerc. 1) soit la topologie localement convexe la plus fine sur E.

10) Soient E un espace localement convexe séparé, E′ son dual. Montrer que les propositions suivantes sont équivalentes :

α) E est tonnelé ;

β) toute partie faiblement bornée de E′ est équicontinue ;

γ) toute partie faiblement bornée de E′ est relativement faiblement compacte, et la topologie de E est $\tau(E, E')$.

11) Soient E un espace localement convexe séparé, E′ son dual, $\mathfrak{S}$ un recouvrement de E formé de parties bornées ; on munit E′ de la $\mathfrak{S}$-topologie. Montrer que, pour que la forme bilinéaire $(x, x') \mapsto \langle x, x' \rangle$ soit continue dans $E \times E'$, il faut et il suffit que la topologie de E puisse être définie par une seule norme, et que la $\mathfrak{S}$-topologie soit la topologie forte sur E′ (*cf.* III, p. 38, exerc. 2).

12) Soient E un espace localement convexe séparé, E′ son dual.
a) Pour qu'il existe dans E′ un ensemble faiblement borné et absorbant, il faut et il suffit que la topologie de E soit moins fine qu'une topologie d'espace normé (*cf.* IV, p. 48, exerc. 2).
b) Pour qu'il existe dans E′ un ensemble équicontinu et faiblement total, il faut et il suffit que la topologie de E soit plus fine qu'une topologie d'espace normé.
c) Pour qu'il existe dans E′ un ensemble équicontinu absorbant, il faut et il suffit que la topologie de E puisse être définie par une seule norme.

13) Soient F, G deux espaces vectoriels sur **R** en dualité séparante.
a) Soit A un ensemble convexe dans F, ne contenant pas l'origine, compact pour la topologie $\sigma(F, G)$; soit C le cône convexe de sommet 0 engendré par A. Montrer que le cône polaire C° dans G possède un point intérieur pour la topologie $\tau(G, F)$.
b) Réciproquement, soit C un cône convexe saillant dans F, de sommet 0, fermé pour $\sigma(F, G)$ et ayant un point intérieur pour la topologie $\tau(F, G)$. Montrer qu'il existe dans G un hyperplan H fermé pour $\sigma(G, F)$, ne contenant pas l'origine, tel que $H \cap C^\circ$ soit compact pour $\sigma(G, F)$ et que $(H \cap C^\circ) \cup \{0\}$ engendre C°.

14) Soient E un espace localement convexe séparé et quasi-complet, E′ son dual. Montrer que sur E′ la topologie de la convergence compacte est la plus fine des topologies compa-

tibles avec la dualité entre E et E′ et qui induise sur toute partie équicontinue de E′ la même topologie que $\sigma(E', E)$ (*cf.* IV, p. 48, exerc. 4).

¶ 15) *a*) Soient E un espace localement convexe séparé, A un ensemble convexe et équilibré dans E, *u* une forme linéaire sur E. Montrer que, si $A \cap u^{-1}(0)$ est fermé par rapport à A, la restriction de *u* à A est continue. (Dans le cas contraire, montrer que 0 serait adhérent à l'intersection de A et d'un hyperplan $u^{-1}(\alpha)$ avec $\alpha \neq 0$; en déduire que si $b \in A$ est tel que $u(b) = -\alpha$, le point $\frac{1}{2}b$ serait adhérent à $A \cap u^{-1}(0)$.)
b) Soient E un espace localement convexe réel séparé et complet, E′ son dual. Montrer que, si un hyperplan H′ de E′ est tel que son intersection avec toute partie équicontinue et faiblement fermée $M' \subset E'$ soit faiblement fermée, H′ est faiblement fermé (utiliser *a*) et III, p. 21, cor. 1).
c) Soient E un espace localement convexe séparé, E′ son dual, C un ensemble convexe, équilibré et fermé dans E. Soit *u* une forme linéaire sur E ; montrer que, si la restriction de *u* à C est continue pour la topologie initiale, elle est aussi continue pour $\sigma(E, E')$ (utiliser *a*)). Montrer par un exemple que la restriction de *u* au sous-espace vectoriel M engendré par C n'est pas nécessairement continue (prendre $E = \mathbf{R}^{(\mathbf{N})}$ muni de la norme $\|x\| = \sup_n |\xi_n|$, et pour C un ensemble convexe convenable engendrant E).

16) Soient F et G deux espaces vectoriels en dualité séparante ; on appelle *clôture* de G dans le dual algébrique F* de F l'ensemble des formes linéaires *x′* sur F qui sont bornées dans toute partie de F bornée pour $\sigma(F, G)$; c'est un sous-espace vectoriel $\tilde{G}$ de F*, qui est le dual de F lorsqu'on munit F de la topologie d'espace bornologique associée (III, p. 41, exerc. 1) à une quelconque des topologies compatibles avec la dualité entre F et G. On dit que G est *clos* dans F* si $\tilde{G} = G$.
a) Soit M un sous-espace vectoriel de F fermé pour $\sigma(F, G)$. Montrer que si G est clos dans F*, et si F/M est muni de la topologie $\sigma(F/M, M^\circ)$, son dual est clos dans $(F/M)^*$.
b) Soient E un espace localement convexe séparé, E′ son dual. Pour que E soit bornologique, il faut et il suffit que sa topologie soit identique à $\tau(E, E')$ et que E′ soit clos dans E*.
c) Soit $(E_i)_{i \in I}$ une famille d'espaces localement convexes séparés, F l'espace somme directe des E_i, muni de la topologie définie dans I, p. 24, exerc. 14. Montrer que le dual de F est canoniquement isomorphe au sous-espace du produit $\prod_{i \in I} E'_i$ des duals des E_i, formé des familles (x'_i) telles que $x'_i = 0$ sauf pour un ensemble dénombrable d'indices. (Soit V_i un voisinage quelconque de 0 dans E_i. Montrer que si $x'_i \neq 0$ pour un ensemble non dénombrable d'indices, il existe un nombre $\alpha > 0$ et un ensemble non dénombrable $H \subset I$ tels qu'il existe $x_i \in V_i$ pour lequel $\langle x_i, x'_i \rangle \geqslant \alpha$ pour tout $i \in H$; en conclure que (x'_i) ne peut appartenir à F′.)
d) Montrer que si I est non dénombrable, F′ n'est pas clos dans F* ; si l'on prend $E_i = \mathbf{R}$ pour tout $i \in I$, F′, muni de la topologie forte, n'est pas complet, et il existe dans F′ des parties fortement bornées qui ne sont pas relativement faiblement compactes.

17) Soient E un espace localement convexe séparé, E′ son dual et, dans E′, soient $\mathfrak{B}_1$ l'ensemble des parties convexes équicontinues, $\mathfrak{B}_2$ l'ensemble des parties convexes relativement faiblement compactes, $\mathfrak{B}_3$ l'ensemble des parties convexes fortement bornées, $\mathfrak{B}_4$ l'ensemble des parties convexes faiblement bornées. On a $\mathfrak{B}_1 \subset \mathfrak{B}_2 \subset \mathfrak{B}_3 \subset \mathfrak{B}_4$. Donner un exemple d'espace E pour lequel ces quatre ensembles de parties sont distincts (prendre pour E un produit de trois espaces pour lesquels on a respectivement $\mathfrak{B}_1 \neq \mathfrak{B}_2$ (*cf.* IV, p. 49, exerc. 8), $\mathfrak{B}_2 \neq \mathfrak{B}_3$ (exerc. 16, *d*)), $\mathfrak{B}_3 \neq \mathfrak{B}_4$ (III, p. 23, *Remarque* 2).

18) Soient E, F deux espaces vectoriels, E*, F* leurs duals algébriques respectifs. Montrer que, si *u* est une application linéaire de F* dans E, continue pour les topologies $\sigma(F^*, F)$ et $\sigma(E, E^*)$, $u(F^*)$ est de dimension finie. (Utiliser la prop. 2 de IV, p. 27 pour montrer que *u* est un morphisme strict, et en déduire que $u(F^*)$ est un sous-espace de E de type minimal (II, p. 90, exerc. 13) ; conclure en considérant les ensembles bornés de ce sous-espace.)

19) Soient E et F deux espaces localement convexes séparés, E′ et F′ leurs duals. Pour toute partie H de l'espace $\mathscr{L}(E ; F)$ des applications linéaires continues de E dans F, on désigne

par ^{t}H l'ensemble des transposées des applications $u \in$ H. Pour toute partie M (resp. N′) de E (resp. F′), on désigne par H(M) (resp. ^{t}H(N′)) la réunion des ensembles u(M) (resp. ${}^t u$(N′)) lorsque u parcourt H.
a) Pour que H soit équicontinu, il faut et il suffit que, pour toute partie équicontinue N′ de F′, ^{t}H(N′) soit une partie équicontinue de E′.
b) Soit $\mathfrak{S}$ un ensemble de parties bornées de E. Montrer que, pour que H soit borné dans $\mathscr{L}$(E ; F) pour la $\mathfrak{S}$-topologie, il faut et il suffit que, pour tout $y' \in$ F′, ^{t}H(y') soit borné dans E′ pour la $\mathfrak{S}$-topologie.
c) Soient $\mathfrak{S}$ un ensemble de parties bornées de E, $\mathfrak{J}$ un ensemble de parties bornées de F formant une bornologie adaptée à F (III, p. 3, déf. 4). On suppose E′ muni de la $\mathfrak{S}$-topologie, F′ de la $\mathfrak{J}$-topologie. Pour que ^{t}H soit équicontinu, il faut et il suffit que, pour tout ensemble B $\in \mathfrak{S}$, H(B) appartienne à $\mathfrak{J}$. En particulier, pour que ^{t}H soit équicontinu pour les topologies fortes sur F′ et E′, il faut et il suffit que H soit borné dans $\mathscr{L}$(E ; F) pour la topologie de la convergence bornée.
d) Déduire de *b*) et *c*) que, si ^{t}H est borné pour la topologie de la convergence simple dans $\mathscr{L}$(F′ ; E′) lorsque F′ et E′ sont munis des topologies fortes, ^{t}H est équicontinu pour ces topologies.
e) Montrer que, si E est tonnelé, les propriétés suivantes sont équivalentes :
α) H est simplement borné dans $\mathscr{L}$(E ; F) ;
β) H est équicontinu ;
γ) ^{t}H est simplement borné dans $\mathscr{L}$(F′ ; E′), lorsque E′ est muni de la topologie faible σ(E′, E) ;
δ) ^{t}H est équicontinu, lorsque E′ et F′ sont munis des topologies fortes.
f) Montrer que, si E est infratonnelé (III, p. 45, exerc. 7), les propriétés β) et δ) de *e*) sont équivalentes, et sont aussi équivalentes aux deux suivantes :
ε) H est borné dans $\mathscr{L}$(E ; F) pour la topologie de la convergence bornée ;
φ) ^{t}H est simplement borné dans $\mathscr{L}$(F′ ; E′) lorsque E′ est muni de la topologie forte.
g) Montrer que si E est quasi-complet, les propriétés α), γ) et δ) de *e*) sont équivalentes.

20) Soient E un espace localement convexe séparé, E′ son dual.
a) Soit M un sous-espace vectoriel fermé de E. Pour que la topologie τ(M, E′/M°) soit identique à la topologie induite sur M par τ(E, E′), il faut et il suffit que tout ensemble convexe équilibré de E′/M°, compact pour la topologie faible σ(E′/M°, M), soit l'image canonique d'une partie convexe équilibrée de E′, compacte pour σ(E′, E) (*cf.* V, p. 72, exerc. 15).
b) Soit N un sous-espace vectoriel de E, dense dans E. Si la topologie induite sur N par celle de E est identique à τ(N, E′), montrer que la topologie de E est identique à τ(E, E′).

21) *a*) Soient E un espace vectoriel, E* son dual algébrique. Montrer que la topologie τ(E, E*) est la topologie localement convexe la plus fine et que la topologie τ(E*, E) est identique à σ(E*, E).
b) Soit E** le dual algébrique de E*. Montrer que si E est de dimension infinie, E est dense dans E** pour toutes les topologies compatibles avec la dualité entre E** et E*, mais que la topologie induite sur E par τ(E**, E*) est distincte de τ(E, E*).

22) Soient E un espace localement convexe séparé, E′ son dual, M un sous-espace fermé de E.
a) Montrer que si, dans E, l'enveloppe fermée convexe d'un ensemble compact est compacte, la topologie de la convergence compacte sur E′/M° (identifié au dual de M) est la topologie quotient par M° de la topologie de la convergence compacte sur E′.
b) Montrer que si M est infratonnelé et si E′/M°, muni de la topologie β(E′/M°, M) est bornologique, la topologie β(E′/M°, M) est quotient par M° de β(E′, E).

23) Donner un exemple de famille $(E_i)_{i\in I}$ d'espaces localement convexes séparés telle que l'application canonique de $\bigoplus_{i\in I} E'_i$ sur le dual de $P = \prod_{i\in I} E_i$ ne soit pas un isomorphisme de la somme directe topologique des E'_i munis des topologies faibles $\sigma(E'_i, E_i)$, sur le dual P′ muni de σ(P′, P).

24) Soient $(E_\alpha)_{\alpha \in A}$ une famille d'espaces localement convexes séparés, E un espace vectoriel, et pour tout $\alpha \in A$, soit f_α une application linéaire de E_α dans E. On considère sur E la topologie localement convexe la plus fine $\mathcal{T}$ rendant continues les f_α (II, p. 29) ; on suppose $\mathcal{T}$ séparée et on désigne par E'_α le dual de E_α, par E′ le dual de E muni de $\mathcal{T}$. Montrer que si, pour tout $\alpha \in A$, la topologie de E_α est identique à $\tau(E_\alpha, E'_\alpha)$, la topologie $\mathcal{T}$ est identique à $\tau(E, E')$.

25) *a*) Montrer que tout espace de Banach réel (resp. complexe) est isométrique à un sous-espace fermé d'un espace de Banach de la forme $\mathscr{C}(S\,;\mathbf{R})$ (resp. $\mathscr{C}(S\,;\mathbf{C})$) constitué par les fonctions continues réelles (resp. complexes) définies dans un espace compact S (TG, X, p. 33) (utiliser la formule (3) de IV, p. 7).
b) Déduire de *a*) que tout espace localement convexe séparé E est isomorphe à un sous-espace d'un espace localement convexe de la forme $\mathscr{C}_c(L\,;\mathbf{R})$ (resp. $\mathscr{C}_c(L\,;\mathbf{C})$) (TG, X, p. 7). En particulier, tout espace de Fréchet est isomorphe à un sous-espace fermé d'un espace $\mathscr{C}_c(L\,;\mathbf{R})$ (resp. $\mathscr{C}_c(L\,;\mathbf{C})$), où L est localement compact et dénombrable à l'infini.

§ 2

1) *a*) Soient E un espace localement convexe séparé, E′ son dual. Montrer que les propriétés suivantes sont équivalentes :

α) E est infratonnelé (III, p. 45, exerc. 7).

β) Toute partie fortement bornée de E′ est équicontinue.

γ) Toute partie fortement bornée de E′ est relativement faiblement compacte, et la topologie initiale de E est $\tau(E, E')$.

δ) La topologie induite sur E par la topologie forte du bidual E″ est identique à la topologie initiale de E.

Un système fondamental de voisinages de 0 pour la topologie forte de E″ est alors constitué par les adhérences, pour la topologie $\sigma(E'', E')$, d'un système fondamental de voisinages de 0 pour la topologie initiale de E.
b) Montrer que si E est infratonnelé et si son dual E′ est identique à son dual algébrique E^*, la topologie initiale de E est la topologie localement convexe la plus fine.

¶ 2) *a*) Montrer que tout produit d'espaces infratonnelés est infratonnelé. (Se ramener au cas des espaces infratonnelés séparés ; utiliser alors l'exerc. 1 ainsi que la prop. 15 de IV, p. 13.)
b) Donner un exemple d'espace localement convexe infratonnelé séparé qui n'est pas bornologique ni tonnelé. (Procéder comme dans III, p. 46, exerc. 16, en remplaçant les espaces tonnelés par des espaces infratonnelés, et en utilisant *a*).)

3) Soient E un espace localement convexe complexe séparé, E_0 l'espace localement convexe réel sous-jacent à E, E′ et E'_0 les duals de E et E_0 respectivement. Montrer que l'application **R**-linéaire canonique $f \mapsto \mathscr{R}f$ de E′ sur E'_0 est un homéomorphisme pour les $\mathfrak{S}$-topologies sur E′ et E'_0, lorsque $\mathfrak{S}$ est un ensemble quelconque de parties bornées de E. En déduire la définition d'une application **R**-linéaire canonique du bidual E″ sur le bidual E''_0, qui soit un homéomorphisme pour les topologies faibles $\sigma(E'', E')$ et $\sigma(E''_0, E'_0)$, ainsi que pour les topologies fortes $\beta(E'', E')$ et $\beta(E''_0, E'_0)$; par cette application, E (considéré comme plongé dans E″) se transforme en E_0 (considéré comme plongé dans E''_0).

4) Soit E un espace localement convexe séparé et infratonnelé.
a) Montrer que, si le dual fort E'_b de E est bornologique, le complété $\hat{E}$ de E, identifié à un sous-espace vectoriel de E'^* (III, p. 21, th. 2), est contenu dans le bidual E″ de E.
b) On dit que E est *distingué* si toute partie de E″ bornée pour la topologie $\sigma(E'', E')$ est contenue dans l'adhérence (pour cette topologie) d'une partie bornée de E. Montrer que, pour que E soit distingué, il faut et il suffit que son dual fort E'_b soit tonnelé.

5) Soient E un espace localement convexe séparé, E′ son dual.
a) Pour que la topologie forte sur E′ soit identique à $\tau(E', E)$, il faut et il suffit que E soit semi-réflexif.
b) On suppose que E est infratonnelé. Pour que la topologie forte sur E′ soit identique à la topologie de la convergence compacte, il faut et il suffit que E soit un espace de Montel.

¶ 6) Soient F et G deux espaces vectoriels en dualité séparante.
a) Montrer que les propriétés suivantes sont équivalentes :
α) F, muni d'une topologie compatible avec la dualité entre F et G, est semi-réflexif ;
β) G, muni de $\tau(G, F)$, est tonnelé.
b) Montrer que les propriétés suivantes sont équivalentes :
α) F, muni de $\tau(F, G)$, est réflexif ;
β) G, muni de $\tau(G, F)$, est réflexif ;
γ) F et G sont tonnelés pour $\tau(F, G)$ et $\tau(G, F)$ respectivement.
c) Montrer que *tout* espace localement convexe séparé E, muni de la topologie $\tau(E, E')$, est isomorphe au quotient d'un espace semi-réflexif F par un sous-espace fermé. (D'après III, p. 46, exerc. 14, *c*), E′, muni de $\tau(E', E)$, est isomorphe à un sous-espace vectoriel fermé M d'un espace tonnelé séparé G ; prendre F = G′ muni de $\tau(G', G)$ et utiliser la prop. 11 de IV, p. 10.)
d) Soit A un ensemble infini tel que $\mathrm{Card}(A) > \aleph_1$ (E, III, p. 87, exerc. 10). Dans l'espace produit $P = \mathbf{R}^A$, on désigne par E_0 le sous-espace partout dense formé des $x = (x_\alpha)_{\alpha\in A}$ tels que $x_\alpha = 0$ sauf pour un ensemble dénombrable d'indices ; l'espace E_0 est tonnelé et il en est de même du sous-espace E de P engendré par E_0 et le point 1_A de P dont toutes les coordonnées sont égales à 1 (III, p. 46, exerc. 16). Soit B un ensemble borné dans E_0, dont l'adhérence dans P contient 1_A, et soit J une partie de A de cardinal $\aleph_1$; on désigne par pr_J la projection de P sur $\mathbf{R}^J$; montrer qu'il existe une partie B_J de B, de cardinal $\leqslant \aleph_1$, telle que l'adhérence dans $\mathbf{R}^J$ de $\mathrm{pr}_J(B_J)$ contienne 1_J ; l'ensemble $J' \supset J$ des indices $\alpha \in A$ tels que la coordonnée d'indice α d'au moins un point de B_J soit $\neq 0$, a alors un cardinal égal à $\aleph_1$. On définit par récurrence $J_0 = J$ et $J_{n+1} = J'_n$, et on pose $H = \bigcup_n J_n$, dont le cardinal est $\aleph_1$, et $B_H = \bigcup_n B_{J_n}$; montrer que l'adhérence de B_H (et par suite aussi celle de B) contient le point $(1_H, 0) \in \mathbf{R}^H \times \mathbf{R}^{A-H} = P$, qui n'appartient pas à E_0. En conclure que pour tout ensemble C borné et compact *dans* E, $C \cap E_0$ est encore fermé *dans* E, et que E n'est pas semi-réflexif.
e) Déduire de *d*) que le dual E′ de E (qui s'identifie au dual $P' = \mathbf{R}^{(A)}$ de P) n'est pas complet pour la topologie $\tau(E', E)$, bien qu'étant semi-réflexif (donc quasi-complet) pour cette topologie (considérer la forme linéaire sur E égale à 0 dans E_0 et à 1 au point 1_A, et utiliser III, p. 21, th. 2).

7) Soit $(E_i)_{i\in I}$ une famille d'espaces localement convexes séparés, P l'espace produit des E_i, S leur somme directe topologique. Montrer que, pour que P ou S soit semi-réflexif (resp. réflexif), il faut et il suffit que chacun des E_i soit semi-réflexif (resp. réflexif).

8) Soit E un espace localement convexe séparé, limite inductive stricte d'une suite croissante (E_n) de sous-espaces vectoriels fermés (II, p. 35, prop. 9).
a) Montrer que, si le dual fort de chacun des E_n est complet, le dual fort de E est complet (*cf.* III, p. 20, th. 1).
b) Pour que E soit semi-réflexif (resp. réflexif), il faut et il suffit que chacun des E_n soit semi-réflexif (resp. réflexif).

9) Soit $(E_\alpha)_{\alpha\in A}$ une famille d'espaces localement convexes séparés contenus dans un même espace vectoriel, qui est filtrante pour la relation $\supset$, et telle que, si $E_\beta \subset E_\alpha$, la topologie de E_β soit plus fine que la topologie induite sur E_β par celle de E_α. Soit E l'intersection des E_α, muni de la topologie borne supérieure des topologies induites sur E par celles des E_α. Montrer que si chacun des E_α est semi-réflexif, E est semi-réflexif (considérer un ultrafiltre sur une partie bornée de E).

10) Montrer que tout produit, et toute somme directe topologique d'espaces de Montel est un espace de Montel [1].

11) Soit E un espace localement convexe séparé tel que le dual fort E'_b de E soit semi-réflexif.
a) Montrer que, sur toute partie fortement bornée de E', les topologies induites par $\sigma(E', E'')$ et $\sigma(E', E)$ sont identiques.
b) Déduire de *a*) que E est infratonnelé pour la topologie $\tau(E, E')$ (*cf.* IV, p. 52, exerc. 1) et que, si $\hat{E}$ est son complété pour cette topologie, identifié à une partie de E'^* (III, p. 21, th. 2), on a $E'' \subset \hat{E}$. En particulier, si E est quasi-complet pour $\tau(E, E')$, E est réflexif pour cette topologie.

12) Soient E un espace de Banach, E' son dual.
a) Montrer que la distance $x \mapsto d(x, A)$ d'un point $x \in E$ à un ensemble convexe fermé A est fonction semi-continue inférieurement dans E pour la topologie $\sigma(E, E')$.
b) Montrer que si E est réflexif, pour toute partie convexe fermée A de E, il existe un point $x_0 \in A$ tel que $\|x_0\|$ soit égal à la distance de 0 à A (utiliser *a*)). Ce point est unique si tout point frontière de la boule unité de E est extrémal (II, p. 57, déf. 1).
c) Si E est réflexif et si B est un ensemble convexe, fermé et borné dans E, déduire de *a*) et *b*) qu'il existe deux points $x \in A$, $y \in B$ tels que $\|x - y\| = d(A, B)$ (*cf.* V, p. 70, exerc. 8).

13) Soient E un espace de Banach, M un sous-espace vectoriel fermé de E. Montrer que si M et E/M sont réflexifs, E est réflexif.

14) Soit A un ensemble infini.
a) Montrer que le dual fort de l'espace de Banach $E = \overline{\mathscr{K}(A)}$ (IV, p. 47, exerc. 1) peut être identifié à l'espace de Banach $\ell^1(A)$, et que le dual fort de l'espace de Banach $\ell^1(A)$ peut être identifié à l'espace de Banach $\mathscr{B}(A) = \ell^\infty(A)$; en déduire que E n'est pas réflexif et que E″/E est de dimension infinie (*cf.* IV, p. 72, exerc. 18). Si $A = \mathbf{N}$, E et E′ sont des espaces de Banach de type dénombrable, mais non E″ (I, p. 25, exerc. 1).
b) Soit B″ la boule unité dans $E'' = \ell^\infty(A)$, et soit B''_0 l'ensemble convexe $B'' + (B'' \cap E)$. Montrer que B''_0 est un ensemble convexe borné et fermé dans E″ pour la topologie forte, ayant un intérieur non vide, mais ne possédant aucun point extrémal. En déduire que, si *p* est la jauge de B''_0, l'espace E″, muni de la norme *p*, n'est isométrique à aucun dual d'un espace de Banach et que B''_0 n'est pas fermé pour la topologie $\sigma(E'', E')$ (bien que B″ soit compact pour $\sigma(E'', E')$ et $B'' \cap E$ fortement fermé).

¶ 15) Les notations sont celles de l'exerc. 14.
a) Soit (x'_n) une suite dans E′ qui converge vers 0 pour la topologie $\sigma(E', E'')$; montrer que, pour tout $\varepsilon > 0$, il existe une partie finie H de A telle que l'on ait $\sum_{\alpha \notin H} |x'_n(\alpha)| \leqslant \varepsilon$ pour tout entier *n*. (Raisonner par l'absurde : si la propriété n'était pas vraie, montrer qu'il existerait un nombre $\delta > 0$, une suite croissante (n_k) d'entiers, une suite croissante (H_k) de parties finies de A, tels que l'on ait $\sum_{\alpha \in H_{k-1}} |x'_n(\alpha)| \leqslant \frac{\delta}{8}$ pour $n \geqslant n_k$, $\sum_{\alpha \notin H_k} |x'_n(\alpha)| \leqslant \frac{\delta}{8}$ pour $n \leqslant n_k$ et $\sum_{\alpha \in H_k - H_{k-1}} |x'_n(\alpha)| \geqslant \frac{\delta}{2}$; montrer que cela entraîne contradiction (« méthode de la bosse glissante »).) En déduire que la suite (x'_n) converge vers 0 pour la topologie forte, bien que cette dernière soit strictement plus fine que la topologie $\sigma(E', E'')$.
b) Montrer que si (x'_n) est une suite de Cauchy dans E′ pour la topologie $\sigma(E', E'')$, elle converge vers un point de E′ pour cette topologie, autrement dit E′ est semi-complet (III, p. 7) pour $\sigma(E', E'')$. (Montrer que, pour tout $\varepsilon > 0$, il existe une partie finie H de A telle que l'on ait $\sum_{\alpha \notin H} |x'_n(\alpha)| \leqslant \varepsilon$ pour tout entier *n*, en raisonnant par l'absurde comme dans *a*), et utilisant *a*).)

[1] Par contre, un sous-espace fermé d'un espace de Montel peut ne pas être infratonnelé, et le quotient d'un espace de Montel par un sous-espace fermé peut ne pas être semi-réflexif (IV, p. 63, exerc. 8).

¶ 16) Les notations étant celles de l'exerc. 14, soit E‴ le dual de $E'' = \ell^{\infty}(A)$.
a) On note e_α (pour $\alpha \in A$) l'élément de E″ tel que $e_\alpha(\beta) = \delta_{\alpha\beta}$ (indice de Kronecker). Soit (K_n) une suite de parties finies de A, deux à deux disjointes, et soit (x_n''') une suite de points de E‴. Montrer qu'il existe une suite infinie strictement croissante (n_k) d'entiers > 0 telle que, si l'on pose $B = \bigcup_k K_{n_k}$, les éléments $y_n' = (x_n'''(\alpha))_{\alpha\in B}$ appartiennent tous à $\ell^1(B)$. (Soit δ un nombre > 0 arbitraire, et $(J_m)_{m\in\mathbf{N}}$ une partition de **N** en ensembles finis. Montrer, en raisonnant par l'absurde, que, si $x''' \in E'''$, il existe un entier m tel que l'on ait $|\langle x'', x'''\rangle| \leqslant \delta$ pour tout $x'' \in E''$ tel que $\|x''\| \leqslant 1$ et $x''(\alpha) = 0$ sauf pour les indices α appartenant à l'ensemble $\bigcup_{n\in J_m} K_n$. Appliquer ce résultat successivement, de façon convenable, à $x_1''', x_2''', \ldots$).
b) Déduire de *a*) et de l'exerc. 15, *a*) que, si (x_n''') est une suite qui converge vers 0 dans E‴ pour la topologie σ(E‴, E″), et si $\tilde{x}_n'''$ est la restriction de x_n''' au sous-espace fortement fermé E de E″, on a $\lim_{n\to\infty} \|\tilde{x}_n'''\| = 0$ dans E′.
c) Déduire de *b*) que, dans E″, le sous-espace fortement fermé E n'admet pas de supplémentaire topologique pour la topologie forte. (Se borner au cas où $A = \mathbf{N}$; soit (e_n') la suite de formes linéaires continues sur E telle que $\langle x, e_n'\rangle = x(n)$ pour tout $x \in E$; montrer que la suite (e_n') tend vers 0 pour σ(E′, E), mais que e_n' ne peut être prolongée en une forme linéaire x_n''' continue dans E″, telle que la suite (x_n''') tende vers 0 pour σ(E‴, E″).)

17) Soient E un espace de Banach non réflexif, E′ son dual fort, E″ le dual fort de E′, E‴ le dual fort de E″, E^{IV} le dual fort de E‴.
a) Montrer que, dans E‴, E′ et le sous-espace E° orthogonal à E (lorsque E est considéré comme sous-espace de E″) sont supplémentaires topologiques, et que la projection de E‴ sur E′ pour cette décomposition est une application linéaire continue de norme 1. Comparant avec l'exerc. 16, *c*), en déduire que l'espace de Banach $\overline{\mathscr{K}(A)}$ n'est isomorphe (en tant qu'espace vectoriel topologique) au dual fort d'aucun espace de Banach.
b) Montrer que E^{IV} est somme directe topologique de E′° et de E″, et aussi de E′° et E°° ; on a $E'' \cap E^{\circ\circ} = E$. Soit v l'application linéaire de E^{IV} sur lui-même qui, sur E′° est l'identité, et sur E″ est la projection de E″ sur E°° parallèlement à E′° ; montrer que v est une isométrie, mais n'est pas continue pour la topologie $\sigma(E^{IV}, E''')$.

18) Montrer qu'un espace de Banach E dont le dual fort E′ est de type dénombrable, et qui est semi-complet (III, p. 7) pour la topologie affaiblie σ(E, E′), est réflexif (comparer à IV, p. 54, exerc. 15, *b*)).

19) Soient E un espace de Banach, E′ son dual fort, G′ un sous-espace fortement fermé de E′, de type dénombrable pour la topologie forte. Montrer qu'il existe une partie dénombrable de E telle que, si F est le sous-espace vectoriel fermé de E engendré par cette partie, G′ soit isométrique à un sous-espace fortement fermé du dual fort F′ de F. (Supposons que la suite (x_n') soit fortement dense dans G′ ; pour tout n, soit $x_n \in E$ tel que $\|x_n\| \leqslant 1$ et $\langle x_n, x_n'\rangle = \left(1 - \frac{1}{n}\right)\|x_n'\|$; montrer que le sous-espace fortement fermé F de E engendré par les x_n répond à la question.)

¶ 20) Soient E un espace de Banach, E′ son dual, B la boule unité dans E. Afin que, pour la topologie induite sur B par la topologie affaiblie σ(E, E′), tout point de B admette un système fondamental dénombrable de voisinages, il faut et il suffit que E′ soit de type dénombrable pour la topologie forte. (Pour montrer que la condition est nécessaire, remarquer que si, dans B, tout point admet un système fondamental dénombrable de voisinages pour la topologie affaiblie, il en est de même dans l'adhérence B°° de B dans E″ pour la topologie σ(E″, E′). Il existe alors une suite (a_n') dans E′ telle que tout voisinage de 0 dans B°° pour σ(E″, E′) contienne l'intersection de B°° et d'un nombre fini de polaires $\{a_n'\}^\circ$; considérer le sous-espace fortement fermé W′ de E′ engendré par les a_n', et l'orthogonal W′° de W′ dans E″.)

¶ 21) Soient E un espace de Banach, E′ son dual, B la boule unité dans E, B'_r la boule fermée de centre 0 et de rayon r dans E′.
a) Soient M'_1, M'_2 deux sous-espaces vectoriels de E′, partout denses pour la topologie faible $\sigma(E', E)$. Pour que les topologies induites sur B par $\sigma(E, M'_1)$ et $\sigma(E, M'_2)$ coïncident, il faut et il suffit que les adhérences fortes de M'_1 et M'_2 dans E′ soient identiques.
b) Soit M′ un sous-espace vectoriel de E′, partout dense pour $\sigma(E', E)$; on désigne par $M'^{(1)}$ le sous-espace vectoriel engendré par l'adhérence de $M' \cap B'_1$ dans E′ pour la topologie $\sigma(E', E)$. Pour que $M'^{(1)} = E'$, il faut et il suffit que l'adhérence faible de $M' \cap B'_1$ contienne une boule B'_r avec $r > 0$ (utiliser le fait que E′ est tonnelé pour la topologie forte).
c) Soit r la borne supérieure des nombres t tels que l'adhérence faible de $M' \cap B'_1$ contienne une boule B'_t ; on dit que r est la *caractéristique* de M′. Montrer que r est la borne inférieure des nombres $\sup_{x' \in M' \cap B'_1} |\langle x, x' \rangle| / \|x\|$ lorsque x parcourt l'ensemble des points $\neq 0$ de E (utiliser le th. de Hahn-Banach).
d) Montrer que $1/r$ est la borne supérieure de $\|x\|$ lorsque x parcourt l'adhérence de B dans E pour la topologie $\sigma(E, M')$ (utiliser *c*) et le th. de Hahn-Banach).
e) Soit M'° l'orthogonal de M′ dans E″ ; montrer que l'on a $r = \inf(\|x + z''\| / \|x\|)$ lorsque z'' parcourt M'° et x l'ensemble des points $\neq 0$ de E (utiliser *c*) et le th. de Hahn-Banach). En déduire que, pour que $M'^{(1)} = E'$, il faut et il suffit que $E + M'^{\circ}$ soit fortement fermé dans E″ (utiliser le th. de Banach de I, p. 17).
f) Soient $A = N \times N$ et $E = \overline{\mathscr{K}(A)}$ (*cf.* IV, p. 54, exerc. 14). Dans l'espace $E'' = \ell^{\infty}(A)$ soit P le sous-espace vectoriel formé des points $x = (x_{ij})$ tels que $x_{ij} = x_{0j}/(j + 1)$ pour tout $i \geqslant 0$. Montrer que l'on a $P = M'^{\circ}$, où M′ est un sous-espace vectoriel de E′ partout dense pour $\sigma(E', E)$, mais que $E + M'^{\circ} = E + P$ n'est pas fortement fermé dans E″ ; en déduire que la caractéristique de M′ est 0.

22) Soient E un espace de Banach, E′ son dual, M′ un sous-espace fortement fermé et faiblement partout dense dans E′. On dit que M′ est *irréductible* s'il n'existe aucun sous-espace vectoriel $N' \neq M'$ de M′, fortement fermé et faiblement partout dense dans E′.
a) Montrer que, pour que M′ soit irréductible, il faut et il suffit que dans E″ l'orthogonal M'° de M′ soit supplémentaire topologique de E (pour la topologie forte de E″). En déduire qu'on a alors $M'^{(1)} = E'$ (exerc. 21) et que E est isomorphe au dual fort de l'espace M′ muni de la topologie induite par la topologie forte de E′.
b) Montrer que, pour que M′ soit irréductible, il faut et il suffit que la boule unité dans E soit relativement compacte dans E pour la topologie $\sigma(E, M')$ (utiliser l'exerc. 21, *a*)).
c) Pour que E soit isomorphe à un dual fort d'espace de Banach (pour les structures d'espace vectoriel topologique), il faut et il suffit qu'il existe dans E′ un sous-espace irréductible. En déduire une nouvelle démonstration du fait que l'espace de Banach $\overline{\mathscr{K}(N)}$ n'est pas isomorphe à un dual fort d'espace de Banach (*cf.* IV, p. 55, exerc. 16, *c*)).

23) Les notations étant celles de l'exerc. 22, on suppose M′ irréductible.
a) Pour que l'application canonique de E dans E''/M'°, restriction de l'application canonique $E'' \to E''/M'^{\circ}$, soit une isométrie d'espaces de Banach, il faut et il suffit que la caractéristique (IV, p. 56, exerc. 21) de M′ soit égale à 1. On dit alors que M′, muni de la norme induite par celle de E′, est un *prédual* de E, et E s'identifie canoniquement (avec sa norme) au dual de l'espace de Banach M′.
b) Pour tout sous-espace vectoriel F de E, fermé pour $\sigma(E, M')$, montrer que l'image canonique de M′ dans le dual F′ de F, identifié à E'/F°, est un prédual de F.

24) *a*) Dans un espace normé E, soit $(a_k)_{1 \leqslant k \leqslant n}$ une suite finie de points et soit $(\lambda_k)_{1 \leqslant k \leqslant n}$ une suite finie de nombres > 0 tels que $\sum_{k=1}^{n} \lambda_k < 1$; pour tout k, on pose $\mu_k = 1 - \sum_{j=1}^{k-1} \lambda_j$; on a alors

$$\Big\|\sum_{k=1}^{n} \lambda_k a_k\Big\| \leqslant \frac{\lambda_n}{\mu_{n-1}} \Big\|\mu_{n-1} a_n + \sum_{k=1}^{n-1} \lambda_k a_k\Big\| + \frac{\mu_n}{\mu_{n-1}} \Big\|\sum_{k=1}^{n-1} \lambda_k a_k\Big\| .$$

b) Soit (a_n) une suite infinie de points de la boule unité dans E, et soit (λ_n) une suite infinie de nombres > 0 telle que $\sum_n \lambda_n = 1$. Pour tout $n > 0$, on pose $\mu_n = 1 - \sum_{k=1}^{n-1} \lambda_k$ et $b_n = \sum_{k=1}^{n-1} \lambda_k a_k + \mu_n a_n$; montrer que pour tout $n \geqslant 1$, on a

$$\left\| \sum_{k=1}^{n} \lambda_k a_k \right\| \leqslant \mu_n \sum_{k=1}^{n} \frac{\lambda_k \|b_k\|}{\mu_{k-1}\mu_k}.$$

(Appliquer *a*) par récurrence.)

c) Soit (C_n) une suite décroissante d'ensembles convexes dans E, contenus dans la boule unité, et supposons que $d(0, C_1) \geqslant \theta > 0$ (d'où *a fortiori* $d(0, C_n) \geqslant \theta$ pour tout n). Soit (λ_n) une suite de nombres > 0 tels que $\sum_n \lambda_n = 1$. Montrer qu'il existe un nombre α tel que $\theta \leqslant \alpha \leqslant 1$ et une suite (x_n) de points de E tels que $x_n \in C_n$ pour tout n, $\left\|\sum_n \lambda_n x_n\right\| = \alpha$ et, pour tout n

$$\left\| \sum_{k=1}^{n} \lambda_k x_k \right\| \leqslant \alpha\left(1 - \theta \sum_{j=n+1}^{\infty} \lambda_j\right).$$

(Prendre x_1 tel que $\|x_1\|$ soit arbitrairement voisin de $d(0, C_1)$, puis, par récurrence, x_n tel que $\left\| \sum_{k=1}^{n-1} \lambda_k x_k + \left(\sum_{j=n}^{\infty} \lambda_j\right) x_n \right\|$ soit arbitrairement voisin de la borne inférieure des nombres $\left\| \sum_{k=1}^{n-1} \lambda_k x_k + \left(\sum_{j=n}^{\infty} \lambda_j\right) y \right\|$ où y parcourt C_n. Utiliser alors *b*).)

¶ 25) Soit E un espace de Banach de type dénombrable. Montrer que les propriétés suivantes sont équivalentes :

α) E n'est pas réflexif.

β) Pour tout nombre θ tel que $0 < \theta < 1$, il existe une suite (x'_n) dans E′ telle que $\|x'_n\| \leqslant 1$ pour tout n, que la suite (x'_n) converge vers 0 pour $\sigma(E', E)$ et que la distance de 0 à l'ensemble convexe engendré par les x'_n soit $\geqslant \theta$.

γ) Pour tout nombre θ tel que $0 < \theta < 1$ et toute suite (λ_n) de nombres > 0 tels que $\sum_n \lambda_n = 1$, il existe un nombre α tel que $\theta \leqslant \alpha \leqslant 1$ et une suite (y'_n) de points de E′ telle que $\|y'_n\| \leqslant 1$ pour tout n, $\left\|\sum_n \lambda_n y'_n\right\| = \alpha$ et $\left\| \sum_{k=1}^{n} \lambda_k y'_k \right\| \leqslant \alpha\left(1 - \theta \sum_{j=n+1}^{\infty} \lambda_j\right)$ pour tout n.

δ) Il existe $z' \in E'$ tel que, pour *aucun* $x \in E$, on n'ait $|\langle x, z' \rangle| = \|x\| . \|z'\|$ (*Th. de James-Klee*).

(Pour voir que α) entraîne β), remarquer qu'il existe $z'' \in E''$ tel que $\|z''\| < 1$ et $d(z'', E) > \theta$. Si (x_n) est une suite partout dense dans E, déterminer la suite (x'_n) dans E′ telle que $\|x'_n\| < 1$ et que l'on ait $\langle x_k, x'_n \rangle = 0$ pour $k \leqslant n$ et $\langle x'_n, z'' \rangle = \theta$. Pour voir que β) entraîne γ), utiliser l'exerc. 24. Pour voir que γ) entraîne δ), montrer qu'avec les notations de γ), pour tout $x \in E$, on a $\left|\sum_n \lambda_n \langle x, y'_n \rangle\right| < \alpha$.)

26) On dit qu'un espace localement convexe E possède la propriété (GDF) si toute application linéaire u de E dans un espace de Banach F telle que, dans l'espace produit $E \times F$, toute limite d'une suite convergente de points du graphe Γ de u appartienne encore à Γ, est nécessairement continue. Tout espace de Fréchet possède la propriété (GDF) (I, p. 19, cor. 5) ; il en est de même de toute limite inductive d'une famille d'espaces de Fréchet (II, p. 36, prop. 10). Montrer que tout espace localement convexe séparé E ayant la propriété (GDF) est tonnelé. (Soit V un tonneau dans E, q sa jauge, H l'espace séparé associé à E muni de cette semi-norme ; montrer que l'application canonique π de E dans le complété $\hat{H}$ est continue, en utilisant la propriété (GDF) et le fait que toute forme linéaire $x' \in V^\circ$ se prolonge d'une seule manière en une forme linéaire continue sur $\hat{H}$, l'ensemble de ces formes étant la boule unité du dual de $\hat{H}$.)

§ 3

¶ 1) Soient E un espace localement convexe métrisable, E'_b son dual fort. Montrer que si E'_b est métrisable, la topologie de E peut être définie par une seule norme (utiliser III, p. 38, exerc. 2 et p. 39, exerc. 5, ainsi que le fait que E est bornologique).

¶ 2) Un espace infratonnelé est semi-tonnelé. On dit qu'un espace localement convexe est un *espace* (DF) s'il est semi-tonnelé et si sa bornologie canonique (III, p. 3, déf. 5) admet une base dénombrable. Tout espace normé et toute limite inductive stricte d'une suite d'espaces normés (II, p. 36) est un espace (DF). Tout dual fort d'un espace de Fréchet est un espace (DF).

a) Le dual fort d'un espace (DF) est un espace de Fréchet.

b) Soit E un espace (DF), et soit (A_n) une suite croissante de parties bornées, convexes, équilibrées et fermées de E, telle que toute partie bornée de E soit absorbée par un des A_n. Soit U la réunion des A_n ; montrer que l'adhérence $\overline{U}$ de U dans E est identique à l'ensemble des $x \in E$ tels que $\lambda x \in U$ pour $0 \leqslant \lambda < 1$. (Si $x \notin \lambda U$ pour un $\lambda > 1$, remarquer que, pour tout n, il existe une forme linéaire $x'_n \in E'$ telle que $x'_n \in A_n^\circ$ et $\langle x, x'_n \rangle = \lambda$, et que la suite (x'_n) est équicontinue, donc a une valeur d'adhérence faible.)

c) Montrer que si un espace (DF) est tonnelé, il est aussi bornologique (*cf.* III, p. 45, exerc. 13, *b*)). Donner des exemples d'espaces (DF) non ultrabornologiques, mais bornologiques et tonnelés (III, p. 47, exerc. 22) et d'espaces (DF) non tonnelés mais bornologiques.

¶ 3) Soient E un espace localement convexe métrisable, E'_b son dual fort.

a) Montrer que toute partie convexe équilibrée V' de E'_b absorbant les parties fortement bornées de E'_b contient un tonneau (pour la topologie forte) absorbant les parties fortement bornées de E'_b. (Soit (K'_n) une base dénombrable de la bornologie canonique de E'_b, et soit λ_n tel que $\lambda_n K'_n \subset \frac{1}{2}V'$; appliquer l'exerc. 2, *b*) à la suite des A'_n, où A'_n est l'enveloppe convexe de la réunion des $\lambda_j K'_j$ pour $j \leqslant n$.)

b) Déduire de *a*) que les propriétés suivantes sont équivalentes :

α) E est distingué (IV, p. 52, exerc. 4).

β) E'_b est infratonnelé (III, p. 45, exerc. 7).

γ) E'_b est bornologique.

δ) E'_b est tonnelé.

ε) E'_b est ultrabornologique (III, p. 47, exerc. 19).

c) Montrer que si E'_b est réflexif, on a $\hat{E} = E''$ (qui est évidemment réflexif) (*cf.* IV, p. 52, exerc. 4 et p. 54, exerc. 11).

4) Soient E un espace localement convexe séparé, E' son dual. Si M est un sous-espace vectoriel fermé de E, métrisable et distingué (IV, p. 52, exerc. 4), la topologie forte $\beta(E'/M^\circ, M)$ est la topologie quotient par M° de la topologie forte $\beta(E', E)$ (utiliser l'exerc. 3, *b*) et IV, p. 51, exerc. 22, *b*)).

¶ 5) Pour tout entier $n > 0$, soit $a^{(n)}$ la suite double $(a_{pq}^{(n)})$ ($p \in \mathbf{N}$, $q \in \mathbf{N}$) telle que $a_{pq}^{(n)} = q$ si $p \leqslant n$ et $a_{pq}^{(n)} = 1$ si $p > n$. Soit E l'espace vectoriel des suites doubles $x = (x_{pq})_{(p,q)\in \mathbf{N}\times\mathbf{N}}$ de nombres réels telles que, pour tout entier $n > 0$, le nombre $r_n(x) = \sum_{p,q} a_{pq}^{(n)}|x_{pq}|$ soit fini. Muni de la topologie définie par les semi-normes r_n, E est un espace de Fréchet de type dénombrable (IV, p. 47, exerc. 1, *c*)) ; le dual E' de E peut être identifié à l'espace des suites doubles $x' = (x'_{pq})$ de nombres réels telles que, pour un indice n au moins, il existe $k_n > 0$ tel que $|x'_{pq}| \leqslant k_n a_{pq}^{(n)}$ pour tout couple (p, q), avec $\langle x, x' \rangle = \sum_{p,q} x_{pq}x'_{pq}$ (IV, p. 47, exerc. 1, *c*)).

Pour tout entier $p_0 > 0$ et toute suite (m_p) de nombres entiers > 0, soit $J(p_0 ; (m_p))$ l'ensemble des couples d'entiers $p > 0$, $q > 0$ tels que $p \geqslant p_0$ et $q \geqslant m_p$; soit $\mathfrak{B}$ la base de filtre sur $\mathbf{N} \times \mathbf{N}$ formée des ensembles $J(p_0 ; (m_p))$ et soit $\mathfrak{F}$ un ultrafiltre plus fin que le filtre de base $\mathfrak{B}$.

a) Montrer que pour tout $x' = (x'_{pq}) \in E'$, la suite double (x'_{pq}) a une limite $u(x')$ suivant l'ultrafiltre $\mathfrak{F}$; si V_n est le voisinage de 0 dans E défini par $r_n(x) \leqslant 1$, on a $|u(x')| \leqslant 1$ pour tout $x' \in V_n^\circ$.

b) Soit U′ un voisinage fort de 0 dans E′, convexe, équilibré et faiblement fermé, et pour tout n, soit $\alpha_n > 0$ tel que $\alpha_n V_n^\circ \subset U'$. Pour tout entier $p > 0$, soit m_p un entier tel que $2^{p+1} \leqslant \alpha_p m_p$, et soit $x' = (x'_{pq})$ la suite double telle que $x'_{pq} = 0$ pour $q < m_p$, $x'_{pq} = 2$ pour $q \geqslant m_p$. Montrer que $x' \in U'$ mais que $u(x') = 2$; en déduire que u n'est pas fortement continue dans E′, tout en étant bornée dans toute partie bornée de E′. Conclure (IV, p. 58, exerc. 3) que E n'est pas distingué, et par suite que le dual fort E'_b est un espace (DF) non infratonnelé.
c) Déduire de *b*) un exemple de sous-espace fermé M d'un espace de Fréchet F, tel que la topologie forte $\beta(F'/M^\circ, M)$ soit distincte de la topologie quotient par M° de la topologie forte $\beta(F', F)$ (plonger E dans un produit dénombrable d'espaces de Banach).

¶ 6) *a*) Soient E un espace (DF) (IV, p. 58, exerc. 2), U un ensemble convexe tel que pour toute partie bornée, convexe et équilibrée A de E, $U \cap A$ soit un voisinage de 0 pour la topologie induite sur A par celle de E. Montrer que U est un voisinage de 0 dans A. (Soit (A_n) une base dénombrable de la bornologie canonique de E (III, p. 3, déf. 5). Montrer qu'on peut définir par récurrence une suite (λ_n) de nombres > 0 et une suite (V_n) de voisinages de 0 dans E, convexes, équilibrés et fermés, tels que $\lambda_n A_n \subset \frac{1}{3}U$, $\lambda_n A_n \subset \bigcap_{j=1}^{\infty} V_j$, $V_n \cap A_n \subset U$ quel que soit n. Montrer d'abord que si les λ_j et V_j sont déterminés pour $j \leqslant n$, on peut trouver λ_{n+1} tel que $\lambda_{n+1}A_{n+1} \subset \frac{1}{3}U$ et $\lambda_{n+1}A_{n+1} \subset V_j$ pour $j \leqslant n$. Prouver ensuite que l'on peut trouver V_{n+1} tel que $\lambda_j A_j \subset V_{n+1}$ pour $j \leqslant n+1$ et $V_{n+1} \cap A_{n+1} \subset U$; pour cela, en désignant par A l'enveloppe convexe des $\lambda_j A_j$ pour $j \leqslant n+1$, montrer qu'on peut prendre $V_{n+1} = \overline{A + V}$ pour un voisinage convexe équilibré V de 0 convenable ; on remarquera pour cela qu'il suffit de montrer que, si $B = A_{n+1} \cap \complement U$, 0 n'est pas adhérent à l'ensemble $B + 2A$.)
b) Déduire de *a*) que si u est une application linéaire de E dans un espace localement convexe F, telle que la restriction de u à toute partie bornée de E soit continue, alors u est continue (*cf.* IV, p. 50, exerc. 15).

¶ 7) *a*) Soient E un espace (DF), U un ensemble convexe, équilibré et fermé dans E, qui absorbe les parties bornées de E, (x_n) une suite de points de $\complement U$. Montrer qu'il existe un voisinage V de 0 dans E qui ne contient aucun des x_n. (Soit (A_n) une base dénombrable de la bornologie canonique de E. Montrer qu'on peut définir par récurrence une suite (λ_n) de nombres > 0 et une suite (V_n) de voisinages de 0, convexes, équilibrés et fermés, tels que $\lambda_n A_n \subset \bigcap_{j=1}^{\infty} V_j$, $\lambda_n A_n \subset U$ et $x_n \in \complement V_n$ pour tout n. Pour cela, les λ_j et V_j étant déterminés pour $j \leqslant n$, prendre d'abord λ_{n+1} tel que $\lambda_{n+1}A_{n+1} \subset U$ et $\lambda_{n+1}A_{n+1} \subset V_j$ pour tout $j \leqslant n$, puis prendre V_{n+1} contenant l'adhérence de l'enveloppe convexe de la réunion des $\lambda_j A_j$ pour $j \leqslant n+1$.)
b) Déduire de *a*) que si M est une partie de E contenant un ensemble dénombrable partout dense, la topologie induite sur M par la topologie forte du bidual E″ de E est identique à la topologie induite par celle de E. En particulier, les suites convergentes dans E sont les mêmes pour la topologie de E et la topologie induite par la topologie forte de E″ ; pour toute partie métrisable M de E, la topologie induite sur M par la topologie de E est identique à la topologie induite par la topologie forte de E″.
c) Déduire de *a*) que s'il existe un ensemble dénombrable partout dense dans E, alors E est infratonnelé.
d) Déduire de *b*) et de l'exerc. 6 que si toute partie bornée de E est métrisable pour la topologie induite par celle de E, alors E est infratonnelé.

¶ 8) Soit E un espace de Fréchet, E'_b son dual fort. On suppose qu'il existe une suite partout dense (x'_n) dans E'_b. Montrer que E est de type dénombrable. (Soit (K'_n) une base dénombrable de la bornologie canonique de E'_b formée d'ensembles fermés, convexes, équilibrés. Pour tout système α formé d'un point x'_n, d'un nombre fini quelconque de nombres rationnels $\lambda_k > 0$ $(1 \leqslant k \leqslant m)$ et de m indices n_k tels que $x'_n \notin 2\sum_{k=1}^{m} \lambda_k K'_{n_k} = 2H'_\alpha$, soit $x_\alpha \in E$ tel que l'hyperplan d'équation $\langle x_\alpha, y' \rangle = 1$ sépare strictement les deux ensembles faiblement compacts H'_α et $x'_n + H'_\alpha$. Montrer que pour tout $x' \neq 0$ dans E', il existe un système α tel que $\langle x_\alpha, x' \rangle \neq 0$. Pour cela, considérer un voisinage V' de 0 dans E'_s tel que $V' \cap (x' + V') = \emptyset$, puis, pour chaque entier m, un nombre rationnel $\lambda_m > 0$ tel que $\lambda_m K'_m \subset V'$; utiliser le fait que la réunion $U' \subset V'$ des $\lambda_m K'_m$ est un voisinage de 0 (exerc. 7, *c*) et IV, p. 58, exerc. 3, *b*)) et qu'il existe n tel que $x'_n \in x' + U'$.)

¶ 9) *a*) Soient E un espace semi-tonnelé séparé, M un sous-espace vectoriel fermé de E, E' le dual de E. Montrer que E/M est semi-tonnelé et que la topologie forte $\beta(M^\circ, E/M)$ est identique à la topologie induite sur M° par la topologie forte $\beta(E', E)$. (Noter qu'il suffit de prouver qu'une suite (x'_n) dans M° qui converge vers 0 pour $\beta(E', E)$ est bornée pour $\beta(M^\circ, E/M)$.) En déduire que si E est un espace (DF), il en est de même de E/M (*cf.* IV, p. 63, exerc. 8).
b) Soient E un espace localement convexe séparé, M un sous-espace vectoriel (non nécessairement fermé) de E. Montrer que si M est un espace semi-tonnelé, la topologie forte $\beta(E'/M^\circ, M)$ est identique à la topologie quotient par M° de la topologie forte $\beta(E', E)$. (Raisonner comme dans *a*).)
c) Montrer qu'un espace semi-tonnelé séparé et quasi-complet E est complet (utiliser *b*) appliqué à E et $\hat{E}$). En particulier un espace semi-tonnelé semi-réflexif est complet (*cf.* IV, p. 53, exerc. 6).
d) Montrer que le complété d'un espace semi-tonnelé (resp. un espace (DF)) séparé est semi-tonnelé (resp. un espace (DF)).
e) Soit (E_n) une suite d'espaces semi-tonnelés (resp. d'espaces (DF)), E un espace vectoriel, et pour chaque n, f_n une application linéaire de E_n dans E. On suppose que E est réunion des $f_n(E_n)$; montrer que, pour la topologie localement convexe la plus fine rendant continues les f_n, E est semi-tonnelé (resp. un espace (DF)) (examiner d'abord le cas où E est somme directe topologique des E_n). Si les E_n sont semi-réflexifs (resp. réflexifs) et si E est séparé, E est semi-réflexif (resp. réflexif).

10) Soit E un espace de Fréchet de type dénombrable. Montrer que si, dans le dual E' de E, toute suite convergente pour la topologie faible $\sigma(E', E)$ est aussi convergente pour la topologie forte $\beta(E', E)$, alors E est un espace de Montel. (Montrer que toute partie bornée de E' est relativement compacte pour la topologie forte, en utilisant TG, II, p. 37, exerc. 6 ; puis utiliser IV, p. 54, exerc. 11, *b*).)

¶ 11) Soit (c_{mn}) une suite double de nombres > 0 telle que $c_{m,n} \leqslant c_{m+1,n}$ et soit E l'espace des suites $x = (x_n)$ de nombres réels tels que l'on ait $p_m(x) = \sum_n c_{mn}|x_n| < +\infty$ pour tout entier m. On munit E de la topologie définie par les semi-normes p_m, pour laquelle E est un espace de Fréchet de type dénombrable ; le dual E' de E est identifié à l'espace des suites $x' = (x'_n)$ telles que $\sup_n c_{mn}^{-1}|x'_n| < +\infty$ pour un m au moins, la forme bilinéaire canonique $\langle x, x' \rangle$ étant identifiée à $\sum_n x_n x'_n$ (IV, p. 47, exerc. 1, *c*)). On suppose qu'il n'existe aucune suite partielle (n_k) telle qu'il y ait une suite (a_m) de nombres $\geqslant 0$ et un indice m_0 pour lesquels on ait $c_{m,n_k} \leqslant a_m c_{m_0,n_k}$ quels que soient $m \geqslant m_0$ et k. Dans ces conditions, toute suite faiblement convergente dans E' est fortement convergente, et par suite (IV, p. 60, exerc. 10) E est un espace de Montel. (Raisonner par l'absurde ; en faisant au besoin une transformation de la forme $(x_n) \mapsto (a_n x_n)$, se ramener au cas où $c_{m_0 n} = 1$ pour tout n et un indice m_0, et où il existe une suite $(x'^{(p)})_{p \geqslant 0}$ faiblement convergente vers 0 dans E', telle que $|x'^{(p)}_n| \leqslant 1$ pour tout couple (p, n), et un ensemble borné B dans E, défini par $p_m(x) \leqslant b_m$ pour tout $m \geqslant 0$, et tel que $\sup_{x \in B} |\langle x, x'^{(p)} \rangle| \geqslant 2\delta > 0$ pour tout entier p. Déduire de ces hypothèses qu'il existe une suite strictement croissante (r_q) d'entiers, et une suite $(x^{(q)})$ de points de B tels que

$$\sum_{k=r_q+1}^{r_{q+1}} |x_k^{(q)}| > \delta$$

pour chaque indice q. Montrer alors, en raisonnant par l'absurde, que pour tout q, il existe au moins un indice s_q tel que $r_q < s_q \leqslant r_{q+1}$ et que pour tout entier m, on ait $c_{m,s_q} \leqslant b_m 2^{m+2}/\delta$, résultat contraire à l'hypothèse.)

12) *a*) Soient F un espace (DF) séparé, F'_b son dual fort. Montrer que si F'_b est réflexif, le complété $\hat{F}$ de F est réflexif et égal au bidual F″ de F (*cf.* IV, p. 52, exerc. 4 et p. 54, exerc. 11).
b) Soit E un espace de Fréchet. Montrer que si le bidual E″ de E est réflexif, alors E est réflexif.

13) *a*) Soient E, F deux espaces de Fréchet, G un espace localement convexe séparé, E′, F′, G′ les duals de E, F, G respectivement. Soit *u* une application bilinéaire de E′ × F′ dans G′, qui est séparément continue (III, p. 28) lorsqu'on munit E′, F′, G′ des topologies faibles σ(E′, E), σ(F′, F) et σ(G′, G). Montrer que, dans ces conditions, *u* est une application continue de E′ × F′ dans G′ lorsque E′, F′ et G′ sont munis des topologies fortes. (Si, pour $z \in G$, on pose $\langle z, u(x', y')\rangle = \langle v_z(x'), y'\rangle$, où $v_z(x') \in F$, montrer d'abord que lorsque *z* parcourt un ensemble borné C de G, l'ensemble des v_z est équicontinu lorsque E′ est muni de la topologie forte et F de la topologie initiale ; on utilisera pour cela IV, p. 51, exerc. 19, *d*). Montrer ensuite qu'il existe dans E′ un voisinage V′ de 0 pour la topologie forte tel que lorsque *z* parcourt C, la réunion des ensembles $v_z(V')$ soit bornée dans F ; utiliser pour cela III, p. 48, exerc. 5.)
b) Donner un exemple mettant en défaut la conclusion de *a*), lorsque l'on suppose que E est un espace de Fréchet et F une limite inductive stricte d'espaces de Fréchet (III, p. 48, exerc. 3).

14) *a*) Soient E un espace de Fréchet, E′ son dual. Montrer que E′, muni de la topologie de la convergence compacte ou d'une 𝔖-topologie plus fine, est complet (*cf.* III, p. 23, *Remarque* 1). Si E n'est pas réflexif, montrer que E′ n'est infratonnelé pour aucune des 𝔖-topologies plus fines que la topologie de la convergence compacte et moins fines que τ(E′, E).
b) Soient $(E_\alpha)_{\alpha\in A}$ une famille d'espaces de Fréchet, E un espace vectoriel, et pour chaque $\alpha \in A$, soit h_α une application linéaire de E_α dans E. On suppose que E, muni de la topologie localement convexe la plus fine rendant continues les h_α (II, p. 29) est séparé. Montrer que le dual E′ de E, muni de la topologie de la convergence compacte ou de toute 𝔖-topologie plus fine, est complet (*cf.* III, p. 20, th. 1).

15) Soient E un espace de Banach de dimension infinie, $(a_n)_{n\geqslant 1}$ une famille libre dénombrable totale de points de E, F_n le sous-espace de E de dimension *n* engendré par les a_m d'indice $m \leqslant n$. Soit S_n la sphère d'équation $\|x\| = n$ dans E ; dans $S_n \cap F_n$ soit A_n un ensemble fini tel que tout point de $S_n \cap F_n$ soit à une distance $\leqslant 1/n$ de A_n. Montrer que $A = \bigcup_{n=1}^{\infty} A_n$ est tel que son intersection avec tout ensemble fermé borné est fermée, mais que 0 est adhérent à A pour la topologie affaiblie.

16) Soit E un espace limite inductive d'une suite (E_p) d'espaces localement convexes métrisables, les applications canoniques $E_p \to E$ étant injectives et E réunion des images des E_p. Montrer que le dual fort E'_b de E est exhaustible (III, p. 50, exerc. 1). (Soit (U^p_j) un système fondamental décroissant de voisinages convexes, fermés et équilibrés de 0 dans E_p ; considérer les intersections finies des ensembles polaires $(U^p_j)^\circ$ dans E′ ; utiliser le fait que pour toute suite croissante $(m_j)_{j\geqslant 1}$, l'intersection $\bigcap_{j=1}^{\infty} (U^j_{m_j})^\circ$ est le polaire d'un voisinage de 0 dans E, et le fait que E'_b est complet.)

¶ 17) *a*) Soit E un espace localement convexe séparé, tel que la bornologie formée des ensembles relativement compacts de E admette une base (III, p. 1) dénombrable (A_n). Montrer que (A_n) est aussi une base de la bornologie canonique (III, p. 3, déf. 5). (Soit C_n l'ensemble relativement compact somme de *n* ensembles égaux à A_n ; alors (C_n) est aussi une base de la bornologie des ensembles relativement compacts. Raisonner par l'absurde en considérant un ensemble borné B qui n'est contenu dans aucun des C_n, et en conclure qu'il existe une suite (x_n) de points de B telle que $x_n/n \notin A_n$; en déduire une contradiction.) L'espace E est alors semi-réflexif et l'enveloppe fermée convexe équilibrée de tout ensemble compact dans E est compacte.
b) On suppose que E est infratonnelé et que pour une topologie $\mathscr{T}$ compatible avec la dualité entre E et E′, il existe une base dénombrable de la bornologie des parties de E relativement compactes pour $\mathscr{T}$. Montrer que E est alors un espace (DF) (IV, p. 58, exerc. 2) réflexif.

(Utiliser *a*), en remarquant que les ensembles bornés fermés dans E sont compacts pour $\mathscr{T}$, et par suite complets pour la topologie initiale de E, ce qui entraîne que E est tonnelé). Si $\mathscr{T}$ est la topologie initiale, E est un espace de Montel.

18) *a*) Soit E un espace localement convexe séparé, et soit (A_n) une suite croissante d'ensembles convexes, équilibrés, compacts pour la topologie affaiblie $\sigma(E, E')$, telle que la réunion des A_n soit E, et que pour tout entier *n* et tout $\lambda > 0$, il existe *m* tel que $\lambda A_n \subset A_m$. Montrer que (A_n) est une base pour la bornologie formée des ensembles convexes et relativement compacts pour $\sigma(E, E')$. (Observer que sur E' la topologie de la convergence uniforme dans les A_n est $\tau(E', E)$.)
b) Si E est tonnelé et s'il existe une suite (A_n) ayant les propriétés de *a*), E est un espace (DF) réflexif. (Observer que E', muni de $\tau(E', E)$ est métrisable et que la topologie de E est $\beta(E, E')$.)

§ 4

1) Soient E et F deux espaces localement convexes séparés, E' et F' leurs duals respectifs. Montrer que si, pour tout sous-espace vectoriel N de F, la topologie induite sur N par $\tau(F, F')$ est identique à $\tau(N, F'/N^\circ)$ (IV, p. 51, exerc. 20), tout morphisme strict de E dans F pour les topologies $\sigma(E, E')$ et $\sigma(F, F')$ est aussi un morphisme strict pour les topologies $\tau(E, E')$ et $\tau(F, F')$ (*cf.* IV, p. 10, prop. 11). Cas où F est métrisable.

2) Soit E un espace localement convexe séparé tel qu'il existe dans son dual E' un ensemble convexe **B'** compact pour $\sigma(E', E)$ et de dimension infinie (condition réalisée par exemple lorsque E est un espace vectoriel de dimension infinie muni de $\sigma(E, E^*)$). Montrer qu'il existe une forme linéaire $u \in E'^*$ non bornée sur **B'** ; en déduire que **B'** n'est pas compact pour la topologie $\sigma(E', F)$, où F est le sous-espace $E + \mathbf{R}u$ de E'^*. Conclure de là que l'injection canonique de E dans F est un morphisme strict pour les topologies $\sigma(E, E')$ et $\sigma(F, E')$, mais non pour les topologies $\tau(E, E')$ et $\tau(F, E')$.

3) Donner un exemple de morphisme strict injectif *u* d'un espace de Fréchet E dans un espace de Fréchet F, tel que ${}^t u$ ne soit pas un morphisme strict de F'_b dans E'_b (*cf.* IV, p. 58, exerc. 5, *c*)).

4) Soient E et F deux espaces localement convexes séparés, *u* une application linéaire continue de E dans F, M un sous-espace vectoriel partout dense de E. Montrer que si la restriction de *u* à M est un morphisme strict de M dans F, *u* est un morphisme strict de E dans F (utiliser la prop. 2 de IV, p. 27). Si en outre $u(M) = F$ montrer que pour tout voisinage ouvert, convexe et équilibré V de 0 dans E, $u(V)$ est l'intérieur de $\overline{u(V \cap M)}$.

5) Soient E et F deux espaces normés, *u* une application linéaire continue de E dans F.
a) Montrer que, si *u* est un morphisme strict de E dans F, ${}^t u$ est un morphisme strict du dual fort F'_b dans le dual fort E'_b.
b) Montrer que si E est complet, et si ${}^t u$ est un morphisme strict de F'_b dans E'_b, *u* est un morphisme strict de E dans F, et ${}^t u$ est un morphisme strict de F' dans E' pour les topologies faibles $\sigma(F', F)$ et $\sigma(E', E)$ (considérer F comme sous-espace de son complété).
c) Donner un exemple où E est non complet, F complet, ${}^t u$ un morphisme strict injectif de F' dans E' pour les topologies fortes et pour les topologies faibles, mais *u* n'est pas un morphisme strict de E dans F (*cf.* II, p. 79, exerc. 5).
d) Donner un exemple où E est non complet, F complet, *u* un morphisme strict injectif de E dans F, ${}^t u$ un morphisme strict de F' dans E' pour les topologies fortes, mais non pour les topologies faibles (prendre E partout dense dans F).
e) Si F est complet et si ${}^t u$ est un morphisme strict de F' dans E' pour les topologies faibles, ${}^t u$ est un morphisme strict de F' dans E' pour les topologies fortes (prolonger *u* à $\hat{E}$).
f) Donner un exemple où E est complet, F non complet, ${}^t u$ un morphisme strict de F' dans E' pour les topologies faibles mais non pour les topologies fortes (*cf.* II, p. 79, exerc. 5).

6) Soit E l'espace localement convexe métrisable obtenu en munissant l'espace $\ell^1(\mathbf{N})$ (I, p. 4) de la topologie induite par celle de l'espace produit $\mathbf{R}^{\mathbf{N}}$; son dual E' s'identifie à $\mathbf{R}^{(\mathbf{N})}$ et la topologie $\tau(E', E)$ est la topologie induite sur E' par la topologie de la norme de $c_0(\mathbf{N})$ (IV, p. 47, exerc. 1). Montrer que si u est une application linéaire continue surjective de E sur un espace tonnelé séparé F, F a nécessairement une dimension finie. (Observer que ${}^t u$ est un isomorphisme de F', muni de $\sigma(F', F)$, sur un sous-espace de E' muni de $\sigma(E', E)$; du fait que F est tonnelé, conclure que ${}^t u(F')$, muni de la topologie induite par $\tau(E', E)$, est un espace de Banach, et utiliser l'exerc. 24 de II, p. 85.)

7) *a*) Soient E un espace de Banach, et $(x_\alpha)_{\alpha \in A}$ un ensemble partout dense dans la sphère unité de E. Soit u l'application linéaire de l'espace $\ell^1(A)$ (I, p. 4) dans E définie par $u(t) = \sum_{\alpha \in A} t(\alpha) x_\alpha$ pour tout $t = (t(\alpha))_{\alpha \in A}$ appartenant à $\ell^1(A)$. Montrer que u est un morphisme strict de $\ell^1(A)$ sur E, et par suite que E est isomorphe à un espace quotient de $\ell^1(A)$.
b) Déduire de *a*) un exemple de sous-espace fermé de l'espace $\ell^1(\mathbf{N})$ qui n'admet pas de supplémentaire topologique dans $\ell^1(\mathbf{N})$ (prendre pour E l'espace $c_0(\mathbf{N})$ et utiliser IV, p. 54, exerc. 15, *b*) et p. 55, exerc. 18).

¶ 8) Pour tout entier $n > 0$, soit $a^{(n)}$ la suite double $a^{(n)} = (a_{ij}^{(n)})_{i \geq 1, j \geq 1}$ définie par $a_{ij}^{(n)} = j^n$ pour tout couple (i, j) tel que $i < n$, et $a_{ij}^{(n)} = i^n$ pour tout couple (i, j) tel que $i \geq n$. Soit E l'espace vectoriel des suites doubles $x = (x_{ij})$ de nombres réels telles que, pour tout entier $n > 0$, on ait $p_n(x) = \sum_{i,j} a_{ij}^{(n)} |x_{ij}| < +\infty$; les p_n sont des semi-normes définissant sur E une topologie d'espace de Fréchet et d'espace de Montel (IV, p. 60, exerc. 11) ; le dual E' de E, qui est un espace (DF) et un espace de Montel (donc ultrabornologique et réflexif) est identifié à l'espace des suites $x' = (x'_{ij})$ telles que, pour un indice n au moins, on ait la relation $\sup_{i,j} |a_{ij}^{(n)}|^{-1} |x'_{ij}| < +\infty$ (IV, p. 47, exerc. 1, *c*)).
a) Pour tout $x = (x_{ij}) \in E$, soit $y_j = \sum_i x_{ij}$ (pour tout $j \geq 1$). Montrer que l'on a $\sum_j |y_j| < +\infty$; on désigne par $u(x)$ la suite $(y_j) \in \ell^1(\mathbf{N})$; montrer que u est une application linéaire continue de E dans $F = \ell^1(\mathbf{N})$, et que pour toute suite $y' = (y'_j) \in F' = \ell^\infty(\mathbf{N})$, ${}^t u(y')$ est la suite $(z'_{ij}) \in E'$ telle que $z'_{ij} = y'_j$ pour tout indice i. En déduire que ${}^t u$ est une application linéaire injective de $\ell^\infty(\mathbf{N})$ sur un sous-espace de E' fermé pour $\sigma(E', E)$, et par suite que u est un morphisme strict de E sur $\ell^1(\mathbf{N})$ pour les topologies initiales, et ${}^t u$ un isomorphisme de $F' = \ell^\infty(\mathbf{N})$ sur ${}^t u(F')$ pour les topologies faibles $\sigma(F', F)$ et $\sigma(E', E)$.
b) Soit $M = u^{-1}(0)$; on a $M^\circ = {}^t u(F')$. Montrer que l'image réciproque par ${}^t u$ de la topologie induite sur M° par la topologie forte de E' est la topologie de la convergence uniforme dans les parties compactes de F (IV, p. 28, th. 1 et p. 54, exerc. 15). En déduire que sur M° la topologie induite par la topologie forte $\beta(E', E)$ n'est pas la topologie forte $\beta(M^\circ, E/M)$, et que pour la topologie induite par $\beta(E', E)$, M° n'est pas un espace infratonnelé, bien que ce soit un sous-espace fermé d'un espace de Montel ultrabornologique ; d'autre part E/M, quotient d'un espace de Fréchet et de Montel par un sous-espace fermé, n'est pas réflexif. Montrer qu'il existe dans E/M des ensembles bornés qui ne sont pas images canoniques de parties bornées de E.

¶ 9) Soit A un ensemble dénombrable. On considère trois couples d'espaces vectoriels (P, P'), (Q, Q'), (E, E'), ces 6 espaces étant des sous-espaces vectoriels de $\mathbf{R}^A$ et contenant le sous-espace somme directe $\mathbf{R}^{(A)}$; on suppose en outre que pour tout point $x \in P$ (resp. $x \in Q$, $x \in E$) et tout point $x' \in P'$ (resp. $x' \in Q'$, $x' \in E'$), la famille $(x_\alpha x'_\alpha)_{\alpha \in A}$ soit sommable et on pose $\langle x, x' \rangle = \sum_{\alpha \in A} x_\alpha x'_\alpha$; cette forme bilinéaire met P et P' (resp. Q et Q', E et E') en dualité séparante.
a) On suppose que l'on a $E = P \cap Q$, $E' \supset P' + Q'$ et $E' \neq P' + Q'$. On considère l'application linéaire $u : x \mapsto (x, x)$ de E dans $F = P \times Q$. L'espace F étant mis en dualité séparante avec $F' = P' \times Q'$, montrer que u est continue pour les topologies faibles $\sigma(E, E')$ et $\sigma(F, F')$ et que son image $M = u(E)$ est un sous-espace fermé pour $\sigma(F, F')$; en déduire que ${}^t u$ est un

morphisme strict de F′ dans E′ pour les topologies $\sigma(F', F)$ et $\sigma(E', E)$, et que $N = {}^t u(F)$ n'est pas fermé dans E′ pour $\sigma(E', E)$. Si E′ est métrisable pour la topologie $\tau(E', E)$, en déduire que ${}^t u$ est aussi un morphisme strict de F′ dans E′ pour les topologies $\tau(F', F)$ et $\tau(E', E)$.
b) On suppose de plus que E′ soit un espace de Fréchet pour $\tau(E', E)$. Alors F'/M°, muni de la topologie quotient de $\tau(F', F)$ par M°, n'est pas semi-complet, et il existe dans F'/M° des ensembles bornés qui ne sont pas relativement compacts pour $\tau(F'/M^\circ, M)$.
c) Sous les mêmes hypothèses que dans *b*), soit x' un élément de E′ n'appartenant pas à $N = {}^t u(F')$; pour tout $y \in M$, soit $v(y) = \langle x, x' \rangle$, où $x \in E$ est l'unique élément tel que $u(x) = y$. Montrer que la forme linéaire v sur M n'est pas continue pour la topologie $\sigma(F, F')$, mais que sa restriction à toute partie bornée de M est continue pour $\sigma(M, F'/M^\circ)$. En déduire que $L = v^{-1}(0)$ est un sous-espace vectoriel de F, dont l'intersection avec toute partie bornée et fermée de F (pour $\sigma(F, F')$) est fermée pour $\sigma(F, F')$, mais qui n'est pas fermé dans F pour $\sigma(F, F')$.

¶ 10) *a*) Soient G, H deux espaces de Banach réflexifs tels que $\mathbf{R}^{(\mathbf{N})} \subset G \subset H \subset \mathbf{R}^{\mathbf{N}}$ (* par exemple $G = \ell^r(\mathbf{N})$ et $H = \ell^p(\mathbf{N})$, avec $1 < r < p < +\infty$ *). Montrer qu'on satisfait aux conditions de l'exerc. 9, *a*) en prenant $A = \mathbf{N} \times \mathbf{N}$, $P = H^{(\mathbf{N})}$ (somme directe topologique), $P' = H'^{\mathbf{N}}$, $Q = G^{\mathbf{N}}$, $Q' = G'^{(\mathbf{N})}$, $E = G^{(\mathbf{N})}$, $E' = G'^{\mathbf{N}}$; E′ est alors un espace de Fréchet réflexif, E, F, F′ des limites inductives strictes d'espaces de Fréchet réflexifs (donc complets et réflexifs).
b) Déduire de *a*) et de l'exerc. 9 des exemples des phénomènes suivants :

α) Un espace quotient d'une limite inductive stricte d'espaces de Fréchet réflexifs qui n'est pas quasi-complet, ni semi-réflexif.

β) Un sous-espace fermé d'une limite inductive stricte d'espaces de Fréchet réflexifs qui n'est pas réflexif, et dont le dual n'est pas complet.

γ) Un sous-espace vectoriel d'une limite inductive stricte d'espaces de Fréchet réflexifs E_n, qui n'est pas fermé (et donc n'est pas tonnelé) bien que l'intersection de ce sous-espace avec chacun des sous-espaces E_n soit fermée.

δ) Un sous-espace non fermé du dual d'un espace limite inductive stricte d'espaces de Fréchet réflexifs, dont l'intersection avec toute partie faiblement compacte est faiblement compacte (*cf.* IV, p. 25, cor. 2).

¶ 11) *a*) Soit E une limite inductive stricte d'espaces de Fréchet E_n de type dénombrable, et soit F un sous-espace partout dense de E. Pour tout n, on pose $F_n = \overline{F \cap E_n}$; montrer que E est limite inductive stricte des F_n (*cf.* III, p. 45, exerc. 13, *b*)). En déduire que F est bornologique. (Soit u une application linéaire de F dans un espace de Banach L transformant tout ensemble borné en un ensemble borné. Observer que la restriction u_n de u à $F \cap E_n$ est continue et se prolonge en une application linéaire continue v_n de $\overline{F \cap E_n}$ dans L, les v_n étant restrictions d'une même application linéaire v de E dans L, et conclure que v est continue.)
b) On suppose que F n'est pas fermé dans E mais que $F \cap E_n$ soit fermé dans E_n pour tout n (exerc. 10, *b*)). Soit A_n un ensemble dénombrable dense dans E_n, et soit G le sous-espace vectoriel de E engendré par la réunion de F et des A_n. Montrer que G est un espace bornologique dans lequel F est un sous-espace ayant un supplémentaire admettant une base dénombrable, mais que F n'est pas infratonnelé (*cf.* III, p. 42, § 2, exerc. 4 et p. 46, exerc. 17).

12) Soient E, F deux espaces de Fréchet, u un morphisme strict de E dans F. Montrer que pour toute application linéaire continue v de rang fini de E dans F, $u + v$ est un morphisme strict de E dans F.

¶ 13) *a*) Soit E un espace localement convexe séparé et complet. On suppose qu'il existe dans E une suite décroissante (F_n) de sous-espaces vectoriels fermés tels que, pour tout voisinage V de 0 dans E, il existe n tel que $F_n \subset V$. Montrer que E est un espace de type minimal (II, p. 90, exerc. 13).
b) Soit E un espace de Fréchet de type dénombrable, qui n'est pas de type minimal. Montrer qu'il existe dans E deux sous-espaces vectoriels fermés M, N tels que $M \cap N = \{0\}$ et que $M + N$ ne soit pas fermé. (En désignant par (x'_n) une suite de formes linéaires continues sur E, linéairement indépendantes et formant un ensemble total pour $\sigma(E', E)$ (III, p. 19, cor. 2),

soit L_n le sous-espace de E orthogonal aux x'_i d'indice $i \leqslant 2n$; soient x_n, y_n deux vecteurs linéairement indépendants dans un supplémentaire de L_{n+1} par rapport à L_n. Soit d une distance invariante par translation définissant la topologie de E. En utilisant *a*), montrer qu'il existe un nombre $\alpha > 0$ tel que l'on puisse prendre $d(0, x_n) \geqslant \alpha$, $d(0, y_n) \geqslant \alpha$ et $d(x_n, y_n) \leqslant 1/n$. Montrer que si M (resp. N) est le sous-espace vectoriel fermé engendré par les x_n (resp. y_n), M et N répondent à la question, en utilisant I, p. 19, cor. 4.)

c) Soit E un sous-espace fermé d'un produit $\prod_{\alpha \in A} F_\alpha$ d'espaces normés ; montrer que si tout sous-espace fermé de E engendré par une famille dénombrable de points est de type minimal, alors E lui-même est de type minimal. (Raisonner par l'absurde en supposant que la projection de E sur chaque F_α est égale à F_α, et qu'il y a un F_α de dimension infinie.)

d) Soit E un espace localement convexe séparé et complet, dont tout sous-espace engendré par une famille dénombrable de points est métrisable. Pour que E soit de type minimal, il faut et il suffit que pour tout couple de sous-espaces vectoriels fermés M, N de E tels que $M \cap N = \{0\}$, $M + N$ soit fermé dans E (utiliser *b*) et *c*)).

¶ 14) *a*) Soit E un espace de Fréchet sur lequel il n'existe aucune norme continue. Montrer qu'il existe dans E un sous-espace vectoriel fermé de type minimal (II, p. 90, exerc. 13), de dimension infinie, qui admet par suite un supplémentaire topologique dans E. (Il existe une suite fondamentale strictement décroissante (V_n) de voisinages convexes équilibrés de 0 dans E, et une suite (x_n) de points de E telle que $x_n \notin V_{n+1}$ et que la droite passant par x_n soit contenue dans V_n, les x_n étant linéairement indépendants ; montrer que le sous-espace vectoriel fermé engendré par les x_n répond à la question.)

b) Soit E un espace de Fréchet dont la topologie ne peut être définie par une seule norme, mais par une suite croissante (p_n) de normes. Soit V_n le voisinage défini par $p_n(x) \leqslant 1$, et soit $A'_n = V_n^\circ$ son polaire dans E' ; on peut supposer que A'_{n+1} n'est pas contenu dans le sous-espace vectoriel de E' engendré par A'_n (IV, p. 49, exerc. 12, *c*)). Soit (x'_n) une suite de points de E' telle que $x'_n \in A'_n$ et que x'_n n'appartienne pas au sous-espace vectoriel engendré par A'_{n-1} ; montrer que le sous-espace vectoriel M' engendré par la suite (x'_n) est faiblement fermé dans E' (*cf.* IV, p. 25, cor. 2) et n'admet pas de supplémentaire topologique dans E' pour la topologie $\sigma(E', E)$. (Remarquer que s'il existait un projecteur faiblement continu u' de E' sur M', $u'(A'_1)$ serait contenu dans un des ensembles $M' \cap A'_n$ en vertu du th. de Baire, et en conclure une contradiction, A'_1 étant faiblement total dans E'.) En déduire que le sous-espace M'° de E n'admet pas de supplémentaire topologique dans E.

c) Soit E un espace de Fréchet dont la topologie ne peut être définie par une seule norme. Montrer que si E n'est pas isomorphe à un produit d'espaces de Banach, il existe dans E un sous-espace vectoriel fermé n'admettant pas de supplémentaire topologique. (Raisonnant par l'absurde, soit $(p_n)_{n \geqslant 1}$ une suite croissante de semi-normes sur E, définissant la topologie de E ; soit $F_n = p_n^{-1}(0)$, et soit E_{n+1} un supplémentaire topologique de F_{n+1} par rapport à F_n (on pose $E = F_0$) ; utilisant *b*), montrer que E_{n+1} est un espace de Banach et que E est isomorphe au produit des E_n ($n \geqslant 1$) ; utiliser pour cela I, p. 17, th. 1.)

15) *a*) Soit E un espace normé (réel ou complexe) de dimension infinie. Montrer qu'il existe dans E une suite (x_n) telle que, pour toute suite bornée (λ_n) de scalaires, il existe une forme linéaire continue x' sur E telle que $\langle x_n, x' \rangle = \lambda_n$ pour tout n. (Former une suite (x'_n) de points du dual E' de E et une suite (x_n) de points de E telles que $\langle x_i, x'_j \rangle = \delta_{ij}$ et $\|x'_n\| \leqslant 2^{-n}$.)

b) Pour qu'un espace localement convexe métrisable E possède la propriété énoncée dans *a*), il faut et il suffit que le complété de E ne soit pas un espace de type minimal (II, p. 90, exerc. 13).

16) *a*) Soient E et F deux espaces normés *complexes* de dimension infinie, et soit u une application semi-linéaire bijective de E sur F, relative à un automorphisme σ de **C**, et transformant tout hyperplan fermé de E en un hyperplan fermé de F. Montrer que l'automorphisme σ de **C** est nécessairement continu (et par suite est l'identité ou l'automorphisme $\xi \mapsto \bar{\xi}$). (Raisonner par l'absurde : soit (x_n) une suite de points de E satisfaisant à la condition de l'exerc. 15, *a*), et soit (λ_n) une suite bornée de nombres complexes telle que $|\lambda_n^\sigma| \geqslant n . \|u(x_n)\|$ pour tout n ; si $x' \in E'$ est telle que $\langle x_n, x' \rangle = \lambda_n$ pour tout n, considérer l'image par u de l'hyperplan fermé des $x \in E$ tels que $\langle x, x' \rangle = 1$, et obtenir une contradiction.)

b) Déduire de *a*) que u est une application semi-linéaire continue de E dans F (IV, p. 7, corollaire).
c) Soit σ un automorphisme discontinu du corps **C**. Montrer que la bijection $(\xi_n) \mapsto (\xi_n^\sigma)$ de $\mathbf{C}^{\mathbf{N}}$ sur lui-même transforme tout hyperplan fermé en un hyperplan fermé (*cf.* IV, p. 13, prop. 15).

17) Soient E, F deux espaces de Banach, u un morphisme strict de E sur F. Il existe alors un nombre $m > 0$ tel que pour tout $\varepsilon \in]0, m[$ et tout $y \in \mathrm{F}$, il existe $z \in \mathrm{E}$ tel que $u(z) = y$ et $\|z\| \leqslant (m - \varepsilon)^{-1}\|y\|$.
a) Soit **B** une boule fermée $\|x - a\| \leqslant r$ dans E, et soit w une application de B dans F vérifiant les conditions suivantes : 1° $\sup_{x \in \mathbf{B}} \|w(x)\| = \mathrm{M} < +\infty$; 2° il existe un nombre $k > 0$ tel que, quels que soient x, x' dans **B**, on ait $\|w(x) - w(x')\| \leqslant k\|x - x'\|$ (« condition de Lipschitz »). Montrer que si $k < m$ et $\mathrm{M} < r(m - k)$, l'image de B par l'application $x \mapsto u(x) + w(x)$ contient une boule de centre $b = u(a)$. (Montrer que pour tout $y \in \mathrm{F}$ assez voisin de b, on peut définir une suite $(x_n)_{n \geqslant 0}$ de points de B telle que $u(x_0) = y$, et $u(x_n) = y - w(x_{n-1})$ pour $n \geqslant 1$, telle que la suite (x_n) converge vers un point de B.)
b) On suppose que w soit une application de E tout entier dans F, telle que l'on ait $\|w(x) - w(x')\| \leqslant k\|x - x'\|$ quels que soient x, x' dans E. Montrer que si $k < m$, $u + w$ est une application surjective et ouverte de E sur F.
c) En particulier, si w est une application linéaire continue de E dans F telle que $\|w\| < m$, $v = u + w$ est un morphisme strict de E sur F. Si $\varepsilon \in]0, m[$, pour tout $x \in v^{-1}(0)$ tel que $\|x\| = 1$, il existe $x_0 \in u^{-1}(0)$ tel que $\|x - x_0\| \leqslant \|w\|/(m - \varepsilon)$; si de plus $\|w\| < m - \varepsilon$, pour tout $x_0 \in u^{-1}(0)$ tel que $\|x_0\| = 1$, il existe $x \in v^{-1}(0)$ tel que

$$\|x - x_0\| \leqslant \|w\|/(m - \varepsilon - \|w\|).$$

En déduire que s'il existe un sous-espace vectoriel fermé G de E supplémentaire de $u^{-1}(0)$, G est aussi supplémentaire de $v^{-1}(0)$ dès que $\|w\|$ est assez petit (raisonner par l'absurde pour montrer que la projection de $v^{-1}(0)$ sur $u^{-1}(0)$ ne peut être contenue dans un hyperplan fermé de $u^{-1}(0)$; noter d'autre part qu'il existe $a > 0$ tel que tout point $x \in \mathrm{G}$ tel que $\|x\| = 1$ ait une distance $\geqslant a$ à $u^{-1}(0)$).

18) *a*) Soient E, F deux espaces normés, u un morphisme strict injectif de E dans F ; il y a donc un nombre $m > 0$ tel que $\|u(x)\| \geqslant m\|x\|$ pour tout $x \in \mathrm{E}$. Montrer que si w est une application linéaire continue de E dans F telle que $\|w\| < m$, $v = u + w$ est un morphisme strict injectif de E dans F. En outre, pour tout $y_0 \in u(\mathrm{E})$ tel que $\|y_0\| = 1$, il existe $y \in v(\mathrm{E})$ tel que $\|y - y_0\| \leqslant \|w\|/m$; pour tout $y \in v(\mathrm{E})$ tel que $\|y\| = 1$, il existe $y_0 \in u(\mathrm{E})$ tel que $\|y - y_0\| \leqslant \|w\|/(m - \|w\|)$.
b) Déduire de *a*) que si E et F sont en outre des espaces de Banach, et s'il existe un sous-espace vectoriel fermé G de F supplémentaire du sous-espace fermé $u(\mathrm{E})$, G est aussi supplémentaire de $v(\mathrm{E})$ dès que $\|w\|$ est assez petit (raisonner comme dans l'exerc. 17, *c*)).

19) Soit E le sous-espace de l'espace de Banach $\mathscr{C}([-1, 1]; \mathbf{R})$ des applications continues de $[-1, 1]$ dans **R** formé des polynômes. Soit de même F le sous-espace de $\mathscr{C}([0, 1]; \mathbf{R})$ formé des polynômes. Soit u l'application qui, à tout polynôme $f \in \mathrm{E}$ fait correspondre le polynôme $t \mapsto \frac{1}{2}(f(\sqrt{t}) + f(-\sqrt{t}))$ dans F. Soit d'autre part w l'application linéaire de E dans F qui, à tout polynôme $f \in \mathrm{E}$ fait correspondre sa restriction à $[0, 1]$. Montrer que u est un morphisme strict de E sur F, mais que pour aucun $\varepsilon > 0$, $u + \varepsilon w$ n'est un morphisme strict de E dans F.

20) *a*) Soient E, F deux espaces de Banach, u un morphisme strict de E dans F, tel que $u^{-1}(0)$ soit de dimension finie. Montrer que, pour toute application linéaire continue w de E dans F, de norme assez petite, $v = u + w$ est un morphisme strict de E dans F et l'on a l'inégalité $\dim v^{-1}(0) \leqslant \dim u^{-1}(0)$. (Écrire E comme somme directe topologique de $u^{-1}(0)$ et d'un sous-espace fermé et utiliser l'exerc. 18 de IV, p. 66.)
b) Soient E, F deux espaces de Banach, u une application linéaire continue de E dans F telle que $u(\mathrm{E})$ soit de codimension finie dans F. Alors $u(\mathrm{E})$ est fermé et u est un morphisme strict (I, p. 28, exerc. 4). Montrer que pour toute application linéaire continue w de E dans F, de norme assez petite, $v = u + w$ est un morphisme strict de E dans F et

$$\operatorname{codim}(v(\mathrm{E})) \leqslant \operatorname{codim}(u(\mathrm{E}))$$

(considérer ${}^t v = {}^t u + {}^t w$, et utiliser *a*) et IV, p. 29, cor. 3).

21) Soient E, F deux espaces de Banach. On dit qu'une application linéaire continue u de E dans F est un *opérateur de Fredholm* (ou un quasi-isomorphisme) si $u^{-1}(0)$ est de dimension finie et $u(\mathrm{E})$ de codimension finie (ce qui implique que $u(\mathrm{E})$ est fermé dans F et u un morphisme strict) ; on appelle *indice* de u le nombre $\mathrm{Ind}(u) = \mathrm{codim}(u(\mathrm{E})) - \dim(u^{-1}(0))$.
a) Montrer que ${}^t u : \mathrm{F}' \to \mathrm{E}'$ est aussi un opérateur de Fredholm et que l'on a $\mathrm{Ind}({}^t u) = -\mathrm{Ind}(u)$.
b) Si $u : \mathrm{E} \to \mathrm{F}$ et $v : \mathrm{F} \to \mathrm{G}$ sont deux opérateurs de Fredholm, il en est de même de $v \circ u : \mathrm{E} \to \mathrm{G}$, et on a $\mathrm{Ind}(v \circ u) = \mathrm{Ind}(u) + \mathrm{Ind}(v)$.
c) Si $w : \mathrm{E} \to \mathrm{F}$ est une application linéaire continue de rang fini ou de norme assez petite, $u + w$ est un opérateur de Fredholm et on a $\mathrm{Ind}(u + w) = \mathrm{Ind}(u)$ (utiliser les exerc. 17, *c*) et 18, *b*) de IV, p. 66).

22) Soient X un espace de Banach réel, E un sous-espace de X de dimension finie.
a) Soit S la sphère unité dans X. Montrer que, pour tout $\varepsilon > 0$, il existe un nombre fini de points $z_i \in \mathrm{S}$ $(1 \leqslant i \leqslant r)$ qui sont linéairement indépendants et tels que, pour tout $x \in \mathrm{S} \cap \mathrm{E}$, il existe un indice i tel que $\|x - z_i\| \leqslant \varepsilon$.
b) Soient z'_i $(1 \leqslant i \leqslant r)$ des points du dual E′ de E tels que $\langle z_i, z'_j \rangle = \delta_{ij}$ (indice de Kronecker), de sorte que $\|z'_i\| \geqslant 1$ pour tout i, et soit F le sous-espace fermé, de codimension r dans E, orthogonal au sous-espace de E′ engendré par les z'_i. Montrer que, pour tout $x \in \mathrm{S} \cap \mathrm{E}$ et tout $y \in \mathrm{F}$, on a $\|x + y\| \geqslant 1 - \varepsilon$, et en particulier $\mathrm{E} \cap \mathrm{F} = \{0\}$, de sorte que la somme E + F est une somme directe topologique.
c) Déduire de *b*) que le projecteur continu P de E + F sur E, correspondant à la décomposition $\mathrm{E} \oplus \mathrm{F}$ en somme directe topologique, a une norme $\|P\| \leqslant 1/(1 - \varepsilon)$.

¶ 23) Soit X un espace de Banach réel de dimension infinie.
a) On suppose que, pour tout $\lambda > 0$, il existe un sous-espace E_λ de X, de dimension finie, tel qu'il n'existe aucun projecteur continu P de X ayant E_λ pour image et tel que $\|P\| \leqslant \lambda$. Montrer que tout sous-espace fermé Y de X, de codimension finie, a alors la même propriété que X.
b) Montrer par récurrence sur n qu'il existe une suite décroissante (X_n) de sous-espaces fermés de X, de codimension finie, et pour chaque n un sous-espace E_n de X_n, de dimension finie, tels que : 1° la somme $\mathrm{E}_1 + \mathrm{E}_2 + \cdots + \mathrm{E}_n$ est directe, et il existe un projecteur continu P_n dans X_n, de norme $\leqslant 2$ et dont l'image est $\mathrm{E}_1 + \mathrm{E}_2 + \cdots + \mathrm{E}_n$; 2° l'espace E_n est contenu dans $(I - P_{n-1})(\mathrm{X}_{n-1})$; 3° il n'existe aucun projecteur continu de X, d'image E_n et de norme $\leqslant n + 2$.
c) Soit Z le sous-espace fermé de X engendré par la réunion des E_n. Montrer qu'il n'existe pas de supplémentaire topologique de Z dans X (observer que si Q était un projecteur continu de X, d'image Z, $(I - P_{n-1}) P_n Q$ serait un projecteur continu de X, d'image E_n).

§ 5

1) Soit I un ensemble non dénombrable, et soit E l'espace $\mathbf{R}^{(\mathrm{I})}$ muni de la topologie définie dans I, p. 24, exerc. 14 ; soit E′ son dual (IV, p. 50, exerc. 16, *c*)). Montrer qu'il existe dans E′ des parties H non relativement compactes pour $\sigma(\mathrm{E}', \mathrm{E})$ et telles que, de toute suite de points de H on puisse extraire une suite qui converge vers un point de H pour $\sigma(\mathrm{E}', \mathrm{E})$.

2) *a*) Soient X un espace régulier et A une partie de X. On suppose que toute suite de points de A a une valeur d'adhérence dans X, et qu'il existe sur X une topologie métrisable $\mathscr{T}$ moins fine que la topologie donnée $\mathscr{T}_0$. Montrer que l'adhérence $\overline{\mathrm{A}}$ de A dans X est un espace compact métrisable (montrer, en raisonnant par l'absurde, que les topologies induites sur $\overline{\mathrm{A}}$ par $\mathscr{T}$ et $\mathscr{T}_0$ sont identiques).
b) Soit E un espace localement convexe séparé, réunion d'une suite (E_n) de sous-espaces vectoriels métrisables pour la topologie induite par celle de E. Montrer que, pour qu'une partie A de E soit relativement compacte dans E, il faut et il suffit que toute suite de points de A ait une valeur d'adhérence dans E. (Si (W_{mn}) (pour $m \geqslant 1$) est un système fondamental

de voisinages convexes de 0 dans E_n, ouverts dans E_n, soit U_{mn} un voisinage convexe de 0 dans E tel que $E_n \cap U_{mn} = W_{mn}$ (II, p. 35, lemme 2); considérer la topologie sur E pour laquelle les U_{mn} ($m \geqslant 1$, $n \geqslant 1$) forment un système fondamental de voisinages de 0.)
c) Étendre le th. de Šmulian à un espace limite inductive stricte (II, p. 36) d'espaces de Fréchet.

3) *a*) Soit E un espace localement convexe séparé, tel qu'il existe dans le dual E′ de E une partie dénombrable partout dense pour $\sigma(E', E)$. Montrer que la topologie de E (resp. $\sigma(E, E')$) est plus fine qu'une topologie localement convexe métrisable.
b) Soit (x_n) une suite de points de E telle que toute suite extraite de (x_n) admette une valeur d'adhérence pour la topologie initiale (resp. la topologie $\sigma(E, E')$). Montrer qu'il existe une suite extraite de (x_n) et qui converge dans E pour la topologie initiale (resp. la topologie $\sigma(E, E')$). (Soit (a'_n) une suite partout dense dans E′ pour $\sigma(E', E)$; extraire de (x_n) une suite (y_n) telle que $(\langle y_n, a'_p\rangle)$ tende vers une limite pour tout indice p, et montrer que la suite (y_n) n'a qu'une seule valeur d'adhérence pour la topologie initiale (resp. pour $\sigma(E, E')$).)
c) Pour qu'une partie A de E soit relativement compacte pour la topologie initiale (resp. pour $\sigma(E, E')$), il faut et il suffit que de toute suite (x_n) de points de A, on puisse extraire une suite (x_{n_k}) qui converge vers un point de E pour la topologie initiale (resp. pour $\sigma(E, E')$) (utiliser l'exerc. 2, *a*)).

4) Soit E l'espace de Banach $\ell^\infty(\mathbf{N})$, qui n'est pas de type dénombrable (I, p. 25, exerc. 1), et soit E′ son dual. Pour tout entier $n \geqslant 0$, soit e'_n la forme linéaire continue sur E qui, à tout $x = (\xi_n) \in E$ fait correspondre le n-ième terme ξ_n de cette suite. Montrer que la suite (e'_n) est totale dans E′ pour $\sigma(E', E)$; en outre, toute suite extraite de (e'_n) admet une valeur d'adhérence dans E′ pour la topologie $\sigma(E', E)$, mais il n'existe aucune suite extraite de (e'_n) qui converge dans E′ pour cette topologie.

5) *a*) Soient X un espace compact, H une partie quelconque de l'espace $\mathscr{C}(X)$ des fonctions numériques continues dans X. Soit f_0 un point de $\mathscr{C}(X)$ adhérent à H pour la topologie $\mathscr{T}_s$ de la convergence simple sur $\mathscr{C}(X)$. Montrer qu'il existe une partie dénombrable H_0 de H telle que f_0 soit adhérent à H_0 pour $\mathscr{T}_s$. (Pour tout couple d'entiers $m > 0$, $n > 0$, montrer qu'il existe une partie finie $H(m, n)$ de H possédant la propriété suivante : pour tout ensemble de m points t_k de X ($1 \leqslant k \leqslant m$), il existe $f \in H(m, n)$ telle que $|f_0(t_k) - f(t_k)| \leqslant 1/n$ pour $1 \leqslant k \leqslant m$.)
b) Soient E un espace localement convexe métrisable, E′ son dual, H une partie de E. Montrer que, si x_0 est adhérent à H pour la topologie affaiblie $\sigma(E, E')$, il existe une partie dénombrable H_0 de H telle que x_0 soit adhérent à H_0 pour cette topologie. (Utiliser *a*), en remarquant que E′ est réunion dénombrable d'ensembles compacts pour $\sigma(E', E)$.)

¶ 6) *a*) Soient X un espace compact, H une partie convexe de l'espace produit $\mathbf{R}^X$, formée de fonctions continues dans X. On suppose que toute suite décroissante de parties convexes non vides et fermées dans H admette une intersection non vide. Montrer que l'adhérence $\overline{H}$ de H dans $\mathbf{R}^X$ est compacte et formée de fonctions continues dans X. (Raisonner par l'absurde en considérant une fonction $u \in \overline{H}$ non continue : montrer qu'il existerait un point $a \in X$, un nombre $\delta > 0$, une suite (x_n) de points de X et une suite (f_m) de fonctions de H, tels que :

1° $|u(x_n) - u(a)| \geqslant \delta$ pour tout n ; 2° $|f_m(x_n) - f_m(a)| \leqslant \frac{\delta}{8}$ pour $m \leqslant n$;

3° $|u(x_n) - f_m(x_n)| \leqslant \frac{\delta}{8}$ et $|u(a) - f_m(a)| \leqslant \frac{\delta}{8}$ pour $m \geqslant n + 1$. Considérer une valeur d'adhérence b de la suite (x_n), et une fonction f qui appartienne à l'intersection des A_m, où A_m est l'enveloppe fermée convexe dans H de l'ensemble des f_k pour $k \geqslant m$.)
b) Soient E un espace localement convexe séparé et quasi-complet, E′ son dual. Soit H une partie convexe de E telle que toute suite décroissante de parties convexes de H, non vides et fermées dans H, admette une intersection non vide ; montrer que H est relativement compact dans E pour la topologie $\sigma(E, E')$. (Se ramener au cas où E est complet ; considérer E comme plongé dans E'^* et utiliser *a*) ainsi que III, p. 21, cor. 1.)

7) Soient E un espace de Fréchet de type dénombrable, E′ son dual. Montrer que, pour qu'une partie convexe A′ de E′ soit fermée pour σ(E′, E), il suffit que, pour toute suite (x'_n) de points de A′ ayant une limite a' dans E′ pour σ(E′, E), on ait $a' \in A'$.

8) Soient F et G deux espaces vectoriels en dualité séparante. Montrer que les propriétés α) et β) de IV, p. 53, exerc. 6, *a*), sont aussi équivalentes aux suivantes :

γ) F, muni de τ(F, G), est quasi-complet, et toute suite bornée de points de F admet une valeur d'adhérence pour σ(F, G) (*cf.* IV, p. 35, th. 1) ;

δ) F, muni de τ(F, G), est quasi-complet, et toute suite décroissante d'ensembles convexes fermés, bornés et non vides dans F, admet une intersection non vide (*cf.* exerc. 6, *b*)).

9) Soit E un espace localement convexe séparé et quasi-complet ; pour que E soit semi-réflexif, il faut et il suffit que tout sous-espace vectoriel fermé de E, dans lequel il existe une partie dénombrable partout dense, soit semi-réflexif (*cf.* IV, p. 35, th. 1).

¶ 10) Soit E un espace localement convexe séparé, quasi-complet, et non semi-réflexif, et soit H un hyperplan fermé dans E contenant l'origine. Soit (C_n) une suite décroissante d'ensembles convexes, fermés, bornés et non vides, contenus dans H ne contenant pas 0 et dont l'intersection est vide (exerc. 8). Soit x un point n'appartenant pas à H, et soit A l'enveloppe fermée convexe et équilibrée de la réunion des ensembles $\left(1 - \frac{1}{n}\right)x + C_n$ pour $n > 0$.

a) Montrer qu'il n'existe aucun hyperplan d'appui de A parallèle à H (pour $y \in x + H$, remarquer qu'il existe un entier n tel que $y \notin x + C_n$).

b) Soit $z \in H$ tel que $z \notin C_1$; montrer que l'enveloppe convexe de la réunion des deux ensembles convexes, fermés et bornés A et $B = x + z + C_1$, n'est pas fermée (on prouvera que $x + z$ est adhérent à cette enveloppe, mais ne lui appartient pas).

11) Soit A un ensemble infini, et soient $E = \overline{\mathscr{K}(A)}$ (IV, p. 47, exerc. 1), $E' = \ell^1(A)$ son dual, $E'' = \ell^\infty(A)$ son bidual (IV, p. 54, exerc. 14). Montrer que toute partie de E′ compacte pour σ(E′, E″) est fortement compacte (utiliser le th. de Šmulian et IV, p. 54, exerc. 15).

12) Soit E un espace de Banach non réflexif. Prouver qu'il existe dans E un sous-espace vectoriel fermé M non réflexif et de codimension infinie. (Soit (x_n) une suite bornée dans E n'admettant aucune valeur d'adhérence pour la topologie σ(E, E′) (IV, p. 69, exerc. 8) ; former par récurrence une suite (x_{n_k}) extraite de (x_n) et une suite (y_k) topologiquement libre telles que $\| x_{n_k} - y_k \| \leqslant 1/k$ pour $k \geqslant 1$, et considérer le sous-espace vectoriel fermé de E engendré par les y_{2k}.)

¶ 13) Soient E un espace de Banach non réflexif de type dénombrable, M un sous-espace vectoriel fermé non réflexif de E, de codimension infinie (exerc. 12). Soient (x_n) une suite partout dense dans la sphère unité, C l'enveloppe fermée convexe équilibrée de la suite (x_n/n) ; C est fortement compact dans E et $C + M = A$ est un ensemble convexe fermé (TG, III, p. 28, cor. 1). Soient S la boule unité dans E, et $B = A \cap S$.

a) Montrer que 0 n'est pas point intérieur de A et en déduire qu'il existe $x_0 \in E$ tel que $\lambda x_0 \notin A$ pour $\lambda > 0$.

b) Montrer qu'il n'existe aucun hyperplan d'appui de B passant par 0 (remarquer qu'un tel hyperplan devrait être hyperplan d'appui de C).

c) Soit $U_0 = M \cap S$, et soit $(U_n)_{n \geqslant 1}$ une suite décroissante d'ensembles convexes fermés, bornés et non vides, tels que $U_1 \subset \frac{1}{2}U_0$ et que l'intersection des U_n soit vide (IV, p. 69, exerc. 8). Soit F l'enveloppe fermée convexe de la réunion des ensembles $\frac{1}{n}x_0 + U_n$ $(n \geqslant 1)$. Montrer que $B \cap F = \varnothing$ mais qu'il n'existe aucun hyperplan fermé séparant B et F (utiliser *b*)).

14) Soit E un espace de Banach de type dénombrable. On appelle *base banachique* de E une suite $(e_n)_{n \geqslant 0}$ d'éléments de E ayant la propriété suivante : pour tout $x \in$ E, il existe une suite (a_n) de scalaires et une seule telle que $x = \sum_{n=0}^{\infty} a_n e_n$, où la série du second membre est convergente.

a) Montrer que la famille (e_n) est totale et libre. Soit E_n le sous-espace vectoriel (fermé) de E engendré par les e_m d'indice $m \leqslant n$, et soit P_n le projecteur de E sur E_n défini par $P_n . (\sum_{m=0}^{\infty} a_m e_m) = \sum_{m=0}^{n} a_m e_m$. Montrer que les P_n sont des applications linéaires continues et que $\sup_n \|P_n\| < +\infty$. (Considérer sur E la norme $\||\sum_{n=0}^{\infty} a_n e_n\|| = \sup_n \|\sum_{m=0}^{n} a_m e_m\|$; montrer que pour cette norme E est complet et en déduire qu'elle est équivalente à la norme donnée sur E (*cf.* I, p. 17, th. 1).) Montrer que, pour tout couple d'entiers $p < q$, la norme de la projection $P_{q,p}$ de E_q sur E_p, parallèlement au sous-espace vectoriel engendré par les e_m d'indice tel que $p + 1 \leqslant m \leqslant q$, est bornée par un nombre indépendant de p, q.

b) Inversement, soit (e_n) une suite totale d'éléments de E, qui est une famille libre et est telle que les normes des projections $P_{q,p}$ pour $0 \leqslant p < q$ soient bornées par un nombre M indépendant de p et q. Montrer que (e_n) est une base banachique de E. (Prouver d'abord que la suite (e_n) est topologiquement libre, ce qui permet de définir les projecteurs P_n ; on a $\|P_n\| \leqslant \mathrm{M}$ pour tout n. Remarquer ensuite que si $d(x, \mathrm{E}_n)$ est la distance d'un point $x \in$ E à E_n, on a $\|x - P_n . x\| \leqslant (\mathrm{M} + 1)\, d(x, \mathrm{E}_n)$.) [1]

¶ 15) Soit E un espace de Banach admettant une base banachique (e_n) (exerc. 14) ; il existe alors une suite (e'_n) et une seule dans le dual E′ de E telle que l'expression de tout $x \in$ E à l'aide de la base banachique (e_n) s'écrive $x = \sum_{n=0}^{\infty} \langle x, e'_n \rangle e_n$.

a) Soit F_n le sous-espace vectoriel fermé de E engendré par les e_m tels que $m \geqslant n$. Pour tout $x' \in$ E′, on note $\|x'\|_n$ la norme de la restriction à F_n de la forme linéaire x'. Montrer que, pour que (e'_n) soit une base banachique de E′, il faut et il suffit que pour tout $x' \in$ E′, la suite $(\|x'\|_n)$ tende vers 0. (Considérer la transposée ${}^tP_n$ et évaluer la norme $\|{}^tP_n . x' - x'\|$.) On dit alors que la base banachique (e_n) est *contractante*.

b) On suppose que la base banachique (e_n) de E est contractante. Montrer que pour tout point x'' du bidual E″ de E, la suite des sommes $\sum_{m=0}^{n} \langle e'_m, x'' \rangle e_m$ est bornée dans E (considérer le transposé ${}^t({}^tP_n)$ dans E″). Inversement, pour toute suite (a_n) de scalaires telle que la suite des sommes $\sum_{m=0}^{n} a_m e_m$ soit bornée dans E, il existe un $x'' \in$ E″ et un seul tel que $\langle e'_n, x'' \rangle = a_n$ pour tout n (utiliser la compacité d'une boule fermée dans E″ pour la topologie $\sigma(\mathrm{E}'', \mathrm{E}')$).

c) On dit qu'une base banachique (e_n) dans E est *complète* si, pour toute suite (a_n) de scalaires telle que la suite des sommes $\sum_{m=0}^{n} a_m e_m$ soit bornée, la série $\sum_{n=0}^{\infty} a_n e_n$ converge. Si (e_n) est une base contractante de E, la base (e'_n) de E′ est complète (utiliser la compacité d'une boule fermée dans E′ pour $\sigma(\mathrm{E}', \mathrm{E})$).

d) En général, la suite (e'_n) est une base banachique du sous-espace fermé F′ du dual fort E′ de E, engendré par les e'_n, et il y a une application linéaire continue injective J de E dans le dual fort F″ de F′ telle que $\langle J.x, z' \rangle = \langle x, z' \rangle$ pour tout $x \in$ E et tout $z' \in$ F′. Montrer qu'il existe une constante $\mathrm{K} > 0$ telle que $\|J.x\| \geqslant \mathrm{K}.\|x\|$, et que si la base (e_n) est complète, J est un isomorphisme de E sur l'espace vectoriel topologique F″.

e) Montrer que, pour que E soit réflexif, il faut et suffit que la base (e_n) soit contractante et complète (utiliser *b*)).

[1] Il est clair que l'existence d'une base banachique dans E implique que E est de type dénombrable. Mais il y a des exemples d'espaces de Banach de type dénombrable dans lesquels il n'existe pas de base banachique (P. Enflo, *Acta math.*, t. CXXX (1973), p. 309-317).

¶ 16) *a*) Soit E un espace de Banach. Pour une suite infinie (x_n) de points de E, les propriétés suivantes sont équivalentes :

α) La série de terme général x_n est commutativement convergente (TG, III, p. 44).

β) Pour toute partie I de **N**, la série définie par la suite $(x_n)_{n \in \mathrm{I}}$ est convergente (TG, III, p. 39, prop. 2 et p. 79, exerc. 4).

γ) Pour toute suite (ε_n) de nombres égaux à 1 ou à -1, la série de terme général $\varepsilon_n x_n$ est convergente.

δ) Pour tout $\varepsilon > 0$, il existe une partie finie J de **N** telle que, pour toute partie finie H de **N** ne rencontrant pas J, on ait $\|\sum_{n \in \mathrm{H}} x_n\| \leqslant \varepsilon$.

b) Soit (e_n) une base banachique de E. Les propriétés suivantes sont équivalentes :

α) Pour toute permutation π de **N**, la suite $(e_{\pi(n)})$ est une base banachique de E.

β) Pour toute suite (ε_n) de nombres égaux à 1 ou à -1, la suite $(\varepsilon_n e_n)$ est une base banachique de E.

γ) Pour tout $x = \mathop{\mathrm{S}}\limits_{n=0}^{\infty} \xi_n e_n$ dans E et toute suite $(\eta_n)_{n \in \mathbf{N}}$ pour laquelle $|\eta_n| \leqslant |\xi_n|$ pour tout $n \in \mathbf{N}$, la série de terme général $\eta_n e_n$ converge dans E.

δ) Pour tout $x = \mathop{\mathrm{S}}\limits_{n=0}^{\infty} \xi_n e_n$ dans E et toute suite strictement croissante $(n_k)_{k \in \mathbf{N}}$ d'entiers $\geqslant 0$, la série de terme général $\xi_{n_k} e_{n_k}$ converge dans E.

ε) Il existe un nombre réel $\mathrm{M} > 0$ tel que, pour toute partie finie J de **N** et tout $x = \mathop{\mathrm{S}}\limits_{n=0}^{\infty} \xi_n e_n$ dans E, on ait $\|\sum_{n \in \mathrm{J}} \xi_n e_n\| \leqslant \mathrm{M}\|x\|$.

(Pour prouver que α) entraîne ε), raisonner comme dans IV, p. 70, exerc. 14. Pour prouver que β) entraîne γ), se ramener au cas où les ξ_n et les η_n sont réels, et considérer les sommes $\sum_{n=p}^{q} \langle \eta_n e_n, x' \rangle$ pour $x' \in \mathrm{E}'$.)

Lorsque ces conditions sont remplies, on dit que (e_n) est une base banachique *inconditionnelle* de E.

c) On suppose la base (e_n) inconditionnelle. Montrer qu'il existe un nombre réel $\mathrm{K} > 0$ tel que, pour toute suite (ε_n) de nombres égaux à 1 ou -1 et pour tout $x = \mathop{\mathrm{S}}\limits_{n=0}^{\infty} \xi_n e_n$ dans E, on a $\|\mathop{\mathrm{S}}\limits_{n=0}^{\infty} \varepsilon_n \xi_n e_n\| \leqslant \mathrm{M}\|x\|$ (même méthode que dans IV, p. 70, exerc. 14). En déduire que pour toute suite bornée (λ_n) de scalaires et tout $x = \mathop{\mathrm{S}}\limits_{n=0}^{\infty} \xi_n e_n$ dans X, on a

$$\|\mathop{\mathrm{S}}\limits_{n=0}^{\infty} \lambda_n \xi_n e_n\| \leqslant 2\mathrm{K} \sup_n |\lambda_n| . \|\mathop{\mathrm{S}}\limits_{n=0}^{\infty} \xi_n e_n\|$$

(raisonner comme pour prouver que β) entraîne γ) dans *b*)).

¶ 17) *a*) Soit E un espace de Banach admettant une base banachique inconditionnelle (e_n) (exerc. 16). Montrer que si la base (e_n) n'est pas contractante (IV, p. 70, exerc. 15), il existe un nombre $\alpha > 0$, une forme linéaire $x' \in \mathrm{E}'$ telle que $\|x'\| = 1$, une suite strictement croissante d'entiers (n_k) et pour chaque k, un élément y_k, combinaison linéaire des e_j pour $n_k \leqslant j < n_{k+1}$, et tel que $\|y_k\| \leqslant 1$ et $\langle y_k, x' \rangle \geqslant \alpha$. En déduire que pour toute suite finie $(\lambda_j)_{1 \leqslant j \leqslant m}$ de scalaires, on a $\|\sum_{j=1}^{m} \lambda_j y_j\| \geqslant \frac{\alpha}{2\mathrm{K}} \sum_{j=1}^{m} |\lambda_j|$ (utiliser l'exerc. 16, *c*)). Conclure qu'il existe un isomorphisme d'espaces vectoriels topologiques de l'espace $\ell^1(\mathbf{N})$ sur un sous-espace fermé de E.

b) Déduire de *a*) que si le dual fort E′ de E est de type dénombrable, toute base inconditionnelle (e_n) de E est contractante, et alors (e'_n) est une base inconditionnelle de E′ (IV, p. 70,

exerc. 15, *a*)). (Remarquer que si un sous-espace vectoriel fermé de E est isomorphe à $\ell^1(\mathbf{N})$, E' ne peut être de type dénombrable.)
c) Montrer que si E admet une base inconditionnelle et si le bidual fort E'' de E est de type dénombrable, E est réflexif. (Observer d'abord que le dual fort E' de E est de type dénombrable, en utilisant IV, p. 52, exerc. 25 ; puis utiliser IV, p. 70, exerc. 15, *c*) et IV, p. 54, exerc. 11.)

¶ 18) *a*) On considère, dans l'espace $\mathbf{R}^{\mathbf{N}}$ de toutes les suites infinies de nombres réels, l'ensemble J des suites $x = (\xi_n)$ pour lesquelles le nombre

$$\|x\| = \sup((\xi_{p_1} - \xi_{p_2})^2 + (\xi_{p_2} - \xi_{p_3})^2 + \cdots + (\xi_{p_{m-1}} - \xi_{p_m})^2 + \xi_{p_{m+1}}^2)^{1/2}$$

est fini, la borne supérieure étant prise pour tous les entiers $m \geqslant 1$ et toutes les suites strictement croissantes d'entiers $p_1 < p_2 < \cdots < p_{m+1}$. Montrer que $\|x\|$ est une norme sur J et que pour cette norme J est un espace de Banach. Pour tout $x \in$ E, montrer que la suite (ξ_n) a une limite finie $u(x)$ et que u est une forme linéaire $\neq 0$ et continue dans E ; on désigne par J_0 l'hyperplan fermé de J d'équation $u(x) = 0$ (*espace de R. C. James*).
b) Montrer que les vecteurs $e_n = (\delta_{mn})_{m \geqslant 0}$ forment une base banachique de J_0, et que cette base est contractante (IV, p. 70, exerc. 15). (Pour prouver ce dernier point, raisonner comme dans l'exerc. 17, *a*), en montrant que la suite (y_k) construite est telle que la série de terme général y_k/k soit convergente dans E, ce qui entraîne contradiction.)
c) Montrer que l'application identique de J_0 sur lui-même se prolonge en un isomorphisme d'espaces vectoriels topologiques du bidual fort J_0'' sur J, de sorte que J_0''/J_0 est de dimension 1 (utiliser IV, p. 70, exerc. 15, *b*)). En déduire qu'aucune base banachique de J_0 ne peut être inconditionnelle (exerc. 17, *c*)).
* *d*) Soient H_1, H_2 les sous-espaces vectoriels fermés de J_0 engendrés respectivement par les e_{2n} et les e_{2n+1} pour $n \geqslant 0$. Montrer que H_1 et H_2 sont isomorphes, en tant qu'espaces vectoriels topologiques, à l'espace de Hilbert $\ell^2(\mathbf{N})$, et que J_0 n'est pas somme de H_1 et H_2. *
e) Montrer qu'il n'existe sur J_0 aucune structure d'espace localement convexe complexe ayant la structure d'espace localement convexe réel de J_0 comme structure sous-jacente (*cf.* IV, p. 52, exerc. 3).

APPENDICE

1) Soient E un espace localement convexe séparé, K une partie convexe et compacte de E, S un ensemble de transformations linéaires affines continues de K dans lui-même, stable par composition. On dit que S est *distal* si, pour tout couple de points distincts *a*, *b* de K, l'adhérence de l'ensemble des couples $(s.a, s.b)$, où s parcourt S, ne contient aucun point de la diagonale de K × K.
a) Montrer qu'un groupe équicontinu de transformations affines de K est distal.
b) Montrer que si K est non vide et si S est distal, il existe au moins un point de K fixé par toute transformation de S. (Si M est une partie non vide, convexe et compacte de K et stable par S, montrer que si M contient deux points distincts x_1, x_2, et si A est l'adhérence de l'orbite de $x = \dfrac{x_1 + x_2}{2}$, A ne peut contenir aucun point extrémal de M. En déduire que si L est un élément minimal de l'ensemble des parties non vides, compactes, convexes de K, stables par S, L est réduit à un point, en raisonnant par l'absurde : avec les mêmes notations, l'enveloppe fermée convexe de A serait égale à L, contredisant le th. de Krein-Milman.)

2) Soient E un espace de Banach, K une partie précompacte de E non réduite à un point, *d* le diamètre de K. Montrer qu'il existe un point $x_0 \in$ K et un nombre r tel que $0 < r < d$, tels que $\|x - x_0\| \leqslant r$ pour tout $x \in$ K (choisir $\varepsilon > 0$ assez petit, et n points $y_1, \ldots, y_n$ de K tels que tout point de K soit à distance $< \varepsilon$ de l'un des y_j, et poser $x_0 = \dfrac{1}{n}(y_1 + \cdots + y_n)$.
En déduire une nouvelle démonstration du th. de Ryll-Nardzewski pour les ensembles convexes et fortement compacts dans E.

* 3) Soient G un groupe topologique et π une représentation unitaire continue de G dans un espace hilbertien complexe E. On appelle 1-*cocycle continu* toute application continue $c : G \to E$ qui satisfait à la relation

$$c(st) = \pi(s).c(t) + c(s)$$

quels que soient s, t dans G. On note $Z^1(G\,;E)$ l'espace vectoriel complexe des 1-cocycles continus. Pour tout $a \in E$, l'application $\delta(a) : s \mapsto \pi(s).a - a$ est un 1-cocycle continu, appelé le *cobord* de a. L'image de l'application linéaire $\delta : E \to Z^1(G\,;E)$ se note $B^1(G\,;E)$; on pose $H^1(G\,;E) = Z^1(G\,;E)/B^1(G\,;E)$ (« premier groupe de cohomologie continue de G à valeurs dans E »).
a) Montrer que $B^1(G\,;E)$ est formé des 1-cocycles continus et *bornés*. (Pour tout 1-cocycle continu c et tout $s \in G$, on définit une transformation affine λ_s dans E par $\lambda_s.x = \pi(s).x + c(s)$; on a $\lambda_{st} = \lambda_s.\lambda_t$ pour s, t dans G. Soit K l'enveloppe fermée convexe de $c(G)$; on a $\lambda_s(K) = K$ pour tout $s \in G$, et λ_s induit une isométrie de K sur lui-même. Si c est borné, montrer qu'on peut appliquer le th. de Ryll-Nardzewski aux λ_s, et si $\lambda_s.a = a$ pour tout $s \in G$, on a $c = -\delta(a)$.)
b) Si G est compact, montrer que l'on a $H^1(G\,;E) = \{0\}$. *

¶ 4) Soit G un groupe discret. On dit que G est *moyennable* s'il existe sur $\ell^\infty_{\mathbf{R}}(G)$ (I, p. 4) une forme linéaire u telle que $u(x) \geqslant 0$ pour $x \geqslant 0$, $u(1) = 1$, et telle que $u(\gamma(s)\,x) = u(x)$ pour tout $s \in G$ et tout $x \in \ell^\infty_{\mathbf{R}}(G)$ (où $(\gamma(s)\,x)\,(t) = x(s^{-1}t)$ pour tout $t \in G$) (invariance par translations à gauche).
a) Si l'on pose $\check{x}(t) = x(t^{-1})$ pour $x \in \ell^\infty_{\mathbf{R}}(G)$ et $t \in G$, et si la forme linéaire u est invariante par les translations à gauche, la forme linéaire $v : x \mapsto u(\check{x})$ est invariante par les translations à droite, autrement dit $v(\delta(s)\,x) = v(x)$ pour tout $s \in G$ et tout $x \in \ell^\infty_{\mathbf{R}}(G)$ (où $(\delta(s)\,x)\,(t) = x(ts)$ pour tout $t \in G$). Si l'on pose $F_x(s) = u(\delta(s)\,x)$ pour $s \in G$ et $x \in \ell^\infty_{\mathbf{R}}(G)$, on a $F_{\gamma(t)x}(s) = F_x(s)$ et $F_{\delta(t)x}(s) = F_x(st)$ pour tout $t \in G$; en déduire que la forme linéaire w sur $\ell^\infty_{\mathbf{R}}(G)$ définie par $w(x) = v(F_x)$, est invariante par les translations à gauche et à droite, telle que $w(x) \geqslant 0$ pour $x \geqslant 0$ et que $w(1) = 1$.
* *b*) Soient K un espace compact non vide et Γ un sous-groupe du groupe des homéomorphismes de K sur lui-même. Montrer que si Γ est moyennable, il existe une mesure $\mu \geqslant 0$ sur K, de masse 1, invariante par Γ. (Si $a \in K$, considérer l'application linéaire qui à toute fonction f réelle continue dans K associe la fonction $\sigma \mapsto f(\sigma(a))$ appartenant à $\ell^\infty_{\mathbf{R}}(\Gamma)$.)
c) Soient E un espace vectoriel topologique séparé sur **R**, et K une partie convexe compacte non vide de E. Soit Γ un groupe de transformations affines continues de K sur lui-même. Montrer que si Γ est moyennable, il existe un point $b \in K$ tel que $\sigma(b) = b$ pour tout $\sigma \in \Gamma$. (Utiliser *b*) et considérer le barycentre de μ).
d) Montrer que, pour qu'un groupe discret G soit moyennable, il faut et il suffit que pour tout espace compact K non vide sur lequel G opère continûment, il existe une mesure non nulle invariante par G. (Si $E = \mathscr{K}(G)$, considérer dans $E' = \ell^1_{\mathbf{R}}(G)$ la boule unité B, munie de $\sigma(E', E)$, et faire correspondre à tout élément $x \in \ell^\infty_{\mathbf{R}}(G) = E''$ sa restriction à B.) Si G est dénombrable, il suffit que la propriété précédente ait lieu pour tout espace compact métrisable K. *

¶ * 5) Soit G un groupe discret.
a) Pour que G soit moyennable (exerc. 4), il faut et il suffit que le sous-espace vectoriel fermé N de $\ell^\infty_{\mathbf{R}}(G)$ engendré par les fonctions $\gamma(s)\,x - x$, où $s \in G$ et $x \in \ell^\infty_{\mathbf{R}}(G)$, soit distinct de $\ell^\infty_{\mathbf{R}}(G)$ (utiliser le th. de Hahn-Banach).
b) On suppose que, pour tout $\varepsilon > 0$, et toute suite finie $s_1, \ldots, s_k$ d'éléments de G, il existe une partie finie non vide F de G telle que l'on ait

$$\operatorname{Card}(F \cap s_jF) \geqslant (1 - \varepsilon)\operatorname{Card}(F) \quad \text{pour} \quad 1 \leqslant j \leqslant k\,.$$

Montrer que G est moyennable (utiliser *a*) et montrer que $1 \notin N$).
c) On suppose que G est moyennable. Soient $\varepsilon > 0$ et $s_1, \ldots, s_k$ des éléments de G. Montrer que dans l'espace $\ell^1_{\mathbf{R}}(G)$, il existe un vecteur $x \geqslant 0$ tel que $\|x\| = 1$ et que l'on ait $\sum_{j=1}^{k} \|\gamma(s_j)\,x - x\| \leqslant \varepsilon$. (Dans l'espace $E = (\ell^1_{\mathbf{R}}(G))^k$, considérer l'ensemble C des points

$(\gamma(s_j)\,x - x)_{1 \leqslant j \leqslant k}$, où x parcourt l'ensemble des vecteurs de $\ell^1_{\mathbf{R}}(G)$ tels que $x \geqslant 0$ et $\|x\| = 1$. Montrer que 0 appartient à l'adhérence de l'ensemble convexe C pour la topologie $\sigma(E, E')$; pour cela, utiliser *a*) en observant que la boule unité de E est dense dans la boule unité de E″ pour $\sigma(E'', E')$.)

d) Pour tout $x \geqslant 0$ dans $\ell^1_{\mathbf{R}}(G)$ et tout $a > 0$, on note x_a la fonction caractéristique de l'ensemble des $s \in G$ tels que $x(s) \geqslant a$ (de sorte que $x_a(s) = 1$ si $x(s) \geqslant a$, $x_a(s) = 0$ si $x(s) < a$). Pour tout $s \in G$, on a $\int_0^\infty x_r(s)\,dr = x(s)$ et, pour deux éléments $x \geqslant 0$, $y \geqslant 0$ de $\ell^1_{\mathbf{R}}(G)$,

$$\int_0^\infty |x_r(s) - y_r(s)|\,dr = |x(s) - y(s)|.$$

e) Montrer que si G est moyennable, alors, pour tout $\varepsilon > 0$, et toute suite finie d'éléments $s_1, \dots, s_k$ de G, il existe une partie finie non vide F de G telle que

$$\mathrm{Card}(F \cap s_j F) \geqslant (1 - \varepsilon)\,\mathrm{Card}(F) \quad \text{pour} \quad 1 \leqslant j \leqslant k.$$

(Montrer que, x étant choisi comme dans *c*), il existe un $a > 0$ tel que $\sum_{j=1}^{k} \|\gamma(s_j)\,x_a - x_a\| \leqslant \varepsilon$, en utilisant *d*).) *

¶ 6) Soit S un ensemble sur lequel opère à gauche un groupe Γ (A, I, p. 50). Soit E l'espace vectoriel réel $\mathcal{B}(S)$ des fonctions numériques bornées dans S (I, p. 4, *Exemple*). On suppose que le groupe Γ (muni de la topologie discrète) possède une moyenne invariante à gauche, et l'on fait opérer Γ sur E de sorte qu'on ait $sf(x) = f(s^{-1}x)$ pour $s \in \Gamma$, $f \in E$ et $x \in S$.

Soit $g \in E$ une fonction positive ; soit E_1 le sous-espace vectoriel de E engendré par les fonctions sg, où s parcourt Γ ; soit E_2 le sous-espace vectoriel de E engendré par les fonctions positives qui sont majorées par des fonctions de E_1.

Montrer que s'il existe sur E_1 une forme linéaire positive non nulle φ, invariante par Γ, il existe une forme linéaire positive non nulle sur E_2, invariante par Γ. (En utilisant la prop. 1 de II, p. 22, construire d'abord une forme linéaire positive sur E_2 prolongeant φ et faire opérer Γ sur l'ensemble de ces prolongements). Cas où $g = 1$.

* 7) *a*) Soit $\mathfrak{B}$ l'ensemble des parties bornées du plan numérique $\mathbf{R}^2$ et soit Γ le groupe des déplacements de $\mathbf{R}^2$; soit C le carré $\left[0,1\right[\times \left[0,1\right[$. Montrer qu'il existe une fonction additive d'ensembles λ, positive et définie sur $\mathfrak{B}$, qui soit invariante par Γ et telle que $\lambda(C) = 1$ (appliquer l'exerc. 6 au cas où g est la fonction caractéristique de C ; on remarquera que Γ est résoluble, donc admet une moyenne invariante (IV, p. 41, corollaire)). Si A est une partie bornée de $\mathbf{R}^2$, dont la frontière est négligeable pour la mesure de Lebesgue μ sur $\mathbf{R}^2$, on a $\lambda(A) = \mu(A)$ (pour tout $\varepsilon > 0$, il existe deux ensembles A_1 et A_2 tels que $A_1 \subset A \subset A_2$, $\mu(A_2 - A_1) < \varepsilon$, réunions d'un nombre fini de carrés).

b) Question analogue à *a*), où l'on prend pour $\mathfrak{B}$ l'ensemble de toutes les parties de $\mathbf{R}^2$, pour Γ le groupe des similitudes, et $C = \mathbf{R}^2$. *

8) Soient E un espace vectoriel réel et Γ un groupe *résoluble* d'automorphismes de E. Soient p une semi-norme sur E invariante par Γ et M un sous-espace vectoriel de E invariant par Γ. Soit u une forme linéaire sur M, invariante par Γ et telle que $|u(x)| \leqslant p(x)$ pour tout $x \in M$. Montrer qu'il existe une forme linéaire v sur E, invariante par Γ, telle que $|v| \leqslant p$ et prolongeant u. (Soit K l'ensemble des formes linéaires v sur E, prolongeant u, et telles que $|v| \leqslant p$; alors K est une partie convexe de E^*, stable par Γ, compacte pour la topologie induite par $\sigma(E^*, E)$. Appliquer le corollaire de IV, p. 40.)

TABLEAU I. — *Principaux types d'espaces localement convexes.*
(N.B. — « Dual » est pris au sens de « dual fort ».)

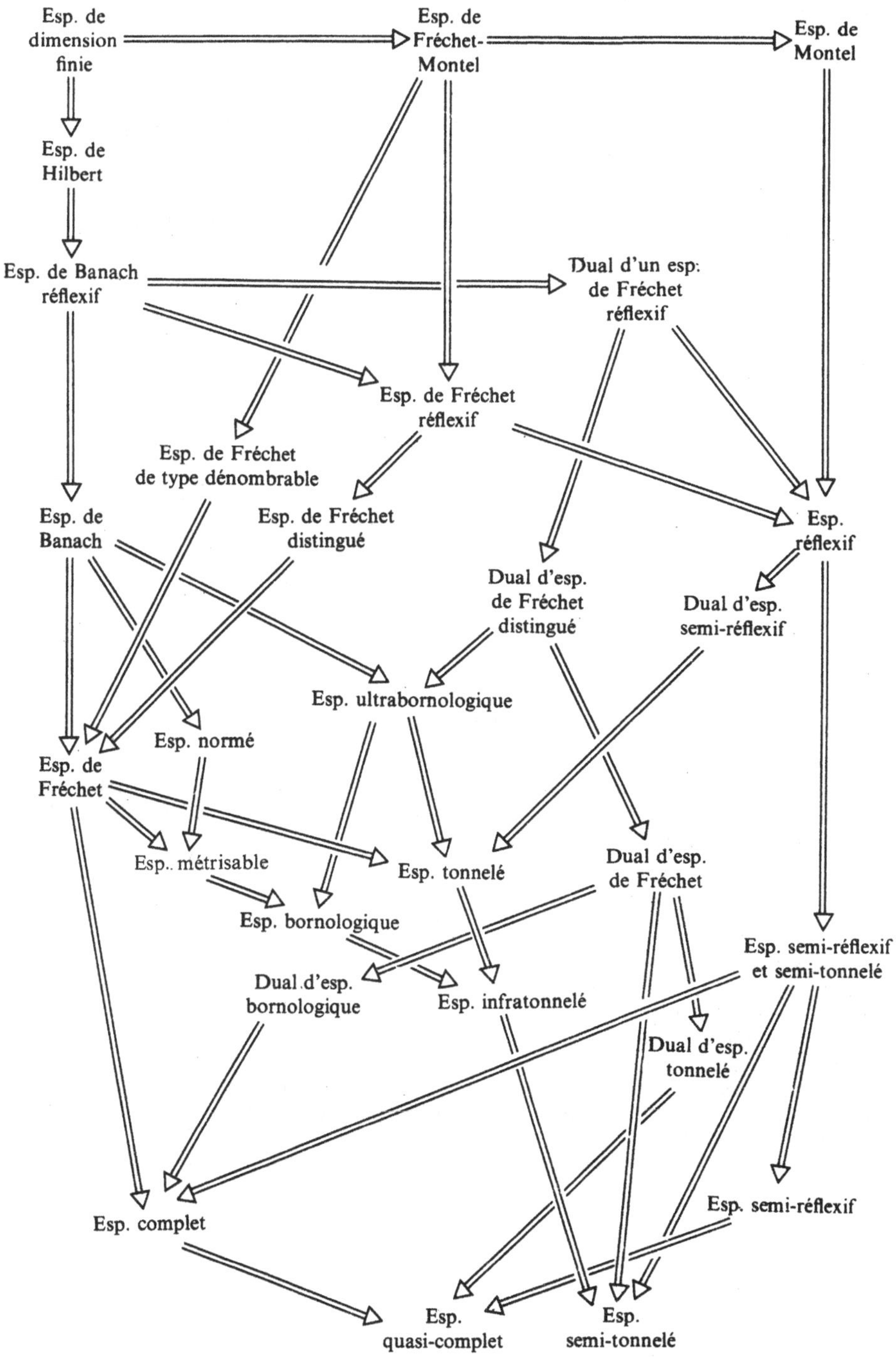

TABLEAU II. — *Principales bornologies sur le dual d'un espace localement convexe* E.

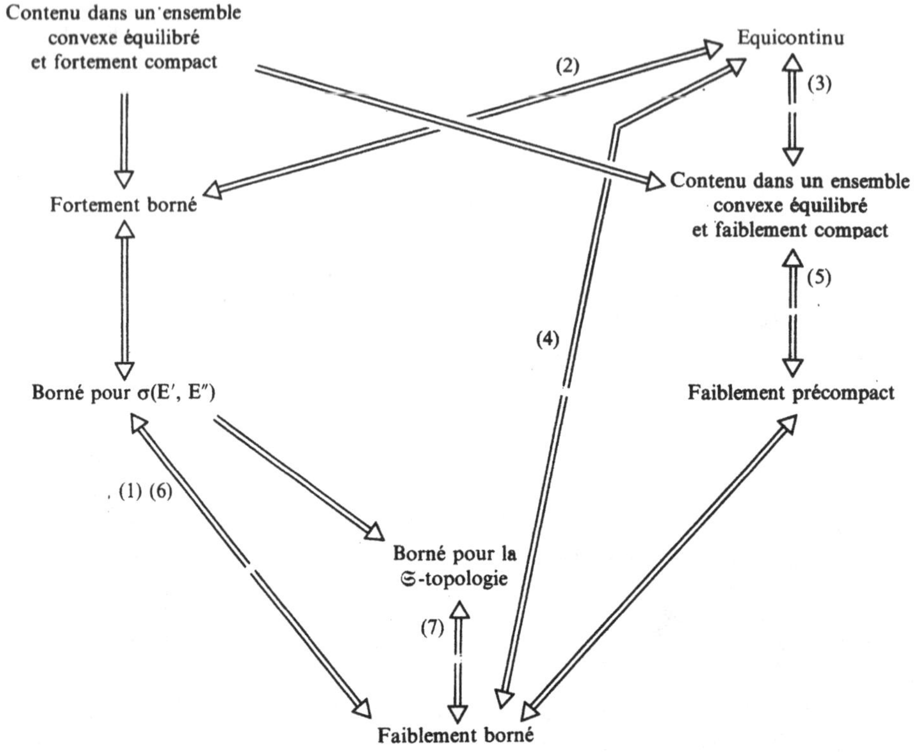

N.B. — On désigne par 𝔖 un ensemble de parties bornées de E, contenant les parties à un élément. Un numéro à côté d'une flèche signifie que l'implication correspondante est conditionnelle à la propriété portant le même numéro.

PROPRIÉTÉS

1) Dès que E est semi-réflexif ;
2) dès que E est bornologique (III, p. 22, prop. 10) ;
3) si et seulement si E a la topologie de Mackey $\tau(E, E')$;
4) si et seulement si E est tonnelé ;
5) si et seulement si E′ est quasi-complet pour $\sigma(E', E)$;
6) dès que E est semi-complet (*a fortiori*, quasi-complet ou complet) (III, p. 27, cor. 1) ;
7) dès que 𝔖 se compose d'ensembles dont l'enveloppe fermée convexe équilibrée est semi-complète (III, p. 27, th. 2).

Lorsque E *est un espace de Montel, toutes les bornologies précédentes sont identiques.*

CHAPITRE V

Espaces hilbertiens [1] (théorie élémentaire)

Dans tout ce chapitre, on note K *un corps égal à* **R** *ou* **C**. *Pour tout nombre complexe* $\xi = \alpha + i\beta$ *(*α, β *réels), on note* $\bar{\xi}$ *le conjugué* $\alpha - i\beta$ *de* ξ *; en particulier, on a* $\bar{\xi} = \xi$ *si et seulement si* ξ *est réel.*

§ 1. ESPACES PRÉHILBERTIENS ET ESPACES HILBERTIENS

1. Formes hermitiennes

Rappelons la définition suivante donnée en Algèbre (A, IX, § 2, nº 1) :

DÉFINITION 1. — *Soit* E *un espace vectoriel sur le corps* K. *On appelle forme hermitienne (à gauche) sur* E *toute application* f *de* $E \times E$ *dans* K *satisfaisant aux conditions suivantes* (pour x_1, x_2, x, y_1, y_2, y dans E et λ, μ dans K) :

$$(1)\qquad \begin{cases} f(x_1 + x_2, y) = f(x_1, y) + f(x_2, y) \\ f(x, y_1 + y_2) = f(x, y_1) + f(x, y_2) \end{cases}$$

$$(2)\qquad \begin{cases} f(\lambda x, y) = \bar{\lambda} f(x, y) \\ f(x, \mu y) = \mu f(x, y) \end{cases}$$

$$(3)\qquad f(x, y) = \overline{f(y, x)}\,.$$

Lorsque le corps K est égal à **R**, la notion de forme hermitienne sur E se réduit à celle de *forme bilinéaire symétrique* sur $E \times E$ (A, III, p. 70).

On observera que la seconde condition (1) et la seconde condition (2) sont des conséquences des trois autres.

[1] Pour le lecteur qui s'intéresse spécialement aux espaces hilbertiens, on signale que seuls le nº 7 du § 1 et le nº 8 du § 4 dépendent des résultats des chapitres III et IV. Le lecteur pourra d'ailleurs à ce sujet se reporter au « Résumé des principales propriétés des espaces de Banach » qui figure à la fin de ce volume. Les seules références aux chapitres I et II concernent la définition d'un ensemble convexe et d'une semi-norme (II, p. 1 et p. 8), celle de somme directe topologique (I, p. 4), de famille totale et de famille topologiquement libre (I, p. 12).

De (1) et (2) on déduit aussitôt que

$$f\Big(\sum_j \lambda_j x_j, \sum_k \mu_k y_k\Big) = \sum_{j,k} \bar{\lambda}_j \mu_k f(x_j, y_k) . \tag{4}$$

En particulier, si E est de dimension finie, et si $(e_j)_{1 \leqslant j \leqslant n}$ est une base de E, on a, pour $x = \sum_{j=1}^{n} \xi_j e_j$ et $y = \sum_{j=1}^{n} \eta_j e_j$,

$$f(x, y) = \sum_{j,k} \alpha_{jk} \bar{\xi}_j \eta_k$$

pour tout couple d'indices j, k ; elle entraîne en particulier que les nombres α_{jj} sont réels.

D'après (3), le nombre $Q(x) = f(x, x)$ est réel pour tout $x \in E$. Par ailleurs, on établit aussitôt les formules suivantes, dites de *polarisation*

$$4f(x, y) = \sum_{\varepsilon^2 = 1} \varepsilon Q(x + \varepsilon y) \quad \text{si} \quad K = \mathbf{R} , \tag{5}$$

$$4f(x, y) = \sum_{\varepsilon^4 = 1, \varepsilon \in \mathbf{C}} \varepsilon Q(x + \bar{\varepsilon} y) \quad \text{si} \quad K = \mathbf{C} . \tag{6}$$

Remarque. — On notera que la formule (6) est valable pour toute forme *sesquilinéaire* sur E × E (c'est-à-dire toute fonction f satisfaisant à (1) et (2), mais non nécessairement à (3)). Cette remarque montre que, lorsque $K = \mathbf{C}$, une forme sesquilinéaire f telle que $f(x, x)$ soit réel pour tout $x \in E$ est nécessairement hermitienne : la relation (6) donne alors $\overline{f(y, x)} = f(x, y)$ puisque l'on a $y + \varepsilon x = \varepsilon(x + \bar{\varepsilon} y)$ et $Q(\varepsilon z) = Q(z)$ lorsque $\varepsilon^4 = 1$.

Des formules de polarisation, on tire en particulier :

PROPOSITION 1. — *Si f est une forme hermitienne sur* E, *et* M *un sous-espace vectoriel de* E *tel que $f(x, x) = 0$ pour tout $x \in$* M, *on a aussi $f(x, y) = 0$ pour tout couple de points x, y de* M.

Soit f une forme hermitienne sur E ; l'ensemble N des $x \in E$ tels que $f(x, y) = 0$ pour tout $y \in E$ est un sous-espace vectoriel de E. Il résulte de (3) que, si $x_1 \equiv x_2$ (mod. N) et $y_1 \equiv y_2$ (mod. N), on a $f(x_1, y_1) = f(x_2, y_2)$; on définit donc sur l'espace quotient E/N une forme sesquilinéaire $\dot{f}$ en posant $\dot{f}(\dot{x}, \dot{y}) = f(x, y)$ pour tout $x \in \dot{x}$ et tout $y \in \dot{y}$; il est clair que $\dot{f}$ est hermitienne et que la relation « $\dot{f}(\dot{x}, \dot{y}) = 0$ pour tout $\dot{y} \in E/N$ » entraîne $\dot{x} = 0$ dans E/N, autrement dit (A, IX) $\dot{f}$ est *séparante*. On dit que $\dot{f}$ est la forme hermitienne séparante *associée* à f.

2. Formes hermitiennes positives

DÉFINITION 2. — *Soit* E *un espace vectoriel sur le corps* K. *On dit qu'une forme hermitienne f sur* E *est positive si l'on a $f(x, x) \geqslant 0$ pour tout $x \in$* E.

Il est clair que les formes hermitiennes sur un espace vectoriel E forment un espace vectoriel *sur le corps* **R** (mais non sur le corps **C** lorsque $K = \mathbf{C}$) ; dans cet espace, les formes hermitiennes positives constituent un *cône convexe pointé saillant* (II, p. 11) comme il résulte de la déf. 2 et de la prop. 1.

PROPOSITION 2. — *Si f est une forme hermitienne positive, on a*

$$|f(x, y)|^2 \leqslant f(x, x)\, f(y, y) \tag{7}$$

quels que soient x et y dans E (inégalité de Cauchy-Schwarz).

Supposons d'abord qu'on ait $f(y, y) \neq 0$. Pour tout $\xi \in$ K, on a

$$f(y, y)\, f(x + \xi y, x + \xi y) \geqslant 0$$

ce qui s'écrit

$$f(x, x)\, f(y, y) - |f(x, y)|^2 + (\xi f(y, y) + \overline{f(x, y)})(\bar{\xi} f(y, y) + f(x, y)) \geqslant 0\,.$$

En remplaçant ξ par $-\overline{f(x, y)}/f(y, y)$ dans cette inégalité, on obtient (7). Raisonnement analogue si $f(x, x) \neq 0$.

Enfin, si $f(x, x) = f(y, y) = 0$, on a $f(x + \xi y, x + \xi y) \geqslant 0$ pour tout $\xi \in$ K, ce qui s'écrit alors

$$\xi f(x, y) + \overline{\xi f(x, y)} \geqslant 0\,.$$

Remplaçant ξ par $-\overline{f(x, y)}$ dans cette inégalité, il vient $-2|f(x, y)|^2 \geqslant 0$, d'où $f(x, y) = 0$; on a encore (7) dans ce cas.

COROLLAIRE 1. — *Si f est une forme hermitienne positive, l'ensemble* N *des $x \in$ E tels que $f(x, x) = 0$ est identique au sous-espace vectoriel des $x \in$ E tels que $f(x, y) = 0$ pour tout $y \in$ E.*

COROLLAIRE 2. — *Pour qu'une forme hermitienne positive f soit séparante, il faut et il suffit que la relation $x \neq 0$ entraîne $f(x, x) > 0$.*

Cela résulte immédiatement du cor. 1.

Pour toute forme hermitienne positive f sur E, la forme hermitienne séparante associée à f (V, p. 2) est évidemment une forme hermitienne positive sur E/N.

PROPOSITION 3. — *Soit f une forme hermitienne positive sur* E. *Posons*

$$p(x) = f(x, x)^{1/2}$$

pour tout $x \in$ E. Alors p est une semi-norme sur E, *et c'est une norme si et seulement si f est séparante.*

Tout revient à prouver l'inégalité $p(x + y) \leqslant p(x) + p(y)$. Or, on a

$$f(x + y, x + y) = f(x, x) + f(y, y) + f(x, y) + \overline{f(x, y)}$$

et, d'après l'inégalité de Cauchy-Schwarz

$$\begin{aligned} f(x + y, x + y) &\leqslant f(x, x) + f(y, y) + 2(f(x, x)\, f(y, y))^{1/2} \\ &= (f(x, x)^{1/2} + f(y, y)^{1/2})^2\,. \end{aligned} \tag{8}$$

Remarques. — 1) Supposons f positive et séparante, et soient x, y deux vecteurs $\neq 0$. La démonstration de l'inégalité de Cauchy-Schwarz montre que, si les deux membres de (7) sont égaux, il existe un scalaire ξ tel que $f(x + \xi y, x + \xi y) = 0$ donc $x + \xi y = 0$, autrement dit, x et y sont *linéairement dépendants* ; la réciproque est immédiate. La démonstration de l'inégalité (8) montre alors que l'égalité $p(x + y) = p(x) + p(y)$ n'est possible que si x et y sont linéairement dépendants ; si $y = \lambda x$, l'égalité précédente s'écrit $|1 + \lambda| = 1 + |\lambda|$, et entraîne donc que λ est *réel et positif*.

2) Soit f une forme hermitienne positive sur E, et munissons E de la semi-norme $x \mapsto f(x, x)^{1/2}$; si $\dot{f}$ est la forme hermitienne positive séparante associée à f, définie sur E/N, l'espace normé obtenu en munissant E/N de la norme $x \mapsto \dot{f}(\dot{x}, \dot{x})^{1/2}$ est l'espace normé associé à E (II, p. 5).

Définition 3. — *Soit* E *un espace vectoriel sur le corps* K. *On dit qu'une semi-norme* p *sur* E *est préhilbertienne s'il existe une forme hermitienne positive* f *sur* E *telle que* $p(x) = f(x, x)^{1/2}$ *pour tout* $x \in$ E.

On notera que, pour une semi-norme p sur E, il existe au plus une forme hermitienne positive f telle que $p(x) = f(x, x)^{1/2}$ pour tout $x \in$ E ; cela résulte des formules de polarisation (V, p. 2).

3. Espaces préhilbertiens

Définition 4. — *On appelle espace préhilbertien un ensemble* E *muni d'une structure d'espace vectoriel sur* K *et d'une forme hermitienne positive. On dit que* E *est un espace préhilbertien réel* (resp. *complexe*) *lorsque* K = **R** (resp. K = **C**).

Exemples. — 1) La forme $(\lambda, \mu) \mapsto \bar{\lambda}\mu$ définit sur K une structure d'espace préhilbertien, dite *canonique*. Lorsque K est considéré comme espace préhilbertien, il s'agit toujours, sauf mention expresse du contraire, de cette structure.

2) Soit I un intervalle (borné ou non) de **R**, et soit E l'ensemble des fonctions réglées (FVR, II, p. 4) définies dans I, à valeurs dans **C** et à support compact. Il est clair que E est un espace vectoriel sur **C** ; soit f la forme sesquilinéaire $(x, y) \mapsto \int_I \overline{x(t)}\, y(t)\, dt$; il est immédiat que f est une forme hermitienne positive sur E, et définit donc sur cet espace une structure d'espace préhilbertien.

3) Soit $n \geqslant 0$ un entier. Sur l'espace K^n, on définit une structure d'espace préhilbertien, au moyen de la forme hermitienne

$$(x, y) \mapsto \sum_{j=1}^{n} \overline{x_j} y_j$$

(pour $x = (x_1, \ldots, x_n)$ et $y = (y_1, \ldots, y_n)$). Lorsque K = **R**, on retrouve le produit scalaire de deux vecteurs de $\mathbf{R}^n$ (TG, VI, p. 8).

* 4) Soit ℓ^2 (ou $\ell^2(\mathbf{N})$) l'ensemble des suites $x = (x_n)_{n \in \mathbf{N}}$ d'éléments de K telles que $\sum_{n=0}^{\infty} |x_n|^2$ soit fini. On montre que ℓ^2 est un sous-espace vectoriel de $K^{\mathbf{N}}$ et l'on définit une structure d'espace préhilbertien sur ℓ^2 au moyen de la forme hermitienne $(x, y) \mapsto \sum_{n=0}^{\infty} \bar{x}_n y_n$ (*cf.* V, p. 18). *

5) Soient E un espace préhilbertien réel, f la forme bilinéaire symétrique correspondante sur E. Soit $E_{(\mathbf{C})}$ l'espace vectoriel complexifié de E ; on identifie E à un sous-ensemble de $E_{(\mathbf{C})}$ par l'application $x \mapsto 1 \otimes x$, de sorte que tout élément de $E_{(\mathbf{C})}$ s'écrit

de manière unique sous la forme $x_1 + ix_2$ avec x_1, x_2 dans E. L'application f s'étend de manière unique en une forme hermitienne $f_{(\mathbf{C})}$ sur $E_{(\mathbf{C})}$; on a

$$f_{(\mathbf{C})}(x_1 + ix_2, y_1 + iy_2) = f(x_1, y_1) + f(x_2, y_2) + i(f(x_1, y_2) - f(x_2, y_1)) .$$

En particulier, on a

$$f_{(\mathbf{C})}(x_1 + ix_2, x_1 + ix_2) = f(x_1, x_1) + f(x_2, x_2) \geqslant 0 ,$$

donc $f_{(\mathbf{C})}$ est positive. On dit que $E_{(\mathbf{C})}$, muni de $f_{(\mathbf{C})}$, est l'*espace préhilbertien complexifié* de E.

Lorsqu'on n'a à considérer, sur un espace vectoriel E, qu'une seule structure d'espace préhilbertien, la valeur, pour un couple (x, y) de points de E, de la forme hermitienne qui définit la structure considérée, se note $\langle x|y\rangle_E$ ou plus simplement $\langle x|y\rangle$ si aucune confusion n'est à craindre. Ce nombre s'appelle le *produit scalaire* [1] de x et de y (*carré scalaire* de x si $y = x$). Deux vecteurs x, y sont dits *orthogonaux* si $\langle x|y\rangle = 0$. La fonction $x \mapsto \|x\| = \langle x|x\rangle^{1/2}$ est alors une *semi-norme* sur l'espace vectoriel E (V, p. 3) ; un espace préhilbertien est toujours considéré comme muni de cette semi-norme (et par suite aussi de la topologie et de la structure uniforme correspondantes).

Avec ces notations, dans un espace préhilbertien E, l'inégalité de Cauchy-Schwarz s'écrit

$$|\langle x|y\rangle| \leqslant \|x\| . \|y\| . \tag{9}$$

Par suite, le produit scalaire est une *forme sesquilinéaire continue* sur E × E (II, p. 6, prop. 4).

Pour que E soit *séparé*, il faut et il suffit que $x \mapsto \|x\|$ soit une *norme* sur E, autrement dit que la forme hermitienne $(x, y) \mapsto \langle x|y\rangle$ soit *positive et séparante* ; il revient au même de dire que 0 *est le seul vecteur de* E *orthogonal à lui-même.*

Conformément aux définitions générales (E, IV, p. 6), un *isomorphisme* d'un espace préhilbertien E sur un espace préhilbertien F est une application linéaire bijective u de E sur F telle que

$$\langle u(x)|u(y)\rangle = \langle x|y\rangle \tag{10}$$

quels que soient x et y dans E. On déduit de là $\|u(x)\| = \|x\|$ pour tout $x \in E$, et u est évidemment un isomorphisme pour les structures d'espace vectoriel topologique de E et de F ; si E et F sont séparés, u est une *isométrie* de E sur F. Réciproquement, si u est une application linéaire bijective de E sur F, telle que $\|u(x)\| = \|x\|$ pour tout

[1] Il nous arrivera parfois d'écrire $(x|y)$ pour $\langle y|x\rangle$. Notons que la formule (4) de V, p. 2, prend les formes équivalentes :

$$\langle \sum_i \lambda_i x_i | \sum_j \mu_j y_j \rangle = \sum_{i,j} \bar{\lambda}_i \mu_j \langle x_i|y_j\rangle . \tag{4 bis}$$

$$(\sum_i \lambda_i x_i | \sum_j \mu_j y_j) = \sum_{i,j} \lambda_i \bar{\mu}_j (x_i|y_j) . \tag{4 ter}$$

$x \in E$, les formules de polarisation (V, p. 2) montrent que u est un isomorphisme d'espaces préhilbertiens de E sur F.

Soient E un espace préhilbertien *complexe*, $\langle x|y\rangle$ le produit scalaire dans E. Sur l'ensemble E, on peut définir une seconde structure d'espace vectoriel par rapport à **C**, en gardant la même loi de groupe additif, et prenant comme loi de composition externe $(\lambda, x) \mapsto \overline{\lambda}x$ (A, II, p. 30) ; pour cette structure d'espace vectoriel, $(x, y) \mapsto \langle y|x\rangle$ est une *forme hermitienne positive*. L'espace préhilbertien $\overline{E}$ obtenu en munissant E de cette nouvelle structure d'espace vectoriel et de cette nouvelle forme hermitienne, est dit *conjugué* à l'espace E. Un isomorphisme u de E sur $\overline{E}$ est une application *semi-linéaire* de E sur lui-même (relative à l'automorphisme $\xi \mapsto \overline{\xi}$ de **C**) telle que $\langle u(y)|u(x)\rangle = \langle x|y\rangle$ ou encore $\langle u(x)|u(y)\rangle = \overline{\langle x|y\rangle}$ (pour x, y dans E) ; on dit encore qu'une telle application est un *semi-automorphisme* de l'espace préhilbertien E.

Si E est un espace préhilbertien, M un sous-espace vectoriel de E, la restriction à $M \times M$ du produit scalaire $\langle x|y\rangle$ est une forme hermitienne positive sur M, qui définit donc sur M une structure d'espace préhilbertien ; on dit que cette structure est *induite* par celle de E, ou encore que M est un *sous-espace préhilbertien de* E.

4. Espaces hilbertiens

DÉFINITION 5. — *On appelle espace hilbertien* (ou *espace de Hilbert*) *un espace préhilbertien séparé et complet. On dit qu'une norme sur un espace vectoriel* E (*sur* K) *est hilbertienne si elle est préhilbertienne et si l'espace normé* E *est complet.*

Si E est un espace hilbertien et M un sous-espace vectoriel *fermé* de E, la structure d'espace préhilbertien induite sur M est en fait une structure d'espace hilbertien. On dit dans ce cas que M, muni de la structure induite, est un *sous-espace hilbertien* de E.

Exemples. — 1) Les espaces préhilbertiens définis dans les exemples 1, 3, 4 de V, p. 4, sont des espaces hilbertiens. Par contre, l'espace préhilbertien E défini dans l'exemple 2 n'est ni séparé, ni complet. Le *complexifié* d'un espace hilbertien est un espace hilbertien.

* 2) Soit X un espace topologique séparé et soit μ une mesure positive sur X. Notons $L^2(X, \mu)$ l'espace formé des classes d'équivalence pour μ des fonctions de carré μ-intégrable sur X à valeurs dans **C**. C'est un espace hilbertien complexe, dont le produit scalaire est donné par

$$\langle f|g\rangle = \int_X \overline{f(x)}\, g(x)\, d\mu(x)\,. _*$$

* 3) Soit $n \geqslant 1$ un entier et soit U un ouvert de $\mathbf{R}^n$. On note μ la mesure sur U induite par la mesure de Lebesgue sur $\mathbf{R}^n$, et l'on pose $\mathscr{H}^0 = L^2(U, \mu)$. On note $\mathscr{H}^1$ l'espace des fonctions $f \in \mathscr{H}^0$ ayant la propriété suivante : pour $1 \leqslant i \leqslant n$, il existe une fonction $g_i \in \mathscr{H}^0$ telle que

$$\int_U g_i(x)\, h(x)\, d\mu(x) = -\int_U f(x)\, D_i h(x)\, d\mu(x)$$

pour toute fonction h de classe C^1 à support compact dans U. La fonction g_i est définie de manière unique (à l'équivalence pour μ près) et se note $D_i f$ ou $\partial f/\partial x_i$ (i-ième dérivée partielle). Par récurrence sur l'entier $s \geqslant 1$, on définit $\mathscr{H}^s$ comme l'ensemble des fonctions $f \in \mathscr{H}^1$ telles que $D_i f \in \mathscr{H}^{s-1}$ pour $1 \leqslant i \leqslant n$. On définit un produit scalaire sur $\mathscr{H}^s$ par la formule

$$\langle f|g\rangle = \sum_{k=0}^{s} \sum_{1 \leqslant i_1 \leqslant \cdots \leqslant i_k \leqslant n} \int \overline{D_{i_1} \ldots D_{i_k} f} . D_{i_1} \ldots D_{i_k} g d\mu .$$

Alors $\mathscr{H}^s$ est un espace hilbertien complexe, qu'on appelle *espace de Sobolev* d'indice s. *

* 4) Soit X une variété différentielle de classe C^r (avec $r \geqslant 1$), pure de dimension finie n. Soit L le complémentaire, dans le fibré vectoriel $\Lambda^n T(X)$, de l'image de la section nulle. Pour tout nombre réel $\lambda \neq 0$, l'application $u \mapsto \lambda u$ de $\Lambda^n T(X)$ dans lui-même laisse stable L.

Soit α un nombre complexe. On appelle *densité d'ordre* α sur X une fonction ω sur L, à valeurs complexes, telle que l'on ait $\omega(\lambda u) = |\lambda|^\alpha \omega(u)$ pour $u \in L$ et λ réel non nul. On dit qu'une densité ω d'ordre 1 est *localement intégrable* s'il existe un recouvrement ouvert $(U_i)_{i \in I}$ de X, et pour chaque $i \in I$ un système de coordonnées $\xi_i = (\xi_i^1, \ldots, \xi_i^n)$ dans U_i et une fonction f_i à valeurs complexes sur $\xi_i(U_i)$ satisfaisant aux conditions suivantes :

a) La fonction f_i est localement intégrable sur l'ouvert $\xi_i(U_i)$ de $\mathbf{R}^n$ par rapport à la mesure de Lebesgue μ ;

b) soit $x \in U_i$; si $(\partial_{1,i,x}, \ldots, \partial_{n,i,x})$ est la base de $T_x X$ associée au système de coordonnées $(\xi_i^1, \ldots, \xi_i^n)$ dans U_i, on a

$$\omega(\partial_{1,i,x} \wedge \ldots \wedge \partial_{n,i,x}) = f_i(\xi_i^1(x), \ldots, \xi_i^n(x)) .$$

Il existe alors sur X une mesure $\tilde{\omega}$ et une seule telle que pour tout $i \in I$, l'image par ξ_i de la restriction de $\tilde{\omega}$ à U_i soit égale à la mesure $f_i . \mu$ (*cf.* VAR, R, 10.4.3).

Soit $\mathscr{V}$ (resp. $\mathscr{N}$) l'espace vectoriel des densités ω d'ordre 1/2 telles que la mesure associée à la densité $|\omega|^2$ d'ordre 1 soit bornée (resp. nulle). Soient ω_1 et ω_2 dans $\mathscr{V}$; alors $\omega = \overline{\omega}_1 \omega_2$ est une densité d'ordre 1, et la mesure $\tilde{\omega}$ associée à ω est bornée ; le nombre $\int_X \tilde{\omega}$ ne dépend que des classes $\dot{\omega}_1$ et $\dot{\omega}_2$ de ω_1 et ω_2 modulo $\mathscr{N}$ et se note $\langle \omega_1|\omega_2\rangle$ ou $\langle \dot{\omega}_1|\dot{\omega}_2\rangle$. Alors l'application $(\dot{\omega}_1, \dot{\omega}_2) \mapsto \langle \dot{\omega}_1|\dot{\omega}_2\rangle$ munit l'espace vectoriel $\Omega_{1/2}(X) = \mathscr{V}/\mathscr{N}$ d'une structure d'espace hilbertien complexe. *

* 5) Soit D le disque ouvert de centre 0 et rayon 1 dans **C**. L'*espace de Hardy* $H^2(D)$ se compose des fonctions holomorphes $f : D \to \mathbf{C}$ pour lesquelles on a

$$\sup_{0<R<1} \int_0^1 |f(R.e(\theta))|^2 \, d\theta < +\infty .$$

Si f_1 et f_2 appartiennent à $H^2(D)$, la limite

$$\langle f_1|f_2\rangle = \lim_{R \to 1} \int_0^1 \overline{f_1(R.e(\theta))} . f_2(R.e(\theta)) \, d\theta$$

existe ; l'application $(f_1, f_2) \mapsto \langle f_1|f_2\rangle$ munit l'espace vectoriel $H^2(D)$ d'une structure d'espace hilbertien complexe.

Pour qu'une fonction $f : D \to \mathbf{C}$ appartienne à $H^2(D)$, il faut et il suffit qu'il existe une suite $(a_n)_{n \in \mathbf{N}}$ de nombres complexes telle que $\sum_{n=0}^{\infty} |a_n|^2 < +\infty$ et que

$$f(z) = \sum_{n=0}^{\infty} a_n z^n$$

pour tout $z \in D$. On a alors $\|f\|^2 = \sum_{n=0}^{\infty} |a_n|^2$, d'où un isomorphisme de $H^2(D)$ avec l'espace hilbertien ℓ^2 (V, p. 4). *

Tout espace préhilbertien séparé est isomorphe à un sous-espace *partout dense* d'un espace hilbertien déterminé à un isomorphisme près ; de façon précise :

PROPOSITION 4. — *Soient* E *un espace préhilbertien séparé*, Ê *l'espace normé complété de* E (TG, IX, p. 33). *Le produit scalaire* $(x, y) \mapsto \langle x|y \rangle$ *se prolonge par continuité en une forme hermitienne positive et séparante sur* Ê, *qui définit sur* Ê *une structure d'espace hilbertien.*

L'existence du prolongement de $(x, y) \mapsto \langle x|y \rangle$ à $\hat{E} \times \hat{E}$ résulte de la continuité de cette forme sesquilinéaire dans $E \times E$ (TG, III, p. 50, th. 1). En outre, ce prolongement, que nous noterons aussi $(x, y) \mapsto \langle x|y \rangle$, est une forme hermitienne et satisfait à la relation $\langle x|x \rangle = \|x\|^2$, en vertu du principe de prolongement des identités ($\|x\|$ désignant la norme sur Ê obtenue en prolongeant par continuité la norme sur E) ; cela prouve que la relation $\langle x|x \rangle = 0$ entraîne $x = 0$ dans Ê, donc que la forme $(x, y) \mapsto \langle x|y \rangle$ est positive et séparante, et définit par suite sur Ê une structure d'espace hilbertien. C.Q.F.D.

On dit que cet espace hilbertien est le *complété* de l'espace préhilbertien séparé E.

* *Exemple* 6. — Soit U un ouvert de $\mathbf{R}^n$ ($n \geqslant 1$). Soit $\mathscr{C}_0^1(\mathrm{U})$ l'espace vectoriel des fonctions de classe C^1 à support compact dans U. On définit sur $\mathscr{C}_0^1(\mathrm{U})$ une structure d'espace préhilbertien séparé dont le produit scalaire est donné par

$$\langle f|g \rangle = \sum_{i=1}^{n} \int_{\mathrm{U}} \overline{\mathrm{D}_i f(x)} \cdot \mathrm{D}_i g(x) \, dx \, .$$

Cet espace préhilbertien n'est pas complet. Son complété s'appelle l'*espace de Dirichlet* associé à U. *

COROLLAIRE. — *Soient* V *un espace vectoriel sur* K *et* f *une forme hermitienne positive sur* V.

a) *Il existe un espace de Hilbert* E *et une application linéaire* $u : \mathrm{V} \to \mathrm{E}$ *tels que* $f(x, y) = \langle u(x)|u(y) \rangle$ *pour* x, y *dans* V, *et que* $u(\mathrm{V})$ *soit dense dans* E.

b) *Si deux couples* (E_i, u_i) *satisfont aux conditions analogues à a*), *il existe un unique isomorphisme* φ *de l'espace de Hilbert* E_1 *sur l'espace de Hilbert* E_2 *tel que* $u_2 = \varphi \circ u_1$.

Soit N l'ensemble des $x \in \mathrm{V}$ tels que $f(x, x) = 0$. Sur l'espace V/N, on définit une forme hermitienne positive et séparante par $\langle \dot{x}|\dot{y} \rangle = f(x, y)$ pour $x \in \dot{x}$ et $y \in \dot{y}$. Soient E l'espace hilbertien complété de V/N et u l'application $x \mapsto x + \mathrm{N}$ de V dans E. Alors les conditions de *a*) sont remplies.

Sous les hypothèses de *b*), N est égal au noyau de u_1 et à celui de u_2. Il existe donc une application linéaire bijective φ_0 de $u_1(\mathrm{V})$ sur $u_2(\mathrm{V})$ telle que $u_2(x) = \varphi_0(u_1(x))$ pour tout $x \in \mathrm{V}$. On vérifie aussitôt que φ_0 est un isomorphisme d'espaces préhilbertiens, donc une isométrie. Comme $u_i(\mathrm{V})$ est dense dans E_i pour $i = 1, 2$, φ_0 se prolonge de manière unique en une isométrie φ de E_1 sur E_2, d'où *b*).

On dit que l'espace hilbertien E est le *séparé-complété* de V (pour la forme f).

Exemple 7. — Soient G un groupe (d'élément unité noté 1) et π un homomorphisme de G dans le groupe des automorphismes d'un espace hilbertien complexe E ; on dit encore que π est une *représentation unitaire* de G dans E. Soit $a \in E$; on pose

$$\varphi(x) = \langle a|\pi(x).a\rangle$$

pour tout $x \in G$. Alors $\varphi : G \to \mathbf{C}$ est de *type positif*, autrement dit satisfait à la relation :

(TP) *Quels que soient* $\lambda_1, \ldots, \lambda_n$ *dans* $\mathbf{C}$ *et* $x_1, \ldots, x_n$ *dans* G, *on a*

$$\sum_{i,j=1}^{n} \overline{\lambda}_i \lambda_j \varphi(x_i^{-1} x_j) \geqslant 0 . \tag{11}$$

En effet, le premier membre de (11) n'est autre que $\| \sum_{i=1}^{n} \lambda_i \pi(x_i).a \|^2$.

Réciproquement, soit φ une fonction de type positif sur G. Soit $\mathbf{C}^{(G)}$ l'espace vectoriel des fonctions à support fini sur G. On définit une forme hermitienne Φ sur $\mathbf{C}^{(G)}$ par

$$\Phi(u, v) = \sum_{x,y \in G} \overline{u(x)}\, v(y)\, \varphi(x^{-1}y) \tag{12}$$

et la relation (TP) exprime que Φ est positive. D'après le corollaire de la prop. 4, il existe un espace hilbertien E et une application linéaire $\rho : \mathbf{C}^{(G)} \to E$, d'image dense, telle que

$$\Phi(u, v) = \langle \rho(u)|\rho(v)\rangle \quad \text{pour } u, v \text{ dans } \mathbf{C}^{(G)} . \tag{13}$$

Pour tout $x \in G$, soit γ_x la translation à gauche par x dans $\mathbf{C}^{(G)}$ définie par $\gamma_x u(y) = u(x^{-1}y)$ pour $u \in \mathbf{C}^{(G)}$ et $y \in G$. On a $\Phi(\gamma_x u, \gamma_x v) = \Phi(u, v)$. Appliquons alors l'assertion *b*) du corollaire de la prop. 4 à ρ et $\rho \circ \gamma_x$: il existe un unique automorphisme $\pi(x)$ de l'espace hilbertien E tel que $\rho \circ \gamma_x = \pi(x) \circ \rho$. On voit aussitôt que π est un homomorphisme de G dans le groupe des automorphismes de E.

Soit δ l'élément de $\mathbf{C}^{(G)}$ défini par $\delta(1) = 1$, $\delta(x) = 0$ pour $x \neq 1$ dans G. On a $u = \sum_{x \in G} u(x).\gamma_x \delta$ pour tout $u \in \mathbf{C}^{(G)}$, d'où $\rho(u) = \sum_{x \in G} u(x)\, \pi(x).a$, en posant $a = \rho(\delta)$. Les formules (12) et (13) entraînent aussitôt $\varphi(x) = \langle a|\pi(x).a\rangle$ pour tout $x \in G$. On remarquera que l'ensemble des vecteurs $\pi(x).a$, pour $x \in G$, est total dans E.

5. Sous-ensembles convexes d'un espace préhilbertien

Si l'on calcule $\|x - y\|^2 = \langle x - y|x - y\rangle$ et $\|x + y\|^2 = \langle x + y|x + y\rangle$ pour deux points quelconques x, y d'un espace préhilbertien E, on vérifie aussitôt l'« identité de la médiane »

$$\left\|\tfrac{1}{2}(x + y)\right\|^2 + \left\|\tfrac{1}{2}(x - y)\right\|^2 = \tfrac{1}{2}(\|x\|^2 + \|y\|^2) . \tag{14}$$

On déduit de cette identité la proposition suivante :

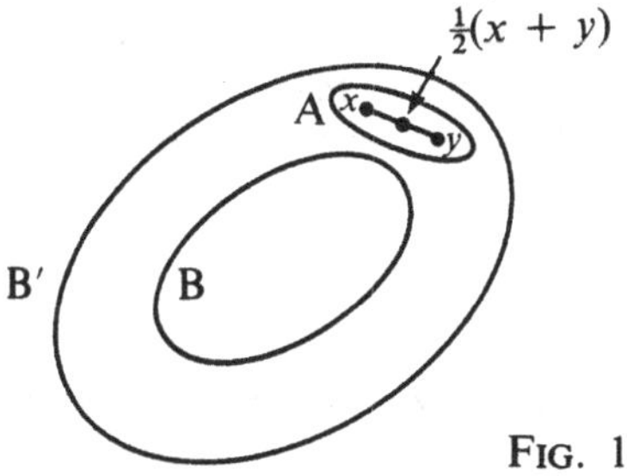

FIG. 1.

PROPOSITION 5. — *Soit* E *un espace préhilbertien. Soient* d *un nombre réel* > 0, δ *un nombre réel tel que* $0 \leqslant \delta < d$. *Soient* B *et* B' *les parties de* E *définies par* $\|x\| < d$, $\|x\| \leqslant d + \delta$ *respectivement, et soit* A *un ensemble convexe contenu dans* B' − B. *Pour tout couple de points* x, y *de* A, *on a alors* $\|x - y\| \leqslant \sqrt{12 d\delta}$ (fig. 1).

En effet, on a $\frac{1}{2}(x + y) \in A$, donc $\|\frac{1}{2}(x + y)\| \geqslant d$; on tire alors de (14) l'inégalité

$$\|\tfrac{1}{2}(x - y)\|^2 = \tfrac{1}{2}(\|x\|^2 + \|y\|^2) - \|\tfrac{1}{2}(x + y)\|^2 \leqslant (d + \delta)^2 - d^2 \leqslant 3d\delta$$

d'où la proposition.

THÉORÈME 1. — *Soient* E *un espace préhilbertien,* H *une partie convexe non vide de* E *telle que* H *soit un sous-espace uniforme séparé et complet de* E. *Pour tout* $x \in E$, *il existe un point* $p_H(x)$ *de* H *et un seul tel que* $\|x - p_H(x)\| = \inf_{y \in H} \|x - y\|$. *L'élément* $p_H(x)$ *de* H *est aussi l'unique élément* a *de* H *satisfaisant à la relation* [1]

$$\mathscr{R}\langle x - a | y - a\rangle \leqslant 0 \tag{15}$$

pour tout $y \in H$.

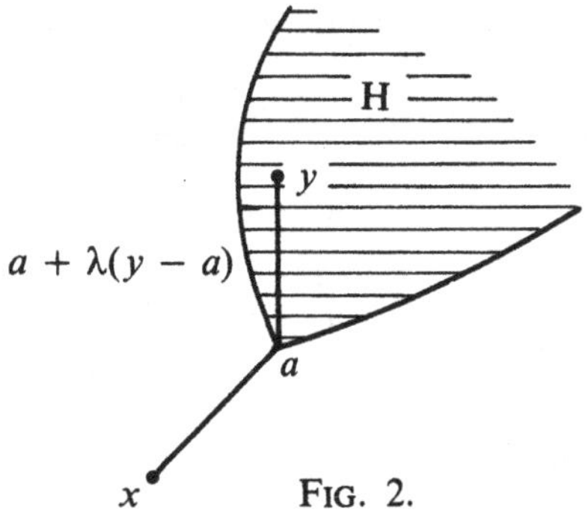

FIG. 2.

Posons $d = \inf_{y \in H} \|x - y\|$, et pour tout entier $n > 0$, soit H_n l'ensemble des points y de H tels que $\|x - y\| \leqslant d + n^{-1}$. L'ensemble H_n est fermé dans H, convexe et non vide, et son diamètre est majoré par $\sqrt{12d/n}$ pour tout n assez grand d'après la prop. 5. La suite $(H_n)_{n \geqslant 1}$ étant décroissante, et l'ensemble H étant supposé séparé et complet, la base de filtre de Cauchy $(H_n)_{n \geqslant 1}$ converge vers un point $p_H(x)$ de H ; on a $\{p_H(x)\} = \bigcap_{n \geqslant 1} H_n$, donc $p_H(x)$ est l'unique point a de H tel que $\|x - a\| = d$.

Soit $y \in H$; comme H est convexe, le point $z(\lambda) = p_H(x) + \lambda(y - p_H(x))$ de E appartient à H pour tout nombre réel λ tel que $0 < \lambda < 1$. On a donc $\|x - z(\lambda)\|^2 \geqslant \|x - p_H(x)\|^2$ pour $0 < \lambda < 1$, d'où

$$\mathscr{R}\langle x - p_H(x) | y - p_H(x)\rangle = \lim_{\lambda \to 0} \frac{1}{2\lambda} \{\|x - p_H(x)\|^2 - \|x - z(\lambda)\|^2\} \leqslant 0 .$$

[1] On rappelle (TG, VIII, p. 2) que $\mathscr{R}(z)$ désigne la partie réelle du nombre complexe z ; on a $\mathscr{R}(z) = z$ si z est réel.

Réciproquement, soit a un point de H tel que l'on ait $\mathscr{R}\langle x - a|y - a\rangle \leqslant 0$ pour tout $y \in \mathrm{H}$. Pour tout $y \in \mathrm{H}$, on a donc

$$\|x - y\|^2 = \|x - a\|^2 + \|y - a\|^2 - 2\mathscr{R}\langle x - a|y - a\rangle \geqslant \|x - a\|^2,$$

d'où $\|x - a\| = d$ et finalement $a = p_{\mathrm{H}}(x)$ d'après la première partie de la démonstration. C.Q.F.D.

L'application p_{H} de E dans H sera appelée dans la suite la *projection* de E sur H. On remarquera que l'on a $p_{\mathrm{H}}(x) = x$ pour tout $x \in \mathrm{H}$.

La première partie du th. 1 est valable sous des hypothèses plus générales sur l'espace E (V, p. 66, exerc. 31).

La démonstration du th. 1 établit entre autres la propriété suivante :

COROLLAIRE 1. — *Soient* I *un ensemble filtré par un filtre* $\mathfrak{F}$ *et* $(y_i)_{i\in\mathrm{I}}$ *une famille de points de* H. *Soit* $x \in \mathrm{E}$. *On suppose que l'on a*

$$\lim_{i,\mathfrak{F}} \|x - y_i\| = \inf_{z\in\mathrm{H}} \|x - z\|.$$

Alors y_i *tend vers* $p_{\mathrm{H}}(x)$ *suivant le filtre* $\mathfrak{F}$.

COROLLAIRE 2. — *Quels que soient* x, y *dans* E, *on a*

$$\|p_{\mathrm{H}}(x) - p_{\mathrm{H}}(y)\| \leqslant \|x - y\|.$$

En particulier, l'application p_{H} *de* E *dans* H *est continue.*

Soient x, y deux points de E. Posons $a = p_{\mathrm{H}}(x) - x$, $b = p_{\mathrm{H}}(y) - p_{\mathrm{H}}(x)$, $c = y - p_{\mathrm{H}}(y)$. D'après la formule (15) (V, p. 10), on a $\mathscr{R}\langle a|b\rangle \geqslant 0$ et $\mathscr{R}\langle c|b\rangle \geqslant 0$. On a $a + b + c = y - x$, d'où

$$\begin{aligned}\|x - y\|^2 = \|a + b + c\|^2 &= \|b\|^2 + \|a + c\|^2 + 2\mathscr{R}\langle a|b\rangle + 2\mathscr{R}\langle c|b\rangle \\ &\geqslant \|b\|^2 = \|p_{\mathrm{H}}(x) - p_{\mathrm{H}}(y)\|^2.\end{aligned}$$

Ceci prouve le cor. 2.

PROPOSITION 6. — *Soit* E *un espace préhilbertien et soit* Φ *un ensemble non vide, filtrant décroissant de parties convexes non vides, séparées et complètes de* E. *Pour tout* $x \in \mathrm{E}$ *et toute partie* H *de* E, *posons* $d(x, \mathrm{H}) = \inf_{z\in\mathrm{H}} \|x - z\|$. *Pour que l'intersection* M *des ensembles* H *appartenant à* Φ *soit non vide, il faut et il suffit qu'il existe* x_0 *dans* E *tel que* $\sup_{\mathrm{H}\in\Phi} d(x_0, \mathrm{H})$ *soit fini. Pour tout* $x \in \mathrm{E}$, *on a alors* $p_{\mathrm{M}}(x) = \lim_{\mathrm{H}\in\Phi} p_{\mathrm{H}}(x)$ (limite suivant l'ensemble filtrant Φ).

Si M est non vide, on a $d(x, \mathrm{H}) \leqslant d(x, \mathrm{M})$ pour tout $\mathrm{H} \in \Phi$ et tout $x \in \mathrm{E}$.

Réciproquement, supposons qu'il existe un point x_0 de E et un nombre réel

$C \geqslant 0$ tels que $d(x_0, H) \leqslant C$ pour tout $H \in \Phi$. Soit $x \in E$; on a alors

$$d(x, H) \leqslant \|x - x_0\| + C \text{ pour tout } H \in \Phi,$$

donc le nombre $d = \sup_{H \in \Phi} d(x, H)$ est fini. Soit B l'ensemble des $z \in E$ tels que $\|x - z\| \leqslant d$. Comme B est convexe et fermé dans E, les ensembles $H \cap B$, pour H parcourant Φ, sont convexes, séparés et complets. Soit $\varepsilon > 0$; il existe un ensemble $H \in \Phi$ tel que $d(x, H) \geqslant d - \varepsilon$, et si $\varepsilon < d/2$, le diamètre de $H \cap B$ est majoré par $\sqrt{12\varepsilon(d - \varepsilon)}$ d'après la prop. 5 (V, p. 10). Autrement dit, pour tout $H_0 \in \Phi$, les ensembles fermés $H \cap B$, pour $H \in \Phi$ et $H \subset H_0$, forment une base de filtre de Cauchy sur l'espace séparé et complet H_0. L'intersection des ensembles $H \cap B$ (pour $H \in \Phi$) est donc réduite à un point y. On a $y \in M$ et $\|x - y\| = d = d(x, M)$. Comme M est fermé dans H_0, c'est un ensemble convexe, séparé et complet dans E et l'on a donc $y = p_M(x)$. Pour tout $H \in \Phi$, on a $p_H(x) \in H \cap B$, d'où $p_M(x) = \lim_{H \in \Phi} p_H(x)$.

PROPOSITION 7. — *Soit* E *un espace préhilbertien séparé et soit* Ψ *un ensemble non vide, filtrant croissant de parties convexes, complètes et non vides de* E. *Posons* $A = \bigcup_{H \in \Psi} H$ *et supposons que l'adhérence* N *de* A *soit complète. Alors* N *est convexe et l'on a* $p_N(x) = \lim_{H \in \Psi} p_H(x)$ *pour tout* $x \in E$.

Il est clair que A est convexe, donc son adhérence N est convexe (II, p. 14). Avec les notations de la prop. 6, on a $d(x, N) = \inf_{H \in \Psi} d(x, H)$, et par suite $d(x, N)$ est la limite de $d(x, H)$ suivant le filtre des sections de Ψ. Comme on a $p_H(x) \in H$ et $\lim_{H \in \Psi} \|x - p_H(x)\| = \lim_{H \in \Psi} d(x, H) = d(x, N)$, il résulte du cor. 1 de V, p. 11 que $p_H(x)$ tend suivant le filtre des sections de Ψ vers la projection $p_N(x)$ de x sur N.

6. Sous-espaces vectoriels et orthoprojecteurs

Soit E un espace préhilbertien. Rappelons que deux vecteurs x et y de E sont dits *orthogonaux* si l'on a $\langle x|y \rangle = 0$; on a alors

$$\|x + y\|^2 = \|x\|^2 + \|y\|^2 \tag{16}$$

(« th. de Pythagore »).

Soit A une partie de E. On dit qu'un vecteur x de E est *orthogonal* à A s'il est orthogonal à tout vecteur de A. L'ensemble des vecteurs orthogonaux à A est un sous-espace vectoriel fermé de E, noté A° et appelé (par abus de langage) l'*orthogonal* de A.

Soient A et B deux parties de E. On dit que A et B sont *orthogonales* si tout vecteur de A est orthogonal à tout vecteur de B. Il revient au même de dire que l'on a $A \subset B^\circ$, ou encore $B \subset A^\circ$. Si E est séparé et si A et B sont *orthogonales*, alors $A \cap B$ est vide ou réduit à 0 puisque 0 est le seul vecteur de E orthogonal à lui-même.

THÉORÈME 2. — *Soient* E *un espace préhilbertien et* M *un sous-espace vectoriel de* E, *qui est séparé et complet. Alors* E *est somme directe topologique de* M *et du sous-espace* M° *orthogonal de* M. *Le projecteur de* E *sur* M *associé à la décomposition* $E = M \oplus M^\circ$ *est la projection* p_M *de* E *sur* M *définie dans le th.* 1 (V, p. 10).

Montrons d'abord que $x - p_M(x)$ appartient à M° pour tout $x \in E$. En effet, soit $y \in M$. Pour tout scalaire $\lambda \in K$, le vecteur $p_M(x) + \lambda y$ appartient à M ; d'après la formule (15) (V, p. 10), on a donc

$$\mathscr{R}(\lambda \langle x - p_M(x)|y\rangle) \leqslant 0$$

pour tout $\lambda \in K$. Si l'on prend en particulier $\lambda = \overline{\langle x - p_M(x)|y\rangle}$, on en conclut $\langle x - p_M(x)|y\rangle = 0$, d'où notre assertion.

Comme M est séparé, 0 est le seul vecteur de M orthogonal à lui-même, d'où $M \cap M^\circ = \{0\}$. Pour tout $x \in E$, on a $p_M(x) \in M$ et $x - p_M(x) \in M^\circ$. Par suite, E est somme directe de M et M°, et p_M est le projecteur de E sur M de noyau M°. Comme p_M est une application continue de E dans M (V, p. 11, cor. 2), il résulte de TG, III, p. 46 que E est somme directe *topologique* de M et M°.

COROLLAIRE. — *Soient* E *un espace préhilbertien séparé et* M *un sous-espace vectoriel de dimension finie de* E. *Alors* E *est somme directe de* M *et de* M°.

Puisque E est séparé, il en est de même de M ; comme M est de dimension finie, il est donc complet (I, p. 14). Il suffit donc d'appliquer le th. 2.

Avec les notations du th. 2, on dit que M° est le *supplémentaire orthogonal* de M et que p_M est l'*orthoprojecteur* (ou le *projecteur orthogonal*, ou par abus de langage le *projecteur*) de E sur M ; si x est un vecteur de E, le vecteur $p_M(x)$ de M s'appelle aussi la *projection orthogonale de x sur* M. Notons que p_M est une application linéaire continue de E sur M et que l'on a $\|p_M\| = 1$ d'après le cor. 2 de V, p. 11, sauf dans le cas où $M = \{0\}$ où l'on a $p_M = 0$.

Il résulte aussitôt du th. de Pythagore que l'application canonique ψ de E/M sur M° déduite de la décomposition en somme directe $E = M \oplus M^\circ$ est isométrique si l'on munit E/M de la semi-norme quotient de celle de E (II, p. 4). Nous munirons toujours E/M de la structure d'espace préhilbertien pour laquelle ψ est un isomorphisme d'espaces préhilbertiens ; la semi-norme quotient sur E/M est alors déduite de cette structure préhilbertienne.

Nous utiliserons le plus souvent les résultats précédents lorsque E est un espace hilbertien et M un sous-espace vectoriel fermé de E. Dans ce cas, M° est un sous-espace vectoriel fermé de E, et l'on a $p_{M^\circ} = 1 - p_M$ et $(M^\circ)^\circ = M$.

PROPOSITION 8. — *Soient* E *un espace hilbertien,* M *un sous-espace vectoriel fermé de* E, I *un ensemble ordonné filtrant non vide et* $(M_i)_{i\in I}$ *une famille de sous-espaces vectoriels fermés de* E. *On suppose, ou bien que l'application* $i \mapsto M_i$ *est croissante et que* M *est l'adhérence de* $\bigcup_{i\in I} M_i$, *ou bien que l'application* $i \mapsto M_i$ *est décroissante et que l'on a* $M = \bigcap_{i\in I} M_i$. *On a alors* $p_M(x) = \lim_{i\in I} p_{M_i}(x)$ *pour tout* $x \in E$.

La prop. 8 résulte aussitôt des prop. 6 (V, p. 11) et 7 (V, p. 12).

Proposition 9. — *Soient* E *un espace hilbertien et* M, N *deux sous-espaces vectoriels fermés de* E.

a) Les conditions suivantes sont équivalentes :

(i) *on a* $p_M p_N = p_N p_M$;

(ii) *si* $x \in M$ *est orthogonal à* $M \cap N$ *et si* $y \in N$ *est orthogonal à* $M \cap N$, *alors* x *et* y *sont orthogonaux* ;

(iii) *tout vecteur de* M *orthogonal à* $M \cap N$ *est orthogonal à* N ;

(iv) *on a* $M = (M \cap N) + (M \cap N^\circ)$.

b) Si les conditions équivalentes de a) sont remplies, on a $p_{M \cap N} = p_M p_N$, *le sous-espace vectoriel* $M + N$ *de* E *est fermé et l'on a* $p_{M+N} = p_M + p_N - p_M p_N$.

c) On a $p_M p_N = 0$ *si et seulement si* M *est orthogonal à* N. *S'il en est ainsi, le sous-espace vectoriel* $M + N$ *de* E *est fermé et l'on a* $p_{M+N} = p_M + p_N$.

Posons $L = M \cap N$, $M_1 = M \cap L^\circ$ et $N_1 = N \cap L^\circ$. La condition (ii) signifie que M_1 et N_1 sont orthogonaux, et (iii) signifie que M_1 et N sont orthogonaux. Comme on a $N = N_1 + L$ et que M_1 est orthogonal à L, on a prouvé l'équivalence de (ii) et (iii). Si la condition (iii) est satisfaite, on a $M_1 = M \cap N^\circ$ et comme on a $M = L + M_1$, la condition (iv) est remplie. Réciproquement, de (iv) on déduit $M_1 = M \cap N^\circ$ puisque les sous-espaces $M \cap N$ et $M \cap N^\circ$ de M sont orthogonaux, et par suite $M_1 \subset N^\circ$, c'est-à-dire la relation (iii).

Supposons la condition (iv) satisfaite. Il est immédiat que l'on a $p_N(y) = p_L(y)$ pour tout $y \in M$ et par conséquent $p_N p_M(x) = p_L p_M(x)$ pour tout $x \in E$. Mais, pour tout $x \in E$, le vecteur $p_L p_M(x)$ appartient à L, et le vecteur

$$x - p_L p_M(x) = (x - p_M(x)) + (p_M(x) - p_L(p_M(x)))$$

appartient à $M^\circ + L^\circ = L^\circ$; on a donc $p_L p_M(x) = p_L(x)$. Finalement, on a $p_N p_M = p_L p_M = p_L$. Comme la condition (ii) est équivalente à (iv) et qu'elle est symétrique en M et N, on a aussi $p_M p_N = p_L$. On a finalement $p_M p_N = p_N p_M = p_{M \cap N}$, d'où (i).

Réciproquement, supposons la condition (i) satisfaite. Soit $x \in M$; on a

$$p_M(p_N(x)) = p_N(p_M(x)) = p_N(x)$$

d'où $p_N(x) \in M$. On en déduit $x - p_N(x) \in M$, donc x est la somme d'un élément $p_N(x)$ de $M \cap N$ et d'un élément $x - p_N(x)$ de $M \cap N^\circ$, d'où (iv).

On a donc prouvé *a*) et la première partie de *b*). Supposons que p_M et p_N commutent et posons $q = p_M + p_N - p_M p_N$; comme p_M et p_N sont des idempotents de l'algèbre $\mathscr{L}(E)$, il en est de même de q ; par suite (TG, III, p. 47), l'image de q est un sous-espace vectoriel fermé de E. Il est clair que l'image de q est contenue dans $M + N$; par ailleurs, on a $p_N(x) = x$, d'où $q(x) = x$ pour tout $x \in N$; comme on a aussi $q = p_M + p_N - p_N p_M$, on a de même $q(x) = x$ pour tout $x \in M$. En conclusion, l'image de q est égale à $M + N$. L'orthogonal de $M + N$ est égal à $M^\circ \cap N^\circ$, et le noyau de q contient évidemment $M^\circ \cap N^\circ$, d'où $q = p_{M+N}$. Ceci prouve *b*).

On a $p_M p_N = 0$ si et seulement si l'image N de p_N est contenue dans le noyau M° de p_M, c'est-à-dire si et seulement si M est orthogonal à N. Le reste de l'assertion *c*) est alors un cas particulier de *b*).

Remarque. — Soient E un espace hilbertien et M, N deux sous-espaces vectoriels fermés de E. La relation $M \subset N$ équivaut à l'orthogonalité de M et N°, c'est-à-dire à la relation $p_M p_{N^\circ} = 0$ d'après la prop. 9, *c*). Comme on a $p_{N^\circ} = 1 - p_N$, on conclut que *les relations* $M \subset N$ *et* $p_M = p_M p_N$ *sont équivalentes* (« th. des trois perpendiculaires », *cf.* fig. 3).

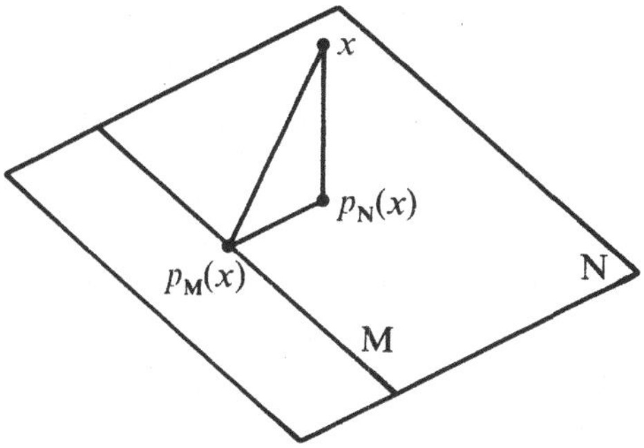

FIG. 3.

7. Dual d'un espace hilbertien

THÉORÈME 3. — *Soit* E *un espace hilbertien. Pour tout* $x \in E$, *soit* x^* *la forme linéaire continue* $y \mapsto \langle x|y \rangle$ *sur* E ; *l'application* $x \mapsto x^*$ *est une application semi-linéaire* (pour l'automorphisme $\xi \mapsto \bar{\xi}$) *bijective de* E *sur son dual* E′, *et une isométrie de l'espace normé* E *sur l'espace normé* E′.

En effet, l'application $x \mapsto x^*$ est semi-linéaire d'après (2) (V, p. 1), et, en vertu de l'inégalité de Cauchy-Schwarz, on a $\|x^*\| = \sup_{\|y\| \leqslant 1} |\langle x|y \rangle| = \|x\|$, donc $x \mapsto x^*$ est une isométrie de E dans E′, et en particulier est injective. Pour achever la démonstration, il faut prouver que pour tout $x' \neq 0$ dans E′, il existe $x \in E$ tel que $x' = x^*$. Or l'hyperplan $H = \operatorname{Ker} x'$ est fermé dans E ; son orthogonal est une droite D. Soit b un élément non nul de D ; le noyau de la forme linéaire b^* est égal à H et il existe donc un scalaire $\lambda \neq 0$ tel que $x' = \lambda . b^* = (\bar{\lambda} . b)^*$.

C.Q.F.D.

L'application $x \mapsto x^*$ de E sur son dual E′ est dite *canonique*. L'application réciproque de E′ sur E est aussi dite canonique et se note $x' \mapsto x'^*$. On a donc

$$\langle x|y \rangle = \langle y, x^* \rangle, \quad \langle x, x' \rangle = \langle x'^*|x \rangle \tag{17}$$

pour x, y dans E et x' dans E′. On a aussi $(x^*)^* = x$ pour $x \in E$.

Lorsque $K = \mathbf{R}$, l'application $x \mapsto x^*$ est linéaire. On transportera à E′ le produit scalaire de E par cette application. Lorsque $K = \mathbf{C}$, on peut considérer l'application $x \mapsto x^*$ comme un isomorphisme de l'espace vectoriel $\bar{E}$ conjugué de E sur E′ (V, p. 6). On transportera à E′ le produit scalaire de $\bar{E}$ par cette application.

Dans les deux cas considérés, E' est un espace hilbertien, et l'on a les formules

$$\langle x^* | y^* \rangle = \overline{\langle x | y \rangle}, \quad \langle x' | x' \rangle = \|x'\|^2$$

pour x, y dans E et x' dans E'.

Il revient au même de dire que le vecteur $x \in \mathrm{E}$ est orthogonal à un vecteur $y \in \mathrm{E}$, ou de dire que la forme linéaire $x^* \in \mathrm{E}'$ est orthogonale à y au sens défini en II, p. 44 (ce qui justifie l'emploi du mot « orthogonal » dans les deux cas). Si M est un sous-espace vectoriel fermé de E, le sous-espace M° orthogonal à M dans E' (II, p. 48) est l'image par $x \mapsto x^*$ de l'orthogonal de M dans E, défini en V, p. 12 (ce qui justifie l'emploi de la notation M° dans les deux cas).

Corollaire 1. — *Pour qu'une famille* $(x_i)_{i \in \mathrm{I}}$ *de points d'un espace hilbertien* E *soit totale, il faut et il suffit que pour* $y \in \mathrm{E}$, *les relations* $\langle x_i | y \rangle = 0$ *pour tout indice* $i \in \mathrm{I}$ *entraînent* $y = 0$.

En effet, cela exprime que 0 est le seul vecteur de E' orthogonal aux x_i (II, p. 46 et IV, p. 1).

Corollaire 2. — *Soient* E *et* F *deux espaces hilbertiens. Pour* $u \in \mathscr{L}(\mathrm{E}\,;\mathrm{F})$, $x \in \mathrm{E}$ *et* $y \in \mathrm{F}$, *posons*

$$\Phi_u(y, x) = \langle y | u(x) \rangle . \tag{18}$$

L'application $u \mapsto \Phi_u$ *est un isomorphisme de l'espace de Banach* $\mathscr{L}(\mathrm{E}\,;\mathrm{F})$ *sur l'espace des formes sesquilinéaires*[1] *continues sur* $\mathrm{F} \times \mathrm{E}$, *muni de la norme*

$$\|f\| = \sup_{\substack{x \in \mathrm{E},\, y \in \mathrm{F} \\ \|x\| \leqslant 1,\, \|y\| \leqslant 1}} |f(y, x)| . \tag{19}$$

Il est clair que Φ_u est sesquilinéaire et continue pour tout $u \in \mathscr{L}(\mathrm{E}\,;\mathrm{F})$. Inversement, soit f une forme sesquilinéaire continue sur $\mathrm{F} \times \mathrm{E}$. Pour tout $x \in \mathrm{E}$, l'application $y \mapsto \overline{f(y, x)}$ est une forme linéaire continue sur l'espace hilbertien F. D'après le th. 3, il existe donc pour tout $x \in \mathrm{E}$, un unique élément $u(x)$ de F tel que l'on ait $\overline{f(y, x)} = \langle u(x) | y \rangle$ pour tout $y \in \mathrm{F}$. L'application $u : x \mapsto u(x)$ de E dans F est linéaire et l'on a

$$\begin{aligned} \|f\| &= \sup_{\|x\| \leqslant 1} \sup_{\|y\| \leqslant 1} |f(y, x)| = \sup_{\|x\| \leqslant 1} \sup_{\|y\| \leqslant 1} |\langle y | u(x) \rangle| \\ &= \sup_{\|x\| \leqslant 1} \|u(x)\| ; \end{aligned}$$

donc u appartient à $\mathscr{L}(\mathrm{E}\,;\mathrm{F})$, on a $f = \Phi_u$ et $\|u\| = \|f\|$. D'où le cor. 2.

L'application canonique de E dans son bidual E'' (IV, p. 14) applique E *sur* E'', autrement dit (IV, p. 16), E est un espace de Banach *réflexif*. En effet, si E est un espace hilbertien réel (resp. complexe), l'application canonique φ de E' sur E est un

[1] Rappelons (A, IX, § 1, n° 5) qu'une forme sesquilinéaire (à gauche) f sur $\mathrm{F} \times \mathrm{E}$ est une application de $\mathrm{F} \times \mathrm{E}$ dans K qui satisfait aux relations (1) et (2) de V, p. 1.

isomorphisme de l'espace normé E′ sur E (resp. sur l'espace $\overline{\mathrm{E}}$ conjugué de E); appliquant le th. 3 à E (resp. $\overline{\mathrm{E}}$), on voit que toute forme linéaire continue sur l'espace normé E′ est de la forme $x' \mapsto \langle \varphi(x')|x \rangle = \langle x, x' \rangle$ avec $x \in \mathrm{E}$, d'où notre assertion.

Par suite (IV, p. 17, prop. 6) :

THÉORÈME 4. — *Dans un espace hilbertien* E, *la boule unité est faiblement compacte.*

PROPOSITION 10. — *Si, dans un espace hilbertien* E, *un filtre* $\mathfrak{F}$ *converge faiblement vers* x_0, *et si en outre* $\lim_{\mathfrak{F}} \|x\| = \|x_0\|$, *alors* $\mathfrak{F}$ *converge vers* x_0 *pour la topologie initiale de* E.

En effet, $\|x - x_0\|^2 = \|x\|^2 - 2\mathscr{R}\langle x|x_0 \rangle + \|x_0\|^2$. Comme $\langle x|x_0 \rangle$ tend par hypothèse vers $\|x_0\|^2$ suivant $\mathfrak{F}$, et que $\|x\|$ tend vers $\|x_0\|$ suivant $\mathfrak{F}$, $\|x - x_0\|$ tend vers 0 suivant $\mathfrak{F}$, d'où la proposition.

Remarque. — Si E est un espace préhilbertien séparé et Ê l'espace hilbertien complété de E, on sait (III, p. 16) que le dual E′ de E s'identifie au dual de Ê; il résulte du th. 3 (V, p. 15) que toute forme linéaire continue sur E s'écrit d'une seule manière $x \mapsto \langle a|x \rangle$, où $a \in \hat{\mathrm{E}}$.

§ 2. FAMILLES ORTHOGONALES DANS UN ESPACE HILBERTIEN

1. Somme hilbertienne externe d'espaces hilbertiens

PROPOSITION 1. — *Soient* $(\mathrm{E}_i)_{i \in \mathrm{I}}$ *une famille d'espaces hilbertiens,* P *l'espace vectoriel produit* $\prod_{i \in \mathrm{I}} \mathrm{E}_i$, *et* E *la partie de* P *formée des familles* $\mathbf{x} = (x_i)_{i \in \mathrm{I}}$ *telles que* $\sum_{i \in \mathrm{I}} \|x_i\|^2$ *soit fini.*

a) E *est un sous-espace vectoriel de* P.

b) Quels que soient $\mathbf{x} = (x_i)_{i \in \mathrm{I}}$ *et* $\mathbf{y} = (y_i)_{i \in \mathrm{I}}$ *dans* E, *la famille* $(\langle x_i|y_i \rangle)_{i \in \mathrm{I}}$ *est sommable. Si l'on pose* $\langle \mathbf{x}|\mathbf{y} \rangle = \sum_{i \in \mathrm{I}} \langle x_i|y_i \rangle$, *on définit une forme hermitienne positive séparante sur* E.

c) Pour le produit scalaire ainsi défini, E *est un espace hilbertien ; la somme directe* S *des* E_i *est dense dans* E.

Pour $\mathbf{x} = (x_i)_{i \in \mathrm{I}}$ et $\mathbf{y} = (y_i)_{i \in \mathrm{I}}$ dans E, on a

$$\|x_i + y_i\|^2 \leqslant 2(\|x_i\|^2 + \|y_i\|^2),$$

donc $\mathbf{x} + \mathbf{y} = (x_i + y_i)_{i \in \mathrm{I}}$ appartient à E. Ceci prouve *a*).

D'après l'inégalité de Cauchy-Schwarz, on a

$$|\langle x_i|y_i \rangle| \leqslant \|x_i\| \cdot \|y_i\| \leqslant \tfrac{1}{2}(\|x_i\|^2 + \|y_i\|^2)$$

d'où $\sum_{i \in \mathrm{I}} |\langle x_i|y_i \rangle| < +\infty$. On a $\langle \mathbf{x}|\mathbf{x} \rangle = \sum_{i \in \mathrm{I}} \|x_i\|^2 > 0$ si $x \neq 0$, d'où aussitôt l'assertion *b*).

On rappelle que S est le sous-espace de P formé des familles $\mathbf{x} = (x_i)_{i \in I}$ telles que l'ensemble des $i \in I$ pour lesquels $x_i \neq 0$ soit fini. Il est immédiat que S est dense dans E ; il reste donc à prouver que E est *complet* pour la topologie $\mathcal{T}_1$ déduite de la norme $\|x\| = \langle x|x \rangle^{1/2}$. Soit $\mathcal{T}_2$ la topologie induite sur E par la topologie produit sur $\prod_{i \in I} E_i$. Pour tout $r > 0$, soit B_r l'ensemble des $x \in E$ tels que $\|x\| \leqslant r$. Cette relation signifie que l'on a $\sum_{i \in J} \|x_i\|^2 \leqslant r^2$ pour toute partie finie J de I, et par suite B_r est une partie fermée, donc complète, de $\prod_{i \in I} E_i$. Le fait que E soit complet pour $\mathcal{T}_1$ résulte alors de TG, III, p. 27.

DÉFINITION 1. — *Soit* $(E_i)_{i \in I}$ *une famille d'espaces hilbertiens. L'espace hilbertien* E *défini dans la prop.* 1 *s'appelle la somme hilbertienne externe de la famille* $(E_i)_{i \in I}$ *et se note* $\widehat{\bigoplus}_{i \in I} E_i$ *ou* $\bigoplus_{i \in I} E_i$ [1].

Soit f_i l'application de E_i dans E qui transforme $z \in E_i$ en l'élément $(x_k) \in E$ tel que $x_k = 0$ pour $k \neq i$ et $x_i = z$; il est clair que f_i est un isomorphisme de l'espace hilbertien E_i sur un sous-espace vectoriel fermé de E. On dit que f_i est l'*application canonique* de E_i dans E et on identifie le plus souvent E_i et son image dans E par cet isomorphisme. Avec cette convention, E_i et E_k sont *orthogonaux* dans E pour $i \neq k$, et E est le sous-espace vectoriel fermé engendré par la réunion des sous-espaces E_i.

Lorsque I est fini, E est la somme directe des E_i ; comme le projecteur canonique de E sur E_i est continu pour tout $i \in I$, E est aussi alors somme directe topologique des E_i (TG, III, p. 46, prop. 2). Si $I = [\![1, n]\!]$, on écrit aussi $E_1 \oplus E_2 \oplus \ldots \oplus E_n$ au lieu de $\widehat{\bigoplus}_{i=1}^{n} E_i$.

Exemple. — Soient E un espace hilbertien et I un ensemble d'indices. On désigne par $\ell^2_E(I)$ la somme hilbertienne externe de la famille $(E_i)_{i \in I}$ où $E_i = E$ pour tout $i \in I$. Autrement dit, $\ell^2_E(I)$ est l'espace des familles $\mathbf{x} = (x_i)_{i \in I}$ d'éléments de E telles que $\sum_{i \in I} \|x_i\|^2 < +\infty$, muni du produit scalaire $\langle \mathbf{x}|\mathbf{y} \rangle = \sum_{i \in I} \langle x_i|y_i \rangle$ (espace des familles de carré sommable d'éléments de E indexées par I). On pose $\ell^2(I) = \ell^2_{\mathbf{K}}(I)$.

2. Somme hilbertienne de sous-espaces orthogonaux d'un espace hilbertien

DÉFINITION 2. — *On dit qu'un espace hilbertien* E *est somme hilbertienne d'une famille* $(E_i)_{i \in I}$ *de sous-espaces vectoriels fermés de* E, *lorsque* :

1) *pour deux indices distincts i, k dans* I, *les sous-espaces* E_i *et* E_k *sont orthogonaux dans* E ;

2) *le sous-espace vectoriel fermé engendré par la réunion des* E_i *est* E.

[1] On prendra garde de ne pas confondre cette notation avec celle de la somme directe « algébrique » des espaces E_i (A, II, p. 12).

THÉORÈME 1. — *Soit* E *un espace hilbertien somme hilbertienne d'une famille* $(E_i)_{i \in I}$ *de sous-espaces vectoriels fermés de* E. *Il existe un isomorphisme f et un seul de* E *sur la somme hilbertienne externe* $\bigoplus_{i \in I} E_i = F$ *de la famille* (E_i) *tel que, pour tout* $i \in I$, *la restriction de f à* E_i *soit l'application canonique* f_i *de* E_i *dans* F.

Soit $S \subset F$ la somme directe « algébrique » des E_i, et soit g l'application linéaire $(x_i)_{i \in I} \mapsto \sum_{i \in I} x_i$ de S dans E. Montrons que g est un isomorphisme de l'espace préhilbertien S sur le sous-espace (préhilbertien) $g(S)$ de E, engendré par la réunion des E_i : en effet, pour deux éléments $\mathbf{x} = (x_i)_{i \in I}$, $\mathbf{y} = (y_i)_{i \in I}$ de S, on a

$$\langle g(\mathbf{x}) | g(\mathbf{y}) \rangle = \langle \sum_{i \in I} x_i | \sum_{i \in I} y_i \rangle = \sum_{(i,k) \in I \times I} \langle x_i | y_k \rangle .$$

Mais si $i \neq k$, on a $\langle x_i | y_k \rangle = 0$ par hypothèse, d'où

$$\langle g(\mathbf{x}) | g(\mathbf{y}) \rangle = \sum_{i \in I} \langle x_i | y_i \rangle = \langle \mathbf{x} | \mathbf{y} \rangle ;$$

ceci démontre notre assertion. Comme S est dense dans F et $g(S)$ dense dans E, l'isomorphisme g se prolonge en un isomorphisme $\bar{g}$ de F sur E (V, p. 8, cor.). Il est clair que l'isomorphisme réciproque f de $\bar{g}$ répond à la question ; son unicité résulte de ce que le sous-espace fermé de E engendré par la réunion des E_i est E lui-même.

Lorsque E est somme hilbertienne d'une famille $(E_i)_{i \in I}$ de sous-espaces, on identifie le plus souvent E à la somme hilbertienne externe F des E_i au moyen de l'isomorphisme f. Si l'ensemble I est fini, dire que E est somme hilbertienne de la famille $(E_i)_{i \in I}$ signifie donc que les E_i sont deux à deux orthogonaux et que l'espace vectoriel E est somme directe de la famille $(E_i)_{i \in I}$ de sous-espaces.

COROLLAIRE 1. — *Soit* E *un espace hilbertien, somme hilbertienne d'une famille* $(E_i)_{i \in I}$ *de sous-espaces vectoriels fermés de* E ; *pour tout* $i \in I$, *soit* p_{E_i} *l'orthoprojecteur* (V, p. 13) *de* E *sur* E_i.

a) Pour tout $x \in E$, *la famille* $(\| p_{E_i}(x) \|^2)_{i \in I}$ *est sommable dans* **R**, *la famille* $(p_{E_i}(x))_{i \in I}$ *est sommable dans* E, *et l'on a*

$$\|x\|^2 = \sum_{i \in I} \| p_{E_i}(x) \|^2 , \quad x = \sum_{i \in I} p_{E_i}(x) .$$

b) Réciproquement, si $(x_i)_{i \in I}$ *est une famille d'éléments de* E *tels que* $x_i \in E_i$ *pour tout* $i \in I$ *et que* $\sum_{i \in I} \|x_i\|^2 < +\infty$, *cette famille est sommable, et sa somme x est le seul point de* E *tel que* $p_{E_i}(x) = x_i$ *pour tout* $i \in I$.

c) Pour tout couple de points x, y de E, *on a*

$$\langle x | y \rangle = \sum_{i \in I} \langle p_{E_i}(x) | p_{E_i}(y) \rangle .$$

Ces propriétés sont en effet évidentes dans la somme hilbertienne externe des E_i, et se transportent à E par isomorphisme.

COROLLAIRE 2. — *Soient* E *un espace préhilbertien séparé,* $(E_i)_{i \in I}$ *une famille de sous-espaces vectoriels complets de* E *tels que, pour tout couple d'indices distincts* i, k *dans* I, *les sous-espaces* E_i *et* E_k *soient orthogonaux. Soit* V *le sous-espace vectoriel fermé de* E *engendré par la réunion des* E_i. *Pour tout* $i \in I$, *soit* p_{E_i} *l'orthoprojecteur de* E *sur* E_i. *Soit* $x \in E$.

1) *On a* $\sum_{i \in I} \|p_{E_i}(x)\|^2 \leqslant \|x\|^2$.

2) *Les conditions suivantes sont équivalentes* : *a*) $x \in V$; *b*) $\sum_{i \in I} \|p_{E_i}(x)\|^2 = \|x\|^2$; *c*) *la famille* $(p_{E_i}(x))_{i \in I}$ *est sommable dans* E, *et l'on a* $x = \sum_{i \in I} p_{E_i}(x)$.

3) *Supposons* V *complet. Alors la famille* $(p_{E_i}(x))_{i \in I}$ *est sommable dans* E, *et l'on a*

$$p_V(x) = \sum_{i \in I} p_{E_i}(x), \quad \|p_V(x)\|^2 = \sum_{i \in I} \|p_{E_i}(x)\|^2,$$

en désignant par p_V *l'orthoprojecteur de* E *sur* V.

En effet, soit $\hat{E}$ l'espace hilbertien complété de E ; on identifie E à un sous-espace dense de $\hat{E}$; les E_i, étant complets, sont des sous-espaces fermés de $\hat{E}$. L'adhérence $\overline{V}$ de V dans $\hat{E}$ est le sous-espace vectoriel fermé de $\hat{E}$ engendré par la réunion des E_i, et l'on a $V = \overline{V} \cap E$. L'espace $\hat{E}$ est somme hilbertienne des E_i et du sous-espace W supplémentaire orthogonal de $\overline{V}$ dans $\hat{E}$; posons $x_0 = p_W(x)$ et $x_i = p_{E_i}(x)$ pour tout $i \in I$. D'après le cor. 1, on a $\|x^2\| = \|x_0\|^2 + \sum_{i \in I} \|x_i\|^2$, et $x = x_0 + \sum_{i \in I} x_i$ dans $\hat{E}$. Ceci entraîne aussitôt l'assertion 1), et le fait que les conditions *b*) et *c*) de 2) sont équivalentes à la condition $x_0 = 0$, donc à la condition $x \in V$. Enfin, si V est complet, et si on pose $x' = p_V(x)$, on a $x' - x_i = (x - x_i) - (x - p_V(x))$, donc $x' - x_i$ est orthogonal à E_i, et par suite $x_i = p_{E_i}(x')$ pour tout $i \in I$; il suffit alors d'appliquer la propriété 2) au vecteur x'.

Remarque. — Soient E un espace préhilbertien séparé, $(V_i)_{i \in I}$ une famille de sous-espaces vectoriels de E tels que, pour tout couple d'indices distincts i, k, les sous-espaces V_i et V_k soient orthogonaux. Alors, pour tout $k \in I$, l'intersection de V_k et du *sous-espace vectoriel fermé* W_k engendré par la réunion des V_i d'indice $i \neq k$, est réduite à 0 : en effet, si x appartient à la fois à V_k et W_k, il est orthogonal à tous les V_i d'indice $i \neq k$, donc à W_k. En particulier, il est orthogonal à lui-même, donc nul.

PROPOSITION 2. — *Soient* E *un espace hilbertien et* $(V_\lambda)_{\lambda \in L}$ *une famille de sous-espaces vectoriels fermés de* E ; *pour chaque* $\lambda \in L$, *soit* $(W_{\lambda\mu})_{\mu \in M_\lambda}$ *une famille de sous-espaces vectoriels fermés de* V_λ *tels que* V_λ *soit le sous-espace vectoriel fermé engendré par la réunion de cette famille. Pour que* E *soit somme hilbertienne de la famille* $(W_{\lambda\mu})_{\lambda \in L, \mu \in M_\lambda}$, *il faut et il suffit que* E *soit somme hilbertienne de la famille* $(V_\lambda)_{\lambda \in L}$ *et que, pour chaque* $\lambda \in L$, V_λ *soit somme hilbertienne de la famille* $(W_{\lambda\mu})_{\mu \in M_\lambda}$ (« associativité de la somme hilbertienne »).

Pour montrer que la condition est nécessaire, il suffit de voir que V_α et V_β sont orthogonaux si $\alpha \neq \beta$. Or, tout élément de $W_{\alpha\mu}$ ($\mu \in M_\alpha$) est orthogonal à tous les $W_{\beta\nu}$ ($\nu \in M_\beta$), donc au sous-espace vectoriel fermé V_β qu'ils engendrent ; le même raisonnement montre ensuite que tout élément de V_β, étant orthogonal à tous les $W_{\alpha\mu}$ ($\mu \in M_\alpha$), est orthogonal à V_α.

Pour montrer que la condition est suffisante, il suffit de vérifier que, si elle est remplie, E est égal au sous-espace vectoriel fermé F engendré par la réunion des $W_{\lambda\mu}$ ($\lambda \in L$, $\mu \in M_\lambda$) ; or, pour chaque $\lambda \in L$, F contient le sous-espace vectoriel fermé engendré par la réunion des $W_{\lambda\mu}$ tels que $\mu \in M_\lambda$, c'est-à-dire V_λ ; donc F est le sous-espace vectoriel fermé engendré par la réunion des V_λ, c'est-à-dire E par hypothèse.

3. Familles orthonormales

DÉFINITION 3. — *Dans un espace préhilbertien* E, *on dit qu'une famille* $(e_i)_{i\in I}$ *de vecteurs est orthogonale si* e_i *et* e_k *sont orthogonaux pour* $i \neq k$ *et orthonormale si l'on a de plus* $\|e_i\| = 1$ *pour tout* $i \in I$.

On appelle *ensemble orthonormal* toute partie S de E telle que la famille définie par l'application identique de S sur elle-même soit orthonormale. Si $(e_i)_{i\in I}$ est une famille orthonormale, l'application $i \mapsto e_i$ est injective ; on peut donc parler indifféremment de famille orthonormale ou d'ensemble orthonormal.

Si $(e_i)_{i\in I}$ est une famille orthonormale, les sous-espaces vectoriels complets $D_i = Ke_i$, de dimension 1, sont deux à deux orthogonaux. Pour tout $x \in E$, la projection orthogonale de x sur D_i est $\lambda_i e_i$, avec $\langle e_i | x - \lambda_i e_i \rangle = 0$, ce qui donne $\langle e_i | x \rangle = \lambda_i \langle e_i | e_i \rangle = \lambda_i$. Les résultats du n° 2, appliqués aux sous-espaces D_i, donnent les énoncés suivants :

PROPOSITION 3. — *Dans un espace préhilbertien séparé* E, *toute famille orthonormale est topologiquement libre.*

On notera que cette propriété résulte aussi de la caractérisation des familles topologiquement libres (II, p. 5, cor. 2 et IV, p. 46, *Remarque* 1), compte tenu de l'identification du dual de E avec le complété de E ou de l'espace conjugué de E selon que K est égal à **R** ou **C** (V, p. 17, *Remarque*).

PROPOSITION 4. — *Soient* E *un espace préhilbertien séparé,* $(e_i)_{i\in I}$ *une famille orthonormale dans* E, V *le sous-espace vectoriel fermé de* E *engendré par les* e_i.

1) *Pour tout* $x \in E$, *on a*

$$\sum_{i\in I} |\langle e_i | x \rangle|^2 \leqslant \|x\|^2 \tag{1}$$

(*inégalité de Bessel*), *de sorte que l'ensemble des* $i \in I$ *tels que* $\langle e_i | x \rangle \neq 0$ *est dénombrable. En outre, les conditions suivantes sont équivalentes :* a) $x \in V$; b) $\|x\|^2 = \sum_{i\in I} |\langle e_i | x \rangle|^2$; c) *la famille des* $\langle e_i | x \rangle . e_i$ *est sommable dans* E, *et l'on a* $x = \sum_{i\in I} \langle e_i | x \rangle . e_i$.

2) *Si* V *est complet, la famille des* $\langle e_i | x \rangle . e_i$ *est sommable dans* E *pour tout* $x \in E$, *et l'on a* $\sum_{i\in I} \langle e_i | x \rangle . e_i = p_V(x)$, $\sum_{i\in I} |\langle e_i | x \rangle|^2 = \|p_V(x)\|^2$.

3) *Supposons* V *complet. Pour toute famille* $(\lambda_i)_{i\in I}$ *de scalaires telle que* $\sum_{i\in I} |\lambda_i|^2 < +\infty$, *il existe un point* $x \in V$ *et un seul tel que* $\langle e_i | x \rangle = \lambda_i$ *pour tout*

$i \in I$. *Si* $(\mu_i)_{i \in I}$ *est une seconde famille de scalaires telle que* $\sum_{i \in I} |\mu_i|^2 < +\infty$, *et si* $y \in V$ *est tel que* $\langle e_i | y \rangle = \mu_i$ *pour tout* $i \in I$, *on a* $\langle x | y \rangle = \sum_{i \in I} \bar{\lambda}_i \mu_i$.

PROPOSITION 5. — *Soit* $(e_i)_{i \in I}$ *une famille orthonormale dans un espace préhilbertien séparé* E. *Les propriétés suivantes sont équivalentes* :

a) *la famille* (e_i) *est totale* ;

b) *pour tout* $x \in E$, *la famille* $\langle e_i | x \rangle . e_i$ *est sommable dans* E, *et l'on a* $x = \sum_{i \in I} \langle e_i | x \rangle . e_i$;

c) *pour tout* $x \in E$, *on a*

$$\|x\|^2 = \sum_{i \in I} |\langle e_i | x \rangle|^2 \tag{2}$$

(*relation de Parseval*).

Lorsque E *est hilbertien ces conditions sont encore équivalentes à la suivante* :

d) *les relations* $\langle e_i | x \rangle = 0$ *pour tout* $i \in I$ *entraînent* $x = 0$.

L'équivalence des conditions *a*), *b*), *c*) résulte aussitôt de la prop. 4. L'équivalence des conditions *a*) et *d*) lorsque E est hilbertien résulte du cor. 1 de V, p.16.

DÉFINITION 4. — *On appelle base orthonormale d'un espace préhilbertien séparé* E *une famille orthonormale et totale dans* E.

Une base orthonormale d'un espace préhilbertien séparé E est aussi une base orthonormale du complété de E.

Soit $(e_i)_{i \in I}$ une base orthonormale de E ; pour tout $x \in E$, les nombres $\langle e_i | x \rangle$ s'appellent, par abus de langage, les *coordonnées* de x par rapport à la base (e_i). On a

$$\langle x | y \rangle = \sum_{i \in I} \overline{\langle e_i | x \rangle} \langle e_i | y \rangle \tag{3}$$

quels que soient x et y dans E.

Une base orthonormale de E n'est pas, en général, une *base* de E sur le corps K au sens défini en A, II, p. 25 ; pour éviter des confusions, nous dirons toujours qu'une base d'un espace préhilbertien E, au sens de *loc. cit.*, est une *base algébrique* de E sur K.

Soient E et F deux espaces préhilbertiens séparés, et u une application linéaire continue de E dans F. Soit $(e_i)_{i \in I}$ (resp. $(f_j)_{j \in J}$) une base orthonormale de E (resp. F). Posons

$$u_{ji} = \langle f_j | u(e_i) \rangle$$

pour $i \in I$, $j \in J$. La famille $(u_{ji})_{(i,j) \in I \times J}$ est appelée la *matrice de* u *par rapport aux bases orthonormales* (e_i) *et* (f_j). Soient $x \in E$ et $y = u(x)$; si l'on note $\xi_i = \langle e_i | x \rangle$ et $\eta_j = \langle f_j | y \rangle$ les coordonnées de x et y respectivement, on a $\eta_j = \sum_{i \in I} u_{ji} \xi_i$ pour tout $j \in J$. Lorsque (e_i) est une base algébrique de E et (f_j) une base algébrique de F, notre définition est en accord avec celle de A, II, p. 144.

Exemple. — Soit E l'espace des fonctions continues sur **R**, à valeurs complexes, telles que $f(x + n) = f(x)$ pour $x \in \mathbf{R}$ et $n \in \mathbf{Z}$. On munit E du produit scalaire défini par

$$\langle f | g \rangle = \int_0^1 \overline{f(t)}\, g(t)\, dt .$$

Alors E est un espace préhilbertien séparé, mais non complet. Pour tout entier $n \in \mathbf{Z}$, posons $e_n(x) = \mathbf{e}(nx)$. Il est immédiat que la famille $(e_n)_{n \in \mathbf{Z}}$ est orthonormale dans E. De plus, la topologie de la convergence uniforme sur E est plus fine que la topologie déduite de la norme $\| f \|_2 = \langle f | f \rangle^{1/2}$. La famille $(e_n)_{n \in \mathbf{Z}}$ est totale dans E pour la convergence uniforme (TG, X, p. 40), et *a fortiori* dans l'espace préhilbertien E. Donc $(e_n)_{n \in \mathbf{Z}}$ est une base orthonormale de E.

4. Orthonormalisation

THÉORÈME 2. — *Pour tout ensemble orthonormal* L *dans un espace hilbertien* E, *il existe une base orthonormale* B *de* E *contenant* L.

En effet, soit $\mathfrak{D}$ l'ensemble des parties orthonormales de E, ordonné par inclusion ; il est immédiat que cet ensemble est de caractère fini (E, III, p. 34). Il existe donc dans $\mathfrak{D}$ un ensemble *maximal* B contenant L, en vertu du th. 1 de E, III, p. 35. Tout revient à prouver que B est un ensemble total. Dans le cas contraire, il existerait un vecteur $y \neq 0$ orthogonal à tous les vecteurs de B (V, p. 22, prop. 5), et en multipliant y par un scalaire convenable, on pourrait supposer que $\| y \| = 1$; alors, $B \cup \{ y \}$ serait un ensemble orthonormal distinct de B et contenant B, ce qui contredit la définition de B ; d'où le théorème.

COROLLAIRE 1. — *Dans tout espace hilbertien, il existe une base orthonormale.*

Il suffit d'appliquer le th. 2 au cas où $L = \varnothing$.

COROLLAIRE 2. — *Tout espace hilbertien est isomorphe à un espace* $\ell^2(\mathrm{I})$.

De manière plus précise, soit $(e_i)_{i \in \mathrm{I}}$ une base orthonormale d'un espace hilbertien E. D'après les prop. 4 (V, p. 21) et 5 (V, p. 22), l'application φ définie par

$$\varphi(x) = (\langle e_i | x \rangle)_{i \in \mathrm{I}} \tag{4}$$

est un isomorphisme d'espaces hilbertiens de E sur $\ell^2(\mathrm{I})$. L'isomorphisme réciproque ψ est défini par

$$\psi((\lambda_i)_{i \in \mathrm{I}}) = \sum_{i \in \mathrm{I}} \lambda_i e_i . \tag{5}$$

PROPOSITION 6. — *Soit* E *un espace préhilbertien séparé, et soit* $(a_n)_{n \in \mathrm{I}}$ (I *intervalle de* **N** *d'origine* 1) *une famille libre dénombrable* (*finie ou non*) *de vecteurs de* E. *Il existe une famille orthonormale* $(e_n)_{n \in \mathrm{I}}$ *et une seule dans* E, *possédant les propriétés suivantes* :

1) *pour tout entier* $p \in \mathrm{I}$, *le sous-espace vectoriel de* E *engendré par* $e_1, e_2, \ldots, e_p$ *est identique au sous-espace vectoriel de* E *engendré par* $a_1, a_2, \ldots, a_p$;

2) *pour tout entier* $p \in \mathrm{I}$ *le nombre* $\langle a_p | e_p \rangle$ *est réel et* > 0.

En effet, soit V_n le sous-espace (de dimension n) engendré par $a_1, a_2, \dots, a_n$. Si $n+1 \in I$ et $b_{n+1} = a_{n+1} - p_{V_n}(a_{n+1})$ (p_{V_n} désignant l'orthoprojecteur sur le sous-espace complet V_n), la droite Kb_{n+1} est l'orthogonal de V_n dans V_{n+1}. Si les e_n satisfont à la condition 1) de l'énoncé, on doit avoir $e_{n+1} = \lambda b_{n+1}$; la condition $\|e_{n+1}\| = 1$ donne ensuite $|\lambda|^2 \|b_{n+1}\|^2 = 1$, et la condition $\langle a_{n+1} | e_{n+1} \rangle > 0$ donne $\lambda \langle a_{n+1} | b_{n+1} \rangle > 0$; cela détermine complètement λ, et prouve par suite qu'on peut déterminer par récurrence une famille orthonormale $(e_n)_{n \in I}$ et une seule de façon à satisfaire aux conditions 1) et 2) de l'énoncé.

On dit que la suite $(e_n)_{n \in I}$ est obtenue par *orthonormalisation* de la famille libre $(a_n)_{n \in I}$. Il est clair que le sous-espace vectoriel engendré par la famille (e_n) est identique au sous-espace vectoriel engendré par la famille (a_n). En particulier, si (a_n) est une suite totale, il en est de même de (e_n), qui est donc une base orthonormale de E ; d'où :

COROLLAIRE. — *Dans tout espace préhilbertien séparé* E *de type dénombrable, il existe une base orthonormale dénombrable.*

En effet, dire que E est de type dénombrable signifie qu'il existe dans E une suite totale, et on peut toujours extraire d'une telle suite une famille libre totale (A, II, p. 95, th. 2).

On peut donner des exemples d'espaces préhilbertiens séparés ne possédant aucune base orthonormale (V, p. 69, exerc. 2).

Exemple. — Soient I l'intervalle $[-1, 1]$ de $\mathbf{R}$ et E l'espace vectoriel des fonctions continues sur I à valeurs réelles. On note x l'injection canonique de I dans $\mathbf{R}$, considérée comme élément de E. D'après le th. de Stone-Weierstrass, la suite $(x^n)_{n \in \mathbf{N}}$ est totale dans E pour la topologie de la convergence uniforme (TG, X, p. 37).

Considérons E comme un espace préhilbertien réel séparé dans lequel le produit scalaire est donné par

$$\langle f | g \rangle = \int_{-1}^{1} f(t)\, g(t)\, dt\,.$$

La suite $(x^n)_{n \in \mathbf{N}}$ est alors totale dans l'espace préhilbertien E. Soit $(\Pi_n)_{n \in \mathbf{N}}$ la suite obtenue par orthonormalisation de la suite $(x^n)_{n \in \mathbf{N}}$. On peut montrer que l'on a $\Pi_n = (n + \frac{1}{2})^{1/2} P_n$, où le *polynôme de Legendre* P_n est défini par

$$P_n(x) = \frac{1}{2^n n!} \left(\frac{d}{dx}\right)^n (x^2 - 1)^n\,.$$

PROPOSITION 7. — *Dans un espace hilbertien* E, *deux bases orthonormales sont équipotentes.*

Soient B et C deux bases orthonormales de E. Le cas où l'un des deux ensembles B, C est fini est trivial, puisqu'une base orthonormale finie est une base algébrique de l'espace. Supposons donc B et C infinies. Pour tout $x \in B$, soit C_x la partie de C formée des $y \in C$ tels que $\langle x | y \rangle \neq 0$. L'ensemble C_x est dénombrable (V, p. 21, prop. 4). Pour tout $y \in C$, il existe $x \in B$ tel que $y \in C_x$, puisque B est une base orthonormale et que $y \neq 0$; autrement dit, C est la réunion des ensembles dénombrables C_x lorsque x parcourt B. Le cardinal de C est donc inférieur à celui de $\mathbf{N} \times B$, donc à celui de B (E, III, p. 49, cor. 4) ; de même, le cardinal de B est inférieur à celui de C, ce qui achève la démonstration.

Le cardinal d'une base orthonormale quelconque d'un espace hilbertien E est appelé la *dimension hilbertienne* de E.

COROLLAIRE 1. — *Étant données deux bases orthonormales dans un espace hilbertien* E, *il existe un automorphisme de* E *transformant la première base en la seconde.*

COROLLAIRE 2. — *Pour que les espaces hilbertiens* $\ell^2(\mathrm{I})$ *et* $\ell^2(\mathrm{J})$ *soient isomorphes, il faut et il suffit que* I *et* J *soient équipotents.*

§ 3. PRODUIT TENSORIEL D'ESPACES HILBERTIENS

1. Produit tensoriel d'espaces préhilbertiens

Soient E_1 et E_2 deux espaces préhilbertiens, et soit $F = E_1 \otimes E_2$ le produit tensoriel des espaces vectoriels E_1 et E_2. Soient $x_1 \in E_1$ et $x_2 \in E_2$; comme l'application $(y_1, y_2) \mapsto \langle x_1 | y_1 \rangle \langle x_2 | y_2 \rangle$ de $E_1 \times E_2$ dans K est bilinéaire, il existe une forme linéaire φ_{x_1,x_2} sur $E_1 \otimes E_2$ telle que

$$\varphi_{x_1,x_2}(y_1 \otimes y_2) = \langle x_1 | y_1 \rangle \langle x_2 | y_2 \rangle \tag{1}$$

pour $y_1 \in E_1$ et $y_2 \in E_2$. Soit $z \in F$. L'application $(x_1, x_2) \mapsto \overline{\varphi_{x_1,x_2}(z)}$ de $E_1 \times E_2$ dans K est bilinéaire ; cela se voit en écrivant z sous la forme $z = \sum_{i=1}^{n} y_{i,1} \otimes y_{i,2}$ avec $y_{i,1} \in E_1$ et $y_{i,2} \in E_2$ pour $1 \leqslant i \leqslant n$. Il existe donc une forme linéaire ψ_z sur $F = E_1 \otimes E_2$ telle que

$$\psi_z(x_1 \otimes x_2) = \overline{\varphi_{x_1,x_2}(z)} \quad (x_1 \in E_1, x_2 \in E_2)\,. \tag{2}$$

On pose $\Phi(z, t) = \psi_z(t)$ pour z, t dans F. On voit aussitôt que Φ est une forme sesquilinéaire sur $E_1 \otimes E_2$ caractérisée par

$$\Phi(x_1 \otimes x_2, y_1 \otimes y_2) = \langle x_1 | y_1 \rangle \langle x_2 | y_2 \rangle \tag{3}$$

(*cf.* A, IX, § 1, n° 11).

PROPOSITION 1. — *La forme sesquilinéaire* Φ *sur* $E_1 \otimes E_2$ *est hermitienne et positive, donc munit* $E_1 \otimes E_2$ *d'une structure d'espace préhilbertien. Cet espace est séparé si* E_1 *et* E_2 *le sont.*

La formule $\Phi(z, t) = \overline{\Phi(t, z)}$ résulte de (3) lorsque $z = x_1 \otimes x_2$ et $t = y_1 \otimes y_2$. Le cas général s'en déduit par linéarité, donc Φ est hermitienne.

Supposons que E_1 et E_2 soient séparés et prouvons que la forme hermitienne Φ est positive et séparante. Soit $z = \sum_{i=1}^{n} x_i \otimes y_i$ un élément non nul de $F = E_1 \otimes E_2$.

Soit $(e_1, \ldots, e_m)$ une base orthonormale du sous-espace de E_1 engendré par $x_1, \ldots, x_n$ (V, p. 23, cor. 1). Il existe des éléments $f_1, \ldots, f_m$ non tous nuls de E_2 tels que $z = \sum_{i=1}^{m} e_i \otimes f_i$, d'où

$$\begin{aligned}\Phi(z, z) &= \sum_{i,j=1}^{m} \Phi(e_i \otimes f_i, e_j \otimes f_j)\\ &= \sum_{i,j} \langle e_i | e_j \rangle \langle f_i | f_j \rangle = \sum_{i=1}^{m} \|f_i\|^2 > 0 .\end{aligned}$$

Revenons au cas général, et prouvons que Φ est positive. Soient $\tilde{E}_i$ l'espace préhilbertien séparé associé à E_i et π_i l'application canonique de E_i sur $\tilde{E}_i$ $(i = 1, 2)$. Posons $\pi = \pi_1 \otimes \pi_2$. Soit $\tilde{\Phi}$ la forme hermitienne sur $\tilde{E}_1 \otimes \tilde{E}_2$ construite de manière analogue à Φ. On a évidemment

$$\Phi(z, t) = \tilde{\Phi}(\pi(z), \pi(t)) \quad (z \in F, t \in F) ,$$

et comme $\tilde{\Phi}$ est positive, il en est de même de Φ. C.Q.F.D.

L'espace préhilbertien défini dans la prop. 1 s'appelle le *produit tensoriel des espaces préhilbertiens* E_1 *et* E_2 ; il se note $E_1 \otimes_2 E_2$. On écrira désormais $\langle z | t \rangle$ pour $\Phi(z, t)$, d'où par définition

$$\langle x_1 \otimes x_2 | y_1 \otimes y_2 \rangle = \langle x_1 | y_1 \rangle \langle x_2 | y_2 \rangle ; \tag{4}$$

on écrit aussi $\|z\|_2$ ou $\|z\|$ pour $\langle z | z \rangle^{1/2}$. De (4), on déduit

$$\|x_1 \otimes x_2\|_2 = \|x_1\| . \|x_2\| , \tag{5}$$

de sorte que l'application bilinéaire $(x_1, x_2) \mapsto x_1 \otimes x_2$ de $E_1 \times E_2$ dans $E_1 \otimes_2 E_2$ est continue.

Pour $i = 1, 2$, soit F_i un sous-espace vectoriel de E_i, muni de la structure d'espace préhilbertien induite. Alors $F_1 \otimes F_2$ s'identifie à un sous-espace vectoriel de $E_1 \otimes E_2$ (A, II, p. 108). La formule (4) montre que $F_1 \otimes F_2$, muni de la structure d'espace préhilbertien induite par celle de $E_1 \otimes_2 E_2$, n'est autre que $F_1 \otimes_2 F_2$. Nous identifierons désormais $F_1 \otimes_2 F_2$ à un sous-espace préhilbertien de $E_1 \otimes_2 E_2$.

PROPOSITION 2. — *Pour* $i = 1, 2$, *soient* E_i *et* F_i *deux espaces préhilbertiens séparés et* $u_i \in \mathscr{L}(E_i ; F_i)$. *L'application linéaire* $u_1 \otimes u_2$ *de* $E_1 \otimes_2 E_2$ *dans* $F_1 \otimes_2 F_2$ *est continue et l'on a*

$$\|u_1 \otimes u_2\| = \|u_1\| . \|u_2\| .$$

Considérons sur E_1 la forme hermitienne positive

$$f(x_1, y_1) = \|u_1\|^2 \langle x_1 | y_1 \rangle - \langle u_1(x_1) | u_1(y_1) \rangle .$$

D'après la prop. 1 (V, p. 25), il existe une forme hermitienne *positive* Φ sur $E_1 \otimes E_2$ telle que l'on ait

$$\Phi(x_1 \otimes x_2, y_1 \otimes y_2) = f(x_1, y_1) \langle x_2 | y_2 \rangle =$$
$$= \|u_1\|^2 \langle x_1 \otimes x_2 | y_1 \otimes y_2 \rangle - \langle (u_1 \otimes 1)(x_1 \otimes x_2) | (u_1 \otimes 1)(y_1 \otimes y_2) \rangle$$

pour x_1, y_1 dans E_1 et x_2, y_2 dans E_2. Par linéarité, on a donc

$$\Phi(z, t) = \|u_1\|^2 \langle z | t \rangle - \langle (u_1 \otimes 1)(z) | (u_1 \otimes 1)(t) \rangle$$

pour z, t dans $E_1 \otimes E_2$. Comme Φ est positive, on a $\Phi(z, z) \geqslant 0$, c'est-à-dire $\|(u_1 \otimes 1).z\|_2 \leqslant \|u_1\|.\|z\|_2$ pour $z \in E_1 \otimes_2 E_2$, d'où $\|u_1 \otimes 1\| \leqslant \|u_1\|$. On prouve de même l'inégalité $\|1 \otimes u_2\| \leqslant \|u_2\|$, et comme on a $u_1 \otimes u_2 = (u_1 \otimes 1) \circ (1 \otimes u_2)$, on a donc

$$\|u_1 \otimes u_2\| \leqslant \|u_1\|.\|u_2\| .$$

D'autre part, on a

$$\begin{aligned} \|u_1\|.\|u_2\| &= \sup_{\|x_1\| \leqslant 1, \|x_2\| \leqslant 1} \|u_1(x_1)\|.\|u_2(x_2)\| \\ &= \sup_{\|x_1\| \leqslant 1, \|x_2\| \leqslant 1} \|(u_1 \otimes u_2)(x_1 \otimes x_2)\|_2 \leqslant \|u_1 \otimes u_2\| , \end{aligned}$$

ce qui achève la démonstration de la prop. 2. C.Q.F.D.

Soient $E_1, \ldots, E_n$ des espaces préhilbertiens ($n \geqslant 2$). On définit par récurrence le produit tensoriel $E_1 \otimes_2 \cdots \otimes_2 E_n$ (noté aussi $\bigotimes_{i=1}^{n}{}_2 E_i$) par

$$E_1 \otimes_2 \cdots \otimes_2 E_n = (E_1 \otimes_2 \cdots \otimes_2 E_{n-1}) \otimes_2 E_n .$$

On a donc, par définition du produit scalaire,

$$\langle x_1 \otimes \ldots \otimes x_n | y_1 \otimes \cdots \otimes y_n \rangle = \prod_{i=1}^{n} \langle x_i | y_i \rangle , \tag{6}$$

et en particulier [1]

$$\|x_1 \otimes \cdots \otimes x_n\|_2 = \|x_1\| \cdots \|x_n\| , \tag{7}$$

pour x_i, y_i dans E_i ($1 \leqslant i \leqslant n$). Si les E_i sont séparés, il en est de même de $E_1 \otimes_2 \cdots \otimes_2 E_n$.

Soient $F_1, \ldots, F_n$ des espaces préhilbertiens et $u_i \in \mathscr{L}(E_i ; F_i)$ pour $1 \leqslant i \leqslant n$. La prop. 2 entraîne par récurrence sur n que $u_1 \otimes \ldots \otimes u_n$ est une application linéaire continue de $E_1 \otimes_2 \cdots \otimes_2 E_n$ dans $F_1 \otimes_2 \cdots \otimes_2 F_n$ et que l'on a

$$\|u_1 \otimes \cdots \otimes u_n\| = \|u_1\| \ldots \|u_n\| . \tag{8}$$

[1] On pose encore $\|z\|_2 = \langle z | z \rangle^{1/2}$ pour z dans $E_1 \otimes_2 \cdots \otimes_2 E_n$.

Soit $\sigma \in \mathfrak{S}_n$ une permutation de l'ensemble $\{1, 2, \ldots, n\}$. Vu (6), l'application linéaire p_σ de $E_1 \otimes_2 \cdots \otimes_2 E_n$ sur $E_{\sigma^{-1}(1)} \otimes_2 \cdots \otimes_2 E_{\sigma^{-1}(n)}$ caractérisée par

$$p_\sigma(x_1 \otimes \ldots \otimes x_n) = x_{\sigma^{-1}(1)} \otimes \cdots \otimes x_{\sigma^{-1}(n)} \tag{9}$$

est un isomorphisme d'espaces préhilbertiens (« commutativité du produit tensoriel »).

De même, considérons une partition de $\{1, 2, \ldots, n\}$ en m intervalles consécutifs $I_1, \ldots, I_m$ avec $I_k = [\![a_k, a_{k+1} - 1]\!]$ pour $1 \leqslant k \leqslant m$. Posons

$$F_k = \bigotimes_{2\, i=a_k}^{a_{k+1}-1} E_i \quad (1 \leqslant k \leqslant m).$$

L'isomorphisme canonique de $F_1 \otimes \ldots \otimes F_m$ sur $E_1 \otimes \ldots \otimes E_n$ qui transforme $\bigotimes_{k=1}^{m} \bigotimes_{i=a_k}^{a_{k+1}-1} x_i$ en $x_1 \otimes \ldots \otimes x_n$ (A, II, p. 72) est un isomorphisme d'espaces préhilbertiens (« associativité du produit tensoriel »).

2. Produit tensoriel hilbertien d'espaces hilbertiens

DÉFINITION 1. — *Soient* $E_1, \ldots, E_n$ *des espaces hilbertiens. On appelle* produit tensoriel hilbertien des E_i, *et l'on note* $E_1 \hat{\otimes}_2 \cdots \hat{\otimes}_2 E_n$ (*ou* $\hat{\bigotimes}_{2\,1 \leqslant i \leqslant n} E_i$) *le complété de l'espace préhilbertien séparé* $E_1 \otimes_2 \cdots \otimes_2 E_n$.

Soient $F_1, \ldots, F_n$ des espaces hilbertiens et $u_i \in \mathscr{L}(E_i\,; F_i)$ pour $1 \leqslant i \leqslant n$. L'application linéaire continue $u_1 \otimes \ldots \otimes u_n$ se prolonge alors en une application linéaire continue $u_1 \hat{\otimes}_2 \cdots \hat{\otimes}_2 u_n$ de $E_1 \hat{\otimes}_2 \cdots \hat{\otimes}_2 E_n$ dans $F_1 \hat{\otimes}_2 \cdots \hat{\otimes}_n F_n$. On a

$$\|u_1 \hat{\otimes}_2 \cdots \hat{\otimes}_2 u_n\| = \|u_1\| \ldots \|u_n\| \tag{10}$$

d'après la formule (8) de V, p. 27. De plus, si 1_E désigne l'application identique de tout espace hilbertien E, on a

$$1_{E_1} \hat{\otimes}_2 \cdots \hat{\otimes}_2 1_{E_n} = 1_E \quad \text{avec} \quad E = E_1 \hat{\otimes}_2 \cdots \hat{\otimes}_2 E_n\,. \tag{11}$$

Enfin, si $G_1, \ldots, G_n$ sont des espaces hilbertiens et $v_i \in \mathscr{L}(F_i\,; G_i)$ pour $1 \leqslant i \leqslant n$, on a

$$(v_1 \circ u_1) \hat{\otimes}_2 \cdots \hat{\otimes}_2 (v_n \circ u_n) = (v_1 \hat{\otimes}_2 \cdots \hat{\otimes}_2 v_n) \circ (u_1 \hat{\otimes}_2 \cdots \hat{\otimes}_2 u_n)\,. \tag{12}$$

On laisse au lecteur le soin de formuler la « commutativité » et « l'associativité » du produit tensoriel hilbertien, par application de ce qui a été dit ci-dessus pour les espaces préhilbertiens.

Remarque. — Soient $E_1, \ldots, E_n$ des espaces préhilbertiens séparés, et $\hat{E}_1, \ldots, \hat{E}_n$ leurs complétés respectifs. Alors $E_1 \otimes_2 \ldots \otimes_2 E_n$ est un sous-espace préhilbertien de $\hat{E}_1 \otimes_2 \cdots \otimes_2 \hat{E}_n$. Comme l'application $(x_1, \ldots, x_n) \mapsto x_1 \otimes \ldots \otimes x_n$ de $\hat{E}_1 \times \cdots \times \hat{E}_n$

dans $\hat{E}_1 \otimes_2 \cdots \otimes_2 \hat{E}_n$ est continue, $E_1 \otimes_2 \cdots \otimes_2 E_n$ est dense dans $\hat{E}_1 \otimes_2 \cdots \otimes_2 \hat{E}_n$. *A fortiori* le complété de $E_1 \otimes_2 \cdots \otimes_2 E_n$ n'est autre que l'espace hilbertien $\hat{E}_1 \hat{\otimes}_2 \cdots \hat{\otimes}_2 \hat{E}_n$. Ce complété se note parfois simplement $E_1 \hat{\otimes}_2 \cdots \hat{\otimes}_2 E_n$ (ou $\hat{\bigotimes}_{2\ 1 \leqslant i \leqslant n} E_i$).

PROPOSITION 3. — *Soient* $E_1, \ldots, E_n$ *des espaces hilbertiens. On suppose que pour* $1 \leqslant i \leqslant n$, *l'espace* E_i *est somme hilbertienne d'une famille* $(E_{i,\alpha})_{\alpha \in A(i)}$ *de sous-espaces vectoriels fermés. Alors* $E_1 \hat{\otimes}_2 \cdots \hat{\otimes}_2 E_n$ *est somme hilbertienne de la famille des sous-espaces* $E_{1,\alpha_1} \hat{\otimes}_2 \cdots \hat{\otimes}_2 E_{n,\alpha_n}$ *pour* $(\alpha_1, \ldots, \alpha_n)$ *parcourant* $A(1) \times \cdots \times A(n)$.

Vu la formule (6) de V, p. 27, les sous-espaces $E_{1,\alpha_1} \hat{\otimes}_2 \cdots \hat{\otimes}_2 E_{n,\alpha_n}$ de $E_1 \hat{\otimes}_2 \cdots \hat{\otimes}_2 E_n$ sont deux à deux orthogonaux. Pour chaque entier i compris entre 1 et n, l'ensemble $\bigcup_{\alpha \in A(i)} E_{i,\alpha}$ est total dans E_i, et l'application multilinéaire $(x_1, \ldots, x_n) \mapsto x_1 \otimes \cdots \otimes x_n$ est continue. Il en résulte que la réunion des sous-espaces $E_{1,\alpha_1} \hat{\otimes}_2 \cdots \hat{\otimes}_2 E_{n,\alpha_n}$ est totale, d'où la prop. 3.

COROLLAIRE 1. — *Pour* $1 \leqslant i \leqslant n$, *soit* $(e_{i,\alpha})_{\alpha \in A(i)}$ *une base orthonormale de* E_i. *Alors la famille des vecteurs* $e_{1,\alpha_1} \otimes \cdots \otimes e_{n,\alpha_n}$ *pour* $(\alpha_1, \ldots, \alpha_n)$ *parcourant* $A(1) \times \cdots \times A(n)$, *est une base orthonormale de* $E_1 \hat{\otimes}_2 \cdots \hat{\otimes}_2 E_n$.

COROLLAIRE 2. — *Soient* E_1 *et* E_2 *deux espaces hilbertiens, et* $(e_i)_{i \in I}$ *une base orthonormale de* E_1. *Soit* $(y_i)_{i \in I}$ *une famille d'éléments de* E_2 *telle que* $\sum_{i \in I} \|y_i\|^2 < +\infty$. *Alors la famille* $(e_i \otimes y_i)_{i \in I}$ *est sommable dans* $E_1 \hat{\otimes}_2 E_2$; *de plus tout élément de* $E_1 \hat{\otimes} E_2$ *s'écrit de manière unique sous la forme* $\sum_{i \in I} e_i \otimes y_i$ *avec* $\sum_{i \in I} \|y_i\|^2 < +\infty$.

Soit F_i la droite de E_1 engendrée par e_i $(i \in I)$. Alors E_1 est somme hilbertienne de la famille des sous-espaces $(F_i)_{i \in I}$. D'après la prop. 3, l'espace $E_1 \hat{\otimes}_2 E_2$ est somme hilbertienne de la famille des sous-espaces $(F_i \hat{\otimes}_2 E_2)_{i \in I}$, d'où le cor. 2.

Exemples. — 1) D'après le cor. 1, l'espace $\ell^2(I) \hat{\otimes}_2 \ell^2(J)$ est canoniquement isomorphe à $\ell^2(I \times J)$, le produit tensoriel $\mathbf{x} \otimes \mathbf{y}$ de $\mathbf{x} = (x_i)_{i \in I}$ et $\mathbf{y} = (y_j)_{j \in J}$ s'identifiant à la famille $(x_i y_j)_{i \in I, j \in J}$. De même, d'après le cor. 2, $\ell^2(I) \hat{\otimes}_2 E$ s'identifie à $\ell^2_E(I)$, de sorte que l'on ait $(x_i)_{i \in I} \otimes y = (x_i y)_{i \in I}$ pour tout y dans l'espace hilbertien E.

* 2) Soient X un espace topologique séparé, et μ une mesure positive sur X. Soit E un espace hilbertien. On peut identifier canoniquement $L^2(X, \mu) \hat{\otimes}_2 E$ à $L^2_E(X, \mu)$: si $\dot{f}$ est la classe de la fonction scalaire f de carré intégrable sur X, et si a appartient à E, alors $\dot{f} \otimes a$ est la classe de la fonction $x \mapsto f(x).a$ à valeurs dans E.

Soient Y un espace topologique séparé et ν une mesure positive sur Y. On peut de manière analogue identifier les espaces hilbertiens $L^2(X, \mu) \hat{\otimes}_2 L^2(Y, \nu)$ et $L^2(X \times Y, \mu \otimes \nu)$; alors $\dot{f} \otimes \dot{g}$ s'identifie à la classe de la fonction $(x, y) \mapsto f(x)\, g(y)$ sur $X \times Y$. *

3. Puissances symétriques hilbertiennes

Soit E un espace hilbertien, et soit n un entier positif. On notera $\hat{\mathbf{T}}^n(E)$ ou $E^{\hat{\otimes} n}$ le produit tensoriel de n espaces hilbertiens égaux à E. Autrement dit, $\hat{\mathbf{T}}^n(E)$ est le

complété de l'espace $\mathbf{T}^n(E) = E \otimes \dots \otimes E$ (n facteurs) pour la structure d'es
préhilbertien séparé définie par

$$\langle x_1 \otimes \dots \otimes x_n | y_1 \otimes \dots \otimes y_n \rangle = \prod_{i=1}^{n} \langle x_i | y_i \rangle .$$

Si $(e_i)_{i\in I}$ est une base orthonormale de E, la famille des vecteurs $e_{i_1} \otimes \dots \otimes$
pour $i_1, \dots, i_n$ dans I, est une base orthonormale de $\hat{\mathbf{T}}^n(E)$ (V, p. 29, cor. 1). C
$\hat{\mathbf{T}}^0(E) = K$.

Soit $\sigma \in \mathfrak{S}_n$ une permutation de l'ensemble $\{1, 2, \dots, n\}$. D'après V, p.
il existe un automorphisme p_σ de $\hat{\mathbf{T}}^n(E)$ caractérisé par

$$p_\sigma(x_1 \otimes \dots \otimes x_n) = x_{\sigma^{-1}(1)} \otimes \dots \otimes x_{\sigma^{-1}(n)} .$$

On a $p_{\sigma\tau} = p_\sigma p_\tau$ pour σ, τ dans $\mathfrak{S}_n$, et par suite l'endomorphisme $\Pi_n = \frac{1}{n!} \sum_{\sigma\in\mathfrak{S}}$
de l'espace vectoriel $\hat{\mathbf{T}}^n(E)$ est l'orthoprojecteur sur le sous-espace des élém
invariants par $\mathfrak{S}_n$. Par ailleurs (A, III, p. 71), Π_n applique le produit tensoriel « a
brique » $\mathbf{T}^n(E)$ sur le sous-espace $\mathbf{TS}^n(E)$ des tenseurs symétriques d'ordre n. Au
ment dit, l'image de Π_n est le complété de l'espace $\mathbf{TS}^n(E)$ muni d'un produit scal
induit par celui de $\mathbf{T}^n(E)$; on notera $\widehat{\mathbf{TS}}^n(E)$ ce complété.

Soit $\mathbf{S}^n(E)$ la puissance symétrique n-ième de l'espace vectoriel E (A, III, p.
L'application canonique de $\mathbf{T}^n(E)$ sur $\mathbf{S}^n(E)$ définit par restriction un isomorphi
λ_n de $\mathbf{TS}^n(E)$ sur $\mathbf{S}^n(E)$. On vérifie aussitôt que l'isomorphisme réciproque est do
par

$$\mu_n(x_1 \dots x_n) = \Pi_n(x_1 \otimes \dots \otimes x_n) = \frac{1}{n!} \sum_{\sigma\in\mathfrak{S}_n} x_{\sigma^{-1}(1)} \otimes \dots \otimes x_{\sigma^{-1}(n)} \tag{13}$$

pour $x_1, \dots, x_n$ dans E.

On définit sur $\mathbf{S}^n(E)$ une structure d'espace préhilbertien séparé en posant

$$\langle u | v \rangle = n! \, \langle \mu_n(u) | \mu_n(v) \rangle . \tag{14}$$

On a donc plus explicitement (comparer avec la formule (29) de A, III, p. 15

$$\langle x_1 \dots x_n | y_1 \dots y_n \rangle = \sum_{\sigma\in\mathfrak{S}_n} \prod_{i=1}^{n} \langle x_i | y_{\sigma(i)} \rangle , \tag{15}$$

et en particulier

$$\langle x^n | y^n \rangle = n! \, \langle x | y \rangle^n . \tag{16}$$

On note $\hat{\mathbf{S}}^n(E)$ le complété de l'espace préhilbertien $\mathbf{S}^n(E)$ et $\hat{\mathbf{S}}(E)$ la som
hilbertienne externe des espaces hilbertiens $\hat{\mathbf{S}}^n(E)$. On peut montrer (V, p.
exerc. 1) que la multiplication dans l'algèbre $\mathbf{S}(E)$ ne se prolonge pas par contin
à $\hat{\mathbf{S}}(E)$ lorsque E n'est pas réduit à 0.

PROPOSITION 4. — *Soit* $(e_i)_{i\in I}$ *une base orthonormale de l'espace hilbertien* E. *Pour tout* α *dans* $\mathbf{N}^{(I)}$, *posons*

$$z_\alpha = \prod_{i\in I} e_i^{\alpha_i}/(\alpha_i!)^{1/2}. \tag{17}$$

Alors $(z_\alpha)_{\alpha\in\mathbf{N}^{(I)}}$ *est une base orthonormale de* $\hat{\mathbf{S}}(E)$.

Soit E_0 le sous-espace vectoriel de E engendré par les vecteurs e_i pour i parcourant I. Alors les z_α forment une base de l'espace vectoriel $\mathbf{S}(E_0)$ (A, III, p. 75). Or E_0 est dense dans E, et l'application multilinéaire $(x_1, \ldots, x_n) \mapsto x_1 \ldots x_n$ de $E \times \cdots \times E$ dans $\mathbf{S}(E)$ est continue pour tout $n \geqslant 1$; donc $\mathbf{S}(E_0)$ est dense dans $\mathbf{S}(E)$. Il suffit donc de prouver que la famille des z_α est orthonormale. Remarquons d'abord que $\hat{\mathbf{S}}^n(E)$ et $\hat{\mathbf{S}}^m(E)$ sont orthogonaux pour $n \neq m$. Il suffit donc de prouver la formule

$$\langle z_\alpha | z_\beta \rangle = \begin{cases} 1 & \text{si} \quad \alpha = \beta \\ 0 & \text{si} \quad \alpha \neq \beta \end{cases}$$

lorsque $|\alpha| = \sum_{i\in I} \alpha_i$ et $|\beta| = \sum_{i\in I} \beta_i$ sont égaux à un même entier n.

Considérons une partition $(P_i)_{i\in I}$ de l'ensemble $\{1, 2, \ldots, n\}$ telle que $\operatorname{Card} P_i = \alpha_i$ pour tout $i \in I$. Posons $x_k = e_i$ si k appartient à P_i, d'où $x_1 \ldots x_n = \prod_{i\in I} e_i^{\alpha_i}$. On définit de manière analogue $(Q_i)_{i\in I}$ et les y_k de sorte que $\operatorname{Card} Q_i = \beta_i$ et $y_1 \ldots y_n = \prod_{i\in I} e_i^{\beta_i}$. Comme les e_i sont mutuellement orthogonaux, on a $\langle x_k | y_{\sigma(k)} \rangle = 0$ sauf s'il existe un indice $i \in I$ tel que $k \in P_i$ et $\sigma(k) \in Q_i$. D'après la formule (15), on a donc $\langle x_1 \ldots x_n | y_1 \ldots y_n \rangle = 0$ sauf s'il existe une permutation $\sigma \in \mathfrak{S}_n$ telle que $\sigma(P_i) = Q_i$ pour tout $i \in I$, ce qui entraîne $\alpha = \beta$. On a donc $\langle z_\alpha | z_\beta \rangle = 0$ pour $\alpha \neq \beta$. Le même raisonnement prouve que $\|x_1 \ldots x_n\|^2$ est égal au nombre des $\sigma \in \mathfrak{S}_n$ tels que $\sigma(P_i) = P_i$ pour tout $i \in I$, donc à $\prod_{i\in I} \alpha_i!$. On a donc $\|z_\alpha\| = 1$, d'où la proposition.

COROLLAIRE. — *Supposons que l'espace hilbertien* E *soit somme directe des sous-espaces orthogonaux* M *et* N. *L'isomorphisme canonique* g *de* $\mathbf{S}(M) \otimes \mathbf{S}(N)$ *sur* $\mathbf{S}(E)$ (A, III, p. 73) *se prolonge de manière unique en un isomorphisme* h *d'espaces hilbertiens de* $\hat{\mathbf{S}}(M) \hat{\otimes}_2 \hat{\mathbf{S}}(N)$ *sur* $\hat{\mathbf{S}}(E)$.

Soit $(e_i)_{i\in I}$ (resp. $(f_j)_{j\in J}$) une base orthonormale de l'espace hilbertien M (resp. N) et soit M_0 (resp. N_0) le sous-espace vectoriel de E engendré par les vecteurs e_i (resp. f_j). Posons $E_0 = M_0 + N_0$ et notons g_0 l'isomorphisme canonique de $\mathbf{S}(M_0) \otimes \mathbf{S}(N_0)$ sur $\mathbf{S}(E_0)$. Posons

$$z_\alpha = \prod_{i\in I} e_i^{\alpha_i}/(\alpha_i!)^{1/2}, \quad t_\beta = \prod_{j\in J} f_j^{\beta_j}/(\beta_j!)^{1/2}$$

pour $\alpha \in \mathbf{N}^{(I)}$ et $\beta \in \mathbf{N}^{(J)}$. D'après la prop. 4, on a ainsi défini des bases orthonormales $(z_\alpha)_{\alpha\in\mathbf{N}^{(I)}}$ pour $\hat{\mathbf{S}}(M)$, $(t_\beta)_{\beta\in\mathbf{N}^{(J)}}$ pour $\hat{\mathbf{S}}(N)$ et $(z_\alpha t_\beta)_{\alpha\in\mathbf{N}^{(I)}, \beta\in\mathbf{N}^{(J)}}$ pour $\hat{\mathbf{S}}(E)$. Comme on a $z_\alpha t_\beta = g_0(z_\alpha \otimes t_\beta)$, et que les éléments $z_\alpha \otimes t_\beta$ forment une base orthonormale de

$\hat{\mathbf{S}}(M) \hat{\otimes}_2 \hat{\mathbf{S}}(N)$ (V, p. 29, cor. 1), on voit que g_0 se prolonge en un isomorphisme d'espaces hilbertiens $h : \hat{\mathbf{S}}(M) \hat{\otimes}_2 \hat{\mathbf{S}}(N) \to \hat{\mathbf{S}}(E)$. On a par construction

$$h(x_1 \dots x_m \otimes y_1 \dots y_n) = x_1 \dots x_m y_1 \cdots y_n$$

quels que soient les vecteurs $x_1, \dots, x_m$ de M_0 et les vecteurs $y_1, \dots, y_n$ de N_0. Par continuité, la même relation a encore lieu pour des vecteurs $x_1, \dots, x_m$ de M et des vecteurs $y_1, \dots, y_n$ de N ; autrement dit, h prolonge g. L'unicité de h est claire.

Soient E et F deux espaces hilbertiens et $u \in \mathscr{L}(E ; F)$. L'application linéaire $\hat{\mathbf{T}}^n(u) = u \hat{\otimes}_2 \cdots \hat{\otimes}_2 u$ (n facteurs) de $\hat{\mathbf{T}}^n(E)$ dans $\hat{\mathbf{T}}^n(F)$ est continue de norme $\|u\|^n$ (V, p. 28, formule (10)). Par ailleurs, les formules (13) et (14) de V, p. 30, montrent qu'il existe un isomorphisme $\varphi_{n,E}$ de $\hat{\mathbf{S}}^n(E)$ sur le sous-espace $\widehat{\mathbf{TS}}^n(E)$ de $\hat{\mathbf{T}}^n(E)$ et un seul tel que

$$(18) \qquad \varphi_{n,E}(x_1 \dots x_n) = \frac{1}{(n!)^{1/2}} \sum_{\sigma \in \mathfrak{S}_n} x_{\sigma(1)} \otimes \dots \otimes x_{\sigma(n)} \quad (x_1, \dots, x_n \text{ dans E}) .$$

Il existe donc une application linéaire continue $\hat{\mathbf{S}}^n(u)$ de $\hat{\mathbf{S}}^n(E)$ dans $\hat{\mathbf{S}}^n(F)$ et une seule qui rende commutatif le diagramme

$$\begin{array}{ccc} \hat{\mathbf{S}}^n(E) & \xrightarrow{\varphi_{n,E}} & \hat{\mathbf{T}}^n(E) \\ {\scriptstyle \hat{\mathbf{S}}^n(u)} \downarrow & & \downarrow {\scriptstyle \hat{\mathbf{T}}^n(u)} \\ \hat{\mathbf{S}}^n(F) & \xrightarrow{\varphi_{n,F}} & \hat{\mathbf{T}}^n(F) \end{array} .$$

Prouvons la formule

$$(19) \qquad \|\hat{\mathbf{S}}^n(u)\| = \|u\|^n .$$

D'une part, on a $\|\hat{\mathbf{S}}^n(u)\| \leqslant \|\hat{\mathbf{T}}^n(u)\| = \|u\|^n$. Par ailleurs, pour tout $x \in E$, on a $\hat{\mathbf{S}}^n(u)(x^n) = u(x)^n$, $\|x^n\| = (n!)^{1/2} \|x\|^n$ et $\|u(x)^n\| = (n!)^{1/2} \|u(x)\|^n$, d'où

$$\|\hat{\mathbf{S}}^n(u)\| \, \|x\|^n \geqslant \|u(x)\|^n ;$$

on en déduit aussitôt $\|\hat{\mathbf{S}}^n(u)\| \geqslant \|u\|^n$, d'où la formule (19).

Il est clair qu'on a les formules

$$(20) \qquad \hat{\mathbf{S}}^n(1_E) = 1_{\hat{\mathbf{S}}_n(E)}$$

$$(21) \qquad \hat{\mathbf{S}}^n(v \circ u) = \hat{\mathbf{S}}^n(v) \circ \hat{\mathbf{S}}^n(u) \quad \text{pour} \quad v \in \mathscr{L}(F ; G) .$$

Enfin, $\hat{\mathbf{S}}^n(u)$ coïncide sur $\mathbf{S}^n(E)$ avec l'application linéaire $\mathbf{S}^n(u) : \mathbf{S}^n(E) \to \mathbf{S}^n(F)$ définie en A, III, p. 69 car elle transforme $x_1 \dots x_n$ en $u(x_1) \dots u(x_n)$ quels que soient $x_1, \dots, x_n$ dans E.

Exemples. — * 1) Soient $d \geqslant 1$ un entier et ω une fonction positive sur $\mathbf{R}^d$ localement intégrable par rapport à la mesure de Lebesgue μ. Soit E l'espace hilbertien $L^2(\mathbf{R}^d, \omega . \mu)$, et soit $\mathbf{S} = \mathbf{S}(E)$. Alors $\mathbf{S}$ s'identifie à l'espace des suites $\mathbf{f} = (f_n)_{n \geqslant 0}$, où chaque f_n

est une fonction sur $(\mathbf{R}^d)^n$ mesurable par rapport à la mesure de Lebesgue $\mu \otimes \ldots \otimes \mu$ (n facteurs) et *invariante* par les permutations des n facteurs dans $(\mathbf{R}^d)^n$, et telles que

$$\|\mathbf{f}\|^2 = \sum_{n=0}^{\infty} n! \int_{\mathbf{R}^d} \cdots \int_{\mathbf{R}^d} |f_n(\mathbf{x}_1, \ldots, \mathbf{x}_n)|^2 \omega(\mathbf{x}_1) \ldots \omega(\mathbf{x}_n) d\mathbf{x}_1 \ldots d\mathbf{x}_n \tag{22}$$

soit fini. La norme $\|\mathbf{f}\|$ dans $\mathbf{S}$ est définie par la formule (22). L'espace hilbertien $\mathbf{S}$ défini ci-dessus s'appelle l'*espace de Fock symétrique* correspondant au *poids* ω. *

* 2) Soient X un espace topologique séparé, μ une mesure positive de norme 1 sur X et E un sous-espace hilbertien de l'espace hilbertien réel $L^2_{\mathbf{R}}(X, \mu)$. On dit que E est un *espace gaussien* si les conditions équivalentes suivantes sont satisfaites :

a) pour tout $f \in E$, on a $\int_X e^{if} d\mu = \exp(-\|f\|^2/2)$;

b) pour tout $f \in E$ de norme 1, l'image de la mesure μ par f est la mesure

$$(2\pi)^{-1/2} e^{-x^2/2} dx.$$

sur $\mathbf{R}$.

Supposons que E *soit un espace gaussien.* Soient $f_1, \ldots, f_n$ des fonctions dont les classes $\dot{f}_i$ appartiennent à E. On définit une fonction $:f_1 \ldots f_n:$ sur X (appelée « produit de Wick » de $f_1, \ldots, f_n$) par la formule

$$:f_1 \ldots f_n: = \sum_{0 \leqslant 2p \leqslant n} (-1)^p \sum_{\sigma \in I_p} \prod_{i=1}^{p} \langle f_{\sigma(2i-1)} | f_{\sigma(2i)} \rangle \prod_{j=2p+1}^{n} f_{\sigma(j)}, \tag{23}$$

où I_p est l'ensemble des permutations σ de $\{1, 2, \ldots, n\}$ telles que l'on ait

$$\sigma(1) < \sigma(2), \ldots, \sigma(2p-1) < \sigma(2p)$$
$$\sigma(1) < \sigma(3) < \cdots < \sigma(2p-1)$$
$$\sigma(2p+1) < \sigma(2p+2) < \cdots < \sigma(n).$$

Il existe alors un *isomorphisme* φ *de* $\hat{\mathbf{S}}(E)$ *sur un sous-espace hilbertien de* $L^2_{\mathbf{R}}(X, \mu)$ qui transforme en $(:f_1 \ldots f_n:)^{\bullet}$ le produit $\dot{f}_1 \ldots \dot{f}_n$ de $\dot{f}_1, \ldots, \dot{f}_n$ calculé dans $\hat{\mathbf{S}}(E)$. Supposons que X soit un espace souslinien et qu'il existe une famille dénombrable (f_n) de fonctions dont les classes appartiennent à E et qui séparent les points de X. Alors φ est un isomorphisme de $\hat{\mathbf{S}}(E)$ sur $L^2_{\mathbf{R}}(X, \mu)$. *

4. Puissances extérieures hilbertiennes

Soient E un espace hilbertien et n un entier positif. Pour toute permutation $\sigma \in \mathfrak{S}_n$, notons ε_σ sa signature ; posons $\mathbf{a}_n = \frac{1}{n!} \sum_{\sigma \in \mathfrak{S}_n} \varepsilon_\sigma p_\sigma$ dans $\mathscr{L}(\hat{\mathbf{T}}^n(E))$ (V, p. 30). Il est immédiat que $\mathbf{a}_n$ est un orthoprojecteur, dont l'image $\overline{\mathbf{A}'_n(E)}$ est l'adhérence dans $\hat{\mathbf{T}}^n(E)$ de l'espace $\mathbf{A}'_n(E)$ des tenseurs antisymétriques d'ordre n (A, III, p. 82). Il existe un isomorphisme π_n de $\mathbf{\Lambda}^n(E)$ sur $\mathbf{A}'_n(E)$ caractérisé par

$$\pi_n(x_1 \wedge \ldots \wedge x_n) = \mathbf{a}_n(x_1 \otimes \ldots \otimes x_n) = \frac{1}{n!} \sum_{\sigma \in \mathfrak{S}_n} \varepsilon_\sigma x_{\sigma(1)} \otimes \cdots \otimes x_{\sigma(n)} \tag{24}$$

pour $x_1, \ldots, x_n$ dans E. On définit alors sur $\mathbf{\Lambda}^n(E)$ une structure d'espace préhilbertien séparé en posant

$$\langle u | v \rangle = n! \langle \pi_n(u) | \pi_n(v) \rangle. \tag{25}$$

Plus explicitement, on a (comparer avec la formule (30) de A, III, p. 153)

$$\langle x_1 \wedge \ldots \wedge x_n | y_1 \wedge \ldots \wedge y_n \rangle = \det(\langle x_i | y_j \rangle) \tag{26}$$

quels que soient $x_1, \ldots, x_n$ et $y_1, \ldots, y_n$ dans E.

On note $\hat{\mathbf{\Lambda}}^n(\mathrm{E})$ le complété de l'espace préhilbertien $\mathbf{\Lambda}^n(\mathrm{E})$, et $\hat{\mathbf{\Lambda}}(\mathrm{E})$ la somme hilbertienne externe des espaces hilbertiens $\hat{\mathbf{\Lambda}}^n(\mathrm{E})$.

Exemple. — * Reprenons les notations de l'exemple 1 de V, p. 32. On peut alors identifier l'espace hilbertien $\hat{\mathbf{\Lambda}}(\mathrm{E})$ à l'ensemble des suites $(f_n)_{n \geqslant 0}$ de fonctions mesurables qui rendent fini le nombre $\|\mathbf{f}\|$ défini dans (22), et où chaque fonction f_n est *antisymétrique*, c'est-à-dire satisfait à la relation

$$f_n(\mathbf{x}_{\sigma(1)}, \ldots, \mathbf{x}_{\sigma(n)}) = \varepsilon_\sigma f_n(\mathbf{x}_1, \ldots, \mathbf{x}_n)$$

pour toute permutation $\sigma \in \mathfrak{S}_n$. L'espace hilbertien $\hat{\mathbf{\Lambda}}(\mathrm{E})$ s'appelle l'*espace de Fock antisymétrique* correspondant au *poids* ω. *

Proposition 5. — *Soit $(e_i)_{i \in \mathrm{I}}$ une base orthonormale de l'espace hilbertien* E. *Munissons* I *d'une structure d'ordre total. Alors l'ensemble des éléments $e_{i_1} \wedge \ldots \wedge e_{i_n}$ pour $i_1 < \cdots < i_n$ est une base orthonormale de* $\hat{\mathbf{\Lambda}}^n(\mathrm{E})$.

On sait (A, III, p. 86) que les éléments en question forment une base de l'espace vectoriel $\mathbf{\Lambda}^n(\mathrm{E}_0)$ où E_0 est le sous-espace vectoriel de E engendré par les vecteurs e_i. Par ailleurs, pour $i_1 < \cdots < i_n$, la matrice des produits scalaires $\langle e_{i_k} | e_{i_\ell} \rangle$ est la matrice unité d'ordre n ; d'après (26), on a donc $\|e_{i_1} \wedge \ldots \wedge e_{i_n}\| = 1$. Enfin, si $(i_1, \ldots, i_n)$ et $(j_1, \ldots, j_n)$ sont deux suites strictement croissantes d'éléments de I, distinctes, il existe un élément j_ℓ distinct de $i_1, \ldots, i_n$ et donc on a $\langle e_{i_k} | e_{j_\ell} \rangle = 0$ pour $1 \leqslant k \leqslant n$, d'où $\langle e_{i_1} \wedge \ldots \wedge e_{i_n} | e_{j_1} \wedge \ldots \wedge e_{j_n} \rangle = 0$ d'après (26). Autrement dit, la famille des éléments $e_{i_1} \wedge \ldots \wedge e_{i_n}$, pour $i_1 < \cdots < i_n$, est orthonormale.

Or E_0 est dense dans E, et l'application $(x_1, \ldots, x_n) \mapsto x_1 \wedge \ldots \wedge x_n$ de $\mathrm{E} \times \cdots \times \mathrm{E}$ dans $\mathbf{\Lambda}^n(\mathrm{E})$ est continue. Par conséquent, $\mathbf{\Lambda}^n(\mathrm{E}_0)$ est dense dans $\mathbf{\Lambda}^n(\mathrm{E})$, d'où la proposition 5.

Corollaire. — *Supposons que l'espace hilbertien* E *soit somme directe des sous-espaces orthogonaux* M *et* N. *L'isomorphisme canonique g de $\mathbf{\Lambda}(\mathrm{M}) \otimes \mathbf{\Lambda}(\mathrm{N})$ sur* $\mathbf{\Lambda}(\mathrm{E})$ (A, III, p. 84) *se prolonge de manière unique en un isomorphisme d'espaces hilbertiens de $\hat{\mathbf{\Lambda}}(\mathrm{M}) \hat{\otimes}_2 \hat{\mathbf{\Lambda}}(\mathrm{N})$ sur* $\hat{\mathbf{\Lambda}}(\mathrm{E})$.

La démonstration est analogue à celle du corollaire de la prop. 4 (V, p. 31).

Soient E et F deux espaces hilbertiens et $u \in \mathscr{L}(\mathrm{E}\,;\mathrm{F})$. On montre, comme dans le cas des puissances symétriques $\hat{\mathbf{S}}^n(\mathrm{E})$ (V, p. 32), que l'application linéaire $\mathbf{\Lambda}^n(u)$ de $\mathbf{\Lambda}^n(\mathrm{E})$ dans $\mathbf{\Lambda}^n(\mathrm{F})$ (A, III, p. 81) se prolonge en une application linéaire continue $\hat{\mathbf{\Lambda}}^n(u)$ de $\hat{\mathbf{\Lambda}}^n(\mathrm{E})$ dans $\hat{\mathbf{\Lambda}}^n(\mathrm{F})$. On a les relations

$$\hat{\mathbf{\Lambda}}^n(1_{\mathrm{E}}) = 1_{\hat{\mathbf{\Lambda}}^n(\mathrm{E})}, \tag{27}$$

$$\hat{\mathbf{\Lambda}}^n(v \circ u) = \hat{\mathbf{\Lambda}}^n(v) \circ \hat{\mathbf{\Lambda}}^n(u) \quad \text{si } v \text{ appartient à } \mathscr{L}(\mathrm{F}\,;\mathrm{G}), \tag{28}$$

$$\|\hat{\mathbf{\Lambda}}^n(u)\| \leqslant \|u\|^n. \tag{29}$$

On n'a pas en général égalité dans la formule (29) (TS, IV, § 6). Enfin, on a un isomorphisme $\psi_n = \psi_{n,E}$ de $\hat{\mathbf{\Lambda}}^n(E)$ sur le sous-espace $\overline{\mathbf{A}'_n(E)}$ de $\hat{\mathbf{T}}^n(E)$ défini par

(30) $$\psi_n(x_1 \wedge \ldots \wedge x_n) = \frac{1}{(n!)^{1/2}} \sum_{\sigma \in \mathfrak{S}_n} \varepsilon_\sigma x_{\sigma(1)} \otimes \ldots \otimes x_{\sigma(n)} \, .$$

5. Multiplication extérieure

Soit E un espace hilbertien. Pour tout entier $n \geqslant 0$, notons θ_n l'application canonique de $\mathbf{T}^n(E)$ sur $\mathbf{\Lambda}^n(E)$; on a donc

(31) $$\theta_n(x_1 \otimes \ldots \otimes x_n) = x_1 \wedge \ldots \wedge x_n$$

pour $x_1, \ldots, x_n$ dans E. Soient p et q deux entiers positifs ; compte tenu des formules (30) et (31), on a

(32) $$u \wedge v = \theta_{p+q}\left(\frac{1}{(p!)^{1/2}} \psi_p(u) \otimes \frac{1}{(q!)^{1/2}} \psi_q(v)\right)$$

pour $u \in \mathbf{\Lambda}^p(E)$ et $v \in \mathbf{\Lambda}^q(E)$. Comme on a $\|\theta_n\| \leqslant (n!)^{1/2}$, on obtient l'inégalité

(33) $$\|u \wedge v\| \leqslant \left(\frac{(p+q)!}{p!\,q!}\right)^{1/2} \|u\| . \|v\|$$

pour $u \in \mathbf{\Lambda}^p(E)$ et $v \in \mathbf{\Lambda}^q(E)$. Par suite, l'application $(u, v) \mapsto u \wedge v$ se prolonge par continuité en une application bilinéaire de $\hat{\mathbf{\Lambda}}^p(E) \times \hat{\mathbf{\Lambda}}^q(E)$ dans $\hat{\mathbf{\Lambda}}^{p+q}(E)$, de norme au plus égale à $\left(\frac{(p+q)!}{p!\,q!}\right)^{1/2}$ (*cf.* V, p. 72, exerc. 2). On la note encore $(u, v) \mapsto u \wedge v$.

Proposition 6. — *Soit* E *un espace hilbertien. On a*

(34) $$\|x \wedge u\| \leqslant \|x\| . \|u\|$$

pour $x \in E$ *et* $u \in \hat{\mathbf{\Lambda}}(E)$.

On se ramène aussitôt au cas où x est de norme 1.

Soit F le sous-espace hilbertien de E formé des vecteurs orthogonaux à x. Comme E est somme hilbertienne de F et de la droite $K.x$, il résulte aussitôt du corollaire de V, p. 34 que l'application $(v, w) \mapsto v + x \wedge w$ est un isomorphisme d'espaces hilbertiens de $\hat{\mathbf{\Lambda}}(F) \oplus \hat{\mathbf{\Lambda}}(F)$ sur $\hat{\mathbf{\Lambda}}(E)$. Si $u = v + x \wedge w$ avec v, w dans $\hat{\mathbf{\Lambda}}(F)$, on a $x \wedge u = x \wedge v$, d'où $\|x \wedge u\| = \|v\| \leqslant (\|v\|^2 + \|w\|^2)^{1/2} = \|u\|$.

Corollaire 1. — *a) Soient* $x_1, \ldots, x_n$ *des éléments de l'espace hilbertien* E. *On a*

(35) $$\|x_1 \wedge \ldots \wedge x_n\| \leqslant \|x_1\| \ldots \|x_n\| \, ,$$

l'égalité ne pouvant avoir lieu que si l'un des x_i *est nul, ou la suite* $(x_1, \ldots, x_n)$ *orthogonale.*

b) Soient $x_1, \ldots, x_n, y_1, \ldots, y_n$ *des éléments de l'espace hilbertien* E. *On a*

$$|\det(\langle x_i, y_j \rangle)| \leqslant \|x_1\| \ldots \|x_n\| . \|y_1\| \ldots \|y_n\| ; \tag{36}$$

si les vecteurs x_i *et* y_j *sont non nuls, l'égalité a lieu dans* (36) *si et seulement si* $(x_1, \ldots, x_n)$ *et* $(y_1, \ldots, y_n)$ *sont deux bases orthogonales d'un même sous-espace vectoriel de* E.

L'inégalité (35) résulte par récurrence sur n de la prop. 6 ; l'inégalité (36) s'en déduit en appliquant l'inégalité de Cauchy-Schwarz dans $\hat{\Lambda}^n(\mathrm{E})$ et la formule (26) de V, p. 34.

Supposons que la suite $(x_1, \ldots, x_n)$ soit orthogonale. On a

$$\|x_1 \wedge \ldots \wedge x_n\|^2 = \det(\langle x_i | x_j \rangle) = \prod_{i=1}^{n} \|x_i\|^2$$

puisque l'on a $\langle x_i | x_j \rangle = 0$ pour $i \neq j$.

Supposons maintenant que les vecteurs $x_1, \ldots, x_n$ ne soient pas nuls et ne forment pas une suite orthogonale. Comme $\|x_1 \wedge \ldots \wedge x_n\|$ dépend de manière symétrique des vecteurs $x_1, \ldots, x_n$, on peut supposer que x_1 n'est pas orthogonal au sous-espace F de E engendré par $x_2, \ldots, x_n$, et que F n'est pas réduit à 0. On peut décomposer x_1 sous la forme $x'_1 + y$ avec $y \neq 0$ dans F et x'_1 orthogonal à F, d'où $\|x'_1\| < \|x_1\|$. Or $x_1 \wedge x_2 \wedge \ldots \wedge x_n = x'_1 \wedge x_2 \wedge \ldots \wedge x_n$, d'où

$$\begin{aligned} \|x_1 \wedge \ldots \wedge x_n\| &\leqslant \|x'_1\| \, \|x_2\| \ldots \|x_n\| \\ &< \|x_1\| \, \|x_2\| \ldots \|x_n\| . \end{aligned}$$

Supposons que les vecteurs x_i et les vecteurs y_j ne soient pas nuls. L'égalité dans la relation (36) équivaut à la conjonction des égalités

$$|\langle x_1 \wedge \ldots \wedge x_n | y_1 \wedge \ldots \wedge y_n \rangle| = \|x_1 \wedge \ldots \wedge x_n\| . \|y_1 \wedge \ldots \wedge y_n\| \tag{37}$$

$$\|x_1 \wedge \ldots \wedge x_n\| = \|x_1\| \ldots \|x_n\| , \quad \|y_1 \wedge \ldots \wedge y_n\| = \|y_1\| \ldots \|y_n\| . \tag{38}$$

D'après la première partie de la démonstration, les égalités (38) signifient que chacune des suites $(x_1, \ldots, x_n)$ et $(y_1, \ldots, y_n)$ est orthogonale, ce qui entraîne $x_1 \wedge \ldots \wedge x_n \neq 0$ et $y_1 \wedge \ldots \wedge y_n \neq 0$. Sous ces conditions, la relation (37) signifie qu'il existe un scalaire $\lambda \neq 0$ tel que $y_1 \wedge \ldots \wedge y_n = \lambda x_1 \wedge \ldots \wedge x_n$ (V, p. 4, *Remarque* 1), autrement dit que $(x_1, \ldots, x_n)$ et $(y_1, \ldots, y_n)$ sont des bases d'un même sous-espace vectoriel de E (A, III, p. 172).

Corollaire 2. — *Soit* $(a_{ij})_{1 \leqslant i,j \leqslant n}$ *une matrice hermitienne, à éléments complexes, de déterminant* D. *On suppose que l'on a l'inégalité*

$$\sum_{i,j=1}^{n} a_{ij} \bar{z}_i z_j \geqslant 0 \tag{39}$$

quels que soient les nombres complexes $z_1, \ldots, z_n$. *On a alors*

$$0 \leqslant \mathrm{D} \leqslant a_{11} \ldots a_{nn} . \tag{40}$$

Supposons D *non nul ; l'égalité* $D = a_{11} \dots a_{nn}$ *a lieu si et seulement si l'on a* $a_{ij} = 0$ *pour* $i \neq j$.

Soit Φ la forme hermitienne sur l'espace vectoriel $\mathbf{C}^n$ donnée par

$$\Phi(\mathbf{z}, \mathbf{z}') = \sum_{i,j=1}^{n} a_{ij}\bar{z}_i z'_j$$

pour $\mathbf{z} = (z_1, \dots, z_n)$ et $\mathbf{z}' = (z'_1, \dots, z'_n)$ dans $\mathbf{C}^n$. Par hypothèse, Φ est positive.

Supposons d'abord que Φ soit séparante, c'est-à-dire D non nul. Si $(\mathbf{e}_1, \dots, \mathbf{e}_n)$ est la base canonique de $\mathbf{C}^n$, on a $\Phi(\mathbf{e}_i, \mathbf{e}_j) = a_{ij}$, et le cor. 2 résulte aussitôt du cor. 1, *a*) où l'on fait $x_i = \mathbf{e}_i$.

Puisque $a_{ii} = \Phi(e_i, e_i) \geqslant 0$, on a aussi l'inégalité (40) si $D = 0$.

Corollaire 3 (« Inégalités de Hadamard »). — *Soit* $(a_{ij})_{1 \leqslant i,j \leqslant n}$ *une matrice à éléments complexes, de déterminant* D. *Posons*

$$c_i = \Big(\sum_{j=1}^{n} |a_{ij}|^2\Big)^{1/2} \quad \textit{pour} \quad 1 \leqslant i \leqslant n\,,$$

et $m = \sup_{i,j} |a_{ij}|$. *On a alors*

$$|D| \leqslant c_1 \dots c_n \leqslant m^n . n^{n/2}\,. \tag{41}$$

Si $D \neq 0$, *pour que* $|D| = c_1 \dots c_n$, *il faut et il suffit que les lignes* $y_i = (a_{ij})_{1 \leqslant j \leqslant n}$ *de la matrice* $(a_{ij})_{1 \leqslant i,j \leqslant n}$ *soient des vecteurs deux à deux orthogonaux.*

Munissons l'espace $\mathbf{C}^n$ du produit scalaire défini par

$$\langle \mathbf{z}|\mathbf{z}' \rangle = \sum_{i=1}^{n} \bar{z}_i z'_i\,.$$

Soient $(\mathbf{x}_1, \dots, \mathbf{x}_n)$ la base canonique de $\mathbf{C}^n$ et $\mathbf{y}_i$ le vecteur de composantes a_{ij} pour $1 \leqslant j \leqslant n$. On a $\|\mathbf{x}_i\| = 1$ et $\|\mathbf{y}_i\| = c_i$ pour $1 \leqslant i \leqslant n$; on a aussi $\langle \mathbf{x}_i|\mathbf{y}_j \rangle = a_{ji}$. L'inégalité $|D| \leqslant c_1 \dots c_n$ et la condition d'égalité sont alors des cas particuliers de V, p. 35, cor. 1. On a évidemment $c_i \leqslant m . n^{1/2}$, d'où $c_1 \dots c_n \leqslant m^n . n^{n/2}$.

§ 4. QUELQUES CLASSES D'OPÉRATEURS DANS LES ESPACES HILBERTIENS

Dans tout ce paragraphe, on note 1_E l'application identique d'un espace hilbertien E. Le composé $v \circ u$ de deux applications linéaires sera noté le plus souvent vu ou $v.u$.

1. Adjoint

Proposition 1. — *Soient* E *et* F *deux espaces hilbertiens. Pour toute application* $u \in \mathscr{L}(E\,; F)$, *il existe une unique application* $u^* \in \mathscr{L}(F\,; E)$ *telle que l'on ait*

$$\langle u(x)|y \rangle_F = \langle x|u^*(y) \rangle_E \tag{1}$$

quels que soient $x \in \mathrm{E}$ *et* $y \in \mathrm{F}$. *L'application* $u \mapsto u^*$ *de* $\mathscr{L}(\mathrm{E}\,;\mathrm{F})$ *dans* $\mathscr{L}(\mathrm{F}\,;\mathrm{E})$ *est bijective, isométrique et semi-linéaire* (par rapport à l'automorphisme $\xi \mapsto \bar{\xi}$ de K).

Soit $\mathscr{S}(\mathrm{E}, \mathrm{F})$ l'espace des formes sesquilinéaires continues sur $\mathrm{E} \times \mathrm{F}$, muni de la norme

$$\|\Phi\| = \sup_{\|x\| \leqslant 1, \|y\| \leqslant 1} |\Phi(x, y)|\,. \tag{2}$$

On définit de manière analogue l'espace $\mathscr{S}(\mathrm{F}, \mathrm{E})$. On a défini (V, p. 16, cor. 2) un isomorphisme d'espaces de Banach de $\mathscr{L}(\mathrm{E}\,;\mathrm{F})$ sur $\mathscr{S}(\mathrm{F}, \mathrm{E})$, noté $u \mapsto \Phi_u$ et caractérisé par

$$\Phi_u(y, x) = \langle y | u(x) \rangle_{\mathrm{F}} \quad (x \in \mathrm{E}, y \in \mathrm{F})\,. \tag{3}$$

On définit de manière analogue un isomorphisme de $\mathscr{L}(\mathrm{F}\,;\mathrm{E})$ sur $\mathscr{S}(\mathrm{E}, \mathrm{F})$. Enfin, on définit une application $\Phi \mapsto \Phi^*$ de $\mathscr{S}(\mathrm{F}, \mathrm{E})$ sur $\mathscr{S}(\mathrm{E}, \mathrm{F})$ par

$$\Phi^*(x, y) = \overline{\Phi(y, x)} \quad (x \in \mathrm{E}, y \in \mathrm{F})\,. \tag{4}$$

Elle est bijective, semi-linéaire et isométrique. Or la formule (1) se traduit par $\Phi_{u^*} = (\Phi_u)^*$, d'où aussitôt la prop. 1. C.Q.F.D.

DÉFINITION 1. — *Soient* E *et* F *deux espaces hilbertiens. Pour toute application linéaire continue* $u : \mathrm{E} \to \mathrm{F}$, *on appelle* adjoint *de* u *et l'on note* u^* *l'application linéaire continue de* F *dans* E *caractérisée par la formule* (1).

On a

$$(u + v)^* = u^* + v^* \tag{5}$$

$$(\lambda u)^* = \bar{\lambda} u^* \tag{6}$$

$$(u^*)^* = u \tag{7}$$

$$(1_{\mathrm{E}})^* = 1_{\mathrm{E}} \tag{8}$$

$$(wu)^* = u^* w^*\,; \tag{9}$$

dans ces formules, u et v appartiennent à $\mathscr{L}(\mathrm{E}\,;\mathrm{F})$, λ appartient à K, et w à $\mathscr{L}(\mathrm{F}\,;\mathrm{G})$ où G est un espace hilbertien. Les formules (5) et (6) expriment que $u \mapsto u^*$ est semi-linéaire. La formule (8) est évidente. Pour prouver (7), on prend le conjugué des deux membres de (1), d'où $\langle u^*(y) | x \rangle = \langle y | u(x) \rangle$, ce qui prouve que u est l'adjoint de u^*. Enfin, avec les notations de (9), on a, pour tout $z \in \mathrm{G}$

$$\langle w(u(x)) | z \rangle = \langle u(x) | w^*(z) \rangle = \langle x | u^*(w^*(z)) \rangle\,,$$

donc $u^* w^*$ est l'adjoint de wu.

Soit $u : \mathrm{E} \to \mathrm{F}$ une application linéaire bijective et continue donc bicontinue (I, p. 19, cor. 1). De (8) et (9), on déduit aussitôt que u^* est bijective et bicontinue et que l'on a

$$(u^{-1})^* = (u^*)^{-1}\,. \tag{10}$$

PROPOSITION 2. — *Pour tout* $u \in \mathscr{L}(\mathrm{E}\,;\mathrm{F})$, *on a*

$$\|u^*u\| = \|uu^*\| = \|u\|^2 = \|u^*\|^2 . \tag{11}$$

On a $\|u^*\| = \|u\|$ d'après la prop. 1, d'où $\|u^*u\| \leqslant \|u^*\| . \|u\| \leqslant \|u\|^2$. D'autre part, on a

$$\|u\|^2 = \sup_{\|x\| \leqslant 1} \|u(x)\|^2 = \sup_{\|x\| \leqslant 1} \langle u(x)|u(x)\rangle = \sup_{\|x\| \leqslant 1} \langle x|u^*u(x)\rangle \leqslant \|u^*u\| ,$$

d'où $\|u^*u\| = \|u\|^2$. Remplaçant u par u^*, on en déduit $\|uu^*\| = \|u^*\|^2$, d'où (11) puisque l'on a $\|u\| = \|u^*\|$.

Soient $\mathrm{E}_1, \ldots, \mathrm{E}_n$ et $\mathrm{F}_1, \ldots, \mathrm{F}_n$ des espaces hilbertiens, et pour chaque entier i compris entre 1 et n, soit u_i une application linéaire continue de E_i dans F_i. On a alors

$$(u_1 \hat{\otimes}_2 \cdots \hat{\otimes}_2 u_n)^* = u_1^* \hat{\otimes}_2 \cdots \hat{\otimes}_2 u_n^* . \tag{12}$$

Notons en effet v l'application linéaire continue $u_1 \hat{\otimes}_2 \cdots \hat{\otimes}_2 u_n$ de

$$\mathrm{E} = \mathrm{E}_1 \hat{\otimes}_2 \ldots \hat{\otimes}_2 \mathrm{E}_n \quad \text{dans} \quad \mathrm{F} = \mathrm{F}_1 \hat{\otimes}_2 \ldots \hat{\otimes}_2 \mathrm{F}_n$$

et w l'application linéaire continue $u_1^* \hat{\otimes}_2 \ldots \hat{\otimes}_2 u_n^*$ de F dans E. Il s'agit de prouver l'égalité $\langle y|v(x)\rangle = \langle w(y)|x\rangle$ pour $x \in \mathrm{E}$ et $y \in \mathrm{F}$. Par linéarité et continuité, on se ramène au cas où x et y sont de la forme suivante

$$x = x_1 \otimes \ldots \otimes x_n , \quad y = y_1 \otimes \cdots \otimes y_n$$

avec $x_i \in \mathrm{E}_i$ et $y_i \in \mathrm{F}_i$ pour $1 \leqslant i \leqslant n$. Compte tenu de la définition du produit scalaire dans un produit tensoriel (V, p. 27, formule (6)), on a alors

$$\langle y|v(x)\rangle = \prod_{i=1}^{n} \langle y_i|u_i(x_i)\rangle = \prod_{i=1}^{n} \langle u_i^*(y_i)|x_i\rangle = \langle w(y)|x\rangle ,$$

ce qui prouve notre assertion.

Soient E et F des espaces hilbertiens, $u \in \mathscr{L}(\mathrm{E}\,;\mathrm{F})$ et n un entier positif. Si l'on fait $u_1 = \cdots = u_n = u$ dans la formule (12), on obtient le résultat que l'application linéaire continue $\hat{\mathbf{T}}^n(u^*)$ de $\hat{\mathbf{T}}^n(\mathrm{F})$ dans $\hat{\mathbf{T}}^n(\mathrm{E})$ est l'adjoint de l'application linéaire continue $\hat{\mathbf{T}}^n(u)$ de $\hat{\mathbf{T}}^n(\mathrm{E})$ dans $\hat{\mathbf{T}}^n(\mathrm{F})$. Les formules

$$\hat{\mathbf{S}}^n(u)^* = \hat{\mathbf{S}}^n(u^*) , \quad \hat{\mathbf{\Lambda}}^n(u)^* = \hat{\mathbf{\Lambda}}^n(u^*) \tag{13}$$

s'établissent de manière analogue à la formule (12), compte tenu de la définition du produit scalaire dans $\hat{\mathbf{S}}^n(\mathrm{E})$ (V, p. 30, formule (15)) et dans $\hat{\mathbf{\Lambda}}^n(\mathrm{E})$ (V, p. 34, formule (26)).

Remarque 1. — Supposons l'espace hilbertien E non réduit à 0. Identifions $\mathscr{L}(\mathrm{K}\,;\mathrm{E})$ à E par l'application $u \mapsto u(1)$; autrement dit, le vecteur x de E est identifié à l'application $\lambda \mapsto \lambda . x$ de K dans E. Alors l'adjoint de x est l'application $x^* : \mathrm{E} \to \mathrm{K}$ donnée par $x^*(y) = \langle x|y\rangle$. Autrement dit, $x \mapsto x^*$ est l'application semi-linéaire canonique de E sur son dual (V, p. 15).

De même, identifions le nombre $\lambda \in K$ à l'endomorphisme $\lambda . 1_E$ de E. Alors λ^* n'est autre que le conjugué de λ.

Avec ces identifications, on peut définir un produit $t_1 \dots t_n$ où chaque t_i est, soit un nombre dans K, soit un vecteur dans E, soit une forme linéaire appartenant à E′, soit un élément de $\mathscr{L}$(E), pourvu qu'il n'y ait jamais deux facteurs consécutifs t_i et t_{i+1} de l'un des types suivants :

- xy où x, y sont tous deux dans E, ou tous deux dans E′ ;
- $x\mathrm{A}$ ou $\mathrm{A}x'$ avec $\mathrm{A} \in \mathscr{L}(\mathrm{E})$, $x \in \mathrm{E}$ et $x' \in \mathrm{E}'$.

On a les règles de calcul suivantes :

a) associativité ;

b) tout élément de K commute à tous les autres facteurs ;

c) on a $(t_1 \dots t_n)^* = t_n^* \dots t_1^*$; autrement dit, l'adjoint d'un produit est le produit des adjoints pris dans l'ordre opposé. On a aussi $t^{**} = t$.

Par exemple, soient x, y dans E et A dans $\mathscr{L}$(E). Alors x^*y représente le produit scalaire $\langle x|y \rangle$ et $x^*\mathrm{A}y$ représente le produit scalaire $\langle x|\mathrm{A}y \rangle$. On a également $(\mathrm{A}^*x)^* = x^*\mathrm{A}^{**} = x^*\mathrm{A}$, d'où $(\mathrm{A}^*x)^*y = x^*\mathrm{A}y$, ce qui s'interprète en

$$\langle \mathrm{A}^*x|y \rangle = \langle x|\mathrm{A}y \rangle$$

conformément à la définition de l'adjoint. On remarquera que yx^* est l'endomorphisme $z \mapsto y \langle x|z \rangle$ de E, car yx^*z s'interprète par l'associativité comme $y(x^*z)$, c'est-à-dire $y . \langle x|z \rangle$.

A la suite de Dirac [1], il est d'usage dans la plupart des ouvrages de Physique Mathématique de représenter les éléments de E par des symboles tels que $|x\rangle$, ceux de E′ par $\langle t|$. Le produit scalaire s'écrit $\langle x|y \rangle = \langle x| . |y\rangle$ et la première règle d'interdiction dans les produits exclut les combinaisons de signes $\rangle|$ et $|\langle$, par exemple $|x\rangle\, |y\rangle$.

PROPOSITION 3. — *Soient* E *et* F *deux espaces hilbertiens et* $u \in \mathscr{L}(\mathrm{E}\,;\mathrm{F})$. *Les conditions suivantes sont équivalentes* :

(i) *u est un isomorphisme d'espaces vectoriels topologiques, d'inverse égal à u^** ;

(ii) *u est surjectif et $u^*u = 1_\mathrm{E}$* ;

(iii) *u est injectif et $uu^* = 1_\mathrm{F}$* ;

(iv) *u est un isomorphisme d'espaces normés* ;

(v) *u est un isomorphisme d'espaces hilbertiens.*

La condition (i) signifie que l'on a $u^*u = 1_\mathrm{E}$ et $uu^* = 1_\mathrm{F}$. L'équivalence de (i), (ii) et (iii) résulte alors de E, II, p. 18, prop. 8. On a déjà noté l'équivalence de (iv) et (v) (V, p. 5). Enfin, la relation $u^*u = 1_\mathrm{E}$ équivaut à $\langle x|u^*u(y)\rangle = \langle x|y\rangle$, c'est-à-dire à $\langle u(x)|u(y)\rangle = \langle x|y\rangle$ pour x, y dans E, et entraîne évidemment que u est injectif ; ceci prouve l'équivalence de (ii) et (v).

On appelle aussi *opérateur unitaire* dans E tout automorphisme de l'espace hilbertien E, autrement dit, tout $u \in \mathscr{L}(\mathrm{E})$ satisfaisant à $uu^* = u^*u = 1_\mathrm{E}$.

Remarque 2. — La relation $u^*u = 1_\mathrm{E}$ ne caractérise pas les automorphismes de l'espace hilbertien E. Par exemple, soit $\mathrm{E} = \ell^2(\mathbf{N})$ et soit u défini par $u(x)_n = x_{n-1}$ pour $n \geqslant 1$ et $u(x)_0 = 0$. On a $\|u(x)\| = \|x\|$ pour tout $x \in \mathrm{E}$, c'est-à-dire $u^*u = 1_\mathrm{E}$, mais u n'est pas surjectif.

Remarque 3. — La définition (1) de l'adjoint u^* s'écrit encore $\langle y|u(x)\rangle = \langle u^*(y)|x\rangle$, ou, d'après V, p. 15,

$$\langle u(x), y^* \rangle = \langle x, (u^*(y))^* \rangle .$$

[1] Voir P. A. M. DIRAC, *Quantum mechanics*, Oxford University Press, New York, 1935.

Mais on a aussi $\langle u(x), y^* \rangle = \langle x, {}^t u(y^*) \rangle$, d'où l'expression de l'adjoint à l'aide du transposé

$$(u^*(y))^* = {}^t u(y^*) .$$

2. Applications linéaires partiellement isométriques

DÉFINITION 2. — *Soient* E *et* F *deux espaces hilbertiens et* $u \in \mathscr{L}(\mathrm{E}\,;\mathrm{F})$. *On appelle* sous-espace initial *de u l'orthogonal du noyau de u dans* E *et* sous-espace final *de u l'adhérence de l'image de u dans* F. *On appelle orthoprojecteur initial* (resp. *final*) *de u l'orthoprojecteur de* E (resp. F) *sur le sous-espace initial* (resp. *final*) *de u.*

Soit P le sous-espace initial de u. Comme E est somme directe de P et du noyau de u, on a $u(\mathrm{P}) = u(\mathrm{E})$.

PROPOSITION 4. — (i) *Le sous-espace initial* (resp. *final*) *de* u^* *est égal au sous-espace final* (resp. *initial*) *de u.*

(ii) *Supposons que l'on ait* E = F. *Soient* M *un sous-espace vectoriel fermé de* E *et* M° *son orthogonal. Les relations* $u(\mathrm{M}) \subset \mathrm{M}$ *et* $u^*(\mathrm{M}^\circ) \subset \mathrm{M}^\circ$ *sont équivalentes.*

Soit $\mathrm{Q} = \overline{u(\mathrm{E})}$ le sous-espace final de u. L'orthogonal Q° de Q dans F se compose des vecteurs y tels que l'on ait $\langle u(x)|y \rangle = 0$ pour tout $x \in \mathrm{E}$; ceci équivaut à $\langle x|u^*(y) \rangle = 0$ pour tout $x \in \mathrm{E}$, donc à $u^*(y) = 0$. On a donc $\mathrm{Q}^\circ = \mathrm{Ker}\, u^*$, donc Q est le sous-espace initial de u^*. Comme u est l'adjoint de u^*, le sous-espace final de u^* est aussi le sous-espace initial de u. D'où (i).

La relation $u(\mathrm{M}) \subset \mathrm{M}$ signifie que $u(\mathrm{M})$ est orthogonal à M°, et la relation $u^*(\mathrm{M}^\circ) \subset \mathrm{M}^\circ$ que $u^*(\mathrm{M}^\circ)$ est orthogonal à M. Or on a $\langle u(x)|y \rangle = \overline{\langle u^*(y)|x \rangle}$ pour $x \in \mathrm{M}$ et $y \in \mathrm{M}^\circ$, d'où (ii).

On peut aussi ramener la prop. 4 aux propriétés générales des transposées (II, p. 51, cor. 2) à l'aide de la remarque 3 de V, p. 40.

DÉFINITION 3. — *Soient* E *et* F *deux espaces hilbertiens. On dit qu'une application* $u \in \mathscr{L}(\mathrm{E}\,;\mathrm{F})$ *est* partiellement isométrique *si l'on a* $\|u(x)\| = \|x\|$ *pour tout x appartenant au sous-espace initial de u.*

Soit $u \in \mathscr{L}(\mathrm{E}\,;\mathrm{F})$ de noyau N et d'image I. Dire que u est partiellement isométrique revient à dire que l'application linéaire $\tilde{u} : \mathrm{E/N} \to \mathrm{I}$ déduite de u est isométrique (V, p. 13). Alors le sous-espace I de F est complet, donc fermé, et c'est le sous-espace final de u. Par suite, u induit un isomorphisme d'espaces hilbertiens du sous-espace initial de u sur son sous-espace final.

PROPOSITION 5. — *Soit* $u \in \mathscr{L}(\mathrm{E}\,;\mathrm{F})$ *de sous-espace initial* P *et de sous-espace final* Q. *On note p* (resp. *q*) *l'orthoprojecteur initial* (resp. *final*) *de u. Supposons u partiellement isométrique.*

(i) *L'application* $u^* \in \mathscr{L}(\mathrm{F}\,;\mathrm{E})$ *est partiellement isométrique, de sous-espace initial* Q *et de sous-espace final* P. *L'isomorphisme de* P *sur* Q *induit par u est alors réciproque de l'isomorphisme de* Q *sur* P *induit par* u^*.

(ii) *On a* $u^*u = p$ *et* $uu^* = q$.

Compte tenu de la prop. 4 (i), l'assertion (i) est une conséquence de (ii).

Prouvons (ii). Comme P contient l'image de u^*, l'application u^*u applique E dans P. Soient $x \in E$ et $y \in P$; on a

$$\langle u^*u(x)|y\rangle = \langle u(x)|u(y)\rangle .$$

Si x appartient à P, on a $\langle u(x)|u(y)\rangle = \langle x|y\rangle$ par définition d'une application partiellement isométrique ; si x appartient au noyau N de u, on a $u(x) = 0$, d'où $\langle u(x)|u(y)\rangle = 0$ et $\langle x|y\rangle = 0$ car N et P sont orthogonaux. Comme on a $E = P \oplus N$, on a dans tous les cas $\langle u^*u(x) - x|y\rangle = 0$ donc u^*u est l'orthoprojecteur p de E sur P. La démonstration de $uu^* = q$ s'en déduit en échangeant u et u^*.

PROPOSITION 6. — *Pour tout* $u \in \mathscr{L}(E ; F)$, *les conditions suivantes sont équivalentes* :

(i) u *est partiellement isométrique* ;

(ii) u^* *est partiellement isométrique* ;

(iii) u^*u *est un orthoprojecteur* ;

(iv) uu^* *est un orthoprojecteur* ;

(v) $uu^*u = u$;

(vi) $u^*uu^* = u^*$.

D'après la prop. 5, (i) équivaut à (ii).

(i) ⇒ (v) : Supposons u partiellement isométrique. Alors u^*u est l'orthoprojecteur initial de u d'après la prop. 5. Pour tout $x \in E$, $u^*u(x) - x$ appartient donc au noyau de u, d'où $uu^*u(x) = u(x)$.

(v) ⇒ (iii) : Supposons que l'on ait $uu^*u = u$, et posons $p = u^*u$; on a $p = p^*$ et $p^2 = p$. Soit M (resp. N) l'image (resp. le noyau) de p. Pour $x \in M$ et $y \in N$, on a $\langle x|y\rangle = \langle p(x)|y\rangle = \langle x|p^*(y)\rangle = \langle x|p(y)\rangle = 0$. Comme M et N sont orthogonaux, p est l'orthoprojecteur de E sur M.

(iii) ⇒ (i) : Supposons que $p = u^*u$ soit un orthoprojecteur, d'image M et de noyau N. Pour tout $x \in E$, on a

$$\|u(x)\|^2 = \langle u^*u(x)|x\rangle = \langle p(x)|x\rangle .$$

On a donc $u(x) = 0$ pour $x \in N$ et $\|u(x)\| = \|x\|$ pour $x \in M$, donc u est partiellement isométrique de noyau N et de sous-espace initial M.

On a donc prouvé l'équivalence de (i), (iii) et (v). Remplaçant u par u^*, on en déduit celle des conditions (ii), (iv) et (vi). D'où la prop. 6.

3. Endomorphismes normaux

DÉFINITION 4. — *Soient* E *un espace hilbertien et* $u \in \mathscr{L}(E)$. *On dit que* u *est normal s'il commute à son adjoint* u^*.

Par exemple, tout automorphisme u de l'espace hilbertien E est normal puisque l'on a $uu^* = u^*u = 1_E$.

PROPOSITION 7. — *Pour que* $u \in \mathscr{L}(E)$ *soit normal, il faut et il suffit que l'on ait* $\|u(x)\| = \|u^*(x)\|$ *pour tout* $x \in E$.

Définissons une forme hermitienne Φ sur E par

$$\Phi(x, y) = \langle uu^*(x)|y\rangle - \langle u^*u(x)|y\rangle .$$

Pour que u soit normal, il faut et il suffit que l'on ait $\Phi = 0$. D'après les formules de polarisation (V, p. 2), ceci équivaut à $\Phi(x, x) = 0$ pour tout $x \in E$, d'où la proposition car on a

$$\Phi(x, x) = \|u^*(x)\|^2 - \|u(x)\|^2 .$$

PROPOSITION 8. — *Supposons que* $u \in \mathscr{L}(E)$ *soit normal. Soient* N *le noyau de* u *et* M *l'orthogonal de* N *dans* E ; *soient* m *et* n *deux entiers positifs tels que* $m + n \geqslant 1$. *Alors* N *est le noyau de* $u^m(u^*)^n$ *et* M *est à la fois le sous-espace initial et le sous-espace final de* $u^m(u^*)^n$. *En particulier,* M *est à la fois le sous-espace initial et le sous-espace final de* u *et de* u^*, *et il est stable par* u *et* u^*.

La prop. 7 montre que u et u^* ont même noyau N. D'après la prop. 4, (ii) de V, p. 41, le sous-espace M de E est stable par u et u^* puisqu'il en est ainsi de $N = M^\circ$; comme on a $M \cap N = \{0\}$, les endomorphismes de M induits par u et u^* sont injectifs. Posons $v = u^m(u^*)^n$; ce qui précède montre que la restriction de v à M (resp. N) est injective (resp. nulle), donc N est le noyau de v. Par suite, $M = N^\circ$ est le sous-espace initial de v. D'après la prop. 4, (i) de V, p. 41, le sous-espace final de v est égal au sous-espace initial de v^*. Mais on a $v^* = u^n(u^*)^m$ et le sous-espace initial de v^* est donc égal à M d'après ce qui précède.

COROLLAIRE. — *Soit* $\lambda \in K$. *Les sous-espaces suivants de* E *sont égaux* :

a) *le sous-espace propre de* u *relatif à* λ ;

b) *le sous-espace propre de* u^* *relatif à* $\bar{\lambda}$;

c) *le sous-espace primaire de* u *relatif à* λ (autrement dit, d'après LIE, VII, § 1, n° 1, l'ensemble des vecteurs x de E pour lesquels il existe un entier $n \geqslant 0$ tel que $(u - \lambda . 1_E)^n(x) = 0$) ;

d) *le sous-espace primaire de* u^* *relatif à* $\bar{\lambda}$.

Il est clair que $w = u - \lambda . 1_E$ est un endomorphisme normal de E, donc les endomorphismes w, $w^* = u^* - \bar{\lambda} . 1_E$, w^n et $(w^*)^n$ de E ont le même noyau d'après la prop. 8.

4. Endomorphismes hermitiens

DÉFINITION 5. — *Soient* E *un espace hilbertien et* $u \in \mathscr{L}(E)$. *On dit que* u *est hermitien si l'on a* $u^* = u$.

On note $\mathscr{H}(E)$ l'ensemble des éléments hermitiens de $\mathscr{L}(E)$; c'est un sous-espace vectoriel de l'espace vectoriel $\mathscr{L}(E)_{[\mathbf{R}]}$ sur $\mathbf{R}$ déduit de $\mathscr{L}(E)$ par restriction des scalaires.

A tout $u \in \mathscr{L}(E)$, on a associé (V, p. 16, cor. 2) la forme sesquilinéaire $\Phi_u : (x, y) \mapsto \langle x | u(y) \rangle$ sur $E \times E$. On a

(14) $$\Phi_{u^*}(x, y) = \overline{\Phi_u(y, x)} \quad (x, y \text{ dans } E) ;$$

par suite, u est hermitien si et seulement si la forme Φ_u est hermitienne. Lorsque $K = \mathbf{C}$, il revient au même de supposer que $\Phi_u(x, x) = \langle x | u(x) \rangle$ est réel pour tout $x \in E$ (V, p. 2, *Remarque*).

Soit $u \in \mathscr{L}(E)$. On a vu (V, p. 16, cor. 2) que la norme de u se calcule par la formule

(15) $$\|u\| = \sup_{\|x\| \leqslant 1, \|y\| \leqslant 1} |\Phi_u(x, y)| .$$

Lorsque u est hermitien, on a le résultat suivant :

Proposition 9. — *Pour tout endomorphisme hermitien u de* E, *on a*

(16) $$\|u\| = \sup_{\|x\| \leqslant 1} |\langle x | u(x) \rangle| .$$

Posons $\Phi = \Phi_u$ et $c = \sup_{\|x\| \leqslant 1} |\Phi(x, x)|$, d'où évidemment $c \leqslant \|u\|$. Soient x, y dans E tels que $\|x\| \leqslant 1$, $\|y\| \leqslant 1$. On a

$$\Phi(x + y, x + y) = \Phi(x, x) + \Phi(y, y) + 2\mathscr{R}\Phi(x, y) ,$$

d'où

$$4\mathscr{R}\Phi(x, y) = \Phi(x + y, x + y) - \Phi(x - y, x - y) ;$$

par ailleurs, on a $|\Phi(t, t)| \leqslant c\|t\|^2$ pour tout $t \in E$, d'où

$$4|\mathscr{R}\Phi(x, y)| \leqslant c(\|x + y\|^2 + \|x - y\|^2) = 2c(\|x\|^2 + \|y\|^2) \leqslant 4c .$$

Soit $a = \Phi(x, y)$; il existe un nombre complexe λ de valeur absolue 1 tel que $\lambda a = |a|$. Remplaçant y par λy dans l'inégalité précédente, on obtient $|\Phi(x, y)| \leqslant c$. D'après (15), on a donc $\|u\| \leqslant c$, d'où la prop. 9. C.Q.F.D.

Tout endomorphisme hermitien est évidemment normal. Réciproquement :

Proposition 10. — *On suppose* $K = \mathbf{C}$. *Soit* $u \in \mathscr{L}(E)$. *Il existe alors un couple* (h_1, h_2) *d'endomorphismes hermitiens de* E, *et un seul, tel que* $u = h_1 + ih_2$. *Pour que u soit normal, il faut et il suffit que* h_1 *et* h_2 *commutent.*

En effet, la relation « $u = h_1 + ih_2$, $h_1^* = h_1$, $h_2^* = h_2$ » équivaut à

$$« h_1 = \frac{1}{2}(u + u^*) \text{ et } h_2 = \frac{i}{2}(u^* - u) ».$$

De plus, on a alors $h_1h_2 - h_2h_1 = \frac{i}{2}(uu^* - u^*u)$, d'où la prop. 10.

Proposition 11. — *Soit* $p \in \mathscr{L}(E)$. *Pour que p soit l'orthoprojecteur de* E *sur un sous-espace vectoriel fermé de* E, *il faut et il suffit que l'on ait* $p^2 = p = p^*$.

Alors E est somme directe topologique de M et N. Pour que p soit un orthoprojecteur, il faut et il suffit que M soit orthogonal à N, c'est-à-dire que l'on ait il faut et il suffit que M soit orthogonal à N, c'est-à-dire que l'on ait $\langle p(x)|y - p(y)\rangle = 0$ quels que soient x, y dans E. Cette dernière relation équivaut à $p = p^*p$. Elle entraîne $p^* = (p^*p)^* = p^*p = p$; réciproquement si $p^* = p$, on a $p = p^2 = p^*p$.

5. Endomorphismes positifs

DÉFINITION 6. — *Soient* E *un espace hilbertien et* $u \in \mathscr{L}(\mathrm{E})$. *On dit que u est positif, ce que l'on note* $u \geqslant 0$, *si u est hermitien et si l'on a* $\langle x|u(x)\rangle \geqslant 0$ *pour tout* $x \in \mathrm{E}$.

Lorsque K est égal à **C**, la relation

$$\langle x|u(x)\rangle \geqslant 0 \text{ pour tout } x \in \mathrm{E}$$

entraîne que u est hermitien (V, p. 2, *Remarque*), donc positif.

On note $\mathscr{L}_+(\mathrm{E})$ l'ensemble des éléments positifs de $\mathscr{L}(\mathrm{E})$; c'est un cône convexe pointé saillant de l'espace vectoriel réel $\mathscr{L}(\mathrm{E})_{[\mathbf{R}]}$ sous-jacent à $\mathscr{L}(\mathrm{E})$. Pour que u soit positif, il faut et il suffit que la forme sesquilinéaire Φ_u sur E × E associée à u soit hermitienne positive. Étant donnés u et v dans $\mathscr{L}(\mathrm{E})$, la relation $u - v \geqslant 0$ se note encore $u \geqslant v$ ou $v \leqslant u$; c'est une relation d'ordre sur $\mathscr{L}(\mathrm{E})_{[\mathbf{R}]}$ compatible avec sa structure d'espace vectoriel réel.

PROPOSITION 12. — *Soit u un élément hermitien* (resp. *positif*) *de* $\mathscr{L}(\mathrm{E})$ *et soit v une application linéaire continue de* E *dans un espace hilbertien* F. *Alors* vuv^* *est un élément hermitien* (resp. *positif*) *de* $\mathscr{L}(\mathrm{F})$.

On a en effet $(vuv^*)^* = v^{**}u^*v^* = vuv^*$. D'autre part, si $u \geqslant 0$, on a

$$\langle y|vuv^*(y)\rangle = \langle v^*(y)|u(v^*(y))\rangle \geqslant 0$$

pour tout $y \in \mathrm{F}$, d'où $vuv^* \geqslant 0$.

La prop. 12 montre en particulier que vv^* est positif pour tout $v \in \mathscr{L}(\mathrm{E}\,;\mathrm{F})$. Plus particulièrement, un orthoprojecteur p satisfait à $p = p^2 = pp^*$, donc est positif.

Remarques. — 1) Pour tout u hermitien dans $\mathscr{L}(\mathrm{E})$, posons $m(u) = \inf_{\|x\|=1} \langle x|u(x)\rangle$, $\mathrm{M}(u) = \sup_{\|x\|=1} \langle x|u(x)\rangle$. Si E n'est pas réduit à 0, $m(u)$ et $\mathrm{M}(u)$ sont finis ; de plus, $\mathrm{M}(u)$ est le plus petit nombre réel λ tel que $u \leqslant \lambda . 1_{\mathrm{E}}$ et $m(u)$ le plus grand nombre réel μ tel que $u \geqslant \mu . 1_{\mathrm{E}}$. On a évidemment $m(-u) = -\mathrm{M}(u)$ et $\mathrm{M}(-u) = -m(u)$. Il est clair que l'on a

$$\sup(|m(u)|, |\mathrm{M}(u)|) = \sup_{\|x\|=1} |\langle x|u(x)\rangle|$$

et la prop. 9 (V, p. 44) entraîne donc (pour $\mathrm{E} \neq \{0\}$)

$$\|u\| = \sup(|m(u)|, |\mathrm{M}(u)|) . \tag{17}$$

* Pour une autre démonstration de cette formule lorsque K = **C**, voir la prop. 14 de TS, I, § 6, n° 8. *

2) Soient M et N deux sous-espaces vectoriels fermés de E, et p_{M} (resp. p_{N}) l'orthoprojecteur de E sur M (resp. N). *On a* $\mathrm{M} \subset \mathrm{N}$ *si et seulement si* $p_{\mathrm{M}} \leqslant p_{\mathrm{N}}$. En effet, on a $p_{\mathrm{M}}^* p_{\mathrm{M}} = p_{\mathrm{M}}$ d'où

$$\|p_{\mathrm{M}}(x)\|^2 = \langle p_{\mathrm{M}}(x) | p_{\mathrm{M}}(x) \rangle = \langle x | p_{\mathrm{M}}^* p_{\mathrm{M}}(x) \rangle = \langle x | p_{\mathrm{M}}(x) \rangle$$

pour tout $x \in \mathrm{E}$. La relation $p_{\mathrm{M}} \leqslant p_{\mathrm{N}}$ équivaut donc à « $\|p_{\mathrm{M}}(x)\| \leqslant \|p_{\mathrm{N}}(x)\|$ pour tout $x \in \mathrm{E}$ ». Si $\mathrm{M} \subset \mathrm{N}$, on a $p_{\mathrm{M}} = p_{\mathrm{M}} p_{\mathrm{N}}$ d'où $\|p_{\mathrm{M}}(x)\| \leqslant \|p_{\mathrm{N}}(x)\|$ puisque $\|p_{\mathrm{M}}\| \leqslant 1$. Réciproquement, si l'on a $\|p_{\mathrm{M}}(x)\| \leqslant \|p_{\mathrm{N}}(x)\|$ pour tout $x \in \mathrm{E}$, le noyau de p_{M} contient le noyau de p_{N}, c'est-à-dire que l'on a $\mathrm{M}^\circ \supset \mathrm{N}^\circ$, d'où finalement $\mathrm{M} \subset \mathrm{N}$.

PROPOSITION 13. — *Soit* $\mathscr{H}(\mathrm{E})$ *l'ensemble des endomorphismes continus hermitiens de l'espace hilbertien* E. *Soit* $\mathscr{F}$ *une partie non vide, filtrante croissante et majorée de* $\mathscr{H}(\mathrm{E})$.

(i) *L'ensemble* $\mathscr{F}$ *admet une borne supérieure* u_0 *dans* $\mathscr{H}(\mathrm{E})$; *on a*

$$\langle x | u_0(x) \rangle = \sup_{u \in \mathscr{F}} \langle x | u(x) \rangle \quad \textit{pour tout } x \in \mathrm{E}\,. \tag{18}$$

(ii) *Le filtre des sections de* $\mathscr{F}$ *converge vers* u_0 *dans l'espace* $\mathscr{L}(\mathrm{E})$ *muni de la topologie de la convergence simple.*

Soit Σ le filtre des sections de $\mathscr{F}$; pour tout $u \in \mathscr{H}(\mathrm{E})$, soit Φ_u la forme hermitienne continue sur E définie par

$$\Phi_u(x, y) = \langle x | u(y) \rangle\,.$$

Posons aussi

$$\Psi_u(x) = \Phi_u(x, x)$$

pour $u \in \mathscr{H}(\mathrm{E})$ et $x \in \mathrm{E}$. D'après les formules de polarisation (V, p. 2), on a

$$4\Phi_u(x, y) = \Psi_u(x + y) - \Psi_u(x - y) \qquad \text{si } \mathrm{K} = \mathbf{R} \tag{19}$$

$$4\Phi_u(x, y) = \Psi_u(x + y) - \Psi_u(x - y) - i\Psi_u(x + iy) + i\Psi_u(x - iy) \qquad \text{si } \mathrm{K} = \mathbf{C}\,. \tag{20}$$

Pour tout $x \in \mathrm{E}$, l'application $u \mapsto \Psi_u(x)$ de $\mathscr{H}(\mathrm{E})$ dans $\mathbf{R}$ est croissante et bornée, donc admet une limite selon Σ. D'après les formules précédentes, la limite

$$\lim_{u, \Sigma} \Phi_u(x, y) = \Phi(x, y)$$

existe pour tout couple (x, y) d'éléments de E. Il est clair que Φ est une forme hermitienne sur E. Si $v_1 \in \mathscr{F}$ et v_2 est un majorant de $\mathscr{F}$, les formes hermitiennes $f_1 = \Phi - \Phi_{v_1}$ et $f_2 = \Phi_{v_2} - \Phi$ sont positives ; il existe un nombre réel $\mathrm{M} \geqslant 0$ tel que $f_1(x, x) + f_2(x, x) = \Phi_{v_2 - v_1}(x, x) \leqslant \mathrm{M}\|x\|^2$, d'où

$$f_1(x, x) \leqslant \mathrm{M}\|x\|^2\,, \quad f_2(x, x) \leqslant \mathrm{M}\|x\|^2 \quad (x \in \mathrm{E})\,;$$

par suite, les semi-normes $x \mapsto f_i(x, x)^{1/2}$ sont continues sur E. Comme $f_2 - f_1 = \Phi_{v_2} + \Phi_{v_1} - 2\Phi$, on en déduit que $x \mapsto \Phi(x, x)$ est une fonction continue sur E, et vu les formules (19) et (20) que Φ est continue sur $\mathrm{E} \times \mathrm{E}$. Il existe donc (V, p. 16, cor. 2) un élément u_0 de $\mathscr{H}(\mathrm{E})$ tel que $\Phi = \Phi_{u_0}$. La formule (18) est évidemment satisfaite, donc u_0 est la borne supérieure de $\mathscr{F}$ dans $\mathscr{H}(\mathrm{E})$. Ceci prouve (i).

On a par construction

$$\lim_{u,\Sigma} \langle x|(u_0 - u)(x)\rangle = 0 \quad \text{pour tout } x \in \mathrm{E}\,. \tag{21}$$

Soit $v_1 \in \mathscr{F}$; étant donné $u \in \mathscr{F}$ tel que $u \geqslant v_1$, posons $v = u_0 - u$. Si l'on applique l'inégalité de Cauchy-Schwarz à la forme hermitienne positive Φ_v sur E, on obtient

$$\begin{aligned}\|v(x)\|^4 &= |\Phi_v(v(x), x)|^2 \leqslant \Phi_v(v(x), v(x)).\Phi_v(x, x)\\ &= \langle v(x)|v^2(x)\rangle \langle x|v(x)\rangle \leqslant \|v\|^3\,\|x\|^2 \langle x|v(x)\rangle\\ &\leqslant \|u_0 - v_1\|^3\,\|x\|^2 \langle x|v(x)\rangle\,,\end{aligned}$$

car on a $\|v\| \leqslant \|u_0 - v_1\|$ en vertu de V, p. 44, prop. 9. D'après (21), on a donc $\lim_{u,\Sigma} \|(u_0 - u)(x)\| = 0$ pour tout $x \in \mathrm{E}$, d'où l'assertion (ii). C.Q.F.D.

La prop. 13 s'applique en particulier au cas d'une suite $(u_n)_{n\in\mathbf{N}}$ croissante et majorée d'éléments de $\mathscr{H}(\mathrm{E})$. Il existe alors un élément v de $\mathscr{H}(\mathrm{E})$ caractérisé par

$$\langle x|v(x)\rangle = \lim_{n\to\infty} \langle x|u_n(x)\rangle = \sup_{n\in\mathbf{N}} \langle x|u_n(x)\rangle \quad (x \in \mathrm{E})\,,$$

et l'on a $v(x) = \lim_{n\to\infty} u_n(x)$ pour tout $x \in \mathrm{E}$. De plus, v est la borne supérieure de l'ensemble des u_n dans $\mathscr{H}(\mathrm{E})$.

6. Trace d'un endomorphisme

Soient E et F deux espaces hilbertiens. Conformément aux conventions de V, p. 40, on note ba^*, pour a dans E et b dans F, l'application linéaire continue $x \mapsto b\langle a|x\rangle$ de E dans F.

Lemme 1. — *Il existe un isomorphisme* θ *de l'espace vectoriel* $\mathrm{F} \otimes \mathrm{E}'$ *sur l'espace* $\mathscr{L}_f(\mathrm{E}\,;\mathrm{F})$ *des applications linéaires continues de rang fini de* E *dans* F, *caractérisé par* $\theta(b \otimes a^*) = ba^*$ *pour* $a \in \mathrm{E}$, $b \in \mathrm{F}$.

D'après A, II, p. 77, il existe une application linéaire *injective* θ de $\mathrm{F} \otimes \mathrm{E}'$ dans $\mathscr{L}(\mathrm{E}\,;\mathrm{F})$ et une seule qui transforme $b \otimes a'$ en l'application linéaire $x \mapsto ba'(x)$ pour $a' \in \mathrm{E}'$, $b \in \mathrm{F}$. On a évidemment $\theta(b \otimes a^*) = ba^*$, et l'image de θ est contenue dans $\mathscr{L}_f(\mathrm{E}\,;\mathrm{F})$. Par ailleurs, soit $u \in \mathscr{L}_f(\mathrm{E}\,;\mathrm{F})$ et soit $(e_1, \ldots, e_n)$ une base orthonormale de l'image de u dans F. Posons $f_i = u^*(e_i)$ pour $1 \leqslant i \leqslant n$. Pour tout $x \in \mathrm{E}$, on a

$$u(x) = \sum_{i=1}^{n} \langle e_i|u(x)\rangle.e_i = \sum_{i=1}^{n} \langle f_i|x\rangle.e_i\,,$$

d'où $u = \sum_{i=1}^{n} e_i f_i^* = \theta(\sum_{i=1}^{n} e_i \otimes f_i^*)$. Donc l'image de θ est égale à $\mathscr{L}_f(\mathrm{E}\,;\mathrm{F})$.

On suppose désormais que l'on a E = F, et l'on pose $\mathscr{L}_f(\mathrm{E}) = \mathscr{L}_f(\mathrm{E}\,;\,\mathrm{E})$. D'après le lemme 1, il existe une forme linéaire τ sur $\mathscr{L}_f(\mathrm{E})$, et une seule, telle que $\tau(\theta(a \otimes a')) = a'(a)$ pour $a \in \mathrm{E}$, $a' \in \mathrm{E}'$; autrement dit, on a

(22) $$\tau(ba^*) = \langle a|b \rangle \quad \text{pour } a, b \text{ dans E}.$$

Lorsque E est de dimension finie, on a $\mathscr{L}_f(\mathrm{E}) = \mathscr{L}(\mathrm{E})$ et $\tau(u)$ est la *trace* de l'endomorphisme u de E (A, II, p. 78).

Lemme 2. — *Soit* $(e_i)_{i\in \mathrm{I}}$ *une base orthonormale de* E. *On a*

$$\tau(u) = \sum_{i\in \mathrm{I}} \langle e_i|u(e_i)\rangle$$

pour tout $u \in \mathscr{L}_f(\mathrm{E})$.

Il suffit d'examiner le cas où $u = ba^*$ avec a, b dans E. On a alors

$$\langle e_i|u(e_i)\rangle = e_i^* b . a^* e_i = \overline{\langle e_i|a\rangle}\, \langle e_i|b\rangle .$$

Le lemme 2 résulte alors de la formule (22) et de la formule (3) de V, p. 22.

Lemme 3. — *Soient* u *un endomorphisme continu et positif de* E, *et* $\mathscr{F}$ *l'ensemble des orthoprojecteurs de rang fini dans* E. *Pour toute base orthonormale* $(e_i)_{i\in\mathrm{I}}$ *de* E, *on a (dans* $\overline{\mathbf{R}}_+$*) l'égalité*

$$\sum_{i\in \mathrm{I}} \langle e_i|u(e_i)\rangle = \sup_{p\in\mathscr{F}} \tau(pup) .$$

Pour toute partie finie J de I, posons $p_{\mathrm{J}} = \sum_{i\in\mathrm{J}} e_i e_i^*$; c'est l'orthoprojecteur de E sur le sous-espace vectoriel engendré par les vecteurs e_i pour i parcourant J. On a

$$p_{\mathrm{J}} u p_{\mathrm{J}} = \sum_{i\in\mathrm{J}, j\in\mathrm{J}} \langle e_i|u(e_j)\rangle\, e_i e_j^* ,$$

d'où $\tau(p_{\mathrm{J}} u p_{\mathrm{J}}) = \sum_{i\in\mathrm{J}} \langle e_i|u(e_i)\rangle$. On a $p_{\mathrm{J}} \in \mathscr{F}$, d'où

$$\sum_{i\in\mathrm{J}} \langle e_i|u(e_i)\rangle \leqslant \sup_{p\in\mathscr{F}} \tau(pup) ;$$

on en déduit

$$\sum_{i\in\mathrm{I}} \langle e_i|u(e_i)\rangle = \sup_{\mathrm{J}} \sum_{i\in\mathrm{J}} \langle e_i|u(e_i)\rangle \leqslant \sup_{p\in\mathscr{F}} \tau(pup) .$$

Soit v un endomorphisme continu et positif de rang fini dans E et soit $p \in \mathscr{F}$. D'après le th. 2 de V, p. 23, il existe une base orthonormale $(f_\alpha)_{\alpha\in\mathrm{A}}$ de E et une partie finie B de A telle que $(f_\alpha)_{\alpha\in\mathrm{B}}$ soit une base orthonormale de l'image de p. On a donc $p = \sum_{\alpha\in\mathrm{B}} f_\alpha f_\alpha^*$, d'où comme plus haut la relation $\tau(pvp) = \sum_{\alpha\in\mathrm{B}} \langle f_\alpha|v(f_\alpha)\rangle$. On a $\tau(v) = \sum_{\alpha\in\mathrm{A}} \langle f_\alpha|v(f_\alpha)\rangle$ d'après le lemme 2 (V, p. 48), d'où la formule

$$\sum_{\alpha\in\mathrm{B}} \langle f_\alpha|v(f_\alpha)\rangle \leqslant \tau(v) .$$

Appliquons cette inégalité au cas où $v = p_J u p_J$ et où J est une partie finie de I. On en déduit l'inégalité

(23) $$\sum_{\alpha \in B} \langle p_J(f_\alpha) | u p_J(f_\alpha) \rangle \leqslant \sum_{i \in J} \langle e_i | u(e_i) \rangle .$$

Pour tout $x \in E$, on a $p_J(x) = \sum_{i \in J} \langle e_i | x \rangle e_i$, d'où $x = \lim_J p_J(x)$ selon l'ensemble ordonné filtrant des parties finies J de I. Passant à la limite sur J dans (23), on obtient

$$\tau(pup) = \sum_{\alpha \in B} \langle f_\alpha | u(f_\alpha) \rangle \leqslant \sum_{i \in I} \langle e_i | u(e_i) \rangle ,$$

ce qui achève de prouver le lemme 3.

DÉFINITION 7. — *Soit u un endomorphisme continu et positif de l'espace hilbertien* E. *On pose*

(24) $$\mathrm{Tr}(u) = \sup_{p \in \mathscr{F}} \tau(pup)$$

(borne supérieure dans $\overline{\mathbf{R}}_+$), *où $\mathscr{F}$ est l'ensemble des orthoprojecteurs de rang fini dans* E. *On dit que* Tr(u) *est la* trace *de u.*

Soient p l'orthoprojecteur de E sur un sous-espace vectoriel F de dimension finie de E, et soit $(x_1, \ldots, x_m)$ une base orthonormale de F. On a établi la relation $\tau(pup) = \sum_{i=1}^{m} \langle x_i | u(x_i) \rangle$. Par suite, on peut définir la trace par la formule

(24 *bis*) $$\mathrm{Tr}(u) = \sup_{x_1, \ldots, x_m} \sum_{i=1}^{m} \langle x_i | u(x_i) \rangle ,$$

où $(x_1, \ldots, x_m)$ parcourt l'ensemble des suites orthonormales finies de vecteurs de E.

D'après le lemme 3 (V, p. 48), on a

(25) $$\mathrm{Tr}(u) = \sum_{i \in I} \langle e_i | u(e_i) \rangle$$

pour toute base orthonormale $(e_i)_{i \in I}$ de E. De là, on déduit

(26) $$\mathrm{Tr}(u + v) = \mathrm{Tr}(u) + \mathrm{Tr}(v)$$

(27) $$\mathrm{Tr}(\lambda u) = \lambda . \mathrm{Tr}(u)$$

quels que soient les endomorphismes continus et positifs u et v de E et le nombre réel $\lambda \geqslant 0$ (on fait la convention $0.(+\infty) = 0$ dans (27)). Soit φ un isomorphisme de E sur un espace hilbertien F ; comme φ transforme toute base orthonormale de E en une base orthonormale de F, on déduit de (25) la relation

(28) $$\mathrm{Tr}(\varphi u \varphi^{-1}) = \mathrm{Tr}(u) .$$

Soit $(u_\alpha)_{\alpha \in A}$ une famille non vide, filtrante croissante et majorée d'endomorphismes continus et positifs de E ; posons $u = \sup_\alpha u_\alpha$, d'où $\langle x | u(x) \rangle = \sup_\alpha \langle x | u_\alpha(x) \rangle$

pour tout $x \in E$ (V, p. 46, prop. 13). On a $\mathrm{Tr}(u) = \sup_{J \subset I} \sum_{i \in J} \langle e_i | u(e_i) \rangle$, où J parcourt l'ensemble des parties finies de I, d'où aussitôt

$$(29) \qquad \mathrm{Tr}(u) = \sup_\alpha \mathrm{Tr}(u_\alpha) \quad \text{pour} \quad u = \sup_\alpha u_\alpha .$$

Soit p_F l'orthoprojecteur de E sur un sous-espace hilbertien F ; il existe une base orthonormale $(e_i)_{i \in I}$ de E et une partie J de I, telles que $(e_i)_{i \in J}$ soit une base orthonormale de F. On a $\mathrm{Tr}(p_F u p_F) = \sum_{i \in J} \langle e_i | u(e_i) \rangle$. Cette formule a deux conséquences : tout d'abord, on a $\mathrm{Tr}(p_F u p_F) \leqslant \mathrm{Tr}(u)$; puis prenant $u = 1_E$, on obtient

$$(30) \qquad \mathrm{Tr}(p_F) = \begin{cases} \dim F & \text{si F est de dimension finie} \\ + \infty & \text{sinon .} \end{cases}$$

DÉFINITION 8. — *Soit* E *un espace hilbertien complexe. On note* $\mathscr{L}^1(E)$ *le sous-espace vectoriel de* $\mathscr{L}(E)$ *engendré par l'ensemble des endomorphismes continus, positifs et de trace finie de* E.

D'après la formule (25) de V, p. 49, la trace s'étend en une forme linéaire sur $\mathscr{L}^1(E)$, notée encore Tr, et satisfaisant à la relation $\mathrm{Tr}(u) = \sum_{i \in I} \langle e_i | u(e_i) \rangle$ pour tout u dans $\mathscr{L}^1(E)$ et toute base orthonormale $(e_i)_{i \in I}$ de E. Pour tout $u \in \mathscr{L}^1(E)$, on a $u^* \in \mathscr{L}^1(E)$ et $\mathrm{Tr}(u^*) = \overline{\mathrm{Tr}(u)}$. La formule (28) de V, p. 49 s'étend au cas où u appartient à $\mathscr{L}^1(E)$. Soit F un sous-espace hilbertien de E ; d'après la formule (30), l'orthoprojecteur p_F appartient à $\mathscr{L}^1(E)$ si et seulement si F est de dimension finie. Quels que soient a et b dans E, on a $4ab^* = \sum_{\varepsilon^4 = 1} \varepsilon(a + \varepsilon b)(a + \varepsilon b)^*$ et cc^* est un opérateur positif de trace finie pour tout $c \in E$; par suite, si u est un endomorphisme continu de rang fini de E, on a $u \in \mathscr{L}^1(E)$ et $\mathrm{Tr}(u) = \tau(u)$.

Soit E un espace hilbertien *réel*, et soit $E_{(\mathbf{C})}$ son complexifié (V, p. 5). Identifions E à un sous-ensemble de $E_{(\mathbf{C})}$. Alors $\mathscr{L}(E)$ s'identifie au sous-espace vectoriel réel de $\mathscr{L}(E_{(\mathbf{C})})$ formé des applications linéaires continues u de $E_{(\mathbf{C})}$ dans $E_{(\mathbf{C})}$ telles que $u(E) \subset E$. On posera dans ce cas $\mathscr{L}^1(E) = \mathscr{L}(E) \cap \mathscr{L}^1(E_{(\mathbf{C})})$. Pour tout $u \in \mathscr{L}^1(E)$, la trace $\mathrm{Tr}(u)$ est réelle et égale à $\mathrm{Tr}(u^*)$. Les formules (25) et (28) sont encore valables, on a $\mathscr{L}_f(E) \subset \mathscr{L}^1(E)$ et $\mathrm{Tr}(u) = \tau(u)$ pour tout $u \in \mathscr{L}_f(E)$. Enfin, un sous-espace vectoriel fermé F de E est de dimension finie si et seulement si p_F appartient à $\mathscr{L}^1(E)$.

* *Remarque* 1. — Nous définirons ultérieurement la notion d'application *nucléaire* d'un espace de Banach E dans un espace de Banach F. On montrera alors que $\mathscr{L}^1(E)$ se compose des applications nucléaires de E dans E, que E soit un espace hilbertien réel ou complexe. *

PROPOSITION 14. — *Soient* $E_1, \ldots, E_n$ *des espaces hilbertiens,* $E = E_1 \hat{\otimes}_2 \cdots \hat{\otimes}_2 E_n$, *et* u_i *un endomorphisme continu de* E_i *pour* $1 \leqslant i \leqslant n$. *Si* $u_1, \ldots, u_n$ *sont positifs, il en est de même de* $u = u_1 \hat{\otimes}_2 \cdots \hat{\otimes}_2 u_n$ *et l'on a*

$$(31) \qquad \mathrm{Tr}(u) = \prod_{i=1}^{n} \mathrm{Tr}(u_i) .$$

Si l'on a $u_i \in \mathscr{L}^1(\mathrm{E}_i)$ *pour* $1 \leqslant i \leqslant n$, *on a* $u \in \mathscr{L}^1(\mathrm{E})$ *et la formule* (31) *est encore valable dans ce cas.*

Procédant par récurrence sur n, on se ramène aussitôt au cas $n = 2$.

Pour $i = 1, 2$, définissons une forme sesquilinéaire Φ_i sur E_i par la formule $\Phi_i(x, y) = \langle x | u_i(y) \rangle$ pour x, y dans E_i. Si u_1 et u_2 sont positifs, les formes Φ_1 et Φ_2 sont hermitiennes et positives. D'après la prop. 1 de V, p. 25, il existe une forme hermitienne positive Φ sur l'espace vectoriel $\mathrm{E}_1 \otimes \mathrm{E}_2$ telle que

$$\Phi(x_1 \otimes x_2, y_1 \otimes y_2) = \Phi_1(x_1, y_1).\Phi_2(x_2, y_2)$$

pour x_1, y_1 dans E_1 et x_2, y_2 dans E_2. On vérifie aussitôt que l'on a la relation $\Phi(z, t) = \langle z | u(t) \rangle$ pour z et t dans $\mathrm{E}_1 \otimes \mathrm{E}_2$. Comme Φ est positive, on a donc $\langle z | u(z) \rangle \geqslant 0$ pour tout z dans $\mathrm{E}_1 \otimes \mathrm{E}_2$. Comme u est continu et que $\mathrm{E}_1 \otimes \mathrm{E}_2$ est dense dans l'espace hilbertien $\mathrm{E} = \mathrm{E}_1 \hat{\otimes}_2 \mathrm{E}_2$, on conclut que u est un endomorphisme continu et positif de E.

Soient $(e_i)_{i \in \mathrm{I}}$ une base orthonormale de E_1 et $(f_j)_{j \in \mathrm{J}}$ une base orthonormale de E_2 ; alors la famille $(e_i \otimes f_j)_{i \in \mathrm{I}, j \in \mathrm{J}}$ est une base orthonormale de E et l'on a donc

$$\begin{aligned} \mathrm{Tr}(u) &= \sum_{i \in \mathrm{I}} \sum_{j \in \mathrm{J}} \langle e_i \otimes f_j | u(e_i \otimes f_j) \rangle \\ &= \sum_{i \in \mathrm{I}} \sum_{j \in \mathrm{J}} \langle e_i | u_1(e_i) \rangle . \langle f_j | u_2(f_j) \rangle \\ &= \mathrm{Tr}(u_1) . \mathrm{Tr}(u_2) . \end{aligned}$$

En particulier, si u_1 et u_2 sont des endomorphismes positifs de trace finie, il en est de même de u. Par linéarité, on déduit de là que u appartient à $\mathscr{L}^1(\mathrm{E})$ lorsque $\mathrm{K} = \mathbf{C}$ et que u_i appartient à $\mathscr{L}^1(\mathrm{E}_i)$ pour $i = 1, 2$; la formule (31) s'étend à ce cas par linéarité. Enfin, le cas où $\mathrm{K} = \mathbf{R}$ et $u_i \in \mathscr{L}^1(\mathrm{E}_i)$ se ramène au cas complexe par extension des scalaires.

Remarque 2. — Soit E un espace hilbertien, somme hilbertienne d'une famille $(\mathrm{E}_i)_{i \in \mathrm{I}}$ de sous-espaces hilbertiens. Soit u un élément de $\mathscr{L}(\mathrm{E})$ tel que $u(\mathrm{E}_i) \subset \mathrm{E}_i$ pour tout $i \in \mathrm{I}$; soit u_i l'élément de $\mathscr{L}(\mathrm{E}_i)$ qui coïncide avec u sur E_i. On a alors $\mathrm{Tr}(u) = \sum_{i \in \mathrm{I}} \mathrm{Tr}(u_i)$ lorsque u est positif, ou appartient à $\mathscr{L}^1(\mathrm{E})$: cette relation se déduit de la formule (25) de V, p. 49 appliquée à une base orthonormale de E réunion de bases orthonormales de chacun des E_i.

7. Applications de Hilbert-Schmidt

DÉFINITION 9. — *Soient* E *et* F *deux espaces hilbertiens. On appelle application de Hilbert-Schmidt de* E *dans* F *toute application linéaire continue* $u : \mathrm{E} \to \mathrm{F}$ *telle que la trace de l'endomorphisme positif* u^*u *de* E *soit finie. L'ensemble des applications de Hilbert-Schmidt de* E *dans* F *se note* $\mathscr{L}^2(\mathrm{E}\,;\mathrm{F})$.

Lorsque $\mathrm{E} = \mathrm{F}$, on écrit $\mathscr{L}^2(\mathrm{E})$ pour $\mathscr{L}^2(\mathrm{E}\,;\mathrm{E})$.

Pour tout $u \in \mathscr{L}(E ; F)$, on pose $\|u\|_2 = \mathrm{Tr}(u^*u)^{1/2}$, de sorte que u appartient à $\mathscr{L}^2(E ; F)$ si et seulement si $\|u\|_2$ est fini. D'après la définition de la trace, on a

(32) $$\|u\|_2^2 = \sup_{x_1, \ldots, x_m} \sum_{i=1}^{m} \|u(x_i)\|^2$$

où $(x_1, \ldots, x_m)$ parcourt l'ensemble des suites orthonormales finies dans E. Comme on peut prendre en particulier $m = 1$ dans la formule (32), on a

(33) $$\|u\| \leqslant \|u\|_2 \quad (u \in \mathscr{L}(E ; F)) .$$

Soient $(e_i)_{i \in I}$ une base orthonormale de E et $(f_j)_{j \in J}$ une base orthonormale de F. D'après la formule (25) de V, p. 49 et la relation de Parseval (V, p. 22), on a

(34) $$\|u\|_2^2 = \sum_{i \in I} \|u(e_i)\|^2 = \sum_{i,j} |\langle f_j | u(e_i) \rangle|^2 .$$

Comme on a $|\langle f_j | u(e_i) \rangle| = |\langle e_i | u^*(f_j) \rangle|$, la formule (34) entraîne

(35) $$\|u^*\|_2 = \|u\|_2 ;$$

par suite, l'adjoint d'une application de Hilbert-Schmidt est une application de Hilbert-Schmidt. Soient E_1, F_1 des espaces hilbertiens et $v : E_1 \to E$, $w : F \to F_1$ des applications linéaires continues. De (32), on déduit aussitôt

(36) $$\|wu\|_2 \leqslant \|w\| . \|u\|_2 .$$

D'après (35), (36) et la relation $uv = (v^*u^*)^*$, on obtient

(37) $$\|uv\|_2 \leqslant \|u\|_2 \, \|v\| .$$

En particulier, si u appartient à $\mathscr{L}^2(E ; F)$, alors wuv appartient à $\mathscr{L}^2(E_1 ; F_1)$.

THÉORÈME 1. — *Soient* E *et* F *deux espaces hilbertiens.*

(i) *L'ensemble* $\mathscr{L}^2(E ; F)$ *est un sous-espace vectoriel de* $\mathscr{L}(E ; F)$ *et* $u \mapsto \|u\|_2$ *est une norme hilbertienne* (V, p. 6) *sur* $\mathscr{L}^2(E ; F)$.

(ii) *L'isomorphisme* θ *de* $F \otimes E'$ *sur* $\mathscr{L}_f(E ; F)$ *caractérisé par* $\theta(y \otimes x^*) = yx^*$ *se prolonge en un isomorphisme* $\hat{\theta}$ *de* $F \hat{\otimes}_2 E'$ *sur* $\mathscr{L}^2(E ; F)$. *En particulier,* $\mathscr{L}_f(E ; F)$ *est dense dans* $\mathscr{L}^2(E ; F)$.

Soit $(e_i)_{i \in I}$ (resp. $(f_j)_{j \in J}$) une base orthonormale de E (resp. F). Pour tout $u \in \mathscr{L}(E ; F)$, soit $\Lambda(u)$ la matrice de u par rapport aux bases orthonormales choisies pour E et F (V, p. 22). On note $\|\mathbf{a}\|_2$ la norme d'un élément $\mathbf{a}$ de l'espace hilbertien $\ell^2(J \times I)$. D'après la formule (34), Λ est une application de $\mathscr{L}^2(E ; F)$ dans $\ell^2(J \times I)$ telle que $\|\Lambda(u)\|_2 = \|u\|_2$; il est clair que Λ est *injective*. Pour prouver (i), il suffit donc de montrer que Λ est *surjective*. Soit $\mathbf{a} = (a_{ji})$ un élément de $\ell^2(J \times I)$; d'après l'inégalité de Cauchy-Schwarz, on a

$$\left|\sum_{j,i} \bar{\eta}_j a_{ji} \xi_i\right|^2 \leqslant \sum_{j,i} |a_{ji}|^2 \sum_{j,i} |\bar{\eta}_j \xi_i|^2 = \|\mathbf{a}\|_2^2 \, \|\xi\|^2 \, \|\boldsymbol{\eta}\|^2$$

quels que soient $\boldsymbol{\xi} = (\xi_i)$ dans $\ell^2(I)$ et $\boldsymbol{\eta} = (\eta_j)$ dans $\ell^2(J)$. Il existe donc une forme sesquilinéaire continue Φ sur $F \times E$ telle que $\Phi(y, x) = \sum_{j,i} \overline{\eta}_j a_{ji} \xi_i$ pour $x = \sum_i \xi_i e_i$ dans E et $y = \sum_j \eta_j f_j$ dans F. Soit $u \in \mathscr{L}(E ; F)$ tel que $\Phi(y, x) = \langle y | u(x) \rangle$ (V, p. 16, cor. 2). On a

$$a_{ji} = \Phi(f_j, e_i) = \langle f_j | u(e_i) \rangle \quad \text{pour} \quad i \in I, j \in J,$$

d'où $\mathbf{a} = \Lambda(u)$.

Comme Λ est un isomorphisme d'espaces hilbertiens de $\mathscr{L}^2(E ; F)$ sur $\ell^2(J \times I)$ et que $(f_j \otimes e_i^*)$ est une base orthonormale de $F \hat{\otimes}_2 E'$, il existe un isomorphisme $\hat{\theta}$ de $F \hat{\otimes}_2 E'$ sur $\mathscr{L}^2(E ; F)$ tel que

$$\langle f_j | \hat{\theta}(t) e_i \rangle = \langle f_j \otimes e_i^* | t \rangle$$

quels que soient $i \in I$, $j \in J$ et $t \in F \hat{\otimes}_2 E'$. En particulier pour $t = y \otimes x^*$, on trouve

$$\langle f_j | \hat{\theta}(y \otimes x^*) e_i \rangle = \langle f_j \otimes e_i^* | y \otimes x^* \rangle = \langle f_j | y \rangle \langle x | e_i \rangle = \langle f_j | y x^* e_i \rangle$$

d'où $\hat{\theta}(y \otimes x^*) = yx^*$. Ceci prouve (ii). C.Q.F.D.

Exemples. — 1) Soient I et J deux ensembles. D'après la démonstration ci-dessus, pour qu'une application u de $\ell^2(I)$ dans $\ell^2(J)$ soit de Hilbert-Schmidt, il faut et il suffit qu'il existe une matrice (a_{ji}) dans $\ell^2(J \times I)$ telle que l'on ait $u(\boldsymbol{\xi})_j = \sum_{i \in I} a_{ji} \xi_i$ pour tout $\boldsymbol{\xi} = (\xi_i)$ dans $\ell^2(I)$.

* 2) Soient X et Y deux espaces topologiques séparés, munis respectivement de mesures positives μ et ν. On peut montrer que les applications de Hilbert-Schmidt de $\mathscr{L}^2(X)$ dans $\mathscr{L}^2(Y)$ correspondent bijectivement aux classes de fonctions de carré intégrable dans $Y \times X$: à la classe de la fonction $N \in \mathscr{L}^2(Y \times X, \nu \otimes \mu)$ correspond l'application u_N donnée par

$$(38) \qquad (u_N f)(y) = \int_X N(y, x) f(x) \, d\mu(x)$$

pour ν-presque tout $y \in Y$ et $f \in \mathscr{L}^2(X, \mu)$. On a

$$(39) \qquad \|u_N\|_2^2 = \int_X \int_Y |N(y, x)|^2 \, d\mu(x) \, d\nu(y) \, . \, {}_*$$

Remarques. — 1) Supposons $K = \mathbf{C}$. Soient u et v dans $\mathscr{L}^2(E ; F)$. On a la relation $4u^*v = \sum_{\varepsilon^4 = 1} \bar{\varepsilon}(u + \varepsilon v)^* (u + \varepsilon v)$, donc u^*v appartient à $\mathscr{L}^1(E)$. Le produit scalaire dans l'espace hilbertien $\mathscr{L}^2(E ; F)$ est donné par

$$(40) \qquad \langle u | v \rangle = \operatorname{Tr}(u^*v)$$

car cette formule définit une forme hermitienne sur $\mathscr{L}^2(E ; F)$ et l'on a $\langle u | u \rangle = \|u\|_2^2$.

Si $u \in \mathscr{L}^2(E ; F)$ et $v \in \mathscr{L}^2(F ; E)$, alors vu appartient à $\mathscr{L}^1(E)$ et uv à $\mathscr{L}^1(F)$ d'après ce qui précède ; en outre on a

$$\mathrm{Tr}(uv) = \mathrm{Tr}(vu)\,. \tag{41}$$

Par linéarité et continuité, il suffit en effet de vérifier cette formule lorsque $u = y_1 x_1^*$ et $v = x_2 y_2^*$ (avec x_1, x_2 dans E, y_1, y_2 dans F) ; mais alors uv est l'application $y \mapsto y_1 \langle x_1 | x_2 \rangle \langle y_2 | y \rangle$ et vu l'application $x \mapsto x_2 \langle y_2 | y_1 \rangle \langle x_1 | x \rangle$, et (42) résulte de la formule (22) de V, p. 48.

Par suite, si u_1, u_2 sont deux éléments de $\mathscr{L}^2(E ; F)$, on a, dans l'espace hilbertien $\mathscr{L}^2(F ; E)$,

$$\langle u_1^* | u_2^* \rangle = \mathrm{Tr}(u_1 u_2^*) = \mathrm{Tr}(u_2^* u_1) = \langle u_2 | u_1 \rangle = \overline{\langle u_1 | u_2 \rangle}\,; \tag{42}$$

autrement dit, $u \mapsto u^*$ est un isomorphisme de l'espace hilbertien $\mathscr{L}^2(E ; F)$ sur le conjugué (V, p. 6) de l'espace hilbertien $\mathscr{L}^2(F ; E)$. Si on identifie ce conjugué au dual de $\mathscr{L}^2(F ; E)$ (V, p. 15), on voit que $\mathscr{L}^2(E ; F)$ s'identifie au dual de $\mathscr{L}^2(F ; E)$, la forme bilinéaire canonique $(v, u) \mapsto \langle v, u \rangle$ s'identifiant à $(v, u) \mapsto \mathrm{Tr}(vu)$.

2) Supposons $K = \mathbf{R}$. On laisse au lecteur le soin de vérifier que les formules (40) et (41) sont encore valables, et de montrer que $\mathscr{L}^2(E ; F)$ s'identifie au dual de $\mathscr{L}^2(F ; E)$ au moyen de la forme bilinéaire $(u, v) \mapsto \mathrm{Tr}(uv)$.

8. Diagonalisation des applications de Hilbert-Schmidt

Théorème 2. — *Soient* E *et* F *deux espaces hilbertiens et u une application de Hilbert-Schmidt de* E *dans* F. *Il existe une base orthonormale* $(e_i)_{i \in I}$ *de* E *transformée par u en une famille orthogonale dans* F.

On note B la boule unité (fermée) de E, qu'on munit de la topologie affaiblie ; c'est un espace compact (V, p. 17). On pose $Q(x) = \|u(x)\|^2$ pour tout $x \in B$. Enfin, on note P l'ensemble des vecteurs x de E satisfaisant à la propriété suivante :

(H) *Pour tout* $y \in E$ *orthogonal à* x, *l'élément* $u(y)$ *de* F *est orthogonal à* $u(x)$.

Lemme 4. — *La fonction* $Q : B \to \mathbf{R}$ *est continue.*

Soit $(f_j)_{j \in J}$ une base orthonormale de F. Posons $\lambda_j = \|u^*(f_j)\|^2$ pour tout $j \in J$. Comme u appartient à $\mathscr{L}^2(E ; F)$, on a $u^* \in \mathscr{L}^2(F ; E)$, d'où $\sum_j \lambda_j < +\infty$. Par ailleurs, on a

$$Q(x) = \|u(x)\|^2 = \sum_j |\langle u^*(f_j) | x \rangle|^2 \tag{43}$$

d'après la relation de Parseval (V, p. 22) et la définition de l'adjoint (V, p. 38). Pour tout $x \in B$, on a $|\langle u^*(f_j) | x \rangle|^2 \leqslant \lambda_j$ d'après l'inégalité de Cauchy-Schwarz ; par suite, la convergence de la somme dans la formule (43) est uniforme sur B, d'où le lemme 4 (TG, X, p. 9).

Lemme 5. — *Soit* E_1 *un sous-espace vectoriel fermé de* E, *stable par* u^*u. *Si* $E_1 \neq \{0\}$, *il existe dans* $E_1 \cap P$ *un vecteur de norme* 1.

Comme B est faiblement compacte, il en est de même du sous-espace faiblement fermé $B \cap E_1$ de B. Il existe donc (TG, IV, p. 27) un point x_0 de $B \cap E_1$ tel que $Q(x_0) \geqslant Q(x)$ pour tout $x \in B \cap E_1$. Si $Q(x_0) = 0$, on a $Q(x) = 0$ d'où $u(x) = 0$ pour tout $x \in B \cap E_1$. On a alors $E_1 \subset P$, d'où le lemme 5 dans ce cas.

Supposons que l'on ait $Q(x_0) > 0$, d'où $x_0 \neq 0$. Comme le vecteur $\|x_0\|^{-1}.x_0$ appartient à $B \cap E_1$, on a

$$Q(x_0) \geqslant Q(\|x_0\|^{-1}.x_0) = Q(x_0)/\|x_0\|^2$$

d'où $\|x_0\| = 1$. Prouvons que x_0 appartient à P ; soit donc $y \in E$ orthogonal à x_0. Il s'agit de prouver que $u(y)$ est orthogonal à $u(x_0)$. Or y est somme d'un vecteur de E_1 et d'un vecteur orthogonal à E_1, tous deux orthogonaux à x_0 (car on a $x_0 \in E_1$) ; il suffit donc de considérer les deux cas suivants :

a) y est orthogonal à E_1 : comme E_1 est stable par u^*u, on a $u^*u(x_0) \in E_1$, d'où $0 = \langle y | u^*u(x_0) \rangle = \langle u(y) | u(x_0) \rangle$.

b) y appartient à E_1 : pour tout $t \in \mathbf{R}$, le vecteur $x(t) = (x_0 + ty)/\|x_0 + ty\|$ appartient à $B \cap E_1$. On a $Q(x(t)) = f(t)/g(t)$ avec

$$f(t) = \|u(x_0)\|^2 + 2t\mathscr{R}\langle u(x_0) | u(y) \rangle + t^2\|u(y)\|^2$$
$$g(t) = 1 + t^2\|y\|^2 .$$

Vu la définition de x_0, on a $Q(x(0)) \geqslant Q(x(t))$ pour tout t réel, donc $\frac{d}{dt} Q(x(t))$ s'annule pour $t = 0$. Or on a $f(0) = \|u(x_0)\|^2$, $g(0) = 1$, $f'(0) = 2\mathscr{R}\langle u(x_0) | u(y) \rangle$, $g'(0) = 0$. Comme on a

$$\frac{d}{dt} Q(x(t)) = \frac{f'(t)\, g(t) - f(t)\, g'(t)}{g(t)^2},$$

on en conclut $f'(0) = 0$, c'est-à-dire $\mathscr{R}\langle u(x_0) | u(y) \rangle = 0$. Lorsque $K = \mathbf{R}$, $u(x_0)$ est donc orthogonal à $u(y)$; lorsque $K = \mathbf{C}$, le vecteur iy appartient à E_1 et est orthogonal à x_0, d'où $\mathscr{I}\langle u(x_0) | u(y) \rangle = - \mathscr{R}\langle u(x_0) | u(iy) \rangle = 0$, et finalement $u(x_0)$ est orthogonal à $u(y)$. Ceci prouve le lemme 5.

Prouvons le th. 2. Par application du th. 1 de E, III, p. 35, on voit comme dans V, p. 23, qu'il existe un ensemble S maximal parmi les parties orthonormales de E contenues dans P. Soit E_1 l'ensemble des vecteurs de E orthogonaux à S. Soit $y \in E_1$; si $x \in S$, les vecteurs x et y sont orthogonaux, et comme on a $S \subset P$, on en déduit que $u(x)$ et $u(y)$ sont orthogonaux ; on a donc

$$\langle x | u^*u(y) \rangle = \langle u(x) | u(y) \rangle = 0$$

et $u^*u(y)$ est orthogonal à S. Donc E_1 est stable par u^*u. Si l'on avait $E_1 \neq \{0\}$, il existerait dans $E_1 \cap P$ un vecteur x de norme 1 (lemme 5) et $S \cup \{x\}$ serait une partie orthonormale de E, contenue dans P. Ceci contredit le caractère maximal de S. On a donc $E_1 = \{0\}$ et S est une base orthonormale de E. C.Q.F.D.

COROLLAIRE 1. — *Soit v un endomorphisme continu, positif et de trace finie de l'espace hilbertien* E. *Il existe une base orthonormale $(e_i)_{i\in I}$ de* E *et une famille sommable de nombres réels positifs $(\lambda_i)_{i\in I}$ telles que $v(e_i) = \lambda_i e_i$ pour tout $i \in$ I.*

Posons $\Phi(x, y) = \langle x|v(y)\rangle$ pour x, y dans E. Alors Φ est une forme hermitienne positive sur E. Il existe donc (V, p. 8, corollaire) un espace hilbertien F et une application linéaire continue u de E dans F tels que $\Phi(x, y) = \langle u(x)|u(y)\rangle$ pour x, y dans E. Autrement dit, on a $v = u^*u$. En vertu de la déf. 9 (V, p. 51), u est une application de Hilbert-Schmidt de E dans F. D'après le th. 2, il existe une base orthonormale $(e_i)_{i\in I}$ de E telle que les vecteurs $u(e_i)$ soient deux à deux orthogonaux. Soit $i \in$ I ; pour tout $j \neq i$ dans I, on a donc

$$\langle e_j|v(e_i)\rangle = \langle u(e_j)|u(e_i)\rangle = 0$$

donc $v(e_i)$ est proportionnel à e_i, de la forme $\lambda_i e_i$. On a $\lambda_i = \langle e_i|v(e_i)\rangle$, donc

$$\lambda_i \geqslant 0 \quad \text{et} \quad \sum_{i\in I} \lambda_i = \mathrm{Tr}(v) < +\infty .$$

COROLLAIRE 2. — *Soit* E *un espace hilbertien. On a $\mathscr{L}^1(\mathrm{E}) \subset \mathscr{L}^2(\mathrm{E})$.*

Le cas réel se ramenant au cas complexe par extension des scalaires, nous pouvons supposer que l'on a $\mathbf{K} = \mathbf{C}$.

Comme $\mathscr{L}^2(\mathrm{E})$ est un sous-espace vectoriel de $\mathscr{L}(\mathrm{E})$, il suffit de prouver que tout endomorphisme continu et positif de trace finie v de E appartient à $\mathscr{L}^2(\mathrm{E})$. Avec les notations du cor. 1, on a

$$\sum_{i\in I} \|v(e_i)\|^2 = \sum_{i\in I} \lambda_i^2 \leqslant \Big(\sum_i \lambda_i\Big)^2 < +\infty .$$

COROLLAIRE 3. — *Soit v un endomorphisme continu, positif et de trace finie de l'espace hilbertien* E. *Il existe un endomorphisme de Hilbert-Schmidt positif w de* E *tel que $v = w^2$ et que v commute à w.*

Avec les notations du cor. 1, il suffit de considérer l'endomorphisme w qui transforme le vecteur $\sum_{i\in I} \xi_i e_i$ en le vecteur $\sum_i \lambda_i^{1/2} \xi_i e_i$.

Remarque. — Avec les notations du th. 2, soit J l'ensemble des $i \in$ I tels que $u(e_i) \neq 0$. Pour tout $i \in$ J, posons $\lambda_i = \|u(e_i)\|$ et $f_i = \lambda_i^{-1} u(e_i)$. Alors $(e_i)_{i\in J}$ (resp. $(f_i)_{i\in J}$) est une base orthonormale du sous-espace initial (resp. final) de u, on a $u(e_i) = \lambda_i f_i$ pour tout $i \in$ J et $\sum_{i\in J} \lambda_i^2 = \|u\|_2^2$ est fini.

9. Trace d'une forme quadratique par rapport à une autre

Dans ce numéro, on note E un espace vectoriel réel et Q, H deux *formes quadratiques positives* sur E. Il existe deux formes bilinéaires symétriques $(x, y) \mapsto \langle x|y\rangle_{\mathrm{Q}}$ et $(x, y) \mapsto \langle x|y\rangle_{\mathrm{H}}$ sur E × E, caractérisées par

$$\mathrm{Q}(x) = \langle x|x\rangle_{\mathrm{Q}}, \quad \mathrm{H}(x) = \langle x|x\rangle_{\mathrm{H}}$$

pour tout $x \in$ E.

On appelle *trace de* Q *par rapport à* H, et l'on note Tr(Q/H) le nombre réel positif, fini ou non, défini comme suit :

a) S'il existe $x \in \mathrm{E}$ avec $\mathrm{H}(x) = 0$ et $\mathrm{Q}(x) \neq 0$, on pose $\mathrm{Tr}(\mathrm{Q}/\mathrm{H}) = +\infty$.

b) Dans le cas contraire, Tr(Q/H) est la borne supérieure de l'ensemble des nombres de la forme $\sum_{i=1}^{m} \mathrm{Q}(x_i)$, où $(x_1, \ldots, x_m)$ parcourt l'ensemble des suites finies d'éléments de E telles que $\langle x_i | x_j \rangle_{\mathrm{H}} = \delta_{ij}$ (symbole de Kronecker).

Remarques. — 1) Pour tout sous-espace F de E, notons Q_{F} la restriction de Q à F et H_{F} celle de H. On a $\mathrm{Tr}(\mathrm{Q}_{\mathrm{F}}/\mathrm{H}_{\mathrm{F}}) \leqslant \mathrm{Tr}(\mathrm{Q}/\mathrm{H})$ et Tr(Q/H) est la borne supérieure de l'ensemble des nombres $\mathrm{Tr}(\mathrm{Q}_{\mathrm{F}}/\mathrm{H}_{\mathrm{F}})$ où F parcourt l'ensemble des sous-espaces vectoriels de dimension finie de E.

2) Soient E_1 un espace vectoriel réel, Q_1 et H_1 deux formes quadratiques positives sur E_1 et $\pi : \mathrm{E} \to \mathrm{E}_1$ une application linéaire surjective. Si $\mathrm{Q} = \mathrm{Q}_1 \circ \pi$ et $\mathrm{H} = \mathrm{H}_1 \circ \pi$, on a $\mathrm{Tr}(\mathrm{Q}/\mathrm{H}) = \mathrm{Tr}(\mathrm{Q}_1/\mathrm{H}_1)$.

PROPOSITION 15. — *On suppose qu'il existe une structure d'espace hilbertien réel sur* E *telle que* $\mathrm{H}(x) = \|x\|^2$ *pour tout* $x \in \mathrm{E}$. *Pour que* Tr(Q/H) *soit fini, il faut et il suffit qu'il existe un endomorphisme continu et positif u de trace finie de* E, *tel que l'on ait* $\mathrm{Q}(x) = \langle x | u(x) \rangle$ *pour tout* $x \in \mathrm{E}$; *cet endomorphisme u est unique, et l'on a*

$$\mathrm{Tr}(u) = \mathrm{Tr}(\mathrm{Q}/\mathrm{H}) = \sum_{i \in \mathrm{I}} \mathrm{Q}(e_i) \tag{44}$$

pour toute base orthonormale $(e_i)_{i \in \mathrm{I}}$ *de* E.

Supposons que Tr(Q/H) soit fini. Pour tout $x \in \mathrm{E}$ de norme 1, on a $\mathrm{H}(x) = 1$, d'où $\mathrm{Q}(x) \leqslant \mathrm{Tr}(\mathrm{Q}/\mathrm{H})$. On a donc $\mathrm{Q}(x) \leqslant \mathrm{Tr}(\mathrm{Q}/\mathrm{H}) . \|x\|^2$ pour tout $x \in \mathrm{E}$, d'où

$$|\langle x | y \rangle_{\mathrm{Q}}| \leqslant \mathrm{Q}(x)^{1/2} \mathrm{Q}(y)^{1/2} \leqslant \mathrm{Tr}(\mathrm{Q}|\mathrm{H}) . \|x\| . \|y\|$$

d'après l'inégalité de Cauchy-Schwarz. Par suite, la forme bilinéaire $(x, y) \mapsto \langle x | y \rangle_{\mathrm{Q}}$ sur $\mathrm{E} \times \mathrm{E}$ est continue. Il existe donc (V, p. 16, cor. 2) une application $u \in \mathscr{L}(\mathrm{E})$ telle que $\langle x | y \rangle_{\mathrm{Q}} = \langle x | u(y) \rangle$. On a $\langle x | y \rangle_{\mathrm{Q}} = \langle y | x \rangle_{\mathrm{Q}}$ pour x, y dans E, donc u est hermitien ; on a $\langle x | u(x) \rangle = \mathrm{Q}(x) \geqslant 0$, donc u est positif.

Réciproquement, soit u un endomorphisme continu et positif de E tel que $\mathrm{Q}(x) = \langle x | u(x) \rangle$ pour tout $x \in \mathrm{E}$. On a

$$\langle x | u(y) \rangle = \tfrac{1}{2}(\mathrm{Q}(x + y) - \mathrm{Q}(x) - \mathrm{Q}(y)) = \langle x | y \rangle_{\mathrm{Q}} ,$$

d'où l'unicité de u. D'après la formule (24 *bis*) (V, p. 49), on a

$$\mathrm{Tr}(u) = \sup_{x_1, \ldots, x_m} \sum_{i=1}^{m} \langle x_i | u(x_i) \rangle = \sup_{x_1, \ldots, x_m} \sum_{i=1}^{m} \mathrm{Q}(x_i) ,$$

où $(x_1, \ldots, x_m)$ parcourt l'ensemble des suites orthonormales finies d'éléments de E. On a donc $\mathrm{Tr}(u) = \mathrm{Tr}(\mathrm{Q}/\mathrm{H})$ d'après la définition de Tr(Q/H). Enfin, pour toute base orthonormale $(e_i)_{i \in \mathrm{I}}$ de E, on a $\mathrm{Tr}(u) = \sum_{i \in \mathrm{I}} \langle e_i | u(e_i) \rangle$ d'après la formule (25) de V, p. 49, d'où $\mathrm{Tr}(u) = \sum_{i \in \mathrm{I}} \mathrm{Q}(e_i)$. C.Q.F.D.

Remarques. — 3) Soient E et F deux espaces hilbertiens et v une application linéaire, non nécessairement continue, de E dans F. Posons $H(x) = \|x\|^2$ et $Q(x) = \|v(x)\|^2$ pour tout $x \in E$. Il résulte de la prop. 15 que v est de Hilbert-Schmidt si et seulement si Tr(Q/H) est fini, et l'on a alors $\text{Tr}(Q/H) = \|v\|_2^2$.

4) Supposons E de dimension finie. Lorsque la forme quadratique H est inversible, la prop. 15 s'applique. Soit $(e_1, \ldots, e_n)$ une base de E. Posons $q_{ij} = \langle e_i | e_j \rangle_Q$ et $h_{ij} = \langle e_i | e_j \rangle_H$ et introduisons les matrices $q = (q_{ij})$ et $h = (h_{ij})$. Soit u l'endomorphisme de E tel que $Q(x) = \langle x | u(x) \rangle_H$ pour tout $x \in E$. On a

$$\langle x | y \rangle_Q = \langle x | u(y) \rangle_H \quad (x, y \in E),$$

et par suite la matrice de u par rapport à la base $(e_1, \ldots, e_n)$ de E est égale à $h^{-1}q$. D'après la prop. 15, on a donc

$$\text{Tr}(Q/H) = \text{Tr}(h^{-1}q) = \text{Tr}(qh^{-1}). \tag{45}$$

Si la base $(e_1, \ldots, e_n)$ est orthonormale pour H, alors h est la matrice unité d'ordre n, et l'on a

$$\text{Tr}(Q/H) = \text{Tr}(q) = \sum_{i=1}^{n} Q(e_i);$$

on retrouve donc la formule (44) dans ce cas.

Supposons maintenant que la forme quadratique H ne soit pas inversible. Soit N le noyau de H, et soit π l'application canonique de E sur E/N. Il existe une forme quadratique inversible H_1 sur E/N telle que $H = H_1 \circ \pi$. Soit $(e_1, \ldots, e_m)$ une suite d'éléments de E telle que la suite $(\pi(e_1), \ldots, \pi(e_m))$ soit une base de E/N, orthonormale pour H_1. Soit $(e_{m+1}, \ldots, e_n)$ une base de N. Alors $(e_1, \ldots, e_n)$ est une base de E, et l'on a

$$H(\xi_1 e_1 + \cdots + \xi_n e_n) = \xi_1^2 + \cdots + \xi_m^2 \tag{46}$$

quels que soient les nombres réels $\xi_1, \ldots, \xi_n$.

Supposons que pour tout $x \in E$, la relation $H(x) = 0$ entraîne $Q(x) = 0$; autrement dit, supposons qu'il existe une forme quadratique Q_1 sur E/N telle que $Q = Q_1 \circ \pi$. D'après la remarque 2 et la prop. 15, on a

$$\text{Tr}(Q/H) = Q(e_1) + \cdots + Q(e_m). \tag{47}$$

Exercices

§ 1

1) Soient E un espace normé complexe et f une forme bilinéaire symétrique sur l'espace vectoriel réel sous-jacent E_0, telle que $f(x, x) = \|x\|^2$ pour tout $x \in E$. Montrer qu'il existe une forme sesquilinéaire hermitienne et une seule g sur E telle que $f(x, y) = \mathscr{R}g(x, y)$ (prouver que $f(x, iy) = -f(ix, y)$ en utilisant la formule (5) de V, p. 2), d'où $g(x, x) = \|x\|^2$.

2) Soit E un espace normé réel ou complexe. On suppose que pour tout sous-espace vectoriel P de dimension 2 (sur $\mathbf{R}$) dans E, il existe une forme bilinéaire symétrique f_P définie dans $P \times P$, telle que $f_P(x, x) = \|x\|^2$ pour tout $x \in P$. Montrer que f_P est définie de manière univoque et qu'il existe une forme sesquilinéaire hermitienne g sur $E \times E$ telle que, pour tout plan réel $P \subset E$, on ait $f_P(x, y) = \mathscr{R}g(x, y)$, d'où $g(x, x) = \|x\|^2$. (Si E est un espace vectoriel réel, remarquer que l'on a $\|x - y\|^2 + \|x + y\|^2 = 2(\|x\|^2 + \|y\|^2)$ pour tout couple de points de E, et en déduire l'identité

$$\|x + y + z\|^2 - \|x + y\|^2 - \|y + z\|^2 - \|z + x\|^2 + \|x\|^2 + \|y\|^2 + \|z\|^2 = 0\,;$$

si E est un espace vectoriel complexe, appliquer l'exerc. 1.)

¶ 3) Soient E un espace vectoriel réel de dimension finie n, f une forme bilinéaire symétrique positive et séparante sur E, et B_f l'ensemble convexe borné défini par la relation $f(x, x) \leqslant 1$. Si $\mathbf{a} = (a_1, \ldots, a_n)$ est une base de E et Δ le discriminant de f par rapport à cette base, on appelle *volume* de B_f par rapport à $\mathbf{a}$ le nombre $v_{\mathbf{a}}(f) = \gamma_n|\Delta|^{-1/2}$, où $\gamma_n = \pi^{n/2}/\Gamma\left(\frac{n}{2} + 1\right)$. Si $\mathbf{b} = (b_1, \ldots, b_n)$ est une seconde base de E, et si $a_1 \wedge a_2 \wedge \ldots \wedge a_n = \delta b_1 \wedge b_2 \wedge \ldots \wedge b_n$, on a $v_{\mathbf{b}}(f) = |\delta| v_{\mathbf{a}}(f)$.

a) Montrer que, si f et g sont deux formes bilinéaires symétriques positives séparantes telles que $B_f \subset B_g$ (ce qui équivaut à $g \leqslant f$), on a $v_{\mathbf{a}}(f) \leqslant v_{\mathbf{a}}(g)$ (considérer une base de E orthogonale à la fois pour f et pour g).

b) Soit A un ensemble convexe compact, symétrique dans E, dont 0 est point intérieur. Montrer que parmi toutes les formes bilinéaires symétriques positives séparantes f sur E

telles que $A \subset B_f$, il en existe une et une seule pour laquelle le volume de B_f (par rapport à une base donnée de E) soit le plus petit possible. (Pour montrer l'unicité, remarquer que si A est contenu dans B_f et B_g, il l'est dans $B_{(f+g)/2}$ et que l'on a $v_{\mathbf{a}}((f+g)/2) \leqslant \frac{1}{2}(v_{\mathbf{a}}(f) + v_{\mathbf{a}}(g))$ pour toute base $\mathbf{a}$ de E qui est orthogonale à la fois pour f et g.)
c) Soit A un ensemble convexe compact, symétrique dans E, dont 0 est point intérieur, et soit f la forme bilinéaire symétrique positive séparante telle que $A \subset B_f$ et que B_f ait le plus petit volume possible par rapport à une base donnée de E. Montrer qu'il existe dans E des points $x_1, \ldots, x_n, u_1, \ldots, u_n$ ayant les propriétés suivantes :

α) Pour tout k, on a $x_k \in A$ et $f(x_k, x_k) = 1$.

β) La suite $(u_1, \ldots, u_n)$ est une base de E orthonormale pour f.

γ) Si l'on pose $x_k = \sum_{j=1}^{n} a_{kj} u_j$ pour $1 \leqslant k \leqslant n$, on a $a_{kj} = 0$ pour $k < j$ et $a_{kk}^2 \geqslant (n-k+1)/n$.

(Raisonner par récurrence sur k. Supposant construits $x_1, \ldots, x_k, u_1, \ldots, u_k$, noter P_k l'orthoprojecteur (pour f) de E sur le sous-espace engendré par $u_1, \ldots, u_k$; pour tout $\varepsilon > 0$, considérer la forme bilinéaire f_ε définie par

$$f_\varepsilon(x, y) = (1+\varepsilon)^{k-n} f(P_k x, P_k y) + (1+\varepsilon)^k f(x - P_k x, y - P_k y)$$

et prouver à l'aide de *b*) que l'on a $A \not\subset B_{f_\varepsilon}$. Choisir pour tout entier $p \geqslant 1$ un point y_p de A n'appartenant pas à $B_{f_{1/p}}$; prendre pour x_{k+1} une valeur d'adhérence de la suite (y_p) telle que l'on ait $kf(x_{k+1} - P_k x_{k+1}, x_{k+1} - P_k x_{k+1}) \geqslant (n-k) f(P_k x_{k+1}, P_k x_{k+1})$; choisir ensuite u_{k+1}.)
d) Prouver les analogues de *b*) et *c*) pour les formes bilinéaires symétriques positives séparantes telles que $B_f \subset A$ et pour lesquelles le volume de B_f (par rapport à une base donnée de E) est le plus grand possible.

¶ 4) *a*) Soit E un espace normé réel ou complexe, de dimension $\geqslant 2$, ayant la propriété suivante : la relation $\|x\| = \|y\|$ entraîne l'inégalité

$$\|x+y\|^2 + \|x-y\|^2 \leqslant 2(\|x\|^2 + \|y\|^2).$$

Montrer que la norme sur E est préhilbertienne. (Se ramener au cas où E est réel et de dimension 2, au moyen des exerc. 1 et 2 de V, p. 59. Dans ce cas, soit A la boule unité de E, et soit f la forme bilinéaire symétrique positive séparante telle que $A \subset B_f$ et que le volume de B_f par rapport à une base donnée soit le plus petit possible. Soient x_1, x_2 les deux points construits dans l'exerc. 3, *c*). Montrer que les points d'intersection du cercle $f(z, z) = 1$ et des bissectrices des deux vecteurs x_1, x_2 appartiennent aussi à A, et en conclure, par itération, que $A = B_f$.)
b) Soit E un espace normé réel ou complexe, de dimension $\geqslant 2$, ayant la propriété suivante : la relation $\|x+y\| = \|x-y\|$ entraîne $\|x+y\|^2 = \|x\|^2 + \|y\|^2$. Montrer que la norme sur E est préhilbertienne (se ramener à *a*)).
c) Démontrer l'analogue de *a*) lorsqu'on suppose que la relation $\|x\| = \|y\|$ entraîne l'inégalité

$$\|x+y\|^2 + \|x-y\|^2 \geqslant 2(\|x\|^2 + \|y\|^2)$$

(utiliser l'exerc. 3, *d*)).

5) Soit E un espace vectoriel réel ou complexe, de dimension $\geqslant 2$. On suppose donnée une application $x \mapsto \|x\|$ de E dans $\mathbf{R}_+$, telle que $\|\lambda x\| = |\lambda| . \|x\|$ pour tout scalaire λ, que $\|x\| = 0$ entraîne $x = 0$ et que l'on ait l'« inégalité ptolémaïque »

$$\|a-c\| . \|b-d\| \leqslant \|a-b\| . \|c-d\| + \|b-c\| . \|a-d\|$$

quels que soient a, b, c, d dans E.
a) Montrer que $\|x\|$ est une norme sur E (remplacer d par 0 et b par $-a$).
b) Montrer que la norme sur E est préhilbertienne. (Déduire de l'inégalité ptolémaïque l'inégalité $\|x+y\|^2 + \|x-y\|^2 \geqslant 4\|x\| . \|y\|$ et utiliser l'exerc. 4, *c*).) Réciproque (montrer que dans un espace hilbertien, si l'on pose $a' = a/\|a\|^2$, $b' = b/\|b\|^2$, on a l'égalité $\|a' - b'\| = \|a-b\|/\|a\| . \|b\|$). Si $\|a\| = \|b\| = \|c\| = \|d\|$ et si les 4 vecteurs a, b, c, d sont dans un même plan, les deux membres de l'inégalité ptolémaïque sont égaux.

¶ 6) *a*) Soit E un espace normé réel ou complexe, de dimension $\geqslant 2$. Montrer que pour tout $x \neq 0$ dans E et tout nombre $\alpha > 0$, il existe un élément y de E tel que $\|y\| = \alpha$ et $\|x + y\|^2 = \|x\|^2 + \|y\|^2$.
b) On suppose que, si les vecteurs x, y de E satisfont à la relation $\|x + y\|^2 = \|x\|^2 + \|y\|^2$, on a aussi $\|x - y\|^2 = \|x\|^2 + \|y\|^2$. Montrer que la norme sur E est préhilbertienne. (En utilisant *a*), se ramener à l'exerc. 4 : en se bornant au cas où E est de dimension 2, on prouvera que si $\|x_1\| = \|x_2\| = 1$, $y = \frac{1}{2}(x_1 - x_2)$ et si $z \in$ E est tel que $\|y\|^2 + \|z\|^2 = \|y + z\|^2 = 1$, on a $z = \frac{1}{2}(x_1 + x_2)$ ou $z = -\frac{1}{2}(x_1 + x_2)$.)
c) On suppose que, pour tout vecteur $x \neq 0$ dans E, l'ensemble H des vecteurs y satisfaisant à $\|x + y\|^2 = \|x\|^2 + \|y\|^2$ soit stable pour l'addition. Montrer que la conclusion de *b*) subsiste. (Se ramener au cas où E est réel et de dimension 2. En utilisant *a*) et la compacité de la boule unité dans E, montrer que H est un ensemble fermé contenant au moins deux demi-droites distinctes d'origine 0 ; prouver que ces deux demi-droites sont opposées, en remarquant que, dans le cas contraire, l'ensemble convexe qu'elles engendreraient serait contenu dans H et contiendrait x ou $-x$.)

7) Soit E un espace normé réel ou complexe, de dimension $\geqslant 2$, ayant la propriété suivante : il existe un nombre réel γ distinct de 0 et de ± 1, tel que la relation $\|x + y\| = \|x - y\|$ entraîne $\|x + \gamma y\| = \|x - \gamma y\|$.
a) Montrer que si $\|x + y\| = \|x - y\|$, l'application convexe $\varphi : \xi \mapsto \|x + \xi y\|$ de $\mathbf{R}$ dans $\mathbf{R}$ n'est constante dans aucun intervalle. (Raisonnant par l'absurde, soit $[\alpha, \beta]$ le plus grand intervalle dans lequel φ soit constante ; montrer qu'il existe $\delta > \beta$ assez voisin de β et tel que $\varphi(\delta) = \varphi(\beta)$, en remarquant que si $\|u + v\| = \|u - v\|$, on a $\|u + \gamma^n v\| = \|u - \gamma^n v\|$ pour tout entier rationnel n.)
b) Montrer que si $\|x + y\| = \|x - y\|$, on a $\|x + \xi y\| = \|x - \xi y\|$ pour *tout* nombre réel ξ. (Avec les notations de *a*), remarquer que φ admet un minimum relatif au point $\xi = 0$, en utilisant le fait que $\varphi(\gamma^n) = \varphi(-\gamma^n)$ pour tout entier rationnel n ; en déduire que l'on a identiquement $\varphi(\xi) = \varphi(-\xi)$ en remarquant que, dans le cas contraire, on aurait $\varphi(\lambda) = \varphi(\mu)$ pour deux nombres λ, μ tels que $\lambda + \mu \neq 0$ et que dans ce cas φ admettrait un minimum relatif au point $\frac{1}{2}(\lambda + \mu)$.)
c) Déduire de *b*) que la norme sur E est préhilbertienne. (Montrer d'abord que si $\|x\| = \|y\|$, on a $\|\alpha x + \beta y\| = \|\beta x + \alpha y\|$ pour tout couple de nombres réels α, β et que l'égalité $\|x + y\| = \|x - y\|$ entraîne $\|\alpha x + \beta y\| = \|\alpha x - \beta y\|$ pour tout couple de nombres réels α, β. Montrer ensuite que, si $\|x\| = \|y\| = 1$ et $\|x + y\| = \|x - y\|$, on a la relation $\|(\alpha^2 - \beta^2)x + 2\alpha\beta y\| = \alpha^2 + \beta^2$ en utilisant les résultats précédents, et en déduire la conclusion.)

8) Soit E un espace normé réel ou complexe, ayant la propriété suivante : si x, y, x', y' sont quatre vecteurs de E tels que

$$\|x\| = \|x'\|, \quad \|y\| = \|y'\|, \quad \|x + y\| = \|x' + y'\|,$$

alors on a $\|x - y\| = \|x' - y'\|$. Montrer que la norme sur E est préhilbertienne (utiliser l'exerc. 7).

9) Soient E un espace hilbertien réel, f une forme linéaire continue dans E. Montrer que sur toute partie convexe fermée A de E, la fonction $x \mapsto \|x\|^2 - f(x)$ est minorée et atteint son minimum en un point de A et un seul.

10) Soient E un espace hilbertien réel, B une forme bilinéaire sur E $\times$ E, c_1, c_2 deux nombres > 0 tels que l'on ait

$$|B(x, y)| \leqslant c_1\|x\| . \|y\| \quad \text{quels que soient } x, y \text{ dans E} ;$$
$$|B(x, x)| \geqslant c_2\|x\|^2 \quad \text{quel que soit } x \in E .$$

Montrer que pour toute forme linéaire continue f sur E, il existe un unique élément $x_f \in$ E (resp. $y_f \in$ E) tel que $f(x) = B(x_f, x)$ (resp. $f(x) = B(x, y_f)$) quel que soit $x \in$ E.

11) Soient E un espace hilbertien, (x_n) une suite de points de E qui converge faiblement vers un point a. Pour tout $y \in \mathrm{E}$, on pose

$$d(y) = \liminf_{n \to \infty} \|x_n - y\| \quad \text{et} \quad \mathrm{D}(y) = \limsup_{n \to \infty} \|x_n - y\| .$$

Montrer que l'on a $d(y)^2 = d(a)^2 + \|y - a\|^2$ et $\mathrm{D}(y)^2 = \mathrm{D}(a)^2 + \|y - a\|^2$. Si α et β sont deux nombres réels tels que $0 \leqslant \alpha \leqslant \beta$, donner des exemples où $d(a) = \alpha$ et $\mathrm{D}(a) = \beta$.

¶ 12) *a*) Montrer qu'il existe un nombre $c_0 > 0$ tel que, pour tout espace vectoriel réel normé E de dimension n et tout entier $k \leqslant c_0 n$, il existe une norme hilbertienne $x \mapsto \|x\|_2$ sur E telle que $\|x\|_2 \leqslant \|x\|$ pour tout $x \in \mathrm{E}$, ainsi qu'un système orthonormal $(x_j)_{1 \leqslant j \leqslant k}$ de k éléments de E (pour la structure hilbertienne) de normes $\|x_j\| \leqslant 2$. (Utiliser l'exerc. 3 de V, p. 59.)
b) Soient n, m deux entiers > 0 tels que $n \leqslant c_0 m$. Soit E un espace vectoriel réel normé, de dimension m. Montrer qu'il existe un sous-espace vectoriel F de E, de dimension n, une forme bilinéaire symétrique positive et séparante $(x, y) \mapsto \langle x|y \rangle$ sur F et une base orthonormale $\{a_1, a_2, \ldots, a_n\}$ de F tels que

$$\tfrac{1}{2} \sup_j |\langle a_j|x \rangle| \leqslant \|x\| \leqslant \|x\|_2$$

(où $\|x\|_2^2 = \langle x|x \rangle$) pour tout $x \in \mathrm{F}$. (Appliquer *a*) au dual E' de E.)

13) *a*) Soit $(x_n)_{n \in \mathbf{N}}$ une suite infinie dans un espace de Banach E. Montrer que, pour que la famille (x_n) soit sommable, il faut et il suffit que, pour toute suite (ε_n) de nombres égaux à 1 ou à -1, la série de terme général $(\varepsilon_n x_n)$ soit convergente (utiliser TG, III, p. 79, § 5, exerc. 4).
b) Soit $(x_j)_{1 \leqslant j \leqslant n}$ une suite finie de points d'un espace hilbertien E. Montrer que l'on a $2^{-n} \sum_{(\varepsilon_j)} (\|\sum_{j=1}^{n} \varepsilon_j x_j\|^2) = \sum_{j=1}^{n} \|x_j\|^2$, (ε_j) parcourant l'ensemble des 2^n suites de nombres égaux à 1 ou à -1 (utiliser l'identité de la médiane, *cf.* V, p. 9, formule (14)).
c) Déduire de *b*) que si $(x_i)_{i \in \mathrm{I}}$ est une famille sommable dans un espace hilbertien E, la famille $(\|x_i\|^2)_{i \in \mathrm{I}}$ est sommable dans $\mathbf{R}$.

¶ 14) Soit E un espace de Banach de dimension infinie.
a) Montrer que pour tout entier N, il existe une suite $(b_j)_{1 \leqslant j \leqslant \mathrm{N}}$ de N vecteurs de E, de norme 1, tels que, pour toute suite $(\xi_j)_{1 \leqslant j \leqslant \mathrm{N}}$ de N scalaires, on ait

$$\|\sum_{j=1}^{\mathrm{N}} \xi_j b_j\|^2 \leqslant 4 \sum_{j=1}^{\mathrm{N}} |\xi_j|^2$$

(utiliser l'exerc. 12, *b*)).
b) Pour toute suite $(\lambda_n)_{n \geqslant 1}$ de nombres $\geqslant 0$ telle que $\sum_n \lambda_n^2 < +\infty$, montrer qu'il existe une suite $(x_n)_{n \geqslant 1}$ de points de E telle que $\|x_n\| = \lambda_n$ pour tout n, et que la série (x_n) soit sommable. (Utiliser *a*) et l'exerc. 13, *a*).)
c) Déduire de *b*) que dans tout espace de Banach de dimension infinie, il existe une série commutativement convergente mais non absolument convergente (*th. de Dvoretzky-Rogers*).

15) Soient E un espace hilbertien complexe, E_1, E_2 deux sous-espaces vectoriels fermés de E, P_1, P_2 les orthoprojecteurs de E sur E_1, E_2 respectivement.
a) Montrer que, pour que P_1 et P_2 commutent, il faut et il suffit que E soit somme hilbertienne des quatre sous-espaces $\mathrm{E}_1 \cap \mathrm{E}_2$, $\mathrm{E}_1^\circ \cap \mathrm{E}_2^\circ$, $\mathrm{E}_1^\circ \cap \mathrm{E}_2$, $\mathrm{E}_1 \cap \mathrm{E}_2^\circ$ (où l'on note M° le supplémentaire orthogonal d'un sous-espace vectoriel M de E).
b) Montrer que si E_1 est de dimension finie et $\|P_1 - P_2\| < 1$, E_2 a la même dimension que E_1 (considérer l'intersection $\mathrm{E}_1^\circ \cap \mathrm{E}_2$).
c) Montrer que l'endomorphisme $T = (P_1 - P_2)^2$ de E commute avec P_1 et P_2, et que le sous-espace propre de T correspondant à la valeur propre 0 (resp. 1) est la somme directe des sous-espaces orthogonaux $\mathrm{E}_1 \cap \mathrm{E}_2$ et $\mathrm{E}_1^\circ \cap \mathrm{E}_2^\circ$ (resp. $\mathrm{E}_1^\circ \cap \mathrm{E}_2$ et $\mathrm{E}_1 \cap \mathrm{E}_2^\circ$).
d) On suppose que E est de dimension finie et que $T = \lambda I$ avec $\lambda \neq 0$. On a alors $\lambda > 0$ et E

est somme hilbertienne de sous-espaces de dimension $\leqslant 2$, dont chacun est stable par P_1 et P_2 (remarquer que $P_1 - P_2$ est hermitien et en déduire que E est somme hilbertienne de deux sous-espaces E^+, E^- tels que $P_1 . x - P_2 . x = \sqrt{\lambda} x$ dans E^+ et $P_1 . x - P_2 . x = - \sqrt{\lambda} x$ dans E^- ; montrer alors que pour $x \in E^+$, on a $P_1 . x = \frac{1 + \sqrt{\lambda}}{2} x + z$ et $P_2 . x = \frac{1 - \sqrt{\lambda}}{2} x + z$, avec $z \in E^-$).

e) On suppose que E_1 et E_2 sont de dimension finie. Montrer qu'il existe une famille $(F_\alpha)_{\alpha \in A}$ de sous-espaces de dimension $\leqslant 2$ de E telle que E, E_1 et E_2 soient respectivement sommes hilbertiennes des familles $(F_\alpha)_{\alpha \in A}$, $(F_\alpha \cap E_1)_{\alpha \in A}$ et $(F_\alpha \cap E_2)_{\alpha \in A}$ (utiliser *c*) pour se ramener au cas où E est de dimension finie, puis appliquer *d*)).

16) Soient E un espace hilbertien, P un projecteur continu dans E, c'est-à-dire un endomorphisme continu de E tel que $P^2 = P$. Montrer que pour que P soit un orthoprojecteur, il faut et il suffit que $\|P\| \leqslant 1$. (Pour voir que la condition est suffisante, considérer un vecteur x orthogonal au sous-espace noyau de $I - P$.)

Si P est de rang fini, montrer qu'il existe un sous-espace fermé F de E, de codimension finie, contenant $P(E)$ et tel que la restriction de P à F soit un orthoprojecteur.

17) *a*) Soient E un espace hilbertien réel de dimension 2, P_1, P_2 deux orthoprojecteurs dans E, sur les droites D_1, D_2 respectivement, supposées distinctes. Montrer que pour tout $x \in E$ tel que $\|x\| = 1$, on a $\|(P_1 - P_2) . x\| = \sin \theta$, où θ est l'angle de D_1 et D_2 compris entre 0 et $\pi/2$, et que pour tout $y \neq 0$ dans E, il existe $x \neq 0$ tel que $(P_1 - P_2) . x$ soit colinéaire à y.

b) Soient E un espace hilbertien réel, P_1, P_2 deux orthoprojecteurs dans E, d'images respectives E_1, E_2. Montrer que $\|P_1 - P_2\|$ est la borne inférieure des nombres $\sin \theta$, où θ est l'angle compris entre 0 et $\pi/2$ de deux droites D_1, D_2 telles que $D_1 \subset E_1$, $D_2 \subset E_2$, D_1 et D_2 étant orthogonales à $E_1 \cap E_2$.

c) Soient Q_1, Q_2 deux projecteurs continus dans E, d'images E_1, E_2, et soient P_1, P_2 les orthoprojecteurs sur E_1 et E_2 respectivement. Montrer que l'on a $\| P_2 - P_1 \| \leqslant \| Q_2 - Q_1 \|$. (Observer que l'on a $(Q_2 - Q_1) P_2 = (I - Q_1)(P_2 - P_1)$ et utiliser *a*) et *b*).)

¶ 18) Soit E un espace normé réel, de dimension $\geqslant 3$. On suppose qu'il existe une application bijective décroissante ω de l'ensemble $\mathfrak{M}$ des sous-espaces vectoriels fermés de E sur lui-même, telle que $\omega(\omega(M)) = M$ et $M \cap \omega(M) = \{0\}$ pour tout $M \in \mathfrak{M}$.

a) Montrer qu'il existe une application linéaire u de E sur son dual E' bien déterminée à un facteur scalaire près et telle que $u(M) = (\omega(M))^\circ$ pour tout $M \in \mathfrak{M}$. (En considérant le cas où M est de dimension 1, appliquer le th. fondamental de la géométrie projective (A, II, p. 203, exerc. 16) en remarquant que le seul automorphisme du corps **R** est l'identité (TG, IV, p. 52, exerc. 3 du § 3).)

b) Si l'on pose $\langle x | y \rangle = \langle x, u(y) \rangle$, montrer que $\langle x | x \rangle \neq 0$ pour tout $x \neq 0$ et que les relations $\langle x | y \rangle = 0$ et $\langle y | x \rangle = 0$ sont équivalentes. En déduire que $\langle y | x \rangle = \langle x | y \rangle$ pour tout couple de points x, y de E (considérer un nombre $\lambda \in \mathbf{R}$ tel que $\langle \lambda x + y | x \rangle = 0$).

c) Montrer que $\langle x | x \rangle$ garde un signe constant dans l'ensemble des $x \neq 0$; en remplaçant u par $-u$ au besoin, on peut donc supposer que $\langle x | y \rangle$ est une forme bilinéaire symétrique positive séparante sur $E \times E$.

d) Soit $\mathcal{T}_0$ la topologie initiale de E. Montrer que la topologie $\mathcal{T}$ sur E, définie par la norme $\langle x | x \rangle^{1/2}$, est plus fine que la topologie $\mathcal{T}_0$ (remarquer que le dual de E pour $\mathcal{T}$ contient le dual E' de E pour $\mathcal{T}_0$).

e) Montrer que u est une application continue de E sur son dual E', pour les topologies $\sigma(E, E')$ et $\sigma(E', E)$. En déduire que si E est *complet* pour la topologie initiale $\mathcal{T}_0$, u est continue pour $\mathcal{T}_0$ et pour la topologie forte $\beta(E', E)$ (remarquer que u transforme tout ensemble borné pour $\sigma(E, E')$ en un ensemble borné pour $\sigma(E', E)$). En déduire que les topologies $\mathcal{T}$ et $\mathcal{T}_0$ sont alors identiques, et que $\omega(M)$ est le supplémentaire orthogonal de M pour la structure d'espace hilbertien définie sur E par la forme $\langle x | y \rangle$ (*cf.* I, p. 17, th. 1).

f) Montrer que dans l'espace $\ell^1(\mathbf{N})$, muni de la norme induite par celle de $\ell^\infty(\mathbf{N})$, il existe une application bijective $M \mapsto \omega(M)$ de $\mathfrak{M}$ sur lui-même, ayant les propriétés énoncées ci-dessus (IV, p. 47, exerc. 1).

¶ 19) Soit E un espace normé complexe, de dimension *infinie*. On suppose qu'il existe une application bijective ω de l'ensemble $\mathfrak{M}$ des sous-espaces vectoriels fermés de E sur lui-même, ayant les propriétés énoncées dans l'exerc. 18.
a) Montrer qu'il existe une application semi-linéaire u de E sur son dual E′ (pour l'automorphisme $\xi \mapsto \bar{\xi}$ de **C**) bien déterminée à un facteur scalaire près et telle que $u(\mathrm{M}) = (\omega(\mathrm{M}))^{\circ}$ pour tout $\mathrm{M} \in \mathfrak{M}$. (Procéder comme dans l'exerc. 18 ; en utilisant IV, p. 65, exerc. 16, montrer que u est une application semi-linéaire relative à l'automorphisme identique de **C** ou à l'automorphisme $\xi \mapsto \bar{\xi}$; prouver enfin que le premier cas ne peut se produire, en remarquant que $\langle x, u(x) \rangle \neq 0$ pour $x \neq 0$.)
b) Si l'on pose $\langle y|x \rangle = \langle x, u(y) \rangle$, montrer que $\langle x|y \rangle = \overline{\langle y|x \rangle}$ et que $\langle x|x \rangle$ garde un signe constant dans l'ensemble des $x \neq 0$ (même méthode que dans l'exerc. 18).
c) Montrer enfin que la topologie définie par la norme $\langle x|x \rangle^{1/2}$ est plus fine que la topologie initiale $\mathscr{T}_0$ sur E, et que ces deux topologies sont identiques lorsque E est complet pour $\mathscr{T}_0$; dans ce dernier cas, $\omega(\mathrm{M})$ est le supplémentaire orthogonal de M dans l'espace hilbertien E.

20) Soient E un espace vectoriel réel de dimension finie, φ une application linéaire bijective de E sur son dual E*. Soit A un ensemble convexe symétrique compact dans E, ayant 0 comme point intérieur ; on suppose que, pour tout point x de la frontière de A, l'hyperplan d'équation $\langle y - x, \varphi(x) \rangle = 0$ soit un hyperplan d'appui pour A.
a) Soit $f(x) = |\langle x, \varphi(x) \rangle|$, et soit a un point frontière de A où $f(x)$ atteint son minimum. Montrer que, pour tout point b tel que $\langle b, \varphi(a) \rangle = 0$, on a aussi $\langle a, \varphi(b) \rangle = 0$. (Remarquer que $\langle x, \varphi(x) \rangle \neq 0$ pour $x \neq 0$, et qu'on peut par suite supposer que $f(x) = \langle x, \varphi(x) \rangle \geqslant 0$; utiliser le fait que tout hyperplan d'appui de A au point a est aussi un hyperplan d'appui de l'ensemble défini par $f(x) \leqslant f(a)$.)
b) Montrer que $(x, y) \mapsto \langle x, \varphi(y) \rangle$ est une forme bilinéaire symétrique, et que A est identique à l'ensemble des points x tels que $f(x) \leqslant \gamma$ pour une constante convenable γ. (Raisonner par récurrence sur la dimension de E, en considérant, avec les notations de *a*), l'hyperplan d'équation $\langle x, \varphi(a) \rangle = 0$.)

21) Soient E un espace vectoriel complexe de dimension finie, φ une application semi-linéaire (relative à l'automorphisme $\xi \mapsto \bar{\xi}$ de **C**) bijective de E sur son dual E*. Soit $\|x\|$ une norme sur E telle que, pour tout $x \in \mathrm{E}$, on ait $|\langle x, \varphi(x) \rangle| = \|x\| . \|\varphi(x)\|$. Montrer que $(y, x) \mapsto \langle x, \varphi(y) \rangle$ est, à un facteur constant près, une forme hermitienne positive séparante, et que l'on a $\langle x, \varphi(x) \rangle = \gamma \|x\|^2$ (γ constante). (Raisonner comme dans l'exerc. 20.)

¶ 22) Soit E un espace normé réel de dimension $\geqslant 3$ tel que, pour tout plan homogène P dans E, il existe un projecteur continu de E sur P, de norme 1. Montrer que la norme sur E est préhilbertienne. On se ramènera, à l'aide de V, p. 59, exerc. 2, au cas où E est de dimension 3, et on établira successivement les propositions suivantes :
a) Pour tout plan homogène P dans E, il existe un seul projecteur continu de E sur P, de norme 1, et le noyau de ce projecteur est une droite homogène D(P), telle que $\mathrm{P} \mapsto \mathrm{D}(\mathrm{P})$ soit une bijection continue de l'espace des plans homogènes de E dans l'espace des droites homogènes de E (TG, VI, p. 18).
b) Tout point de la sphère S d'équation $\|x\| = 1$ dans E est extrémal dans la boule B de E définie par $\|x\| \leqslant 1$. (Montrer d'abord que, si $x \in \mathrm{S}$ n'était pas extrémal, sa facette F_x dans B (II, p. 92, exerc. 3) serait de dimension 2, en considérant tous les plans homogènes P passant par x ; prouver ensuite que cette hypothèse est contradictoire, en procédant de même en un point de F_x où il n'existe qu'une seule droite d'appui de F_x dans le plan engendré par F_x ; l'existence d'un tel point pourra être établie en utilisant II, p. 93, exerc. 7 et p. 94, exerc. 8.)
c) Tout point de la sphère S′ d'équation $\|x'\| = 1$ dans le dual E′ de E est extrémal dans la boule B′ de E′ définie par $\|x'\| \leqslant 1$. (Remarquer d'abord que, pour toute droite homogène D′ de E′, il existe un plan homogène P′(D′) et un seul dans E′ tel que, pour tout point de $\mathrm{S}' \cap \mathrm{P}'(\mathrm{D}')$, le plan d'appui de B′ en ce point (unique d'après *a*)) soit parallèle à D′ ; en outre l'application $\mathrm{D}' \mapsto \mathrm{P}'(\mathrm{D}')$ est continue. Déduire de là tout d'abord que si $x' \in \mathrm{S}'$ n'était pas extrémal dans B′, sa facette $\mathrm{F}_{x'}$ dans B′ serait de dimension 2 au moins, en considérant toutes les droites homogènes D′ parallèles au plan d'appui de B′ au point x'. Montrer ensuite que cette hypothèse entraîne contradiction, en considérant un point de stricte convexité y'

de $F_{x'}$ (II, p. 94, exerc. 8), l'unique droite homogène D'_0 parallèle à la droite d'appui de $F_{x'}$ au point y' dans le plan engendré par $F_{x'}$, et en prouvant que la fonction $D' \mapsto P'(D')$ ne serait pas continue pour $D' = D'_0$.)
d) Montrer que, si trois plans homogènes P_1, P_2, P_3 dans E contiennent une même droite Δ, les trois droites $D(P_1)$, $D(P_2)$, $D(P_3)$ sont dans un même plan homogène $\pi(\Delta)$ (considérer l'unique plan d'appui de B en un point d'intersection de Δ et de S). En appliquant le th. fondamental de la géométrie projective (A, II, p. 203, exerc. 16), en déduire qu'il existe une application linéaire bijective φ de E' sur E telle que, pour tout $x' \in E'$, le point $\varphi(x')$ appartienne à la droite D(P), où P est le plan d'équation $\langle y, x' \rangle = 0$. Montrer que, pour tout point $x' \in S'$, le plan d'équation $\langle \varphi(x'), y' - x' \rangle = 0$ est plan d'appui de B' en ce point, et conclure en appliquant V, p. 64, exerc. 20.

¶ 23) Soit E un espace vectoriel normé complexe de dimension $\geqslant 3$, tel que pour tout plan (complexe) homogène P dans E, il existe un projecteur continu de E sur P, de norme 1. Montrer que la norme sur E est préhilbertienne. On se ramènera, à l'aide de V, p. 59, exerc. 2, au cas où E est de dimension 3 sur **C**, et on procédera comme dans l'exerc. 22. (Pour la partie *b*) de la démonstration, considérer, pour tout $x' \in E'$ tel que $\|x'\| = 1$, l'ensemble convexe $G_{x'}$ des $x \in S$ tels que $\langle x, x' \rangle = 1$; montrer que si $G_{x'}$ n'était pas réduit à un point, il serait au moins de dimension 3 sur **R** ; considérer alors, dans la variété linéaire affine réelle engendrée par $G_{x'}$, un point frontière de $G_{x'}$ où il n'existe qu'un seul hyperplan d'appui (réel) de $G_{x'}$. Pour la partie *c*) de la démonstration, considérer de même, pour tout $x \in S$, l'ensemble G'_x des $x' \in S'$ tels que $\langle x, x' \rangle = 1$, et montrer que G'_x est réduit à un point ; pour cela, prouver que, dans le cas contraire, la variété linéaire affine réelle engendrée par G'_x serait au moins de dimension 2 sur **R**, et contiendrait deux vecteurs linéairement indépendants sur **C**. Conclure à l'aide de V, p. 64, exerc. 21.)

¶ 24) Dans un espace normé réel E de dimension $\geqslant 3$, on dit qu'un vecteur y est *quasi-normal* à un vecteur x si, pour tout scalaire λ, on a $\|x + \lambda y\| \geqslant \|x\|$.
a) Montrer que, si la relation « y est quasi-normal à x » est symétrique en x, y, alors la norme sur E est préhilbertienne. (Montrer que la condition de V, p. 64, exerc. 22 est satisfaite.)
b) Montrer que la même conclusion subsiste si, pour tout hyperplan homogène fermé H dans E, il existe un vecteur $\neq 0$ quasi-normal à tous les vecteurs de H. (Même méthode, en appliquant le th. 2 de E, III, p. 20 aux projecteurs continus de norme 1, sur un plan homogène P, de sous-espaces vectoriels contenant P, ces projections étant ordonnées par la relation de prolongement.)
c) Montrer que la même conclusion subsiste si, pour tout vecteur $x \neq 0$ dans E, il existe un hyperplan fermé H tel que x soit quasi-normal à tous les vecteurs de H. (Se ramener au cas où E est de dimension 3, et appliquer V, p. 64, exerc. 22 au dual de E.)
d) Montrer que la même conclusion subsiste si, lorsque z est quasi-normal à x et y, z est quasi-normal à $x + y$ (appliquer V, p. 64, exerc. 22).

25) *a*) Soient E un espace normé réel et $x' \neq 0$ un vecteur du dual E' de E. Montrer que pour que tout vecteur y de l'hyperplan $x'^{-1}(0)$ soit quasi-normal à x (exerc. 24), il faut et il suffit que $\langle x, x' \rangle = \|x\| . \|x'\|$.
b) Déduire de *a*) que pour tout $x \neq 0$ dans E, il existe un hyperplan homogène fermé H de E tel que tout vecteur $y \in H$ soit quasi-normal à x.
c) Si x, y sont deux points de E et $x \neq 0$, il existe un scalaire α tel que $\alpha x + y$ soit quasi-normal à x.

26) On dit qu'un espace normé réel E est *lisse* si tous les points de la sphère unité dans E sont des points de lissité (II, p. 93, exerc. 6) de la boule unité. Pour qu'il en soit ainsi, il faut et il suffit qu'il existe une application et une seule f de $E - \{0\}$ dans $E' - \{0\}$, positivement homogène, telle que $\|f(x)\| = 1$ pour $\|x\| = 1$, et que $\langle x, f(x) \rangle = \|x\| . \|f(x)\|$.
Montrer que les propriétés suivantes sont équivalentes :

α) E est lisse.

β) Pour tout $x \neq 0$ dans E et tout $y \in E$, il existe un scalaire *unique* α tel que $\alpha x + y$ soit quasi-normal à x.

γ) Pour tout $x \in \mathrm{E}$, si y et z sont quasi-normaux à x, $y + z$ est quasi-normal à x. (Pour voir que γ) entraîne β), observer que si $\alpha x + y$ et $\beta x + y$ sont quasi-normaux à x, $(\alpha - \beta)\, x$ est quasi-normal à x.)

27) On dit qu'un espace normé réel E est *strictement convexe* si tous les points de la sphère unité sont des points de stricte convexité (II, p. 93, exerc. 6) de la boule unité. Montrer que, pour que E soit strictement convexe, il faut et il suffit que pour tout $x \neq 0$ dans E et tout $y \in \mathrm{E}$, il existe un scalaire *unique* α tel que x soit quasi-normal à $x + y$. (Observer que l'application $t \mapsto \|tx + y\|$ est convexe dans $\mathbf{R}$.)

28) Soient E un espace normé, E′ son dual.
a) Montrer que si E′ est lisse (V, p. 65, exerc. 26), E est strictement convexe (si x, y sont tels que $x \neq y$, $\|x\| = \|y\| = \|\frac{1}{2}(x + y)\| = 1$, considérer un $x' \in \mathrm{E}'$ tel que l'on ait $\|x'\| = 1$ et $\langle \frac{1}{2}(x + y), x' \rangle = 1$).
b) Montrer que si E′ est strictement convexe, E est lisse.

¶ 29) Soient E un espace normé, E′ son dual. On dit qu'une application f de $\mathrm{E} - \{0\}$ dans $\mathrm{E}' - \{0\}$ est une *application support* si elle est positivement homogène, et si pour tout $x \in \mathrm{E}$ tel que $\|x\| = 1$, on a $\|f(x)\| = 1$ et $\langle x, f(x) \rangle = 1$. Pour que E soit lisse (V, p. 65, exerc. 26), il faut et il suffit qu'il existe une application support unique de $\mathrm{E} - \{0\}$ dans $\mathrm{E}' - \{0\}$.

Soient S la sphère unité dans E, S′ la sphère unité dans E′, et soit $x_0 \in \mathrm{S}$. Les conditions suivantes sont équivalentes :

α) x_0 est un point de lissité de la boule unité dans E.

β) Il existe une application support f dont la restriction à S est continue au point x_0 quand on munit S de la topologie de la norme, et S′ de la topologie faible $\sigma(\mathrm{E}', \mathrm{E})$.

γ) Pour tout $y \in \mathrm{E}$, l'application $t \mapsto \|x_0 + ty\|$ admet une dérivée au point $t = 0$.
(Pour voir que α) entraîne β), raisonner par l'absurde en utilisant la faible compacité de la boule unité dans E′. Pour voir que β) entraîne γ), se ramener au cas où E est de dimension 2 et utiliser le fait que $t \mapsto \|x_0 + ty\|$ est convexe.)

Toute application support est alors continue au point x_0.

30) Soient E un espace de Banach, E′ son dual fort, E″ le dual fort de E′, E‴ le dual fort de E″, E^{IV} le dual fort de E‴.
a) On suppose E non réflexif ; il existe alors $x' \in \mathrm{E}'$ tel que $\|x'\| = 1$, mais que pour *aucun* $x \in \mathrm{E}$ tel que $\|x\| = 1$, on n'ait $\langle x, x' \rangle = 1$ (IV, p. 57, exerc. 25). D'autre part, il existe une suite (x'_n) de points de E′ telle que $\|x'_n\| = 1$, tendant fortement vers x', et une suite (x_n) de points de E telle que $\|x_n\| = 1$ et $\langle x_n, x'_n \rangle = 1$ pour tout n (II, p. 82, exerc. 4). Montrer que dans E″, la suite (x_n) n'est convergente vers aucun point pour la topologie $\sigma(\mathrm{E}'', \mathrm{E}''')$ (remarquer que dans le cas contraire elle convergerait vers un point $x \in \mathrm{E}$ et montrer qu'on aurait $\langle x, x' \rangle = 1$).
b) Montrer qu'il n'est pas possible que x' et x'_n soient des points de lissité de la sphère unité dans E‴ (remarquer que x_n, considéré comme élément de E^{IV}, serait l'unique élément $x_n^{\mathrm{IV}} \in \mathrm{E}^{\mathrm{IV}}$ tel que $\|x_n^{\mathrm{IV}}\| = 1$ et $\langle x'_n, x_n^{\mathrm{IV}} \rangle = 1$, et utiliser l'exerc. 29).
c) Conclure que si E‴ est lisse, ou si E^{IV} est strictement convexe, E est nécessairement réflexif.

31) On dit qu'un espace normé E (réel ou complexe) est *uniformément convexe* si, pour tout ε tel que $0 < \varepsilon < 2$, il existe $\delta > 0$ tel que les relations $\|x\| \leqslant 1$, $\|y\| \leqslant 1$, $\|x - y\| \geqslant \varepsilon$ dans E impliquent $\|\frac{1}{2}(x + y)\| \leqslant 1 - \delta$. Un espace uniformément convexe est strictement convexe (V, p. 66, exerc. 27). On dit que E est *uniformément lisse* si, pour tout $\varepsilon > 0$, il existe $\eta > 0$ tel que les relations $\|x\| \geqslant 1$, $\|y\| \geqslant 1$, $\|x - y\| \leqslant \eta$ entraînent l'inégalité $\|x + y\| \geqslant \|x\| + \|y\| - \varepsilon\|x - y\|$. Il revient au même de dire que, pour tout $\varepsilon > 0$, il existe $\rho > 0$ tel que les relations $\|x\| = 1$, $\|y\| \leqslant \rho$ entraînent l'inégalité

$$\|x + y\| + \|x - y\| \leqslant 2 + \varepsilon\|y\| .$$

Un espace uniformément lisse est lisse (V, p. 65, exerc. 26).

a) Montrer que si E est uniformément convexe, son dual fort E′ est uniformément lisse, et que si E est uniformément lisse, E′ est uniformément convexe ; la restriction à la sphère unité S

de E de l'unique application support (V, p. 66, exerc. 29) est alors une application de S dans la sphère unité S′ de E′, continue pour les topologies de E et E′ déduites de la norme.
b) Montrer que si E est uniformément convexe, et si un filtre $\mathfrak{F}$ sur E converge vers x_0 pour la topologie $\sigma(E, E')$ et est tel que $\lim_{\mathfrak{F}} \|x\| = \|x_0\|$, $\mathfrak{F}$ converge vers x_0 pour la topologie initiale de E.
c) Montrer qu'un espace de Banach qui est uniformément convexe ou uniformément lisse est réflexif (utiliser *b*) et *c*), ainsi que IV, p. 61, exerc. 12). (*Cf.* V, p. 71, exerc. 14.)
d) Généraliser aux espaces de Banach uniformément convexes la première partie du th. 1 de V, p. 10, ainsi que les cor. 1 et 2 de V, p. 11.

32) Soit E un espace normé (réel ou complexe) de dimension $\geqslant 2$, tel que, pour tout ε tel que $0 < \varepsilon < 2$, les relations $\|x\| = 1$, $\|y\| = 1$, $\|x - y\| \geqslant \varepsilon$ dans E impliquent l'inégalité $\|\frac{1}{2}(x + y)\| \leqslant \left(1 - \frac{\varepsilon^2}{4}\right)^{1/2}$. Montrer que la norme sur E est préhilbertienne. (Se ramener au cas où E est réel et de dimension 2, et raisonner comme dans V, p. 60, exerc. 4, *a*).)

¶ 33) Soit E un espace de Banach uniformément convexe (V, p. 66, exerc. 31). Il existe alors un nombre θ tel que $\frac{3}{4} \leqslant \theta < 1$ et tel que la relation $\|x - y\| \geqslant \frac{1}{2} \sup(\|x\|, \|y\|)$ dans E entraîne $\|\frac{1}{2}(x + y)\| \leqslant \theta \sup(\|x\|, \|y\|)$.
a) Soit (x_n) une suite de points de E telle que $\|x_n\| \leqslant M$ et qui tend vers 0 pour $\sigma(E, E')$. Montrer que si pour un indice *p*, on a $\|x_p\| \geqslant \frac{1}{2}M$, il existe $q > p$ tel que $\|x_p - x_q\| > \frac{1}{2}M$, et par suite $\|\frac{1}{2}(x_p + x_q)\| \leqslant \theta M$ (raisonner par l'absurde, en remarquant que pour $x' \in E'$ tel que $\|x'\| = 1$, on a $\langle x_p, x' \rangle = \lim_{n \to \infty} \langle x_p - x_n, x' \rangle$). En déduire qu'il existe une application strictement croissante ℓ de **N** dans lui-même telle que l'on ait $\|\frac{1}{2}(x_{\ell(2n)} + x_{\ell(2n+1)})\| \leqslant M\theta$, de sorte que si $x_n^{(1)} = \frac{1}{2}(x_{\ell(2n)} + x_{\ell(2n+1)})$, la suite $(x_n^{(1)})$ tend vers 0 pour $\sigma(E, E')$, et que $\|x_n^{(1)}\| \leqslant M\theta$ pour tout *n*.
b) Montrer qu'il existe une suite (x_{n_k}) extraite de (x_n) telle que, si l'on pose $y(k) = x_{n_k}$, on ait la propriété suivante : pour tout entier $p > 1$, tout entier $q < p$ et tout entier *i* tel que $1 \leqslant i \leqslant 2^{p-q}$,

$$\|y((i-1)\,2^q + 1) + y((i-1)\,2^q + 2) + \cdots + y(i2^q)\| \leqslant M\theta^q .$$

(Itérer le procédé de *a*) en formant à partir d'une suite $(x_n^{(k)})$ une suite $(x_n^{(k+1)})$ de la même manière que $(x_n^{(1)})$ est formée à partir de (x_n) ; puis utiliser un « procédé diagonal » convenable.)
c) Soient *r* et *q* deux entiers > 1. Déduire de *b*) que si $r2^q \leqslant k \leqslant (r + 1)\,2^q$, on a

$$\|x_{n_1} + x_{n_2} + \cdots + x_{n_k}\| \leqslant (2^q - 1)\,M + 2^q M + (r - 1)\,2^q M\theta^q$$

(décomposer la somme de gauche en plusieurs parties, en faisant varier *h* de 1 à 2^q, puis de $(j - 1)\,2^q + 1$ à $j2^q$ pour $2 \leqslant j \leqslant r$, puis de $r2^q + 1$ à *k*).
d) Montrer que pour toute suite (x_n) bornée dans E, il existe une suite extraite (x_{n_k}) telle que la suite des moyennes $(x_{n_1} + \cdots + x_{n_k})/k$ converge pour la topologie initiale de E (*th. de Banach-Saks-Kakutani*). (En utilisant le fait que E est réflexif, se ramener au cas où la suite (x_n) converge vers 0 pour $\sigma(E, E')$, et utiliser *c*) pour *q* et *r* assez grands.)

34) Soient E un espace de Banach, K un ensemble convexe borné dans E et fermé pour $\sigma(E, E')$. On suppose que, pour toute suite (x_n) dans K, il existe une suite extraite (x_{n_k}) telle que la suite des moyennes $(x_{n_1} + \cdots + x_{n_k})/k$ soit convergente pour $\sigma(E, E')$. Montrer que pour toute forme linéaire continue x' sur E, il existe un élément *x* de K tel que $\langle x, x' \rangle = \sup_{y \in K} \langle y, x' \rangle$ (appliquer l'hypothèse à une suite (x_n) de points de K telle que $\langle x_n, x' \rangle$ tende vers $\sup_{y \in K} \langle y, x' \rangle$). En déduire que si E possède la propriété de l'exerc. 33, *d*), c'est un espace réflexif (*cf.* IV, p. 57, exerc. 25).

* 35) On note E un espace hilbertien réel de dimension finie *n*, S la sphère unité de E et *m* l'unique mesure positive de norme 1 sur S invariante par le groupe des automorphismes de E. On considère S comme un espace métrique dans lequel la distance est définie par

$d(x, y) = \operatorname{Arc\,cos} \langle x | y \rangle$. Pour $x \in S$ et tout nombre réel $r \geqslant 0$, on note $B(x, r)$ l'ensemble des points y de S tels que $d(x, y) \leqslant r$; pour toute partie A de S et tout nombre réel $r \geqslant 0$, on note A_r l'ensemble des points x de S tels que $d(x, A) \leqslant r$.
a) Etant données deux parties fermées A et B de S, on note $\delta(A, B)$ la borne inférieure de l'ensemble des nombres réels $r \geqslant 0$ tels que $A \subset B_r$ et $B \subset A_r$. Montrer que δ est une distance sur l'ensemble $\mathscr{F}$ des parties fermées de S, et que $\mathscr{F}$ est un espace métrique compact pour cette distance. Montrer que l'application $A \mapsto m(A)$ de $\mathscr{F}$ dans **R** est semi-continue supérieurement.
b) Soient x_0 un point de S, H l'hyperplan de E orthogonal à x_0, x_1 un point de H et γ l'arc de cercle joignant x_0 à $-x_0$ en passant par x_1, c'est-à-dire l'ensemble des points de S de la forme $x_0 \sin \theta + x_1 \cos \theta$ avec $|\theta| \leqslant \pi/2$. Pour tout $y \in \gamma$, on pose $H_y = H + y$ et $S_y = S \cap H_y$; on note m_y l'unique mesure positive de norme 1 sur S_y invariante par le groupe des automorphismes de E qui laissent fixe x_0.

Soit A une partie fermée de S et soit γ' l'ensemble des points y de γ tels que $A \cap S_y$ soit non vide. Pour tout $y \in \gamma'$, il existe un unique nombre réel $r(y)$ tel que $0 \leqslant r(y) \leqslant \pi$ et que $m_y(A \cap S_y) = m_y(B(y, r(y)) \cap S_y)$; on note $s_\gamma(A)$ la réunion des ensembles $B(y, r(y)) \cap S_y$ pour y parcourant γ'. Prouver que $s_\gamma(A)$ est fermé et que l'on a $m(A) = m((s_\gamma(A))$.
c) Pour toute partie fermée A de S, on appelle *rayon* de A la borne inférieure $r(A)$ de l'ensemble des nombres réels $r \geqslant 0$ pour lesquels il existe $x \in S$ avec $A \subset B(x, r)$. On note M(A) l'ensemble des parties fermées C de S telles que $m(C) = m(A)$ et $m(C_\varepsilon) \leqslant m(A_\varepsilon)$ pour tout $\varepsilon > 0$. Montrer que les conditions suivantes sont équivalentes pour toute paire (A, B) de parties fermées de S :

(i) on a $m(A) = m(B)$ et B est de la forme $B(x, r)$ avec $x \in S$ et $r \geqslant 0$;

(ii) on a $B \in M(A)$ et $r(B) \leqslant r(C)$ pour toute partie C de A appartenant à M(A). (Raisonnant par récurrence sur n, on déduira de *b*) que $s_\gamma(A)$ appartient à M(A) pour toute partie fermée A de S ; si $r > 0$ est tel que $A \subset B(x_1, r)$, montrer que tout point de la frontière de $B(x_1, r)$ dans S qui appartient à $s_\gamma(A)$ appartient aussi à A.) *

* 36) Les notations sont celles de l'exerc. 35.
a) Soient a un vecteur de norme 1 dans E, K_ε l'ensemble des $x \in S$ tels que $|\langle x | a \rangle| \leqslant \sin \varepsilon$ et L_ε l'ensemble des $x \in S$ tels que $d(x, S_a) \geqslant \varepsilon$ (où S_a est l'ensemble des points de S orthogonaux à a). Montrer que pour $\varepsilon > 0$ assez petit, on a $m(K_\varepsilon) \geqslant 4e^{-n\varepsilon^2/2}$ et $m(L_\varepsilon) \leqslant 4e^{-n\varepsilon^2/2}$ (on pourra remarquer que l'image de la mesure m par l'application $x \mapsto \langle x | a \rangle$ de S dans l'intervalle $[-1, 1]$ de **R** est de la forme $c_n(1 - t^2)^{(n-3)/2}dt$ avec une constante $c_n > 0$ convenable).
b) Soient f une application continue de S dans **R** et $M(f)$ un nombre réel tel que l'ensemble des $x \in S$ tels que $f(x) \leqslant M(f)$ (resp. $f(x) \geqslant M(f)$) soit de mesure $\geqslant \frac{1}{2}$ pour m. Soit B l'ensemble des $x \in S$ tels que $f(x) = M(f)$. Déduire de *a*) que, pour tout $\varepsilon > 0$ assez petit, l'ensemble des $x \in S$ tels que $d(x, B) \geqslant \varepsilon$ a une mesure pour m au plus égale à $4e^{-n\varepsilon^2/2}$.
c) Pour tout $\varepsilon > 0$, soit $h(n, \varepsilon)$ le plus petit entier $h \geqslant 1$ pour lequel il existe des points $x_1, \ldots, x_h$ de S tels que $S = \bigcup_{i=1}^{h} B(x_i, \varepsilon)$. Montrer que l'on a $\lim_{\varepsilon \to 0} (\log h(n, \varepsilon)) / |\log \varepsilon| = n$.
d) Rappelons que E est un espace hilbertien réel de dimension n. Soient k un entier positif et ε, ε' deux nombres strictement positifs tels que $4h(k, \varepsilon) < e^{n\varepsilon'^2/2}$. Soit f une application de S dans **R** telle que $|f(x) - f(y)| \leqslant \|x - y\|$ pour x, y dans S, et $M(f)$ un nombre réel satisfaisant à la relation énoncée dans *b*). Montrer qu'il existe un sous-espace vectoriel F de E, de dimension k, satisfaisant à la condition suivante : pour tout $x \in F \cap S$, il existe un point y de $F \cap S$ tel que $\|x - y\| < \varepsilon$ et $|f(y) - M(f)| \leqslant \varepsilon'$. *

* 37) Soit E un espace hilbertien réel de dimension finie n et soit γ la mesure positive sur E telle que $\int_E e^{i\langle x|y \rangle} d\gamma(y) = \exp(-\pi \|x\|^2/2)$ pour tout $x \in E$ (INT, IX, § 6, n° 5). Soit m l'unique mesure positive de norme 1 sur la sphère unité S de E qui est invariante par le groupe des automorphismes de E.
a) Soit p une fonction continue sur E, satisfaisant à $p(t.x) = t.p(x)$ pour $x \in S$ et t réel positif. Montrer que l'on a $\int_E p d\gamma = c_n \int_S p dm$ avec $c_n = \pi^{1/2}\Gamma(n/2)/\Gamma((n+1)/2)$.

b) Montrer qu'il existe une constante $C > 0$, *indépendante de n*, telle que l'on ait

$$\int_E \sup_{1 \leqslant i \leqslant n} |\langle x|e_i\rangle| \, d\gamma(x) \geqslant C.(\log n)^{1/2}$$

pour toute base orthonormale $(e_1, \ldots, e_n)$ de E.
c) Soient $\varepsilon > 0$ et k un entier positif. Déduire de *b*) et des exercices 12 (V, p. 62) et 36, *d*) que si n est assez grand, il existe, pour tout espace normé réel V de dimension n, un sous-espace vectoriel W de V, de dimension k, satisfaisant à la propriété suivante : il existe un espace hilbertien réel W_1, de dimension k, et une application linéaire bijective u de W sur W_1 telle que $\sup(\|u\|, \|u^{-1}\|) \leqslant 1 + \varepsilon$.

§ 2

1) Soit B une base orthonormale dans un espace hilbertien E de dimension infinie.
a) Montrer que toute partie partout dense de E a un cardinal au moins égal à celui de B, et qu'il existe dans E un ensemble partout dense équipotent à B.
b) Montrer que $\mathrm{Card}(E) = \mathrm{Card}(B^{\mathbf{N}})$ (utiliser *a*) pour voir que $\mathrm{Card}(E) \leqslant \mathrm{Card}(B^{\mathbf{N}})$).
c) Montrer que si $\mathrm{Card}(B) \leqslant \mathrm{Card}(\mathbf{R})$, toute base *algébrique* de E a un cardinal égal à $\mathrm{Card}(\mathbf{R}) = 2^{\aleph_0}$ (utiliser II, p. 85, exerc. 24, *c*)) ; si au contraire $\mathrm{Card}(B) > \mathrm{Card}(\mathbf{R})$, toute base algébrique de E est équipotente à $B^{\mathbf{N}}$ (utiliser *b*) et A, II, p. 193, exerc. 3, *d*)).

¶ 2) *a*) Soient E_1, E_2 deux espaces hilbertiens dont les dimensions hilbertiennes respectives sont deux cardinaux infinis $\mathfrak{m}$, $\mathfrak{n}$ tels que $\mathfrak{m} < \mathfrak{n} \leqslant \mathfrak{m}^{\aleph_0}$. Soit $E = E_1 \oplus E_2$ la somme hilbertienne de E_1, E_2, et soit $(b_\lambda)_{\lambda \in L}$ une base orthonormale de E_2. Montrer qu'il existe dans E_1 un système algébriquement libre $(a_\lambda)_{\lambda \in L}$ (*cf.* exerc. 1, *c*)) ; soit H le sous-espace de E engendré (algébriquement) par la famille $(a_\lambda + b_\lambda)_{\lambda \in L}$. Montrer que la dimension hilbertienne de $\overline{H}$ est égale à $\mathfrak{n}$ (remarquer que la projection orthogonale de H sur E_2 est partout dense, et utiliser l'exerc. 1, *a*)). Si S est une partie orthonormale de H, montrer que $S \cap E_2 = \varnothing$; en déduire que $\mathrm{Card}(S) \leqslant \mathfrak{m}$ (remarquer que tout élément d'une base orthonormale de E_1 est orthogonal à tous les éléments de S sauf au plus à une infinité dénombrable d'entre eux).
b) Soit E_3 un espace hilbertien de dimension hilbertienne $\mathfrak{p} \geqslant \mathfrak{n}$, et soit F la somme hilbertienne $E \oplus E_3$. Soit G le sous-espace $H + E_3$ de F. Montrer que la dimension hilbertienne de $\overline{G}$ est $\mathfrak{p}$. Si T est une partie orthonormale de G, montrer que $T \cap (E_2 + E_3) \subset E_3$; en déduire que le cardinal de la projection orthogonale de T sur E_2 est au plus $\mathfrak{m}$ (raisonner comme dans *a*)). Conclure de là que G n'admet pas de base orthonormale, en remarquant que la projection orthogonale de G sur E_2 est partout dense dans E_2.

3) Montrer que, dans tout espace préhilbertien E séparé et non complet, il existe un hyperplan fermé dont le sous-espace orthogonal dans E est réduit à 0. En déduire que, si E est de type dénombrable, il existe dans E une famille orthonormale non totale qui n'est contenue dans aucune base orthonormale.

4) Soient E un espace préhilbertien séparé, $(E_i)_{i \in I}$ une famille de sous-espaces vectoriels complets de E, *bien ordonnée* par inclusion, telle que la réunion des E_i soit partout dense dans E. Montrer qu'il existe une base orthonormale $(e_\alpha)_{\alpha \in A}$ de E possédant la propriété suivante : pour tout $i \in I$ l'ensemble des e_α appartenant à E_i est une base orthonormale de E_i. (Considérer l'ensemble des parties orthonormales S de E telles que, pour tout $i \in I$, tout vecteur de S n'appartenant pas à E_i soit orthogonal à E_i, et prendre un élément maximal de cet ensemble). Déduire de là une nouvelle démonstration du corollaire de V, p. 24.

5) Montrer que, pour un espace hilbertien E de dimension hilbertienne infinie, il existe un isomorphisme de E sur un sous-espace vectoriel fermé de E, distinct de E.

6) Soient E un espace hilbertien, $(e_i)_{i\in I}$ une base orthonormale de E. Montrer que si $(a_i)_{i\in I}$ est une famille topologiquement libre dans E telle que $\sum_{i\in I} \|e_i - a_i\|^2 < +\infty$, la famille (a_i) est totale. (Soit J une partie finie de I ; montrer qu'il y a une application linéaire continue u de E dans lui-même telle que $u(e_i) = e_i$ pour $i \in J$, $u(e_i) = a_i$ pour $i \notin J$, et que la norme de $u - 1_E$ peut être prise arbitrairement petite en choisissant J convenablement ; utiliser alors IV, p. 66, exerc. 17.)

7) Étant donnés n points x_i ($1 \leqslant i \leqslant n$) dans un espace préhilbertien séparé E, on appelle *déterminant de Gram* de ces n points le déterminant

$$G(x_1, \ldots, x_n) = \det(\langle x_i | x_j \rangle) .$$

a) Montrer que $G(x_1, \ldots, x_n) \geqslant 0$ et que, pour que $x_1, \ldots, x_n$ forment un système libre, il faut et il suffit que $G(x_1, \ldots, x_n) \neq 0$ (considérer une base orthonormale d'un sous-espace de dimension n contenant $x_1, \ldots, x_n$, en supposant que $\dim(E) \geqslant n$).

b) Montrer que si $x_1, \ldots, x_n$ est un système libre dans E, la distance d'un point $x \in E$ au sous-espace vectoriel V engendré par $x_1, \ldots, x_n$ est égale à $(G(x, x_1, \ldots, x_n)/G(x_1, \ldots, x_n))^{1/2}$ (chercher l'expression de la projection orthogonale de x sur V).

c) Soit (x_n) une suite infinie de points de E. Pour que la famille (x_n) soit topologiquement libre, il faut et il suffit que, pour tout entier $p > 0$,

$$\sup_n (G(x_1, \ldots, x_{p-1}, x_{p+1}, \ldots, x_n)/G(x_1, \ldots, x_n)) < +\infty$$

(utiliser *b*)).

8) Soit E un espace hilbertien admettant une base orthonormale dénombrable infinie $(e_n)_{n\geqslant 1}$. Soit A l'enveloppe fermée convexe dans E de l'ensemble formé des points $\left(1 - \frac{1}{n}\right) e_n$ pour $n \geqslant 1$. Montrer qu'il n'existe aucun couple de points x, y de A dont la distance soit égale au diamètre de A (comparer à IV, p. 54, exerc. 12).

9) *a*) Soit E un espace hilbertien réel de type dénombrable et de dimension infinie. Soit $(a_n)_{n\geqslant 0}$ une famille libre de points de E, telle que chacune des deux familles (a_{2n}) et (a_{2n+1}) soit totale dans E (II, p. 85, exerc. 26, *a*)). Soient F et G les sous-espaces vectoriels de E ayant pour bases (algébriques) respectives (a_{2n}) et (a_{2n+1}). Les espaces F et G sont mis en dualité séparante par la forme bilinéaire $\langle y | z \rangle$. Montrer que si B désigne la boule unité dans E, alors, dans l'espace F, muni de la topologie $\sigma(F, G)$, l'ensemble convexe $F \cap B$ est fermé, mais n'admet aucun hyperplan d'appui fermé.

b) Soit $(b_n)_{n\geqslant 1}$ une suite partout dense dans B, et pour tout $x \in E$, soit $u(x)$ la suite $(\langle b_k | x \rangle / k)_{k\geqslant 1}$. Montrer que u est une application linéaire injective et continue de E dans l'espace hilbertien $\ell^2_{\mathbf{R}}(\mathbf{N})$ et que $u(B)$ est compact. Montrer que, dans le sous-espace normé $L = u(F)$ de $\ell^2_{\mathbf{R}}(\mathbf{N})$, l'ensemble $u(B \cap F)$ est convexe, fermé et précompact, mais n'admet aucun hyperplan d'appui fermé (remarquer que si f est une forme linéaire continue dans L, $f \circ u$ est une forme linéaire continue dans F pour la topologie $\sigma(F, G)$).

10) Soient E un espace hilbertien réel de dimension infinie et de type dénombrable, $(e_n)_{n\geqslant 1}$ une base orthonormale de E.

a) Dans E, soit A l'enveloppe fermée convexe équilibrée de l'ensemble des points e_n/n. Montrer que A est compact et qu'il n'existe aucun hyperplan d'appui fermé de A au point 0, mais qu'il existe des droites D passant par 0 et telles que $D \cap A = \{0\}$.

b) Soient F la somme hilbertienne $E \oplus \mathbf{R}$, e_0 un vecteur formant avec les e_n (pour $n \geqslant 1$) une base orthonormale de F. Si B est l'enveloppe fermée convexe de $\{e_0\} \cup A$, montrer qu'il existe un segment fermé L de milieu 0 dans F, tel que $L \cap B = \{0\}$, mais qu'il n'existe aucun hyperplan fermé passant par 0 et séparant L et B (bien qu'il existe au point 0 un hyperplan d'appui fermé de B).

11) Soient E_1, E_2 deux espaces hilbertiens réels de dimension infinie et de type dénombrable, E la somme hilbertienne $E_1 \oplus E_2$ (qu'on identifie au produit $E_1 \times E_2$). Soit $(e_n)_{n \geqslant 1}$ une base orthonormale de E_1 ; dans E_2, soient A un ensemble convexe compact contenant 0, D une droite passant par 0, tels que $D \cap A = \{0\}$ et qu'il n'existe pas d'hyperplan d'appui fermé de A au point 0 (exerc. 10). Soient (α_n), (β_n) deux suites de nombres $\geqslant 0$ telles que $\lim_{n\to\infty} \beta_n = 0$ et $\sum_n \alpha_n^{-1} < 1$. Soit P l'ensemble des points $\sum_n \xi_n e_n$ de E_1 tels que $0 \leqslant \xi_n \leqslant \alpha_n$ pour tout $n \geqslant 1$. Enfin, soit Q l'enveloppe fermée convexe dans E de l'ensemble des points $(\alpha_n e_n, x + \beta_n a)$, où $n \geqslant 1$, $a \neq 0$ est un point fixé de D et x parcourt A.
a) Montrer que $P \cap Q = \varnothing$ et qu'il n'existe aucun hyperplan fermé dans E séparant P et Q.
b) Soit F la somme hilbertienne $E \oplus \mathbf{R}$, et soit c un point quelconque de F non contenu dans E. Montrer que les cônes convexes pointés P_1, Q_1 de sommet c, engendrés par P et Q respectivement, sont fermés dans F et qu'il n'existe aucun hyperplan fermé dans F et séparant P_1 et Q_1 (pour voir que P_1 et Q_1 sont fermés, on prouvera que ni P ni Q ne contiennent de demi-droite).

12) Soit E un espace hilbertien réel de dimension infinie. Montrer qu'il existe sur E une infinité de structures d'espace hilbertien complexe telles que E soit l'espace localement convexe réel sous-jacent à ces espaces hilbertiens complexes (II, p. 64). (Pour prouver l'existence d'automorphismes u de la structure d'espace vectoriel topologique de E, tels que $u^2(x) = -x$, utiliser une base orthonormale de E ; appliquer ensuite V, p. 59, exerc. 1.) Donner un exemple montrant que la proposition ne s'étend pas aux espaces préhilbertiens séparés non complets (considérer un hyperplan partout dense dans un tel espace).

13) Soient E un espace hilbertien de type dénombrable et de dimension infinie, $(e_n)_{n\in\mathbf{Z}}$ une base orthonormale de E dont l'ensemble des indices est l'ensemble des entiers rationnels. On désigne par u l'isométrie de E sur lui-même telle que $u(e_n) = e_{n+1}$ pour tout $n \in \mathbf{Z}$, et on pose

$$f(x) = \tfrac{1}{2}(1 - \|x\|)\, e_0 + u(x)\,.$$

a) Soient B la boule unité et S la sphère unité dans E. Montrer que la restriction de f à B est un homéomorphisme de B sur elle-même (remarquer que la restriction de u à S est un homéomorphisme de S sur elle-même), et qu'il n'existe aucun point $x_0 \in B$ tel que $f(x_0) = x_0$ (exprimer x_0 à l'aide de ses coordonnées par rapport à (e_n)).
b) Pour tout $x \in B$, soit $g(x)$ le point où la demi-droite d'origine $f(x)$ passant par x rencontre S. Montrer que g est une application continue de B sur S, telle que $g(x) = x$ pour tout $x \in S$ (comparer avec TG, VI, p. 24, exerc. 8). En déduire qu'il existe $x_0 \in S$ et une application continue h de $S \times [0, 1]$ sur S telle que $h(x, 0) = x_0$ et $h(x, 1) = x$ pour tout $x \in S$.

14) *a*) Soit $(E_n)_{n\geqslant 0}$ une suite infinie d'espaces de Banach réels, E le sous-espace vectoriel du produit $F = \prod_{n=0}^{\infty} E_n$ formé des suites $x = (x_n)$ telles que $\sum_n \|x_n\|^2 < +\infty$. Montrer que, sur E, la fonction $\|x\| = (\sum_n \|x_n\|^2)^{1/2}$ est une norme, et que E est complet pour cette norme ; on dit que E est la *somme hilbertienne* des espaces de Banach E_n.
b) Montrer que le dual fort E′ de E peut être identifié à la somme hilbertienne des duals forts E'_n des espaces E_n, et que si $x' = (x'_n) \in E'$, on a $\langle x, x' \rangle = \sum_n \langle x_n, x'_n \rangle$ (si u est une forme linéaire continue sur E, u_n sa restriction à E_n identifié à un sous-espace de E, et a_n un point de E_n tel que $\|a_n\| = 1$, montrer que, pour toute suite (λ_n) de nombres réels tels que $\sum_n \lambda_n^2 < +\infty$, la série de terme général $\lambda_n u_n(a_n)$ est convergente, et déduire de là que $\sum_n (u_n(a_n))^2 < +\infty$, par exemple en utilisant le th. de Banach-Steinhaus dans $\ell^2(\mathbf{N})$).
c) Déduire de *b*) que lorsque chacun des E_n est réflexif, E est réflexif. En particulier, si l'on prend pour E_n l'espace $\mathbf{R}^n$ muni de la norme $\|x\| = \sup_{1\leqslant i\leqslant n} |\xi_i|$ pour $x = (\xi_i)_{1\leqslant i\leqslant n}$, montrer que E est réflexif, mais qu'il n'existe aucune norme compatible avec la topologie de E et pour laquelle E soit uniformément convexe (V, p. 66, exerc. 31).

¶ 15) *a*) Pour tout entier $n > 0$, soit $a^{(n)}$ la suite double définie dans IV, p. 63, exerc. 8. Soit E l'espace vectoriel des suites doubles $x = (x_{ij})$ de nombres réels telles que, pour tout entier $n > 0$, on ait $p_n(x) = (\sum_{i,j} a_{ij}^{(n)} |x_{ij}|^2)^{1/2} < +\infty$. Montrer que les p_n sont des semi-normes sur E, et que E, muni de la topologie définie par ces semi-normes, est un espace de Fréchet et un espace de Montel (raisonner comme dans IV, p. 60, exerc. 11).
b) Montrer que le dual de E peut être identifié à l'espace E′ des suites doubles $x' = (x'_{ij})$ telles que, pour un indice n au moins, on ait $\sum_{i,j} (a_{ij}^{(n)})^{-1} |x'_{ij}|^2 < +\infty$.
c) Pour tout $x = (x_{ij}) \in$ E, montrer que $\sum_{j=1}^{\infty} (\sum_{i=1}^{\infty} |x_{ij}|)^2 < +\infty$ (utiliser l'inégalité de Cauchy-Schwarz); pour tout $j \geqslant 1$, on pose $y_j = \sum_{i=1}^{\infty} x_{ij}$; la suite $u(x) = (y_j)$ appartient donc à l'espace hilbertien $\ell^2(\mathbf{N})$. Montrer que u est un morphisme strict surjectif de E sur $\ell^2(\mathbf{N})$; en déduire qu'il existe dans $\ell^2(\mathbf{N})$ des ensembles faiblement compacts qui ne sont pas images par u d'un ensemble borné dans E (raisonner comme dans IV, p. 63, exerc. 8).

¶ 16) *a*) Soit Λ l'ensemble des applications croissantes $\lambda : \mathbf{N} \to \mathbf{R}_+^*$; pour tout entier $n \geqslant 0$, et tout $\lambda \in \Lambda$, on pose $\varphi_n(\lambda) = \lambda(n)$. Soit E l'ensemble des applications $x : \Lambda \to \mathbf{C}$ telles que, pour chaque $n \in \mathbf{N}$, on ait $p_n(x) = (\sum_{\lambda \in \Lambda} |x(\lambda)|^2 \varphi_n(\lambda))^{1/2} < +\infty$. Montrer que E est un espace vectoriel sur lequel les p_n sont des semi-normes définissant une structure d'espace de Fréchet réflexif.
b) Soit B un ensemble borné dans E, et soit $\alpha_n = \sup_{x \in \mathrm{B}} p_n(x)$; soit λ_0 un élément de Λ tel que $\lim_{n\to\infty} \lambda_0(n)^{-1}\alpha_n^2 = 0$. Montrer que l'on a $x(\lambda_0) = 0$ pour tout $x \in$ B, et par suite que l'ensemble B n'est pas total dans E.
c) Soit (U_n) un système fondamental dénombrable de voisinages de 0 convexes et équilibrés dans E ; si U_n° est métrisable pour la topologie forte sur E′, il existe une suite $(\mathrm{B}_{nm})_{m \geqslant 0}$ d'ensembles bornés dans E telle que les ensembles $\mathrm{B}_{nm}^\circ \cap \mathrm{U}_n^\circ$ forment un système fondamental de voisinages de 0 dans U_n° pour la topologie forte. Déduire de *b*) qu'il existe un entier n tel que U_n° ne soit pas métrisable pour la topologie forte (utiliser l'exerc. 5 de III, p. 39).

§ 3

1) Soit E un espace hilbertien. Montrer que l'application bilinéaire $(u, v) \mapsto uv$ de $\hat{\mathbf{S}}^m(\mathrm{E}) \times \hat{\mathbf{S}}^n(\mathrm{E})$ dans $\hat{\mathbf{S}}^{m+n}(\mathrm{E})$ est continue et que sa norme est égale à $\left(\frac{(m+n)!}{m!\,n!}\right)^{1/2}$. (Pour voir que cette norme est majorée par $\left(\frac{(m+n)!}{m!\,n!}\right)^{1/2}$, raisonner comme dans le cas de l'algèbre extérieure (V, p. 35).) En déduire que la multiplication dans $\mathbf{S}(\mathrm{E})$ ne peut se prolonger par continuité à $\hat{\mathbf{S}}(\mathrm{E})$ lorsque E n'est pas réduit à 0.

2) Soit E un espace hilbertien de dimension infinie, et soient p, q deux entiers $\geqslant 1$; on pose $p' = \left[\frac{p}{2}\right]$, $q' = \left[\frac{q}{2}\right]$ (parties entières). Montrer que la norme de l'application bilinéaire $(u, v) \mapsto u \wedge v$ de $\hat{\mathbf{\Lambda}}^p(\mathrm{E}) \times \hat{\mathbf{\Lambda}}^q(\mathrm{E})$ dans $\hat{\mathbf{\Lambda}}^{p+q}(\mathrm{E})$ est au moins égale à $\left(\frac{(p'+q')!}{p'!\,q'!}\right)^{1/2}$. (Lorsque $p = 2p'$ et $q = 2q'$ sont pairs, considérer dans E un sous-espace E_n de dimension $2n$, ayant une base orthonormale $(e_j)_{1 \leqslant j \leqslant 2n}$; on pose $e'_j = e_{2j-1} \wedge e_{2j}$ pour $1 \leqslant j \leqslant n$; considérer le produit $u \wedge v$, où $u = \sum_{\mathrm{H}} e'_{\mathrm{H}}$, $v = \sum_{\mathrm{K}} e'_{\mathrm{K}}$ où H (resp. K) parcourt l'ensemble des parties à p' (resp. q') éléments de $\{1, 2, \ldots, n\}$ et $e'_{\mathrm{H}} = e'_{i_1} \wedge \ldots \wedge e'_{i_{p'}}$ (resp. $e'_{\mathrm{K}} = e'_{j_1} \wedge \ldots \wedge e'_{j_{q'}}$) si $i_1 < \cdots < i_{p'}$ (resp. $j_1 < \cdots < j_{q'}$) est la suite croissante des éléments de H (resp. K). En déduire que la multiplication dans $\mathbf{\Lambda}(\mathrm{E})$ ne peut se prolonger par continuité à $\hat{\mathbf{\Lambda}}(\mathrm{E})$.)

§ 4

1) Soient E et F deux espaces hilbertiens de dimension infinie et de type dénombrable, (a_n) une base orthonormale de E, (b_n) une base orthonormale de F.

a) Soit u une application linéaire continue de E dans F ; on pose $u(a_n) = \sum_m \alpha_{mn} b_m$. Montrer que l'on a $\sum_n |\alpha_{mn}|^2 \leqslant \|u\|^2$ et $\sum_m |\alpha_{mn}|^2 \leqslant \|u\|^2$ quels que soient m et n.

b) Donner un exemple de suite double (α_{mn}) telle que $\sum_m |\alpha_{mn}|^2 \leqslant 1$ pour tout n et $\sum_n |\alpha_{mn}|^2 \leqslant 1$ pour tout m, mais telle qu'il n'existe aucune application linéaire continue u de E dans F telle que $\langle u(a_n)|b_m \rangle = \alpha_{mn}$ pour tout couple d'entiers (m, n). (Montrer que si $\mathrm{I} \subset \mathbf{N}$ est un ensemble de p entiers, et si V_p (resp. W_p) est le sous-espace de E (resp. F) engendré par les a_n (resp. b_n) tels que $n \in \mathrm{I}$, il existe une application linéaire u_p de V_p sur W_p telle que $\langle u_p(a_n)|b_m \rangle = \dfrac{1}{\sqrt{p}}$ pour $m \in \mathrm{I}$ et $n \in \mathrm{I}$, et que l'on a $\|u_p\| \geqslant \sqrt{p}$.)

¶ 2) Soit $A = (\alpha_{mn})_{(m,n)\in \mathbf{N}\times\mathbf{N}}$ une suite double de nombres complexes, qu'on appelle aussi *matrice infinie*. Pour tout point $x = (x_n)$ de l'espace somme directe $\mathbf{C}^{(\mathbf{N})}$, les sommes $y_m = \sum_n \alpha_{mn} x_n$ sont définies, et on note $A.x$ le point (y_m) de l'espace produit $\mathbf{C}^{\mathbf{N}}$, de sorte que $x \mapsto A.x$ est une application linéaire de $\mathbf{C}^{(\mathbf{N})}$ dans $\mathbf{C}^{\mathbf{N}}$, et toute application linéaire de $\mathbf{C}^{(\mathbf{N})}$ dans $\mathbf{C}^{\mathbf{N}}$ est de cette forme. On note E_n le sous-espace de $\mathbf{C}^{(\mathbf{N})}$ engendré par les n premiers vecteurs de la base canonique, P_n la projection canonique de $\mathbf{C}^{\mathbf{N}}$ sur E_n ; lorsqu'on munit E_n de la norme induite par celle de l'espace $\ell^2_{\mathbf{C}}(\mathbf{N})$, on note $\|u\|$ la norme d'une application linéaire u de l'espace hilbertien de dimension finie E_n dans lui-même.

a) Pour que l'image de $\mathbf{C}^{(\mathbf{N})}$ par l'application $x \mapsto A.x$ soit contenue dans $\ell^2_{\mathbf{C}}(\mathbf{N})$ et que cette application se prolonge en une application linéaire continue de $\ell^2_{\mathbf{C}}(\mathbf{N})$ dans lui-même, il faut et il suffit que les normes $\|P_n A P_n\|$ soient bornées. Cela implique que les lignes et les colonnes de A appartiennent à $\ell^2_{\mathbf{C}}(\mathbf{N})$ (exerc. 1).

b) On désigne par A^* la matrice infinie (α'_{mn}), où $\alpha'_{mn} = \overline{\alpha}_{nm}$. Si les colonnes de A appartiennent à $\ell^2_{\mathbf{C}}(\mathbf{N})$ (autrement dit, si $x \mapsto A.x$ applique $\mathbf{C}^{(\mathbf{N})}$ dans $\ell^2_{\mathbf{C}}(\mathbf{N})$), les séries $\beta_{mn} = \sum_p \overline{\alpha}_{pm}\alpha_{pn}$ sont absolument convergentes, et on pose $A^*A = (\beta_{mn})$. Montrer que pour que $x \mapsto A.x$ se prolonge en une application linéaire continue u de $\ell^2_{\mathbf{C}}(\mathbf{N})$ dans lui-même, il faut et il suffit que les normes $\|P_n(A^*A)\,P_n\|$ soient bornées (on a $\langle P_n(A^*A)\,P_n.x|x \rangle = \|AP_n.x\|^2$ pour tout $x \in \mathrm{E}_n$). Alors $x \mapsto A^*A.x$ se prolonge en l'application hermitienne positive u^*u de $\ell^2_{\mathbf{C}}(\mathbf{N})$ dans lui-même.

c) Pour deux matrices infinies $X = (\xi_{mn})$, $Y = (\eta_{mn})$, on dit que le produit XY est défini si les séries $\zeta_{mn} = \sum_p \xi_{mp}\eta_{pn}$ sont absolument convergentes, et on pose alors $XY = (\zeta_{mn})$. On dit qu'une puissance X^k (k entier > 1) est définie si X^{k-1} et $X^{k-1}X$ sont définies et on pose alors $X^k = X^{k-1}X$; on a dans ce cas $X^pX^q = X^k$ pour tout couple d'entiers p, q tels que $p + q = k$. Si A est une matrice infinie dont les colonnes sont dans $\ell^2_{\mathbf{C}}(\mathbf{N})$ et si le produit $(A^*A)^2$ est défini, montrer que pour tout $x \in \mathrm{E}_n$, on a $\langle (P_nA^*AP_n)^2.x|x \rangle \leqslant \langle P_n(A^*A)^2P_n.x|x \rangle$, et en déduire que l'on a $\|P_nA^*AP_n\|^2 \leqslant \|P_n(A^*A)^2P_n\|$.

d) Pour qu'une matrice infinie A soit telle que l'image de $\mathbf{C}^{(\mathbf{N})}$ par $x \mapsto A.x$ soit contenue dans $\ell^2_{\mathbf{C}}(\mathbf{N})$ et que $x \mapsto A.x$ se prolonge en une application linéaire continue de $\ell^2_{\mathbf{C}}(\mathbf{N})$ dans lui-même, il faut et il suffit que les trois conditions suivantes soient vérifiées :

(i) les lignes et les colonnes de A sont dans $\ell^2_{\mathbf{C}}(\mathbf{N})$;

(ii) les puissances $(A^*A)^k$ sont définies pour tout entier $k > 1$;

(iii) on a

$$\sup_n(\sup_m |((A^*A)^n_{mm})^{1/n}|) < +\infty$$

où $(A^*A)^n_{mm}$ désigne le terme d'indices (m, m) de la matrice $(A^*A)^n$. (Observer que si C est la matrice par rapport à la base canonique de E_n d'un endomorphisme hermitien positif de E_n, on a $\|C\| \leqslant n \cdot \sup_{1 \leqslant i \leqslant n} |C_{ii}|$ en considérant la trace de C et en diagonalisant C. En utilisant l'inégalité prouvée dans c), montrer que l'on a

$$\|P_n A^* A P_n\| \leqslant n^{2^{-k}} \sup_{1 \leqslant i \leqslant n} |((A^*A)_{ii}^{2^k})|^{2^{-k}}$$

pour tout entier $k > 1$, si les conditions (i), (ii) et (iii) sont vérifiées.)

¶ 3) Soit $(a_{ij})_{(i,j) \in I \times I}$ une famille double infinie dénombrable de nombres complexes. On suppose qu'il existe deux nombres $\beta > 0$, $\gamma > 0$, et une famille $(p_i)_{i \in I}$ de nombres > 0 satisfaisant aux relations

$$(*) \qquad \sum_i p_i |a_{ij}| \leqslant \beta p_j, \quad \sum_j |a_{ij}| p_j \leqslant \gamma p_i$$

quels que soient i, j dans I.

a) Montrer qu'il existe un endomorphisme continu u de $\ell^2_{\mathbf{C}}(\mathrm{I})$, de norme $\leqslant (\beta\gamma)^{1/2}$, tel que pour tout $x = (x_i)_{i \in I}$ dans $\ell^2_{\mathbf{C}}(\mathrm{I})$, on ait $u(x) = y$, où $y = (y_i)$ est donné par $y_i = \sum_j a_{ij} x_j$ (pour $x = (x_i)$ et $y = (y_i)$ dans $\mathbf{C}^{(\mathrm{I})}$, poser $v_{ij} = |x_i| (p_j |a_{ij}|/p_i)^{1/2}$, $w_{ij} = |y_j| (p_i |a_{ij}|/p_j)^{1/2}$ et majorer $\sum_{i,j} v_{ij} w_{ij}$).

b) On prend pour I l'ensemble des entiers $\geqslant 1$ et l'on pose $a_{ij} = (i + j)^{-1}$. Montrer que les conditions $(*)$ sont satisfaites avec $p_i = i^{-1/2}$ et $\beta = \gamma = \pi$ (ces constantes étant les meilleures possibles) (comparer les séries dans $(*)$ à une intégrale). Traiter de manière analogue le cas où $\mathrm{I} = \mathbf{N}$ et $a_{ij} = (i + j + 1)^{-1}$ (« matrice de Hilbert »).

* c) Soit $\mathscr{H} = \mathrm{H}^2(\mathrm{D})$ l'*espace de Hardy*, formé des fonctions $f(z) = \sum_{n=0}^{\infty} a_n z^n$ holomorphes dans le disque ouvert D : $|z| < 1$ et telles que $\|f\|^2 = \sum_n |a_n|^2 < +\infty$; $\|f\|$ est donc une norme sur $\mathscr{H}$, pour laquelle $\mathscr{H}$ est isomorphe à $\ell^2_{\mathbf{C}}(\mathbf{N})$. Étant données deux fonctions f, g dans $\mathscr{H}$, montrer que la fonction de variable réelle $t \mapsto f(t)\, g(t)$ est intégrable sur $(0, 1)$ pour la mesure de Lebesgue et que la formule $\mathrm{B}(f, g) = \int_0^1 f(t)\, g(t)\, dt$ définit une forme bilinéaire continue sur $\mathscr{H} \times \mathscr{H}$ (considérer $\mathrm{B}(f, f) = \int_0^1 f(t)^2 dt$ pour une fonction $f \in \mathscr{H}$ de la forme $f(z) = \sum_{n=0}^{\mathrm{N}} a_n z^n$ avec $a_n \geqslant 0$ pour $0 \leqslant n \leqslant \mathrm{N}$; utiliser le th. de Cauchy pour établir la relation

$$\int_{-1}^{1} f(t)^2 dt = -i \int_0^{\pi} f(e^{i\theta})^2 e^{i\theta} d\theta$$

d'où $\mathrm{B}(f, f) \leqslant \frac{1}{2} \int_{-\pi}^{\pi} |f(e^{i\theta})|^2 d\theta = \pi \|f\|^2$. Retrouver ainsi le résultat de b) selon lequel la matrice de Hilbert définit un endomorphisme de norme $\leqslant \pi$ de l'espace hilbertien $\ell^2_{\mathbf{C}}(\mathbf{N})$.) *

4) Soit E un espace hilbertien complexe de dimension finie d.

a) Pour tout $u \geqslant 0$ dans $\mathscr{L}(\mathrm{E})$ (V, p. 45), prouver qu'il existe un unique $v \geqslant 0$ dans $\mathscr{L}(\mathrm{E})$ tel que $u = v^2$ (diagonaliser u) ; on le note $v = u^{1/2}$.

b) Pour tout $u \in \mathscr{L}(\mathrm{E})$, on pose $\mathrm{abs}(u) = (u^* u)^{1/2}$. Montrer que u et $\mathrm{abs}(u)$ ont même norme et que l'on a $\mathrm{abs}(\bigwedge^n(u)) = \bigwedge^n(\mathrm{abs}(u))$ pour tout entier $n \leqslant d$.

c) Soit $s_1(u) \geqslant s_2(u) \geqslant \cdots \geqslant s_d(u) \geqslant 0$ la suite des valeurs propres de $\mathrm{abs}(u)$ comptées avec leur ordre de multiplicité. Montrer que $\|u\| = s_1(u)$ et que pour tout entier $n \leqslant d$ on a $\|\bigwedge^n(u)\| = s_1(u)\, s_2(u) \ldots s_n(u)$. Pour que $\|\bigwedge^n(u)\| = \|u\|^n$ pour tout n tel que $1 \leqslant n \leqslant d$, il faut et il suffit que $u^* u$ soit une homothétie, autrement dit que u soit un multiple scalaire d'un opérateur unitaire.

5) Soient E, F deux espaces hilbertiens, u une application linéaire continue de E dans F. On désigne par $\ell(u)$ l'ensemble des $x \in \mathrm{E}$ tels que $\|u(x)\| = \|u\| . \|x\|$.
a) Montrer que $\ell(u)$ est le sous-espace vectoriel fermé de E, noyau de $u^*u - \|u\|^2 1_{\mathrm{E}}$, et est orthogonal au noyau de u.
b) Montrer que la restriction de u à $\ell(u)$ est une bijection de $\ell(u)$ sur $\ell(u^*)$, dont la bijection réciproque est la restriction de $\|u\|^{-2}.u^*$ à $\ell(u^*)$; en outre l'image par u du supplémentaire orthogonal $(\ell(u))^\circ$ est contenue dans $(\ell(u^*))^\circ$. Si u_1 est la restriction de u à $(\ell(u))^\circ$, considérée comme application de $(\ell(u))^\circ$ dans $(\ell(u^*))^\circ$, l'adjoint u_1^* est la restriction de u^* à $(\ell(u^*))^\circ$; si $\ell(u) \neq \mathrm{E}$, on note $\langle u \rangle$ et on appelle *sous-norme* de u la norme $\|u_1\|$; si $\ell(u) = \mathrm{E}$, on pose $\langle u \rangle = 0$. On a $\langle u^* \rangle = \langle u \rangle$.

¶ 6) Soient E un espace hilbertien, M, N deux sous-espaces fermés de E, M°, N° leurs supplémentaires orthogonaux respectifs ; on désigne par p_{M}, p_{N} les orthoprojecteurs sur M et N respectivement, de sorte que $1_{\mathrm{E}} - p_{\mathrm{M}}$, $1_{\mathrm{E}} - p_{\mathrm{N}}$ sont les orthoprojecteurs sur M° et N° respectivement. On pose $u_{\mathrm{NM}} = (1_{\mathrm{E}} - p_{\mathrm{N}})\, p_{\mathrm{M}}$, et $\delta(\mathrm{M}, \mathrm{N}) = \|u_{\mathrm{NM}}\|$; on a $\delta(\mathrm{M}, \mathrm{N}) = \delta(\mathrm{N}^\circ, \mathrm{M}^\circ) \leqslant 1$; la relation $\delta(\mathrm{M}, \mathrm{N}) < 1$ entraîne $\mathrm{M} \cap \mathrm{N}^\circ = \{0\}$.

a) On désigne par $\tilde{\mathrm{M}}$ le supplémentaire orthogonal *dans* M de $\mathrm{M} \cap \mathrm{N}^\circ$, et on pose $\varepsilon(\mathrm{M}, \mathrm{N}) = \delta(\tilde{\mathrm{M}}, \mathrm{N})$. Montrer (avec les notations de l'exerc. 5) que l'on a $\ell(u_{\mathrm{NM}}) = \mathrm{M} \cap \mathrm{N}^\circ$ et en déduire que $\varepsilon(\mathrm{M}, \mathrm{N}) = \langle u_{\mathrm{NM}} \rangle \leqslant \delta(\mathrm{M}, \mathrm{N})$; en outre, si $\mathrm{M} \cap \mathrm{N}^\circ = \{0\}$ (et en particulier si $\delta(\mathrm{M}, \mathrm{N}) < 1$), on a $\varepsilon(\mathrm{M}, \mathrm{N}) = \delta(\mathrm{M}, \mathrm{N})$.
b) Pour une application linéaire continue u de E dans lui-même, on appelle *conorme* de u le nombre $c(u) = \inf \|u(x)\|/\|x\|$, où x parcourt l'ensemble des vecteurs $\neq 0$ orthogonaux à $u^{-1}(0)$ (si $u = 0$, on pose $c(u) = 1$). Pour que $u(\mathrm{E})$ soit fermé dans E, il faut et il suffit que $c(u) > 0$ (I, p. 17, th. 1). On a $c(u^*) = c(u)$.
c) On pose $v_{\mathrm{NM}} = p_{\mathrm{N}} p_{\mathrm{M}}$. Montrer que l'on a

$$\varepsilon(\mathrm{M}, \mathrm{N})^2 + c(v_{\mathrm{NM}})^2 = 1$$

(remarquer que $\|u_{\mathrm{NM}}(x)\|^2 + \|v_{\mathrm{NM}}(x)\|^2 = \|p_{\mathrm{M}}.x\|^2$, et que le noyau de v_{NM} est $\mathrm{M}^\circ + (\mathrm{M} \cap \mathrm{N}^\circ)$ et en déduire que $\langle u_{\mathrm{NM}} \rangle^2 \leqslant 1 - c(v_{\mathrm{NM}})^2)$.
d) Déduire de *b*) et *c*) que $\varepsilon(\mathrm{N}, \mathrm{M}) = \varepsilon(\mathrm{M}, \mathrm{N})$ et, en utilisant *a*), que $\varepsilon(\mathrm{M}^\circ, \mathrm{N}^\circ) = \varepsilon(\mathrm{M}, \mathrm{N})$.
e) On pose $g(\mathrm{M}, \mathrm{N}) = \|p_{\mathrm{M}} - p_{\mathrm{N}}\|$ (*cf.* V, p. 63, exerc. 17). Montrer que l'on a

$$g(\mathrm{M}, \mathrm{N}) = \sup(\delta(\mathrm{M}, \mathrm{N}), \delta(\mathrm{N}, \mathrm{M}))$$

(remarquer que $p_{\mathrm{M}} - p_{\mathrm{N}} = (1_{\mathrm{E}} - p_{\mathrm{N}})\, p_{\mathrm{M}} - p_{\mathrm{N}}(1_{\mathrm{E}} - p_{\mathrm{M}})$) ; en déduire que $\varepsilon(\mathrm{M}, \mathrm{N}) \leqslant g(\mathrm{M}, \mathrm{N})$. Si $\mathrm{M} \cap \mathrm{N}^\circ = \mathrm{N} \cap \mathrm{M}^\circ = \{0\}$, on a la relation $\varepsilon(\mathrm{M}, \mathrm{N}) = \delta(\mathrm{M}, \mathrm{N}) = \delta(\mathrm{N}, \mathrm{M}) = g(\mathrm{M}, \mathrm{N})$. Si $g(\mathrm{M}, \mathrm{N}) < 1$, on a $\mathrm{M} \cap \mathrm{N}^\circ = \mathrm{N} \cap \mathrm{M}^\circ = \{0\}$.
f) Soient Q_{M}, Q_{N} deux projecteurs continus dans E, d'images M et N respectivement ; donner une autre démonstration de la relation $g(\mathrm{M}, \mathrm{N}) \leqslant \|Q_{\mathrm{M}} - Q_{\mathrm{N}}\|$ (V, p. 63, exerc. 17). (Remarquer que pour tout $x \in \mathrm{E}$, on a $\|(1_{\mathrm{E}} - Q_{\mathrm{M}}).x\|^2 + \|Q_{\mathrm{M}}^*.x\|^2 = \|x\|^2 + \|(Q_{\mathrm{M}} - Q_{\mathrm{M}}^*).x\|^2$, et appliquer cette relation en prenant $x = (p_{\mathrm{M}} - p_{\mathrm{N}}).y$ et en notant que l'on a les relations $(1_{\mathrm{E}} - \mathrm{Q}_{\mathrm{M}})(p_{\mathrm{M}} - p_{\mathrm{N}}) = (Q_{\mathrm{M}} - Q_{\mathrm{N}})\, p_{\mathrm{N}}$ et $(p_{\mathrm{M}} - p_{\mathrm{N}})\, Q_{\mathrm{M}} = (1_{\mathrm{E}} - p_{\mathrm{N}})(Q_{\mathrm{M}} - Q_{\mathrm{N}})$.)

¶ 7) *a*) Les notations étant celles de l'exerc. 6, montrer que, pour que $\mathrm{M} + \mathrm{N}^\circ$ soit fermé, il faut et il suffit que $\mathrm{M} + \mathrm{N}^\circ = (\mathrm{M}^\circ \cap \mathrm{N})^\circ$.
b) Montrer que les propriétés suivantes sont équivalentes :
α) $\varepsilon(\mathrm{M}, \mathrm{N}) < 1$;
β) $\mathrm{M} + \mathrm{N}^\circ$ est fermé dans E ;
γ) Si $\tilde{\mathrm{M}}$ est le supplémentaire orthogonal de $\mathrm{M} \cap \mathrm{N}^\circ$ dans M et $(\mathrm{N}^\circ)^\sim$ celui de $\mathrm{M} \cap \mathrm{N}^\circ$ dans N°, E est somme directe de $\mathrm{M}^\circ \cap \mathrm{N}$, $\mathrm{M} \cap \mathrm{N}^\circ$, $\tilde{\mathrm{M}}$ et $(\mathrm{N}^\circ)^\sim$.
En outre, si R et S sont les projecteurs de E sur $\tilde{\mathrm{M}}$ et $(\mathrm{N}^\circ)^\sim$ respectivement correspondant à cette décomposition, on a $\|R\| = \|S\| = (1 - \varepsilon^2(\mathrm{M}, \mathrm{N}))^{1/2}$. (Pour voir que α) entraîne β) remarquer d'abord que si $x \in \tilde{\mathrm{M}}$ et $y \in (\mathrm{N}^\circ)^\sim$ on a $|\langle x | y \rangle| \leqslant \varepsilon(\mathrm{M}, \mathrm{N})\, \|x\| . \|y\|$; soit alors $u = x + y + t$ la décomposition d'un élément $u \in \mathrm{M} + \mathrm{N}^\circ$ avec $x \in \mathrm{M}$, $y \in (\mathrm{N}^\circ)^\sim$ et $t \in \mathrm{M} \cap \mathrm{N}^\circ$, en déduire que $\|x\| \leqslant (1 - \varepsilon^2(\mathrm{M}, \mathrm{N}))^{-1/2}\, \|u\|$, $\|y\| \leqslant (1 - \varepsilon^2(\mathrm{M}, \mathrm{N}))^{-1/2}\, \|u\|$ et $\|t\| \leqslant \|u\|$. Pour prouver que γ) entraîne α), considérer, pour un $v \in \tilde{\mathrm{M}}$, la décomposition $v = v_1 + v_2$, où v_1 est la projection orthogonale de v sur N, supplémentaire de $\mathrm{N} \cap \mathrm{M}^\circ$ dans N ; on a $R.v_1 = v$, et si on avait $\varepsilon(\mathrm{M}, \mathrm{N}) = 1$, il existerait une suite $(v_n) \in \tilde{\mathrm{M}}$ telle que

$\|v_n\| = 1$ et que $\|(v_n)_1\|$ tende vers 0. Montrer ensuite que la restriction R_1 de R à $\tilde{\mathrm{N}}$ est une bijection de $\tilde{\mathrm{N}}$ sur $\tilde{\mathrm{M}}$; pour calculer $\|R\|$, montrer que $\|R_1^{-1}\| \leqslant (1 - \varepsilon^2(\mathrm{M}, \mathrm{N}))^{1/2}$.)
c) Déduire de *b*) que si $\mathrm{M} + \mathrm{N}^\circ$ est fermé, il en est de même de $\mathrm{M}^\circ + \mathrm{N}$.

8) *a*) Soient E un espace hilbertien, T une application linéaire continue de E dans lui-même telle que $\|T\| \leqslant 1$. Montrer que les relations $T.x = x$, $\langle T.x|x\rangle = \|x\|^2$, $T^*.x = x$ sont équivalentes, et que le noyau de $1_{\mathrm{E}} - T$ et l'adhérence de l'image de $1_{\mathrm{E}} - T$ sont des sous-espaces supplémentaires orthogonaux.
b) Soit T une application linéaire continue de E dans lui-même, vérifiant l'inégalité

(1) $$\|x - T.x\|^2 \leqslant \|x\|^2 - \|T.x\|^2$$

pour tout $x \in \mathrm{E}$. On a alors $\|T.x\| < \|x\|$ pour tout x tel que $T.x \neq x$; pour tout $x \in \mathrm{E}$, la suite $(T^n.x)$ converge vers un point $P.x$, et P est le projecteur orthogonal sur le noyau de $1_{\mathrm{E}} - T$.
c) Soient $P_1, \ldots, P_r$ des orthoprojecteurs dans E. Montrer que le produit $T = P_1 P_2 \ldots P_r$ vérifie la relation (1) (raisonner par récurrence sur r) ; alors l'orthoprojecteur P est le projecteur orthogonal sur l'intersection des images des projecteurs P_j (noter que si $\|P_j.x\| < \|x\|$ pour un indice j, on a $\|T.x\| < \|x\|$).

¶ 9) Soient E un espace hilbertien, $(P_j)_{j\in\mathbf{N}}$ une suite d'orthoprojecteurs dans E, telle que, pour tout $j \in \mathbf{N}$, il existe un $n_j \in \mathbf{N}$ tel que pour *tout* $k \in \mathbf{N}$, un au moins des orthoprojecteurs $P_k, P_{k+1}, \ldots, P_{k+n_j}$ soit égal à P_j. On pose $R_s = P_s P_{s-1} \ldots P_0$ pour tout $s \in \mathbf{N}$.
a) Pour tout $x \in \mathrm{E}$, on pose $x_s = R_s.x$. Montrer que $\sum_s \|x_{s-1} - x_s\|^2 \leqslant \|x\|^2$, et en déduire que, pour tout entier $r \geqslant 1$, $x_{s+r} - x_s$ tend vers 0 lorsque s tend vers $+\infty$.
b) Soit (x_{s_k}) une suite extraite de (x_s) et qui tend faiblement vers une limite y ; chaque suite (x_{s_k+r}) tend alors aussi faiblement vers y. En déduire que y appartient à chacun des sous-espaces $\mathrm{M}_j = P_j(\mathrm{E})$. (Pour chaque j, il existe r_k tel que $0 \leqslant r_k \leqslant n_j$ et $s_k + r_k = j$; montrer que la suite $(x_{s_k+r_k})$ tend faiblement vers y.)
c) Montrer que la suite (x_s) converge faiblement vers la projection orthogonale de x sur l'intersection M des M_j. (Se ramener au cas où $\mathrm{M} = \{0\}$, et utiliser *b*) et la compacité faible de toute boule fermée dans E.)

¶ 10) Soient E un espace hilbertien, u un endomorphisme positif de E.
a) Montrer que pour tout $x \in \mathrm{E}$, on a

$$\|u(x)\|^2 \leqslant \|u\|.\langle u(x)|x\rangle$$

(observer que $\langle u(x)|u(x)\rangle^2 \leqslant \langle u(x)|x\rangle\,\langle u^2(x)|u(x)\rangle$ en vertu de V, p. 3, prop. 2).
b) Soient M un sous-espace vectoriel fermé de E, M° son supplémentaire orthogonal. Soit $x \in \mathrm{M}$, et soit $f(x)$ la borne inférieure de $\langle u(x+y)|x+y\rangle$ lorsque y parcourt M°. Pour tout $\varepsilon > 0$, soit $\mathrm{E}(x, \varepsilon)$ l'ensemble des $y \in \mathrm{M}^\circ$ tels que $\langle u(x+y)|x+y\rangle \leqslant f(x) + \varepsilon$. Montrer que $\mathrm{E}(x, \varepsilon)$ est convexe et que pour tout $z \in \mathrm{M}^\circ$, on a, pour $y \in \mathrm{E}(x, \varepsilon)$,

(*) $$\langle u(x+y)|z\rangle^2 \leqslant \varepsilon\,\langle u(z)|z\rangle$$

(considérer la fonction $g : t \mapsto \langle u(x+y+tz)|x+y+tz\rangle$ de la variable réelle t, qui atteint son minimum en un point t_0 et noter que $g(t_0) \geqslant f(x)$ et $g(0) \leqslant f(x) + \varepsilon$).
c) Pour tout entier $n \geqslant 1$, soit $y_n \in \mathrm{E}(x, 1/n)$; montrer que la suite $(u(x + y_n))$ tend vers une limite x_1 qui appartient à M, et que la suite $(\langle u(y_n)|y_n\rangle)$ est bornée (majorer les nombres $\langle u(y_n - y_m)|y_n - y_m\rangle$ pour $m \geqslant n$ et $|\langle u(x + y_n)|z\rangle|$ pour $z \in \mathrm{M}^\circ$ à l'aide de l'inégalité (*)).
d) Soit (y'_n) une suite de points de M^0 telle que $\langle u(y'_n - y'_m)|y'_n - y'_m\rangle$ soit arbitrairement petit dès que m et n sont assez grands, et que la suite $(u(x + y'_n))$ ait une limite $x'_1 \in \mathrm{M}$; montrer que l'on a $x'_1 = x_1$. (Posant pour abréger $\mathrm{Q}(z) = \langle u(z)|z\rangle$ montrer d'abord que le nombre $\mathrm{Q}((y_p - y'_p) - (y_q - y'_q))$ est arbitrairement petit dès que p et q sont assez grands, et en déduire que la suite $(\mathrm{Q}(y_n - y'_n))$ est bornée ; en utilisant le fait que $\langle x'_1 - x_1|y_p - y'_p\rangle = 0$ pour tout p, montrer que la suite $(\mathrm{Q}(y_n - y'_n))$ tend vers 0 et utiliser *a*).)

e) Déduire de *d*) que le point x_1 ne dépend pas du choix des $y_n \in \mathrm{E}(x, 1/n)$, et que si l'on pose $u_1(x) = x_1$, u_1 est une application linéaire de M dans lui-même. Montrer que l'on a $0 \leqslant \langle u_1(x)|x\rangle \leqslant \langle u(x)|x\rangle$ pour tout $x \in \mathrm{M}$, et par suite que u_1 est continue et est un endomorphisme $\geqslant 0$ de M. (Remarquer que $\langle u(x + y_n)|y_n\rangle$ tend vers 0 et $\langle u(x + y_n)|x + y_n\rangle$ vers $f(x)$.)
f) Soit p_M l'orthoprojecteur d'image M, et soit $u_0 = u_1 \circ p_\mathrm{M}$. On a $0 \leqslant u_0 \leqslant u$, M est stable par u_0 et la restriction de u_0 à M° est nulle. Montrer que u_0 est *le plus grand* élément de l'ensemble des endomorphismes $v \geqslant 0$ tels que $v \leqslant u$, que M soit stable par v et que la restriction de v à M° soit nulle.

11) Soient E et F deux espaces hilbertiens. Montrer que, pour tout élément u de $\mathrm{E} \hat{\otimes}_2 \mathrm{F}$, il existe une suite orthonormale (e_n) dans E, une suite orthonormale (f_n) dans F et une suite (λ_n) de nombres $\geqslant 0$, telles que $\sum_n \lambda_n^2 < +\infty$ et que $u = \sum_n \lambda_n e_n \otimes f_n$; on a alors $\|u\|_2^2 = \sum_n \lambda_n^2$ (*cf.* V, p. 54, th. 2 et p. 52, th. 1).

¶ 12) Soient E un espace hilbertien réel, V un cône convexe fermé dans E, de sommet 0, V° le cône polaire de V (dans E, identifié canoniquement à son dual).
a) Montrer que tout point $x \in \mathrm{E}$ s'écrit d'une manière unique sous la forme $x = x_+ - x_-$ où $x_+ \in \mathrm{V}$ et $x_- \in \mathrm{V}^\circ$, et $\langle x_+|x_-\rangle = 0$.
b) Pour toute facette F de V (II, p. 92, exerc. 3), F est réduite à 0 ou est un cône convexe de sommet 0 ; l'ensemble des $y \in \mathrm{V}^\circ$ qui sont orthogonaux à F est une facette fermée F′ de V° (mais ce n'est pas la « facette duale » de F au sens de II, p. 93, exerc. 6, cette dernière étant vide).
c) On prend pour E l'ensemble des endomorphismes de Hilbert-Schmidt d'un espace hilbertien réel H, et pour V l'ensemble des éléments positifs dans E. Montrer que l'on a $\mathrm{V}^\circ = \mathrm{V}$ et interpréter dans ce cas le résultat de *a*) (utiliser le cor. 1 de V, p. 56 pour voir que $\mathrm{V} \subset \mathrm{V}^\circ$).
d) Les hypothèses étant celles de *c*), soit $v \in \mathrm{V}$; l'ensemble L des $x \in \mathrm{H}$ tels que $\langle v(x)|x\rangle = 0$ ou, ce qui revient au même, $v(x) = 0$ (V, p. 76, exerc. 10) est un sous-espace vectoriel fermé de H, et la facette F de v dans V est l'ensemble fermé des $u \in \mathrm{V}$ tels que $u(x) = 0$ pour tout $x \in \mathrm{L}$; il s'identifie au cône des endomorphismes de Hilbert-Schmidt positifs de l'espace hilbertien L°. En déduire que la projection de E sur l'ensemble convexe F (V, p. 11) est identique au projecteur orthogonal de E sur le sous-espace vectoriel fermé de E engendré par F.

¶ 13) Soient E un espace hilbertien, G un sous-groupe du groupe des automorphismes de la structure d'espace hilbertien de E. Soit E^G le sous-espace vectoriel fermé de E constitué par les vecteurs invariants par G, et p l'orthoprojecteur de E sur E^G.
a) Montrer que le supplémentaire orthogonal de E^G dans E est le sous-espace vectoriel fermé engendré par les vecteurs $s.x - x$, où s parcourt G et $x \in \mathrm{E}$.
b) Soit H une partie de E non vide convexe, fermée et stable par G. Montrer que la projection de 0 sur H appartient à E^G.
c) Supposons que H soit l'enveloppe fermée convexe de l'orbite d'un point x de E, et soit a la projection de 0 sur H. Montrer que $a = p(x)$ et que $\mathrm{H} \cap \mathrm{E}^\mathrm{G}$ est réduit au point a (« *th. de Birkhoff-Alaoglu* »). (Noter que $x - a$ est contenu dans le supplémentaire orthogonal de E^G.)
d) Supposons que G soit engendré par un automorphisme u de E. Montrer que l'on a $p(x) = \lim_{n\to\infty} \frac{1}{n+1} \sum_{j=0}^{n} u^j(x)$ pour tout $x \in \mathrm{E}$ (si $y_n = \frac{1}{n+1} \sum_{j=0}^{n} u^j(x)$, noter que la suite (y_n) a une valeur d'adhérence faible a, et que $u(a) = a$, puis utiliser *c*)).
e) Supposons que G soit l'image d'un homomorphisme $t \mapsto u_t$ de **R** dans le groupe des automorphismes de E, tel que pour tout $x \in \mathrm{E}$, $t \mapsto u_t.x$ soit une application continue de **R** dans E. Montrer que l'on a $p(x) = \lim_{\mathrm{T}\to\infty} \frac{1}{\mathrm{T}} \int_0^\mathrm{T} u_t.\,x\,dt$ pour tout $x \in \mathrm{E}$.
f) On suppose qu'il existe un élément $x \neq 0$ de E et un nombre α tels que $0 < \alpha < 1$ et $\|s.x - x\| \leqslant \alpha\|x\|$ pour tout $s \in \mathrm{G}$. Montrer que $\mathrm{E}^\mathrm{G} \neq \{0\}$ (utiliser *c*)).

14) Soient E un espace hilbertien complexe, T un endomorphisme de Hilbert-Schmidt de E.
a) Soient R et L les endomorphismes de Hilbert-Schmidt positifs tels que $R^2 = T^*T$ et $L^2 = TT^*$ (V, p. 56, cor. 3); on pose $R = \mathrm{abs}(T)$, et on dit que c'est la « valeur absolue » de T (*cf.* V, p. 74, exerc. 4); on a $L = \mathrm{abs}(T^*)$. Montrer que l'on a $\mathrm{Ker}(T) = \mathrm{Ker}(R)$ et $\overline{L(\mathrm{E})} = \overline{T(\mathrm{E})}$. Il existe une isométrie V et une seule de $R(\mathrm{E})$ sur $T(\mathrm{E})$ telle que $T = VR$; si on prolonge V par continuité à $\overline{R(\mathrm{E})}$, puis à un opérateur $U \in \mathscr{L}(\mathrm{E})$ en prenant $U.x = 0$ dans le supplémentaire orthogonal de $R(\mathrm{E})$, on a aussi $T = UR$ (*décomposition polaire* de T). On a $R = U^*T = U^*UR = RU^*U$ et $L = URU^*$, $T = LU^*$. Si T appartient à $\mathscr{L}^1(\mathrm{E})$, il en est de même de $R = \mathrm{abs}(T)$, et T est produit de deux endomorphismes de Hilbert-Schmidt.
b) Si T appartient à $\mathscr{L}^1(\mathrm{E})$, montrer que l'on a $\mathrm{Tr}(\mathrm{abs}(T)) = \sup(\sum_i |\langle a_i | T.b_i \rangle|)$, où au second membre (a_i) et (b_i) parcourent l'ensemble des bases orthonormales de E (utiliser la décomposition polaire de T). Montrer que si l'on pose $\|T\|_1 = \mathrm{Tr}(\mathrm{abs}(T))$, $\|T\|_1$ est une norme sur l'espace $\mathscr{L}^1(\mathrm{E})$, telle que $\|T\|_2 \leqslant \|T\|_1$.
c) Inversement, si $T \in \mathscr{L}(\mathrm{E})$ est telle que, pour tout couple $((a_i), (b_i))$ de bases orthonormales de E, la somme $\sum_i |\langle a_i | T.b_i \rangle|$ soit finie, T appartient à $\mathscr{L}^1(\mathrm{E})$ (remarquer d'abord que T est un endomorphisme de Hilbert-Schmidt, et utiliser la décomposition polaire de T).
d) Soit (T_ν) une suite d'endomorphismes de Hilbert-Schmidt (resp. d'éléments de $\mathscr{L}^1(\mathrm{E})$) telle que, pour tout couple de points x, y de E, la suite $(\langle x | T_\nu . y \rangle)$ soit convergente vers $\langle x | T.y \rangle$, où T est une application linéaire de E dans lui-même; on suppose de plus que la suite des normes $\|T_\nu\|_2$ (resp. $\|T_\nu\|_1$) est bornée. Montrer que T est un endomorphisme de Hilbert-Schmidt (resp. un élément de $\mathscr{L}^1(\mathrm{E})$) (utiliser *b*) et *c*)).
e) Déduire de *d*) que l'espace $\mathscr{L}^1(\mathrm{E})$ est un espace de Banach pour la norme $\|T\|_1$.
f) Pour qu'un endomorphisme $T \in \mathscr{L}(\mathrm{E})$ appartienne à $\mathscr{L}^1(\mathrm{E})$, il faut et il suffit que, pour une base orthonormale (e_i) de E au moins, la somme $\sum_i \|T.e_i\|$ soit finie (avec les notations de *a*), remarquer que $|\langle e_i | R.e_i \rangle| \leqslant \|T.e_i\|$).
g) Dans l'espace $\ell^2_{\mathbf{C}}$, soit (e_n) la base orthonormale canonique, et soit $a = \sum_{n=0}^{\infty} \frac{1}{n+1} e_n$; si F est le sous-espace $\mathbf{C}.a$ de dimension 1, l'orthoprojecteur p_F est de trace finie, mais la série $\sum_n \|p_\mathrm{F}.e_n\|$ n'est pas convergente.

15) Soit E un espace hilbertien complexe; on note $\mathscr{B} = \mathscr{L}(\mathrm{E})$ l'algèbre des endomorphismes continus de E, munie de la norme usuelle $\|T\| = \sup_{\|x\| \leqslant 1} \|T.x\|$. Pour tout couple de points x, y de E, on note $\omega_{x,y}$ la forme linéaire continue $T \mapsto \langle x | T.y \rangle$ sur $\mathscr{B}$, et on désigne par $\mathscr{B}_\circ$ le sous-espace fermé du dual fort $\mathscr{B}'$ de l'espace de Banach $\mathscr{B}$, engendré par les $\omega_{x,y}$.
a) Montrer que l'application linéaire qui, à tout $T \in \mathscr{B}$, associe la forme linéaire $\omega \mapsto \langle \omega, T \rangle$ sur $\mathscr{B}_\circ$, est une isométrie de $\mathscr{B}$ sur le dual fort de $\mathscr{B}_\circ$; autrement dit, $\mathscr{B}_\circ$ est un *prédual* (IV, p. 56, exerc. 23) de $\mathscr{B}$.

La topologie $\sigma(\mathscr{B}, \mathscr{B}_\circ)$ sur $\mathscr{B}$ est appelée la topologie *ultrafaible*.
b) Pour tout élément T de $\mathscr{L}^1(\mathrm{E})$, on définit une forme linéaire φ_T sur $\mathscr{B}$ par la formule $\varphi_T(S) = \mathrm{Tr}(ST)$ pour tout opérateur $S \in \mathscr{B}$. Montrer que φ_T est continue, et que l'application $T \mapsto \varphi_T$ est une isométrie de l'espace de Banach $\mathscr{L}^1(\mathrm{E})$ (exerc. 14, *e*)) sur l'espace de Banach $\mathscr{B}_\circ$ (considérer d'abord le cas où T est de rang fini).
c) Soit $\mathscr{B}_{\circ\circ}$ le sous-espace vectoriel de $\mathscr{B}_\circ$ engendré par les $\omega_{x,y}$ (de sorte que $\mathscr{B}_\circ = \overline{\mathscr{B}_{\circ\circ}}$). Montrer que $\mathscr{B}_{\circ\circ}$ est tonnelé (remarquer qu'une partie de $\mathscr{B}$ bornée pour $\sigma(\mathscr{B}, \mathscr{B}_{\circ\circ})$ est bornée pour la topologie de la norme).
d) Soit F_n le sous-espace de $\mathscr{B}_{\circ\circ}$ image de l'ensemble des endomorphismes de E de rang fini $\leqslant n$ par l'isométrie définie dans *b*). Montrer que F_n est rare dans $\mathscr{B}_{\circ\circ}$ et en déduire que $\mathscr{B}_{\circ\circ}$ n'est pas un espace de Baire.

Note historique

(chapitres I à V)

(N.B. — Les chiffres romains renvoient à la bibliographie placée à la fin de cette note.)

La théorie générale des espaces vectoriels topologiques a été fondée dans la période qui va de 1920 à 1930 environ. Mais elle avait été préparée de longue date par l'étude de nombreux problèmes d'Analyse fonctionnelle ; on ne peut retracer son histoire sans indiquer, au moins de façon sommaire, comment l'étude de ces problèmes amena peu à peu les mathématiciens (surtout à partir du début du XXe siècle) à prendre conscience de la parenté entre les questions considérées, et de la possibilité de les formuler de façon beaucoup plus générale et de leur appliquer des procédés de solution uniformes.

On peut dire que les analogies entre Algèbre et Analyse, et l'idée de considérer des équations fonctionnelles (c'est-à-dire où l'inconnue est une fonction) comme des « cas limites » d'équations algébriques, remontent aux débuts du Calcul infinitésimal, qui en un certain sens répond à ce besoin de généralisation « du fini à l'infini ». Mais l'ancêtre algébrique direct du Calcul infinitésimal est le calcul des différences finies (*cf.* FVR, Note historique des chap. I-II-III, p. 54-58), et non la résolution des systèmes linéaires généraux ; ce n'est pas avant le milieu du XVIIIe siècle que se manifestent les premières analogies entre cette dernière et des problèmes de Calcul différentiel, à propos de l'équation des cordes vibrantes. Nous n'entrerons pas ici dans le détail de l'histoire de ce problème ; mais il nous faut relever l'apparition de deux idées fondamentales, qui se retrouveront constamment par la suite, et qui toutes deux paraissent dues à D. Bernoulli. La première consiste à considérer l'oscillation de la corde comme « cas limite » de l'oscillation d'un système de n masses ponctuelles, lorsque n augmente indéfiniment ; on sait que, pour n fini, ce problème devait un peu plus tard donner le premier exemple de recherche de valeurs propres d'une transformation linéaire (*cf.* A, Note historique des chap. VI-VII) ; à ces nombres correspondent, dans le « passage à la limite » envisagé, les fréquences des « oscillations propres » de la corde, observées expérimentalement de longue date, et dont l'existence théorique avait été établie (notamment par Taylor) au début du siècle. Cette analogie formelle, bien qu'assez rarement mentionnée par la suite ((I, *b*), p. 390), ne paraît jamais avoir été perdue de vue au cours du XIXe siècle ; mais, comme nous le verrons plus loin, elle n'acquerra toute son importance que vers 1890-1900.

L'autre idée de D. Bernoulli (peut-être inspirée par les faits expérimentaux) est le « principe de superposition », d'après lequel l'oscillation la plus générale de la corde doit pouvoir se « décomposer » en superposition d'« oscillations propres », ce qui, mathématiquement parlant, signifie que la solution générale de l'équation aux cordes vibrantes doit pouvoir se développer en série $\sum_n c_n \varphi_n(x, t)$, où les $\varphi_n(x, t)$ représentent les oscillations propres. On sait que ce principe devait déclencher une longue querelle sur la possibilité de développer une fonction « arbitraire » en série trigonométrique, querelle qui ne fut tranchée que par les travaux de Fourier et de Dirichlet dans le premier tiers du XIXe siècle. Mais avant même que ce résultat ne fût atteint, on avait rencontré d'autres exemples de développements en séries de fonctions « orthogonales » * : fonctions sphériques et polynômes de Legendre, ainsi que divers systèmes de la forme $(e^{i\lambda_n x})$, où les λ_n ne sont plus multiples d'un même nombre, et qui avaient été introduits dès le XVIIIe siècle dans des problèmes d'oscillation, ainsi que par Fourier et Poisson au cours de leurs recherches sur la théorie de la chaleur. Vers 1830, tous les phénomènes observés dans ces divers cas particuliers sont systématisés par Sturm (I) et Liouville (II) en une théorie générale des oscillations, pour les fonctions d'une variable : ils considèrent l'équation différentielle

$$(1) \qquad \frac{d}{dx}\left(p(x)\frac{dy}{dx}\right) + \lambda\rho(x)\,y = 0 \quad (p(x) > 0,\ \rho(x) > 0)$$

avec les conditions aux limites

$$(2) \qquad \begin{matrix} k_1 y'(a) - h_1 y(a) = 0 \\ k_2 y'(b) + h_2 y(b) = 0 \end{matrix} \quad (h_1 k_1 \neq 0,\ h_2 k_2 \neq 0,\ a < b)$$

et démontrent les résultats fondamentaux suivants :

1) le problème n'a de solution $\neq 0$ que lorsque λ prend l'une des valeurs d'une suite (λ_n) de nombres > 0, tendant vers $+\infty$;

2) pour chaque λ_n, les solutions sont multiples d'une même fonction v_n, qu'on peut supposer « normée » par la condition $\int_a^b \rho v_n^2 dx = 1$, et on a $\int_a^b \rho v_m v_n dx = 0$ pour $m \neq n$;

3) toute fonction f, deux fois différentiable dans $[a, b]$, et satisfaisant aux conditions aux limites (2), est développable en série uniformément convergente $f(x) = \sum_n c_n v_n(x)$, où $c_n = \int_a^b \rho f v_n dx$;

4) on a l'égalité $\int_a^b \rho f^2 dx = \sum_n c_n^2$ (déjà démontrée par Parseval en 1799 — de façon purement formelle, d'ailleurs — pour le système des fonctions trigonométriques, et d'où découle aussitôt l'« inégalité de Bessel » énoncée par ce dernier (toujours pour les séries trigonométriques) en 1828).

* Ce terme n'apparaît toutefois pas avant les travaux de Hilbert.

Un demi-siècle plus tard, ces propriétés sont complétées par les travaux de Gram (III) qui, poursuivant des recherches de Tchebichef, met en lumière la relation entre les développements en séries de fonctions orthogonales et le problème de la « meilleure approximation quadratique » (issu directement de la « méthode des moindres carrés » de Gauss, dans la théorie des erreurs) : ce dernier consiste, étant donnée une suite finie de fonctions $(\psi_i)_{1 \leqslant i \leqslant n}$, à trouver, pour une fonction f, la combinaison linéaire $\sum_i a_i \psi_i$ pour laquelle l'intégrale $\int_a^b \rho(f - \sum_i a_i \psi_i)^2 dx$ atteint son minimum. Il ne s'agit là en principe que d'un problème d'algèbre linéaire banal, mais Gram le résout d'une façon originale, en appliquant aux ψ_i le processus d'« orthonormalisation » décrit au chap. V, p. 23 (et généralement connu sous le nom d'Erhard Schmidt). Passant ensuite au cas d'un système orthonormal infini (φ_n), il se pose la question de savoir quand la « meilleure approximation quadratique » μ_n d'une fonction f par les combinaisons linéaires des n premières fonctions de la suite, tend vers 0 lorsque n augmente indéfiniment * ; il est ainsi amené à définir la notion de système orthonormal complet, et reconnaît que cette propriété équivaut à la non-existence de fonctions $\neq 0$ orthogonales à toutes les φ_n. Il cherche même à élucider le concept de « convergence en moyenne quadratique », mais, avant l'introduction des notions fondamentales de la théorie de la mesure, il ne pouvait guère obtenir dans cette direction que des résultats très particuliers.

Dans la seconde moitié du XIXe siècle, l'effort principal des analystes se porte plutôt vers l'extension de la théorie de Sturm-Liouville aux fonctions de plusieurs variables, à quoi conduisait notamment l'étude des équations aux dérivées partielles de type elliptique de la Physique mathématique, et des problèmes aux limites qui leur sont naturellement associés. L'intérêt se concentre principalement sur l'équation des « membranes vibrantes »

$$(3) \qquad L_\lambda(u) \equiv \Delta u + \lambda u = 0$$

où l'on cherche dans un domaine G assez régulier les solutions qui s'annulent au contour ; ce n'est que peu à peu que furent surmontées les difficultés analytiques considérables présentées par ce problème, auquel on ne pouvait songer à appliquer les méthodes qui avaient réussi pour les fonctions d'une seule variable. Rappelons les principales étapes vers la solution : l'introduction de la « fonction de Green » de G, dont l'existence est démontrée par Schwarz ; la démonstration, due aussi à Schwarz, de l'existence de la plus petite valeur propre ; enfin, en 1894, dans un mémoire célèbre (V *a*), H. Poincaré parvient à démontrer l'existence et les propriétés essentielles de toutes les valeurs propres, en considérant, pour un « second membre » f donné, la solution u_λ de l'équation $L_\lambda(u) = f$ qui s'annule au contour, et en prouvant, par une habile généralisation de la méthode de Schwarz, que u_λ

* Il est à noter que, dans toute cette étude, Gram ne se limite pas à la considération des fonctions continues, mais insiste sur l'importance de la condition $\int_a^b \rho f^2 dx < +\infty$.

est fonction méromorphe de la variable complexe λ, n'ayant que des pôles simples réels λ_n, qui sont justement les valeurs propres cherchées.

Ces recherches se relient étroitement aux débuts de la théorie des équations intégrales linéaires, qui devait sans doute contribuer le plus à l'avènement des idées modernes. Nous nous bornerons ici à donner quelques brèves indications sur le développement de cette théorie (renvoyant, pour de plus amples détails, aux Notes historiques qui suivront les chapitres de ce Traité consacrés à la théorie spectrale). Ce type d'équations fonctionnelles, apparu d'abord sporadiquement dans la première moitié du XIXe siècle (Abel, Liouville), avait acquis de l'importance depuis que Beer et C. Neumann avaient ramené la solution du « problème de Dirichlet » pour un domaine assez régulier G, à la résolution d'une « équation intégrale de deuxième espèce »

$$u(x) + \int_a^b \mathrm{K}(x, y)\, u(y)\, dy = f(x) \tag{4}$$

pour la fonction inconnue u ; équation que C. Neumann était parvenu à résoudre au moyen d'un procédé d'« approximations successives » en 1877. Mû sans doute autant par les analogies algébriques déjà mentionnées que par les résultats qu'il venait d'obtenir sur l'équation des membranes vibrantes, H. Poincaré, en 1896 (V b), a l'idée d'introduire un paramètre variable λ devant l'intégrale dans l'équation précédente, et affirme que, comme pour l'équation des membranes vibrantes, la solution est alors fonction méromorphe de λ ; mais il ne parvint pas à démontrer ce résultat, qui ne fut établi (pour un « noyau » K continu et un intervalle $[a, b]$ fini) que par I. Fredholm sept ans plus tard (VI). Ce dernier, plus consciemment peut-être encore que ses prédécesseurs, se laisse complètement guider par l'analogie de (4) avec le système linéaire

$$\sum_{q=1}^{n} \left(\delta_{pq} + \frac{1}{n} a_{pq}\right) x_q = b_p \quad (1 \leqslant p \leqslant n) \tag{5}$$

pour obtenir la solution de (4) comme quotient de deux expressions, formées sur le modèle des déterminants qui interviennent dans les formules de Cramer. Ce n'était d'ailleurs pas là une idée nouvelle : dès le début du XIXe siècle, la méthode des « coefficients indéterminés » (consistant à obtenir une fonction inconnue supposée développable en série $\sum_n c_n \varphi_n$, où les φ_n sont des fonctions connues, en calculant les coefficients c_n), avait conduit à des « systèmes linéaires à une infinité d'inconnues »

$$\sum_{j=1}^{\infty} a_{ij} x_j = b_i \quad (i = 1, 2, \ldots)\,. \tag{6}$$

Fourier, qui rencontre un tel système, le « résout » encore comme un mathématicien du XVIIIe siècle : il supprime tous les termes ayant un indice i ou j supérieur à n, résout explicitement le système fini obtenu, par les formules de Cramer, puis « passe à la limite » en faisant tendre n vers $+\infty$ dans la solution ! Lorsque plus tard on ne se contenta plus de pareils tours de passe-passe, c'est encore par la théorie des déterminants qu'on chercha d'abord à attaquer le problème ; à partir de 1886 (à la suite de travaux de Hill), H. Poincaré, puis H. von Koch, avaient édifié une théorie des « déterminants infinis » qui permet de résoudre certains types de systèmes (6) suivant le modèle classique ; et si ces résultats n'étaient pas directement applicables au problème visé par Fredholm, du moins est-il certain que la théorie de von Koch, en particulier, lui servit de modèle pour la formation de ses « déterminants ».

C'est à ce moment que Hilbert entre en scène et donne une impulsion nouvelle à la théorie (VII). Il commence par compléter les travaux de Fredholm en réalisant effectivement le passage à la limite qui conduit de la solution de (5) à celle de (4) ; mais il y ajoute aussitôt le passage à la limite correspondant pour la théorie des formes quadratiques réelles, à quoi conduisaient naturellement les types d'équations intégrales à noyau symétrique (c'est-à-dire telles que $K(y, x) = K(x, y)$), de beaucoup les plus fréquentes en Physique mathématique. Il parvient ainsi à la formule fondamentale qui généralise directement la réduction d'une forme quadratique à ses axes

$$\int_a^b \int_a^b K(s, t)\, x(s)\, x(t)\, ds dt = \sum_{n=1}^{\infty} \frac{1}{\lambda_n} \left(\int_a^b \varphi_n(s)\, x(s)\, ds \right)^2, \tag{7}$$

les λ_n étant les valeurs propres (nécessairement réelles) du noyau K, les φ_n formant le système orthonormal des fonctions propres correspondantes, et le second membre de la formule (7) étant une série convergente pour $\int_a^b x^2(s)\, ds \leqslant 1$. Il montre aussi comment toute fonction « représentable » sous la forme $f(x) = \int_a^b K(x, y)\, g(y)\, dy$ admet le « développement » $\sum_{n=1}^{\infty} \varphi_n(x) \int_a^b \varphi_n(y)\, f(y)\, dy$, et, poursuivant l'analogie avec la théorie classique des formes quadratiques, il indique un procédé de détermination des λ_n par une méthode variationnelle, qui n'est autre que l'extension des propriétés extrémales bien connues des axes d'une quadrique ((VII), p. 1-38).

Ces premiers résultats de Hilbert furent presque aussitôt repris par E. Schmidt, sous une forme plus simple et plus générale, évitant l'introduction des « déterminants de Fredholm » ainsi que le passage du fini à l'infini, et déjà très proche d'un exposé abstrait, les propriétés fondamentales de linéarité et de positivité de l'intégrale étant visiblement seules utilisées dans les démonstrations (VIII *a*). Mais déjà Hilbert était parvenu à des conceptions bien plus générales encore. Tous les travaux précédents faisaient ressortir l'importance des fonctions de carré intégrable, et la formule de Parseval établissait un lien étroit entre ces fonctions et les suites (c_n) telles que $\sum_n c_n^2 < +\infty$. C'est sans doute cette idée qui guide Hilbert dans ses mémoires de 1906 ((VII), chap. XI-XIII) où, reprenant la vieille méthode des « coefficients indéterminés », il montre que la résolution de l'équation intégrale (4) est équivalente au système d'une infinité d'équations linéaires

(8) $$x_p + \sum_{q=1}^{\infty} k_{pq}x_q = b_p \quad (p = 1, 2, \ldots)$$

pour les « coefficients de Fourier » $x_p = \int_a^b u(t)\,\omega_p(t)\,dt$ de la fonction inconnue u par rapport à un système orthonormal complet donné (ω_n) (avec $b_p = \int_a^b f(t)\,\omega_p(t)\,dt$ et $k_{pq} = \int_a^b \int_a^b \mathrm{K}(s, t)\,\omega_p(s)\,\omega_q(t)\,dsdt$). En outre, les seules solutions de (8) à considérer de ce point de vue sont celles pour lesquelles $\sum_n x_n^2 < +\infty$; aussi est-ce à ce type de solution que se limite systématiquement Hilbert ; mais il élargit par contre les conditions imposées à la « matrice infinie » (k_{pq}) (qui, dans (8), est telle que $\sum_{p,q} k_{pq}^2 < +\infty$). Dès ce moment, il est clair que l'« espace de Hilbert » des suites $x = (x_n)$ de nombres réels telles que $\sum_n x_n^2 < +\infty$, bien que non explicitement introduit, est sous-jacent à toute la théorie, et apparaît comme un « passage à la limite » à partir de l'espace euclidien de dimension finie. De plus, ce qui est particulièrement important pour les développements ultérieurs, Hilbert est amené à introduire dans cet espace, non pas seulement une, mais deux notions distinctes de convergence (correspondant à ce que l'on a appelé depuis la topologie faible et la topologie forte *), ainsi qu'un « principe de choix » qui n'est autre que la propriété de compacité faible de la boule unité. La nouvelle algèbre linéaire qu'il développe à propos de la résolution des systèmes (8) repose tout entière sur ces notions topologiques : applications linéaires, formes linéaires et formes bilinéaires (associées aux applications linéaires) sont classées et étudiées suivant leurs propriétés de « continuité » **. En particulier, Hilbert découvre que le succès de la méthode de Fredholm repose sur la notion de « complète continuité » qu'il dégage en la formulant pour les formes bilinéaires *** et étudie de façon approfondie ; pour plus de détails, nous renvoyons à la partie de ce Traité où seront développés cette importante notion, et les admirables et profonds travaux où Hilbert inaugure la théorie spectrale des formes bilinéaires symétriques (bornées ou non).

Le langage de Hilbert reste encore classique, et, tout au long des « *Grundzüge* »,

* Le Calcul des variations avait déjà conduit de façon naturelle à envisager des notions de convergence différentes sur un même ensemble de fonctions (suivant que l'on exigeait seulement la convergence uniforme des fonctions, ou la convergence uniforme des fonctions et d'un certain nombre de leurs dérivées) ; mais les modes de convergence définis par Hilbert étaient d'un type tout à fait nouveau à cette époque.

** Il faut noter que, jusque vers 1935, par fonction « continue » on entend pratiquement toujours une application transformant toute suite convergente en une suite convergente.

*** Pour Hilbert, une forme bilinéaire $\mathrm{B}(x, y)$ est complètement continue si, lorsque les suites (x_n), (y_n) tendent *faiblement* vers x et y respectivement, $\mathrm{B}(x_n, y_n)$ tend vers $\mathrm{B}(x, y)$.

il ne cesse d'avoir en vue les applications de la théorie, dont il développe de nombreux exemples (occupant à peu près la moitié du volume). La génération suivante va déjà adopter un point de vue beaucoup plus abstrait. Sous l'influence des idées de Fréchet et de F. Riesz sur la topologie générale (voir Note historique de TG, chap. I), E. Schmidt (VIII *b*) et Fréchet lui-même introduisent délibérément, en 1907-1908, le langage de la géométrie euclidienne dans l'« espace de Hilbert » (réel ou complexe) ; c'est dans ces travaux qu'on trouve la première mention de la norme (avec la notation actuelle $\|x\|$), l'inégalité du triangle qu'elle vérifie, le fait que l'espace de Hilbert est « séparable » et complet ; en outre, E. Schmidt démontre l'existence de la projection orthogonale sur une variété linéaire fermée, ce qui lui permet de donner une forme plus simple et plus générale à la théorie des systèmes linéaires de Hilbert. En 1907 aussi, Fréchet et F. Riesz remarquent que l'espace des fonctions de carré sommable a une « géométrie » tout à fait analogue ; analogie qui s'explique parfaitement lorsque, quelques mois plus tard, F. Riesz et E. Fischer démontrent que cet espace est complet et isomorphe à l'« espace de Hilbert », mettant en même temps en évidence de façon éclatante la valeur de l'outil nouvellement créé par Lebesgue. Dès ce moment les points essentiels de la théorie élémentaire des espaces hilbertiens peuvent être considérés comme acquis ; parmi les progrès plus récents, il faut notamment mentionner la présentation axiomatique de la théorie donnée vers 1930 par M. H. Stone et J. von Neumann, ainsi que l'abandon des restrictions de « séparabilité », qui s'effectue aux environs de 1934, dans les travaux de Rellich, Löwig, et F. Riesz (IX *e*).

Cependant d'autres courants d'idées venaient, dans les premières années du XXe siècle, renforcer la tendance qui menait à la théorie des espaces normés. L'idée générale de « fonctionnelle » (c'est-à-dire une fonction à valeurs numériques définie dans un ensemble dont les éléments sont eux-mêmes des fonctions numériques d'une ou de plusieurs variables réelles) s'était dégagée dans les dernières décennies du XIXe siècle, en liaison avec le calcul des variations, d'une part, la théorie des équations intégrales de l'autre. Mais si c'est principalement à l'école italienne, autour de Pincherle et surtout de Volterra, que l'on doit d'avoir mis en lumière cette notion, ainsi que l'idée plus générale d'« opérateur », les travaux de cette école restaient souvent de nature passablement formelle et attachés à des problèmes de type particulier, faute d'une analyse assez poussée des concepts topologiques sous-jacents. En 1903, Hadamard inaugure la théorie moderne de la dualité « topologique », en cherchant les « fonctionnelles » linéaires continues les plus générales sur l'espace $\mathscr{C}(\mathrm{I})$ des fonctions continues numériques dans un intervalle compact I (espace muni de la topologie de la convergence uniforme), et en les caractérisant comme limites de suites d'intégrales $x \mapsto \int_{\mathrm{I}} k_n(t)\, x(t)\, dt$. En 1907, Fréchet et F. Riesz montrent de même que, sur l'espace de Hilbert, les formes linéaires continues sont les formes « bornées » introduites par Hilbert ; puis, en 1909, F. Riesz met sous une forme définitive le th. de Hadamard, en exprimant toute fonctionnelle linéaire continue sur $\mathscr{C}(\mathrm{I})$ par une intégrale de Stieltjes, théorème qui devait plus tard servir de point de départ à la théorie moderne de l'Intégration (voir Note hist. d'INT, chap. II-V).

L'année suivante, c'est encore F. Riesz (IX *a*) qui fait faire de nouveaux et importants progrès à la théorie par l'introduction et l'étude (calquée sur la théorie de l'espace de Hilbert) des espaces $L^p(I)$ des fonctions de puissance p-ième intégrable dans un intervalle I (pour un exposant p tel que $1 < p < +\infty$), étude qu'il fait suivre trois ans plus tard (IX *c*) d'un travail analogue sur les espaces de suites $\ell^p(\mathbf{N})$; ces recherches, comme nous le verrons plus loin, devaient grandement contribuer à éclaircir les idées sur la dualité, du fait que l'on rencontrait ici pour la première fois deux espaces en dualité et non naturellement isomorphes *.

Dès ce moment, F. Riesz pensait à une étude axiomatique englobant tous ces résultats ((IX *a*), p. 452), et il semble que seul un scrupule d'analyste soucieux de ne pas trop s'éloigner des mathématiques classiques l'ait retenu d'écrire sous cette forme son célèbre mémoire de 1918 sur la théorie de Fredholm (IX *d*). Il y considère en principe l'espace $\mathscr{C}(I)$ des fonctions continues dans un intervalle compact ; mais, après avoir défini la norme de cet espace, et avoir remarqué que $\mathscr{C}(I)$, muni de cette norme, est complet, il n'utilise plus jamais, dans ses raisonnements, autre chose que les axiomes des espaces normés complets **. Sans entrer ici dans l'examen détaillé de ce travail, mentionnons que c'est là que se trouve pour la première fois définie de façon générale la notion d'application linéaire complètement continue (par la propriété de transformer un voisinage en un ensemble relativement compact) *** ; par un chef-d'œuvre d'analyse axiomatique, toute la théorie de Fredholm (sous son aspect qualitatif) est ramenée à un seul théorème fondamental, savoir que tout espace normé localement compact est de dimension finie.

La définition générale des espaces normés fut donnée en 1920-1922 par S. Banach, H. Hahn et E. Helly (ce dernier ne considérant que des espaces de suites de nombres réels ou complexes). Dans les dix années qui suivent, la théorie de ces espaces se développe principalement autour de deux questions d'une importance fondamentale dans les applications : la théorie de la dualité et les théorèmes se rattachant à la notion de « catégorie » de Baire.

* Bien que la dualité entre L^1 et L^∞ soit implicite dans la plupart des travaux de cette époque sur l'intégrale de Lebesgue, c'est seulement en 1918 que H. Steinhaus démontra que toute forme linéaire continue sur $L^1(I)$ (I intervalle fini) est de la forme $x \mapsto \int_I f(t)\, x(t)\, dt$, où $f \in L^\infty(I)$.

** F. Riesz remarque d'ailleurs explicitement que l'application de ses théorèmes aux fonctions continues n'est là que comme « pierre de touche » de conceptions beaucoup plus générales ((IX *d*), p. 71).

*** Dans ses travaux sur les espaces L^p, F. Riesz avait défini les applications complètement continues comme étant celles qui transforment toute suite faiblement convergente en suite fortement convergente ; ce qui (compte tenu de la compacité faible de la boule unité dans les L^p pour $1 < p < +\infty$) est équivalent, dans ce cas, à la définition précédente ; en outre, F. Riesz avait indiqué que, pour l'espace L^2, sa définition était équivalente à celle de Hilbert (en la traduisant du langage des applications linéaires dans celui des formes bilinéaires ((IX *a*), p. 487)).

Nous avons vu que l'idée de dualité (au sens topologique) remonte au début du xxe siècle ; elle est sous-jacente à la théorie de Hilbert et occupe une place centrale dans l'œuvre de F. Riesz. Ce dernier observe par exemple, dès 1911 ((IX *b*), p. 41-42), que la relation $|f(x)| \leqslant M\|x\|$ (prise comme définition des fonctionnelles linéaires « bornées » dans l'espace de Hilbert) est équivalente à la continuité de f lorsqu'on se place dans l'espace $\mathscr{C}(I)$, et ce par un raisonnement de caractère tout à fait général. A propos de la caractérisation des fonctionnelles linéaires continues sur $\mathscr{C}(I)$, il remarque aussi que la condition pour qu'un ensemble A soit total dans $\mathscr{C}(I)$ est qu'il n'existe aucune mesure de Stieltjes $\mu \neq 0$ sur I qui soit « orthogonale » à toute fonction de A (généralisant ainsi la condition de Gram pour les systèmes orthonormaux complets) ; il constate enfin, dans le même travail, que le dual de l'espace L^{∞} est « plus grand » que l'espace des mesures de Stieltjes ((IX *b*), p. 62).

D'autre part, dans ses travaux sur les espaces $L^p(I)$ et $\ell^p(N)$, F. Riesz parvient à modifier la méthode de résolution des systèmes linéaires dans l'espace de Hilbert, donnée par E. Schmidt (VIII *b*), de façon à la rendre applicable à des cas plus généraux. L'idée de E. Schmidt consistait à déterminer une solution « extrémale » de (6) en cherchant le point de la variété linéaire fermée représentée par les équations (6), dont la distance à l'origine est minima. En utilisant la même idée, F. Riesz montre qu'une condition nécessaire et suffisante pour qu'il existe une fonction $x \in L^p(a, b)$ satisfaisant aux équations

$$\int_a^b \alpha_i(t)\, x(t)\, dt = b_i \quad (i = 1, 2, \ldots) \tag{9}$$

(où les α_i appartiennent à L^q (avec $\frac{1}{p} + \frac{1}{q} = 1$)), et telle en outre que $\int_a^b |x(t)|^p dt \leqslant M^p$, est que, pour toute suite finie $(\lambda_i)_{1 \leqslant i \leqslant n}$ de nombres réels, on ait

$$\Big|\sum_{i=1}^{n} \lambda_i b_i\Big| \leqslant M.\left(\int_a^b \Big|\sum_{i=1}^{n} \lambda_i \alpha_i(t)\Big|^q dt\right)^{1/q}. \tag{10}$$

En 1911 (IX *b*), il traite de façon analogue le « problème des moments généralisés », consistant à résoudre le système

$$\int_a^b \alpha_i(t)\, d\xi(t) = b_i \quad (i = 1, 2, \ldots) \tag{11}$$

où les α_i sont continues et l'inconnue est une mesure de Stieltjes ξ * ; il est visible

* Le « problème des moments » classique correspond au cas où l'intervalle $]a, b[$ est $]0, +\infty[$ ou $]-\infty, +\infty[$, et où $\alpha_i(t) = t^i$; en outre on impose à la mesure ξ d'être positive (F. Riesz indique dans son mémoire de 1911 comment ses conditions générales doivent être modifiées lorsqu'on cherche des solutions de cette nature). Parmi les diverses méthodes de résolution du problème des moments classique, il faut en particulier signaler celle de M. Riesz, qui combine avec élégance les idées générales du Calcul fonctionnel et la théorie des fonctions d'une variable complexe pour obtenir des conditions explicites sur les b_i. (Sur le problème des moments, 3, *Ark. för Math.*, t. XVII (1922-1923), n° 16, 52 p.)

ici que l'on peut énoncer le problème en disant qu'il s'agit de déterminer une fonctionnelle linéaire continue sur $\mathscr{C}(I)$ par ses valeurs en une suite de points donnés dans cet espace. C'est aussi sous cette forme que Helly traite le problème en 1912 — obtenant les conditions de F. Riesz par une méthode assez différente et de plus ample portée * — et qu'il le reprend en 1921, dans des conditions beaucoup plus générales. Introduisant la notion de norme (sur les espaces de suites) comme nous l'avons vu plus haut, il remarque que cette notion généralise celle de « jauge » d'un corps convexe de l'espace à n dimensions, utilisée par Minkowski dans ses célèbres travaux sur la « géométrie des nombres » (IV). Au cours de ces travaux, Minkowski avait aussi défini (dans $\mathbf{R}^n$) les notions d'hyperplan d'appui et de « fonction d'appui » (IV *b*), et démontré l'existence d'un hyperplan d'appui en tout point frontière d'un corps convexe ((IV *a*), p. 33-35). Helly étend ces notions à un espace de suites E, muni d'une norme quelconque ; il établit une dualité entre E et l'espace E′ des suites $u = (u_n)$ telles que, pour tout $x = (x_n) \in \mathrm{E}$, la série $(u_n x_n)$ soit convergente ; $\langle u, x \rangle$ désignant la somme de cette série, il définit dans E′ une norme par la formule $\sup\limits_{x \neq 0} |\langle u, x \rangle| / \|x\|$, qui donne la fonction d'appui dans les espaces de dimension finie **. La résolution d'un système (6) dans E, où chacune des suites $u_i = (a_{ij})_{j \geqslant 1}$ est supposée appartenir à E′, revient, comme le montre alors Helly, à résoudre successivement les deux problèmes suivants : 1° trouver une forme linéaire continue L sur l'espace normé E′, telle que $\mathrm{L}(u_i) = b_i$ pour tout indice i, ce qui, comme il l'indique, conduit à des conditions du type (10) ; 2° chercher si une telle forme linéaire peut s'écrire $u \mapsto \langle u, x \rangle$ pour un $x \in \mathrm{E}$. Ce dernier problème, comme l'observe Helly, n'a pas nécessairement de solution même lorsque L existe, et il se borne à donner quelques conditions suffisantes qui entraînent l'existence de la solution $x \in \mathrm{E}$ dans certains cas particuliers (X).

Ces idées acquièrent leur forme définitive en 1927, dans un mémoire fondamental de H. Hahn (XI) dont les résultats sont retrouvés (de façon indépendante) par S. Banach deux ans plus tard (XII *b*). Le procédé de Minkowski-Helly est appliqué par Hahn à un espace normé quelconque, et donne donc sur le dual une structure d'espace normé (complet), ce qui permet aussitôt à Hahn de considérer les duals successifs d'un espace normé, et de poser de façon générale le problème des espaces réflexifs, entrevu par Helly. Mais surtout le problème capital du prolongement d'une fonctionnelle linéaire continue avec conservation de sa norme est définitivement résolu par Hahn de façon tout à fait générale, par un raisonnement de récurrence transfinie sur la dimension — donnant ainsi un des premiers exemples d'une application importante de l'axiome du choix à l'Analyse fonctionnelle ***. A ces résultats,

* Comme F. Riesz ((IX *b*), p. 49-50), Helly utilise dans cette démonstration un « principe de choix » qui n'est autre, bien entendu, que la compacité faible de la boule unité dans l'espace des mesures de Stieltjes ; F. Riesz avait aussi fait usage de la propriété analogue dans les espaces $\mathrm{L}^p (1 < p < +\infty)$.

** Pour obtenir ainsi une norme, il faut supposer que la relation $\langle u, x \rangle = 0$ pour tout $x \in \mathrm{E}$ entraîne $u = 0$, comme le remarque d'ailleurs explicitement Helly.

*** Banach avait déjà fait un raisonnement analogue en 1923, pour définir une mesure invariante dans le plan (définie pour *toute* partie bornée) (XII *a*).

Banach ajoute une étude poussée des relations entre une application linéaire continue et sa transposée, étendant aux espaces normés généraux des résultats connus seulement jusque-là pour les espaces L^p (IX *a*), au moyen d'un théorème très profond sur les parties faiblement fermées d'un dual (*cf.* IV, p. 25, cor. 2) ; ces résultats s'expriment d'ailleurs de façon plus frappante en utilisant la notion d'espace quotient d'un espace normé, introduite quelques années plus tard par Hausdorff et Banach lui-même. Enfin, c'est encore Banach qui découvre le lien entre la compacité faible de la boule unité (observée dans de nombreux cas particuliers, comme nous l'avons signalé ci-dessus) et la réflexivité, tout au moins pour les espaces de type dénombrable ((XII *c*), p. 189). La théorie de la dualité des espaces normés peut, dès ce moment, être considérée comme fixée dans ses grandes lignes.

A la même époque s'éclaircissent aussi des théorèmes d'allure paradoxale dont les premiers exemples remontent aux environs de 1910. Hellinger et Toeplitz avaient en effet démontré en substance, cette année-là, qu'une suite de formes bilinéaires bornées $B_n(x, y)$ sur un espace de Hilbert, dont les valeurs $B_n(a, b)$ pour tout couple donné (a, b) sont majorées (par un nombre dépendant *a priori* de a et b), est en fait *uniformément bornée* dans toute boule. Leur démonstration procède par l'absurde et consiste à construire un couple (a, b) particulier violant l'hypothèse, par une méthode de récurrence connue depuis sous le nom de « méthode de la bosse glissante », et qui rend encore des services dans bien des questions analogues (*cf.* IV, p. 54, exerc. 15). Dès 1905, Lebesgue avait d'ailleurs utilisé un procédé analogue pour démontrer l'existence de fonctions continues dont la série de Fourier diverge en certains points et, la même année que Hellinger et Toeplitz, il appliquait la même méthode pour démontrer qu'une suite faiblement convergente dans L^1 est bornée en norme *. Ces exemples se multiplient dans les années qui suivent, mais sans introduction d'idées nouvelles jusqu'en 1927, date où Banach et Steinhaus (avec la collaboration partielle de S. Saks) relient ces phénomènes à la notion d'ensemble maigre et au th. de Baire dans les espaces métriques complets, obtenant un énoncé général qui englobe tous les cas particuliers antérieurs (XIII). L'étude des questions de « catégorie » dans les espaces normés complets conduit d'ailleurs Banach, à la même époque, à de nombreux autres résultats sur les applications linéaires continues ; le plus remarquable et sans doute le plus profond est le th. du « graphe fermé » qui, comme le th. de Banach-Steinhaus, s'est révélé un outil de premier ordre dans l'Analyse fonctionnelle moderne (XII *b*).

La publication du traité de Banach sur les « Opérations linéaires » (XII *c*) marque, pourrait-on dire, le début de l'âge adulte pour la théorie des espaces normés. Tous les résultats dont nous venons de parler, ainsi que beaucoup d'autres, se trouvent exposés dans ce volume, de façon encore un peu désordonnée, mais accompagnés de multiples exemples frappants tirés de domaines variés de l'Analyse, et qui

* Notons aussi le théorème analogue (plus facile) démontré par Landau en 1907 et qui servit de point de départ à F. Riesz dans sa théorie des espaces L^p : si la série de terme général $u_n x_n$ converge pour toute suite $(x_n) \in \ell^p(\mathbf{N})$, la suite (u_n) appartient à $\ell^q(\mathbf{N})$ (avec $\frac{1}{p} + \frac{1}{q} = 1$).

semblaient présager un brillant avenir à la théorie. De fait, l'ouvrage eut un succès considérable, et un de ses effets les plus immédiats fut l'adoption quasi universelle du langage et des notations utilisés par Banach. Mais, malgré un grand nombre de recherches entreprises depuis 40 ans sur les espaces de Banach (XVII), si l'on excepte la théorie des algèbres de Banach et ses applications à l'analyse harmonique commutative et non commutative, l'absence presque totale de nouvelles applications de la théorie aux grands problèmes de l'Analyse classique a quelque peu déçu les espoirs fondés sur elle.

C'est plutôt dans le sens d'un élargissement et d'une analyse axiomatique plus poussée des conceptions relatives aux espaces normés que se sont produits les développements les plus féconds. Bien que les espaces fonctionnels rencontrés depuis le début du XXe siècle se fussent présentés pour la plupart munis d'une norme « naturelle », on n'avait pas été sans remarquer quelques exceptions. Vers 1910, E. H. Moore avait proposé de généraliser la notion de convergence uniforme en la remplaçant par la notion de « convergence uniforme relative », où un voisinage de 0 est constitué par les fonctions f satisfaisant à une relation $|f(t)| \leqslant \varepsilon g(t)$, g étant une fonction partout > 0, pouvant varier avec le voisinage. On avait d'autre part observé, avant 1930, que des notions telles que la convergence simple, la convergence en mesure pour les fonctions mesurables, ou la convergence compacte pour les fonctions entières, ne se laissaient pas définir au moyen d'une norme ; et en 1926, Fréchet avait noté que des espaces vectoriels de cette nature peuvent être métrisables et complets. Mais la théorie de ces espaces plus généraux ne devait se développer de façon fructueuse qu'en liaison avec l'idée de convexité. Cette dernière (que nous avons vu apparaître chez Helly) fit l'objet d'études de Banach et de ses élèves, qui reconnurent la possibilité d'interpréter ainsi de façon plus géométrique de nombreux énoncés de la théorie des espaces normés, préparant la voie à la définition générale des espaces localement convexes, donnée par Kolmogoroff et J. von Neumann en 1935. La théorie de ces espaces, et notamment les questions touchant à la dualité, ont surtout été développées dans les années 1950, et nous avons exposé dans ce Livre les résultats essentiels de cette étude. Il faut noter à ce propos, d'une part, les progrès en simplicité et en généralité rendus possibles par la mise au point des notions fondamentales de Topologie générale, réalisée entre 1930 et 1940 ; en second lieu, l'importance prise par la notion d'ensemble borné, introduite par Kolmogoroff et von Neumann en 1935, et dont le rôle fondamental dans la théorie de la dualité a été mis en lumière par les travaux de Mackey (XIV) et de Grothendieck (XVIII). Enfin et surtout, il est certain que l'impulsion principale qui a motivé ces recherches est venue de nouvelles possibilités d'application à l'Analyse, dans des domaines où la théorie de Banach était inopérante : il faut mentionner à cet égard la théorie des espaces de suites, développée par Köthe, Toeplitz et leurs élèves depuis 1934 dans une série de mémoires (XV), la mise au point de la théorie des « fonctionnelles analytiques » de Fantappié, et surtout la théorie des distributions de L. Schwartz (XVI), où la théorie moderne des espaces localement convexes a trouvé un champ d'applications qui est sans doute loin d'être épuisé.

Bibliographie

(I) C. STURM : *a*) Sur les équations différentielles linéaires du second ordre, *Journ. de Math.* (1), t. I (1836), p. 106-186 ; *b*) Sur une classe d'opérations à différences partielles, *ibid.*, p. 373-444.

(II) J. LIOUVILLE : *a*) Sur le développement des fonctions ou parties de fonctions en séries dont les divers termes sont assujettis à satisfaire à une même équation différentielle du second ordre contenant un paramètre variable, *Journ. de Math.* (1), t. I (1836), p. 253-265, t. II (1837), p. 16-35 et 418-436 ; *b*) D'un théorème dû à M. Sturm et relatif à une classe de fonctions transcendantes, *ibid.*, t. I (1836), p. 269-277.

(III) J. P. GRAM, Ueber die Entwickelung reeller Functionen in Reihen mittelst der Methode der kleinsten Quadrate, *J. de Crelle*, t. XCIV (1883), p. 41-73.

(IV) H. MINKOWSKI : *a*) *Geometrie der Zahlen*, 1re éd., Leipzig (Teubner), 1896 ; *b*) Theorie der konvexen Körper, *Gesammelte Abhandlungen*, t. II, p. 131-229, Leipzig-Berlin (Teubner), 1911. (Réimpression, New York (Chelsea), 1967.)

(V) H. POINCARÉ : *a*) Sur les équations de la Physique mathématique, *Rend. Palermo*, t. VIII (1894), p. 57-156 (= *Œuvres*, t. IX, p. 123-196, Paris (Gauthier-Villars), 1954) ; *b*) La méthode de Neumann et le problème de Dirichlet, *Acta Mathematica*, t. XX (1896), p. 59-142 (= *Œuvres*, t. IX, p. 202-272, Paris (Gauthier-Villars), 1954).

(VI) I. FREDHOLM, Sur une classe d'équations fonctionnelles, *Acta Mathematica*, t. XXVII (1903), p. 365-390.

(VII) D. HILBERT, *Grundzüge einer allgemeinen Theorie der linearen Integralgleichungen*, New York (Chelsea), 1953 (= *Gött. Nachr.*, 1904, 1905, 1906, 1910).

(VIII) E. SCHMIDT : *a*) Zur Theorie der linearen und nichtlinearen Integralgleichungen. I. Teil : Entwickelung willkürlicher Funktionen nach Systemen vorgeschriebener, *Math. Ann.*, t. LXIII (1907), p. 433-476 ; *b*) Ueber die Auflösung linearer Gleichungen mit unendlich vielen Unbekannten, *Rend. Palermo*, t. XXV (1908), p. 53-77.

(IX) F. RIESZ : *a*) Untersuchungen über Systeme integrierbarer Funktionen, *Math. Ann.*, t. LXIX (1910), p. 449-497 ; *b*) Sur certains systèmes singuliers d'équations intégrales, *Ann. Ec. Norm. Sup.* (3), t. XXVIII (1911), p. 33-62 ; *c*) *Les systèmes d'équations linéaires à une infinité d'inconnues*, Paris (Gauthier-Villars), 1913 ; *d*) Ueber lineare Funktionalgleichungen, *Acta Mathematica*, t. XLI (1918), p. 71-98 ; *e*) Zur Theorie des Hilbertschen Raumes, *Acta litt. ac scient.* (Szeged), t. VII (1934-35), p. 34-38.

(X) E. HELLY, Ueber Systeme linearer Gleichungen mit unendlich vielen Unbekannten, *Monatshefte für Math. und Phys.*, t. XXXI (1921), p. 60-91.

(XI) H. HAHN, Ueber lineare Gleichungssysteme in linearen Räumen, *J. de Crelle*, t. CLVII (1927), p. 214-229.

(XII) S. BANACH : *a*) Sur le problème de la mesure, *Fund. Math.*, t. IV (1923), p. 7-33 ; *b*) Sur les fonctionnelles linéaires, *Studia Math.*, t. I (1929), p. 211-216 et 223-239 ; *c*) *Théorie des opérations linéaires*, Warszawa, 1932. (Réimpression, New York (Chelsea), 1963.)

(XIII) S. BANACH et H. STEINHAUS, Sur le principe de condensation des singularités, *Fund. Math.*, t. IX (1927), p. 50-61.

(XIV) G. W. MACKEY : *a*) On infinite-dimensional linear spaces, *Trans. Amer. Math. Soc.*, t. LVII (1945), p. 155-207 ; *b*) On convex topological spaces, *Trans. Amer. Math. Soc.*, t. LX (1946), p. 519-537.

(XV) G. KÖTHE, Neubegründung der Theorie der vollkommenen Räume, *Math. Nachr.*, t. IV (1951), p. 70-80.

(XVI) L. SCHWARTZ, *Théorie des distributions*, 2e édition, Paris (Hermann), 1966.

(XVII) J. LINDENSTRAUSS and L. TZAFRIRI, *Classical Banach spaces*, t. I, Berlin-Heidelberg-New York (Springer), 1977.

(XVIII) A. GROTHENDIECK : *a*) Produits tensoriels topologiques et espaces nucléaires, *Mem. Amer. Math. Soc.*, no 16 (1955) ; *b*) Espaces vectoriels topologiques, 3e éd., São Paulo (*Publ. Soc. Mat. São Paulo*), 1964.

Index des notations

Index terminologique

Résumé de quelques propriétés importantes des espaces de Banach

Nous rassemblons pour la commodité du lecteur les principaux résultats concernant les espaces normés et plus particulièrement les espaces de Banach. Le corps K des scalaires est égal à **R** ou **C**.

Espaces d'applications linéaires; *dual*

1) Soient E et F deux espaces normés. Pour qu'une application linéaire u de E dans F soit continue, il faut et il suffit que

$$\|u\| = \sup_{\|x\| \leqslant 1} \|u(x)\| \tag{1}$$

soit fini. L'application $u \mapsto \|u\|$ est une norme sur l'espace vectoriel $\mathscr{L}(\mathrm{E}\,;\mathrm{F})$ des applications linéaires continues de E dans F.

Supposons que F soit un espace de Banach. Alors $\mathscr{L}(\mathrm{E}\,;\mathrm{F})$ est un espace de Banach. Le complété $\hat{\mathrm{E}}$ de E est un espace de Banach, et l'application $u \mapsto u|\mathrm{E}$ est une isométrie bijective de $\mathscr{L}(\hat{\mathrm{E}}\,;\mathrm{F})$ sur $\mathscr{L}(\mathrm{E}\,;\mathrm{F})$.

2) Soit E un espace normé. On pose $\mathrm{E}' = \mathscr{L}(\mathrm{E}\,;\mathrm{K})$ où K est muni de la norme $\lambda \mapsto |\lambda|$. L'espace de Banach E′ s'appelle le *dual* de E, et le dual E″ de E′ s'appelle le *bidual* de E.

On note $\sigma(\mathrm{E}, \mathrm{E}')$ la topologie la moins fine sur E rendant continues les formes linéaires $x' \in \mathrm{E}'$; on l'appelle la *topologie affaiblie* de E. On note $\sigma(\mathrm{E}', \mathrm{E})$ la topologie la moins fine sur E′ rendant continues les formes linéaires $x' \mapsto \langle x', x \rangle$ sur E′, où x parcourt E ; on appelle $\sigma(\mathrm{E}', \mathrm{E})$ la topologie *faible* sur E′. La topologie sur E′ déduite de la norme s'appelle la topologie *forte*.

3) Soient E un espace normé et M un sous-espace vectoriel fermé de E. Soit π l'application canonique de E sur E/M. On définit une norme sur l'espace vectoriel E/M par

$$\|\xi\| = \inf_{\pi(x)=\xi} \|x\| . \tag{2}$$

Lorsque E est un espace de Banach, il en est de même de M et E/M. Pour tout espace normé F, l'application linéaire $u \mapsto u \circ \pi$ de $\mathscr{L}(E/M; F)$ dans $\mathscr{L}(E; F)$ est isométrique.

4) Soit E un espace normé. Pour tout $x' \in E'$, on a par définition

$$\|x'\| = \sup_{\substack{\|x\| \leqslant 1 \\ x \in E}} |\langle x', x \rangle| . \tag{3}$$

De plus (« th. de Hahn-Banach »), on a

$$\|x\| = \sup_{\substack{\|x'\| \leqslant 1 \\ x' \in E'}} |\langle x', x \rangle| \tag{4}$$

pour tout $x \in E$. Autrement dit, l'application canonique de E dans son bidual E″ est isométrique.

Polaires et orthogonaux

5) Soit E un espace normé. Pour toute partie A de E (resp. B de E′), on appelle *polaire* de A (resp. B) et l'on note A° (resp. B°) l'ensemble des $x' \in E'$ (resp. $x \in E$) tels que l'on ait

$$\mathscr{R} \langle x', x \rangle \geqslant -1 \tag{5}$$

pour tout $x \in A$ (resp. $x' \in B$). Lorsque A (resp. B) est un sous-espace vectoriel, la relation (5) équivaut à $\langle x', x \rangle = 0$, et l'on dit alors que A° (resp. B°) est l'*orthogonal* de A (resp. B).

6) (« Th. des bipolaires »). Soit E un espace normé. Soit A (resp. B) une partie de E (resp. E′) contenant 0. Alors le bipolaire $A^{\circ\circ}$ de A (resp. $B^{\circ\circ}$ de B) est l'adhérence pour $\sigma(E, E')$ (resp. $\sigma(E', E)$) de l'enveloppe convexe de A (resp. B).

7) Soit A une partie d'un espace normé E. Soit x un point adhérent à A pour $\sigma(E, E')$. Alors x est limite (pour la norme) d'une suite d'éléments de l'enveloppe convexe de A. En particulier, les sous-ensembles convexes de E qui sont fermés pour la topologie d'espace normé *ou* pour la topologie $\sigma(E, E')$, sont les mêmes.

8) Soient E un espace normé et M un sous-espace vectoriel de E. Pour toute forme linéaire $u_0 \in M'$, il existe une forme linéaire $u \in E'$ prolongeant u_0 et telle que $\|u\| = \|u_0\|$. Soit H l'orthogonal de M dans E′ ; alors l'orthogonal H° de H est l'adhérence de M dans E.

Transposition

9) Soient E et F deux espaces normés et $u \in \mathscr{L}(E; F)$. *La transposée* ${}^t u \in \mathscr{L}(F'; E')$ de u est définie par la relation

$$\langle {}^t u(y'), x \rangle = \langle y', u(x) \rangle \quad \text{quels que soient } x \in E,\ y' \in F'. \tag{6}$$

On a $\|{}^t u\| = \|u\|$. Le noyau de u est l'orthogonal dans E de l'image de ${}^t u$. Le noyau de ${}^t u$ est l'orthogonal dans F' de l'image de u.

10) Soient E un espace normé, M un sous-espace vectoriel fermé de E et $F = E/M$. Soit i l'injection canonique de M dans E et soit π la surjection canonique de E sur F. Alors ${}^t i$ a pour noyau l'orthogonal M° de M et définit par passage au quotient une isométrie de E'/M° sur M'. De plus, ${}^t\pi$ est une isométrie de F' sur M°.

Critères de continuité d'une application linéaire

11) Soient E et F deux espaces de Banach et u une application linéaire de E dans F.

Supposons que, pour toute suite $(x_n)_{n \geq 0}$ de points de E tendant vers 0, et telle que $(u(x_n))_{n \geq 0}$ ait une limite y dans F, on ait $y = 0$. Alors u est continue.

* Supposons que, pour toute partie compacte K de E, toute mesure positive μ sur K et toute forme linéaire continue y' sur F, la restriction de $y' \circ u$ à K soit μ-mesurable. Alors u est continue. *

12) Soient E et F deux espaces de Banach et $u \in \mathscr{L}(E\,;F)$. Alors, ou bien $u(E)$ est maigre, ou bien u est surjective.

Supposons u surjective. Alors il existe un nombre $C > 0$ tel que, pour tout $y \in F$, il existe $x \in E$ avec $u(x) = y$ et $\|x\| \leq C . \|y\|$. Si N est le noyau de u, alors u définit par passage au quotient un homéomorphisme de E/N sur F.

13) Soient E et F deux espaces de Banach. Si u est une application linéaire continue et *bijective* de E dans F, alors u^{-1} est continue.

14) Soient E et F deux espaces de Banach, $u \in \mathscr{L}(E\,;F)$ et $x' \in E'$. Pour que x' appartienne à l'image de ${}^t u$, il faut et il suffit qu'il existe un nombre $C > 0$ tel que l'on ait

$$|\langle x', x \rangle| \leq C . \|u(x)\| \quad \text{pour tout } x \in E . \tag{7}$$

15) Soient E et F deux espaces de Banach et $u \in \mathscr{L}(E\,;F)$. Pour que u soit surjective, il faut et il suffit qu'il existe un nombre $C > 0$ tel que l'on ait $\|{}^t u(y')\| \geq C . \|y'\|$ pour tout $y' \in F'$.

Th. de Banach-Steinhaus

16) (« Th. de Banach-Steinhaus »). Soient E un espace de Banach, F un espace normé et $(u_i)_{i \in I}$ une famille d'éléments de $\mathscr{L}(E\,;F)$. Soit A l'ensemble des $x \in E$ tels que $\sup_{i \in I} \|u_i(x)\| < +\infty$. Alors ou bien A est maigre et son complémentaire est dense dans E, ou bien on a $\sup_{i \in I} \|u_i\| < +\infty$. En particulier, lorsque $A = E$, on a $\sup_{i \in I} \|u_i\| < +\infty$.

17) Soient E et F deux espaces de Banach et $(u_n)_{n \geq 0}$ une suite d'éléments de $\mathscr{L}(E\,;F)$. On suppose que la limite $u(x) = \lim_{n \to \infty} u_n(x)$ existe pour tout $x \in E$. Alors, on a $\sup_n \|u_n\| < +\infty$, u est continue et la suite (u_n) tend vers u uniformément sur toute partie compacte de E.

Propriétés de la topologie faible sur un dual

18) Soient E un espace de Banach et B′ une partie de E′. Les conditions suivantes sont équivalentes :

(i) B′ est contenue dans une boule de E′.

(ii) B′ est relativement compacte pour la topologie σ(E′, E).

(iii) Pour tout $x \in$ E, on a $\sup_{x' \in B} |\langle x', x \rangle| < +\infty$.

19) Soit E un espace de Banach et soit B′ la boule unité (fermée) de E′. Alors B′ est compacte pour σ(E′, E). Supposons qu'il existe dans E une partie dénombrable totale ; alors B′ est métrisable pour σ(E′, E), et il existe dans E′ une partie dénombrable dense pour σ(E′, E).

20) Soient E un espace de Banach, u une forme linéaire sur E′ et B′ la boule unité de E′. Les conditions suivantes sont équivalentes :

(i) Il existe $x \in$ E tel que $u(x') = \langle x', x \rangle$ pour tout $x' \in$ E′.

(ii) La restriction de u à B′ est continue pour la topologie σ(E′, E).

(iii) Pour toute suite d'éléments (x'_n) de E′ tendant vers 0 pour σ(E′, E), on a $\lim_{n \to \infty} u(x'_n) = 0$.

21) Soient E un espace de Banach, B′ la boule unité de E′, et C une partie convexe de E′ (en particulier, un sous-espace vectoriel). Pour que C soit fermée pour σ(E′, E), il faut et il suffit que l'intersection C ∩ rB′ soit fermée pour σ(E′, E) quel que soit le nombre réel $r > 0$.

Espaces réflexifs

22) Soient E un espace normé, E″ son bidual et i l'application canonique de E dans E″. La boule unité de E″ est l'adhérence pour σ(E″, E′) de l'image par i de la boule unité de E.

Les conditions suivantes sont équivalentes :

(i) L'application isométrique $i : \mathrm{E} \mapsto \mathrm{E}''$ est surjective.

(ii) La boule unité dans E est compacte pour σ(E, E′).

Lorsque ces conditions sont remplies, on dit que E est *réflexif*.

Topologies compatibles avec la dualité

23) Soit E un espace de Banach et soit $\mathscr{T}$ une topologie localement convexe sur E. Les conditions suivantes sont équivalentes :

(i) La topologie $\mathscr{T}$ est plus fine que σ(E, E′) et moins fine que la topologie définie sur E par la norme.

(ii) E′ est l'ensemble des formes linéaires sur E continues pour $\mathscr{T}$.

Supposons ces conditions satisfaites. Soit A une partie de E. Pour que A soit relativement compacte pour $\mathscr{T}$, il faut et il suffit que toute *suite* de points de A possède dans E une valeur d'adhérence pour $\mathscr{T}$. S'il en est ainsi, l'enveloppe convexe équilibrée de A est relativement compacte pour $\mathscr{T}$.

Table des matières

MASSON, Editeur
120, boulevard Saint-Germain
75280 Paris Cedex 06
3e trimestre 1981

Imprimé en France

IMPRIMERIE JOUVE
17, rue du Louvre
75001 Paris
N° d'impression : 8262